水工程技术应用与发展

李现社　汤洪洁　主编

·北京·

内 容 提 要

为促进水利水电工程科学发展、安全发展、绿色发展，总结和交流我国水利水电行业水工程在设计、施工、科研和管理运行中的应用成果和技术进展，中国水利学会混凝土面板堆石坝专业委员会于2022年年底开始广泛征集论文，并组织出版《水工程技术应用与发展》。本书共收录文章66篇，按其涉及议题分为综合篇、科学研究篇、坝工设计篇、坝工施工篇、建筑物加固篇、其他水利水电工程设计与施工篇等。期待本书可以为全国水利水电行业从业人员提供最新的资讯，激发创造力，推动我国水利工程技术向更好更新方向健康发展。

图书在版编目（CIP）数据

水工程技术应用与发展 / 李现社，汤洪洁主编. -- 北京 : 中国水利水电出版社，2023.9
ISBN 978-7-5226-1786-2

Ⅰ. ①水… Ⅱ. ①李… ②汤… Ⅲ. ①水利工程一技术发展一研究 Ⅳ. ①TV

中国国家版本馆CIP数据核字(2023)第172481号

书　　名	**水工程技术应用与发展** SHUI GONGCHENG JISHU YINGYONG YU FAZHAN
作　　者	李现社　汤洪洁　主编
出版发行	中国水利水电出版社 （北京市海淀区玉渊潭南路1号D座　100038） 网址：www.waterpub.com.cn E-mail：sales@mwr.gov.cn 电话：（010）68545888（营销中心）
经　　售	北京科水图书销售有限公司 电话：（010）68545874、63202643 全国各地新华书店和相关出版物销售网点
排　　版	中国水利水电出版社微机排版中心
印　　刷	天津嘉恒印务有限公司
规　　格	184mm×260mm　16开本　28.5印张　694千字
版　　次	2023年9月第1版　2023年9月第1次印刷
定　　价	**140.00**元

编 委 会

前言

中国水利学会混凝土面板堆石坝专业委员会（以下简称“专委会”）挂靠单位为水利部水利水电规划设计总院。秉承为水利水电行业搭建专业技术交流平台、推动行业技术发展的宗旨，专委会每年组织一次年会暨工程技术交流会议，为我国水利水电行业工程建设和技术发展做出了积极贡献。

进入21世纪以来，我国水利水电工程建设进入加速发展期，工程规模、技术发展等处于世界领先水平，项目的实施体现了我国工程技术应用与发展的综合实力和发展潜力，取得了举世瞩目的成就，在保障国家防洪安全、供水安全、粮食安全和能源安全等方面发挥了重要作用，但还需要通过坦诚友好的讨论不断深化科学认知、通过广泛的交流合作不断提升技术水平、通过积极的实践和总结不断强化创新能力，从而全面推动工程技术应用与发展。

为促进水利水电工程科学发展、安全发展、绿色发展，总结和交流我国水利水电行业水工程在设计、施工、科研和管理运行中的应用成果和技术进展，专委会于2022年年底开始广泛征集论文，并组织出版《水工程技术应用与发展》。征稿通知发出后，共收到稿件110余篇，经编委会精心筛选、专家评审，本书共收录文章66篇，按其涉及议题分为综合篇、科学研究篇、坝工设计篇、坝工施工篇、建筑物加固篇、其他水利水电工程设计与施工篇等。旨在总结我国同类工程建设技术发展与经验推广，期待本书可以为全国水利水电行业从业人员提供最新的资讯，激发创造力，推动我国水利工程技术向更好更新方向健康发展。

本书的出版得到了黄河勘测规划设计研究院有限公司的大力支持，在此特别表示感谢！

编委会

2023年9月

目录

坝工设计篇

坝工施工篇

建筑物加固篇

其他水利水电工程设计与施工篇

综 合 篇

特高土石坝建设安全保障技术研究

汤洪洁[1]　陆　希[2]　钟启明[3]

(1. 水利部水利水电规划设计总院　2. 中国电力建设集团西北勘测设计研究院有限公司
3. 水利部交通运输部国家能源局南京水利科学研究院)

摘　要： 本文源于"十三五"国家重点研发计划项目"复杂条件下特高土石坝建设与长期安全保障关键技术"研究成果，以大石峡水利枢纽、糯扎渡水电站、双江口水电站等特高土石坝工程为背景，围绕研究复式结构面板堆石坝中混凝土坝（墙）的土压力和稳定分析方法，提出复式结构面板坝体型优化设计方法；提出与特高心墙坝坝壳料分区填筑指标相适应的特高坝变形协调设计方法，建立立足于特高心墙坝坝料渗透特性、接触带变形渗流规律的渗流控制技术；围绕特高土石坝建设与安全保障技术开展系统性、创新性研究，并应用于示范工程。研究成果将支撑推动特高土石坝坝工建设的技术进步，保障我国水资源高效开发利用，防范或降低潜在安全风险，具有显著的社会、经济与生态效益。

关键词： 特高土石坝　复式结构　变形　渗流

我国高土石坝建设起步晚、但发展迅速，2001 年建成小浪底水利枢纽黏土斜心墙堆石坝，最大坝高 160m。2009 年建成瀑布沟水电站砾石土心墙堆石坝，最大坝高 186m。2012 年年底建成澜沧江糯扎渡水电站砾石土心墙堆石坝，最大坝高 261.5m。目前，我国已建及拟建高度 200m 以上的特高土石坝约 20 座，数量与高度均居世界前列。随着水资源开发进程的推进，我国正在向着 250m 乃至 300m 级特高坝建设大步迈进。特高土石坝建坝条件和运行环境更加复杂，变形与渗流控制难度更大，其建设与长期安全保障面临严峻挑战，现有理论、方法、标准和技术水平无法完全满足复杂条件下特高土石坝建设和长期安全保障需求。"十三五"国家重点研发计划项目"复杂条件下特高土石坝建设与长期安全保障关键技术"中，以大石峡水利枢纽、糯扎渡水电站、双江口水电站等特高土石坝工程为背景，对特高面板坝的坝体结构、特高心墙坝的变形及渗流控制等内容进行系统研究，提出新型特高面板坝复合式结构型式、建立特高心墙坝的变形协调和渗流分析的试验技术、理论模型及控制标准，形成特高土石坝建设与安全保障理论及方法，在典型工程中示范应用，为特高土石坝建设和长期稳定运行提供重要技术支撑。

1 特高面板坝复式结构设计技术

1.1 复式结构特高面板坝结构体型研究

1.1.1 研究方案确定

目前特高面板坝存在的突出问题是坝体绝对变形大；面板下部检修困难，且这些大型水库不可能完全放空以供检查面板，所以下部面板已成为检查的死角；对于处于河谷狭窄、岸坡陡峭地形的特高面板坝，常规设计时河床部位混凝土面板较长且受岸坡拱效应和坝体变形影响，面板呈挤压、挠曲和扭转等多种复杂变形制约，易产生破坏。从目前特高面板坝存在的问题入手，以问题为导向推出“混凝土高趾墩-复式结构特高面板堆石坝”和“现浇混凝土墙-复式结构特高面板堆石坝”两种复式结构型式的措施进行研究，采用坝踵混凝土高趾墩或混凝土墙来代替深水区的混凝土面板，从而提高深水区的混凝土结构的结构强度，使其免检，依此也减小混凝土面板的长度，改善面板的应力条件，使坝踵处混凝土高趾墩（墙）顶以上的混凝土面板具备人工检修条件。

在混凝土高趾墩-复式结构特高面板堆石坝结构中，高趾墩稳定是一关键因素，主要靠高趾墩混凝土自重解决。而混凝土墙-复式结构特高面板堆石坝结构采用防渗墙原理，巧妙回避了混凝土结构的稳定问题，但其混凝土墙底部和基岩的接触方式又成为本结构的一个关键技术问题，经过对其底部按固端和摩擦两种接触方式比较后发现，墙体与基岩接触方式对堆石坝体、面板以及接缝变位影响较小，但墙体与基岩固结接触后，墙体应力状态明显恶化，最终推荐混凝土墙和基础之间采用摩擦式接触。

混凝土墙-复式结构特高面板坝虽然其混凝土墙的应力状况及周边缝变位优于混凝土高趾墩-复式结构特高面板堆石坝，但混凝土墙-复式结构特高面板堆石坝上下游方向的变形较大，且混凝土墙-复式结构特高面板堆石坝采用连接板将之与趾板连接，相应增加了检修难度，而河床混凝土高趾墩-复式结构特高面板堆石坝工程投资比常规混凝土面板堆石坝略微高，增加投资约占面板坝工程投资的3‰，但是在复式结构的混凝土高趾墩内部可设置检修廊道，提高了特高面板堆石坝的可维修性，故从工程实际应用角度考虑，大石峡工程推荐采用混凝土高趾墩-复式结构特高面板堆石坝的复式结构特高面板堆石坝型式。

大石峡水利枢纽工程复式结构特高面板堆石坝的体型为：河床高趾墩高50m、坝顶宽度10m、坡比组合为垂直（上游）+1：0.9（下游）、坝顶趾板下游边缘距混凝土高趾墩顶部下游边缘距离为3m，其后的面板坝同原面板砂砾石坝（见图1）。

1.1.2 复式结构特高面板坝应力应变

大石峡面板坝坝高247m，河谷系数2.1，河谷狭窄。研究成果表明，大石峡工程采用复式结构特高面板坝坝体最大沉降为134.0cm，约为坝高的0.54%。未出现不协调变形和剪切破坏现象；高趾墩坝轴向位移表现为两岸向中部的挤压变形，顺河向位移指向下游最大值为3.08cm；混凝土面板指向左岸、右岸的变形最大值分别为3.4cm和5.5cm，挠度最大值为47.2cm。高趾墩压应力最大值为8.95MPa，拉应力最大值1.04MPa，应力均在材料允许强度范围以内。面板轴向压应力最大值为10.71MPa，拉应力最大值为0.94MPa，面板顺坡向压应力最大值为7.53MPa，拉应力最大值为1.37MPa，面板应力均在C35混凝土强

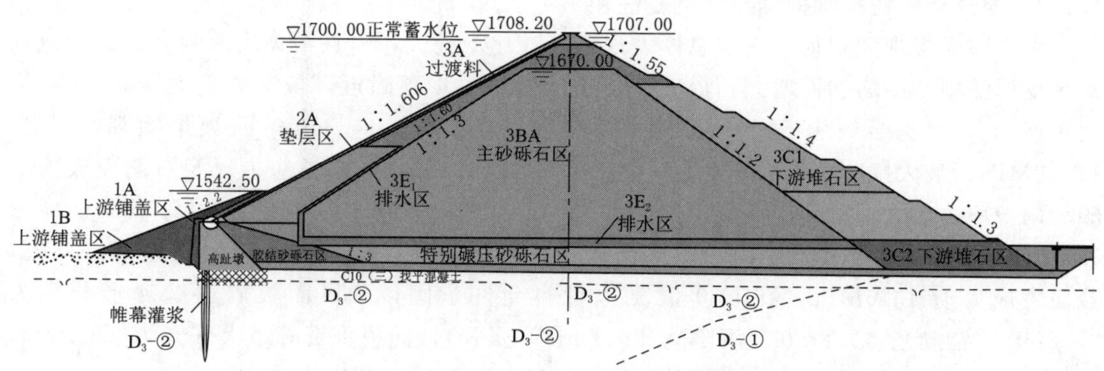

图 1　大石峡水利枢纽坝体断面示意图

度允许范围以内；周边缝三向变位最大值分别为：错动 40.6mm，沉陷 38.8mm，张开 19.3mm，坝体周边缝和垂直缝变位在目前研制的止水结构允许变位之内。总体上，复式结构特高面板堆石坝静力状态下其各项指标基本合理。

1.1.3　高趾墩后土压力研究

高趾墩的稳定计算中，施工期堆石体的压力为主动土压力，蓄水期在上游库水压力作用下，墙体有向下游位移的趋势，但远没达到产生被动土压力的程度。如果堆石体产生了被动土压力，那么趾墙已发生较大的顺河向位移，一是周边缝可能发生破坏；二是墙体上游侧基础部位已发生较大拉应力从而导致帷幕拉开破坏，这是设计所不允许的。目前尚未有趾墙墙后堆石体土压力的相关监测资料，通过对不同复式结构面板堆石坝坝高和重力式高趾墩高度的有限元数值分析以及库伦土压力和静止土压力计算结果，得到主要结论如下：

(1) 高趾墩墙背倾角通常较大，同时由于静止土压力系数难以精确确定，可采用库仑土压力理论进行计算。

(2) 面板坝上游坝坡通常较陡，库伦土压力的破裂面可能与上游坝坡、坝顶或下游坝坡相交，当破裂面与坝顶或下游坝坡相交时，堆石体土压力宜通过有限元方法确定。

(3) 施工期堆石体土压力的修正系数（堆石体土压力 F 与库仑主动土压力 F_a 的倍数关系）可按以下关系式计算：

$$F/F_a=0.0081(H/h)^2+0.2343(H/h)+1.0055$$

式中：H 为坝体高度，m；h 为趾墙高度，m。

(4) 蓄水期不允许产生被动土压力，加之被动土压力分解后的垂直向压力指向上方，与实际不符。蓄水期高趾墩墩后堆石体土压力采用库伦主动土压力计算，修正系数取 1.25～1.5。

(5) 随坝体高度的增大，滑裂面之外的堆石体变形对高趾墩墩后土压力也会有较大影响，加之蓄水后水压力对墩后土压力的影响较为复杂，同时无论施工期还是蓄水期墩后土压力通常很难达到极限状态时的土压力，故采用有限元方法确定墙后堆石体土压力较为符合工程实际。

1.1.4 复式结构特高面板堆石坝抗震性能

大石峡面板坝大坝动力反应总体表现为高处比低处大，河谷中央比两侧大。大坝地震永久变形随坝高的增加而增大，最大值位于河谷中央坝顶附近，最大震陷为95.1cm，最大顺河向永久变形约为52.1cm，最大轴向永久变形为14.3cm；面板最大压应力为12.42MPa，最大拉应力为4.53MPa，左右两侧面板上部坝轴向拉应力以及右侧面板顶部顺坡向拉应力较大，已超出混凝土的允许范围，出现拉裂破坏的可能性较大。面板压应力在C35混凝土材料允许范围内，不会出现压碎破坏。高趾墩压应力最大值为9.53MPa，拉应力最大值1.16MPa，在C30混凝土材料允许范围以内；面板周边缝变形分别为45.3mm（错动）、42.8mm（沉陷）、26.1mm（张开），面板垂直缝最大张开为35.2mm，均在止水最大变形错动50mm、沉陷100mm和张开50mm范围之内。

与采用常规面板形式的特高面板坝相比较，复式结构特高面板坝堆石体响应加速度、加速度放大倍数、地震残余变形、震后面板挠度和应力、震后接缝位移均优于常规面板坝，抗震性能显著提高。震后堆石体顺河向加速度减少了20.8%～33.6%，堆石体竖向残余变形减少了43.4%～60.2%，堆石体水平向下游残余变形减少了8.3%～46.3%，震后面板沿坝轴线方向压应力减少了0.35～5.1MPa，震后面板顺坡向压应力减少了7.2～12.86MPa，顺坡向拉应力增大了0.6～2.6MPa，周边缝张开变位减少了57.9%～63.6%。

校核地震工况与设计地震工况计算结果对比反映，大坝最大反应加速度、动位移、永久变形、面板动应力以及接缝变形都有所增大，动力反应放大倍数有所减小。总体上面板动应力和变形均在安全控制范围内，周边缝、面板垂直缝以及面板与防浪墙连接缝也在允许合理范围之内，且坝坡的抗震稳定性也可得到保证。

1.2 复式结构特高面板坝优势

（1）解决特高面板坝低部位检修问题。《混凝土面板堆石坝设计规范》（NB/T 10871）规定面板坝应具备放空检修条件，当坝高超过200m时，受闸门制造能力所限，泄水建筑物最大工作水头在130～150m之间，故面板坝低部位防渗结构的检查和检修维护已成为工程设计的难点。研究方案中，采用复式结构特高面板坝结合泄水建筑物分梯次降低库水位的方法：一是采用复式结构特高面板堆石坝即在坝基设置混凝土高趾墩结构以替代河床部位原坝体结构，高趾墩顶部以下体型宽厚，使其具备免检修条件，同时也可在宽厚高趾墩内部设置廊道，在运行期随时能够进入廊道对高趾墩进行检查和维护；二是利用水库表、中、深（底）孔有条件分梯次降低库水位，使得放空至最低库水位与高趾墩顶之间的混凝土面板结构具有水下检修条件；两者共同形成和实现了特高坝放空检修功能，解决了其低部位放空检修问题，大大提高了特高土石坝的长期运行安全性。

大石峡面板坝复式结构河床高趾墩高50m，顶高程1510.00m，通过水库沿深度方向设置的表、中、深、底四层泄水孔口分梯次接力降低库水位可降至1535.20m（运行10年内）和1573.00m（运行10年后），水下检修深度在25～63m之间，在空气潜水的安全作业范围之内，使得250m特高坝底部100m以下防渗结构具备了水下检修条件。

（2）复式结构特高面板堆石坝可确保低部位坝基防渗处理有效性。常规形式特高面板坝低部位趾板基础接触部位的渗透稳定是特高面板坝防渗安全的关键之一。由于混凝土趾板厚度仅 1m 左右，无盖重固结灌浆受抬动限制灌浆压力不能过高，所以混凝土趾板基础接触面接触冲刷引起的渗漏时有发生，且运行后无法及时发现和难以处理。复式结构面板坝在承受最大运行水头的河床部位设置体型宽大厚重的高趾墩结构可提高坝基处理灌浆压力，确保接触带和地基紧密结合，且基础一定深度的固结灌浆质量达标，规避了常规结构浅部位灌浆压力小、趾板抬动问题，确保了大坝作用水头高的低部位趾板基础防渗处理的有效性。且高趾墩内部设置廊道，使得运行期对防渗帷幕等基础处理措施可进行有效的监测、检查及维修。

大石峡面板坝复式结构河床底部高趾墩体型肥大，弱风化基岩基础按照允许水力梯度则有 2 倍以上的安全系数，固结灌浆接触段压力可采用 2.0MPa，通过高压灌浆大大提高了基础接触岩体的完整性和抗渗性。

（3）复式结构特高面板坝结构安全性。设置坝基混凝土高趾墩结构后，大坝应力应变状态与常规形式面板坝的变形规律基本一致，经对高趾墩结构下游增模填筑体处理，形成的复式结构处于稳定状态；坝体沉降、顺河向变形、面板挠度和周边缝沉陷等应力应变指标相比常规面板坝较优，面板周边缝张开变位以及施工期面板应力虽然相对稍大，但均在设计标准范围之内。设置高趾墩结构使得上游防渗面板的长度大幅缩短，从而使其应力及挠度均有所减小，有效降低了面板的应力应变水平，提高了面板防渗体系的安全性。研究表明，采用复式结构特高面板堆石坝，坝体加速度放大倍数、地震残余变形、震后面板挠度和应力等均优于常规面板坝，整体抗震性能有所提高。

（4）复式结构经济性及适用性分析。复式结构特高面板坝增加了复式结构中的混凝土高趾墩，但缩短了面板的长度，也减少了河床段趾板开挖及基础帷幕灌浆；趾板和面板混凝土、砂砾石料的填筑量均相应减少。考虑到处于河谷狭窄、岸坡陡峭地形的高坝工程建设难度，经综合比选测算，河床段设置高趾墩复式结构工程综合投资与常规形式混凝土面板坝相当。复式结构特高面板堆石坝可缩短面板长度、简化关键部位止水连接构造；有利于施工期度汛和为地基处理施工创造条件。以大石峡水利枢纽工程为例，复式结构面板坝的最终投资增加约 2563 万元，约占面板坝工程投资的 1%，占工程静态总投资的 3‰，投资增加有限。

复式结构特高面板堆石坝，对于坝高 200m 以下的高面板坝，应用效果不太明显，但对于坝高 200m 以上特高面板堆石坝，应用取得的可维修、可检修效果明显，且坝体部分指标改善明显。采用复式结构是解决特高面板坝低部位面板可维修困难的最直接、最有效的手段，对特高面板坝有较好适应性。

2 特高心墙坝变形与渗流控制技术

合理的填筑标准有利于堆石体的质量控制，更是达到坝体变形控制设计目标的根本保证，也是保证高土石坝安全的重要手段和途径。同时，目前坝体防渗设计和渗流计算参数一般不考虑附加应力，渗透系数由试样直径为 300mm 的常规渗透仪得到，试验前需将设计级配或检测级配缩尺成最大粒径 60mm 的试验模拟级配，在渗透特性方面存在缩尺效应问题。针对该问题，郭爱国、凤家骥等开展的砂砾料渗透特性与杨德勇、雍莉开展的砂砾石垫层过渡料渗流稳定性试验都采用了直径达 1000mm 的超大型砂砾石试样，其较为一致地将砂砾石料的渗透特性影响因素主要归结为粒径小于 5mm 的细颗粒含量。基于特高坝特有的高应力与高水头工况，从原级配砂砾料多向渗透试验入手，深入研究砂砾料的渗流影响因素及变化规律，是保证高坝精确评估渗漏和渗透稳定的关键；同时针对原级配掺砾心墙料的渗透系数变化、渗透稳定性演化规律开展研究，是掌握掺砾心墙料在 300m 级特殊工况，即高应力高水头下渗透特性的重中之重，是保证特高掺砾心墙坝精确评估渗漏和渗透稳定的关键。

2.1 特高心墙坝分区变形协调研究

高心墙堆石坝分区变形协调研究依托数值模拟的方法，采用统一广义塑性模型，对坝料固结和流变进行耦合分析，在基于继效理论的增量流变模型基础上，采用三维黏弹塑性固结有限元方法开展研究，研究针对某 300m 级心墙堆石坝坝壳料（见图 2），对比其在不同分区填筑标准下对大坝变形协调性的影响，得到以下成果。

（1）堆石区、过渡区、反滤区参数都会影响特高坝的变形协调性，增大堆石区参数会改善分区变形协调性，较高的过渡区参数则会降低心墙与坝壳处的局部变形协调性，而降低反滤区参数对大坝变形协调性的贡献较小。

（2）各分区填筑相对密度对特高坝沉降的影响规律相似，大坝最大沉降均随分区相对密度的减小而增大；在其他分区相对密度不变时，降低过渡区相对密度对大坝最大沉降的影响最大，堆石区的影响次之，反滤区的影响最小。在过渡区相对密度不变时，大坝大主应力极值随堆石区相对密度的降低而增大；在同一堆石区相对密度下，降低过渡区相对密度时，坝体大主应力极值呈现先减小后增大的趋势，这是大坝变形和应力综合作用的结果；降低反滤区相对密度参数对大坝大主应力极值的影响规律与堆石区相似，坝体应力随反滤区相对密度的降低而增大。

（3）当堆石区取较低相对密度，过渡区和反滤区取较高相对密度时，心墙拱效应系数较小，拱效应较强；而当堆石区取较高相对密度，过渡区和反滤区取较低相对密度时，心墙拱效应系数较大，拱效应得以改善结果；类似，最不易发生水力劈裂的参数组合为堆石区取较高的相对密度，过渡区和反滤区取较低的相对密度；最不利条件为堆石区取较低的相对密度，过渡区和反滤区取较高的相对密度。

（4）根据大坝初蓄水阶段及长期运行期的变形、心墙拱效应与水力劈裂、坝顶裂缝分析，堆石区取较高的相对密度 0.8 以上，过渡区取较低的相对密度 0.7 以上，此时大坝长期运行最为安全，为理论最优方案；计算分析结果同时表明，当堆石区相对密度控制在 0.75 以上而过渡区相对密度控制在 0.7 以上时，大坝仍可安全运行，其与理论最优方案相比，堆石区相对密度降低到 0.75，为经济最优方案。

2.2 特高心墙坝坝料渗流评价与控制

特高心墙坝坝料渗流评价与控制研究采用高土石坝测试手段研发、试验与机理分析相结合的研究手段，依托超大型高压渗透仪与南京水利科学研究院自主研发的多向渗流大型三轴仪、接触渗流试验仪器，针对广泛应用于土石坝筑坝工艺的宽级配砂砾料、原级配掺砾黏土心墙料与接触黏土，通过开展考虑试样尺寸、渗流方向、变应力状态、高水头等复

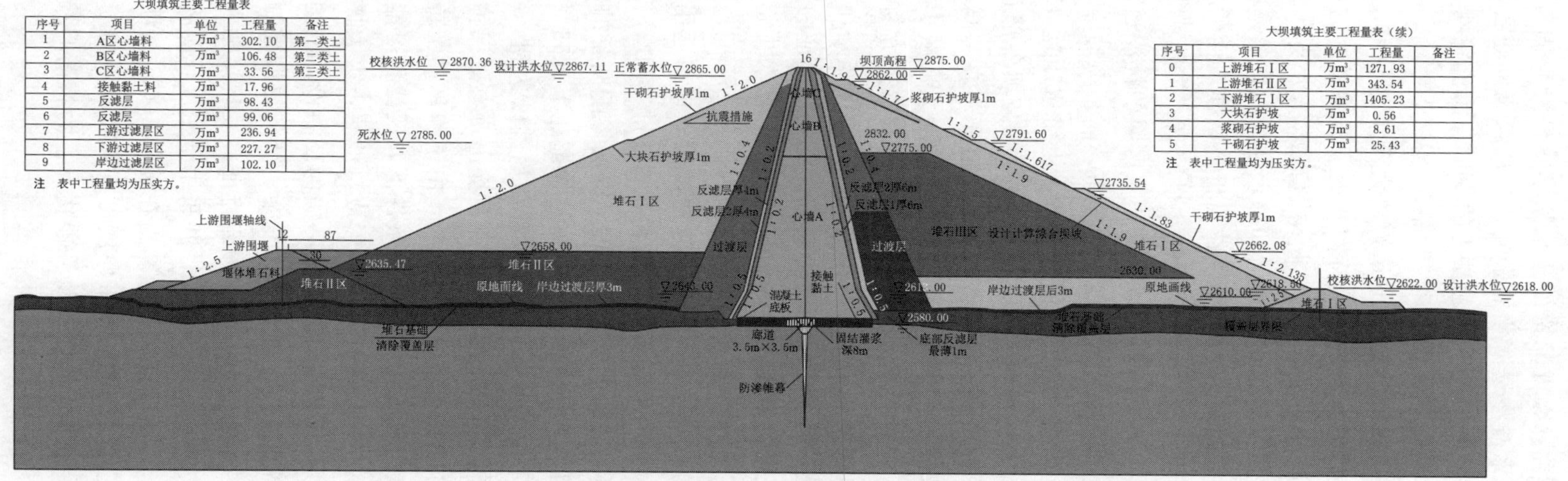

大坝填筑主要工程量表

序号	项目	单位	工程量	备注
1	A区心墙料	万m³	302.10	第一类土
2	B区心墙料	万m³	106.48	第二类土
3	C区心墙料	万m³	33.56	第三类土
4	接触黏土料	万m³	17.96	
5	反滤层	万m³	98.43	
6	反滤层	万m³	99.06	
7	上游过滤层区	万m³	236.94	
8	下游过滤层区	万m³	227.27	
9	岸边过滤层区	万m³	102.10	

注 表中工程量均为压实方。

大坝填筑主要工程量表（续）

序号	项目	单位	工程量	备注
0	上游堆石Ⅰ区	万m³	1271.93	
1	上游堆石Ⅱ区	万m³	343.54	
2	下游堆石Ⅰ区	万m³	1405.23	
3	大块石护坡	万m³	0.56	
4	浆砌石护坡	万m³	8.61	
5	干砌石护坡	万m³	25.43	

注 表中工程量均为压实方。

图 2 某心墙坝坝体材料分区示意图

杂多因素的渗流试验，研究细粒含量、级配特征、孔隙率等砂砾料固有特性以及掺砾量、应力历史等多种掺砾黏土影响因素对渗透演化的影响，并从渗流机理层面建立了相关渗透特性的计算方法，系统研究了特高坝工况下接触黏土的变形、渗流特性，并对其控制指标进行了较为全面的归纳总结，得到以下成果。

（1）利用试样截面尺寸为 1000mm×1000mm 的超大型渗透仪和 ϕ300mm 的常规大型渗透仪，针对大石峡水利枢纽砂砾石料的渗透特性开展了较为系统的试验研究。结果表明：砂砾石料小于 5mm 细粒含量对其渗透系数、抗渗透破坏能力及其破坏模式均具有重要影响；砂砾石料渗透特性的缩尺试验结果将高估其排水性能和抗渗透破坏能力；试样尺寸越大，在振动压实制样过程中，砂砾石料中细颗粒离析至试样表面的现象越严重；大石峡水利枢纽高面板坝筑坝砂砾石料小于 5mm 细颗粒含量较高，渗透系数偏小，有必要在垫层区和主堆砂砾料区之间设置过渡反滤区，以提高垫层区料的抗渗透破坏能力。

（2）自主研制的多向渗流大型三轴仪可实现三向高压、高水力坡降、细粒收集。该仪器模型箱的三轴系统可实现超过 9MPa 的围向稳定加载，上游水压达 3MPa，模型箱最大尺寸为 550mm×550mm×1050mm，该仪器能够真实还原特高坝各部位坝料的应力水力特征。开展的原级配砂砾料高水头高围压渗透试验揭示出砂砾料在特高坝工况下特有的渗流演化特征。具体而言，在低水头下，渗透系数随着体变的增大而减小，并存在较好的线性关系，且沿着渗透方向的压缩对渗透系数的影响要小于垂直渗透方向的围向压缩。随着水头的增大，渗透系数会可能出现突然增大再减小的现象，这可能是在高渗透水压的作用下会出现细粒迁徙重排列的过程。但由于级配较为良好，且处在高应力状态下，每次只有极少数的细颗粒被带出，土体又会达到新的更紧密平衡状态。在水头超过 200m 后，同个试样在不同应力状态下其渗透系数均会处于一稳定范围内。

（3）通过开展 2 组掺配比砾石土心墙料的高压渗透试验，提出适用于特高应力下砾石土心墙料的渗透破坏判断方式，揭示出砾石土心墙料在 35%掺配比下优异的防渗抗渗性能，可充分用作 300m 级特高坝的心墙填筑料；发现了湿法掺配制备的砾石土心墙料均匀性更佳。基于局部掺砾不均的因素，针对性研究发现过掺配比下（55%）土料同时展现出砂砾料“淤堵”、黏土料“自愈”的特性，防渗抗渗性能均难以达到 300m 级特高坝要求。据此充分考虑局部掺砾配比过高（55%）的不利工况，提出可有效保护掺砾心墙料并便于排水减压的反滤设计准则，即将砂砾石料作为反滤料，由于掺砾黏土抗渗透破坏能力远大于砂砾石料，可能出现即使在满足反滤设计准则的条件下，反滤料可能先达到临界水力梯度进而发生破坏，而砂砾石料在良好反滤作用下会形成自滤层，大大提高其抗渗透破坏能力，所以可设置第二层反滤层，其反滤设计按照前一级的反滤设计准则来设计即可。

（4）针对特高心墙坝筑坝高度极高、坝料分区复杂、变形协调控制难度大的特点，系统研究了黏土接触带这一典型结构的应力应变与渗流特征，发现接触黏土在现场开展碾压作业时应采用符合重型击实（功率）的碾压标准，并采用干密度作为控制指标衡量碾压质量；经过广泛工程对比与试验、数值验证，接触黏土在满足 200m 高坝的塑性指数、含水率等控制指标的前提下，设计超过 2m 的接触带厚度可有效吸收不均匀沉降引起的剪切应变。满足上述变形控制指标的接触黏土防渗抗渗性能优异，为特高心墙坝接触黏土设计与安全评价提供了有力的理论保障。

3 结语

依托大石峡水利枢纽特高面板砂砾石坝工程，对复式结构特高面板砂砾石坝结构设计和施工技术进行研究，提出了超高面板堆石（砂砾石）坝坝体变形控制和减小面板挠度、设置坝基高墩混凝土复式结构，以及利用高墩混凝土结构和分梯次降低库水位大坝检修等设计方法。依托糯扎渡水电站、双江口水电站等特高砾石心墙坝等工程，通过系统的渗透特性试验研究，提出特高心墙堆石坝的变形与渗流控制技术。研究成果为特高土石坝建设和长期安全运行提供先进的技术支撑，特别是特高土石坝变形与渗流控制技术对于提高大坝长期安全性、防范或降低潜在风险至关重要，社会效益显著。同时，技术成果可使水库充分发挥发电、灌溉、供水、航运等综合效益，研发的新材料、新结构、新技术可降低特高土石坝坝体及其防渗系统出险概率，并将使复杂环境条件下建设高土石坝成为可能，使高土石坝利用当地材料的经济性和碾压施工便利性得以充分体现，直接经济效益和社会效益显著，有力推进了特高土石坝的科技进步。

新疆高土石坝填筑技术的数字化建设与实践

李　江[1]　柳　莹[2]　赵宇飞[3]

（1. 新疆塔里木河流域管理局　2. 新疆水利水电规划设计管理局
3. 中国水利水电科学研究院）

摘　要： 新疆近年来建设高土石坝60余座，其中百米级以上高坝呈现建设速度快、填筑质量高、数字化进展迅速的特点。坝体填筑从早期的机械化、信息化已经迈向数字化、智能化。2020年以来随着智慧水利建设、数字孪生工程建设规划为大坝填筑提出了更高的要求，百米级高土石坝作为流域重大控制性水工结构物，其坝体填筑质量一直是坝工界高度关注的焦点，目前新疆已有10余座已建、在建大坝采用了数字化筑坝技术，取得了较好的应用效果。随着BIM＋GIS＋IOT技术的运用，土石坝填筑从过去的大坝碾压设备管理、轨迹管理、铺层管理、质量控制转向物料识别、无人驾驶、质量检测、评估监测、预警预报等全过程的智能化发展。本文总结目前新疆已建、在建工程数字化筑坝建设实践，通过典型案例分析存在问题，并提出智慧化筑坝的若干建议。

关键词： 新疆　高土石坝　填筑质量　数字化　实践　智慧化

1　引言

土石坝是新疆陡峻河谷、深厚覆盖层、地震多发区且土石料丰富地区的首选坝型，早期多以黏土心墙坝为主，21世纪以来主要以面板砂砾石/堆石坝、沥青心墙砂砾石/堆石坝为主。初步统计新疆坝高超过70m的已建、在建土石坝共66座，其中坝高超过100m的共29座，坝高超过150m的共4座，坝高超过200m的共2座。百米级以上高土石坝按坝型分类，沥青心墙坝11座、黏土心墙坝1座、面板坝13座。随着筑坝机械能力和吨位的提升，土石坝快速筑坝优势不断显现，施工大仓面、碾压厚铺层、填料大粒径等技术日新月异。

20世纪80年代修建的克孜尔水库（黏土心墙坝，坝高47.6m）拉开了大吨位振动碾机械化施工的序幕，随后乌鲁瓦提水利枢纽（面板砂砾石坝，坝高133m）、恰甫其海水库（黏土心墙坝，坝高108m），吉林台水电站（面板砂砾石坝，坝高157m）等相继建成，25～32t自卸汽车、16～26t自行式振动碾成为高坝建设的主力设备。这一阶段主要是以大功率设备筑坝，施工效率显著提升。结合计算机技术的应用，各项目管理单位引进并采用了施工进度管理P3软件、大坝填筑现场管理统计软件、AutoCAD制图软件、物料管理软件等，开始了信息化技术的初步运用，基于现场施工作业文件和信息化管理开展了大坝填筑的信息化、数字化建设，实现了施工过程的自动化管理，基本做到了数据采集标准化、数据展示可视化。这一阶段对提高大坝建设的规范化和质量提升起到了有益的探索。

21世纪以来新疆坝工迎来了大发展阶段，相继开工建设百米级高土石坝24座，已经建成17座，在建7座，施工装备也发展到以26～36t自行式振动碾、32～45t自卸汽车为主。百米级大坝填筑速度惊人，一般在截流后2～3年大坝即完成填筑，有的工程达到月上升15m、月填筑72万m^3的速度。大河沿水库（沥青心墙坝，坝高75m）开展了大坝填筑施工现场振动碾的无人驾驶试验研究，阿尔塔什水利枢纽（面板砂砾石坝，坝高164.8m）开启了基于北斗卫星导航进行碾压施工过程控制指标（铺料厚度、碾压遍数、碾压速度、碾压振动等）的全断面数字化筑坝时代，拉开了数字化筑坝的序幕。据不完全统计，新疆相继有数十座已建、在建百米级以上土石坝采用了数字化筑坝技术。大石峡水利枢纽（面板砂砾石坝，坝高247m）则结合数字孪生工程建设试点的要求，开展了智能化筑坝技术的研究与实践。

本文归纳总结了目前新疆已建、在建工程数字化筑坝建设的发展历程和研究进展，通过典型案例分析，探讨了目前新疆水利工程智慧化筑坝和数字孪生工程建设过程中存在的技术难点及展望。

2 国内数字化筑坝技术进展的启示

21世纪以来，随着信息化技术的迅猛发展，我国的土石坝建设进入了一个新的发展时期。在这个阶段数字化管理实现了对施工过程信息的数字化、可视化和网络化操作，借助施工过程中采集到的监测数据和大坝全过程仿真分析技术，实现了土石坝填筑全过程全方位数字化监控，使得坝料利用规划、坝体填筑分区等都更加科学、规范、合理，坝体填筑过程可追溯、碾压遍数可控制、设备管理可查询、施工作业更高效。

国内数字化筑坝技术开展最早的是2002年开工的水布垭水电站混凝土面板堆石坝（坝高233m），初步应用了大坝填筑碾压过程监控系统。2011年糯扎渡水电站（心墙堆石坝，坝高261.5m），利用GPS高精度定位系统以及无线传输系统，建立了数字大坝系统，对大坝坝料运输、坝料摊铺、坝料碾压等大坝施工过程中重要的控制方面进行了实时监控，保证了大坝填筑质量。2012年长河坝水电站（心墙堆石坝，坝高240m）也同样采用数字化监控系统开展了大坝填筑管控。随后几年中，借助物联网、自动控制和云计算等技术的迅速发展，土石坝填筑施工逐渐由数字化向智能化跨越，大坝填筑施工过程中坝料级配的快速识别、大坝碾压施工机械的无人驾驶技术、坝料碾压施工质量的自动感知与分析以及BIM＋GIS技术的应用，成为这个阶段的发展趋势。

大坝填筑智能化技术在一批超高土石坝上得到应用，如两河口水电站黏土心墙堆石坝（坝高295m）、双江口水电站黏土心墙土石坝（坝高314m），以及阿尔塔什水利枢纽面板堆石坝（坝高164.8m，覆盖层100m）等。

从我国土石坝工程建设发展阶段来看，随着施工经验的丰富、施工机械的发展、控制技术的进步与信息技术的渗透，我国的土石坝工程建设水平已经处在国际领先水平，然而水利工程中施工管理，尤其是土石坝填筑等重要的施工过程管控系统仍需尽力提升其信息化管理力度与水平，切实提升整个工程建设的智能化应用水平，满足目前智慧水利与数字孪生工程建设管理的要求。

3 新疆高土石坝数字化筑坝技术进展

3.1 数字化筑坝技术进展

新疆高土石坝的数字化建设与国内数字化筑坝技术发展趋势基本保持同步，先后在大河沿水电站沥青心墙坝、阿尔塔什水利枢纽面板砂砾石坝、大石门水利枢纽沥青心墙砂砾石坝工程建设中开展了应用实践。2015 年建设的大河沿水电站引水枢纽率先开展了数字化筑坝的尝试，工程现场采用 32t 无人振动碾，并搭建了基于北斗的大坝数字化平台，包括硬件系统、数据交互与传输网络系统以及软件平台系统三部分组成，现场将碾压工序、振动模式、碾压遍数、行走速度、搭接轮距、振动频率等提前设定后作为监控依据指导施工。该项目原使用 26t 振动碾碾压 8 遍虚铺厚 85cm 的铺料，坝料相对密度符合设计要求。在使用数字化筑坝技术后，引入 32t 无人驾驶智能碾压振动碾，振动碾压 6 遍同样的铺料厚度，坝料相对密度符合设计要求，有效节约了 25%碾压时间，同时加快了大坝填筑施工流水作业，有效减少了碾压设备的配置。

已经建成的阿尔塔什水利枢纽、大石门水利枢纽在筑坝过程中采用中国水利水电科学研究院研发的土石坝碾压施工过程实时智能化监控系统，通过现场组网、架设服务器进行数据采集分析。正在建设的大石峡水利枢纽、玉龙喀什水利枢纽、库尔干水利枢纽、莫莫克水利枢纽等都在构建现场智慧管理平台，也在尝试探索采用数字孪生工程建设技术。

目前在新疆建设的高土石坝基本上都实现了大坝填筑的数字化管理，侧重碾压设备、轨迹、遍数、压实质量检测等管理。在建的大石峡水利枢纽面板砂砾石坝开启了智慧化筑坝的新进程，中国能源建设集团有限公司与天津大学开展了全过程（包括仓面规划、料源开采、坝料级配、坝料运输、坝料加水、坝料摊铺、坝面补水、无人驾驶、压实质量等）的土石坝填筑监控规划设计，目前已经应用到大坝填筑全过程，也为今后实现大坝数字孪生工程奠定了基础。

新疆典型高土石坝数字化筑坝参数统计见表 1。

表 1　　新疆典型高土石坝数字化筑坝参数统计表

序号	工程名称	坝型	建设情况	坝高/m	总填筑方量/万 m^3	数字化技术运用
1	阿尔塔什水利枢纽	面板砂砾石坝	2020 年建成	164.8	2729.4	数字化
2	大石门水利枢纽	沥青心墙砂砾石坝	2020 年建成	128.8	408.9	数字化
3	玉龙喀什水利枢纽	面板堆石坝	在建	230.5	1451.8	数字化+智慧化
4	尼雅水利枢纽	沥青心墙砂砾石坝	2022 年建成	134	331	数字化
5	吉尔格勒德水利枢纽	面板堆石坝	在建	102.5	465	数字化
6	大石峡水利枢纽	面板砂砾石坝	在建	247	2200	数字化+智慧化
7	伯斯阿木水库	沥青心墙砂砾石坝	2022 年建成	111	254.1	信息化+数字化
8	莫莫克水利枢纽	沥青心墙砂砾石坝	在建	75	210	信息化+数字化

续表

序号	工程名称	坝型	建设情况	坝高/m	总填筑方量/万 m^3	数字化技术运用
9	库尔干水利枢纽	沥青心墙砂砾石坝	在建	82	665.9	信息化+数字化
10	石门水库	沥青心墙砂砾石坝	在建	105	470.3	信息化+数字化
11	将军庙水库	面板砂砾石坝	在建	133	691	数字化+智慧化

注　信息化指在大坝碾压过程中采用了信息化技术；数字化技术包含信息化技术运用，同时与BIM+GIS技术密切配合，部分工程的数字化并不是全过程，仅侧重于填筑控制；智慧化指云计算、物联网、大数据挖掘等技术全面覆盖大坝填筑整个过程，除满足数字化应用要求之外，还兼顾建设数字孪生工程。

3.2 数字化筑坝典型案例

3.2.1 阿尔塔什水利枢纽面板砂砾石坝

阿尔塔什水利枢纽大坝为混凝土面板砂砾石坝（坝高164.8m），大坝填筑工期为4年，大坝总填方量超过了2500万 m^3，2019年10月大坝封顶。在大坝填筑施工过程中，工程建设单位联合中国水利水电科学研究院，基于北斗高精度定位系统、大数据技术以及物联网技术等，共同研发了土石坝碾压施工过程实时智能化监控系统，成功地解决了大坝施工坝体分区多、坝料级配不统一、碾压质量控制与碾压施工工艺不同的工程建设质量控制难题。

突出优点主要包括：结合土石坝碾压试验，建立了基于施工碾压过程实时数据与大坝坝料压实度表征指标之间的映射关系，为施工过程实时评价坝料压实特性提供了重要支撑；基于BIM+GIS技术，建立了具有三维效应的大坝碾压施工场景，并且在大坝BIM模型中进行坝料分区，可以直观指导土石坝碾压施工作业；通过丰富的展现形式，可以从不同角度进行施工质量分析与评价；实时智能化监控系统，可以进行碾压施工机械绩效化管理，提高设备施工效率；施工期积累各种数据近1.5亿条，为后续的数据挖掘提供了重要基础。

3.2.2 大石门水利枢纽沥青心墙砂砾石坝

大石门水利枢纽大坝为沥青混凝土心墙堆石坝（坝高128.8m），大坝填筑方量408.9万 m^3，大坝填筑工期约2年，2019年12月封顶。采用了中国水利水电科学研究院开发的土石坝碾压施工过程实时智能化监控系统，利用先进的北斗高精度导航定位技术及实时信息化数据处理等关键技术，对大坝填筑施工进行实时有效的智能化控制，保证了工程建设施工质量。

突出优点主要包括：基于现场相对密度试验与碾压试验成果，在碾压监控系统中设置了碾压施工过程控制指标；碾压设备操作室中安装了工业平板电脑，实时对碾压过程进行施工过程控制参数偏离提醒与报警；实时进行碾压面积合格率计算，将碾压不合格区域进行闪烁显示提醒；实现施工质量的平面与剖面分析与评价，能够自动生成相关报表；应用了BIM+GIS技术进行碾压施工数据的渲染展示；施工期积累各种数据近1亿条，为后续的数据挖掘提供了重要基础。

3.2.3 吉尔格勒德水利枢纽沥青心墙坝

吉尔格勒德水利枢纽大坝为沥青心墙坝（坝高 102.5m），大坝填筑方量 465 万 m^3，设计总工期 4.5 年，其中大坝填筑 3 年。开发了基于北斗高精度导航及物联网技术的碾压现场管理系统，实现过程实时监控、填筑质量控制、碾压质量报告；多台车辆联合协同作业，施工全过程留痕，碾压质量可溯源，数字档案自动生成，确保各岗位职责安全。

突出优点主要包括：智能导航碾压作业，提示操作手纠偏，发送警告短信至质检、监理、建管等人员，保证压实质量；可视化的智能导航，实现多车辆协同作业，大幅提高施工效率，与传统施工相比，时间综合节省 30%左右；避免过碾、漏碾问题，减少返工风险，节省油耗（综合节省 18%），减少人、机、料资源浪费；引导碾压机械保持科学速度及遍数，提升碾压质量合格率，大幅降低质量检测、操作手（人员减少 46%以上）和劳动强度。

3.3 数字化筑坝经验与启示

3.3.1 信息实时采集

大坝碾压施工过程的遍数、幅宽、碾压速度、铺料厚度等实时质量控制数据主要通过高精度卫星定位接收设备实时采集，通过实时采集的碾压设备碾子轴心处的坐标进行换算得到。由于高精度定位接收设备所采集到的位置坐标为经纬度坐标，需要按照工程所在区域进行坐标转换为工程施工坐标满足现场管理应用要求。另外，在大坝填筑机械上还安装了各种传感器，包括方向传感器、加速度传感器以及振动传感器等，通过传感器实时采集到的数据能够掌握碾压机械的行驶方向、碾子振动加速度与振动频率等参数，施工过程中的视频信息可以通过在设备上安装摄像头进行实时采集。

3.3.2 系统服务部署

现场架设服务器与租用云端服务器都可以满足大坝碾压施工过程实施监控对网络的要求，在现场架设服务器需专业的安全防护设备、系统，且需专人进行日常维护；租用云端服务器可按照工程需要对服务器进行扩展，无需考虑云端服务器的安全防护与日常维护问题，另外云端服务器的数据安全也能满足目前水利工程建设管理中对日常数据的管理要求。不同水利工程可根据工程需要进行合理配置，兼顾安全、经济、建设运行一体化衔接。

3.3.3 施工质量控制

施工质量控制主要包括坝料级配控制、摊铺施工控制、坝料压实程度控制等方面。

（1）坝料级配控制。目前基本上都是通过数字图像的分析进行坝料级配特征参数分析的，包括利用传统的数字图像分析以及基于卷积神经网络的深度学习分析方法。目前不同的方法优劣各异。

（2）摊铺施工控制。铁路、公路以及均质土坝等土石方工程，一般选用较小粒径作为填筑料，摊铺施工过程中对填料摊铺设备进行施工过程实时监控；而堆石坝等由于坝料粒径较大，大坝填筑施工过程中对推土机等摊铺设备实时监控应用较少。最常见的智能化应用是在推土机的前端千斤顶上安装位移传感器与角度传感器，实时监控坝料摊铺厚度。

（3）坝料压实程度控制。目前相关公司沿用了美国 20 多年前生产的 CMV 传感器进行坝料压实程度的实时监控，遇压料中存在大粒径、坚硬的坝料时，CMV 指标受压料的颗粒级配影响较大造成频谱分析值急剧增大，容易误判压实状况。VCV 等传感器问题也类似。另外，影响坝料压实程度最大的两个因素是坝料的级配和坝料所受的压实功，仅用一个传感器的测值难以真实反映坝料的压实程度。因此，实际应用还需要考虑坝料级配、铺料厚度、含水量、压实功等因素，通过多因素综合分析模型对坝料压实程度进行感知。综合考虑坝料级配特征参数和碾压过程参数信息，建立土石坝坝料压实质量的多层次综合实时评价模型，可以有效解决土石坝碾压过程全仓面压实程度快速高效的评价与监控。

3.3.4 填筑过程分析

填筑过程分析是大坝数字化施工的核心内容，包括大坝填筑分层、分区，坝料级配合格性，摊铺厚度，碾压遍数，碾压合格面积，压实程度等。大坝填筑分层、分区分析可结合 BIM 技术，合理划分单元工程项目，在单元工程基础上再进行坝料级配合格性、摊铺厚度、碾压遍数、碾压合格面积以及坝料压实程度的分析。大坝 BIM 技术一般都由设计公司掌握，现场需要协调不同设计系统的接口，如 AutoCAD/BENTLEY/CATIA（简称 A、B、C 系统），同时要考虑与大坝其他管理系统的衔接问题。

3.3.5 预警预报技术

预警预报包括填筑过程中漏碾、过碾的预警，衔接部位的预报等，主要以实时监控系统中提示方式（图像、声音等）进行报警，也可以实时对碾压设备振动频率、激振力（碾子重量、振动频率与偏心距三者通过一定函数计算得到）、碾压速度进行报警。同样也可以参考漏碾、过碾情况的方式进行大坝搭接宽度报警。

总的来看，目前已建工程的主要思路均是将大坝填筑全过程由传统的信息化提升至数字化建设，核心技术是导航应用、设备管理、压实管理、评估监测、预警预报，系统本身既可以在现场架设服务器自行完成，也可以租用外地服务器完成。由于系统功能单一，对服务器、网络条件要求并不高。

4 大石峡水利枢纽智慧化筑坝的实践与探索

在建的大石峡水利枢纽面板砂砾石坝（坝高 247m），为强震条件下同类型世界第一高坝，大坝总填筑方量 2200 万 m^3，坝体填筑工期 48 个月，最高月填筑强度接近 80 万 m^3；工程处于狭窄河谷地区，坝体变形控制难度大，卫星定位稳定性不佳，这些特点都对工程建设管理理念和方法提出了极大挑战。因此，如何有效地进行从料场料源到大坝填筑施工全过程的智能管控，如何有效地做好多尺度、多维度、多角度项目管理的组织协同，是实现高质量、高标准建设的关键技术问题。基于上述问题，建设单位提出了建设“大坝坝料智能精细化控制系统及大坝填筑施工智能精细化控制系统”，以确保工程按期、保质完成，也为后期运行管理打下良好基础。

与以往采用数字化筑坝的工程相比，该工程采用的智能化系统增加了以下内容：①对工程施工质量和进度相关的过程参数、资料、信息等进行集成管理和三维展示，为大坝施工质量和进度控制，以及坝体安全诊断提供信息应用和支撑平台；②实现与智慧建设管理平台、BIM 中心等系统的信息共享、交互和集成；③实现业主和监理对工程施工质量和进度的深度参与，精细管理；④通过系统的自动化监控，并进行自动预警及决策支持，有效掌控施工质量和进度，实现对大坝施工质量和进度控制的快速反应；⑤有效提升工程建设的管理水平，实现工程建设的创新化管理，为大坝枢纽的竣工验收、安全鉴定及今后的运行管理提供数据信息平台。

该系统主要建设项目：①以料场料源、运输、加水、补水、仓面摊铺、碾压等过程为重点监控对象，增加研发施工质量电子验评系统，实现大坝施工全过程的智能控制；②结合智能监控成果，实现大坝变形智能预测与分析；③耦合分析施工过程监控成果，开展多要素协同智能控制研究，实现大坝施工全过程的智能分析与反馈，全面提升大坝施工管理水平。目前已经完成系统构建和测试，2023年5月将全面投入运用。

5 数字孪生工程建设与智慧化筑坝的思考

5.1 智慧化筑坝与数字孪生工程

近年来，水利事业逐步走上了数字化、智能化之路，智慧水利成为新阶段水利高质量发展的重要路径之一。2021年水利部印发的《关于大力推进智慧水利建设的指导意见》中明确指出，到2025年，建成智慧水利体系1.0版，推进智慧水利建设成为业内广泛关注的焦点。2022年水利部又提出了加快数字孪生流域建设，其中针对建设数字孪生水利工程，提出要锚定安全运行、精准调度等目标，开展工程精细建模、业务智能升级，保持数字孪生水利工程与实体水利工程的融合性、交互性、同频性。

针对高土石坝的孪生工程建设需求与目的，可以分为建设阶段及运行阶段两个方面考虑。

(1) 建设阶段：数字孪生与工程建设同步实施，提升工程建设精细化管理水平。通过搭建数字孪生工程，以施工进度管理、质量管理、安全管理、合同与投资管理等要素为核心，基于建设期的数字孪生规划设计强化项目建设行为以及事前、事中、事后的管理，为建设期主要管理要素提供预报、预警、预演、预案的应用支撑，为高土石坝的建设提供精细化的管理手段。

(2) 运行阶段：数字孪生与工程运行同步映射，提高水利业务“四预”管理能力。通过搭建数字孪生水利工程，以工程运行安全、供水调度、防洪度汛为核心目标，保证数字孪生体与物理体条件及其响应的同步和一致性，提升土石坝枢纽工程在重点水利业务领域的“四预”能力，突出数字孪生体前瞻性预演作用，发现问题、优化方案，保障决策的安全性、科学性、有效性。这方面涉及内容较多，系统总体规划较为复杂，应秉持稳步推进原则，挑选有条件的工程系统规划和逐步实施。

5.2 智慧化筑坝需要重点解决的问题

5.2.1 快速检测问题

坝料压实质量控制一直是高土石坝工程领域关注的焦点，也最为关键。目前最常见、最直接的评定检测方法是挖坑检测法，但实际施工过程中试坑检测结果一般不能快速获得，存在滞后性，如果存在过碾或者欠碾等现象时不能实现压实质量实时反馈控制，需要施工结束后进行补碾，甚至挖除重新施工，会导致大量人力物力的浪费，进而造成施工工期的延误。因此，常规的土石坝坝料质量控制措施难以满足新阶段大坝填筑施工智能化精细化管理的要求。随着填筑规模的扩大和建设信息化总体水平的提高，这种传统的压实质量控制方法已不能满足现代机械化快速施工的需求，也不能为工程承包商提供实时的压实信息。

随着土石坝建设数字化、智能化水平的提高，不少学者也提出采用压实度感知技术（如机载压实度检测仪法）或压实质量评估模型来实时检测坝料的压实特性，但是采用已有的坝料压实特性感知技术来间接评估土石坝料的压实质量时仍存在评价精度低、表征压实特征物理意义不明确以及感知结果受多重因素影响等缺点，此外由于土石坝坝料粒径差异较大，现有的压实质量评价模型的稳健性和适应性较差。因此，土石坝施工过程中坝料的压实质量快速检测问题仍是未来智慧化筑坝研究中关注的重难点问题。

5.2.2 行业规范问题

土石坝的填筑施工质量的有效控制是大坝工程建设的重中之重。但是目前的坝料压实质量还是依据《碾压式土石坝施工规范》（DL/T 5129—2003）的规定来控制，即大坝填筑施工质量通过“双控法”来进行检测，严格控制施工过程中的碾压参数（如碾压遍数、行驶速度、压实厚度、激振频率等）和施工过后试坑取样检测的干密度满足设计要求。然而，这种传统的控制方法存在以下问题。

（1）虽然碾压参数对压实质量有显著影响，但碾压参数并不是表征压实质量的直接指标，即使严格控制碾压参数满足设计要求，由于未考虑坝料级配特征参数的差异将会导致坝面不同位置处出现碾压过程控制满足要求、但压实度仍然不满足的现象。

（2）大坝碾压施工质量评定检测方法采用挖坑灌水法（或挖坑灌砂法），土石坝坝料最大粒径可达400mm，颗粒互相交错咬合，挖坑检测所需的试坑尺寸大、开挖料多、劳动强度大，传统检测方法费力、费时、耗资大；大颗粒难以挖出，挖出的颗粒往往偏小；且薄膜不能和坑壁完全贴合，使测试结果不能反映真实情况。这种检测方法效率低、代表性差，还具有破坏性，难以满足多仓面、高强度、机械化快速施工要求。此外土石坝体型较大，堆石填筑方量多达数百至数千万立方米，按传统的检测方式，原位检查次数将达上千次，严重影响施工进度，导致坝体填筑施工现场检测评定与施工进度产生矛盾，且施工机械化程度越高，这种矛盾就越突出。

近年来随着智能化信息技术的迅猛发展，基于全过程精细化控制的大坝填筑碾压施工过程智能监控系统已在土石坝得以广泛地研究和应用，但是目前水利工程中尚无专门的大坝碾压施工过程信息化标准规范可供参考实施，建立健全大坝碾压施工过程信息化标准规范可为大坝填筑过程的实时智能化监控工作提供技术指导与支撑。

5.2.3 与先进技术的衔接问题

目前水利部已经规划、颁布了智慧水利、数字孪生流域及数字孪生工程的相关指导性文件，未来一段时间，基于多源异构大数据挖掘与应用的水利工程的智能化、智慧化将会蓬勃发展。在这样的大背景下，开发应用具有实时性、连续性、自动化、高精度的土石坝施工质量实时监控系统迫在眉睫，也是高土石坝建设发展的必然趋势。现有大坝填筑施工智能化监控系统中运用比较成熟的是利用高精度定位技术进行碾压施工关键环节实时监控，关乎水利工程运行安全可靠的质量评价智能化水平仍相对较低，存在着坝料级配特性智能感知程度差、坝料压实特性感知技术较差、施工过程重要信息耦合挖掘分析与应用程度低以及常规的土石坝坝料压实质量评估模型适用性较差等诸多难题。

未来碾压式土石坝填筑施工全过程智能化管理系统需要引入图像识别技术、BIM＋GIS＋IoT 技术以及神经网络等先进技术，重点聚焦坝料级配智能感知、坝料压实度实时感知、非对称施工信息耦合挖掘分析及多层次综合评价的坝料压实质量评价模型的研发，并结合具体的土石坝填筑施工过程，形成碾压式土石坝填筑施工过程实时监控系统的关键技术，进一步完善土石坝填筑压实质量的多层次综合评价体系，为解决目前大坝填筑施工质量评价与控制的难题提供重要支撑，为水利工程的长期安全可靠运行、社会经济效益发挥提供重要保障。

6 结语

利用高速发展的智能化技术赋能传统的土石坝筑坝技术，提升土石坝筑坝技术的智能化与智慧化程度，是现阶段数字孪生工程建设与智慧化筑坝的发展趋势。本文回顾了新疆土石坝筑坝技术的发展历程，通过典型案例分析了数字化筑坝过程中的经验与启示，提出了数字孪生工程建设与智慧化筑坝中存在的技术难点及展望。

目前，我国土石坝智能化筑坝技术已逐渐由探索阶段向系统化发展阶段过渡，未来一段时间，数字孪生流域及数字孪生工程的建设也将蓬勃发展。在这样的大背景下，随着理论研究、技术手段、工程实践等方面的不断深入，相关智能化标准规范的逐渐完善，智慧化筑坝建设水平将会达到一个新的高度。

参考文献

[1] 李江，柳莹，刘生云，等．新时期新疆水库大坝建设的主要问题与对策建议［J］．干旱区地理，2020，43（6）：1409－1416.

[2] 李江，柳莹，吴涛，等．新疆水库大坝 70 年建设成就［J］．中国水利水电科学研究院学报，2020，18（5）：322－330.

[3] 马桂英．新疆克孜尔水库大坝运行管理评价［J］．河南科技，2010（18）：122.

[4] 杨长征，王钧，洪迎东，等．乌鲁瓦提水利枢纽工程混凝土面板砂砾石堆石坝坝体填筑施工技术［J］．水利水电技术，2003（12）：8－13.

[5] 马建设．新疆“635”水利枢纽工程主坝段黏土心墙施工管理与质量控制［J］．陕西水力发电，2000（1）：46－48，63.

[6] 白建军，李鹏，李旨强．恰甫其海水利枢纽工程黏土心墙坝填筑施工［J］．水利水电技术，2006（11）：28－36.

[7] 王泉，周怡文．新疆吉林台一级水电站大坝施工管理及施工技术［C］//高寒地区混凝土面板堆石坝的技术进展论文集，2013：107－111.

[8] 喻济时．新疆大河沿水库大坝填筑料工程特性研究［J］．土工基础，2021，35（4）：535－538.

[9] 刘勇军，张正勇，唐德胜，等．阿尔塔什混凝土面板堆石坝施工中新技术应用及成果［C］//水电水利规划设计总院，等．土石坝技术 2019 年论文集，2021：261－266.

[10] 陈健，张正勇，石永刚．阿尔塔什深厚覆盖层高面板坝智能化建设与探索［C］//中国大坝工程学会 2019 学术年会论文集，2019：651－659.

[11] 李梦，孙阳．大石峡水利枢纽工程BIM+GIS平台建设［J］．西北水电，2021（6）：146-150，167.

[12] 宋晓建，裴彦青，赵宇飞，等．大石峡水利枢纽工程智慧建设总体规划与顶层设计［J］．水利规划与设计，2021（5）：5-13，40，93.

[13] 刘耀儒，侯少康，程立，等．水利工程智能建造进展及关键技术［J］．水利水电技术（中英文），2022，53（10）：1-20.

[14] 黄声享，刘经南，吴晓铭．GPS实时监控系统及其在堆石坝施工中的初步应用［J］．武汉大学学报（信息科学版），2005（9）：813-816.

[15] 马洪琪．糯扎渡高心墙堆石坝坝料特性研究及填筑质量检测方法和实时监控关键技术［J］．中国工程科学，2011，13（12）：9-14.

[16] 马洪琪，钟登华，张宗亮，等．重大水利水电工程施工实时控制关键技术及其工程应用［J］．中国工程科学，2011，13（12）：20-27，2.

[17] 孙国兴，韩兴，张鹏，等．数字化监控系统在长河坝大坝填筑施工中的应用［C］//中国大坝协会2014学术年会论文集，2014：671-677.

[18] 方浩，叶小川，王现明．两河口水电站智慧大坝应用研究［J］．中国电力企业管理，2022（3）：30-31.

[19] 康向文．双江口水电站接触黏土料碾压试验及智慧化应用［J］．人民长江，2020，51（S1）：215-218.

[20] 刘经彪，张良平．质量智能监控系统在双江口砾石土心墙堆石坝施工中的初步应用［C］//四川省水力发电工程学会2018年学术交流会暨“川云桂湘粤青”六省（区）施工技术交流会论文集，2018：243-249.

[21] 郭成，吴先俊，康向文，等．双江口水电站智能大坝工程研究与建设［C］//中国土木工程学会2017年学术年会论文集，2017：529-536.

[22] 王志坚，孟涛，杨正权，等．土石坝填筑施工质量控制关键技术研究与应用［C］//．水库大坝高质量建设与绿色发展——中国大坝工程学会2018学术年会论文集，2018：608-623.

[23] 李江，柳莹，杨玉生，等．大石门水利枢纽设计若干关键技术问题研究［J］．水利规划与设计，2022（9）：77-84，95.

[24] 袁磊，马洪玉，吴俊杰．玉龙喀什水利枢纽工程超高面板堆石坝变形控制设计［J］．云南水力发电，2022，38（6）：132-137.

[25] 詹超．库尔干水库枢纽大坝结构设计研究［J］．黑龙江水利科技，2020，48（6）：114-117.

[26] 雷震霄．浅谈莫莫克水利枢纽工程混凝土面板坝设计［J］．陕西水利，2020（9）：245-247.

[27] 赵宇飞，刘彪，王毅，等．基于数字图像处理的土石坝坝料合格性智能检测方法［J］．水利学报，2022，53（10）：1194-1206.

[28] 刘彪．碾压式土石坝填筑施工质量实时评价方法研究与应用［D］．北京：中国水利水电科学研究院，2022.

[29] 宋自飞，赵宇飞，聂勇，等．基于BIM技术的土石方填筑精细化监控技术［J］．水电与抽水蓄能，2019，5（3）：12-17.

大石峡水利枢纽工程特高面板坝关键技术综述

汤洪洁[1] 裴彦青[2] 苗 喆[3]

（1. 水利部水利水电规划设计总院 2. 新华水力发电有限公司
3. 中国电建西北勘测设计研究院）

摘 要： 大石峡水利枢纽是我国“十三五”期间172项节水供水重大水利工程之一，最大坝高247m，为在建和已建世界第一高混凝土面板砂砾石坝。该坝的物料设计与安全性标准、大坝变形控制和变形协调控制综合措施、大坝结构设计、抗震技术、混凝土研究、信息化“智慧工程”等均处于世界领先水平，大石峡水利枢纽工程建设为300m级特高混凝土面板坝的建设提供理论基础、应用技术和工程经验，同时也满足智慧水利、“数字中国”的建设需求。

关键词： 大石峡 特高混凝土面板坝 关键技术 创新点

1 概述

大石峡水利枢纽工程位于新疆阿克苏河一级支流库玛拉克河中下游的大石峡峡谷河段。工程主要由混凝土面板砂砾石坝（最大坝高247m）、开敞式岸边溢洪道、泄洪排沙洞、排沙放空洞、发电引水系统以及生态放水设施等组成。水库正常蓄水位1700m，水库总库容11.7亿m^3，水电站装机容量750MW，多年平均发电量18.93亿kW·h，工程等别为Ⅰ等大（1）型工程，总投资89.97亿元，施工总工期为102个月。

本工程是我国“十三五”期间172项节水供水重大水利工程之一，具有生态供水、灌溉、防洪、发电等综合效益。同时也是国家首批实施3P模式（政府与社会资本为提供公共产品或服务而建立的公私合作模式，public-private-partnership，也称PPP模式）建设的重点水利工程之一。

工程具有“五高”“一新”“三复杂”的特点。“五高”：高坝、高边坡、高地震烈度、高泄洪流速、高挖填强度等；“一新”：管理模式新，采用3P模式；“三复杂”：地形地质复杂、自然气候复杂、社会环境复杂。

2 工程建设条件及技术难点

该工程地处阿克苏地区乌什县与温宿县交界的库玛拉克河上，工程坝址区地形地貌复杂，河谷极不对称，且自然环境也较恶劣，寒冷、干旱少雨、高蒸发、大风、昼夜及季节性绝对温差较大，河道为高泥沙河流，推移质较多。坝址区场地地震设防烈度高，基岩峰值加速度（校核）0.365g/0.436g；大坝主要坝料为砂砾石和灰岩堆石料，砂砾石料场分布范围大、厚度薄、细粒含量高且变化大，灰岩堆石料饱和抗压强度分布离散，筑坝工艺、质量控制难度极大。在水力学设计方面，深孔排沙放空洞塔前最大挡水水头130m，工作弧门运行水头约129m，工作水头高、运行频繁、出口挑流鼻坎流速最大达到50m/s。其工程技术难点如下：

(1) 大石峡水利枢纽工程最大坝高247m，工程规模大，施工周期长，合理使用年限达150年。本工程为世界最高混凝土面板砂砾石坝，超过已建世界第一高混凝土面板堆石坝水布垭水电站大坝14m，超过已建世界第一高混凝土砂砾石坝秘鲁查戈拉水库大坝36m，超过已建国内第一高混凝土面板砂砾石坝吉林台水电站大坝90m，为世界已建、在建最高的混凝土面板坝，大坝坝高突破现行所有规范的适用范围，大坝渗透安全性和抗震安全性要求高，变形规律复杂，变形及变形协调控制难度大，坝体结构设计难度极大。

砂砾料料场分布范围大、厚度薄、细粒含量高且变化大，受其自然沉积的特点砂砾料级配不均一、离散性问题较突出；灰岩堆石料的饱和抗压强度38～107MPa，跨度较大。故需对大坝物料性能进行多项专题试验研究，为大坝应力及变形计算及坝体结构设计提供准确的计算参数。

(2) 强震作用下的大坝抗震安全性和抗震措施、百米级高耸进水塔结构的抗震安全性、工程边坡的抗震安全性等问题突出。强震作用下的计算理论异常复杂，国内众多知名学者计算模型、计算理论和计算结果均有所不同，个别差异还较大，为此充分论证大坝及其他建筑物的地震动反应性能非常必要。

强震作用下的堆石坝的抗震安全性和抗震措施、百米级高耸进水塔结构的抗震安全性、工程边坡的抗震安全性均需专门研究，高坝抗震措施还需结合大型振动台模型试验进一步论证。

(3) 高推移质、高速水流抗冲耐磨等关键部位易裂易损耐久性差等难题。采用复合融合技术，超强混凝土、复合保温防渗材料、纤维材料、纳米材料，研究开发超高强度（抗拉强度超过12MPa)、超高韧性混凝土具有理论和现实意义。

(4) 防渗面板结构在严酷环境下的安全性和耐久性、结合骨料碱活性等问题，对混凝土高掺活性材料进行系统性研究，提升水利行业混凝土技术水平。防渗面板结构在严酷环境下的安全性和耐久性，包括外部环境影响下的面板裂纹（缝）产生规律和产生机理，施工期的抗裂和防裂控制（干缩裂缝、温变裂缝)，长期运行的防渗结构的抗冻等耐久性保护研究；大坝150年的设计生命周期内，长效安全运行的控制指标难以确定；另外，结合骨料碱活性问题，拟对混凝土高掺活性材料进行系统性研究，提升水利行业混凝土技术水平。

(5) 本工程规模大，建筑施工交叉作业面极多，施工和建设管理难度极大。要结合北斗、BIM、GIS、区块链、人工智能、物联网、数据交换等技术，创新建立为智慧应用提供智慧应用运行支撑环境、人工智能支撑能力、关键通用模块的智慧工程建设管理系统，研发1管理云平台＋4管理业务应用集群＋5系统智能化控制系统＋10大专业辅助中心的大石峡水利枢纽工程建设智慧管理云平台，实现多层级、多角色、多业务一体化应用管理。同时，关注、研发、推广智能无人驾驶振动碾机群、智能管理机器人、智能管道观测机器人、智能水下观测机器人、智能混凝土振捣机器人等高端智能化设备的研发与应用。

3 高面板坝关键技术问题和解决措施

3.1 高面板坝关键技术问题

（1）大坝坝料试验研究。大石峡水利枢纽工程大坝总填筑量约 2200 万 m^3，其中砂砾石料填筑量约 1300 万 m^3，块石料填筑量约 900 万 m^3。砂砾料料场分布范围大、厚度薄、细粒含量高且变化大，因自然沉积特点其砂砾料级配不均一、离散性问题较突出；灰岩堆石料的饱和抗压强度 38～107MPa，跨度较大。故需结合工程地形条件和坝料特性，同国内顶尖高校和科研院所合作，充分利用先进的试验理念和仪器设备，对大坝物料性能进行多项专题试验研究，为大坝应力及变形计算及坝体结构设计提供准确的计算参数。

1）低围压条件下砂砾料和堆石料静动力工程特性研究。针对低围压条件下砂砾料和堆石料抗剪性能，进行室内静动力大三轴试验、现场大型抗剪工程特性试验研究，并采用超大三轴试验研究砂砾石及堆石料的静动力本构模型参数以及缩尺效应对筑坝材料永久变形模型参数的影响规律，确定大坝主要填筑料的抗剪强度指标，为大坝分区设计和坝坡、坝体抗震安全性提供参数指标和技术支持。

2）现场原位大型荷载试验。开展砂砾料和主堆石料的现场大型荷载试验，研究试验坝料的应力变形和强度等综合特性，从而更可靠地确定材料强度和变形参数。

3）现场相对密度试验研究。密度和级配是砂砾料压实质量控制的关键参数，而根据已建工程经验，室内相对密度试验有较大的局限性。因此，需在现场补充开展砂砾料的现场大型相对密度试验，提出相应的控制指标，为坝料参数和控制指标的合理确定及施工质量控制提供可靠基础。

针对堆石料筑坝材料进行现场相对密度试验，为确定堆石体孔隙率和相对密度双控填筑标准提供依据，以保证大坝堆石料区和砂砾料区的变形协调。

通过 250m 级特高混凝土面板坝筑坝材料工程特性及工程应用技术研究，采用高精度电液伺服控制双向大型动三轴测试系统等先进仪器设备，对大石峡水利枢纽工程特殊筑坝材料进行系统性研究，为本工程乃至新疆片区面板坝筑坝材料的质量、安全控制和施工应用奠定了坚实基础。

（2）大坝变形量控制和变形协调控制。大石峡水利枢纽工程面板坝是世界在建的最高面板坝，河谷形状复杂，大坝变形量控制和变形协调控制难度大。针对上述工程难题，需总结已建超高面板坝变形情况、面板挠曲变形、脱空和挤压破坏等情况，开展特高面板坝变形控制和变形协调关键技术研究。

1）特高面板坝变形控制及变形协调措施研究。本工程由于坝址地形、筑坝材料及大坝分区等复杂因素影响，其变形控制和变形协调需引起高度重视，并进行针对性系统研究，提出减小大坝变形和协调坝体变形的工程措施，改善大坝应力变形条件，保障大坝和面板的应力变形安全。

2）基于施工期监测成果的大坝变形动态仿真反演。采用不同计算模型平行开展三维精细化有限元静、动力计算分析，并建立大坝变形等预测模型，对大坝监测数据进行反演分析，根据施工期、初期蓄水时段、运行期原型观测资料对工程进行反演分析，完善大坝变形的计算理论和方法。

通过面板坝变形控制、变形协调关键技术研究及变形动态仿真反演，提出针对性工程措施，实现大坝变形量可控和变形协调可控。

(3) 坝坡稳定。大石峡水利枢纽面板坝大量采用砂砾石料填筑，其低围压下抗剪强度明显低于灰岩堆石料，若内部某个面上的剪应力达到其抗剪强度，坝坡稳定平衡将遭到破坏，产生无法估量的后果，因此，坝坡在静、动力荷载及各种工况下的整体稳定性需要重视。采用以下方法进行分析。

1) 极限平衡法。将筑坝材料的抗剪强度考虑为非线性，计算坝坡在静荷载下坝坡安全系数，并将砂砾石料和灰岩堆石料的抗剪强度指标进行对比分析，以确定坝坡的稳定性。

2) 有限元分析法。地震期坝坡的稳定性分析采用有限元分析法，在有限元计算得到的坝体静应力和地震过程中每一瞬间的动应力基础上，分析坝坡的稳定性。

(4) 防渗结构应力变形安全。工程坝址区位于狭窄河谷，左岸陡峭，右岸存在古河槽且下部陡峻防渗面板及其接缝系统的受力条件差，需对大坝面板及其接缝系统的受力条件、应力变形进行专项研究，提出相应工程措施，为大坝防渗结构应力变形安全提供保障。

结合坝体流变、水位蓄泄循环及非线性一弹塑性分析的研究，模拟大坝实际运行条件，提出首次蓄水时面板、面板垂直裂缝、周边缝等防渗结构的变形，为止水结构设计提供参考依据；提出运行期大坝变形规律、流变和运行消落带等荷载作用下连接缝的变形、面板可能挤压的区域，为大坝设计优化提供依据。

(5) 坝体渗流安全。天然砂砾石料压实后变形模量高，后期变形（流变）小、细料含量高，透水性差、抗渗透破坏能力低，施工易造成砂砾石料粗细分离，渗透性存在显著的各向异性，坝体一旦出现渗流，容易产生渗透破坏。渗流安全控制对面板砂砾石坝至关重要。

大石峡水利枢纽面板坝坝体材料为砂砾料和堆石料，其渗透和渗透变形稳定性尤其重要，通过现场原位大型渗透试验和室内原级配渗透变形等砂砾料大型渗透变形试验研究，针对砂砾料抗渗透破坏能力低、渗流各向异性等问题，研究原级配情况下砂砾料的渗透特性，为大坝的渗透安全提供技术参数。

(6) 大坝抗震安全。大石峡水利枢纽工程坝址处地震烈度高，对大坝安全运行影响大。因此，需要对强震区大坝的整体稳定性防渗系统安全性进行系统性研究。

1) 离心机振动台模型试验。在大型离心机上开展振动台模型试验，主要研究大石峡水利枢纽面板坝的地震动力反应、地震永久变形以及坝坡的稳定特性，研究大坝不同抗震措施的有效性以及对极限抗震能力的影响。

2) 大坝极限抗震能力数值模拟研究。进行特高面板坝地震破坏标准研究、大坝极限抗震能力研究、抗震措施有效性及加筋布置方式研究。

在已有研究工作的基础上，利用大型离心机振动台，针对本工程的动力破坏模式和抗震加固措施开展相应的试验和研究，结合本次专项研究确定的试验参数，评价大坝的抗震安全性和极限抗震能力，对抗震工程措施优化提出建议。

3.2 解决措施

（1）大坝坝料填筑控制措施。为满足复杂环境下大石峡水利枢纽工程坝体的变形安全和渗流安全，对于砂砾料筑坝材料，设计填筑标准采用相对密度控制（$D_r \geqslant 0.90$）；主堆石料筑坝材料，采用孔隙率（$n \leqslant 18\%$）和相对密度（$D_r \geqslant 0.90$）双控填筑标准进行控制。

（2）大坝变形量控制和变形协调控制。

1）上游坝坡死水位以上和下游坝坡采用灰岩料，高围压区选用砂砾石料，兼顾坝体变形安全和渗流安全。

2）从渗流安全角度考虑，设置"∠"形排水体，兼顾坝坡稳定和砂砾料液化安全。

3）高趾墩下游侧增设胶结砂砾石增模区，减小高趾墩同筑坝材料间的变形不协调。

（3）大坝坝坡稳定措施。分别采用极限平衡法和有限元方法计算分析坝坡在静、动力荷载下的稳定安全系数，在充分研究各种物料性能的基础上，选择合适的坝料和施工控制参数，确保坝坡整体稳定性。

（4）大坝防渗结构应力变形安全措施。

1）河床部位设置高趾墙，减小面板应力。

2）左岸采用台阶状趾板，减小周边缝变形。

3）面板垂直缝附近和分期施工缝增加配筋，防止发生挤压破坏和错台。

4）利用现代建筑化学原理，研究制备面板及其接缝系统的新型防裂材料。

（5）大坝坝体渗流安全措施。设置"∠"形排水体，同时增设过渡反滤层，确保防渗体系局部破坏后坝体渗流安全。

（6）大坝抗震安全措施。

1）下游坝坡采用上缓、下陡的坝坡形式，提高坝顶部抗震性能。

2）下游堆石区采用块石料填筑，增加坝体下游坡面的抗滑稳定性。

3）对下游堆石区上部一定范围填筑料提出较高的要求，顶部一定高程范围内设置多层土工格栅并设置混凝土网格梁和浆砌石护坡封闭，以增加坝顶部位下游坡面的抗震稳定性。

4）坝顶高程计算中，计入坝高1%的附加地震沉陷。

4 工程技术创新点

4.1 标准创新

基于大石峡水利枢纽工程科研项目及智慧工程建设，形成200～300m级面板坝相关控制标准和智慧工程建设标准，主要关键技术及创新点概括如下。

（1）特高面板坝安全标准。通过对200m级以上超高面板坝的安全控制指标进行研究分析，提出超高混凝土面板坝设计安全标准、坝坡稳定安全标准、大坝变形及变形协调控制标准。

（2）特高面板坝抗震标准。大石峡水利枢纽坝址区地震设防烈度高，基岩峰值加速度大，通过特高混凝土面板坝抗震安全性和抗震措施有效性关键技术研究，对坝体抗震设计标准和抗震措施进行论证，为强震作用下250m级乃至300m级面板堆石坝提供可行性技术支撑。

（3）特高面板坝填筑和检测标准。通过大坝物料性能、填筑碾压和有限元分析，结合智能碾压控制系统以及大数据、区块链、物联网技术，提出大坝施工填筑质量控制标准和检测标准，并为300m级面板坝的建设提供理论和应用基础。

（4）智慧工程建设标准。依托大石峡水利枢纽工程智慧化建设，形成数据标准、支撑平台标准、应用标准、信息系统安全标准、业务应用标准、运行标准等六大标准体系结构。

1）数据标准，包含大石峡水利枢纽系统信息采集标准、大石峡水利枢纽系统信息交换标准、大石峡水利枢纽系统信息存储标准、大石峡水利枢纽系统信息分类与编码标准等四项标准。

2）支撑平台标准，包含大石峡水利枢纽云计算服务系统设计规范、大石峡水利枢纽分析计算模型技术导则等两项标准。

3）应用标准，包含大石峡水利枢纽系统开发规范、新疆大石峡水利枢纽系统应用集成规范、大石峡水利枢纽系统BIM应用统一标准等三项标准。

4）信息系统安全标准，包含大石峡水利枢纽信息系统安全规范一项标准。

5）业务应用标准，包含大石峡水利枢纽系统业务应用规程一项标准。

6）运行标准，包含大石峡水利枢纽系统运行管理规程一项标准。

4.2 计算理论创新

在现有研究工作基础上，利用前沿计算理论，对250m级大石峡水利枢纽高面板坝进行防渗、变形计算，极限抗震能力计算和大坝面板及大体积混凝土温控计算。

（1）防渗、变形计算。大坝坝高已突破现行规范适用范围，针对大石峡水利枢纽变形协调及结构设计难点，结合最新物料性能研究手段，确定大坝防渗和变形及变形协调相关参数，总结国内高土石坝计算经验结果，改进本构模型计算理论方法，提升高土石坝计算精度的可靠性。

（2）极限抗震能力计算。目前，超高面板坝的极限抗震能力没有统一标准可参考，中国水利水电科学研究院和南享水利科学研究院通过拟静力法、有限元法对大石峡抗震能力指标进行确定，初步提出了超高面板坝极限抗震能力评价方法。

（3）大坝面板及大体积混凝土温控计算。创造性采用数值仿真—理论计算—经验判断的技术路线，对大体积混凝土施工期温度应力进行全过程仿真计算，并采用规范规定的数值计算方法研究大坝面板施工期表面温度应力。

4.3 试验设备技术创新

目前，传统试验仪器设备已难以满足300m级超高面板堆石坝的相关项目研究。因此，大石峡水利枢纽工程联合相关科研单位采用前沿先进试验设备，并在原有设备上进行改进，以满足科研试验研究。

（1）为满足低围压条件下砂砾石料动力特性试验，采用高精度电液伺服控制双向大型动三轴测试系统。

（2）在原有设备基础上改进沉降仪及位移计，满足大石峡水利枢纽面板坝内部变形观测。

（3）采用扫描电子显微镜（SEM）、水化热仪、混凝抗冲磨试验机（水下钢球法）和旋转射流法混凝土冲磨试验仪等先进仪器，实现混凝土抗冲耐磨材料技术研究。

4.4 材料创新

为增强极端环境下混凝土结构的安全性和耐久性，研制新型面板混凝土防护涂层、混凝土抗冲耐磨材料、高掺活性材料混凝土和超高韧性复合性材料混凝土。科研成果可为大石峡水利枢纽工程混凝土耐久性提供技术支撑，并提升水利行业混凝土技术水平。

4.5 大坝观测技术创新

大石峡水利枢纽工程具有高差达300m的复杂工程边坡，采用基于卫星InSAR技术、北斗定位导航系统和无人机遥感观测系统的非接触式变形监测和安全预警技术，实现高边坡及大坝整个施工期和运行期点、线、面多角度及重点目标安全监测，也可配合智能锚杆、锚索技术对支护应力状态进行全面监测，监控高边坡的安全状况。

现有观测技术并不能满足大坝地下水渗流全面、实时监测，采用在原有技术基础上，采用创新性的热源能耗法监测大石峡面板坝坝后覆盖层渗流量，实现大坝坝后渗流的快速、准确、全面和实时监测。

水库蓄水后，大坝面板受水压力及坝体沉降等影响可能会产生变形或裂缝。水下面板监测无疑是一大难题，拟研发水下机器人对大坝面板运行状态进行监测，为大坝安全运行提供直观、可靠依据。

4.6 智慧工程研发及应用创新

研发建设管理云平台＋4管理业务应用集群＋5系统智能化控制系统＋10大专业辅助中心的大石峡水利枢纽工程建设智慧管理云平台。主要建设特点及创新点概括如下：

（1）BIM＋GIS＋AI技术深度应用，实现施工过程精细化、智能化管理。

（2）基于工程建设物联技术、BIM技术及施工过程实时精细化管理系统，建立“管理平台在‘云’、施工过程实时监控在‘中’、工程建设管理信息感知在‘底’”的三层管理模式。

（3）实现“数据一个源、施工一张图、业务一条线、管理一张网”，达到工程建设各参建单位协调共享的高效管理。

（4）智能机器人的研发及应用。

阿尔塔什水利枢纽工程混凝土面板砂砾石大坝堆石体填筑标准研究与应用

范金勇

（新疆水利水电勘察设计研究院有限责任公司）

摘　要： 鉴于强震区 200m 级超高混凝土面板堆石坝建设期地震动参数调整提高，坝体抗震能力有所降低，从而引出采用单指标孔隙率 n 难以控制堆石体变形，提出了一种适合高震区中硬岩填坝的新型抗震措施，通过双指标控制堆石体填筑标准，增加堆石体碾压遍数，并进行静动力计算和抗震稳定分析复核后，表明采用双指标控制堆石体填筑，坝体变形量有所减小，抗震稳定性有一定提高。同时，通过将坝体变形监测资料与国内外同类型工程比较发现，采用双指标控制堆石体变形，更好地满足超高坝堆石体变形控制要求。

关键词： 混凝土面板堆石坝　双指标控制　孔隙率　相对密度　新型抗震措施

混凝土面板堆石坝因诸多优点一直以来被作为重点坝型，深受水利界的青睐。20 世纪 70 年代后期，随着我国经济建设不断发展，科学的管理方式及重型机械应用于水利工程施工建设中，堆石体变形控制的压实指标有了显著提高，更利于设计人员进行变形控制设计，使得堆石坝被广泛应用，在建数量以及坝体高度都屡有突破。仅仅 40 年左右，我国已建与在建的堆石坝就已超过 500 余座。阿尔塔什水利枢纽工程作为“十三五”国家重点水利工程，工期历时 74 个月，然而，在建设中后期坝体填筑至高程 1795.00m 时，距离坝顶仅有 30m，因地震区划图调整，所有地震动参数均有所提高，导致大坝极限抗震能力有所降低。为了提高高程 1795.00～1825.00m 范围内堆石体抗震能力，本文采用现场原型相对密度检测法针对填筑料使用的中硬岩进行填筑标准的研究。现场试验结果发现相同孔隙率的堆石料，由于级配的差异，其压实程度并不一致，难以准确进行大坝的变形控制。因此，提出采用孔隙率 n 与相对密度 D_r 双指标控制本工程堆石体变形量，通过增加碾压遍数提高高程 1795.00m 以上坝顶堆石区填筑标准，以提高该区域的整体模量，通过三维有限元进行坝体变形及抗震复核验证双指标控制坝体变形的可行性，最终达到提高抗震能力的目的。

1　工程概况

本工程主要承担下游灌溉、防洪与发电等任务。正常蓄水位 1820m，大坝高 164.8m，挡水高度 258.8m（包含 94m 覆盖层防渗墙段），主水电站装机总量为 700MW，生态水电站装机总量为 55MW，属于Ⅰ等大（1）型工程。本工程由挡水建筑物、泄水建筑物、引水发电系统等建筑物组成。坝址区地震基本烈度为8度，大坝抗震设计烈度为9度，设防类别为甲类，按100年超越概率2%设防，100年超越概率1%校核。大坝在填筑过程中，当填筑至高程1795.00m时，因地震区划图调整，本工程坝址区50年超越概率10%的场地基岩地震动峰值加速度由179.9gal调整为191gal，100年超越概率2%基岩峰值加速度由320.6gal调整为375gal；100年超越概率1%基岩峰值加速度由386.5gal调整为440gal。根据各自功能不同坝体主要分区为7个区，从上至下分别为1B盖重区、1A铺盖区、2A垫层料区、3A过渡料、3B上游砂砾石料区、3C爆破料区、3E排水带区。其坝体标准横剖面见图1。

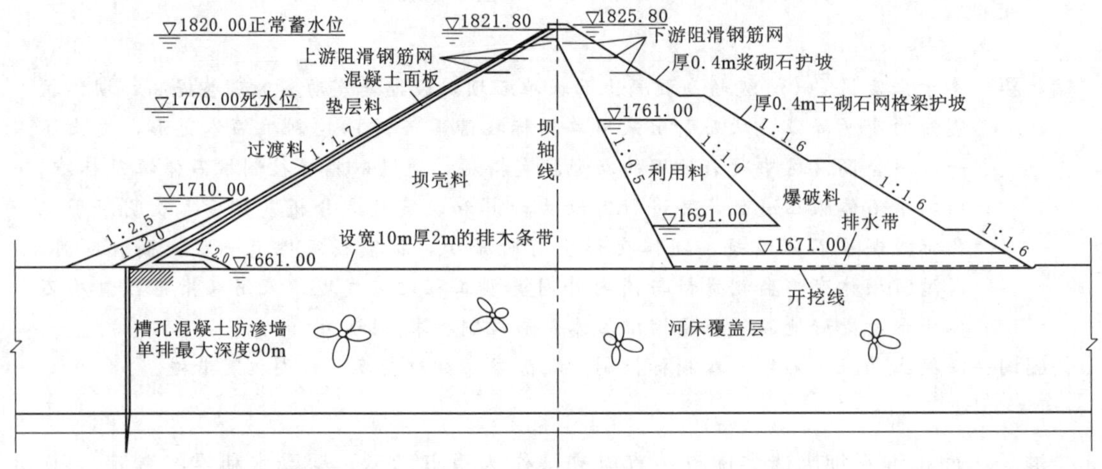

图1 本工程坝体标准横剖面图

2 现场碾压试验

我国作为水利工程大国，其中一些已建与在建的面板堆石坝在运行期间坝体因较大不均匀沉降变形导致防渗体破损，甚至部分工程还出现了防渗体挤压破坏等问题，以及震后坝体开裂下游边坡出现小范围滑坡等情况。对于堆石体的填筑标准，SL 228、NB/T 10871、SL 274规定采用孔隙率n控制。然而堆石料变形特性取决于母岩强度、级配特性，密实程度等因素。由于级配差异，导致采用相同孔隙率标准控制的堆石体碾压参数、密实程度差别较大。正如本工程大坝次堆石区采用的爆破料为灰岩（属中硬岩），堆石区原设计指标孔隙率$n \leqslant 19\%$，最大粒径$D_{max} \leqslant 600$mm，小于5mm含量小于20%。小于0.075mm含量小于5%。不均匀系数$C_u > 25$，且级配连续。采用原设计填筑指标$n \leqslant 19\%$及通过现场碾压试验确定的最优碾压参数，利用32t自行式振动平碾，铺料厚度为80cm、洒水10%时加水按体积法控制、振动碾激振碾压8遍，行车速度3.0km/h以内进行碾压。通过现场大型密度桶法检测可知，原设计填筑指标对应的孔隙率$n \leqslant 19\%$满足设计指标要求，相对密度D_r为0.7～0.9，可见同种材料在孔隙率n满足设计要求时，因级配的差异，其压实程度并不一致。主堆石区砂砾料控制标准采用$D_r \geqslant 0.9$，造成主、次堆石区控制标准差异较大，难以准确进行大坝的变形控制。

鉴于此，本工程还剩 30m 填筑至坝顶，考虑过对新填筑顶部 30m 堆石体灌浆、加密阻滑钢筋网层数、采用钢筋混凝土整体包头、增加碾压遍数等措施来提高坝顶抗震能力，结合现场实际施工情况通过比选分析，最终确定现场提高堆石体碾压遍数，在不影响工期的前提下既满足施工要求，又是最经济的方案，因此，提出一种适用于高震区堆石坝的新型抗震措施，通过增加碾压遍数控制坝顶堆石区孔隙率 n 与相对密度 D_r 两个填筑指标，来提高该区域整体模量，从而提高坝体抗震能力。现场采用设计提供的上包线、下包线进行配料，见图 2。

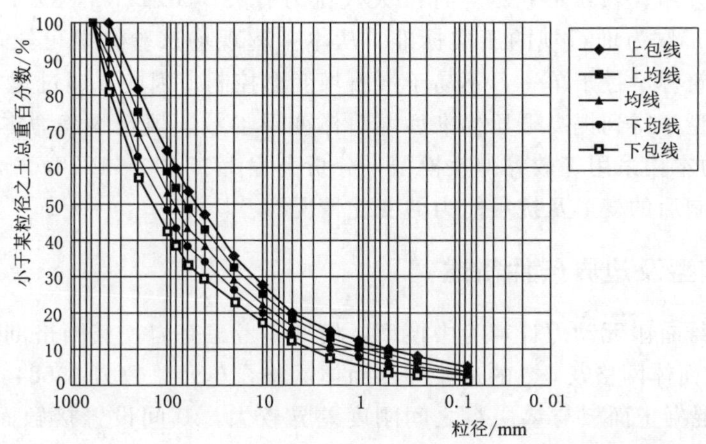

图 2　现场采用设计提供的上包线、下包线进行配料曲线图

将上述堆石料在高程 1795.00m 平台进行划区摊铺，碾压增加至 10 遍，其余碾压参数均不变，试验堆石料小于 5mm 含量为 12.0%～16.7%，平均值为 13.5%，小于 0.075mm 含量为 2.1%～5.0%，平均值为 3.2%，平均级配曲线不均匀系数 C_u 为 60.81，曲率系数 C_c 为 5.40，均满足设计要求。现场施工机械对 10 组预埋密度桶中原级配粗颗粒料进行碾压，现场碾压 10 组颗粒级配曲线与设计包络线汇总见图 3。

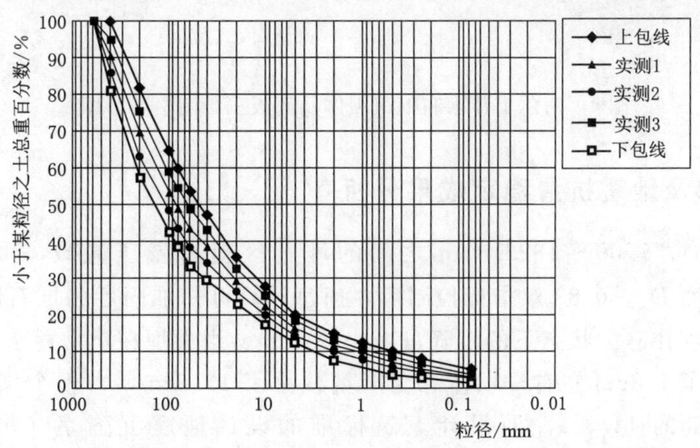

图 3　现场碾压 10 组颗粒级配曲线与设计包络线汇总图

通过提高碾压遍数，10 个探坑中的孔隙率 n 均满足原设计 $n \leqslant 19\%$ 的要求，相对密度 D_r 整体有所提高。同时，为了便于控制剩余 30m 填筑质量，最终采用孔隙率 $n \leqslant 18.4\%$ 与相对密度最小值 $D_r \geqslant 0.83$ 的双指标控制，高程 1795.00m 以上现场堆石区碾压试验采用原碾压参数、振动碾激振碾压增加至 10 遍。

3 坝体变形及抗震能力复核计算

Hardin 提出粗粒土压缩模量与竖向有效压应力、相对密度、初始孔隙比、粗粒土级配状态、矿物成分因、颗粒形状因、标准大气压力有关；SL 228、NB/T 10871、SL 274 规范中以孔隙率 n 作为堆石坝的压实标准。从本工程现场试验结果可知，采用孔隙率 n 作为堆石体的填筑标准过于单一，不易于堆石坝变形控制。因此，通过建立坝体、覆盖层的三维有限元模型，得到提高碾压标准后堆石体变形参数，填筑料静力本构采用邓肯-张 E-B 模型，动力本构采用等效黏弹性模型，分析高程 1795.00～1822.00m 范围内的堆石体采用双指标控制后的变形及抗震能力的变化情况。

3.1 有限元模型及边界条件简述

本工程的三维有限元动力计算为中模型，模型不考虑基岩，其网格剖分见图 4，整体模型为 95% 的六面体网格及 5% 的过渡性四面体网格，单元总数为 29684 个，节点总数为 32889 个。由于混凝土面板与垫层料之间刚度差异较大，其间设置接触面单元共计 2842 个。将坝体两岸岸坡底部和 94m 覆盖层下部所有节点进行全约束。

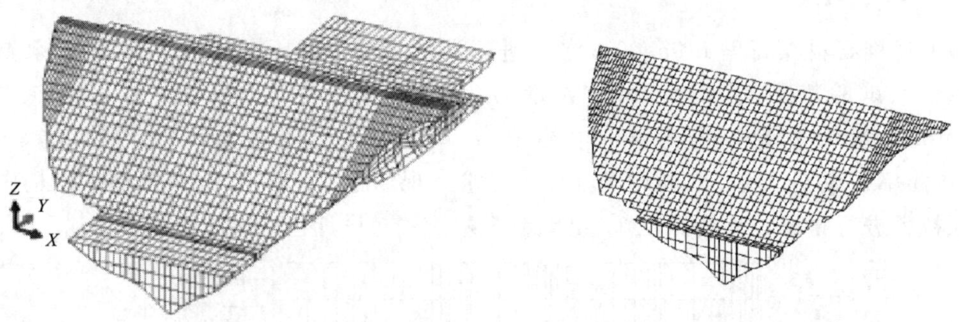

图 4 阿尔塔什水利枢纽坝体及面板三维网格剖分图

3.2 坝体变形及地震抗滑稳定成果分析

对坝顶高程 1777.00～1822.00m 之间的堆石区提高碾压遍数，采用孔隙率 $n \leqslant 18.4\%$，相对密度 $D_r \geqslant 0.83$ 双指标控制后，通过计算可知加固后的堆石区沉降变形有较大改善，可使大坝在静力状态下的沉降量减小约 6cm。当大坝在正常蓄水位遭遇设计地震时永久变形减小了 7.8cm 左右，坝体总变形量减小了 13.8cm，占整个坝高 164.8m＋覆盖层 94m 变形量的 14.3%。原设计填筑标准的设计地震沉陷率（包含覆盖层）为 0.344%，加固后设计地震沉陷率（包含覆盖层）为 0.291%，减小了 0.05%。

采用原设计单指标孔隙率 n 控制坝体变形时，原设计地震烈度坝体边坡稳定满足设计要求（见表1）。根据最新地震安全性评价成果设计与校核地震动峰值加速度均提高后，还采用原设计孔隙率 $n \leqslant 19\%$ 的控制指标进行填筑后可以得出，正常蓄水位遭遇设计地震与校核地震时，坝坡抗滑稳定性有所降低（见表1、图5）。由于地震动峰值加速增大，坝顶最后30m填筑时碾压标准采用孔隙率 $n \leqslant 18.4\%$ 和相对密度 $D_r \geqslant 0.83$ 两个指标更便于控制，碾压遍数由8遍提高到10遍。下游坝坡顶部抗滑稳定性最终均有所提高且满足规范要求（见表1、图6）。

表1　坝体地震工况下游坝坡抗滑稳定性表

抗震措施	计算工况	下游坝坡	规范允许值
单控 n 提高前	正常蓄水位＋原设计地震	1.392	1.20
	正常蓄水位＋原校核地震	1.281	
	正常蓄水位＋设计地震提高后	1.302	
	正常蓄水位＋校核地震提高后	1.213	
双控 n、D_r 提高后	正常蓄水位＋设计地震提高后	1.353	
	正常蓄水位＋校核地震提高后	1.254	

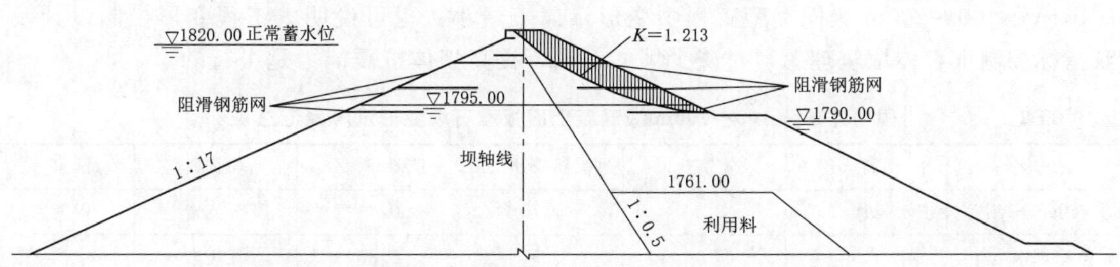

图5　单控 n 正常蓄水位＋校核地震提高后计算成果图

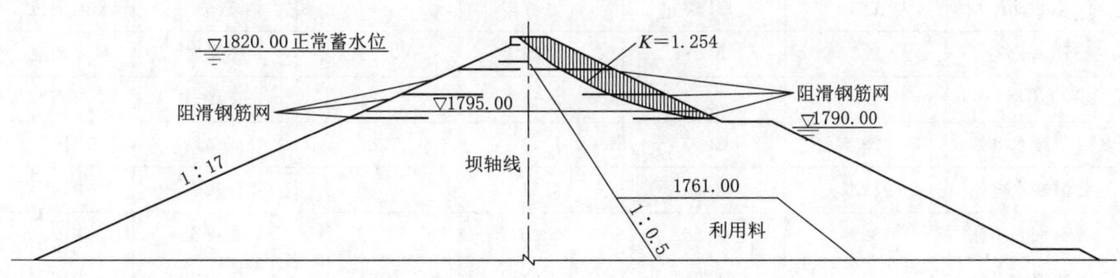

图6　双控 n、D_r 提高后正常蓄水位＋校核地震示意图

4　监测资料分析

阿尔塔什水利枢纽工程于2015年11月下旬截流，2020年5月29日大坝主体工程完工，计划2021年5月底工程完工，总工期为74个月，2021年8月工程全部机组并网发电进行涉网调试。采用孔隙率 n、相对密度 D_r 双指标控制高程1795.00～1822.00m范围内爆破料压实标准后，目前坝体已经历了两个汛期及多次大幅度水位变动考验，以下是2022年10月坝体在正常蓄水位时最大剖面0＋475断面水管式沉降仪沉降量分布情况。

根据坝体分区可知靠近坝轴线上游为砂砾料填筑区，由于砂砾料填筑标准要求 $D_r \geqslant 0.9$，因此该区域变形量较少最大值为 55.86cm（包含覆盖层）。靠近坝轴线下游为爆破料填筑区，由于高程 1795.00m 以下填筑标准要求孔隙率 $n \leqslant 19\%$，次堆石区靠近覆盖层变形量最大值为 78.93cm（包含覆盖层），坝轴线上游砂砾料区变形量明显比坝轴线下游爆破料堆石区小，这两个区域采用两种变形控制指标使得同为覆盖层上的坝体变形不一致。高程 1795.00～1822.00m 范围内填筑标准要求孔隙率 $n \leqslant 18.4\%$，相对密度 $D_r \geqslant 0.83$，最大变形量 18.35cm，顶部 30m 范围均采用同一标准填筑，受坝轴线下部爆破料堆石区变形影响，上、下游沉降差仅为 4.6cm，充分表明两种填筑标准对坝体变形控制的差异。

5 国内外同类型工程对比

本工程坝体砂砾料填筑要求相对密度 $D_r \geqslant 0.9$，爆破料填筑要求孔隙率 $n \leqslant 19\%$，同时在高程 1795.00～1822.00m 范围内填筑标准采用孔隙率 $n \leqslant 18.4\%$，相对密度 $D_r \geqslant 0.83$ 的要求进行变形控制。国内外部分 100～200m 级混凝土面板堆石坝变形沉降量汇总见表 2，从表 2 中看出，大坝沉降变形量基本在坝高的 1.0%左右。本工程截至目前大坝总沉降量为 78.93cm，占坝高的 0.305%（坝高 164.8m+94m 覆盖层），这在表 2 中所列的国内外 100～200m 级同类型工程中变形量属于最小，也可说明本工程变形控制设计及双指标控制堆石体填筑理念，对减少坝体变形、提高坝体抗震能力是可行的。

表 2　国内外部分 100～200m 级混凝土面板堆石坝变形沉降量汇总表

工程名称	坝高/m	宽高比	最大沉降量/cm	沉降率/%	堆石料	国家
Glevard 坝	110	2.50	0.75	0.68	石英岩	伊朗
苗家坝水电站	110	3.16	0.91	0.83	凝灰岩	中国
Potrerillos 坝	116	3.41	0.82	0.71	石灰岩	阿根廷
Turimiquire 坝	115	3.57	—	—	灰岩	委内瑞拉
Reece 坝	122	3.07	0.23	0.19	辉绿岩	澳大利亚
Ita 坝	125	7.04	—	—	玄武岩	巴西
引子渡水电站	129.5	2.06	1.10	0.85	灰岩	中国
公伯峡水电站	132.2	3.25	0.51	0.39	石灰岩	中国
珊溪水利枢纽	132.5	3.38	0.95	0.72	凝灰岩	中国
九甸峡水电站	136	1.71	1.24	0.91	石灰岩	中国
Los aracoles 坝	136	4.45	1.01	0.74	石灰岩	阿根廷
马鹿塘水电站	154	3.20	1.50	0.97	花岗岩	中国
紫坪铺水利枢纽	156	4.26	0.71	0.46	石灰岩	中国
吉林台一级水电站	157	2.83	0.59	0.38	凝灰岩	中国
滩坑水电站	162	3.13	0.81	0.50	凝灰岩	中国
洪家渡水电站	179.5	2.38	1.24	0.69	灰岩	中国
三板溪水电站	185	2.29	1.05	0.57	粉砂岩	中国

6 结论

(1) 本工程因地震区划图调整使得坝体抗震能力降低，结合现场试验，采用相对密度和孔隙率对坝体变形进行双指标控制，现场只需将碾压遍数由8遍提高到10遍，施工和经济性均可行。结合三维静、动力有限元研究提高坝顶堆石区填筑标准或增加碾压遍数，坝顶附近堆石区的变形有较大改善；坝体变形量减小约6%～8%；可以明显提高下游坝坡抗震能力，对大坝抗震安全是有利的。

(2) 工程历时74个月于2021年8月工程全部机组并网发电进行涉网调试，通过监测资料与国内外100～200m级同类型工程比较可知，坝体变形量在同类型工程中属最小，表明采用孔隙率 n 与相对密度 D_r 双指标控制堆石体填筑，对减小坝体变形是有利的。

(3) 对于强震区堆石体填筑时采用双指标控制，可有效确保堆石体的填筑质量，现行规范采用单一指标孔隙率 n 控制堆石体的压实程度不利于超高堆石坝体变形控制。本工程现场碾压试验及变形监测成果均表明堆石体填筑采用孔隙率 n 和相对密度 D_r 双指标控制变形设计，更易于确保堆石填筑质量。

参考文献

[1] 吴俊杰．阿尔塔什水利枢纽工程混凝土面板堆石坝抗震工程措施及静、动力有限元计算分析[J]. 水利水电技术，2019，50 (12)：130-137.

[2] 邓铭江，吴六一，汪洋，等．阿尔塔什水利枢纽坝基深厚覆盖层防渗及坝体结构设计 [J]. 水利与建筑工程学报，2014 (2)：149-155.

[3] 汪洋，曲苓．阿尔塔什水利枢纽混凝土面板砂砾石堆石坝设计及主要工程特点 [J]. 水利水电技术，2018，49 (S1)：4-9.

[4] 范金勇．阿尔塔什深厚覆盖层上高面板砂砾石堆石坝坝体变形控制设计 [J]. 水利水电技术，2016，47 (3).

[5] 徐泽平，郭晨．高面板堆石坝面板挤压破坏问题研究 [J]. 水力发电，2007，33 (9)：80-84.

[6] 魏寿松．天生桥一级大坝面板竖缝的挤压破损原因初探 [J]. 云南水力发电，2004，20 (1)：27-33.

[7] 罗光其，杨泽艳，段伟，等．洪家渡水电站一期面板裂缝成因分析 [C] // 中国水力发电工程学会水工专委会学术交流会议，2004.

[8] 姜魁胜．三板溪水电站大坝面板破损处理及安全运行分析 [J]. 云南水力发电，2013，29 (5)：128-132.

[9] 李毅，李颖，白海林，等．云南龙马水电站大坝渗漏成因分析及处理 [J]. 西北水电，2011 (B9)：57-61.

[10] 杨星，刘汉龙，余挺，等．高土石坝震害与抗震措施评述 [J]. 防灾减灾工程学报，2009，29 (5)：583-590.

[11] 李和伟，高鹏．浅述PBM混凝土在紫坪铺大坝面板水下裂缝处理中的运用 [J]. 四川水力发电，2008 (S3)：118-120，123.

[12] 张正勇，包永侠，唐德胜．阿尔塔什大坝堆石料相对密度研究和施工应用 [J]. 水力发电，2018，44 (2)：40-51.

[13] 冯冠庆，杨荫华．堆石料最大指标密度室内试验方法的研究 [J]. 岩土工程学报，1992，14 (5)：

37－45.

［14］ 王红刚，谭小军．长河坝水电站响水沟堆石料碾压试验及成果分析［J］. 四川水力发电，2013，32（3）：12－16，228.

［15］ HARDIN B O. 1－D Strain in normally consolidated cohesionless soils［J］. Journal of Geotechnical Engineering，ASCE，1987，113（12）：1449－1467.

［16］ 朱晟．高面板坝堆石体的填筑质量控制指标研究与应用［J］. 岩土工程学报，2020，42（4）：610－615.

［17］ 朱晟，钟春欣，郑希镭，等．堆石体的填筑标准与级配优化研究［J］. 岩土工程学报，2018，40（1）：108－115.

［18］ 朱晟，叶华洋，徐靖，等．大粒径粗粒土相对密度试验方法研究与应用［J］. 岩土工程学报，2022，44（6）：1087－1095.

多泥沙河流橡胶坝河道取水设施设计与施工

赵鹏强[1]　唐振华[2]

（1. 水利部水利水电规划设计总院　2. 中水东北勘测设计研究有限责任公司）

摘　要： 本文结合辽宁省清原县前进橡胶坝工程实例，探讨研究在多泥沙河流上采用集水井分层取水来解决河道取水的淤堵问题，目前工程已运行6年，取水效果很好，可供同类工程设计与施工借鉴。

关键词： 多泥沙河流　橡胶坝　河道取水设施　设计　施工

橡胶坝作为一种美丽多彩的新型水工建筑物，以其造价低、结构简单、施工期短、维修方便等诸多优点，被广泛应用在闸坝、城市河道治理等多个领域。但是如何在多泥沙河道取水始终是制约其技术发展的一个难题。本文结合前进橡胶坝工程建设实例，探索采用了集水井分层取水以及相应防淤堵设施，目前工程已运行6年，取水效果很好，可供同类工程借鉴，以推进橡胶坝技术的发展。

1　前进橡胶坝工程概况

前进橡胶坝位于辽宁省抚顺市清原满族自治县县城境内，浑河的右侧支流英额河上游，闸址以上集水面积543.3km^2，河道防洪标准为50年一遇。工程主要任务为灌溉引水，兼顾城市景观。工程始建于1981年，原泄水闸闸门为半K字形铸铁闸架插板式结构，共49孔，净过水宽度为147m，闸门挡水高度为1.0m（正常蓄水位243.30m）；进水闸布置在左岸河道内侧，共2孔，单孔宽1.60m。2011年经水利部核查确定为四类坝。

该工程在2014—2015年度区间实施了除险加固建设，除险加固后工程规模为Ⅱ等大（2）型工程，主要建筑物级别为3级，由橡胶坝、冲沙闸和进水闸组成，设计洪水标准为20年一遇，校核洪水标准为50年一遇，相应最大下泄流量为1910m^3/s，将原铸铁闸架插板式结构改造为橡胶挡水坝，原规模重建进水闸，在进水闸下游侧新建2孔冲沙闸。泵房布置在右岸堤外。

坝址区地处辽宁省东部高寒山区，属大陆性气候，冬季寒冷降水量少，夏季炎热降水量多，多年平均年降水量810.9mm，多年平均气温5.2℃，最冷月平均气温-23℃。最大冻土深1.69m。坝址区基础土层为圆砾层，其下为紫色泥质粉砂岩。圆砾层，岩性以花岗岩，石英岩等为主，天然密度为21kN/m^3，孔隙率为0.33%，允许承载力为350kPa，渗透系数为0.069cm/s。坝址区多年平均悬移质输沙量为10.9万t，多年平均推移质输沙量为2.2万t，坝址区多年平均来沙量为13.1万t。坝址区位于英额河上游，英额河流域泥沙与洪水相关，大水大沙，6—9 月多年平均悬移质输沙量占多年平均悬移质年输沙量的 89.4%，河道的不冲流速较小，为 1.8m/s，闸址泥沙主要来源于汛期，非汛期泥沙很少。

2　橡胶坝袋的充排水系统设计

该工程坝长 132.8m，坝高 1.50m，分两跨，两个橡胶坝段（袋）挡水，坝袋充胀顶高程为 243.30m。采用双锚固枕式充水式橡胶坝袋，设计内外压比值为 1.40，袋壁材料选用二布三胶（二层锦纶帆布，三层氯丁橡胶），袋布总厚度为 6.5mm。

坝袋充排水采用单管单坝袋方式。该橡胶坝底板为钢筋混凝土结构，底板顶高程为 241.80m、厚度为 1.5m。在底板内部预埋两根 DN300 充排水管，管中心线间距为 1m，管道纵坡为 0.1%，管道材质采用 Q235DZ 钢，壁厚 10mm。充排水管在每个坝袋内均衡设置两个水帽（出水口）和一个超压溢流管，过底板结构缝部位设置有钢套管进行过缝保护。

前进橡胶坝操作方式为通过泵房内水泵对坝袋用水进行强充强排。泵房内设置 3 台 18.5kW 充排水泵（2 台工作，1 台备用），2 台 1.1kW 潜水排污泵（1 台工作，1 台备用）。工程设有柴油发电机作为备用电源。坝袋总充水量为 467m^3，坝袋充水时间控制在 5h 内，坍坝排水时间控制在 40min 以内。

3　河道集水、取水设施——集水井的设计

3.1　设计方案的论证

前进橡胶坝工程现状是在上游河道，距闸轴线约 27m 处有一个热力公司的水源井，该水源井主要功能是满足清原县城镇居民冬季供热的取水需求，在该工程初步设计阶段，在河道设置取水盲管、取水盲管避开原热力公司的取水井，在泵房内设置蓄水池供水。

在该工程建设实施过程中，发现存在取水盲管与取水井距离较近，施工盲管时可能会影响热力公司取水井结构安全的问题。针对这个问题，在清原县政府办公会上，水利与热力部分负责人及相关技术人员进行了详细的分析论证。结合清原县当地的实际情况，清原县热力公司水源井的使用时段主要在冬季供暖时段，也就是每年 11 月至次年 4 月取水；前进橡胶坝主要功能为灌溉，灌溉用水在每年 5 月 6—20 日才开始首次取水泡田使用，冬季坍坝运行不用水，灌溉用水和热力公司用水的取用水时间段可以合理错开，共用一个水源井可同时满足热力公司和橡胶坝的取水使用要求，是合适的。因此，结合现场实际情况确定拆除原热力公司水源井，在河道原位新建一个取水井，作为热力公司和拦河闸的共用集水井。

3.2　集水井分层取水结构设计

为同时满足水闸和热力公司用水，遵循除险加固工程不改变原有规模及功能的设计原则，新建的集水井尺寸不能小于原水源井，确定水源井内径 7.5m，壁厚 0.5m，现浇钢

筋混凝土结构，混凝土设计强度为C25F250。考虑运行安全和城市景观要求，集水井顶部高程为243.80m，高出正常蓄水位0.5m，可以更好地满足集水水量需求。

关于井深的确定，从设计理念上来看，清原县多年平均气温5.2℃，最冷月平均气温－23℃，冬季最冷月1月英额河河道内冰盖下还有流动的河水，参考热力公司多年运行经验，现状井深5m，即可满足热力公司冬季用水的需求；从橡胶坝袋充水运行时间上来看，橡胶坝袋总用水量467m^3，充水时间控制在5h，实际运行时可以依据河道水量的大小灵活调整充水时间，只要在春灌用水前，坝袋充盈挡水即可，坝袋充水时间延长到3～5天都可以。因此，从理论需水量来说，井深5m满足设计要求。但同时，结合同流域其他河道取水工程实际运行经验来看，英额河为多泥沙河流，6—9月多年平均悬移质输沙量占多年平均悬移质年输沙量的89.4%，达到9.75万t，运行3～5年后河道表层取水设施多存在淤堵问题，严重影响取水效率。结合工程区实际地质条件，前进橡胶坝河床覆盖层为圆砾，岩性以花岗岩，石英岩等为主，渗透系数为0.069cm/s，透水性较好，河床覆盖层厚度约5m，因此设计上考虑结合集水井的结构设置分层取水设施，进一步提高取水的保证率。集水井的开挖选在汛后期枯水季节施工，集水井直接建基在基岩上，集水井最终深度设计为8m。

集水井为整体钢筋混凝土结构，现浇混凝土施工，混凝土设计强度为C25F250，商品混凝土二级配。为进一步提高取水保证率，采取如下分层取水结构措施：首先底部基础部位，排水井与基岩之间设置一层10cm的混凝土垫层，使底部留有进水的缺口；其次在井壁预留排水孔，排水孔孔径10cm，排水孔沿井壁每0.5m设置一圈，单圈的排水孔孔间距0.5m，为增加取水保证率，排水井周边回填料按反滤原则设计、分层回填，井壁外侧包裹一层细密钢丝网格以保证排水孔畅通；最后在集水井顶部设置封闭盖板，并预留有进人口和通气孔，待枯水期可进行人工或机械清淤操作。

3.3 集水井的进、出水口设计

在井壁预留热力公司取水管路及控制闸阀，在主河道侧预留有一根直径1.10m的钢管作为河道引水盲沟的进水口。

4 河道取水设施——排水盲沟

上游清淤后河床底部高程为241.60m，在上游河道内，开挖一条深2.50m，长50m的倒T形排水沟作为引水盲沟，引水盲沟内共设置排水管，汇集河道内渗水后，通过直径600mm的排水钢管将水引至集水井内。

初步设计阶段盲沟内的排水管为三层54根HMY200（$\phi=200$mm）软式排水管，在工程建设实施过程中，改为目前建筑材料市场较为常见的塑料盲沟，不仅排水效果很好，而且施工方便，费用更低。采用的塑料盲沟直径为20cm，中空尺寸为12cm，内衬有无纺滤布，要求孔隙率不小于70%，抗压强度为在扁平率10%状态下，不小于60kPa；在扁平率15%状态下，不小于90kPa。可以用几根塑料盲沟捆扎成束，放置排水沟内，施工方便，其中一端端部直接封闭，另一端置入集水井预留的直径1.10m的钢管内。

5 设计、施工及运行管理的几点体会

（1）橡胶坝作为一种新型的水工建筑物，具有广阔的发展前景。橡胶坝是以高强度合成纤维织物为受力骨架，在其内外涂敷橡胶作保护层加工成胶布，按要求的尺寸，锚固于河床混凝土底板和河岸边墙上成封闭状的袋体，通过充排管路用水（气）将其充胀形成的袋状挡水坝。可根据需要通过充排水（气）调节坝高，控制上游水位，以发挥灌溉、发电、挡潮、防洪等效益。橡胶坝作为一种美丽多彩的新型水工建筑物，具有结构简单、施工期短、造价低、抗震性好、维修方便和造型优美等诸多优点，而且橡胶坝可根据实际地形灵活布置，坝体内的水泄空后，坝袋紧贴在底板上，基本不影响河道泄洪，被世界各国广泛应用在闸坝、灌溉渠系、海岸防浪堤和城市河道治理以及园林工程等领域。

（2）对于除险加固工程设计，尽可能一物多用，为地方造福。结合本工程，热力公司水源井的存在理论上不影响橡胶坝河道取水设施的布设，但在建设实施过程中，发现橡胶坝上游防渗铺盖与取水盲沟、热力公司水源井还是存在较大的施工干扰，这就要求建设管理部门做好相关各方的沟通协调工作，经过清原县水务局的协调，使得工程顺利推进，改造了原有水源井，新建一个更大规模的集水井，取水保证率得到很大的提高。

（3）集排水设施做好反滤至关重要，必要时还需定期清淤。本工程的集水井位于河道内，地面以上 2.2m，地面以下为 5.8m，开挖基坑回填料按反滤原则布设，这是采用分层排水，提高排水保证率的关键环节，施工中严格按照设计要求填筑碾压。必要时河道面层的淤积物还需定期清理。

新疆沥青混凝土心墙坝建设创新与关键技术

柳　莹[1]　李　江[2]　何建新[3]　彭兆轩[1]

（1. 新疆水利水电规划设计管理局　2. 新疆塔里木河流域管理局　3. 新疆农业大学）

摘　要： 新疆南北疆均生产水工沥青、道路沥青，并形成了“北克南库”（北疆克石化、南疆库石化）的产业布局。沥青优良的防渗性能、较低的造价、整套施工技术都为沥青心墙坝和沥青斜墙坝等建设提供了技术支撑。根据新疆近三十年来碾压式沥青混凝土心墙坝建设特点及发展趋势，结合新疆“高严寒、高海拔、高地震、高边坡、高侵蚀、多泥沙、少水文资料”等复杂环境及水文地质条件，梳理了沥青混凝土心墙坝的筑坝技术与应用进展，对心墙沥青混凝土砾石骨料的应用、坝体结构变形控制及抗震结构设计、深厚覆盖层坝基防渗处理、干热大风及冬季低温施工技术方面等问题进行了阐述，总结了筑坝技术上已经取得的进展，提出了未来发展的技术展望。

关键词： 沥青混凝土心墙坝　深厚覆盖层　砾石骨料　关键技术　创新

1　引言

近年来，新疆水库建设呈现出迅速发展的趋势，2010—2030 年规划建设大中型水库近百座，其中绝大多数是山区水库。面对筑坝环境“三高一深一多一少”的特点，沥青心墙坝因其筑坝材料来源广泛、施工周期短、造价相对较低等优点，在土石坝中独树一帜。20 世纪 80 年代开始引进推广沥青心墙筑坝技术，2001 年建成了坎尔其水库沥青心墙坝（坝高 51.3m），2010 年建成了下坂地水库沥青心墙坝（坝高 78m），当前已建和在建的沥青心墙坝百米级高坝有尼雅水库（坝高 134.0m）、大石门水库（坝高 128.8m）、巴木墩水库（坝高 128m）、五一水库（坝高 102.5m）、吉尔格勒德水库（坝高 101.5m）等，2015 年开工建设的大河沿水库（坝高 75m，混凝土防渗墙最大墙深 186m，属世界第一深墙）。据 2019 年中国大坝工程学会统计：世界上已建沥青心墙坝 217 座，中国已建 119 座，已经成为世界上建设沥青心墙坝数量最多的国家。目前新疆共建沥青心墙坝 70 余座，其中百米级以上 11 座（在建 10 座）。

经过 20 多年的发展，沥青混凝土心墙砂砾石坝已成为土石坝中极具竞争力的坝型，针对特殊的筑坝环境，通过产学研用相结合，持续攻关，根据新疆沥青“北克南库”分布格局和砂砾石广泛分布的特点，在心墙沥青混凝土砾石骨料应用、坝体结构变形控制及抗震结构设计、深厚覆盖层坝基防渗处理、干热大风及冬季低温施工技术方面不断进行改进，沥青心墙坝建设取得了显著的成就。

2 “三高一深一多一少”的筑坝环境

2.1 特殊的筑坝环境

新疆具有“高寒、高海拔、高地震、深厚覆盖层、多泥沙、少水文资料”，俗称“三高一深一多一少”的筑坝环境条件。建设者们在沥青混凝土心墙坝理论研究和施工技术等方面不断取得新进展，使其成为当前最具推广应用前景的当地材料坝，很多关键技术和施工工艺都有所创新。如覆盖层厚150m、海拔3000m的叶尔羌河上游建成了下坂地水库沥青心墙坝（坝高78m），属于高严寒、高海拔地区的典范工程；2013年在多年平均气温3℃的高严寒地区建成了克孜加尔沥青心墙坝（坝高64m）；正在建设的尼雅水库，沥青心墙坝坝高达到134m，所在河流多年平均含沙量高达10.9kg/m³。2014年完工的定居兴牧水源工程（25座）中就有15座采用沥青混凝土心墙坝坝型。

2.2 高寒地区建坝

新疆由于深居内陆，远离海洋，四周高山环绕，从而形成了极端干燥的大陆性气候，在天山的分隔下，新疆地区分为南疆和北疆两个地理单元，北疆相对更加寒冷，1月平均气温一般在－10℃，最低可到－30℃；南疆有天山做屏障，冷空气不易侵入，冬天一般没有积雪。筑坝区海拔2000m以上的南疆山区及北疆大部分地区均处于严寒区，气候条件极其恶劣。综合考虑气候特点，北疆地区年有效施工期6～7个月，南疆地区年有效施工期7～8个月。

2.3 高地震地区建坝

新疆是地壳运动和构造应力场多样化的地区之一，构造运动强烈，地震频繁发生，北疆的富蕴、精河、昭苏等地，南疆的乌恰、伽师、于田、库车等均是比较有名的地震频发地带。20世纪，新疆发生6级以上地震102次，7级以上地震12次，其中8级大震2次。新疆2010年在克州乌恰建成的开普太希水库（沥青心墙坝，高48.4m）地震基本烈度达到Ⅸ度。在建的大石门水库、石门水电站、五一水库、吉尔格勒德水库等百米级以上沥青心墙坝地震烈度均为Ⅷ度。

2.4 高海拔地区建坝

在高海拔地区（一般指海拔2000m以上）进行水利水电工程施工，其受气候、地理环境的限制因素较多，给水利工程质量控制及投资控制均带来了较多困难。因高海拔地区大气压力较低，供氧量不足，形成了低氧、寒冷、干燥、紫外线强、气候多变、地球化学异常等特点，对作业人员的体力造成严重影响，诱发各种高原疾病。下坂地水库坝顶海拔近3000m，工程区地处帕米尔高原，自然条件恶劣，地质条件复杂，在认真吸取国内外类似工程成功经验的基础上，参加工程的建设者们提出了符合工程实际的方案和措施，成功应对高原气候给工程建设带来的挑战。

2.5 深厚覆盖层上建坝

深厚覆盖层坝基防渗一般多采用垂直防渗墙或倒挂井施工技术。大河沿水库坝基防渗墙设计最大深度 186m，可参照的实例甚少，目前建成的工程案例是西藏旁多水利枢纽工程 158m 防渗墙（试验段 201m）。通过对国内外深厚覆盖层上建坝经验、防渗方案比选和有关计算分析，大河沿水库大坝采用沥青混凝土心墙砂砾石坝、坝基深厚覆盖层采用封闭式防渗墙防渗方案是可行的，也为以后同类工程的设计提供了技术支撑。

2.6 多泥沙河流建坝

南疆河流含沙量普遍较大，如叶尔羌河（4.35kg/m^3）、盖孜河（6.2kg/m^3）等；北疆河流大多较小，但天山北坡河流含沙量较大，如玛纳斯河（4.35kg/m^3），阿勒泰和伊犁等地区的河流含沙量相对较小，如布尔津河较小（0.066kg/m^3）。多泥沙河流上修建水利工程，泥沙问题往往会对工程寿命及安全运行造成极大影响，如尼雅水库、米兰河水库等。在多泥沙河流上建坝应根据泥沙特点，认真研究减少水库淤积的措施、尽可能减少进入供水隧洞（管道）及发电引水建筑物的泥沙，提高工程使用寿命。

2.7 少水文资料地区建坝

新疆很多中小河流未设置专用的水文观测站，相对大江大河而言，水文资料严重缺乏，存在洪水、径流、泥沙预测不准的问题，直接影响到工程规模的分析确定。气候变化条件下，中小河流洪水设计及预报已成为当下一项主要研究内容。2018 年 7 月 31 日哈密射月沟水库土石坝坝体因上游强降雨导致水库漫顶溃坝，从另外一个角度分析，也是水文资料偏少导致。

3 碾压式沥青混凝土心墙坝建设创新与关键技术

3.1 建设进展概述

新疆早在 20 世纪 70 年代就在水利工程领域引进了沥青防渗技术。进入 90 年代，我国的沥青品质得到了显著提高，促进了沥青防渗技术的发展，沥青混凝土在新疆坝工建设中又进入一个新的历史时期。经初步统计，当前新疆沥青心墙坝已建和在建的浇筑式、碾压式沥青心墙坝近百座，其中坝高大于 100m 的就有 10 座。大石门水库沥青心墙坝坝高 128m，是目前水利行业在建的最高的沥青心墙坝；正在开展前期工作的尼雅水库沥青心墙坝坝高 131m。百米级沥青心墙高坝的心墙变形、坝体防渗体系、坝基防渗技术等问题面临更大挑战。

随着工程建设的不断推进，百米级高坝沥青混凝土力学性能研究支撑技术、过渡层与沥青同步上升施工技术、心墙沥青混凝土砾石骨料筑坝技术、冬季低温施工技术、150m 级超深覆盖层防渗技术不断取得突破创新，多座水库渗漏、变形等观测表明，沥青心墙运行情况良好。新疆碾压式沥青混凝土心墙坝典型工程建设统计见表 1。

表 1　　新疆碾压式沥青混凝土心墙坝典型工程建设统计表

序号	水库大坝名称	建设阶段或建成年份	河　流	地　点	最大坝高/m	坝长/m	总库容/亿 m^3	装机容量/MW
1	尼雅水利枢纽大坝	在建	尼雅河	民丰县	134	352	0.422	6
2	大石门水利枢纽大坝	在建	车尔臣河	且末县	128.8	205	1.27	60
3	巴木墩水库大坝	在建	巴木墩河	哈密市	128	306	0.0996	—
4	八大石水库大坝	在建	庙尔沟河	哈密市	115.7	313	0.099	—
5	伯斯阿木水库大坝	在建	清水河	和硕县	111	218	0.249	—
6	石门水电站大坝	2013	呼图壁河	呼图壁县	106	312.5	0.7975	95
7	阿拉沟水库大坝	2012	阿拉沟河	托克逊县	105.3	365.5	0.445	—
8	石门水利枢纽大坝	在建	吉尔格朗河	伊宁县	105	412	0.461	6
9	五一水库大坝	2015	迪那河	轮台县	102.5	374	0.968	15
10	温泉水库大坝	拟建	卡普斯浪河	拜城县	102.5	234	0.536	24
11	吉尔格勒德大坝	在建	四棵树河	乌苏市	101.0	345	0.61	20
12	库什塔依水电站大坝	2014	库克苏河	特克斯县	91.1	439	1.59	100
13	米兰河山口水库大坝	2015	米兰河	若羌县	83	415	0.41	2.4
14	努尔加水库大坝	2015	三屯河	昌吉市	81	486	0.6844	—
15	奴尔水利枢纽大坝	2015	奴尔河	策勒县	80	740	0.68	62
16	下坂地水库大坝	2010	塔什库尔干河	塔什库尔干县	78	406	8.67	150
17	38 团石门水库大坝	2015	莫勒切河	且末县	75.5	565	0.7362	8
18	照壁山水库大坝	2007	板房沟河	乌鲁木齐	71	121	0.0753	—
19	加那尕什水库大坝	2015	别列则克河	哈巴河县	69	432	0.6196	—
20	二塘沟水库大坝	2012	二塘沟	鄯善	64.8	337	0.236	—
21	克孜加尔水库大坝	2014	克兰河	阿勒泰市	64	355	1.767	5
22	坎尔其水库大坝	2001	坎尔其河	鄯善县	51.3	320	0.118	—
23	开普太希水库大坝	2010	库孜洪河	乌恰县	48.4	195	0.099	—

3.2　心墙沥青混凝土配制新技术与材料选用

3.2.1　天然砾石骨料酸碱性综合评价方法

天然砾石骨料种类繁多，岩性复杂，进行统一的酸碱性评价存在较大难度。规范中虽然给出了酸碱性的几种判定方法，但不同的方法对天然砾石骨料酸碱性的判定结果不一致，很难准确判定天然砾石骨料的酸碱性。研究表明：岩相法对常见岩石可初步判定其酸碱性；SiO_2 含量法适用于火成岩或由火成岩变质的变质岩；碱度模数法对偏酸性或偏碱性岩石无法测定，存在一定的争议；而碱值法适用于所有的天然砾石骨料和其他各类岩石，但试验繁琐。因此，提出在酸碱性的判定中，按岩石颜色、种类进行筛选分类，采用岩相法进行初步鉴定，对不同类岩石通过 SiO_2 含量法或碱值法进行准确判别，根据各岩性岩石的权重进行加权平均综合评价总体酸碱性。

3.2.2　沥青与砾石骨料黏附性作用机理及定量评价方法

采用光电比色法测定砾石骨料与沥青胶浆的剥落率，并测定石料界面沥青胶浆的黏结抗拉强度，进行砾石骨料黏附性的定量评价。同时，采用复杂系统无假定建模投影寻踪回归分析方法（PPR 方法）分析了石料界面与沥青胶浆黏附强度影响因素的主次顺序和变化规律，实现了凭借试验人员观察骨料沥青膜剥落情况的定性判别转化为黏附指标完全量化的重大突破。为揭示沥青胶浆与砾石骨料黏附性的作用机理，采用电镜扫描进行了水泥沥青胶浆与石灰石粉胶浆的微观结构分析，结果表明：水泥水化后产生的难溶于水的水化产物以及 C_3A 与 $CaCO_3$ 反应，生成的水化碳铝酸钙相互搭接，使沥青混凝土的结构更加密实。通过抗拉强度试验和光电比色法均表明，采用水泥作填料可提高沥青胶浆抗拉性能，且进一步提高了砾石骨料与沥青胶浆的黏附。

3.2.3 天然砾石骨料沥青混凝土水稳定性

新疆碱性岩石分布较少且人工破碎岩石能耗高、污染大、运输成本高，砾石骨料在新疆分布广泛，作为能耗、造价低的骨料已广泛用于水泥混凝土。天然砾石岩性复杂、颗粒圆滑，多数属非碱性岩石，能否突破规范规定，在心墙沥青混凝土中充分使用成为水利界关注的热点。通过劣化试验条件（提高浸水温度、延长浸泡时间）的方法，研究了以砾石作骨料、水泥作填料的沥青混凝土的长期水稳定性能。试验表明：以水泥为填料配制的沥青混凝土试件（图 1）随着浸水时间的增长，其水稳定性显著提高（见图 2）。以石灰石粉为填料配制的沥青混凝土，浸水 8 天后水稳定系数已不满足规范的要求，由于石灰石粉后期具有较高的水化活性，石灰石粉中的 $CaCO_3$ 与水泥中的 C_3A 继续发生反应，进一步提高沥青混凝土的长期水稳定性。因此，提出采用水泥和石灰石粉混合作为沥青混凝土的填料，可提高长期水稳定性和经济性。不同掺合料沥青混凝土水稳定性试验结果见表 2。

图 1　沥青混凝土试件

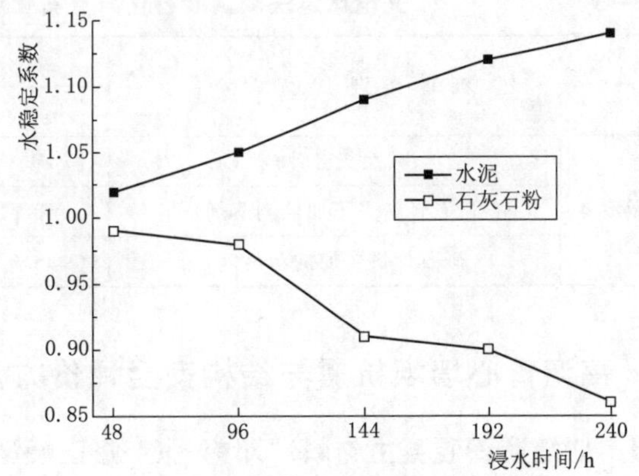

图 2　不同掺合料沥青混凝土的水稳定系数变化规律示意图

表 2　不同掺合料沥青混凝土水稳定性试验结果表

浸水时间/h	水稳定系数		
	12%石灰石粉	6%水泥+6%石灰石粉	12%水泥
75	0.88	0.95	0.94
225	0.86	0.98	0.95

续表

浸水时间/h	水稳定系数		
	12%石灰石粉	6%水泥+6%石灰石粉	12%水泥
375	0.77	1.02	0.98
750	0.72	0.96	0.94
1500	0.68	0.95	0.94

3.2.4 库石化沥青可行性研究

针对新疆疆域广袤的特点，为最大限度地发挥当地材料坝的优势，在新疆坝工建设重心向南疆转移的背景下，本着从保证施工质量，降低工程造价的角度出发，研究对比了南疆库石化与北疆克石化道路石油沥青的各项技术性能。研究表明：南疆库石化生产的道路石油沥青与北疆克石化生产的道路石油沥青物理性能、热稳定性，沥青与骨料黏附性、耐久性均满足规范要求，在沥青的选用中，可充分发挥沥青的“南疆南用，北疆北用”的特点，大大降低了工程造价，逐步形成“北克南库”的沥青使用格局。库石化与克石化沥青的抗剥落性能和水稳定性见表3、图3。

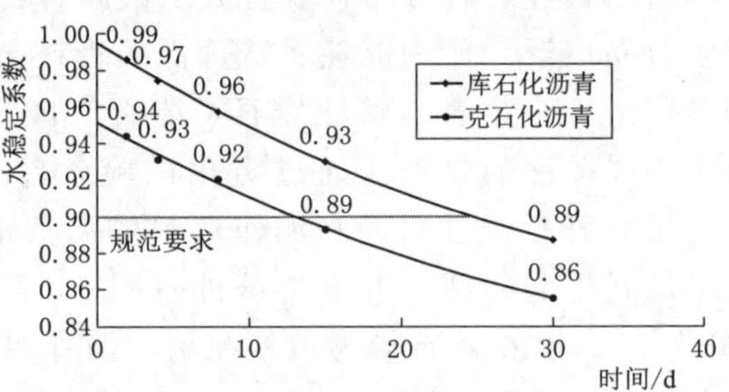

图3 库石化与克石化沥青的水稳定性变化规律图

表3 光电比色法测试库石化与克石化沥青的剥落率试验结果

沥青类别		70（A）		90（A）	
		库石化		克石化	
剥落率	碱性灰岩骨料	41.8%	38.0%	41.0%	45.5%
	砾石骨料（不加抗剥落剂）	53.6%	50.2%	50.5%	55.3%
	砾石骨料（加抗剥落剂）	36.0%	33.5%	35.1%	37.5%

3.3 高沥青心墙坝抗震与结构安全评价方法

3.3.1 心墙沥青混凝土材料“邓肯-张”修正模型

目前国内外研究沥青混凝土应力-应变关系一般采用邓肯-张（Duncan-Chang）的双曲线模型，但沥青混凝土的应力-应变关系不完全符合双曲线模型。通过沥青混凝土的大型三轴试验表明：20℃时的试验结果显示，沥青混凝土的应力应变曲线为软化型曲线，但破坏前的应力应变关系仍可采用双曲线关系来描述；破坏主应力差 $(\sigma_1-\sigma_3)_f$ 与小主应力 σ_3 的倒数在半对数坐标上呈线性关系，提出采用指数函数形式来描述破坏主应力差 $(\sigma_1-\sigma_3)_f$ 与小主应力 σ_3 的关系：

$$(\sigma_1-\sigma_3)_f=p_a H e^{P\frac{p_a}{\sigma_3}} \tag{1}$$

式（1）中采用无量纲参数 H、P 代替传统的强度参数内摩擦角 φ 和黏聚力 c，无量纲参数 H 和 P 的使用有利于消除关于强度参数的物理实质误解。将式（1）作为强度关系式后的邓肯-张修正模型的切线模量方程：

$$E_t = k \cdot p_a \left(\frac{\sigma_3}{p_a}\right)^n \left[1 - \frac{R_f(\sigma_1 - \sigma_3)}{H p_a} e^{-P\frac{p_a}{\sigma_3}}\right]^2 \tag{2}$$

分别采用邓肯-张模型和式（2）提出的修正后的邓肯-张模型对沥青混凝土大型三轴试验结果进行理论计算，结果显示修正后的邓肯-张模型计算的相对误差较小，能更准确地描述沥青混凝土的应力-应变关系（图 4）。

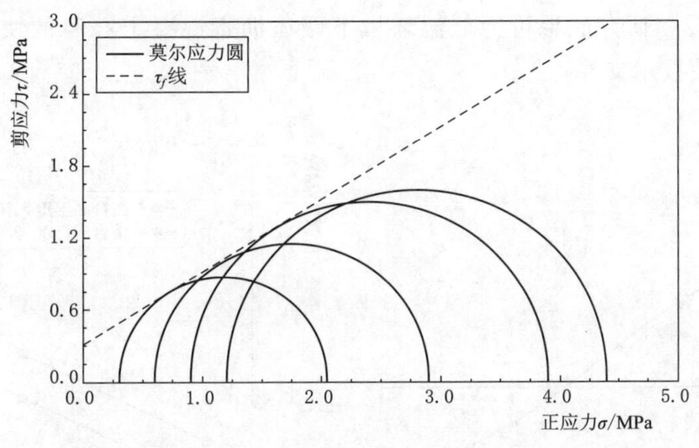

图 4　莫尔应力圆

3.3.2 “临界拱效应系数”定量判别心墙水力劈裂

心墙拱效应是引起水力劈裂的因素之一，因此，量化心墙拱效应早已引起工程界的高度重视。基于若干工程的研究，提出了“临界拱效应系数”作为判断心墙发生水力劈裂的标准，以作为量化心墙拱效应程度的评价方法，计算公式见式（3）。通过三维非线性有限元法计算沥青心墙坝的变形情况，从心墙顶部到底部及两岸坡拱效应系数逐步减小，最小值并没有出现在最大剖面处，而是出现在心墙底部靠近两侧岸坡处且大于“临界拱效应系数”，表明整个沥青混凝土心墙在坝体及两岸岸坡的作用下所产生的拱效应引起心墙产生水力劈裂的可能性很小。

$$\text{计算点拱效应系数} = \frac{\text{计算应力（竖向）}}{\rho_{\text{填}} gh}$$

$$\text{临界拱效应系数} = K\frac{\rho_{\text{水}} gh}{\rho_{\text{填}} gh} = 0.5 \tag{3}$$

式中：K 为安全系数，取 1.1；$\rho_{\text{水}}$ 为水密度，取 $1\times10^3\text{kg/m}^3$；$\rho_{\text{填}}$ 为填土的密度，取 $2.2\times10^3\text{kg/m}^3$；$g$ 为重力加速度；h 为水面到计算点相对高度，m。

当计算点拱效应系数小于0.5（临界拱效应系数），心墙将有发生水力劈裂的可能性。

3.4 恶劣气候条件下心墙沥青混凝土施工技术

3.4.1 低温心墙沥青混凝土施工技术

根据巴木墩水库进行现场试验，研究当结合面温度低于规范温度时，基层沥青混凝土的升温效果及沥青混凝土结合区防渗性能，试验表明：当基层沥青混凝土温度不低于40℃时，沥青混凝土结合区的渗透系数可小于 1×10^{-8}cm/s，防渗性能可得到保证（见图5）；当基层沥青混凝土温度为40℃以上时，上层沥青混合料（160℃）对基层沥青混凝土升温效果显著，结合区各项力学指标与母材相比下降小于10%，碾压层面结合质量可以保证，结合面劈裂抗拉强度与上层料温度关系曲线见图6。基于安全的考虑将结合面温度限制在最低50℃，研究成果可为低温环境下碾压沥青混凝土心墙的快速施工及质量控制提供理论依据及技术支撑。

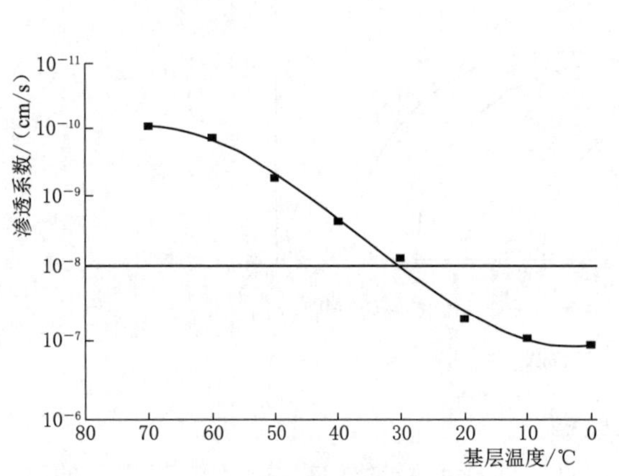

图5 基层沥青混凝土温度与结合区渗透系数关系曲线图

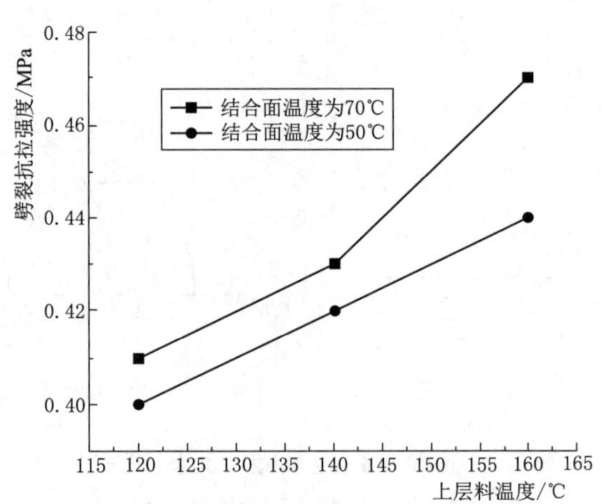

图6 结合面劈裂抗拉强度与上层料温度关系曲线图

3.4.2 高温心墙沥青混凝土施工技术

通过室内研究并结合新疆大河沿水库现场碾压试验，研究了不同基层温度下对连续碾压两层沥青混凝土后侧胀变形的影响规律及碾压效果。研究结果表明：随着基层沥青混凝土温度的增加，沥青混凝土的侧胀量逐渐增大，同时孔隙率不断增加。当基层沥青混凝土温度为100℃时，相对侧胀量为4%，孔隙率为2.88%，力学性能和防渗性等均满足规范要求，可减少施工等待时间2h左右。当基层沥青混凝土温度为110℃时，心墙平均侧胀量接近20%，孔隙率为3.93%，已不满足规范要求。基于安全角度考虑，确定基层沥青混凝土温度100℃作为层间结合温度控制上限，可保证施工质量，大幅提高了心墙沥青混凝土在高温气候环境下的连续施工，加快施工进度。不同基层沥青混凝土温度下沥青混凝土孔隙率情况见表4。沥青混凝土碾压结合面力学性能统计见表5。

表 4　　不同基层沥青混凝土温度下沥青混凝土孔隙率情况

基层沥青混凝土温度/℃	孔隙率/%			
	室内成型	现场芯样		
	结合区	上层 CT-1	结合区 CT-2	下层 CT-3
90	1.04	1.72	1.88	1.63
100	2.88	1.88	2.41	1.76
110	3.93	1.88	3.42	1.68

表 5　　沥青混凝土碾压结合面力学性能统计表

基层沥青混凝土温度/℃	抗弯强度/MPa	最大弯拉应变/%	挠跨比/%	抗拉强度/MPa	抗拉强度对应的拉应变/%
80	1.47	3.95	3.28	1.47	1.66
90	1.29	3.92	2.89	1.48	1.72
100	1.31	4.08	3.44	1.34	1.61
110	0.81	3.33	2.78	0.63	1.12

3.4.3　大风心墙沥青混凝土施工技术

新疆部分工程长时间处于大风环境下施工，将会对沥青混凝土施工造成严重影响，危及施工作业人员的安全。通过室内试验并结合大河沿水库进行了现场试验研究，利用填筑高差降低风速，可有效解决施工期大风对沥青混凝土连续浇筑带来的不利影响，大坝防风结构填筑见图 7。根据数值模拟计算确定了防风结构在不同风速下设置距离与高差的最优参数，同时给出了达到最优防风效果时的数学关系式。研究结果表明，利用坝壳料与心墙之间产生的高差，使施工断面形成凹槽，这种防风结构类似风场障碍物的"土堤式挡风墙"，可有效降低心墙施工时的风速，保证沥青混凝土心墙连续碾压施工质量，具有重要的工程应用价值，可以降低消耗，增加有效施工天数，使工程提前完工并发挥经济和社会效益。

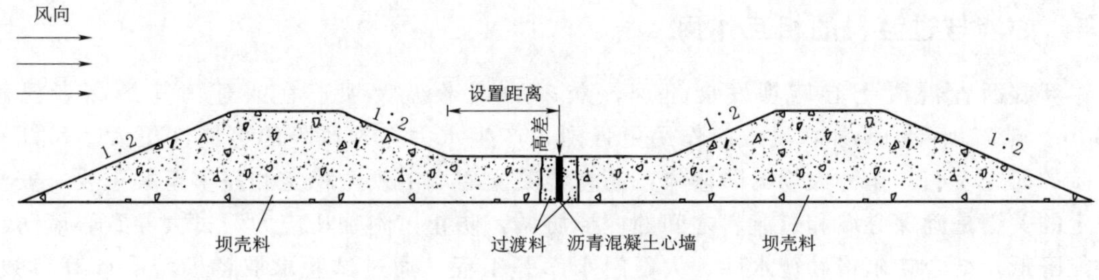

图 7　大坝防风结构填筑简图

3.5　深厚覆盖层坝基防渗处理技术进展

3.5.1　覆盖层坝基防渗形式及心墙与坝基连接方式

通过多年实践经验总结，对于浅深（＜20m）覆盖层，采用挖除置换的方式进行处理；中深（20～50m）覆盖层，以防渗墙全断面防渗为主；超深（>50m）覆盖层，逐渐采用以防渗墙为主、墙幕结合的防渗体系，坝基防渗效果显著提升。沥青混凝土心墙与基础防渗体之间的连接形式是制约沥青心墙坝防渗效果的重要因素之一，是否设置连接廊道成为当前极具争议的话题。通过三维有限元软件计算了有无廊道两种布置方案，计算结果表明：无廊道方案下的防渗墙竖向位移和最大拉应力均小于有廊道方案，更有利于防渗墙的安全稳定。取消混凝土廊道防渗结构简单，改善了基座与防渗墙的应力分布，对大坝的应力和变形有利。

3.5.2 心墙变形-稳定-防渗-地基安全的动力分析和抗震评价

针对深厚覆盖层上土石坝的特点，引入所建立土石料的三维真非线性动力本构模型，应用所开发的新型三维各向异性接触面薄层单元来模拟土石坝及地基中各类接触面的特性，建立了坝体-覆盖层地基-防渗体等动力相互作用的非线性有效应力地震反应分析方法；同时以动力试验为基础，建立了实用的土石料残余剪应变和残余体应变的计算模式以及残余变形的计算方法。在此基础上，改进和完善了覆盖层地基液化可能性的判别方法、坝体及地基单元抗震安全性的评价方法以及坝坡抗震稳定性的动力时程线法和动力等效值法，并结合坝体和坝基应力变形的分析结果，形成了一套较为完善的土石坝及覆盖层地基抗震安全评价的理论与方法。

3.5.3 超深防渗墙施工技术与应用实践

针对超深覆盖层，研发了200m级超深防渗墙造孔成槽施工成套装备，并达到了主河床段孔斜率控制在1‰的世界领先水平。综合考虑地基特性，采用强夯进行基础处理，地层密度均达到0.85以上，部分地区已达到0.9以上，大大提高了上部土层的密实度，提升了防渗墙施工平台稳定性。根据规范要求，“防渗墙成槽施工时孔斜率不应大于4‰”，但在实际工程中，由于槽孔较深，若按照4‰控制，最大孔深段极限偏差可达74cm，相邻段有可能出现“劈叉现象”，不利于坝基防渗。为保证槽段平顺，结合先导试验段情况，采用“两钻一爪”法等施工技术，将孔斜率成功地控制在1‰以内，突破规范限制。

4 未来技术发展展望

4.1 心墙与过渡料的相互作用

新疆沥青混凝土心墙坝发展迅速，众多的百米级大坝正在兴建，其最高者已达130m。随着坝高的增加，拱效应作用更强烈，产生水力劈裂风险的可能性更大。长江科学院的研究表明，作为大坝的防渗体，沥青混凝土心墙的安全稳定和完整至关重要，安全稳定的关键是确保心墙和过渡料之间的变形协调，防止“附加压应力”过大导致心墙防渗性能降低。结合吉尔格勒德水库、大石门水库等工程，通过试验求取各模型的计算参数，利用多种应力应变模型计算分析，并结合安全检测资料进行对比，以进一步评价心墙与过渡料的相互作用。

4.2 配合比及高应力条件下的材料性状

沥青混凝土的工程性质完全取决于材料配合比，其控制着沥青混凝土心墙的工作性状。但其力学指标是在确定了配合比以后的试验“记录值”，当前并没有将其作为沥青混凝土配合比设计时的控制指标，这种情况显然不符合作为受力材料的沥青混凝土的要求。为此，需要研究配合比对沥青混凝土工程性质的影响以及沥青混凝土在高应力条件下的材料性状，在坝高不断增加的趋势下，沥青混凝土材料的各项参数对大坝的应力-应变的影响程度需要进一步试验研究。

4.3 长期水稳定影响机制

室内外试验和实践结果表明，当采用消石灰等对酸性骨料处理后，骨料与沥青的黏附性显著增强，长期水稳定性满足规范要求。结合尼雅水库等百米级以上的高坝进一步研究骨料颗粒界面与沥青黏附强度试验，探明砾石骨料与沥青的黏附性规律，提出增强骨料黏附性的工程措施和评价依据；通过沥青混凝土水稳定性试验，探索采用天然砾石骨料的沥青混凝土在高水头长期作用下水损坏作用机制，完善心墙沥青混凝土长期水稳定性的评价方法。

4.4 建基面灌浆廊道的设置

当前我区修建的下坂地大坝设置了灌浆廊道，其他的百米级以上的大坝均没有考虑。在深厚覆盖层上修建沥青心墙坝，如果采用悬挂式防渗墙加帷幕灌浆方案，由于复杂的河谷地形及上部坝体自重与水压力的作用，可能不利于混凝土防渗墙墙体与沥青混凝土心墙的受力条件，为了保证施工工期则需要在防渗墙上设置专门的灌浆廊道，但设置廊道可能存在由于防渗墙复杂的变形分布使得廊道受力条件恶化的问题，需根据工程实际情况进一步研究。部分工程建成以后也出现了坝基渗漏问题，补强灌浆则需要自坝顶造孔，这也是部分工程坚持设置廊道的主要原因。

4.5 150m 级高坝的展望

沥青混凝土心墙土石坝已成为一种竞争性很强的坝型，已建工程运行情况表明，坝高100m 级以下的沥青混凝土心墙土石坝已具备较为成熟的设计施工经验；对 100～150m 级的高坝应认真设计和注重施工质量环节控制，对具有深厚覆盖层基础的应用充分考虑地基变形对心墙和坝体变形影响。由于沥青材料和沥青混凝土的组成物理力学性能的复杂性，坝高大于 150m 沥青混凝土材料的变形与蠕变性能、破坏机理及施工应用技术仍处于进一步研究和发展阶段，尚缺乏较系统的安全评价指标。考虑沥青心墙混凝土两侧采用预制混凝土模板的“夹持”效果，国外曾有过浇筑式沥青的工程实践，可以进一步深入开展超高沥青坝的研究，既充分考虑“松塔”效应解决，又有助于破解施工的均衡控制难题。

5 结语

多年来，新疆沥青心墙土石坝的建设取得了丰硕的成果，规划及在建百米级以上的就有 11 座，尼雅水库、大石门水库沥青心墙坝均属国内水利行业最高坝，这些工程的建设有力地推动了水利行业沥青心墙土石坝的发展与进步。鉴于已建碾压式沥青心墙土石坝工程系统监测资料较少，沥青混凝土心墙坝检查维修较为困难，部分工程运行过程中也已暴露出一些问题，进行工程建设经验和设计技术经验总结是非常必要的。

随着新疆百米级沥青心墙坝的建设，依托工程正在对沥青混凝土心墙坝的设计施工等关键技术进行更进一步深入系统的研究，在心墙沥青混凝土应力应变、砾石骨料应用、高坝安全性评价、配合比与坝体结构设计、深厚覆盖层坝基变形与防渗结构安全等方面将会积累更多的经验，更好地促进技术进步。

参考文献

[1] 邓铭江，于海鸣．新疆坝工建设 [M]．北京：中国水利水电出版社，2011.

[2] 李江，黄华新，柳莹．大河沿水库坝基深厚覆盖层防渗形式研究 [C] //关志诚．土石坝工程——面板与沥青混凝土防渗技术论文集．北京：中国水利水电出版社，2015.

[3] 邓铭江，李湘权，李江，等．定居兴牧水源工程及技术支撑 [M]．北京：中国水利水电出版社，2015.

[4] 岳跃真，郝巨涛．水工沥青混凝土防渗技术 [M]．北京：化学工业出版社，2006.

[5] 高国英，聂晓红，龙海英．近期新疆震源机制解与地震活动特性研究 [J]．西北地震学报，2012，34 (1)：57-63.

[6] 覃新闻，黄小宁，彭立新，等．沥青混凝土心墙坝设计与施工 [M]．北京：中国水利水电出版社，2011.

[7] 姚机栋，巴合提瓦尔·马苏尔．沥青混凝土心墙坝在高地震烈度、高寒地区的建设综述 [J]．水利水电技术，2012，43 (10)：54-57.

[8] 党林才，刘荣丽，王仁坤．利用覆盖层建坝的实践与发展 [M]．北京：中国水利水电出版社，2009.

[9] 朱晟，林道通，胡永胜，等．超深覆盖层沥青混凝土心墙坝坝基防渗方案研究 [J]．水力发电，2011，37 (10)：31-34.

[10] 张应波，王为标，兰晓，等．土石坝沥青混凝土心墙酸性砂砾石料的适应性研究 [J]．水利学报，2012，43 (4)：460-466.

[11] 何建新，朱西超，杨海华，等．采用砾石骨料的心墙沥青混凝土水稳定性能试验研究 [J]．中国农村水利水电，2014 (11)：109-112.

[12] 杨耀辉，宋建鹏，何建新，等．沥青混凝土水稳定性影响分析 [J]．新疆农业大学学报，2016，39 (6)：495-499.

[13] 长江科学院，新疆奴尔工程沥青混凝土心墙应用天然砂砾石试验报告 [R]．武汉：长江科学院，2016.

[14] 何建新，伦聚斌，杨武．碾压式沥青混凝土越冬层面结合工艺研究 [J]．水利水电技术，2016，47 (11)：48-51.

[15] 朱西超，何建新，凤炜．上层恒温下层变温浇筑时碾压沥青混凝土心墙结合面劈裂抗拉试验研究 [J]．水电能源科学，2014，32 (6)：77-80.

[16] 李江，钟世华，柳莹．新疆尼雅水库坝型选择及高沥青心墙坝可行性研究 [C] //关志诚．土石坝工程——面板与沥青混凝土防渗技术论文集．北京：中国水利水电出版社，2015.

[17] 李江，李湘权．新疆特殊条件下面板堆石坝和沥青心墙坝设计施工技术进展 [J]．水利水电技术，2016，47 (3)：2-8.

科 学 研 究 篇

西南某水库工程混凝土面板堆石坝三维渗流计算分析

李 娅[1] 朱 涛[1] 李晓超[1] 张建海[2] 郑太文[3]

（1. 中水北方勘测设计研究有限责任公司 2. 四川大学水利水电学院
3. 北京中水利德科技发展有限公司）

摘　要： 渗流控制对于高面板堆石坝的安全稳定运行至关重要，坝体分区、面板及分缝止水、坝基处理设计是混凝土面板堆石坝渗流控制设计的重点，如何评价渗流控制设计的有效性是设计研究的关键技术问题。针对西南某水库工程混凝土面板堆石坝的坝体、坝基以及防渗帷幕等结构进行三维建模，开展三维渗流计算分析，重点研究了面板和防渗帷幕联合作用下渗流场分布特征和防渗效果，并探讨了周边缝失效、面板出现裂缝、帷幕局部破坏等对坝区渗流场的影响。研究成果为了解该工程坝址区的渗流分布规律，评价大坝及坝基的渗透稳定性及防渗系统有效性提供支持，可为其他高混凝土面板堆石坝渗流控制措施提供参考。

关键词： 水库工程　混凝土面板堆石坝　防渗设计　三维渗流计算

1　引言

1.1　工程概况

西南某水库是一座具有农业灌溉、场镇及农村供水等综合利用功能的Ⅲ等中型水利工程。水库总库容为 1038.4 万 m^3，灌溉面积 3.51 万亩，年城镇及农村供水引水量 419.5 万 m^3。枢纽工程包括拦河大坝、溢洪道、取水放空洞、借水坝及借水隧洞等建筑物。

水库枢纽工程拦河大坝为混凝土面板堆石坝，坝顶高程 706.60m，最大坝高 90m，坝顶宽 10m，坝顶长 277m。大坝上游坝坡为 1∶1.4；下游设“之”字形上坝公路，马道间坡比为 1∶1.4（综合坡比 1∶1.764），下游护坡采用干砌块石，护坡厚度 0.50m，护坡范围为坝顶至坝脚。大坝上游采用 C25 钢筋混凝土面板，顶部厚度 0.30m，底部面板最大厚度 0.60m。趾板采用 C25 钢筋混凝土，宽度为 6.00m，置于弱风化砂岩夹页岩层中部及以上，趾板下设防渗帷幕及固结灌浆。

1.2　坝体分区设计

根据面板坝的受力特点和渗流要求划分堆料分区，坝体分区从上游到下游依次为上游盖重区（1B)、上游铺盖区（1A)、垫层区（2A)、过渡区（3A)、主堆石区（3B)、下游次堆石区（3C)、下游坝基排水区、下游干砌块石护坡（P)。

上游铺盖区顶部水平宽度为3.00m，坡度为1∶1.4，上游盖重区顶部水平宽度为5.00m，坡度为1∶2。面板后设置水平宽度为3.00m的垫层区，在趾板和面板相交处的周边缝后设置特殊垫层区，垫层区后设置水平宽度为3.00m的过渡区，过渡区后依次设置主堆石区和下游次堆石区，主堆石区和下游次堆石区分界线倾向下游，坡比为1∶0.3。大坝所有堆石区、过渡区均置于基岩上。

坝体断面分区见图1。

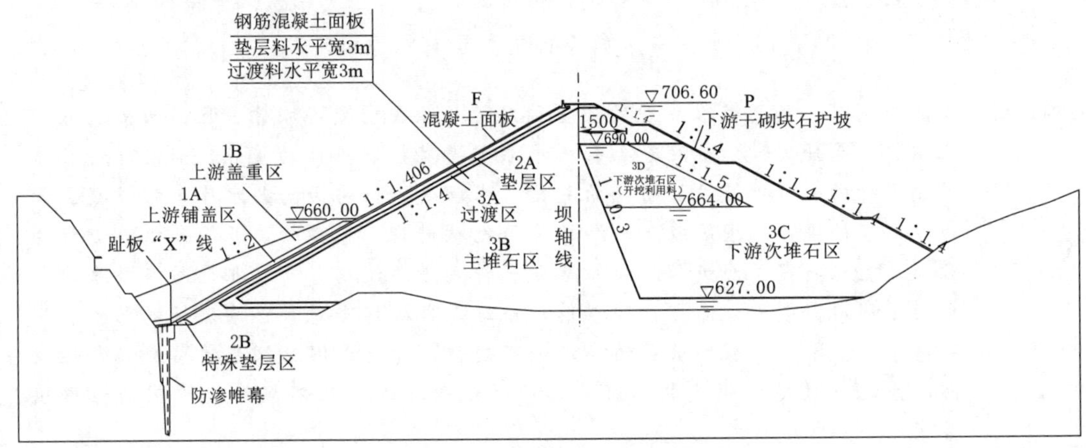

图1　坝体断面分区示意图

1.3　坝基处理设计

(1) 坝基开挖。坝址区地层岩性为三叠系上统须家河组砂岩夹页岩。趾板基础置于弱风化砂岩夹页岩层中部及以上，趾板下游0.5倍坝高范围内坝壳基础置于强风化层下限，开挖坡度垂直坝轴线方向1∶1.5。河床段覆盖层厚度5～8m，级配不连续，松散～中密，承载力较差，均匀性差，不宜作为坝壳料基础，全部清除，坝壳填筑料置于基岩上。

(2) 趾板固结灌浆。为提高趾板基础的整体性及承受渗透压力能力，趾板下基岩进行固结灌浆，左岸及河床趾板基础设2排固结灌浆孔，排距3m，孔距2m，孔深6～8m；右岸5号趾板基础设3排固结灌浆孔，孔深8～23m，间排距2m，趾板基础下游0.5倍坝高范围设2～6排固结灌浆孔，孔深8～23m，间排距3m。

(3) 帷幕灌浆。趾板下设防渗帷幕，帷幕灌浆深度以深入相对不透水层（q=3Lu）以下5m控制，深入两岸的范围以q=3Lu线与正常蓄水位相交线作为控制，帷幕灌浆孔距2m，趾板基础高程636.60m以下设置主、副双排帷幕，副帷幕深度为主帷幕的1/2，主、副帷幕灌浆孔排距1.5m，右岸破碎带范围趾板基础范围利用最上游排固结灌浆深度加深至主帷幕深度的1/2，作为副帷幕，主、副帷幕灌浆孔排距为2m，左岸趾板基础高程636.60m以上及左右岸坝肩设单排灌浆孔。

2 混凝土面板堆石坝三维渗流计算模型

2.1 有限元计算模型

三维渗流计算分析采用有限元法，建立坝址区三维渗流场有限元计算模型，该模型对坝址区地形地貌、地层结构、主要地质构造、坝体分区和防渗体系分别建立不同程度模拟的有限元模型。模型上下游边界距离坝轴线各250m，坝轴线方向桩号为0－200～0＋450，横河向总长度650m，高程自520.00m取至地形面。坝址区渗流场三维网格计算模型见图2，模型包含单元29796个，节点29830个。

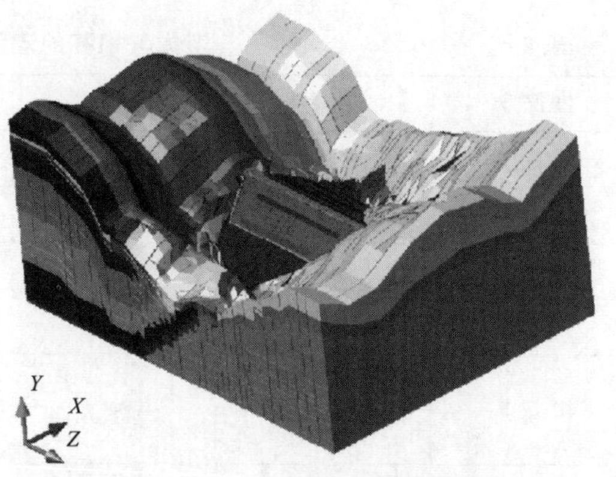

图2 坝址区渗流场三维网格计算模型图

2.2 坝料渗透参数

坝体与坝基的渗流有限元计算参数见表1，取值根据试验结果以及工程经验类比确定。

表1 坝体与坝基的渗流有限元计算参数表

材 料	渗透系数 K/(cm/s)	允许比降 J_c
1A 上游铺盖区	4.0×10^{-3}	0.38
1B 盖重区	4.0×10^{-3}	0.38
2A 垫层区	5.1×10^{-4}	0.45
2B 特殊垫层区	3.1×10^{-4}	0.47
3A 过渡区	1.7×10^{-2}	0.30
3B 主堆石区	1.1×10^{-1}	0.25
3C 下游次堆石区	5.1×10^{-2}	0.30
3D 下游次堆石区	5.1×10^{-2}	0.30
F 混凝土面板	1.0×10^{-8}	180
帷幕	3.0×10^{-5}	18
Q_4^{col+al}	3.5×10^{-1}	0.09
Q_4^{col+dl}，Q_4^{el+dl}	4.5×10^{-2}	0.14
坝基（强风化）	4.0×10^{-4}	
坝基（弱风化）	1.0×10^{-4}	
坝基（微风化）	3.0×10^{-5}	

2.3 计算工况

根据水库各特征水位取计算工况，分别计算了正常蓄水、校核洪水位、死水位工况坝体渗流状态，并计算分析周边缝失效、面板开裂、帷幕部分失效等防渗系统局部破坏的工况，下游水位取对应工况下的下游河道水位，具体计算工况见表2。

表2　坝体与坝基的渗流有限元计算工况表

工况号	工况名称	库水位/m	下游水位/m	备　注
工况1	正常蓄水位	704.00	619.30	
工况2	校核洪水位	705.61	622.07	
工况3	死水位	663.00	619.30	
工况4	周边缝失效	704.00	619.30	缝宽10mm
工况5	面板开裂	704.00	619.30	高程665.00～670.00m渗透系数增大至1.0×10^{-3} cm/s
工况6	帷幕部分失效	704.00	619.30	帷幕渗透系数增大5倍

3　三维渗流计算成果分析

3.1　大坝典型剖面渗流场分析

分别对表2中各个工况进行坝址区三维渗流场有限元计算分析，各工况渗透压力分布规律相似，面板和趾板部位水头变化剧烈，分布规律符合常规；在面板后水头呈近似水平直线分布，且等于下游水位，说明面板防渗效果良好。工况1研究了正常蓄水位工况面板和帷幕正常工作状态下的稳定渗流场。渗流场水头分布规律合理，总水头等值线在面板、趾板、帷幕等处较为密集，上游水头由这些部位承担，渗流控制系统起到了很好的防渗效果。

典型剖面特征部位渗透比降见表3。

表3　典型剖面特征部位渗透比降表

工况位置	趾　板	面　板	帷　幕	垫层料	特殊垫层
正常蓄水位	84.51	141.72	3.51	0.05	0.29
校核洪水	83.36	139.79	3.46	0.05	0.28
死水位	43.70	73.11	1.80	0.02	0.15
周边缝失效	85.40	133.78	3.51	0.05	0.28
面板开裂	84.50	141.72	3.51	0.05	0.29
帷幕部分失效	84.07	141.69	1.38	0.05	0.30

渗透比降极值出现在正常水位工况。该工况下，面板的渗透比降极值为 141.72，趾板渗透比降极值 84.51，帷幕的渗透比降极值 3.51，均小于允许比降。

3.2 防渗结构局部破坏对渗流场的影响

(1) 周边缝失效。面板周边缝失效的工况，周边缝透水性增强，该工况的面板渗流量达到 217.36m^3/d，远远大于周边缝失效前，而透过帷幕的流量也有增大。工况总渗流量增加到 3402.58m^3/d，比正常蓄水位工况的 3240.18m^3/d 增加 5.01%。

(2) 面板开裂。坝面出现开裂的工况，坝面成为渗流主通道，该工况的面板渗流量达到 123299.91m^3/d，远远大于开裂前，而透过帷幕和基岩的流量较之正常蓄水位工况则有所下降。该工况总渗流量达到 126518.28m^3/d。可见，做好面板防渗，确保面板安全工作对面板坝安全运行十分重要。

(3) 帷幕局部破坏。帷幕渗透系数增加 5 倍的工况，帷幕透水性增强，该工况的帷幕渗流量达到 2408.19m^3/d，比正常蓄水工况的 2495.16m^3/d 增加 3.48%。该工况总渗流量增加到 3426.65m^3/d，比正常蓄水位工况的 3240.18m^3/d 增加 5.75%。

3.3 大坝渗流量分析

大坝渗流流量见表 4。

表 4　　大坝渗流流量表

工况	渗流量/(m^3/d)			
	面板	帷幕	基岩	总量
正常蓄水位	11.78	2495.16	733.24	3240.18
校核洪水	94.46	2513.14	1108.40	3716.00
死水位	4.90	1027.43	256.32	1288.65
周边缝失效	217.36	2547.46	637.76	3402.58
面板开裂	123299.91	2488.54	729.83	126518.28
帷幕部分失效	12.19	2808.19	606.27	3426.65

正常蓄水位工况总渗流量为 3240.18m^3/d，其中面板渗流量为 11.78m^3/d（占比 0.36%），帷幕渗流量为 2495.16m^3/d（占比 77%），基岩渗流量为 733.24m^3/d（占比 22.63%）。

我国高混凝土面板坝渗流量统计见表 5。从表 5 中可以看出，不同工程面板坝渗流量差异较大，渗流量在 1100～26000m^3/d，一般情况下坝高越高、坝长越长渗流量规模越大，但工程防渗设计控制标准、施工质量，尤其是与坝址水文地质条件对渗流量起到决定作用。本研究面板堆石坝坝高、坝长较统计工程均较小，正常蓄水位工况渗流量约为 3240m^3/d，处于统计区间较小渗流量范围，表明本工程渗流控制措施布置合理可行，大坝渗流安全。

表 5　　　　我国高混凝土面板坝渗流量统计表

工程名称	最大坝高/m	坝长/m	渗流量/(m^3/d)	备　注
水布垭水电站	233.0	675.0	2000～3500	监测值
三板溪水电站	185.5	423.3	5400～26000	
洪家渡水电站	179.5	427.8	600～11600	
天生桥一级水电站	178.0	1104.0	6900～12000	
吉林台一级水电站	157.0	445.0	24710	
紫坪铺水利枢纽	156.0	634.8	4400	
马鹿塘二期水电站	154.0	493.4	3700	
董箐水电站	150.0	678.6	3600	
公伯峡水电站	132.2	429.0	1200	
引子渡水电站	129.5	276.8	1100	
大石峡水利枢纽	247.0	598.0	6396	计算值
玉龙喀什水利枢纽	233.5	500.0	15212	
猴子岩水电站	223.5	283.0	24970	
江坪河水电站	219.0	414.0	11145	
仁宗海水电站	56.0	830.85	13305	
泰山抽水蓄能电站	99.8	540.46	3775	

4　结语

本文通过建立西南某水库工程混凝土面板堆石坝三维渗流计算有限元模型，计算分析坝址区渗流场，评价工程防渗效果。通过本项目的实践，得出如下结论：

（1）根据三维渗流计算成果，其渗流场符合一般分布规律，总水头等值线在面板、趾板、帷幕等处较为密集，上游水头由这些部位承担，渗流控制系统起到了很好的防渗效果；各填筑分区水力坡降均小于破坏水力坡降；正常工作状态下，面板渗流量微小，帷幕和基岩的渗流量值较小。

（2）面板周边缝出现失效，会使得通过面板缝的流量显著增加。面板出现开裂，会使得通过面板的流量剧增。因此，做好面板缝和面板防渗，确保面板安全工作对面板坝安全运行十分重要。

（3）帷幕失效，透水性加大将导致水库总渗流量增大。因此，应做好帷幕灌浆，保证帷幕正常运行，发挥深部阻水防渗的作用。

（4）将本研究面板堆石坝渗流量与我国高混凝土面板坝渗流量进行了对比分析。一般情况下坝高越高、坝长越长渗流量越大，但工程防渗设计控制标准、施工质量，尤其是坝址水文地质条件对渗流量起到决定作用。本工程坝高、坝长较统计工程均较小，正常蓄水位工况渗流量约为 3240m^3/d，处于统计区间较小渗流量范围，表明本工程渗流控制措施布置合理可行，坝料分区、坝基处理较为合理，大坝渗流安全。

兴城抽水蓄能电站上水库面板堆石坝应力变形数值模拟研究

王　野　刘　佳　李春辉　谢宜静

（中水东北勘测设计研究有限责任公司）

摘　要： 结构设计的合理性是面板堆石坝安全运行的前提。本文以辽宁兴城抽水蓄能电站上库面板堆石坝为研究对象，根据其地质、结构资料建立有限元三维数值网格模型，采用邓肯-张 E－B 本构模型（或邓肯-张 E－B 模型）和无厚度接触面单元对面板堆石坝在竣工期、运行期的运行状况进行模拟，分析坝体、面板的应力变形情况。结果显示：上库大坝坝体、面板的应力变形均处于合理范围内，工程的运行状态正常，验证了工程设计的合理性，对类似工程的设计具有较强的参考价值。

关键词： 抽水蓄能　有限元　应力变形分析

1　引言

混凝土面板堆石坝因地质条件适应性强、施工方便、经济安全、便于维修维护等优点，被广泛地应用于实际工程，尤其是抽水蓄能电站中。其静力、动力特性分析一直是国内外学者对坝型设计、施工过程研究的基础和重点。随着计算机技术的飞速发展，各种计算分析方法层出不穷，刘茵利用 COMSOL 多物理场仿真计算平台对拟建水利枢纽工程开展了不同工况下的静动力分析；洪振国采用邓肯-张 E－B 模型进行高面板堆石坝的三维有限元分析计算，为工程设计的合理性提供了可靠的验证依据；孙立昌采用邓肯-张 E－B 模型开展计算，分析厦门抽水蓄能电站上水库面板堆石坝在竣工期和运行期的位移、应力分布规律。其中有限元法的应用较为广泛。本文采用有限元法，利用邓肯-张 E－B 本构模型以及无厚度接触面单元，对上水库面板堆石坝在施工期、运行期的应力及变形情况进行研究，对坝体结构分区的合理性进行评价，为面板堆石坝的设计提供重要的参考依据。

2　工程概况

兴城抽水蓄能电站位于辽宁省葫芦岛市兴城市境内，电站安装 4 台单机容量为 300MW 的立轴单级混流可逆式水泵水轮机组，额定水头 367m，连续满发时间 6h。电站投入运行后，主要承担调峰、填谷、储能、调频、调相及紧急事故备用等任务。本工程等别为Ⅰ等，工程规模为大（1）型。

上水库大坝采用沥青混凝土面板堆石坝，坝顶高程 513.50m，宽 10.00m，坝顶长

1033.00m，最大坝高106.00m（坝轴线处），上游坝坡1：1.75，下游坝坡1：1.4。坝体分区从上游到下游依次为沥青混凝土面板、碎石垫层、过渡层、主堆石区、下游次堆石区、下游增模区、干砌石护坡。上水库壅水、泄水建筑物设计洪水标准为200年一遇，校核洪水标准为1000年一遇。

3 有限元分析计算

本文采用大型通用有限元软件ABAQUS开展计算分析，该软件在非线性计算方面具有精度高、实用性强等优点，拥有强大的本构模型和荷载管理手段，设置独有的接触面单元，可以准确地模拟实际工程中复杂的接触问题。在此基础上，还提供了强大的二次开发接口，用户可以根据自己的需要开发合适的本构关系，满足个性化的计算需要。

土石坝的应力变形问题属于材料非线性问题，其基本解法有迭代法和增量法两种。按材料切线模量迭代计算过程的不同，增量法又分为基本增量法和中点增量法两种。本文采用中点增量法开展面板堆石坝的应力变形计算，相比较而言，该方法具有分级迭代易收敛、计算精度高等优点，在实际工程中应用普遍。

3.1 本构模型

混凝土面板堆石坝的主要填筑材料堆石体是典型的散粒体材料，具有材料非线性的特点，因此采用非线性邓肯-张E-B模型，该模型具有参数少、物理概念明确等优点，其弹性模量是应力状态的函数，可以描述粗粒料应力应变关系的非线性与压硬性，在一定程度上反映粗粒料变形的弹塑性，近年来在土石坝，尤其是在面板堆石坝的应力变形分析中得到了广泛的应用。该模型的切线体积模量B_t计算式（1）为

$$B_t = K_b P_a \left(\frac{\sigma_3}{P_a}\right)^m \tag{1}$$

式中：K_b为卸荷再加荷时的弹性模量系数；m为卸荷再加荷时的弹性模量指数；P_a为大气压力；σ_3为试件围压。

邓肯-张E-B模型认为卸荷模量不同于初始的加荷模量，通过模量的不同来反映堆石体部分变形不可恢复的特性。在同样的围压条件下，邓肯-张E-B模型认为堆石体的卸荷模量随着围压的增加而增加，材料的卸荷模量E_{ur}可用式（2）表示：

$$E_{ur} = K_{ur} P_a \left(\frac{\sigma_3}{P_a}\right)^m \tag{2}$$

式中：K_{ur}为试验确定的材料参数。

加荷、卸荷状态由1984年邓肯在土石坝计算程序中提出的卸荷准则判定。该准则的应力（F）状态函数定义式（3）为

$$F = S_r \sqrt[4]{\sigma_3 / P_a} \tag{3}$$

式中：S_r为应力水平，定义为实际主应力差与破坏时主应力差的比值。

若以F_{max}表示历史记录中应力状态的最大值，当计算的$F > F_{max}$时，判定处于加荷

状态，采用切线弹性模量 E_t 值。其中

$$E_t=\frac{d(\sigma_1-\sigma_3)}{d\varepsilon_1} \tag{4}$$

当计算的 $F<0.75F_{max}$ 时，即判定为卸荷状态，这时选择卸荷模量 E_{ur} 的值。当 $0.75F_{max}<F<F_{max}$ 时，认为处于过渡状态，按线性插值的方法取值，如式（5）所示：

$$E=E_t+4(E_{ur}-E_t)\frac{F_{max}-F}{F_{max}} \tag{5}$$

3.2 施工过程模拟

由于面板堆石坝堆石体材料的应力-应变关系是非线性关系，材料的模量参数是应力状态的函数，所以根据现场的实际施工工序，采用逐级加载的方式进行计算，即假定变形在施工完成时瞬间形成，不考虑下部结构自重对上部结构变形的影响。坝体填筑施工到哪个高度，则这个高度以下的土体自重引起的位移已经形成，所以该高度上各点如果产生位移，只是由其上部土体自重引起。在计算过程中，面板堆石坝与基础之间、面板与垫层之间，均采用无厚度接触面单元进行模拟。

3.3 计算模型及边界条件

上水库沥青混凝土面板堆石坝。根据上水库沥青混凝土面板堆石坝的相关设计资料，考虑结构各部分间相对关系，建立地基-坝体-沥青混凝土面板的三维数值网格模型（见图 1）。为充分还原坝址区的地形地质条件，避免边界效应对计算造成影响，向上游、下游、左岸、右岸分别延伸 200m、260m、160m、160m，向深度方向延伸 250m，采用六面体八节点单元（C3D8）和四面体四节点单元（C3D4）进行网格划分，共划分 2704856 个单元。由于上水库并没有明确的水流方向，后续分析中以 X 轴、Y 轴、Z 轴方向进行描述。地基的四周边界施加法向约束，基础底部边界施加全约束。

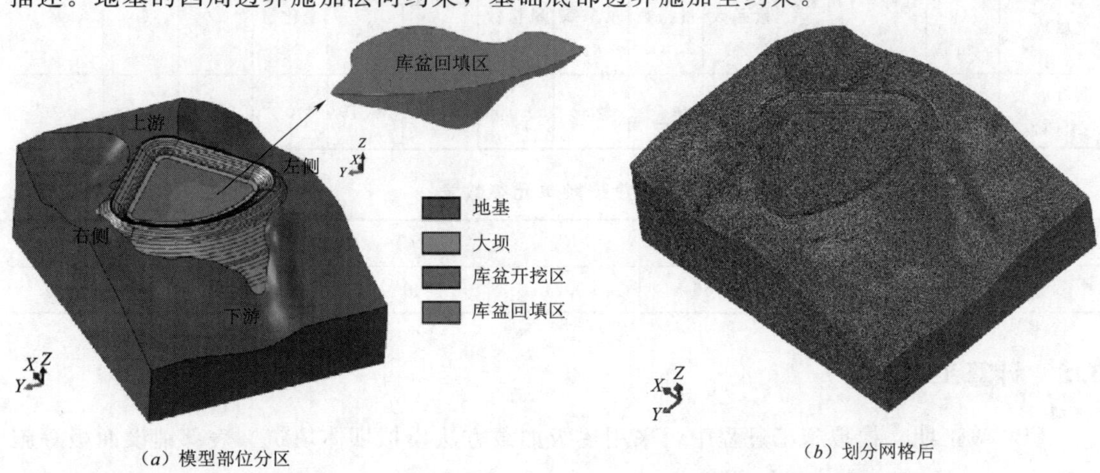

(a) 模型部位分区　　(b) 划分网格后

图 1　上水库沥青混凝土面板堆石坝三维数值网格模型图

3.4 计算参数

计算参数包括沥青混凝土面板堆石坝基岩、主堆石区、下游堆石区、垫层、过渡层、开挖回填土、沥青混凝土面板以及大坝与基岩之间、面板与垫层之间的接触单元参数（见表1～表4）。

表1　　基岩材料力学参数（线弹性）表

类　别	密度/(kg/m³)	弹性模量/GPa	泊松比
基岩	2400	5.0	0.2

表2　　非线性材料力学参数表（邓肯-张 E-B 模型）

邓肯-张 E-B 模型	密度 /(g/cm³)	孔隙率 /%	黏聚力 c/kPa	弹性模量系数 k	弹性模量指数 n	体积模量系数 k_b	体积模量指数 m	破坏比 R_f	摩擦角 φ_0	摩擦角变化量 $\Delta\varphi$
垫层	2.132	18	20	993.27	0.27	712.32	0.17	0.86	56.12	6.21
过渡	2.106	19	10	971.30	0.28	693.92	0.13	0.86	55.07	6.85
主堆	2.054	21	0	950.63	0.25	710.52	0.12	0.85	53.37	3.92
次堆	2.028	22	0	921.33	0.26	684.54	0.13	0.83	53.02	4.45
下游	2.132	18	0	1026.37	0.30	732.36	0.17	0.83	56.33	4.37
增模区库底	1.975	21	0	423.23	0.21	303.26	0.11	0.85	43.05	5.69
坝顶次堆	2.054	21	0	950.63	0.25	710.52	0.12	0.85	53.37	3.92
强风化	1.975	21	0	423.23	0.21	303.26	0.11	0.85	43.05	5.69

表3　　沥青混凝土面板材料参数表（E-V 模型）

E-V 模型	密度 /(g/cm³)	孔隙率 /%	黏聚力 c/kPa	弹性模量系数 k	弹性模量指数 n	体积模量系数 k_b	体积模量指数 m	破坏比 R_f	摩擦角 φ_0	摩擦角变化量 $\Delta\varphi$	D	G	F
沥青混凝土面板	2.288	5	554.985	743	0.45	3832	0.10	0.67	35.19	0	0.56	0.495	0.02

表4　　无厚度接触单元参数表

K_1	K_2	n	R_f	δ/(°)	γ_w/(kN/m³)	P/kPa
4800	4800	0.56	0.74	36	9.8	100

3.5 计算工况

（1）竣工期。模拟施工过程中，采用逐级加载方法模拟坝体填筑、表部铺设面板等施工工序。

（2）运行期。模拟水库运行期，上水库蓄水至510.00m情况下，上库大坝面板、坝体的应力变形规律。

4 计算结果分析

兴城抽水蓄能电站上水库沥青混凝土面板堆石坝典型剖面划分情况见图2，为详细地分析大坝的应力变形情况，选择了三个典型剖面（BA7-BA8、BA11-BA12、BA16-BA17），本文重点结合BA11-BA12（最大坝高剖面）开展分析。

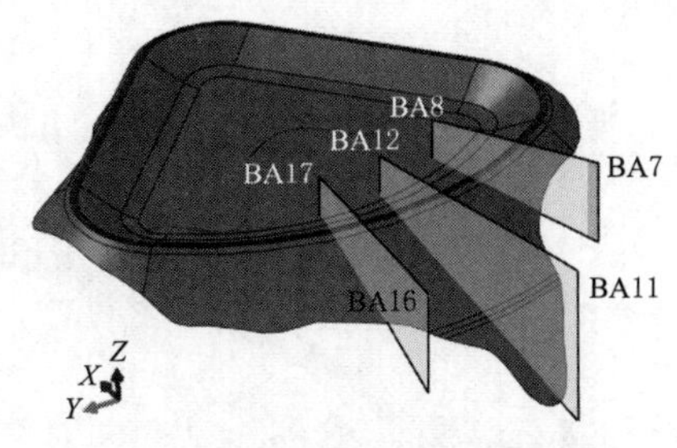

图2 上水库沥青混凝土面板堆石坝典型剖面划分情况图

4.1 坝体变形

竣工期大坝堆石体典型剖面的最大沉降值为56.6cm，占最大坝高的0.51%，出现在2/3坝高处；上下游方向，下游侧的变形相对明显，呈现向下游的变形，最大值为19.7cm（见图3）。

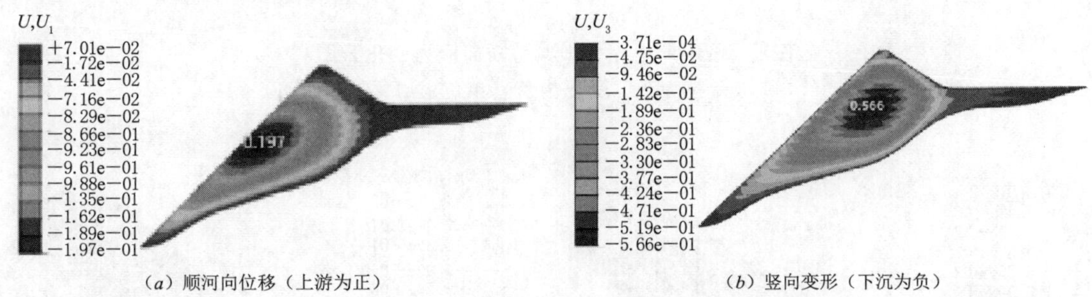

(*a*) 顺河向位移（上游为正） (*b*) 竖向变形（下沉为负）

图3 竣工期上库大坝典型断面位移变化云图（单位：m）

运行期在库区水位荷载的作用下，大坝的变形有小幅度的增大，典型断面最大沉降量、向下游侧变形分别增大至58.8mm、29.3mm（见图4）。总体而言，竣工期、运行期坝体变形相对较小，符合土石坝施工期的一般变形规律。

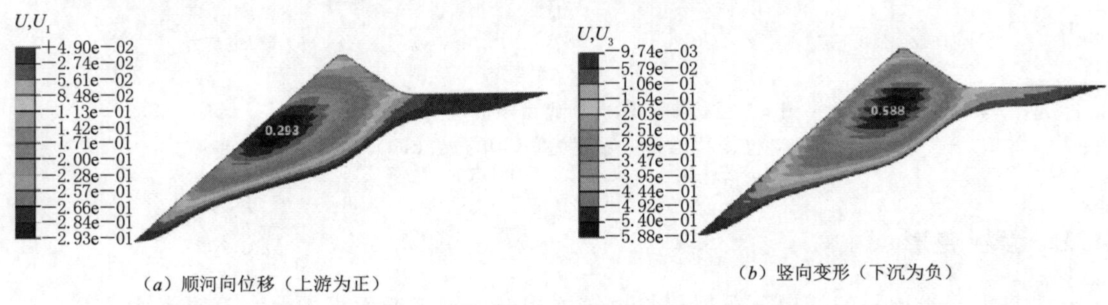

(*a*) 顺河向位移（上游为正） (*b*) 竖向变形（下沉为负）

图4 运行期上库大坝典型断面位移变化云图（单位：m）

4.2 坝体应力

从大坝堆石体的应力情况来看，其分布规律主要体现为表面应力最小，填高越高，应力越大，主要受填筑土体自重以及分层碾压的影响，由于堆石区的材料参数不同，在不同材料边界处应力分布有错动；运行期，受水荷载的影响，上游坝面的应力（尤其压应力）有所增大。应力变化符合面板堆石坝的一般规律。

竣工期，最大主应力与最小主应力均以压应力为主，最大值分别为 1.61MPa、0.63MPa，运行期分别增大至 1.64MPa、0.67MPa（见图 5、图 6）。

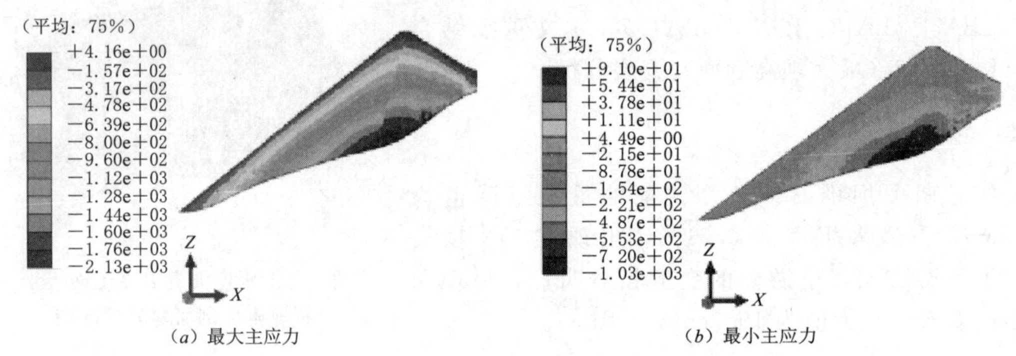

（*a*）最大主应力　　（*b*）最小主应力

图 5　竣工期上库大坝典型断面应力变化云图
（受拉为正、受压为负，单位：kPa）

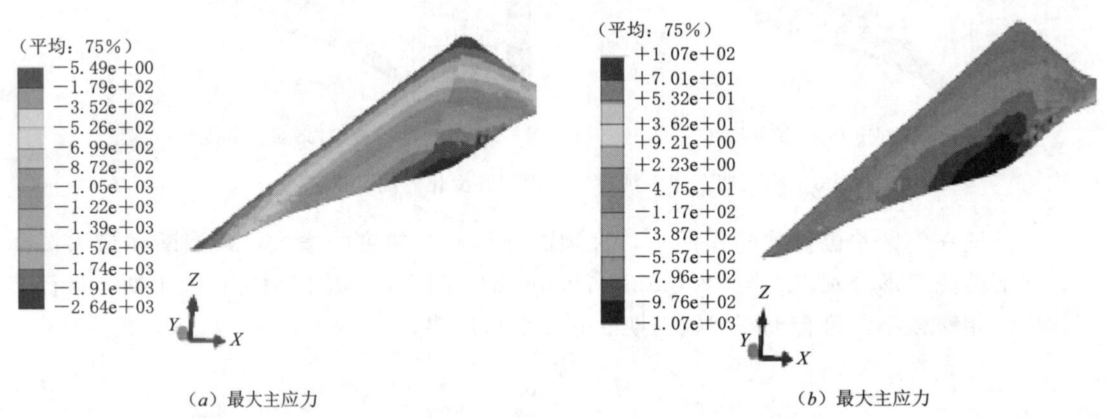

（*a*）最大主应力　　（*b*）最大主应力

图 6　运行期上库大坝典型断面应力变化云图
（受拉为正、受压为负，单位：kPa）

4.3　面板变形

沥青混凝土面板的变形分布规律与填筑体相似，竣工期面板的最大沉降量为 7.95cm，位于大坝左侧面板的顶部；轴向位移呈左右岸对称分布，最大值为 3.24cm；面板顺河向变形呈现为向下游变位的趋势，最大值为 4.81cm，位于大坝左侧面板的顶部位置。上水库蓄水运行后，位移的分布规律与竣工期基本一致，面板最大沉降量、轴向位移、顺河向位移分别增大至 22.8cm、3.55cm、11.8cm。面板的变形与坝体的变形相适应，其量值、分布符合沥青混凝土面板堆石坝的一般变形规律（见图 7～图 9）。

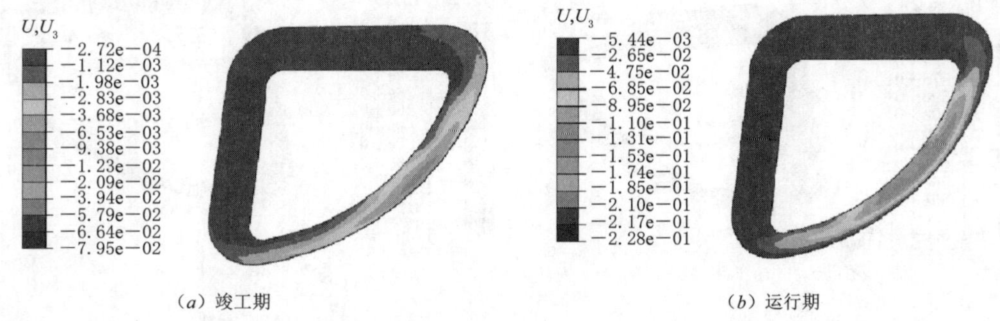

(a) 竣工期　　(b) 运行期

图 7　沥青混凝土面板沉降变形图（单位：m，下沉为负）

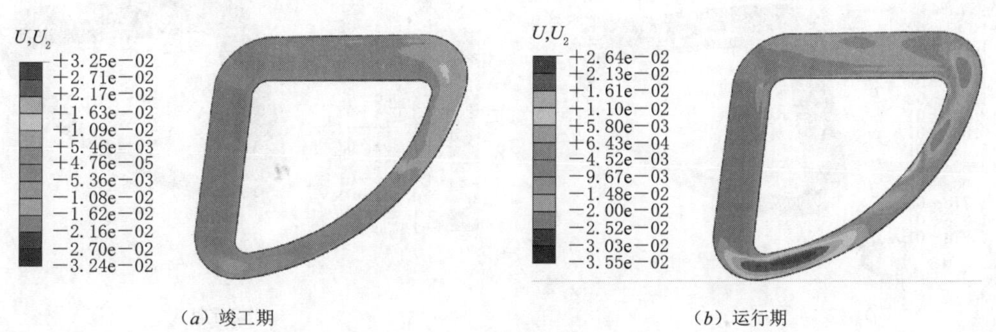

(a) 竣工期　　(b) 运行期

图 8　沥青混凝土面板轴向变形图（单位：m，右岸为正）

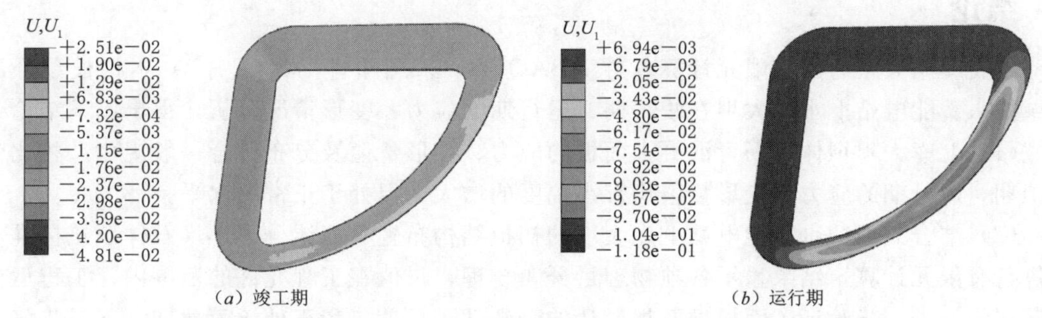

(a) 竣工期　　(b) 运行期

图 9　沥青混凝土面板顺河向变形图（单位：m，上游为正）

4.4　面板应力

对比图 10、图 11 可知，竣工期面板应力主要受面板自重的影响，应力量值较小且无明显的分布规律，大主应力最大仅为 0.16MPa。

运行期，在库水位荷载的作用下，大主应力自上而下体现为压应力逐渐增大，小主应力体现为压应力逐渐增大，均呈层状分布，最大值分别为 1.39MPa、0.36MPa，均小于钢筋混凝土材料的抗拉强度与抗压强度。

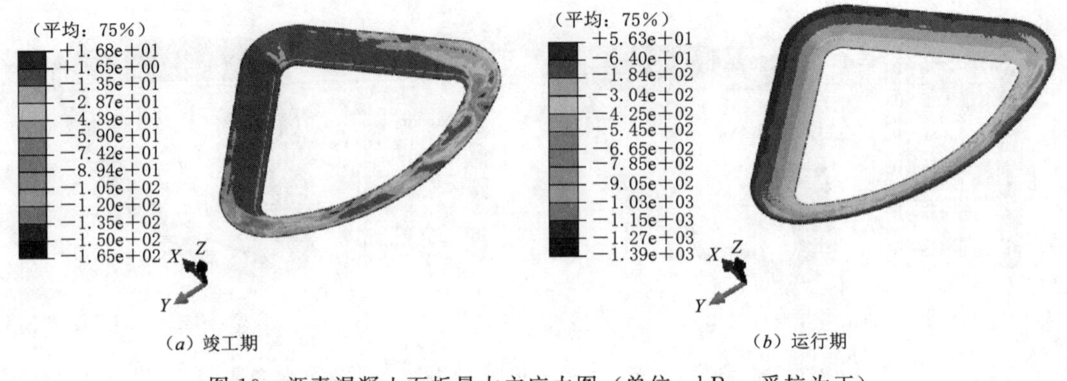

（a）竣工期　　（b）运行期

图 10　沥青混凝土面板最大主应力图（单位：kPa，受拉为正）

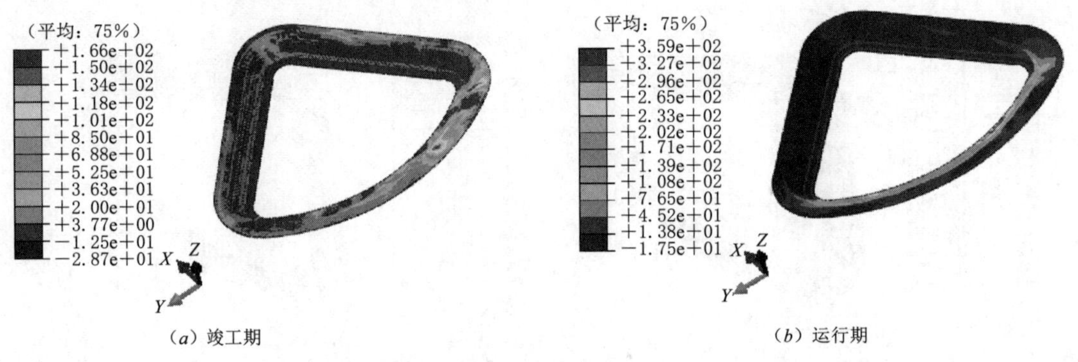

（a）竣工期　　（b）运行期

图 11　沥青混凝土面板最小主应力图（单位：kPa，受拉为正）

5　结论

本文应用大型通用有限元计算软件 ABAQUS，采用邓肯-张（E－B）本构模型开展兴城抽水蓄能电站上水库大坝在竣工期、运行期的应力、变形情况分析，得出以下结论：

（1）上库大坝坝体、沥青混凝土面板的应力、变形量值及分布符合一般规律；相比于竣工期，运行期的应力、变形量值均有小幅度的增大，但处于正常的水平。

（2）结合兴城抽水蓄能电站上库大坝的初拟结构布置、坝体分区、堆石体填筑标准对其进行有限元计算，结果显示各项物理量分布合理，量值在工程允许的范围内，工程运行状态正常，进一步验证了面板堆石坝设计的合理性。目前工程正处于筹建期，下一步将结合实测数据与有限元计算成果进行综合分析。

参考文献

［1］ 刘茵．基于 COMSOL 多物理场仿真计算下水利大坝静、动力特性分析研究［J］．地下水，2021，43（5）：132－135.

［2］ 洪振国，李建伟．高混凝土面板堆石坝应力变形数值模拟研究［J］．水资源与水工程学报，2016，27（6）：5.

［3］ 孙立昌，陈洪春，张显羽，等．厦门抽水蓄能电站上水库混凝土面板堆石坝静动力分析［J］．水利科技，2019（4）：4.

基于 ANSYS 的二次开发对土石坝应力变形计算

董瑞科[1]　马荣峰[2]

（1. 云南省水利水电勘测设计研究院　2. 云南省水利水电勘测设计研究院有限公司）

摘　要： 为确定土石坝工程的应力变形特性，本文通过 ANSYS 软件的 APDL 语言编写了邓肯-张 E－B 本构模型来反映土体材料的力学特性，并对某沥青混凝土心墙坝实际工程进行计算验证。计算结果表明，编写的邓肯-张计算程序能较好地反映出土石坝的应力变形规律。由此可知，利用 APDL 语言对邓肯-张 E－B 本构模型进行二次开发可用于解决土石坝设计中应力变形的计算分析。

关键词： 土石坝　应力变形　邓肯-张　二次开发

1　引言

土石坝历史悠久，对地形和气候条件适应性强、可就地取材、施工简便，是坝工建设中应用最为广泛的一种坝型。土石坝设计中的应力和变形分析随着坝体高度的增加已成为设计中不可或缺的一部分。目前，有限单元法成为土石坝应力变形分析的主要方法。

ANSYS 软件受到工程界的青睐，已成为土木建筑行业分析软件的主流，但 ANSYS 软件的不足之处在于没有合适的非线性土体材料本构模型，因此利用 ANSYS 软件的二次开发功能，建立适合土体的非线性本构模型是有必要的。但是，直到目前为止还没有一种为人们所普遍接受的土体本构模型。经大量计算研究表明，改进后的 K－G 模型，邓肯-张 E－B 本构模型，南水模型是比较合理的，由于邓肯-张 E－B 本构模型计算公式中所涉及的参数经过长期发展已经积累了丰富的经验，因而被广泛应用于岩土工程中。

本文通过 ANSYS 软件的二次开发工具 APDL 语言，建立了反映土体特性的邓肯-张 E－B 本构模型。采用增量法对坝体在竣工期以及运行期的应力变形进行计算分析，蓄水期的应力变形结果为坝体在自重与水荷载共同作用下对坝体所产生的应力变形的结果。

2　邓肯-张 E－B 本构模型介绍

邓肯-张 E－B 本构模型是采用了双曲线拟合土体的应力应变关系的非线性本构模型。邓肯-张 E－B 本构模型中的切线弹性模量 E_t 表示了常规三轴试验中（$\sigma_1-\sigma_3$）-ε_a 曲线的切线模量，切线弹性模量计算式（1）为

$$E_t = KP_a\left(\frac{\sigma_3}{P_a}\right)^n\left[1-\frac{R_f(\sigma_1-\sigma_3)(1-\sin\varphi)}{2c\cos\varphi+2\sigma_3\sin\varphi}\right]^2 \tag{1}$$

切线体积模量计算式（2）为

$$B_t = k_b P_a\left(\frac{\sigma_3}{P_a}\right)^m \tag{2}$$

研究表明，粗颗粒土体的莫尔库仑强度包线呈现非线性，采用式（3）对其修正：

$$\varphi = \varphi_0 - \Delta\varphi\log\left(\frac{\sigma_3}{P_a}\right) \tag{3}$$

当堆石处于卸荷时，改用回弹模量表示：

$$E_{ur} = k_{ur}P_a\left(\frac{\sigma_3}{P_a}\right)^n \tag{4}$$

以上各式中：R_f 为破坏比；φ 为内摩擦角；c 为黏聚力；K 为模量系数；n 为模量指数；k_b 为体积模量系数；m 为体积模量指数；k_{ur} 为回弹模量指数；φ_0 和 $\Delta\varphi$ 为摩擦角试验参数。

3　邓肯-张 E－B 本构模型在 ANSYS 中的实现

邓肯-张 E－B 本构模型是一种建立在增量广义胡克定律基础上的非线性变弹性模型，是通过不断改变其切线弹性模量来实现非线性的，完全可以通过 ANSYS 软件的 APDL 语言进行编程分析。计算过程中主要通过如下方式来实现：取初始材料参数，施加第一步载荷，计算并读取单元应力，根据单元的当前应力调用邓肯-张 E－B 本构模型宏命令计算新的材料参数（主要是材料的弹性模量和泊松比），代替初始材料参数；采用增量法加载，直至作用坝体上的荷载施加完毕。

增量法在计算过程中的实现过程指的是，将作用于坝体的荷载分为若干级进行分级加载，并假定材料的应力变形关系在各级荷载作用下是线弹性的，并且根据各级荷载下的 E_t、B_t 值计算相应荷载作用下的应力及变形的增量值，然后将各级荷载作用下的应力及变形的增量值叠加，得到全部荷载作用下总的应力及变形值。

邓肯-张 E－B 本构模型在 ANSYS 中实现过程的具体步骤如下：

（1）以试验数据为计算依据，然后根据坝体的材料分区赋予坝体各部位特定的初始材料参数。

（2）利用 ANSYS 软件中的单元生死功能激活坝体的第一层，进行第一层的计算求解。以第一步中确定的弹性常数，模型中定义的初始条件、边界条件以及所给定的材料参数作为计算的依据，计算过程中荷载步的第一步就是坝体的第一层计算。

（3）求解计算。

（4）通过上一步的计算，提取计算结果中单元的第一主应力和第三主应力，利用邓肯-张 E－B 本构模型的计算公式分别对泊松比 v_t 和切线弹性模量 E_t 的值进行计算求解。

（5）修改填筑坝体第一步的刚度矩阵，激活新一层单元，并进行新填筑部分和已有坝体共同作用的非线性有限元计算。

新填筑部分的坝体材料是处于初始状态的，因此新填筑的坝体部分的材料参数仍然是第一步中给出的初始弹性参数，并不需要进行调整。而已填筑的坝体部分的应力已经发生了变化，因此已填筑的坝体部分的材料弹性常数则是根据以上步骤进行修正。

(6) 以 (2)～(5) 步为循环体进行循环计算直至坝体填筑完毕。先求得坝体在竣工期的应力变形结果。然后施加水荷载，求得坝体在蓄水期的应力变形值。

4 工程算例

4.1 工程概况

某沥青混凝土心墙大坝，大坝坝高 126.6m，坝轴线长 390m，坝顶宽度 12m。大坝填筑大致分四个区，第一区为沥青混凝土防渗心墙；第二区为坝壳填筑料；第三区为过渡料，布置在心墙两侧，各设置两层厚度 2.0m 的过渡料Ⅰ和过渡料Ⅱ，作为心墙与坝壳料堆石体之间的过渡；第四区为贴坡反滤料，布置大坝下游坡脚和河床卵石混合土后。围堰以上大坝上游边坡布置形式为上缓下陡，边坡坡比分别为 1：2.4 和 1：2.0；下游坝坡坡比分别为 1：2.0 以及 1：2.25。

4.2 计算模型

某沥青混凝土心墙风化料坝的三维计算模型利用 ANSYS 软件建模得到（见图 1)。

图 1　沥青混凝土心墙风化料坝三维有限元计算网格

4.3 材料参数及计算条件

将非线性材料邓肯-张 E－B 本构模型分别赋予大坝的各个材料分区；基岩材料采用 D－P 本构模型；沥青心墙与过渡料之间采用面—面接触单元以模拟接触特性。沥青混凝土心墙堆石坝应力和变形计算参数见表 1，沥青心墙堆石坝设计方案静力计算成果（极值）汇总见表 2。

表 1　沥青混凝土心墙堆石坝应力和变形计算参数表

试样编号	试验干密度 /(g/cm³)	E－B 模型参数						
		φ_0/(°)	$\Delta\varphi$/(°)	K	n	R_f	k_b	m
覆盖层	2.10	43.4	3.8	1060	0.36	0.83	493	0.26
过渡料Ⅰ	2.24	43.0	3.5	1032	0.30	0.81	402	0.28
过渡料Ⅱ	2.19	42.1	3.1	870	0.27	0.83	334	0.25
堆石Ⅰ	2.08	46.7	6.3	668	0.21	0.81	287	0.22
堆石Ⅱ	2.11	48.1	7.5	782	0.28	0.81	390	0.21
沥青混凝土	2.45	33.0	0	690	0.24	0.85	600	0.50

表 2 沥青心墙堆石坝设计方案静力计算成果（极值）汇总表

计算工况		竣工期	满蓄期
坝体最大竖向沉降/cm		85.85	88.94
占坝高百分比/%		0.67	0.70
坝体最大顺河向位移/cm	向上游	38.25	20.43
	向下游	32.01	41.69
坝体最大有效大主应力/MPa		1.76	1.62
坝体最小有效小主应力/MPa		0.52	0.45
心墙最大竖向沉降/cm		83.3	87.67
心墙最大大主应力/MPa		1.67	1.96
心墙最小小主应力/MPa		0.71	1.12

4.4 坝体静力计算应力结果分析

通过对坝体的应力进行计算分析，得出竣工期坝体及心墙的应力分布（见图 2～图 5）、大坝蓄水期的应力分布形式（见图 10～图 13）。

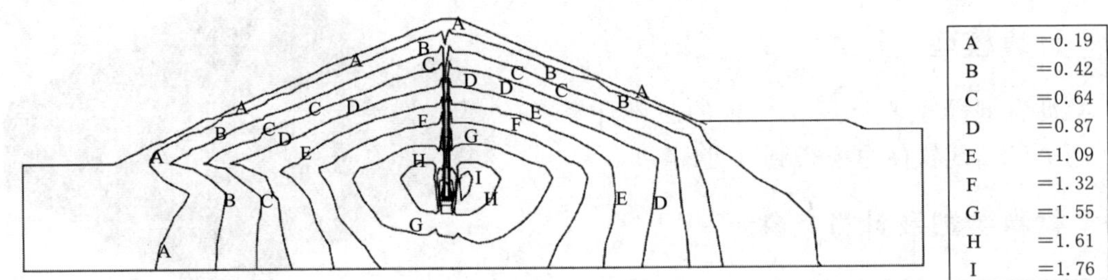

图 2 大坝竣工期有效大主应力分布图（单位：MPa）

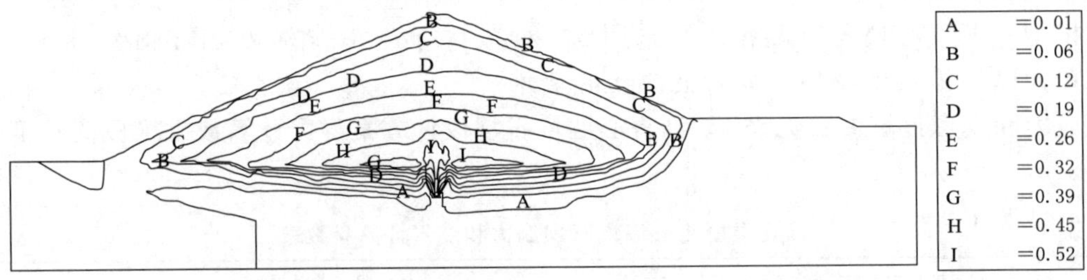

图 3 大坝竣工期有效小主应力分布图（单位：MPa）

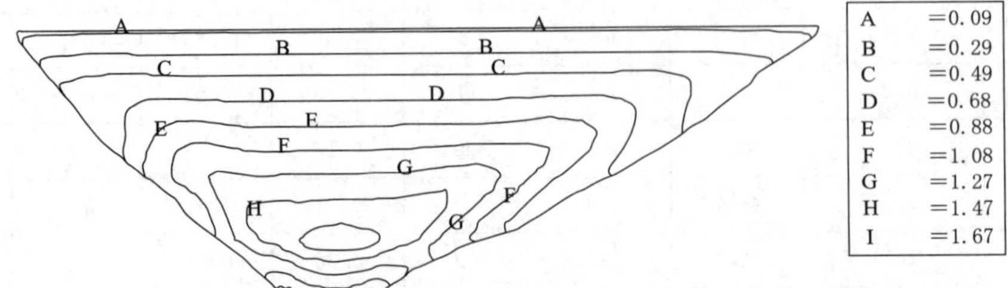

图 4 沥青混凝土心墙竣工期有效大主应力分布图（单位：MPa）

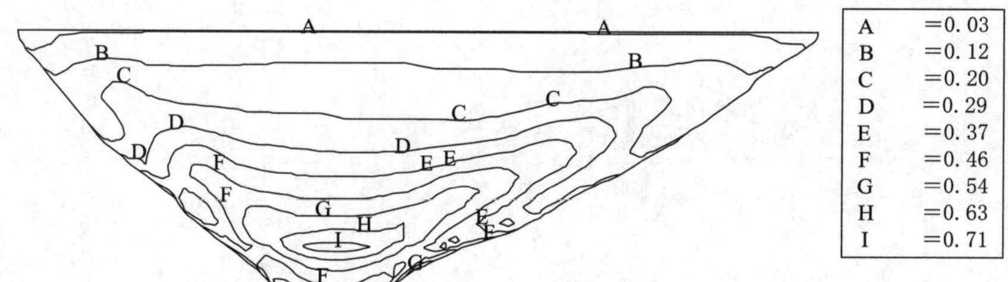

图 5　沥青混凝土心墙竣工期有效小主应力分布图（单位：MPa）

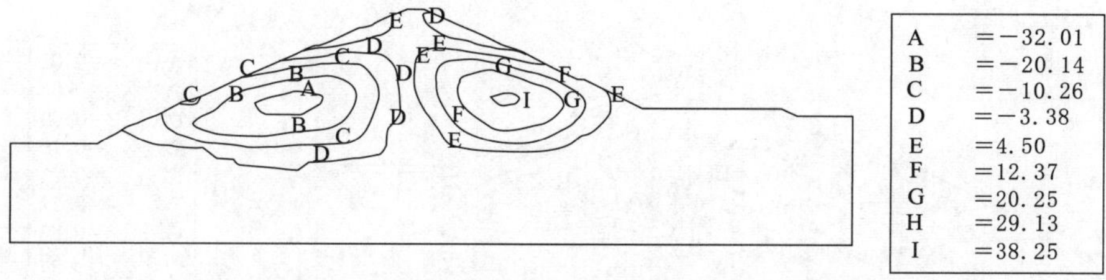

图 6　大坝竣工期最大横剖面顺河向水平位移等值线图（单位：cm）

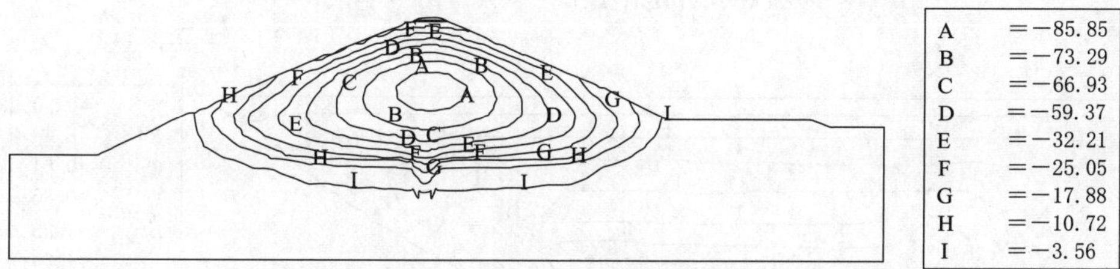

图 7　大坝竣工期最大横剖面沉降等值线图（单位：cm）

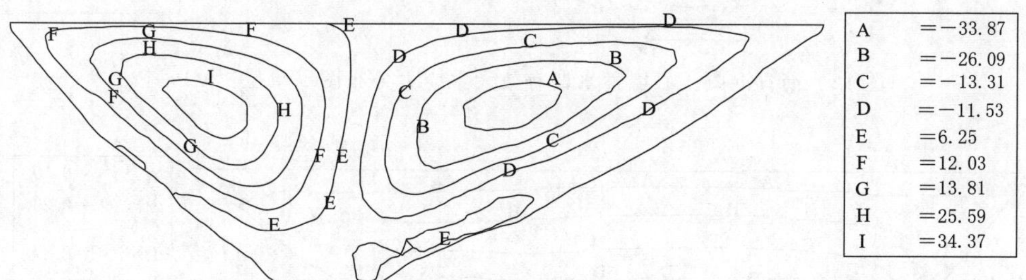

图 8　心墙竣工期沿坝轴线方向水平位移等值线图（单位：cm）

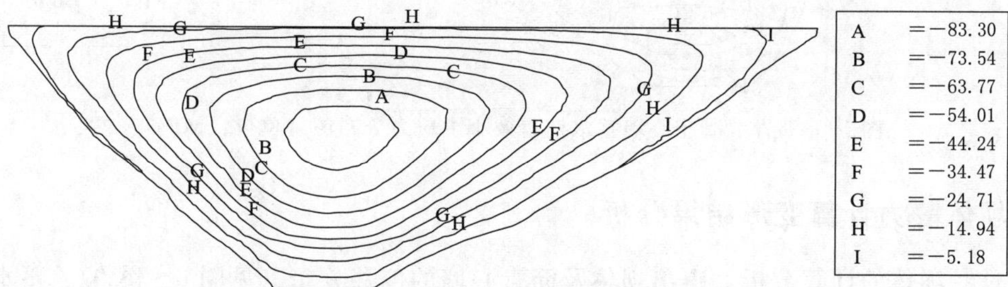

图 9　心墙竣工期沉降等值线图（单位：cm）

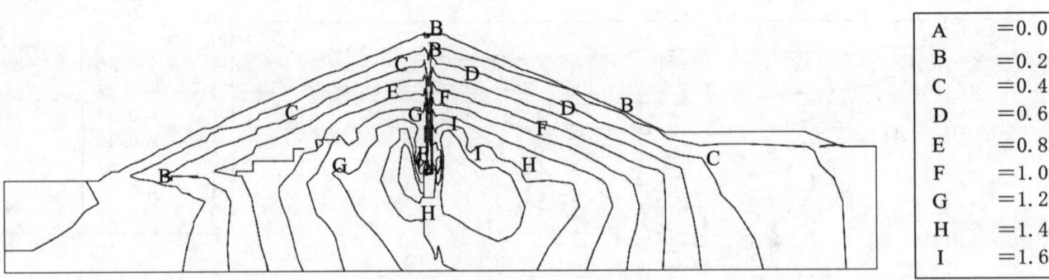

图 10　大坝蓄水期有效大主应力分布图（单位：m）

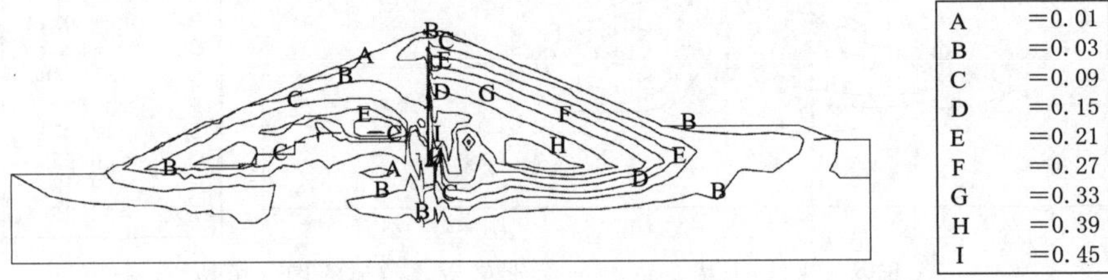

图 11　大坝蓄水期有效小主应力分布图（单位：MPa）

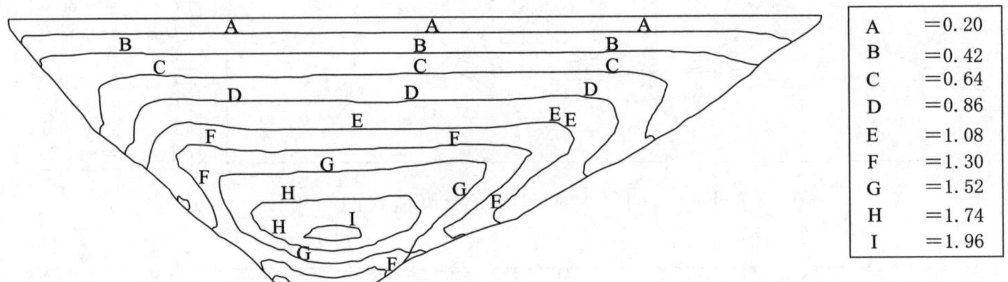

图 12　沥青混凝土心墙蓄水期有效大主应力分布图（单位：MPa）

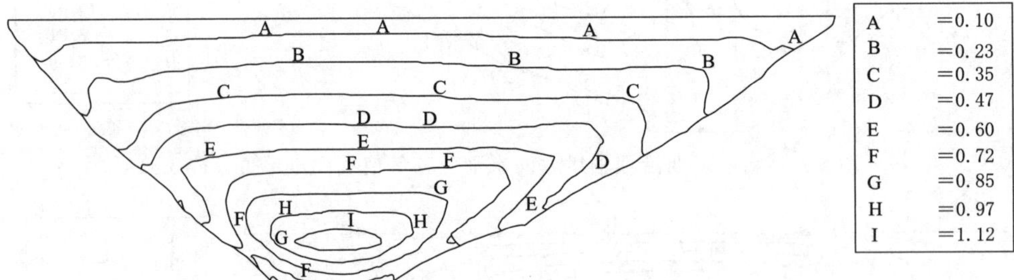

图 13　沥青混凝土心墙蓄水期有效小主应力分布图（单位：MPa）

4.5　坝体静力计算变形结果分析

通过对坝体的计算分析，得出坝体及沥青心墙的位移分布（见图 6～图 9）、蓄水期的坝体及沥青心墙的位移分布（见图 14～图 17）。

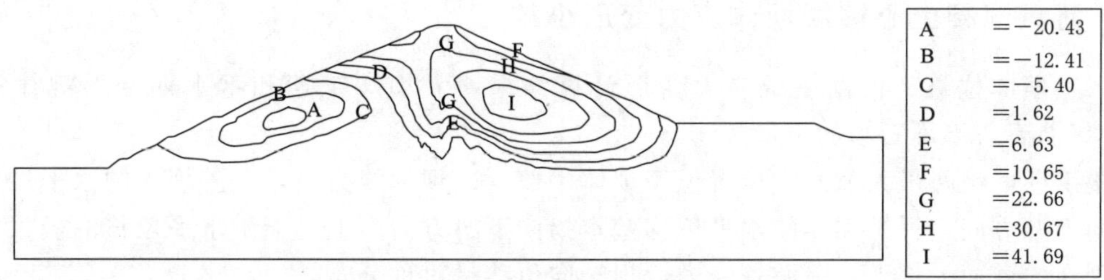

图 14 大坝蓄水期最大横剖面顺河向水平位移等值线图（单位：cm）

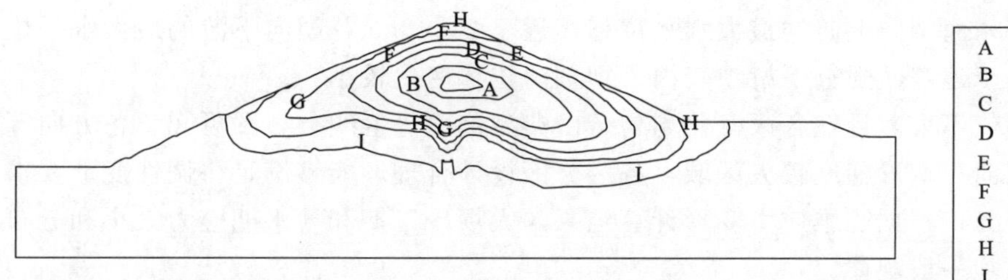

图 15 大坝蓄水期最大横剖面沉降等值线图（单位：cm）

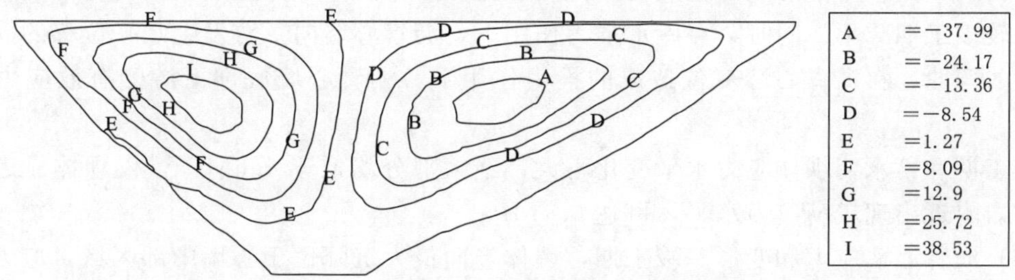

图 16 心墙蓄水期沿坝轴线方向水平位移等值线图（单位：cm）

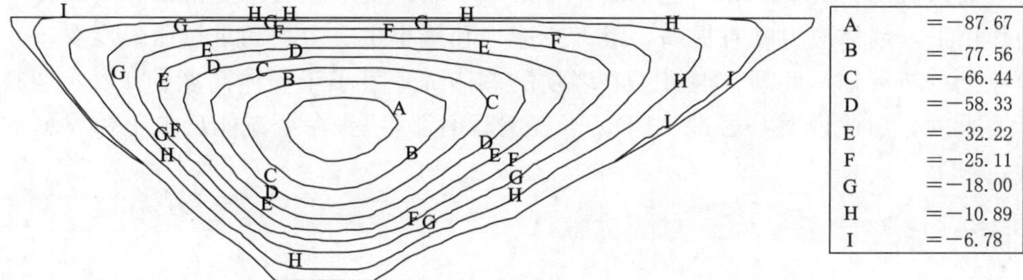

图 17 心墙蓄水期沉降等值线图（单位：cm）

对坝体和沥青心墙的应力变形计算成果进行整理，竣工期和满蓄期坝体应力和变形特征值汇总见表 2。其中顺河向以指向下游为正，竖向垂直向上为正，坝轴向指向右岸为正，压应力为正，拉应力为负。

4.6 沥青混凝土心墙坝坝体应力变形小结

(1) 坝体位移。根据三维应力变形计算结果，大坝竣工期和蓄水期变形规律符合150m级沥青心墙堆石坝的一般规律。

竣工期，沉降最大值发生位置位于坝体中部。以坝轴线为界，上游坝体的水平位移基本指向上游方向，下游坝体的水平位移基本指向下游方向。上、下游水平位移的极大值分别出现在建基面上部上、下游坝壳内，坝轴向位移呈对称分布。

满蓄期，坝体中部区域竖向沉降较竣工期略有增加，发生位置与竣工期较为一致。同时，由于库水位上升，坝体水平位移亦有一定变化，朝向下游的最大水平位移数值显著增大，达41.69cm，而朝向上游的最大水平位移接近于20.43cm，朝向下游的最大水平位移数值发生位置位于建基面附近下游坝壳内。坝轴向位移变化较小。

坝体变形幅值不大，且在各区变化均匀，由典型剖面等值线分布图可知，各方向等值线未发现明显扭曲和变形梯度较大区域，各区分区设计合理，能够满足协调性变形要求。

(2) 坝体应力。根据三维应力变形计算结果，大坝竣工期和蓄水期应力大小和分布符合沥青心墙堆石坝一般规律。

竣工期，坝体的有效大、小主应力基本呈沿坝轴线上下游对称分布。坝体部位的有效大、小主应力值都不大。

满蓄期，由于库水对坝体造成的浮托和湿化综合作用，坝体上游侧堆石料有效大、小主应力较竣工期减小。同时，在库水推力作用下，沥青心墙向下游发生水平位移的同时存在一定的弯曲，在沥青心墙变位造成的推力作用下，沥青心墙底部下游侧有效应力略有增高。

竣工期和蓄水期坝体应力水平变化不大，绝大部分均低于0.6MPa，仅坝体靠近两岸岸坡基岩附近出现较高应力水平，可达0.7MPa。

(3) 沥青心墙应力和变形。竣工期，墙体竖向最大沉降位于心墙中部区域，应力分布符合一般规律，墙体单元最小有效主应力均大于0，墙体不会发生受拉破坏。蓄水后，在上游水压力的作用下，墙体向下游发生较大位移，最大可达38.98cm，发生在墙体中下部，最大竖向沉降为87.67cm，位于墙体中区域，墙体变形在可承受范围之内。另外，在水压力作用下，墙体应力略有提高，最大主应力和最小主应力均满足拉压强度要求。

由以上分析可知，此沥青混凝土心墙坝的总体沉降量小于坝体高度的1%，是满足工程实际要求的，由此说明，通过APDL语言编写的邓肯-张命令流能反映土体材料的一般规律性。

5 结语

本文通过ANSYS软件中的二次开发工具APDL语言编写的邓肯-张E-B本构模型对沥青心墙坝在竣工期与运行期进行了应力与变形的计算分析，得出以下结论：

(1) 坝体的应力变形分布规律较为合理，验证了程序的可靠性，利用ANSYS软件中的APDL语言编写的邓肯-张E-B本构模型，能够较好地反映土体的一般规律特性，可用于解决土石坝设计中应力变形的计算分析。

(2) ANSYS 软件提供的二次开发功能能够满足实际需要且容易实现，只需通过 APDL 语言编写开发自己需要的本构模型代码，编程量小，计算易收敛，计算过程由 ANSYS 的非线性求解器实现，保证了计算结果的准确性。

参考文献

[1] 林继镛，王光纶．水工建筑物［M］．北京：中国水利水电出版社，2009.

[2] 陈慧远．土石坝有限元分析［M］．南京：河海大学出版社，1988.

[3] 戴跃华，薛继乐．ANSYS 在土石坝有限元计算中的应用［J］．水利与建筑工程学报，2007，5 (4)：74-77.

[4] 张胜民．基于有限元软件 ANSYS7.0 的结构分析［M］．北京：清华大学出版社，2003.

[5] 迟守旭．基于 ANSYS 的土石坝三维非线性有限元计算方法研究及实现［D］．天津：天津大学建筑工程学院，2004：18-19.

[6] 薛守义．高等土力学［M］．北京：中国建材工业出版社，2007.

[7] DUNCAN J M，CHANG C Y. Nonlinear analysis of stress and strain in soils［J］. Journal of the soil Mechanics and Foundations Division，1970，96 (SM5)：1629-1653.

[8] 李广信．高等土力学［M］．北京：清华大学出版社，2004.

[9] 师访．ANSYS 二次开发及应用实例详解［M］．北京：中国水利水电出版社，2012.

[10] 龚曙光，谢桂兰，黄云清．ANSYS 参数化编程与命令手册［M］．北京：机械工业出版社，2009.

[11] 尤红兵，孙建恒，刘聪慧，等．ANSYS 二次开发及其在土石坝有限元分析中的应用［J］．河北农业大学学报，2002，25 (S1)：279-282.

[12] 陈惠发．土木工程材料的本构方程　第一卷　弹性与建模［M］．武汉：华中科技大学出版社，2001.

[13] 范国锋，王文韬，王跃庆．基于有限元的面板堆石坝降低面板拉应力的工程措施研究［J］．中国农村水利水电，2010，8：113-117.

[14] 石彬彬，张永刚．ANSYS 工程结构数值分析方法与计算实例［M］．北京：中国铁道出版社，2015.

[15] 曾攀．有限元分析及应用［M］．北京：清华大学出版社，2008.

[16] 凌桂龙，沈再阳．ANSYS 结构单元与材料应用手册［M］．北京：清华大学出版社，2013.

沥青混凝土防渗面板酸性骨料应用关键技术

汪正兴[1,2]　杨　波[3]　夏世法[1,2]　马临涛[1,2]　王轮祥[4]

（1. 中国水利水电科学研究院　2. 北京中水科海利工程技术有限公司
3. 中国水利水电第三工程局有限公司　4. 山东沂蒙抽水蓄能有限公司）

摘　要： 山东沂蒙抽水蓄能电站上水库全库盆采用沥青混凝土面板防渗，工程区开挖骨料为酸性花岗岩骨料。根据相关规范要求，水工沥青混凝土骨料宜采用碱性骨料，当需要采用酸性骨料时应进行论证。本文针对在沥青混凝土面板中应用酸性骨料的问题，开展了专项研究。通过掺加水工专用抗剥落剂，可使酸性骨料与沥青的黏附性达到与灰岩骨料相当的水平。通过开发的耐久性评估模型评估，酸性骨料沥青混合料的浸水耐久性达到与灰岩骨料相当的水平，满足工程设计及使用年限要求。成功将酸性骨料应用于沥青混凝土面板防渗工程，使用面积超过 18 万 m^2。

关键词： 沥青混凝土面板　酸性骨料　抗剥落剂　浸水耐久性

1　引言

沥青混凝土面板防渗性能和变形性能俱佳，已成为抽水蓄能电站的主流防渗形式之一。由于水工沥青混凝土工作时长期浸泡在水中，对沥青混凝土的浸水耐久性要求高。沥青中由于含有酸酐类成分，与酸性骨料的结合较差，在水中长期浸泡，可能出现骨料与沥青分离、沥青混凝土性能下降较快，影响其耐久性。因而水工沥青混凝土对于骨料的要求比较高，规范中要求采用碱性骨料。但部分工程所在地缺乏碱性骨料，导致水工沥青混凝土应用受限。随着越来越多的抽水蓄能电站规划和建设，缺乏碱性骨料的问题可能会日益突出。解决在水工沥青混凝土中应用酸性骨料的问题十分有必要。

在道路工程中，沥青混凝土的水损害导致的路面病害问题也很突出。经过大量的研究，工程技术人员通过掺加抗剥落剂，可以提高骨料与沥青的黏附性，提高沥青混凝土的抗水损害性能和沥青路面的使用寿命。但水工沥青混凝土工况与道路不同，其设计使用年限一般比道路工程长的多，且道路工程维修方便，而水工沥青混凝土维修时则需要放空水库。因此在水工沥青混凝土中应用酸性骨料并不能照搬道路工程的经验。沥青混凝土心墙由于尺寸相对较厚，被坝壳料包裹在坝体中间，不直接与水接触，也有应用酸性骨料的先例。如新疆迪那河五一水库，沥青混凝土骨料为酸性的天然砂砾石骨料，通过在填料中掺加水泥，提高了沥青混凝土的抗压强度水稳定系数。新疆的努尔水库，沥青混凝土骨料也采用天然砂砾石骨料，主要成分为酸性的石英岩和花岗岩。使用过程中掺加了道路工程抗剥落剂，骨料与沥青的黏附性得到一定的提升，沥青混凝土水稳定性也得到提高。沥青混凝土防渗面板厚度一般为10cm，比心墙薄得多，而且运行时直接浸泡在水中。因此工程界对于在沥青混凝土面板工程中应用酸性骨料一直持谨慎的态度。在沥青混凝土面板工程中应用酸性骨料，需要解决两个方面的问题：一是有效提升酸性骨料与沥青黏附性的措施；二是评估沥青混凝土长期浸水耐久性是否满足工程要求。

提升酸性骨料和沥青黏附性的方法一般有两大类：一类是采用消石灰、水泥等无机类的材料，使用方法可以是将其与粗骨料混合，使其裹覆在骨料表面从而实现骨料表面改性、增强其与沥青的黏附性。或者可以直接将消石灰、水泥作为或部分作为填料使用。试验表明，消石灰、水泥可以有效提高沥青混凝土浸水后的抗压强度，但对于变形性能有负面作用。另一类是采用高分子抗剥落剂，高分子抗剥落剂一般掺加在熔融的沥青中使用。早期的抗剥落剂多为胺类高分子，在高温时容易分解，从而使抗剥落性能下降。目前道路沥青工程中使用的多为非胺类抗剥落剂，分解温度一般在180℃以上。而水工沥青混凝土的使用工况与道路有很大区别，需要针对性地开发抗剥落剂。

评估沥青混凝土长期浸水耐久性的方法，《土石坝沥青混凝土面板和心墙设计规范》(SL 501) 中采用“黏附性等级”和“抗压强度水稳定系数”两种方法。“黏附性等级”要求裹覆沥青的骨料在微沸的水中煮3min后，沥青剥落面积小于10%，即黏附性等级大于4级。“抗压强度水稳定系数”要求沥青混凝土在60℃水浴中浸泡48h后，其残留抗压强度大于90%。“黏附性等级”的缺点是主观性强，分级较粗糙，无法定量，无法区分相同黏附性等级时的黏附性优劣。“抗压强度水稳定系数”的缺点是浸泡时间短，无法体现长期浸水耐久性；且很容易满足，酸性骨料即使不采取任何措施也能满足大于0.9的要求，甚至出现大于1.0的不合理现象。另外二者无法明确与浸水耐久性之间的关系，即无法回答采用酸性骨料沥青混凝土的使用年限问题。

针对这些问题，结合山东沂蒙抽水蓄能电站工程，笔者的研究团队开发了水工用抗剥落剂SK-A，建立了新的骨料与沥青黏附性评价方法及水工沥青混凝土浸水耐久性评估模型，并采用该方法对酸性骨料沥青混凝土的浸水耐久性进行了论证。

2 工程概况

山东沂蒙抽水蓄能电站位于山东省临沂市费县境内，上水库采用沥青混凝土面板全库防渗。上水库正常蓄水位606.00m，死水位571.00m，面板堆石坝坝顶高程609.40m，坝顶宽10m，坝顶长度580m，坝轴线处最大坝高117.4m。上游坝坡选用1∶1.7，下游坝坡选用1∶1.5。沥青混凝土防渗面板采用简式断面，包括整平胶结层10cm、防渗层10cm、封闭层（为0.2cm的沥青玛琋脂）。工程区开挖出的骨料岩性为片麻状花岗岩，为酸性骨料。而在可行性研究期间拟定的灰岩骨料料场由于环保等原因，当地政府已经不允许进行开采，其他的灰岩料场距离都较远，为了工程建设急需解决酸性骨料应用问题。

对于评价酸性骨料在沥青混凝土面板中是否可行的标准，目前并无明确的参考依据。如果仅仅是满足规范要求的黏附性等级和水稳定系数，则要求太低，安全度不足。本项目要求的是，在采取技术措施后，酸性骨料与沥青的黏附性不低于灰岩骨料，酸性骨料沥青混凝土的浸水耐久性不低于灰岩骨料沥青混凝土。

在研究论证过程中，中国水利水电科学研究院针对水工沥青混凝土的工况特点，开发了一种硅氧烷基抗剥落剂 SK－A，其分子中含有硅氧基和烷基。其中硅氧基可与骨料中的 Ca、Si 形成结合，而烷基与沥青中的油分形成结合，从而提高酸性骨料与沥青之间的黏附性。

通过采用 SK－A，片麻状花岗岩与沥青的黏附性可达到灰岩骨料相当水平。同时开发了水工沥青混凝土浸水耐久性试验方法和评估模型。通过评估，掺加 SK－A 抗剥落剂后，片麻状花岗岩沥青混凝土的浸水耐久性可达到灰岩骨料相当水平，性能衰减至设计要求的时间在 100 年以上。工程经过论证最终决定在部分区域采用酸性骨料，应用面积超过 18 万 m^2，为世界上首次在沥青混凝土面板工程中采用酸性骨料。山东沂蒙抽水蓄能电站于 2021 年 7 月开始蓄水发电，沥青混凝土面板至今正常运行。工程中还制定了定期取样检测的计划，以监测沥青混凝土面板的性能和耐久性。

3　骨料与沥青的黏附性

目前，评价骨料与沥青黏附性的指标为黏附性等级，试验方法为水煮法。《土石坝沥青混凝土面板和心墙设计规范》(SL 501) 中对于骨料和沥青黏附性要求是黏附性等级大于 4 级，即裹覆沥青的骨料在微沸的水中煮 3min 后，沥青剥落面积小于 10%。该方法的缺点是分级较粗糙，无法定量。剥落面积靠肉眼观察，主观性大。本课题在此基础上引入了起始剥落时间指标，即裹覆沥青的骨料在微沸的水中煮至沥青开始剥落的时间。

山东沂蒙抽水蓄能电站工程开挖骨料为片麻状花岗岩，工程采用的沥青为山东京博石化生产的 I－C SBS 改性沥青。试验研究过程中对片麻状花岗岩骨料和灰岩骨料与沥青的黏附性进行了对比、同时对比了不同抗剥落剂、抗剥落剂不同掺量时对黏附性的影响。不同骨料和沥青之间的黏附性见表 1。

表 1　　不同骨料和沥青之间的黏附性表

沥　青	骨　料	黏附性等级	沥青起始剥落时间/min
普通 70 号	灰岩	5	9
普通 70 号	片麻状花岗岩	1	1
I－C 改性	灰岩	5	15
I－C 改性	片麻状花岗岩	4	2.5
I－C 改性+0.4%TR－500S	片麻状花岗岩	5	3
I－C 改性+0.4%XT－2	片麻状花岗岩	5	6
I－C 改性+0.2%SK－A	片麻状花岗岩	5	7
I－C 改性+0.4%SK－A	片麻状花岗岩	5	9
I－C 改性+0.6%SK－A	片麻状花岗岩	5	18
I－C 改性+0.8%SK－A	片麻状花岗岩	5	21
I－C 改性+1.0%SK－A	片麻状花岗岩	5	24
I－C 改性+1.2%SK－A	片麻状花岗岩	5	30

从表 1 中可以看出，无论是采用黏附性等级，还是采用沥青起始剥落时间，灰岩骨料与沥青的黏附性都要好于片麻状花岗岩，即酸性骨料与沥青的黏附性差。

普通 70 号沥青与片麻状花岗岩黏附性等级为 1 级，不满足这一要求，但 I－C 改性沥青与片麻状花岗岩的黏附性等级达到 4 级，I－C 改性沥青与片麻状花岗岩骨料的黏附性要好于普通 70 号沥青，这是由于沥青中掺加了 SBS 改性剂，增加了沥青的黏韧性，沥青混合料中沥青膜更厚，可以在一定程度上提高与酸性骨料的黏附性。虽然片麻状花岗岩与 I－C 改性沥青的黏附性达到了规范要求的 4 级，但从起始剥落时间可以看出，其与灰岩骨料仍存在较大差距，因此并不能确保其满足工程要求。

三种抗剥落剂对黏附性都有提升，其中 TR－500S 和 XT－2 是道路沥青工程抗剥落剂产品。在同一掺量下，SK－A 抗剥落剂的性能要优于两种道路沥青工程抗剥落剂，这是针对水工沥青混凝土特点优化的结果。随着 SK－A 掺量增加，沥青与片麻状花岗岩骨料的黏附性逐渐提升，当 SK－A 的掺量达到 0.6％沥青重量时，其沥青起始剥落时间超过灰岩骨料。为进一步提高保障，建议工程中掺量为 0.8％沥青重量。

4　浸水耐久性评估

在掺加 0.8％沥青重量的 SK－A 抗剥落剂后，片麻状花岗岩与沥青的黏附性已经不低于灰岩骨料，但仍需进一步验证其沥青混合料的浸水耐久性。在《土石坝沥青混凝土面板和心墙设计规范》（SL 501）中要求沥青混凝土的抗压强度水稳定系数大于 0.9，但抗压强度并不是沥青混凝土面板的关键性能，且这一要求很容易满足。因此此次研究采用了对沥青混凝土面板更为重要的弯拉应变来计算水稳定系数。另外为了反映长期耐久性，采用了 20℃、40℃、60℃、80℃ 等 4 个不同的水浴温度和最长 128d 的浸泡时间。根据沥青混凝土的弯拉应变衰减规律，基于时温等效原理建立了浸水耐久性评估模型。

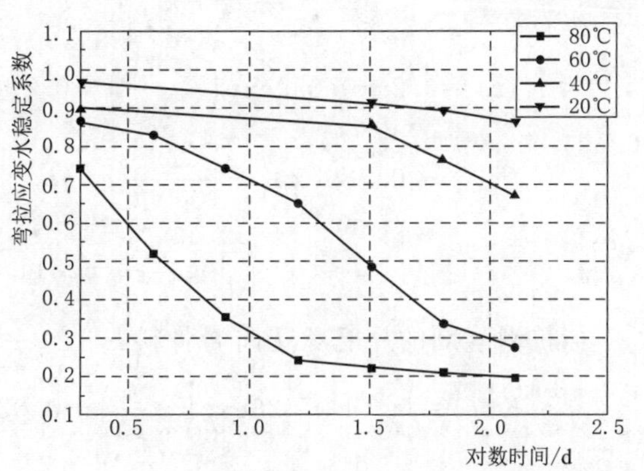

图 1　弯拉应变水稳定系数-对数时间曲线图（花岗岩骨料）

从图 1 中可以看出，片麻状花岗岩沥青混凝土（未掺抗剥落剂）在不同浸水温度下，浸泡不同时间后的弯拉应变水稳定系数。水浴温度越高，弯拉应变衰减越快。不同温度下的衰减曲线在对数时间坐标下通过平移可以互相重叠。以 20℃ 为基准温度，平移后的弯拉应变水稳定系数一对数时间曲线见图 2，采用 Prony 级数对其进行拟合，方程为

$$K(T,t)=0.203+0.031\exp(-t\alpha_T)+0.037\exp\left(-\frac{t\alpha_T}{10}\right)+0.050\exp\left(-\frac{t\alpha_T}{100}\right)+0.647\exp\left(-\frac{t\alpha_T}{2000}\right)+0.033\exp\left(-\frac{t\alpha_T}{10000}\right) \tag{1}$$

$$\log\alpha_T=-4482.258\left(\frac{1}{T}-\frac{1}{T_0}\right) \tag{2}$$

式中：T 为温度，K；T_0 为相对温度，取 293K；$K(T,t)$ 为温度 T 条件下、t 时刻的弯拉应变水稳定系数；α_T 为温度平移因子。

从式（1）可以看出在水温 T、浸泡 t 时间与在水温 T_0、浸泡 $t\alpha_T$ 时间，弯拉应变衰减结果是一样的，因此 α_T 实际可视为温度 T 时相对温度 T_0 的水损害加速系数。根据式（2），可计算出花岗岩沥青混凝土在水温 80℃时相对于水温 20℃的水损害加速系数为 398。

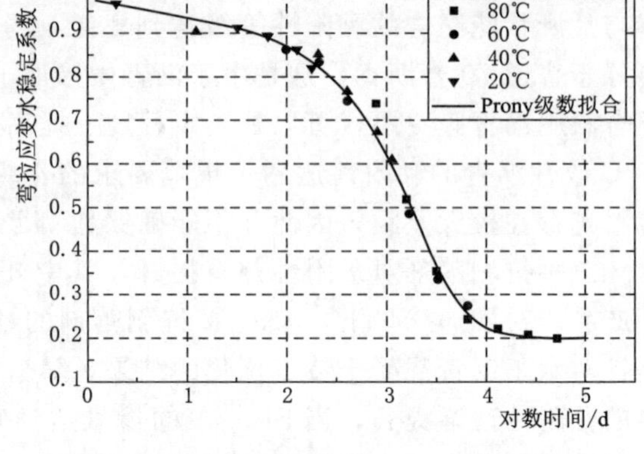

图 2 弯拉应变水稳定系数-对数时间曲线图（花岗岩骨料，平移后）

对于灰岩骨料沥青混凝土和掺加抗剥落剂后的片麻状花岗岩骨料沥青混凝土，同样可以得到其弯拉应变衰减的主曲线（见图 3）。

其拟合方程如下。

灰岩骨料：

$$K(t)=0.2+0.059\exp\left(-\frac{t}{100}\right)+0.196\exp\left(-\frac{t}{1000}\right)+0.255\exp\left(-\frac{t}{10000}\right)+0.289\exp\left(-\frac{t}{100000}\right) \quad (3)$$

$$\log\alpha_T=-2811.502\left(\frac{1}{T}-\frac{1}{T_0}\right) \quad (4)$$

掺抗剥落剂的片麻状花岗岩骨料：

$$K(t)=0.2+0.026\exp\left(-\frac{t}{10}\right)+0.029\exp\left(-\frac{t}{100}\right)+0.172\exp\left(-\frac{t}{1000}\right)+0.244\exp\left(-\frac{t}{10000}\right)+0.329\exp\left(-\frac{t}{100000}\right) \quad (5)$$

$$\log\alpha_T=-4110.87\left(\frac{1}{T}-\frac{1}{T_0}\right) \quad (6)$$

从图 3 中可以看出，在掺加 0.8%沥青重量的 SK－A 抗剥落剂后，片麻状花岗岩骨料沥青混凝土的弯拉应变衰减曲线相比未掺抗剥落剂的明显减缓，且基本与灰岩骨料沥青混凝土的衰减曲线重合，说明二者的耐久性相当。

抽水蓄能电站沥青混凝土面板长期运行后，其堆石体沉降基本稳定。面板变形主要来自水位升降，根据张河湾工程的研究，此部分的应变大约为 0.3%。考虑 2 倍的安全系数，则沥青混凝土长期浸水后其弯拉应变应不小于 0.6%。若沥青混凝土初始弯拉应变按 2.0%考虑，三种沥青混凝土的弯拉应变则衰减至 0.6%需要的时间分别为：片麻状花岗岩骨料 11.7 年、灰岩骨料 293 年、片麻状花岗岩骨料＋抗剥落剂 321 年。在掺加 0.8%沥青重量的 SK－A 抗剥落剂后，片麻状花岗岩骨料沥青混凝土的耐久性显著提升，达到与灰岩骨料相当水平，且评估年限超过 100 年，满足工程使用要求。

沥青混凝土的耐久性还需要考虑低温抗裂性能。80℃水温下，浸水时间对沥青混凝土冻断温度的影响试验结果见图 4。

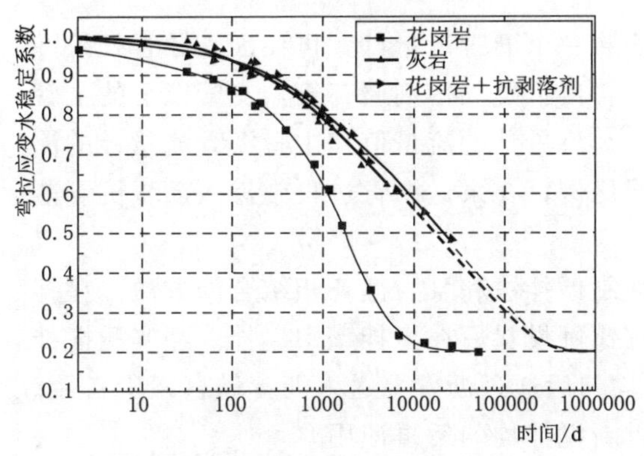

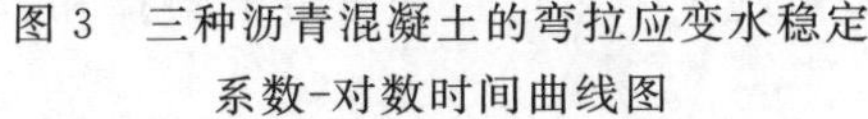
图 3　三种沥青混凝土的弯拉应变水稳定系数-对数时间曲线图

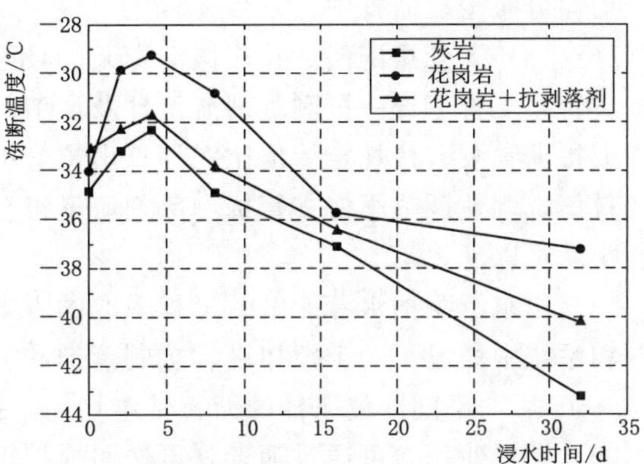

图 4　浸水时间对沥青混凝土冻断温度的影响试验结果图

从图 4 中可以看出，沥青混凝土的冻断温度在长期浸水后初期先是出现上升随后又开始下降，即沥青混凝土的低温抗裂性能并不会持续下降，因此低温抗裂性能并不是沥青混凝土浸水耐久性的制约因素。

对于长期防渗性能，在 80℃水浴中浸泡 128d 之后（相当于在 20℃水中浸泡 140 年），沥青混凝并没有出现松散的情况。在 0.5MPa 水压力下，可保持 2h 不渗水，防渗性能依然满足要求。

在掺加 SK－A 抗剥落剂后，沥青混凝土长期浸水后的变形性能、低温抗裂性能、防渗性能仍满足要求，即其浸水耐久性满足要求。

上述论证过程是在实验室内进行的，可能会存在一些偏差。因此在山东沂蒙抽水蓄能电站工程实践过程中，为了了解沥青混凝土面板实际运行过程中的耐久性，施工时在沥青混凝土面板表面专门铺设了 2 条用于定期取芯的条带。拟在沥青混凝土面板运行 5 年、10 年、15 年、20 年等时间定期取芯检测沥青混凝土的性能衰减情况。

5　抗剥落剂掺加工艺

抗剥落剂为高分子材料，需要先与沥青混合均匀，再进行沥青混合料拌和。但目前的沥青混凝土拌和系统中没有掺加抗剥落剂的设备和流程，需要对沥青混凝土拌和楼进行改造。在沥青混合料拌和楼拌料过程中掺加抗剥落剂一般可以采用以下几种方式。

(1) 强制搅拌法。强制搅拌法就是直接把抗剥落剂投入到热熔沥青中，并且使用强制式的搅拌法使它们掺配均匀。

这种方法需要在沥青储存罐上加装搅拌设备，或增加一个单独的搅拌罐。其优点是可以使抗剥落剂和沥青充分搅拌均匀。

(2) 泵力循环搅拌法。按规定的掺配比例，计算出所需沥青抗剥落剂的用量，投入到甲号沥青储存罐内并处于热熔状态的沥青中，然后开动沥青泵，将甲号沥青储存罐中的沥青与沥青抗剥落剂的混合液，泵入到空置的乙号沥青储存罐中，再把乙号沥青储存罐内的沥青与沥青抗剥落剂的混合液泵回甲号沥青储存罐，如此循环 4～5 次，沥青抗剥落就能均匀分布于在沥青中。

(3) 支管掺配法。在连接沥青泵的导管处安装一个沥青流量计，再在沥青导管处接一支管，支管上设一抗剥落剂流量计及调节阀，支管接上抗剥落剂储存箱，支管以下的主管上接沥青泵。按规定掺配比例计算出支管抗剥落剂流量计的流量值和主管沥青流量计的流量值，调整调节阀使支管抗剥落剂流量符合掺配比例，在泵送沥青过程中掺入沥青抗剥落剂就可以了。

山东沂蒙抽水蓄能电站工程采取的方案为强制搅拌法和泵力循环相结合的方法。在拌和系统中增设了一个搅拌罐，抗剥落剂和沥青按比例投料后在搅拌罐中搅拌。经实测搅拌 5min 后，不同部位取样的沥青基本均匀。搅拌均匀后通过沥青泵送入沥青储存罐中备用。如长期未使用，可通过沥青泵再送回搅拌罐中重新搅拌均匀后再使用。

抗剥落剂掺配均匀后，即可按照常规的沥青混凝土施工工艺进行沥青混合料拌和、摊铺、碾压等工序。

6 结语

本课题通过开发水工专用抗剥落剂，有效提升酸性骨料与沥青的黏附性。通过研究沥青混凝土浸水耐久性试验方法和评估模型，明确其耐久性可以满足工程要求。并通过改造沥青混凝土拌和楼解决了抗剥落剂现场掺加工艺问题。从而突破了酸性骨料在沥青混凝土面板工程中的应用难题。

山东沂蒙抽水蓄能电站工程是世界上首个采用酸性骨料的沥青混凝土面板工程，酸性骨料使用面积超过 18 万 m^2，节约工程投资 1700 余万元。于 2021 年 7 月完工开始蓄水，2021 年 12 月首台机组开始发电，2022 年 4 月 4 台机组全部投入商业运行。沥青混凝土面板运行至今 1 年多，无任何异常。酸性骨料在沂蒙抽水蓄能电站沥青混凝土面板工程中的成功应用，将为后续缺乏碱性骨料的工程带来示范作用，具有重要的社会效益。完建的山东沂蒙抽水蓄能电站上水库见图 5。

图 5 完建的山东沂蒙抽水蓄能电站上水库

参考文献

［1］ 郝巨涛，刘增宏，汪正兴．我国沥青混凝土防渗工程技术的发展与展望［J］. 水利学报，2018，49（9）：1137－1147.

［2］ 岳跃真，郝巨涛，孙志恒，等．水工沥青混凝土防渗技术［M］. 北京：化学工业出版社，2006.

［3］ 魏道凯，张正超，邵华，等．抗剥落剂对酸性集料黏附性混合料水稳定性的影响［J］. 山东交通科技，2021（6）：41－44.

［4］ 季鹏，奚丽珍，张宏超．路用抗剥落剂性能浅析［J］. 上海公路，2003（1）：17－19.

［5］ 王文政，唐新军，何建新，等．五一水库天然砾石骨料在沥青混凝土心墙中的适用性研究［J］. 水利与建筑工程学报，2014（5）：172－175.

［6］ 张庆春．努尔加水库碾压式土石坝沥青混凝土心墙酸性砂砾石料的配合比试验研究［J］. 水资源与水工程学报，2014（4）：215－220.

［7］ 闫小虎，姚新华，王晓军，等．土石坝沥青混凝土心墙材料配合比试验研究［J］. 长江科学院院报，2017，34（6）：143－148.

［8］ 杨卫国，王书杰，李黄，等．常用抗剥落剂对沥青混合料路用性能的影响［J］. 黑龙江交通科技，2022，45（5）：24－28.

［9］ 徐新春．沂蒙抽水蓄能电站上水库混凝土工程施工技术［J］. 华东科技（综合），2019（11）：0145.

［10］ 关志诚．水工设计手册　第6卷　土石坝［M］. 2版．北京：中国水利水电出版社，2014.

大坝止水结构高分子防护材料耐久性预测研究

何旭升[1,2]　赵　波[1,2]　曲智美[3]

（1. 中国水利水电科学研究院　2. 水利部水工程建设与安全重点实验室
3. 新疆新华叶尔羌河流域水利水电开发有限公司）

摘　要： 在混凝土面板堆石坝面板接缝止水结构中，表层止水盖板的耐久性及使用寿命预测一直受行业关注。本文以阿尔塔什大坝所在的新疆喀什地区气候状况作为边界条件，对三元乙丙橡胶盖板、新型涂覆型聚脲盖板，以及起参照作用的天然橡胶盖板，进行氙弧灯人工气候老化试验，并据此进行了使用寿命的预测，结论为三元乙丙橡胶盖板工程预期使用寿命为13.1年，天然橡胶盖板工程预期使用寿命为5.3年，涂覆型聚脲盖板工程预期使用寿命为9.9年，以上数据供工程参考应用。

关键词： 混凝土面板堆石坝　表层止水　三元乙丙橡胶盖板　涂覆型聚脲盖板　使用寿命预测

1　引言

传统混凝土面板堆石坝面板接缝表层止水结构中，防护盖板的材料多采用三元乙丙橡胶板，用由扁钢和螺栓组成的锚固体系安装固定，由中国水利水电科学研究院研发的新型涂覆型盖板采用聚脲涂覆成膜，取消了锚固体系，表面光滑平整、无接缝，整体性更好，但其耐老化性能尚缺乏对比试验支持。本文以阿尔塔什水利枢纽工程大坝（在新疆克州阿克陶县库斯拉甫乡境内）所在的新疆喀什地区气候状况作为边界条件，对三元乙丙橡胶盖板、新型涂覆型聚脲盖板，以及起参照作用的天然橡胶盖板，进行耐老化性能试验，并据此进行了服役寿命的预测，作为工程应用的参考。

目前材料的老化研究主要有两类方法：一是自然环境老化试验；二是人工加速老化试验。由于人工加速老化试验方法可以在短时间内得到某种材料的老化表征数据，所以国内外普遍采用这种方法来评价材料的抗老化性能。

新疆南疆地区区别于国内其他地区的最大特点就是日照充足，紫外线辐射强烈。氙弧灯的光谱非常接近于太阳光光谱，非常适合评价材料在自然条件下的耐光照老化性能，本文采用氙弧灯人工气候老化使用寿命预测方法对止水材料进行老化性能研究，通过考察材料的拉伸应力应变评价其性能变化。

2　氙弧灯人工气候老化使用寿命预测方法

氙弧灯人工气候老化试验（简称“氙弧灯老化试验”）是一个复合老化试验，包括光、热、空气、湿度和降雨等老化因素，是模拟自然老化环境的试验方法。氙弧灯老化试验通常是对不同材料的耐候性能进行对比评价，从而对选择合适的材料给出建议。用其进行寿命预测是比较困难的，目前国内外没有形成可参考的标准方法。通常是建立氙弧灯老化试验结果与当地自然暴露老化试验结果的相关性，在此基础上进行使用寿命预测。而且对于不同品种、不同配方的材料两种老化试验的相关性没有联系，即对什么产品进行预测，都要首先针对此产品建立两种老化试验的相关性。

本研究首先比较三种材料的氙弧灯老化试验结果，可以对三种材料的相对耐候性能有一个认识。在此基础上，参考国内外高分子材料在自然和人工气候条件下老化试验的相关性研究成果，考虑到聚合物光化学降解反应主要由太阳光中的紫外光引起的，在研究材料在自然和人工气候条件下老化试验的相关性时，主要考虑试样所接受的紫外光辐照能，建立试验结果与实际应用环境下太阳紫外光辐照总量的联系，给出工程应用上的参考值。

近年来人们考虑到聚合物光化学降解反应主要由太阳光中的紫外光引起的，在研究材料在自然和人工气候条件下老化试验的相关性时，主要是考虑试样所接受的紫外光辐照能。国内外一些学者进行了这方面的探索。

关于老化试验材料性能与老化时间的关系，国内学者叶苑栲等提出断裂伸长率与辐照量的关系式：

$$1-L/L_0=Q_0+KQ \tag{1}$$

式中：Q_0 和 K 为试验常数；Q 为老化紫外辐照量，MJ/m^2。

本实验中采用这个关系式对加速老化的临界老化时间进行预测。

另外一个问题是加速老化与自然气候老化的对应关系，叶苑栲等通过氙弧灯老化试验与自然老化试验的对比，认为可以通过试样接收的紫外光（300～400nm）辐照能量（简称“紫外辐照量”）建立加速老化与自然老化的相关关系，其结论是材料达到相同老化性能时，自然老化的紫外辐照能量与加速老化紫外辐照能量有线性关系。线性关系的具体形式与材料具体使用地区的辐照强度、温度、降雨等有关。叶苑栲等建立了聚烯烃材料广州地区（年平均气温 22.1℃）的、以老化系数 0.5 得到的相关关系为

$$Q_n=-17.5+2.1Q_a \tag{2}$$

式中：Q_n 为自然老化紫外辐照量，MJ/m^2；Q_a 为加速老化紫外辐照量，MJ/m^2。

由于没有和田地区材料自然老化的试验值，在本试验中借鉴式（2）作为加速老化紫外辐照量和自然老化紫外辐照量折算关系，其结果作为光老化估算的基础，探索由人工气候老化试验去预报户外自然气候老化试验的时间。

3 氙弧灯老化试验设备与试验方法

（1）设备。LHS-XⅡ-65 型氙弧灯人工气候老化试验箱（简称“氙弧灯老化箱”）；长弧水冷氙灯；硼硅玻璃滤光罩。

（2）试验方法。采用《硫化橡胶或热塑性橡胶　耐候性》（GB/T 3511—2008）中规定的氙灯人工气候老化暴露方法，具体试验参数如下：

1）黑板温度：55℃。

2）相对湿度：60%～70%。

3）工作室温度：40℃。

4）辐照强度：0.46W/m²（0～340nm 波长范围）。

5）降雨周期：降雨 18min，间隔干燥 102min。

6）每组试样数：《硫化橡胶或热塑性橡胶拉伸应力应变性能的测定》（GB/T 528—2009）规定的Ⅰ型哑铃型试样，5 片为一组。为了考察氙弧灯老化对试样性能劣化的影响深度，试验中把叠合三层试样进行照射试验，比较不同层试样的老化速度，试片每层厚度为 2mm 左右。

4 氙弧灯老化试验与使用寿命预测结果

4.1 工程环境气候基础数据

喀什地区气候干燥、日照时间长，平均年太阳辐射总量约为 5907MJ/m²，其中紫外光照射强度约占总辐射的 5.6%（据《聚合物防老化使用手册》），因此实际年紫外光照射强度约为 330.8MJ/m²。气象观测的辐照量是水平太阳辐照总量，而实际坝面接受的是 1.4 坡比（常规混凝土面板堆石坝迎水面面板坡度）斜面的辐射量，因此坝面上辐照强度约为 192.3MJ/m²。下面分别对三元乙丙橡胶盖板、天然橡胶盖板和涂覆型聚脲盖板的光老化性能进行试验研究。

4.2 三元乙丙橡胶盖板寿命预测

紫外光对橡胶材料性能的影响是很复杂的，综合起来主要有两个相反的方向：一个是促使材料的降解，另一个是使材料交联度增加，而且两方面的影响可以同时起作用，不同阶段影响的程度不同。从表 1 中分层三元乙丙橡胶盖板（每层 2mm，三层合计 6mm）的拉伸强度（以下简称“强度”）数据可以看出，三元乙丙橡胶盖板的强度随辐照时间的变化不明显、或稍有增大的趋势，可以说明在试验周期内，气候老化对三元乙丙橡胶盖板的影响作用很复杂，可能是交联多于降解，所以根据试验结果很难由强度说明材料的使用寿命。而断裂伸长率（简称“伸长率”）的变化却是很明显的，因为无论是交联和降解都会使伸长率降低，而伸长率的降低是三元乙丙橡胶盖板性能劣化的主要指标，也是影响其使用性能的主要指标。由此，以伸长率来考察三元乙丙橡胶盖板的使用性能和寿命是合理的。不同层三元乙丙橡胶盖板试样辐照时间对伸长率的影响见图 1。

表 1　　三元乙丙橡胶盖板试样氙弧灯老化试验数据表

试　样	项　目		老化时间/h			
			0	500	1000	1500
第一层试样	强度/MPa		9.62	9.59	9.74	10.25
	伸长率/%	第 1 组	549.35	462.01	407.09	437.81
		第 2 组	505.87	468.40	427.62	466.30
		第 3 组	562.52	458.22	444.70	346.32
		第 4 组	519.09	491.69	441.42	362.00
		第 5 组	551.75	428.81	460.15	380.28
		平均值	537.72	461.83	436.20	398.54

续表

试样	项目		老化时间/h			
			0	500	1000	1500
第二层试样	强度/MPa		9.62	10.57	10.02	10.29
	伸长率/%	第1组	549.35	504.37	441.89	446.33
		第2组	505.87	474.03	528.84	487.12
		第3组	562.52	525.18	487.30	471.64
		第4组	519.09	440.03	495.31	492.64
		第5组	551.75	493.91	521.36	456.47
		平均值	537.72	487.50	494.94	470.84
第三层试样	强度/MPa		9.62	10.25	9.68	10.78
	伸长率/%	第1组	549.35	464.63	476.64	438.39
		第2组	505.87	519.06	415.10	444.30
		第3组	562.52	462.26	530.14	480.11
		第4组	519.09	513.64	474.46	479.26
		第5组	551.75	526.17	549.66	504.67
		平均值	537.72	497.15	489.20	469.35

从图1可见，对于三层叠合的辐照试样（每层2mm，三层合计6mm），第二层和第三层的伸长率变化程度没有明显差异，而第一层的变化与其他两层有显著的不同。由此可以认为光的辐照老化作用对第二层和第三层几乎没有影响，也就是说光辐照对三元乙丙橡胶盖板的影响深度不超过2mm。

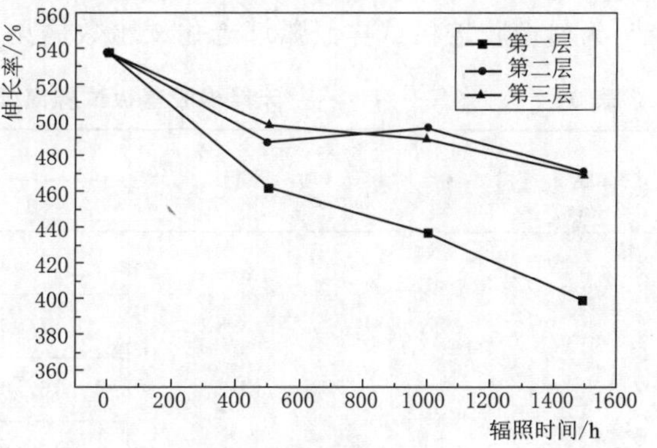

图1 不同层三元乙丙橡胶盖板试样辐照时间对伸长率的影响图

所以在这里只对第一层的三元乙丙橡胶盖板老化数据进行使用寿命的预测研究。

(1) 临界老化时间预测。采用经验公式(1)进行临界老化时间预测，仍然取$L/L_0=0.25$作为老化系数。三元乙丙橡胶盖板试样剩余伸长率与辐照时间回归数据见表2。其中$L_0=538\%$是未辐照试样的伸长率。

表2 三元乙丙橡胶盖板试样剩余伸长率与辐照时间回归数据表

辐照时间/h	伸长率/%	$1-L/L_0$
500	462	0.141134
1000	436	0.188799
1500	399	0.258824

三元乙丙试样 $1-L/L_0-t$ 回归曲线见图 2。

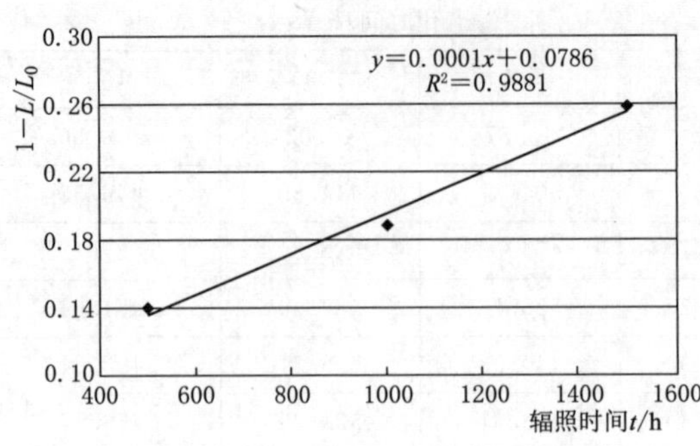

图 2 三元乙丙试样 $1-L/L_0-t$ 回归曲线

由回归关系式：

$$1-L/L_0=0.0786+0.0001t \quad (3)$$

以及老化系数 $L/L_0=0.25$ 得到氙弧灯加速老化的临界老化时间：

$$t_c=6714\text{h}$$

本项目试验设备紫外光辐照度为 50W/m^2（300～400nm 波长范围）。

根据氙弧灯老化箱的设备参数可以换算试样收到的紫外辐照量：

$$Q_a=50\times3600\times6714=1208.5\text{MJ/m}^2$$

（2）自然环境使用寿命预测。按照式（2）可以折算出自然环境下材料达到临界老化的紫外辐照量：

$$Q_n=-17.5+2.1Q_a=2520.4\text{MJ/m}^2$$

按和田玉龙喀什水利枢纽坝面实际年紫外辐照量约为 192.3MJ/m^2 记，可以得到预期的使用寿命约为 2520.4/192.3=13.1 年。

4.3 天然橡胶盖板寿命预测

天然橡胶盖板试样氙弧灯老化试验数据见表 3。全部老化试样表面光滑没有裂纹。

表 3 天然橡胶盖板试样氙弧灯老化试验数据表

试样	项目		老化时间/h			
			0	500	1000	1500
第一层试样	强度/MPa		17.69	17.47	12.08	8.70
			17.06	16.58	11.80	8.67
			16.90	17.12	12.62	8.94
			17.32	16.51	14.21	9.83
			16.27	16.84	14.30	10.05
	平均值		17.05	16.90	13.00	9.24
	伸长率/%	第 1 组	404.82	227.42	215.57	143.98
		第 2 组	403.45	290.17	239.22	169.38
		第 3 组	421.36	265.46	170.53	191.57
		第 4 组	416.51	321.16	220.21	197.19
		第 5 组	405.01	328.59	211.20	242.09
		平均值	410.23	286.56	211.35	188.84

续表

试　样	项　目		老化时间/h			
			0	500	1000	1500
第二层试样	强度/MPa	第 1 组	17.69	19.31	15.07	13.38
		第 2 组	17.06	17.24	15.86	14.16
		第 3 组	16.90	14.91	16.38	14.74
		第 4 组	17.32	16.76	15.68	14.85
		第 5 组	16.27	18.02	14.00	15.15
		平均值	17.05	17.25	15.40	14.46
	伸长率/%	第 1 组	404.82	342.92	306.10	269.65
		第 2 组	403.45	334.17	310.88	283.37
		第 3 组	421.36	285.53	304.69	297.80
		第 4 组	416.51	328.43	318.48	294.89
		第 5 组	405.01	333.67	275.63	304.66
		平均值	410.23	324.94	303.16	290.07
第三层试样	强度/MPa	第 1 组	17.69	18.06	16.06	14.77
		第 2 组	17.06	17.47	15.35	14.78
		第 3 组	16.90	17.47	16.81	15.69
		第 4 组	17.32	18.25	15.93	14.20
		第 5 组	16.27	19.08	16.23	15.04
		平均值	17.05	18.07	16.08	14.90
	伸长率/%	第 1 组	404.82	341.17	345.65	306.30
		第 2 组	403.45	337.17	317.99	316.33
		第 3 组	421.36	373.93	331.14	346.63
		第 4 组	416.51	345.70	356.21	308.98
		第 5 组	405.01	365.57	366.66	321.05
		平均值	410.23	352.71	343.53	319.86

不同层天然橡胶盖板试样辐照时间对性能的影响见图 3。

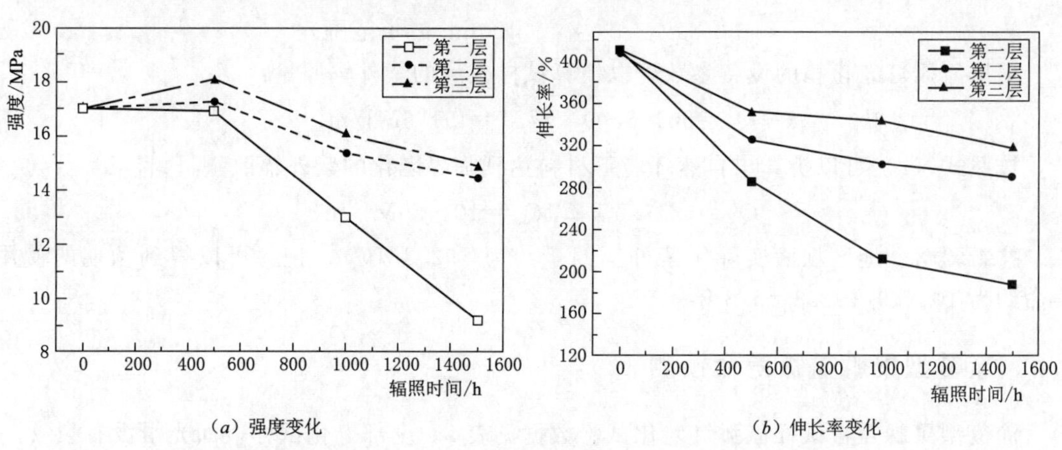

(*a*) 强度变化　　(*b*) 伸长率变化

图 3　不同层天然橡胶盖板试样辐照时间对性能的影响示意图

从图 3（a）中可以看出，天然橡胶盖板试样经过照射，第一层的强度下降很快，第二层与第三层的强度下降幅度有所不同，这一点与三元乙丙橡胶盖板不同，说明止水带在辐照过程中第二层也受到了影响，从图 3（b）中也可以印证这一点。

天然橡胶盖板在应用中不会直接暴露在阳光下，所以其耐光照性能并不是工程应用很关心的问题，在这里对其第一层进行研究，目的是与三元乙丙橡胶盖板和涂覆型盖板做一对比。分析中仍然采用伸长率作为考察指标，老化系数仍采用 0.25。

（1）氙弧灯加速老化的临界老化时间预测。采用 4.2 中同样的计算方法，取 $L/L_0=0.25$ 作为老化系数。天然橡胶盖板试样剩余伸长率与辐照时间回归数据见表 4。其中 $L_0=410\%$ 是未辐照试样的伸长率。

表 4　　天然橡胶盖板试样剩余伸长率与辐照时间回归数据表

辐照时间/h	伸长率/%	$1-L/L_0$
500	287	0.301465
1000	211	0.484811
1500	189	0.539668

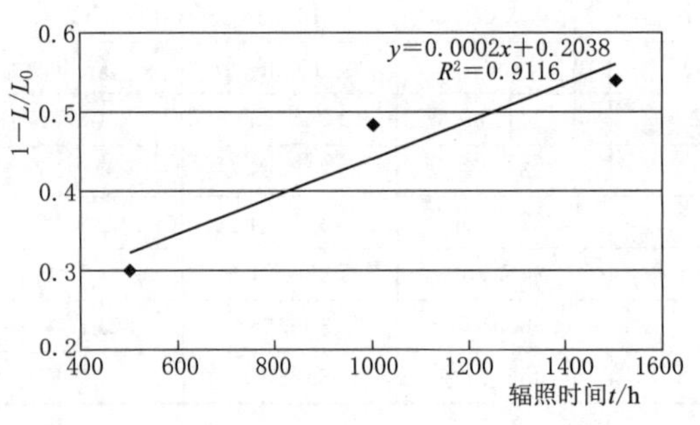

图 4　天然橡胶盖板试样 $1-L/L_0-t$ 回归曲线

天然橡胶盖板试样 $1-L/L_0-t$ 回归曲线见图 4。

由回归关系式：

$$1-L/L_0=0.2038+0.0002t$$

以及老化系数 $L/L_0=0.25$ 得到氙弧灯加速老化的临界老化时间：

$$t_c=2731\text{h}$$

（2）自然环境使用寿命预测。本项目试验设备紫外辐照强度为 50W/m^2（300～400nm 波长范围）。

根据氙弧灯老化箱的设备参数可以换算试样收到的紫外辐照量：

$$Q_a=50\times3600\times2731=491.6\text{MJ/m}^2$$

按照式（2）可以折算出自然环境下材料达到临界老化的紫外辐照量：

$$Q_n=-17.5+2.1Q_a=1014.9\text{MJ/m}^2$$

按新疆喀什地区坝面实际年紫外辐照量约为 192.3MJ/m^2 记，可以得到预期的使用寿命约为 1014.9/192.3=5.3 年。

4.4　涂覆型聚脲盖板寿命预测

涂覆型聚脲盖板试样氙弧灯老化试验数据见表 5。全部老化试样表面光滑没有裂纹。

表 5　　涂覆型聚脲盖板试样氙弧灯老化试验数据

项　目		老化时间/h			
		0	369	588	1369
强度/MPa	第 1 组	11.98	11.6	11.51	14.14
	第 2 组	15.67	11.81	13.95	11.58
	第 3 组	12.97	12.4	14.24	16.88
	第 4 组	15.6	10.8	11.45	13.29
	第 5 组	13.5	14.42	14.85	14.87
	平均值	13.94	12.2	13.20	14.15
伸长率/%	第 1 组	470	420	374	347
	第 2 组	456	413	387	350
	第 3 组	483	365	332	336
	第 4 组	453	395	403	329
	第 5 组	421	397	395	330
	平均值	456	398	378	338

涂覆型聚脲盖板在应用中直接暴露在阳光下，所以其耐光照性能是工程应用很关心的问题，本部分分析中仍然采用伸长率作为考察指标，老化系数仍采用 0.25。

(1) 氙弧灯加速老化的临界老化时间预测。采用 4.2 中同样的计算方法，取 $L/L_0=0.25$ 作为老化系数。涂覆型聚脲盖板试样剩余伸长率与辐照时间回归数据见表 6。其中 $L_0=456\%$ 是未辐照试样的伸长率。

表 6　　涂覆型聚脲盖板试样剩余伸长率与辐照时间回归数据

辐照时间/h	伸长率/%	$1-L/L_0$
369	400	0.12834
588	378	0.171704
1369	338	0.25887

涂覆型聚脲盖板试样 $1-L/L_0-t$ 回归曲线见图 5。

由回归关系式：

$$1-L/L_0=0.08898+0.00013t$$

以及老化系数 $L/L_0=0.25$ 得到氙弧灯加速老化的临界老化时间：

$$t_c=5085\text{h}$$

(2) 自然环境使用寿命预测。本项目试验设备紫外辐照强度为 50W/m^2 (300～400nm 波长范围)。

根据氙弧灯老化箱的设备参数可以换算试样收到的紫外光辐照量为

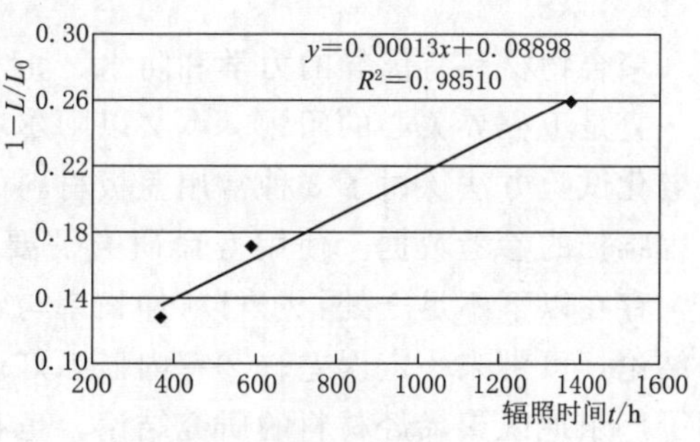

图 5　涂覆型聚脲盖板试样 $1-L/L_0-t$ 回归曲线图

$$Q_a = 50 \times 3600 \times 5085 = 915.3\text{MJ/m}^2$$

按照式（2）可以折算出自然环境下材料达到临界老化的紫外光辐照量：

$$Q_n = -17.5 + 2.1Q_a = 1904.6\text{MJ/m}^2$$

按工程所在地实际年紫外光照射强度为 192.3MJ/m^2，可以得到涂覆型聚脲盖板预期的使用寿命约为 1904.6/192.3=9.9 年。

5 关于防护材料使用寿命的讨论

三元乙丙橡胶盖板、天然橡胶盖板和涂覆型聚脲盖板三种盖板（氙弧灯老化）工程预期使用寿命汇总见表 7。

表 7　　三种盖板（氙弧灯老化）工程预期使用寿命汇总表

盖板种类	临界指标	预期使用寿命/年
三元乙丙橡胶盖板	$L/L_0=0.25$	13.1
天然橡胶盖板	$L/L_0=0.25$	5.3
涂覆型聚脲盖板	$L/L_0=0.25$	9.9

氙弧灯人工气候老化是一个综合因素的老化模拟过程，包括光、湿气、温度、降雨等，所以可以应用于水上和水位变化区部分。表 7 中氙弧灯使用寿命预测是基于 2mm 试验试件而言，而实际应用中盖板的厚度一般要超过 2mm。由多层试样氙灯老化试验可以看出，氙灯光老化对第一层 2mm 试样的影响比较大，而对第二层、第三层影响比较小，也就是 2mm 以下材料的性能降低可以认为是热氧老化或湿热老化的结果。

工程应用中盖板厚度一般要在 4mm 以上，此时的应用条件可以认为外层 2mm 受到光老化影响，其寿命可以按光老化结果预测；而内层材料（外层 2mm 以内的胶层）可以按热氧老化或湿热老化进行寿命预测。已有研究表明，在年均温度 12.3℃条件下，三种盖板的内层材料使用寿命都在 40 年以上。所以整体上来看，盖板外层 2mm 材料性能虽然降低，但仍能阻止光老化对内层材料（可理解为结构防水层）的影响，所以作为整体，盖板的使用寿命应该可以超过 40 年。建议的盖板厚度应在 4mm 以上。

6 结语

聚合物材料有优异的力学和防水、止水性能，在大坝止水中应用普遍，但其长期耐候性一直是工程界关心的问题。本文以阿尔塔什水利枢纽工程大坝所处条件为基础，以氙弧灯老化试验方法探讨了 3 种常用盖板材料的老化及使用寿命预测，为工程提供材料选择、工程维护的参考数据。使用寿命研究需要大量的数据积累，由于本课题研究时间相对较短，存在以下不足之处：①材料伸长率与辐照量的关系采用了国内学者研究聚烯烃类材料的结论，可带来一定误差；②室内氙弧灯试验辐照量效果与实际辐照量之间的换算关系采用了广东地区聚烯烃材料的研究结论，也存在一定误差。如进行后续研究，应针对止水材料进行性能与辐照量关系的研究，并根据特定地区气候、辐照特点，通过数据积累建立与室内辐照试验的定量关系，可进一步提高结论的可靠性。

参考文献

[1] 孙志恒，邱祥兴，张军．面板坝接缝新型防护盖板止水结构试验［J］．水力发电，2013，39（10）：93-96.

[2] 吕桂英，朱华，林安，等．高分子材料的老化与防老化评价体系研究［J］．老化与生物工程，2006，23（6）：1-4.

[3] 叶苑梣，乔致雯，等．聚乙烯自然和人工气候老化相互作用关系的探讨［J］．合成材料老化与应用，1994（3）：9-16.

[4] 叶苑梣．聚合物防老化实用手册［M］．北京：化学工业出版社，1999.

[5] 张凯，黄渝鸿，马艳，等．橡胶材料加速老化试验及其寿命预测方法［J］．化学促进剂与高分子材料，2004，2（6）：44-48.

[6] 李玉松，王浩江，赵慕莲．高分子止水材料耐老化性能试验（Ⅰ）［J］．合成材料老化与应用，2000（4）：19-26.

[7] 李玉松，王浩江，赵慕莲．高分子止水材料耐老化性能试验（Ⅱ）［J］．合成材料老化与应用，2001（4）：20-23.

[8] 梁希林，李敬玮，赵波，等．GB复合盖板的耐老化性能预测研究［J］．华北水利水电学院学报，2009（6）：58-61.

[9] 何旭升，赵波，韩德强，等．新疆和田玉龙喀什水利枢纽工程混凝土面板止水材料及结构研究报告［R］．中国水利水电科学研究院，2020.

基于 BFO - LSSVM 模型的爆破料级配预测研究

田保明[1]　胡英国[2]　宫晓辉[1]

(1. 新疆新华叶尔羌河流域水利水电开发有限公司
2. 武汉大学水资源与水电工程科学国家重点实验室)

摘　要： 为实现爆破级配曲线的准确预测，借助细菌觅食算法（BFO）及最小二乘支持向量机（LS - SVM）理论构建基于 BFO 算法的 LS - SVM 优化模型（BFO - LSSVM）。使用 35 组爆破数据作为训练样本对模型预测精度进行检验，选取孔排距、堵塞长度、孔深等因素作为输入因子，爆破料级配作为预测模型输出因子。结果表明，BFO - LSSVM 预测模型的预测结果精度高于相同样本容量下 LS - SVM 模型。以阿尔塔什水利枢纽工程料场开挖爆破数据为例，BFO - LSSVM 模型预测结果平均误差为 1.47%，验证了该预测模型的可行性及实用性。

关键词： 爆破级配　块度预测　最小二乘支持向量机　细菌觅食算法

随着我国经济的不断发展，基础建设也随之不断扩大，不同尺寸的石料被广泛地运用于水利工程（堆石坝、防洪堤）。钻孔爆破是石料开采的主要手段之一，其中爆破块度及其大小分布是评价石料开采爆破优劣的主要参数，爆破块度过大会导致二次破碎成本增加以及运输难度。在堆石坝填筑，爆破块度的级配也会对坝体的密实度产生直接影响。

目前，国内外科研工作者针对爆破块度分布进行了大量研究，提出了众多计算理论及预测模型。如武仁杰等基于多元回归分析方法建立了块度预测模型，并通过对比实测爆破跨度统计数据，验证了该预测模型的正确性；李瑞泽等利用三维激光扫描技术对爆破碎石颗粒形状及表面积开展了详细研究。Cunninghan 综合考虑爆破参数、岩体性质及炸药单耗等因数条件下，利用 Kuznetsov 方程与 R - R 方程相结合的方法对 X_{50} 展开了研究。吴新霞等结合实际工程背景，在 Kuz - Ram 模型基础上研究并提出了适用于天生桥水电站筑坝级配料预测模型。

传统预测方法由于输入参数较少，且依赖于特定条件下爆破实测数据，建立的爆破块度预测模型通用性较差。随着计算机科学的发展，利用计算机处理能力分析预测爆破块度也得到了广泛运用，如遗传算法、支持向量机法、神经网络法等。王泽文等综合考虑装药工艺、岩体性质及爆破参数等影响因素，建立了基于 PSO - ELM 的爆破块度预测模型。史秀志等基于最小二乘支持向量机思想，构建了适用于小样本条件下的预测模型。

综合考虑岩体性质、炸药类型、爆破参数等因素，实现岩体爆破后块度的预测已成为岩体爆炸力学领域热点问题之一，并取得了一定的进展。但现有基于经验公式法建立的预测模型考虑因素较少，且人工神经网络法预测结果受隐含层节点数影响较大，学习效果较差。

基于此，本文依托实测爆破数据，将细菌觅食算法（BFO）引入到最小二乘支持向量机（LS-SVM）中，利用细菌觅食算法全局搜索能力强等特点优化最小二乘支持向量机参数，构造 BFO-LSSVM 爆破块度预测模型，进而实现爆后级配曲线的准确预测。

1　最小二乘支持向量机算法

1.1　支持向量机

支持向量机（support vector machine，SVM）是由 Vapnik 等提出来的一种二级分类模型。SVM 具有模型精度较高，适应能力优良，鲁棒性及泛化能力优秀等特点。在爆破块度的结果预测中，因为影响块度分布的因素众多，利用 SVM 方法通过选择映射函数（核函数）将块度分布的结果与岩体性质、炸药类型、爆破参数等多影响因素之间的非线性关系映射成为高维空间的线性关系，进而实现爆破块度的准确预测。

1.2　最小二乘支持向量机

最小二乘支持向量机（least squares support vector machine，LS-SVM）是一种针对 SVM 的改进算法，通过将比较目标函数误差的平方项结果作为算法的优化评判标准，并将计算过程中的约束条件变为等式约束达到降低求解难度、提高求解效率等目的。基本原理如下：

对于样本（x_i，y_i），采用与支持向量机相同的算法理论，构造出最小二乘支持向量机的目标函数为

$$\min \frac{1}{2}\|\omega\|^2+\frac{1}{2}\gamma\sum e_i{}^2 \tag{1}$$

式中：e_i 为误差；γ 为正则化参数，可控制误差精度。

通过引入 Lagrange 算子，则式（2）可转化为

$$\min J=\frac{1}{2}\|\omega\|^2+\frac{1}{2}\gamma\sum e_i{}^2-\sum\lambda_i[\omega^{\mathrm{T}}\varphi(x_i)+b+e_i-y_i] \tag{2}$$

进一步求解可得

$$\left.\begin{aligned}\frac{\partial J}{\partial\omega}=0\rightarrow\omega=\sum\lambda_i\varphi(x_i)\\ \frac{\partial J}{\partial b}=0\rightarrow\omega=\sum\lambda_i=0\\ \frac{\partial J}{\partial e_i}=0\rightarrow\lambda_i=\gamma e_i\\ \frac{\partial J}{\partial\lambda_i}=0\rightarrow\omega^{\mathrm{T}}\varphi(x_i)+b+e_i-y_i=0\end{aligned}\right\} \tag{3}$$

求解线性方程组得

$$\begin{bmatrix}b\\ \lambda\end{bmatrix}=\begin{bmatrix}0 & E^{\mathrm{T}}\\ E & K+\dfrac{1}{\gamma}\end{bmatrix}\begin{bmatrix}0\\ \gamma\end{bmatrix} \tag{4}$$

式中：$\lambda=[\lambda_1，\lambda_1，\cdots，\lambda_n]^{\mathrm{T}}$，$E=[1，1，\cdots，1]^{\mathrm{T}}$ 为单位列向量；K 为核函数；$E=[1，1，\cdots，1]$ 为单位矩阵。

依据该方程可计算得出 λ_i 和 b 的值，进而可算出 LS-SVM 的预测模型，表达式（5）为

$$y=\sum\lambda_i K(x_i,x_j)+b \tag{5}$$

2　BFO-LSSVM 爆破块度预测模型的建立

2.1　细菌觅食优化算法

细菌觅食优化算法（bacteria foraging optimization，BFO）是 2002 年由 Passion 基于大肠杆菌的觅食行为提出的一种智能优化算法，大量数据分析表明，该算法具有全局搜索能力强、鲁棒性强等优点。该算法根据觅食的四个基本行为（趋向性、聚集性、复制性和迁徙性）求解工程问题。

（1）趋向性。大肠杆菌的觅食过程中有两个动作：旋转和游动。旋转是为了找到一个新的方向运动，而游动则是继续按照之前的方向运动。趋向性操作的本质就是对这两个动作的模拟。

$$\theta^i(j+1,k,l)=\theta^i(j,k,l)+C(i)\frac{\Delta(i)}{\sqrt{\Delta^T(i)\Delta(i)}} \tag{6}$$

式中：$\theta^i(j,k,l)$ 为细菌 i 在第 j 次趋化第 k 次复制第 l 次驱散后的位置。

（2）聚集性。细菌觅食过程中，不同个体存在斥力与引力两种作用力，其中斥力使细菌在一定区域内单独觅食，引力则使细菌向特定区域聚集。其聚集的数学表达式为

$$J_{cc}[\theta,P(j,k,l)]=\sum J_{cc}[\theta,\theta^i(j,k,l)] \tag{7}$$

（3）复制性。细菌进化过程服从优胜劣汰原则，其中觅食能力强的细菌进行复制。表达式为

$$J^i=\sum J(i,j,k,l) \tag{8}$$

（4）迁徙性。当细菌所处环境发生突变时，算法给定一定概率模拟细菌迁徙过程，使细菌个体在概率死亡条件下产生一个新个体，该行为有利于算法跳出局部最优解。

2.2　基于 BFO 优化的 LS-SVM 模型

采取基于 BFO 算法优化 LS-SVM 参数，运用经过优化后的 LS-SVM 来对爆破块度的分布进行预测。首先读取爆破块度的数据，把数据分为训练样本和预测样本，然后利用 BFO 算法计算出 LS-SVM 的最优参数，再将获得的最优参数 C，g 的值代入 LS-SVM 中对训练样本进行训练，最后对预测样本进行分析，计算出相对应的结果。BFO-LSSVM 模型预测流程见图 1。

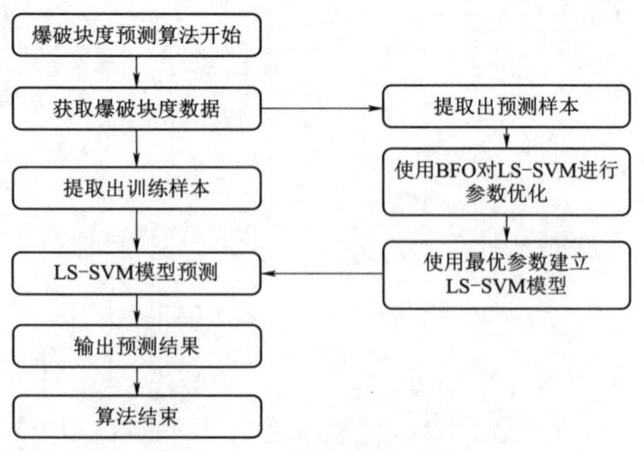

图 1　BFO-LSSVM 模型预测流程图

2.3　不同预测模型对比分析

取 40 组文献中的露天矿山爆破块

度统计数据，其中前 35 组数据为训练样本，后 5 组为模型预测精度验证测试样本，取相对误差及平均绝对误差作为计算指标，用来评估 LS - SVM、BFO - LSSVM 预测模型的预测精度。爆破块度统计数据见表 1。各模型预测结果见表 2 及图 2。

表 1　　爆破块度统计数据表

序号	a/b	l/b	b/D	ld/b	$q/(\mathrm{kg/m^3})$	X_{50}/m
1	1.24	1.33	27.27	0.78	0.48	0.37
2	1.24	1.33	27.27	0.78	0.48	0.37
3	1.24	1.33	27.27	0.78	0.48	0.33
4	1.24	1.33	27.27	0.78	0.48	0.42
5	1.17	1.50	26.20	1.12	0.30	0.48
6	1.17	1.58	26.20	1.22	0.28	0.48
7	1.17	1.96	26.20	1.30	0.34	0.75
8	1.17	1.75	26.20	1.31	0.29	0.96
9	1.00	2.67	27.27	0.89	0.75	0.23
10	1.00	2.67	27.27	0.89	0.75	0.25
11	1.00	2.40	30.30	0.80	0.61	0.27
12	1.00	2.40	30.30	0.80	0.61	0.30
13	1.13	5.00	39.47	1.93	0.31	0.64
14	1.20	6.00	32.89	3.67	0.30	0.54
15	1.20	6.00	32.89	3.70	0.30	0.51
16	1.20	6.00	32.89	4.67	0.22	0.64
17	1.20	6.00	32.89	0.80	0.49	0.17
18	1.20	6.00	32.89	0.80	0.51	0.17
19	1.20	6.00	32.89	0.80	0.49	0.13
20	1.20	6.00	32.89	0.80	0.52	0.17
21	1.25	3.50	20.00	1.75	0.73	0.44
22	1.25	5.10	20.00	1.75	0.70	0.76
23	1.38	3.00	20.00	1.75	0.62	0.35
24	1.50	5.50	20.00	1.75	0.56	0.55
25	1.25	2.50	28.57	0.83	0.42	0.15
26	1.25	2.50	28.57	0.83	0.42	0.19
27	1.25	2.50	28.57	0.83	0.42	0.23
28	1.20	4.40	28.09	1.20	0.58	0.15
29	1.20	4.80	28.09	1.20	0.66	0.17
30	1.20	4.80	28.09	1.20	0.72	0.14

续表

序号	a/b	l/b	b/D	ld/b	$q/(\mathrm{kg/m^3})$	X_{50}/m
31	1.20	4.00	28.09	1.60	0.49	0.16
32	1.00	2.83	33.71	1.00	0.48	0.27
33	1.20	2.40	28.09	1.00	0.53	0.14
34	1.20	2.40	28.09	1.00	0.53	0.14
35	1.25	4.50	22.47	1.50	0.76	0.20
36	1.24	1.33	27.27	0.78	0.48	0.47
37	1.13	5.00	39.47	3.11	0.31	0.64
38	1.00	2.67	27.27	0.89	0.75	0.25
39	1.25	2.50	28.57	0.83	0.42	0.18
40	1.28	3.61	18.95	1.67	0.89	0.20

表 2　各模型的预测结果表

序　号	实测值	LS－SVM		BFO－LSSVM	
		预测值	相对误差/%	预测值	相对误差/%
1	0.47	0.3827	－18.57	0.3989	－15.13
2	0.64	0.6733	－5.2	0.6345	－0.86
3	0.25	0.2443	－2.28	0.2453	－1.88
4	0.18	0.1908	6	0.1906	5.89
5	0.20	0.0969	－51.55	0.1953	－2.35

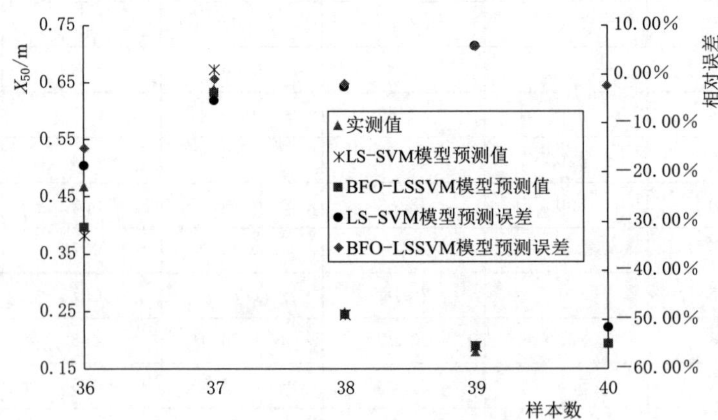

图 2　各模型预测结果图

从表 2 中可以看出，两种不同预测方法的平均绝对相对误差分别为 16.72% 和 5.22%。从图 2 中可以看出，BFO－LSSVM 模型的拟合度较高，除了第一组的预测值相对误差稍大，另外四组预测结果相当好；反观 LS－SVM 模型，预测的稳定性不高，存在个别预测样本值误差过大的问题。综上可知，由 BFO 优化后的 LS－SVM 模型比原模型有更高的预测精度，且数据拟合能力更强。

3 工程案例分析

3.1 工程概况

阿尔塔什水利枢纽工程位于喀什地区莎车县和克孜勒苏克尔克孜自治州阿克陶县交界处，是叶尔羌河干流山区下游河段的控制性水利枢纽工程，是叶尔羌河干流梯级规划中“两库十四级”的第十一个梯级，规划水库正常蓄水位 1820.00m，最大坝高 164.8m，水库总库容 22.49 亿 m^3。为满足工程大坝浇筑过程中用料需求，现场需进行爆破试验。通过爆破试验对参数进行调整，以保证料场开挖所提供的石料级配满足设计要求。根据现场交通及岩体出露状态，选取 P1 料场开挖区 11 组实测爆破料筛分数据，爆破参数见表 3，各次爆破料筛分占比结果见表 4。选组前 10 组作为训练样本，剩余 1 组作为预测样本。

表 3　　爆破参数表

样本序列	孔径/mm	孔深/m	孔距/m	排距/m	堆渣情况	堵塞长度/m
1			4.2	4.2	良好	3.5
2			5	4	良好	5
3			4	4	良好	4
4			4.2	4.2	前有堆渣	5
5			4.3	3.8	前有堆渣	4
6	115	16	5	4	前有堆渣	5
7			5.5	3.5	良好	5
8			4	4	良好	4.7
9			4	4	良好	4
10			6	3.5	良好	4
11			5.5	3.5	良好	3.7

表 4　　爆破料筛分占比结果表　　%

样本序列	粒径/mm									
	＜5	＜10	＜20	＜40	＜60	＜80	＜100	＜200	＜400	＜600
1	7.1	12.6	22.2	36.5	46	53.9	59	76.6	87.6	99.9
2	11.39	19.54	34.33	58.54	71.55	79.82	84.97	90.26	96.55	100
3	11.39	19.54	34.33	58.54	71.55	79.82	84.97	91.26	96.55	99.99
4	13.01	20.5	32.89	51.17	62.1	70.44	74.76	85.71	93.19	100
5	10.07	15.96	29.06	48.86	60.6	66.46	70.66	79.98	86.58	100
6	12.54	19.74	29.74	40.74	46.74	51.93	57.27	72.15	87.81	99.89
7	12.35	16.72	24.8	39.12	50.7	59.72	66.11	81.27	88.63	100
8	12.71	18.73	28.01	41.34	49.5	57.09	63.44	77.98	88.87	100
9	9.99	15.18	22.01	33.76	45.98	56.01	63.91	78.95	84.34	99.99
10	10.68	15.15	24.48	41.15	50.17	56.04	59.92	68.02	86.33	99.99
11	11.77	16.81	25.81	40.81	50.03	56.98	61.78	79.22	91.34	100

3.2 预测结果分析

通过爆破试验，获取石料开挖爆破料粒径筛分结果，结合现场各次爆破试验相应爆破设计参数，通过建立的 BFO－LSSVM 预测模型，进行爆破料块度级配预测，并与实测值分析比较。

（1）根据前 10 组训练样本爆破料筛分结果，结合对应爆破试验参数，用 BFO－LSSVM 进行训练，确定 BFO 算法的参数值。通过对训练样本数据的爆破料粒径与爆破参数分析可知，爆破料粒径大小与爆破孔网参数呈正相关，即爆破料大小随孔网参数增加而增大。

（2）根据所建立的 BFO－LSSVM 预测模型，基于前 10 组训练样本进行训练的基础上，对第 11 组爆破料级配进行预测。其预测结果见表 5。

从表 5 中可以看出，BFO－LSSVM 模型预测结果最大误差仅为 2.52%，平均误差为 1.47%，预测结果误差控制得相当小，能满足工程实际的需求。

表 5　　爆破料占比预测结果表　　%

项　目	粒径/mm									
	<5	<10	<20	<40	<60	<80	<100	<200	<400	<600
实际值	11.77	16.81	25.81	40.81	50.03	56.98	61.78	79.22	91.34	100
预测值	10.90	16.89	28.13	42.54	52.80	54.82	59.86	78.88	88.82	99.97
绝对误差	0.87	0.08	2.32	1.73	2.77	2.16	1.92	0.34	2.52	0.03

4 结语

（1）基于最小二乘支持向量机构理论，构造了基于 BFO－LSSVM 的爆破块度预测模型。通过 LS－SVM 模型和 BFO－LSSVM 模型的预测结果对比，结果表明，BFO 算法可在一定程度上对 LS－SVM 模型的性能进行优化，使误差从 16.72%降低到 5.22%，即 BFO－LSSVM 模型在爆破料级配的预测中具有比 LS－SVM 模型更高的预测精度。

（2）基于 BFO－LSSVM 块度预测模型对阿尔塔什水利枢纽工程堆石料开采过程中收集的爆破料级配数据进行了级配曲线的预测，其预测平均误差为 1.47%，进一步证明了在确定的爆破参数和现场岩体条件下，爆破料级配预测的可行性，对坝料的控制开采具有重大的意义。

（3）基于小样本对爆破料级配预测时，训练样本数据的准确性对模型预测结果的精度有较大的影响。同时 BFO－LSSVM 模型应用过程中没有考虑结构面对爆破块度的影响，使得文中模型的预测结果只适用于岩性相同或相近的料场。

参考文献

[1] 梁向前，傅海峰．面板堆石坝坝料爆破开采技术研究进展［J］．水利规划与设计，2007（5）：71－73.

[2] NORAZIRAH A, FUAD S, HAZIZAN M. The Effect of Size and Shape on Breakage Characteristic of Mineral [J]. Procedia Chemistry, 2016, 19: 702－708.

[3] 朱晟，宁志远，钟春欣，等．考虑级配效应的堆石料颗粒破碎与变形特性研究［J］．水利学报，2018，49（7）：849－857.

[4] 武仁杰，李海波，于崇，等．基于统计分级判别的爆破块度预测模型［J］．岩石力学与工程学报，2018，37（1）：141－147.

[5] 李瑞泽，卢文波，尹岳降，等．白鹤滩旱谷地灰岩爆破碎石颗粒形状及比表面积特征研究［J］．岩石力学与工程学报，2019，38（X）：1－11.

[6] CUNNINGHAM C. 预估爆破破碎的 KUZ－RAM 模型［C］//长沙岩石力学工程技术咨询公司．第一届爆破破岩国际会议论文集，1985：251－257.

[7] 吴新霞，彭朝辉，张正宇，等．Kuz－Ram 模型在堆石坝级配料开采爆破中的应用［J］．长江科学院院报，1998，4：40－42，46.

[8] 祝文化，朱瑞赓，夏元友．爆破块度预测的神经网络方法研究［J］．武汉理工大学学报，2001，1：60－62.

[9] 郝全明，杨振增．BP 神经网络在岩层爆破参数优化中的应用［J］．煤炭技术，2014，33（12）：20－22.

[10] 王泽文，左宇军，赵明生，等．基于 PSO－ELM 的爆破块度预测研究［J］．矿业研究与开发，2019，39（6）：136－139.

[11] 史秀志，王洋，黄丹，等．基于 LS－SVR 岩石爆破块度预测［J］．爆破，2016，33（3）：36－40.

橡胶颗粒对混凝土抗冲磨性能的影响

宫晓辉[1]　李双喜[2]　陈　胜[1]　吴艳民[1]

（1. 新疆新华叶尔羌河流域水利水电开发有限公司　2. 新疆农业大学）

摘　要：为了研究橡胶颗粒对混凝土抗冲磨性能的影响，以普通混凝土和超高性能混凝土（UHPC）为对象，分别掺入15%的橡胶颗粒研究其抗冲磨性能的变化规律，并结合SEM观察微观结构。研究结果表明：橡胶颗粒会降低混凝土的抗压强度，掺入15%橡胶颗粒的普通混凝土与UHPC的抗压强度分别降低了24.5%、26.9%；UHPC表现出优异的抗冲磨性能，其抗冲磨性能是普通混凝土的3.084倍；橡胶颗粒能够有效地提高混凝土的抗冲磨强度，在普通混凝土和UHPC中掺入15%的橡胶颗粒，其抗冲磨强度分别提高了140.2%、11.5%。

关键词：橡胶颗粒　UHPC　抗冲磨性能

引言

如何提高混凝土抗冲磨性能一直是水工建筑物面临的重点问题之一。我国河流众多且河流泥沙含量较大，在西北等地区河流中推移质泥沙含量较高，同时这些地区河道坡度大、水流流速快，在这种情况下水流能够携带更多、更大的推移质泥沙对水工建筑物的混凝土造成冲击、磨损等作用，导致结构破坏严重，严重影响建筑物的运行年限。

在新疆水工建筑物的建设过程中，前期使用了一些强度较低的混凝土作为抗冲磨混凝土，在建成后往往运行年限较短就面临着严重损坏的问题，后期又通过使用高强度的混凝土进行修补以抵抗冲磨破坏延长建筑物的使用寿命。如新疆和田地区乌鲁瓦提水利枢纽工程设计采用C35混凝土，在建成运行一年后就遭到严重破坏，后采用C60混凝土进行修补，至今运行良好。新疆乌鲁木齐河上的青年渠首引水渠设计强度为C25，因该渠首建在山区，推移质泥沙大量进入引水渠，导致引水渠底板冲磨严重，为保障灌区及居民生活用水安全，后采用C60混凝土进行修补，效果较好。新疆叶尔羌河出山口处的喀群枢纽泄洪闸底板常年排出大颗粒推移质泥沙，使得底板磨损严重，为保障渠首安全及用水保障，同样采用了C60混凝土进行修补，达到较好的效果。从以上工程建设的经验可以看出来，提高混凝土的强度来增强混凝土的抗冲磨性能是不错的选择。

随着高性能减水剂的发明和许多活性矿物掺合料的发现，在现代较高的施工与养护技术下混凝土强度越来越高。如超高性能混凝土（UHPC）的抗压强度可大于100MPa，研究发现，超高性能混凝土的抗冲磨性能远远高于普通混凝土，其抗冲磨性能可以达到普通混凝土的数倍之多，采用UHPC抵抗冲磨作用可以取得一定成效，但是工程的造价也会成倍提高。随着研究深入，发现废旧橡胶也可用于提高混凝土的抗冲磨性能，也为水工抗冲磨混凝土的配置提供了一种新思路。

综上所述，笔者以普通混凝土和 UHPC 为研究对象，研究掺橡胶颗粒对混凝土力学性能及抗冲磨性能的影响，并结合 SEM 观察其微观结构，分析橡胶对混凝土抗冲磨性能的增强机理。

1 试验材料及方法

1.1 试验材料

水泥：新疆天山水泥厂生产的 P. O 42. 5R 和 P. O 52. 5R 普通硅酸盐水泥，其性能见表 1。细集料：天然砂，细度模数 2. 6，表观密度 2. 65g/cm^3；石英砂，细度模数 3. 03，表观密度 2. 63g/cm^3。粗骨料：卵石，5～20mm 连续级配，表观密度 2. 67g/cm^3。采用新疆五彩湾火力发电厂生产的 F 类Ⅱ级粉煤灰，其品质指标见表 2。采用新疆贝特力新材料科技有限公司生产的微硅粉，其品质指标见表 3。钢纤维：玉田县致泰钢纤维制造有限公司生产的波浪形钢纤维，其性能指标见表 4。采用江苏苏博特新材料股份有限公司生产的 PCA®-300P 粉体聚羧酸高性能减水剂，减水率为 30%。橡胶：所用橡胶粒径为 2～4mm，密度为 1. 15g/m^3，其 EDX 分析结果见表 5，经清水洗去橡胶表面杂质以备用。

表 1　普通硅酸盐水泥性能表

编号	密度 /(g/cm^3)	比表面积 /(m^2/kg)	标准稠度用水量/%	凝结时间/min		安定性	抗折强度/MPa		抗压强度/MPa	
				初凝	终凝		3d	28d	3d	28d
42. 5R	3. 1	364	26. 9	182	224	合格	5. 1	8. 6	22. 1	51. 0
52. 5R	3. 2	383	27. 4	170	234	合格	5. 8	8. 6	34. 2	61. 1

表 2　粉煤灰品质指标表

密度 /(g/cm^3)	细度 /%	比表面积 /(m^2/kg)	需水量比 /%	烧失量 /%	SO_3 含量 /%
2. 27	28. 6	444	88	2. 18	0. 90

表 3　硅粉的品质指标表

比表面积 /(m^2/kg)	SiO_2 含量 /%	烧失量 /%	含水量 /%	需水量比 /%	28d 活性指数 /%
20000	88	2. 3	0. 56	115	109

表 4　钢纤维物理性能指标表

种　类	抗拉强度 /MPa	长度 /mm	等效直径 /mm	长径比
波浪形	2870	15	0. 2	65

表 5　废旧橡胶 EDX 分析结果表

元素	C	O	Ca	Zn	S	Na	Cl	K	Si	Fe	Al
含量 /%	77. 69	18. 71	1. 1	0. 39	0. 56	0. 51	0. 28	0. 25	0. 3	0. 12	0. 09

1.2 试验方法

根据《超高性能混凝土基本性能与试验方法》(T/CCPA 7—2018)与《水工混凝土试验规程》(SL 352—2020),进行混凝土抗压强度试验和抗冲磨试验,抗冲磨试验采用水下钢球法。抗冲磨强度计算式为

$$R_a=\frac{TA}{m_2-m_1} \tag{1}$$

式中:R_a 为抗冲磨强度,h·m^2/kg;T 为试验累计时间,h;A 为试件受冲磨面积,m^2;m_1、m_2 分别为冲磨前、冲磨后的质量,kg。

1.3 试验配合比

普通混凝土水胶比为0.35,使用P.O 42.5R普通硅酸盐水泥,超高性能混凝土水胶比为0.2,使用P.O 52.5R普通硅酸盐水泥,橡胶等体积取代15%的细骨料,普通混凝土减水剂掺量为0.15%,超高性能混凝土减水剂掺量为1.2%,试验配合比见表6。

表6　　试验配合比表

试件编号	水泥 /(kg/m^3)	水 /(kg/m^3)	砂 /(kg/m^3)	石 /(kg/m^3)	硅灰 /(kg/m^3)	粉煤灰 /(kg/m^3)
NR	482	169	649	1100		
RC	482	169	551.7	1100		
UHPC	800	200	1180		150	50
R-UHPC	800	200	1020		150	50

注:NR为普通混凝土,RC为加入橡胶颗粒的普通混凝土,R-UHPC为加入橡胶的UHPC。

2 试验结果与分析

2.1 混凝土力学性能

混凝土的抗压强度见图1。由图1中可以看出,掺入15%的橡胶后,普通混凝土的抗压强度降低了24.5%,UHPC抗压强度降低了26.9%,橡胶颗粒会导致混凝土的抗压强度损失。这是因为橡胶是一种弹性材料,加入混凝土中时会降低骨料的骨架效应,同时由于橡胶具有憎水性,会降低骨料与基体间的黏结强度,使混凝土内部存在较多的孔洞结构,在压应力作用下,这些不规则孔洞结构会出现应力集中从而更易产生裂纹,在荷载持续作用下,这些裂纹逐渐扩展并贯通相邻的孔洞,从而连续贯穿致使结构失去承载能力破坏。

当橡胶掺量一定时,普通混凝土和UHPC抗压强度损失较为接近。相对于UHPC,加橡胶后普通混凝土的抗压强度降低较小,这是由于普通混凝土中存在粗骨料,裂纹扩展的过程中遇到卵形的粗骨料会阻碍裂纹的进一步扩展,减小了橡胶颗粒对骨架效应的影响。UHPC骨料全部使用石英砂同时加入钢纤维和硅粉、粉煤灰等活性材料,使C-S-

H结构更为密实以达到更高的抗压强度，橡胶的加入破坏了UHPC的致密结构体系，使UHPC中存在较多不规则孔洞，在裂纹扩展贯穿破坏的过程中，UHPC中呈三维空间乱向分布的钢纤维组成特殊的空间网络体系，分布于裂纹间的钢纤维能够通过与基体间的黏结力和摩擦力，将一部分应力传递至裂纹两侧，阻止裂纹的进一步扩展，进一步减小橡胶颗粒对抗压强度的损失。

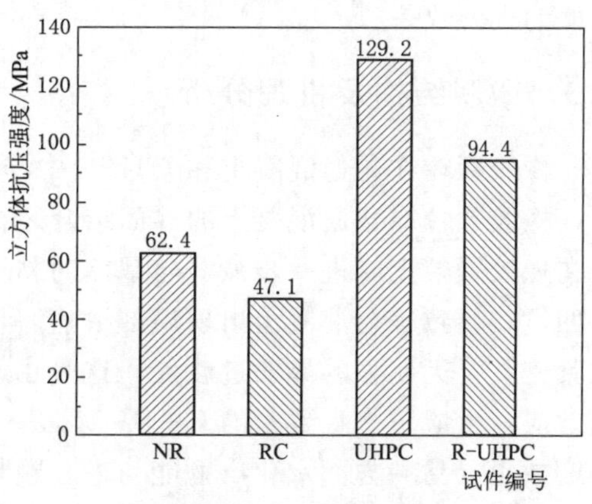

图1　混凝土的抗压强度

2.2　混凝土抗冲磨性能

水利工程往往建设在河流出山口或河流中上游等位置，在这些河床中存在许多不规则的碎石，这些不规则碎石在漫长的河床中不断滚动摩擦逐渐呈现为大小不一的卵石形状，这些破碎的岩石在经过水工建筑物时还有部分未磨损成卵形并存在尖角，当水流携带这些未磨平棱角的碎石经过混凝土表层时，轻者会磨蚀混凝土表层，使混凝土表层凹凸不平，重者滚动的碎石对表层混凝土造成冲击破坏，进而使混凝土结构中的钢筋裸露并受到破坏，形成较大的冲刷坑。

由图2可知，普通混凝土的抗冲磨强度为9.99h·m^2/kg，UHPC混凝土的抗冲磨强度为40.8h·m^2/kg，相较于普通混凝土其抗冲磨强度提高了308.4%，表现出优异的抗冲磨性能。加入橡胶后，普通混凝土和UHPC的抗冲磨强度分别提高了140.2%、11.5%，说明橡胶颗粒对普通混凝土的抗冲磨性能提升更为显著。

混凝土在抵抗大颗粒推移质泥沙时，泥沙颗粒在水流挟带下在河床中滚动、跳跃，在小角度的切削和大角度的冲击造成混凝土的表层逐渐断裂从而脱落破坏。在这个过程中，普通混凝土较易破坏，在其中掺入橡胶颗粒后，由于橡胶颗粒具有弹性，在卸载后能够恢复原形，使得泥沙的冲击荷载作用时，部分分布于混凝土表层的橡胶颗粒能够通过自身压缩形变回弹释放部分冲击荷载以减弱对混凝土基体的损伤，同时分布于混凝土中的橡胶颗粒能够形成以自身为形变中心吸收传递的冲击荷载，增强整体混凝土的弹性性能，此外由于橡胶极佳的耐磨性，分布于表层的橡胶颗粒能够有效地减小切削作用，从而表现出优异的抗冲磨性能。对于UHPC，由于使用硬度较高的石英砂具有较好的抗冲磨作用，在冲磨作用下，钢纤维逐渐裸露，乱向分布的钢纤维能够有效地分布于混凝土表层抵抗切削和冲击作用以此延缓对混凝土基体的损伤。加入橡胶颗粒后，其增强机理与普通混凝土相似，但相对于本身抗冲磨性能极佳的UHPC，橡胶颗粒破坏了其整体致密结构，主要表现为橡胶颗粒脱落留下凹坑，从而表现出

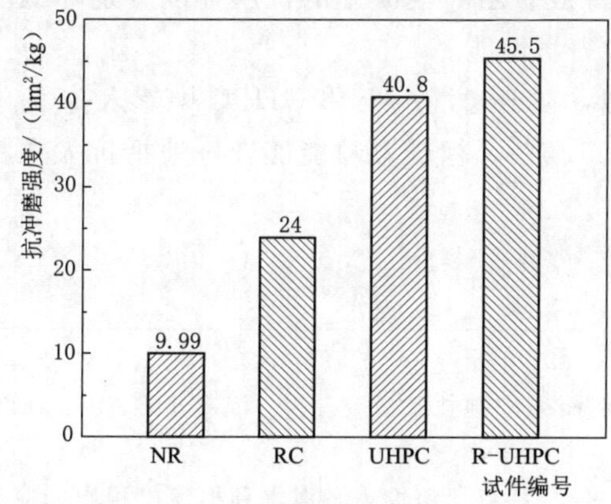

图2　混凝土的抗冲磨强度

较低的提升效果。

2.3 微观结构及机理分析

橡胶颗粒在普通混凝土和UHPC中与基体的结合情况见图3。从图3（*a*）中可以看出，橡胶颗粒与普通混凝土的界面结合区存在明显的空隙，并未紧密结合，推移质泥沙作用在橡胶颗粒上时进一步减弱与基体的黏结强度，表现为橡胶颗粒未经磨损破坏而脱落留下凹坑，导致表层混凝土出现局部缺陷。从图3（*b*）中可以看出，橡胶颗粒与UHPC黏结紧密，并无明显的界面过渡区，这是由于UHPC中加入活性硅粉、粉煤灰等发挥火山灰效应，生成更多且致密的C－S－H，一方面能够优化C－S－H的结构以达到更好的抗冲磨效果；另一方面水化产物能与橡胶颗粒黏结紧密，在冲磨作用下不易发生脱落破坏，从而达到提高抗冲磨性能目的。

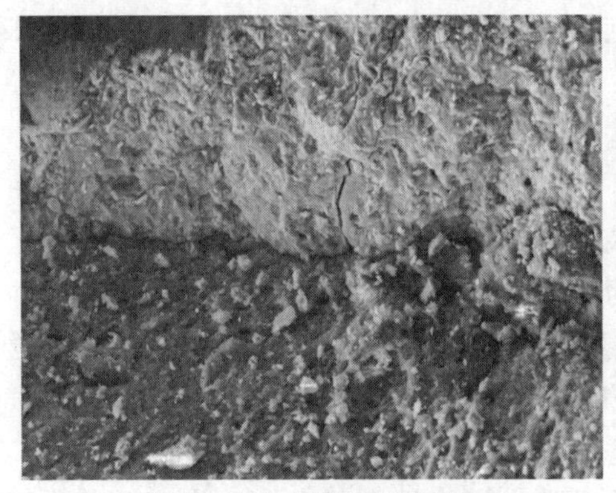

（*a*）橡胶颗粒与普通混凝土的结合情况

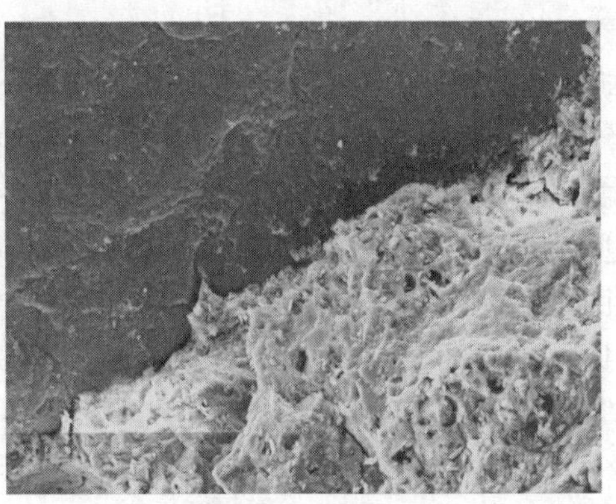

（*b*）橡胶颗粒与UHPC的结合情况

图3 混凝土的SEM图

3 结语

（1）在普通混凝土和UHPC中掺入15%的橡胶颗粒，混凝土的抗压强度分别降低了24.5%、26.9%，掺入橡胶颗粒会降低混凝土的力学性能。

（2）橡胶颗粒能够提高混凝土的抗冲磨性能，在普通混凝土和UHPC中掺入15%的橡胶颗粒，其抗冲磨强度分别提高了140.2%、11.5%，橡胶颗粒能够较好地抵抗大颗粒推移质泥沙的冲磨作用。

参考文献

［1］ 李双喜，胡全，孙兆雄．C60～C80高强抗冲磨混凝土配制技术研究［J］．混凝土，2011（12）：133－135．

［2］ 贺传卿，李永贵，王怀义，等．高性能混凝土在伊犁特克斯河恰甫其海水利枢纽工程中的应用［J］．混凝土，2003（7）：58－60．

[3] 徐玉霞.C60高强耐磨混凝土在乌鲁木齐河青年渠中的应用[J]. 中国高新技术企业，2008(18)：207-208.

[4] 木塔力甫·库尔班. 喀群枢纽泄洪闸闸底板抗冲磨混凝土应用及施工技术的探讨[J]. 水利科技与经济，2015，21(5)：108-109.

[5] 仲从春，李双喜，孟远远，等. 超高性能混凝土抗冲磨性能试验研究[J]. 人民黄河，2022，44(1)：129-133.

[6] 涂天驰. 超高性能混凝土的抗冲磨性能研究[D]. 广州：华南理工大学，2018.

[7] 亢景付，范昆. 橡胶混凝土抗冲磨性能[J]. 天津大学学报，2011，44(8)：727-731.

[8] 袁群，李晓旭，冯凌云，等. 橡胶混凝土抗冲磨性能试验研究[J]. 长江科学院院报，2018，35(7)：124-130.

[9] 冯凌云，袁群，马莹，等. 橡胶混凝土力学性能的试验研究[J]. 长江科学院院报，2015，32(7)：115-118.

[10] CAI X，HE Z，TANG S，et al. Abrasion erosion characteristics of concrete made with moderate heat Portland cement，fly ash and silica fume using sandblasting test [J]. Construction and Building Materials，2016 (127)：804-814.

[11] HE Z，CHEN X，CAI X. Influence and mechanism of micro/nano-mineral admixtures on the abrasion resistance of concrete [J]. Construction and Building Materials，2019 (197)：91-98.

全级配粗粒土渗透及渗透变形试验技术研究

汤轩林　梁艳萍　赵继成

（中国水电建设集团第十五工程局有限公司科研设计院）

摘　要： 本文从工程实际研究出发，针对全级配的垫层料、过渡料、堆石料的渗透和渗透变形试验，从仪器设备研制、试验方法研究、试验结果分析等方面入手，提出了全级配粗粒土渗透及渗透变形试验的主要检测方法和标准，为可靠确定粗粒土的渗透和渗透变形参数创新了思路。

关键词： 全级配　粗粒土　渗透及变形试验　技术研究

1　前言

进行粗粒土渗透及渗透变形试验是为了测定渗流水通过粗粒土体时的渗透系数和细颗粒随渗流逐渐流失的临界坡降或土体整体浮动时的破坏坡降。渗透系数反映粗粒土压实层整体结构的综合渗透能力，而渗透破坏坡降反映粗粒土结构的渗透稳定性能。准确测定出粗粒土渗透及渗透变形工程特性指标是确定筑坝材料可行性、坝体稳定分析计算和施工方案选择的重要因素之一。

目前粗粒土渗透及渗透变形性能的试验方法在现行相关标准中没有定型的试验仪器设备，仅对试样的直径规格、高径比和试样最大粒径等进行了要求。业内通常采用直径200mm或300mm的垂直渗透仪，试样允许最大粒径为60mm。由于仪器直径较小，试样制备时就必须对超径尺寸颗粒采用缩尺方法处理，造成试样颗粒组成结构与原级配结构有较大的差异，尤其是小于5mm细颗粒含量，这部分粒径颗粒含量对粗粒土渗透系数测定结果影响较大，致使室内试验结果准确度低、变异性大，不能准确客观反映粗粒土的渗透及渗透变形工程特性。

随着国内高土石坝和超高土石坝的建设，国内科研机构针对缩尺效应引起的一系列不确定因素，在粗粒土的全级配试验方面从试验设备研发、试验方法研究、试验结果分析等方面进行了更为深入的研究，期望通过研究成果能更加准确可靠地取得粗粒土的相关工程特性指标。本文结合工程实践，通过大量试验研究，成功研制出了超大型水平、垂直渗透试验系统，可实现最大粒径600mm的粗粒土全级配渗透及渗透变形性能试验。

2　渗透及变形试验设备研制

粗粒土在水利工程上常应用于土石坝的垫层料、过渡料、堆石料、反滤料等部位，粒径范围通常在80～600mm之间，超大型渗透试验设备的研发基本思路是以满足全级配粗粒土试验为基础，试样不再进行缩尺处理，试样直径与试验用料最大粒径之比不小于3～5倍，综合考虑渗透流态观察，高水头压力下受力、供水的精度和强度以及渗流量的连续准确测量等因素，采用有机玻璃板加组合式钢结构为一体的试样筒，五联式不同流量多级泵分级分段组合供水，分级渗流量、渗流压力自动采集和全自动控制系统组成的超大型垂直、水平渗透试验系统，可实现全级配粗粒土不同试样直径下的水平和垂直渗透及渗透变形试验。

超大型垂直、水平渗透试验系统由渗透变形仪（4套）、供水系统、控制系统三部分组成，试样最大直径、最大长度可达2000mm，进水端均采用锥形结构，设过渡段稳流，经对进水段、过渡段、渗透段所承受的应力和应变进行计算，综合考虑垫层料、过渡料、堆石料的最大粒径的尺寸效应，设备可满足最大粒径80～600mm。

供水系统按照分级水头压力和供水精度要求，配置可自动调节流量的两套变频式水泵供水、稳压系统，最大渗透总流量为660mL/s、最大设计压力可达1.6MPa。控制系统由自动加压系统、分级渗流压力实时采集系统、渗流量定时自动测量系统、渗流可视化录像系统、自动存储系统等组成。

3　渗透及渗透变形试验方法研究

现行试验规程中粗粒土垂直渗透及渗透变形试样直径一般为200mm或300mm，无大尺寸试样的全级配或近似全级配垂直或水平渗透试验方法，本次选用了某工程的垫层料、过渡料和堆石料，采用最新研制的渗透设备，进行了全级配粗粒土的渗透及渗透变形试验方法研究。

3.1　设备的准备

根据渗透试验要求、坝料的最大粒径确定适宜的试样直径，选定相应的试验设备。一般来讲，对于粒径大于200mm的堆石料，试样直径采用2000mm；对于粒径小于200mm以下的坝料，试样直径采用750mm。

检查仪器设备后，在过渡段装填10～40mm粒径砾石料作为水流流态调整段；在透水板以及各分节连接时，将各节间橡胶止水处以及层面清理干净，橡胶止水处均匀涂抹一层凡士林，每次试验前都应在仪器测压观察孔处用铜丝网等进行遮挡。

对于垂直渗透试验设备在每节高度40cm的上、下部位（距顶或地面5cm）各设两个测压管，对于水平渗透设备沿水流方向设三排测压管，每排沿高度不同设置3个测压管。确保了在不同的高度对水流的压力观测。

3.2　试样用料的准备和装样

依据选定级配试样用料的比重试验结果和孔隙率确定试验的控制指标、选择的试样尺寸，确定每组试验所用的试料质量以及每层装料的质量。渗透及渗透变形试验一般分三层或四层均匀装样。

装样前，在仪器内壁顺水流方向均匀涂抹凡士林，阻断沿壁渗流通道；装样时按照试验桶每层混合料装样质量，将试验用料按照设定的层高均匀装入设定的高度线并夯实，使桶内试样密度或孔隙率与技术要求一致；对于大于 200mm 粒级的试验料，采用人工分层均匀摆放，且上下层大粒径试验料不得重叠摆放，即各粒级试验料应保证均匀装于桶内；每层试样料装完夯实前应将层表面整理，尽可能使表面平整，振动板夯实应均匀。每层夯完达到预设高度要求后方可进行下层试验料装样与夯实。

3.3 试样饱和

粗粒土采用水头饱和法进行饱和。设置供水压力，使供水压力水位与过渡段高度齐平、充分排除过渡段气体。根据试样中 5mm 含量确定缓慢加压的量值，一般在 1～3kPa，稳定 30min 以上再增加下级水压力，直至顶部出水，停止加压使试样充分浸润饱和。饱和过程通过试样不同高度设置的排气孔、传感器孔进行试样排气，排气完成后测压管传感器调零，接通测压管。

3.4 试验操作

根据试样中的小于 5mm 的细粒含量，选择初始渗透坡降及渗透坡降递增值，按照现行规程要求进行操作。

(1) 初始坡降及加压级差的确定。最大粒径 60mm 的缩尺粗粒土，试验时加压级差仅为几厘米，对于全级配粗粒土，以及本仪器控制系统设计情况，并借鉴类似试验成果，通过研究确定：

1) 对于垫层料：最大粒径 80mm，小于 5mm 含量在 35%～55%之间（平均 45%），在饱和出水压力的基础上，每级按照压力 3～5kPa 进行加压。

2) 对于过渡料：最大粒径 150mm，小于 5mm 含量在 20%～36%之间（平均 28%），在饱和出水压力的基础上，每级按照压力 2～3kPa 进行加压。

3) 对于堆石料：最大粒径 600mm，小于 5mm 含量在 9%～20%之间（平均 14%），在饱和出水压力的基础上，每级按照压力 1～3kPa 进行加压。

4) 各种不同的粗粒土，根据试验中各测压管压力及流量变化情况，后期可提高每级压力值为 5～10kPa；当接近临界坡降时，加压等级递增值应酌量减小，当出现流土破坏形式时可适当增大。

(2) 渗透试验稳定的判定。

1) 每次升压加压后，稳压时间不少于 30min，在仪器自动测量渗透流量的同时，辅以人工流量检测，与自动流量记录进行对比。每级水头下最少测读 3 次，每次测读时间间隔根据渗水量大小确定，一般应为 5～10min。取 3 次测读的平均值作为试验值。

2) 若渗流量未随时间增大，测压管水位无变化，无细颗粒移动和水色变浑等迹象，继续增加水压，重复上述步骤，直至试验破坏。

3) 当水头不能再继续增加或无法稳压时，即可结束试验；试验中同时绘制渗透坡降与渗流速度关系曲线。根据曲线变化，及时调整每级水压下的持续时间和加压的级差。

4) 临界坡降和破坏坡降的判定。

对于全级配粗粒土渗透变形的判定，采用测压管压力变化和现场实际观察试样颗粒变化相结合的方式进行。

(3) 试验结束后先关闭进水口，缓慢降低试样中的水位，观察试样变化，卸除上透水板，放尽仪器余水，拆除试样。

4 本次全级配坝料渗透及渗透变形试验研究成果

依据现行规程和上述试验方法，选用垫层料（最大粒径 80mm，小于 5mm 的含量 35%～55%）、过渡料（最大粒径 150mm，小于 5mm 的含量 20%～35%）、堆石料（最大粒径 600mm）三种不同类型的坝料分别进行了水平和垂直渗透及渗透变形试验研究。

4.1 渗透及渗透变形试验检测

(1) 根据试样尺寸，垫层料、过渡料水平渗透采用长×宽×高为 100cm×100cm×80cm 试验设备；垂直试验采用直径为 75cm、桶身高度 80cm 的大型渗透试验设备；堆石料水平渗透试验采用长×宽×高为 200cm×200cm×160cm 超大型水平渗透试验仪；堆石料采用直径 200cm、桶身高度为 120cm 的超大型垂直渗透仪。试验桶身均设有有机玻璃窗口，可观察试验过程发生的现象。

(2) 渗透试验中，垫层料和过渡料用大型水平渗透仪和大型垂直渗透仪的加载压力最大均可达 450kPa、流量约 17000mL/min；堆石料的超大型水平渗透仪和超大型垂直渗透仪的加载压力最大分别为 12kPa 和 50kPa 左右、流量可达 27000mL/min 和 180000mL/min 左右。

4.2 各种坝料渗透及渗透变形试验成果

每种坝料按照平均级配线、上包线、下包线配制三种级配的试验用料，预设孔隙率和控制密度，分别进行了水平和垂直渗透试验共 18 组次，通过对试验观察、数据的整理和计算，确定了各种材料的渗透系数、临界坡降、破坏坡降及破坏形式。

(1) 垫层料。垫层料上包线、平均级配线、下包线水平渗透系数分别为 9.55×10^{-4}～3.17×10^{-3}cm/s；垫层料临界水力坡降为 1.14～0.88，破坏水力坡降 4.36～2.19，发生流土破坏和过渡型破坏（下包线）。

垫层料上包线、平均级配线、下包线垂直渗透系数分别为 2.09×10^{-4}～5.52×10^{-3}cm/s；临界水力坡降为 0.82～0.53，破坏水力坡降 2.41～1.29，发生流土破坏和过渡型破坏（下包线）。

(2) 过渡料。过渡料上包线、平均级配线、下包线水平渗透系数分别为 2.58×10^{-3}～3.74×10^{-2}cm/s；过渡料临界水力坡降为 1.13～0.18，破坏水力坡降 3.79～1.25 发生过渡型破坏（上包线）和管涌破坏。

过渡料上包线、平均级配线、下包线垂直渗透系数分别为 6.26×10^{-3}～4.01×10^{-2}cm/s；过渡料临界水力坡降为 0.60～0.11，破坏水力坡降 2.85～0.30，发生过渡型破坏（上包线）和管涌破坏。

(3) 堆石料。堆石料上包线、平均级配线、下包线水平渗透系数分别为 1.58×10^{-1}～1.61cm/s。堆石料临界水力坡降为 0.10～0.02，破坏水力坡降 1.41～0.30，发生管涌破坏。

堆石料上包线、平均级配线、下包线垂直渗透系数分别为 8.98×10^{-2}～7.51×10^{-1}cm/s。堆石料临界水力坡降为 0.11～0.07，破坏水力坡降 0.42～0.12，发生管涌破坏。

对于渗透变形试验的判定除采用规程中要求的坡降与流速的双对数图形判定外，增加了人工现场观察、坡降与流速常规图形的判定，临界坡降与破坏坡降判定结果一致。不同坝料的平均级配垂直渗透试验结果见图 1～图 3。

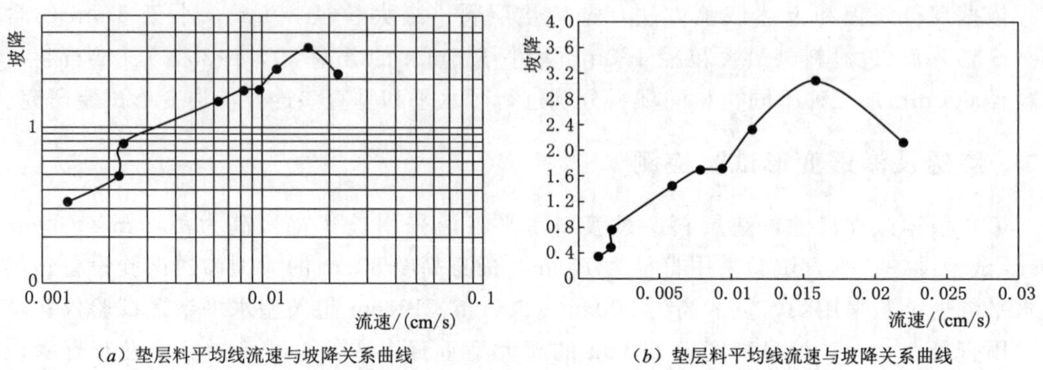

（*a*）垫层料平均线流速与坡降关系曲线　（*b*）垫层料平均线流速与坡降关系曲线

图 1　垫层料平均级配垂直渗透试验坡降与流速关系曲线图

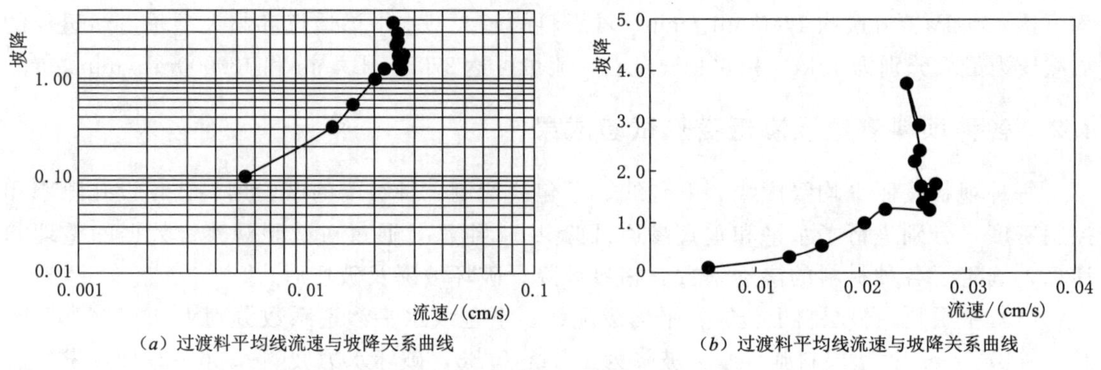

（*a*）过渡料平均线流速与坡降关系曲线　（*b*）过渡料平均线流速与坡降关系曲线

图 2　过渡料平均级配垂直渗透试验坡降与流速关系曲线图

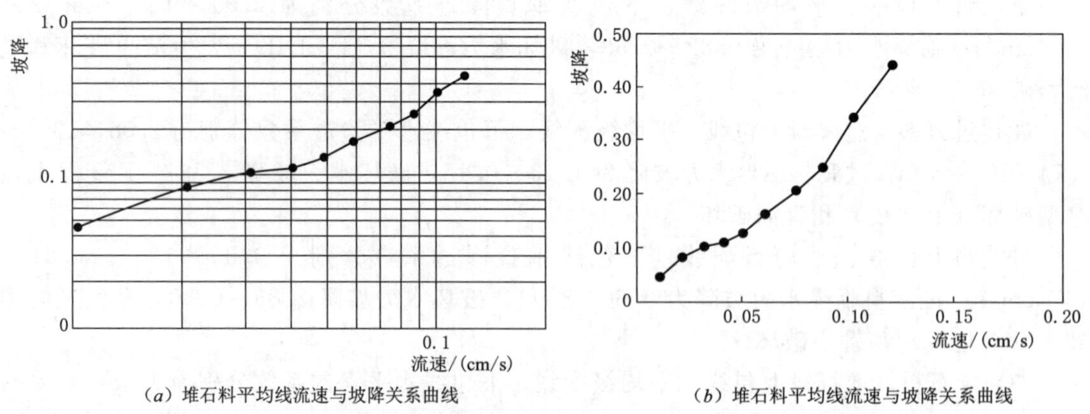

（*a*）堆石料平均线流速与坡降关系曲线　（*b*）堆石料平均线流速与坡降关系曲线

图 3　堆石料平均级配垂直渗透试验坡降与流速关系曲线图

4.3 成果分析

从渗透及渗透变形试验结果可以看出：垫层料、过渡料、堆石料的渗透试验结果随着颗粒从细到粗，渗透系数呈现从小到大的规律变化；临界坡降和破坏坡降呈现从大到小的规律变化；破坏形式从流土型到过渡型到管涌型变化；水平渗透试验和垂直渗透试验的渗透系数之间差别和规律性不明显。

5 结论及建议

通过本次全级配渗透及渗透变形试验系统的研制和试验方法成功应用，结合工程实际应用，得到以下结论和建议：

（1）通过与类似研究成果以及类似工程现场试验结果的比较，采用全级配坝料的试验结果更接近工程实际过程的结果。建议对高坝特别是超高混凝土面板堆石坝的筑坝材料，在设计和施工阶段的室内渗透试验，采用全级配坝料进行试验。

（2）本次研究采用自主研制的超大型和大型渗透试验设备，成功解决了针对全级配试样直径大、水头压力梯度大等特点。通过对全级配的粗粒土渗透试验的方法进行的研究，形成了粗粒土全级配渗透及反滤试验的系统检测试验技术，为准确获得垫层料、过渡料、堆石料等粗粒土全级配下的渗透系数、临界坡降和破坏坡降及其变化规律提供了可靠的技术方法。

（3）本次垂直渗透试验中同时进行了上部透水板不固定的渗透试验，通过试验发现垂直渗透试验中上部透水板固定与否，试验结果差距较大，还需在今后继续深入研究。

黏土心墙与基岩岸坡大角度变坡处应力变形分析

刘国强　杜君行

（中水北方勘测设计研究有限责任公司）

摘　要：埃塞俄比亚马克雷黏土斜心墙坝右坝肩与黏土心墙接触处存在一上缓下陡的变坡角，该变坡角为44.6°，大于国内外规范规定的20°的要求。为了防止坝体因不均匀沉降在变坡处产生裂缝造成渗漏破坏，采用MIDAS软件对于不削坡和削坡两个方案进行三维有限元应力应变，计算结果显示是否采取削坡措施对变形影响很小，可忽略不计；然而采取削坡措施能够在一定程度上降低心墙底部削坡区域附近的拉应力和剪应力，对心墙的安全有利，因此推荐削坡方案。同时提出相关的工程处理措施保证黏土心墙和右岸岩基边坡的连接。

关键词：黏土斜心墙坝　岸坡连接　应力应变　MIDAS

1　工程概况

埃塞俄比亚马克雷供水开发项目位于马克雷城西部20km处，工程的主要任务为供水，供水规模为12.43万m^3/d。大坝坝型为黏土斜心墙坝，坝顶高程1820.00m，坝顶宽8m，最大坝高约84m，大坝总长1332.698m，水库最大库容3.62亿m^3。工程建设完成后，将为马克雷城的经济发展和城市建设提供干净充足的水源保障，从而解决马克雷市数十万人民多年的用水难题，是我国援助埃塞俄比亚的重大民生工程。

2　问题提出

大坝主河床右岸自然边坡坡度为21°～35°，顶部基岩出露陡坡大于70°，边坡高约55m，岩层略倾向上游坡外，为顺向坡，对边坡稳定不利。边坡上部为第四系坡残积、崩积（$Q_4^{dl+el+col}$）碎块石、碎石土，下伏侏罗系（J_3）岩体。侏罗系（J_3）岩体上部主要为中厚层灰岩，夹页岩和泥灰岩；下部主要为页岩层，夹有灰岩和泥灰岩。

右坝肩开挖设计按照第四系坡残积、崩积（$Q_4^{dl+el+col}$）碎块石、碎石土全部清除，开挖至侏罗系（J_3）岩体弱风化上限，同时根据地形地势及开挖坡高及坡比灵活调整的原则确定。

右岸坝肩边坡为岩质临时边坡，边坡未设置马道，右岸坝肩边坡坡比为1∶1，底部高程1760.148m，顶部高程1803.35m，坡高约43m。右岸坝肩边坡开挖剖面见图1，右岸坝肩开挖边坡现场见图2。

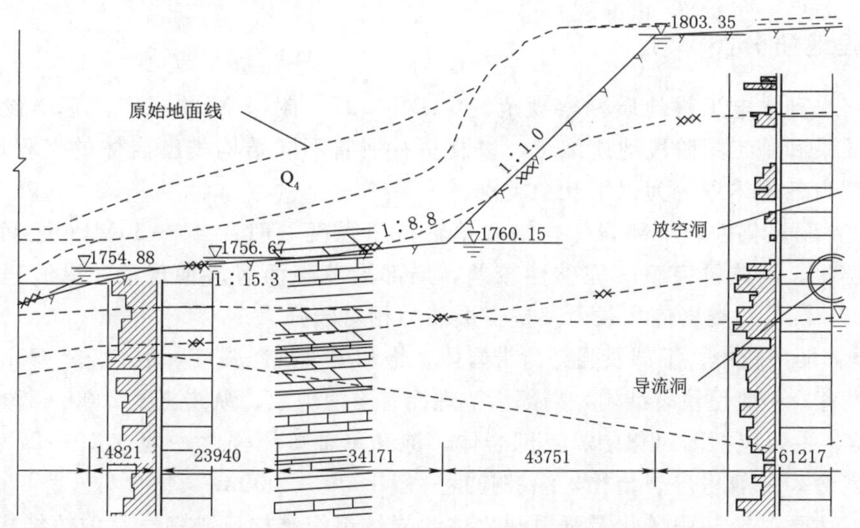

图1　右岸坝肩边坡开挖剖面图（单位：mm）

根据《碾压式土石坝设计规范》（SL 274），与土质防渗体连接的岸坡的开挖应符合下列要求：岸坡宜平顺，不应成台阶状、反坡或突然变坡，岸坡上缓下陡时，变坡角应小于20°。同时美国垦务局规范对于边坡角也有关于不小于20°的规定。

右岸坝肩高程1803.35m处开挖边坡的变坡角为44.6°，该角度大于规范要求，需要进行专门论证，研究坝体因不均匀沉降时应力应变的情况，并判断是否会产生拉裂缝造成渗漏破坏。

图2　右岸坝肩开挖边坡现场

3　地质条件

3.1　地层岩性

右坝肩出露侏罗系上统（J_3）和第四系（Q_4）地层。由老到新叙述如下：

（1）侏罗系上统（J_3）。Agulae页岩组（J_3），根据左右坝肩地层岩性，可进一步细分为两段：

J_3^1：岩性为中厚层～厚层灰色灰岩、中厚层灰黑色泥灰岩、中厚层～薄层泥灰岩夹页岩层，分布高程为左右坝肩1758.70～1744.60m以下。

J_3^2：岩性为中厚层～厚层青灰色灰岩、中厚层灰或灰黑色泥灰岩、中厚层灰色灰岩夹泥灰岩、中厚层～薄层灰黄色灰岩夹页岩和泥灰岩夹页岩层，主要分布于左右坝肩上部。

（2）第四系（Q_4）。坡残、崩积物（$Q_4^{dl+el+col}$），主要由碎石土，块石夹土组成，分布在左右坝肩顶部。

3.2 工程地质分类

根据《水利水电工程地质勘察规范》（GB 50487）附录 V 的规定，基本设计阶段钻探、试验成果和施工图阶段地质编录，以及左右坝肩不同结构类型岩体的工程地质性状，可将左右坝肩各岩体划分为以下几个类别：

Ⅲ$_2$类：弱风化中、下部岩体，饱和单轴抗压强度一般在 40～50MPa 之间，岩体呈中厚～厚层状，岩体较完整～完整性较差，局部沿节理面有溶蚀现象，纵波速度一般为 2500～3500m/s，此类岩体承载力及抗变形能力相对较强。

Ⅳ$_1$类：弱风化中、下部及强卸荷带岩体，饱和单轴抗压强度一般为 25～30MPa。结构面较～很发育，一般呈块裂结构，局部沿节理面有溶蚀现象，纵波速度 2000～2500m/s。

Ⅳ$_2$类：主要包括弱风化中、上部岩体，饱和单轴抗压强度一般在 10～20MPa 之间，结构面较发育，一般呈碎裂结构，纵波速度一般 1500～2000m/s。

Ⅴ类：主要是全～强风化及强风化岩体，岩体组织结构已破坏，呈散体结构，大部分岩石呈不连续骨架或心石，纵波速度一般小于 1500m/s。

右坝肩各岩体工程地质分类见表 1。

表 1　　右坝肩各岩体工程地质分类表

岩性	风化等级	岩体特征	R_b	V_P	RQD	K_V	级别
灰岩	弱风化	岩体中厚～厚层状，裂隙面张开，结构面轻度～发育，充填物为泥质、碎屑，沿裂隙面有溶蚀痕迹，局部发育楔形体	45	3020	44.8	0.25	Ⅳ$_1$
泥灰岩	弱风化	岩体薄～中厚层状，裂隙面多闭合，结构面中等发育	25	3200	26.6	0.32	Ⅳ$_2$
灰岩夹页岩	强～弱风化	岩体薄～中厚层状，裂隙面张开，充填物为泥质、碎屑，结构面发育	15	1860	31.3	0.11	Ⅳ$_2$
泥灰岩夹灰岩	弱风化	岩体薄～中厚层状，裂隙面张开，充填物为泥质，结构面发育	25	3200	29	0.32	Ⅳ$_2$
泥灰岩夹页岩	强～弱风化	岩体薄～中厚层状，裂隙面张开，充填物为泥质，结构面发育	15	1860	24	0.11	Ⅳ$_2$
泥灰岩夹页岩	全～强风化	岩体薄层状，组织结构已破坏，呈散体结构，大部分岩石呈不连续骨架或心石	7.5	1860	10	0.11	Ⅴ

3.3 物理力学指标

右岸坝肩岩石物理力学参数见表 2。

表 2　　右岸坝肩岩石物理力学参数表

岩性及风化状态	岩体类别	块体密度		岩体抗剪（断）强度			弹性模量 /GPa	泊松比 ν
		天然 /(g/cm^3)	饱和 /(g/cm^3)	f	f'	c' /MPa		
弱风化灰岩	Ⅳ$_1$	2.58	2.60	0.50	0.62	0.26	2.5	0.37
弱风化泥灰岩夹页岩	Ⅳ$_2$	2.54	2.56	0.45	0.56	0.19	1.5	0.39
强风化泥灰岩	Ⅴ	2.50	2.52	0.35	0.38	0.06	0.4	0.41

4 岸坡连接有限元分析

采用 MIDAS/GTS/NX 对黏土心墙坝岸坡段进行三维应力应变计算。MIDAS/GTS / NX 是一款针对岩土领域研发的通用有限元分析软件，不仅支持线性/非线性静力分析、线性/非线性动态分析、渗流和固结分析、边坡稳定分析、施工阶段分析等多种分析类型，而且可进行渗流-应力耦合、应力-边坡耦合、渗流-边坡耦合、非线性动力分析-边坡耦合等多种耦合分析。

4.1 计算方案

岸坡三维应力应变分析计算方案分两种：①不削坡方案（见图 3）；②削坡方案（见图 4）。

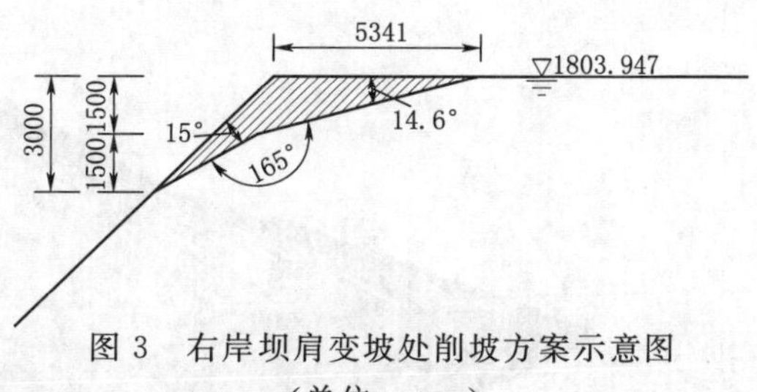

图 3 右岸坝肩变坡处削坡方案示意图（单位：mm）

4.2 计算方法

采用非线性有限元增量计算法，模拟计算从基础至坝顶高程施工过程中坝体与边坡交接区域削坡与否的应力变形分布。本次模拟通过更改削坡区域的单元属性，来实现不同方案大坝分级筑坝施工过程的位移和应力应变计算。静力计算中，地基采用莫尔库仑模型。堆石及心墙料的静力本构关系采用邓肯双曲线 E-B 模型。

4.3 计算结果

不削坡方案铅垂向位移见图 4，不削坡方案削坡处铅垂向位移见图 5，削坡方案铅垂向位移见图 6，削坡方案削坡处铅垂向位移见图 7，位移计算结果见表 3，不削坡方案心墙第一主应力见图 8，削坡方案心墙第一主应力见图 9，心墙底部削坡区域附近拉应力计算结果见表 4。

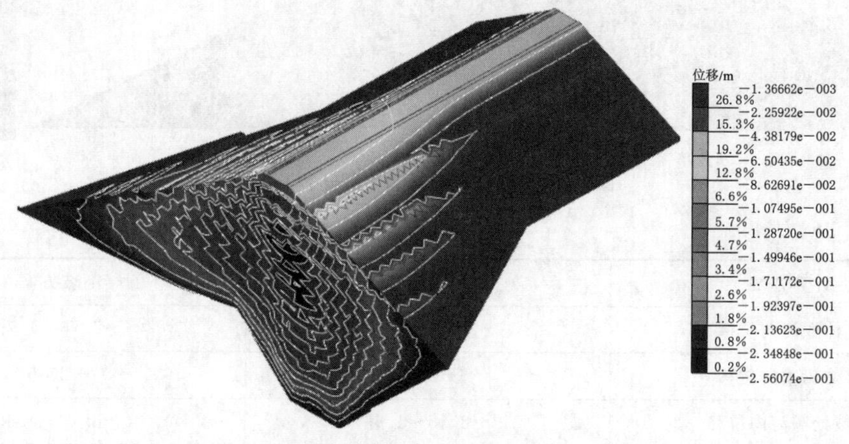

图 4 不削坡方案铅垂向位移图

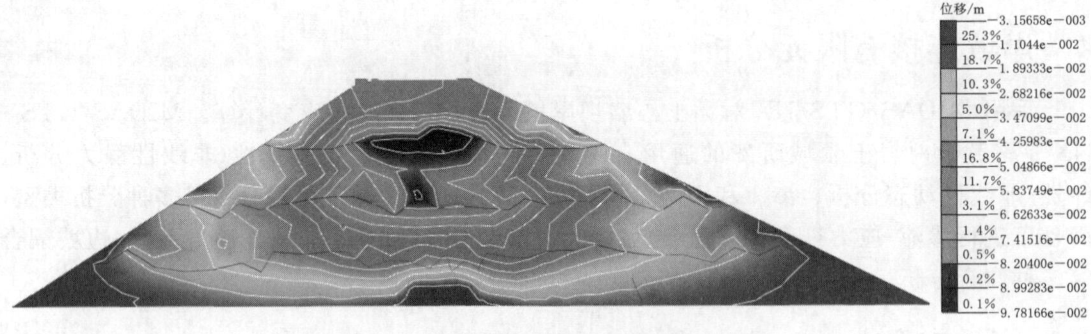

图5　不削坡方案削坡处铅垂向位移图

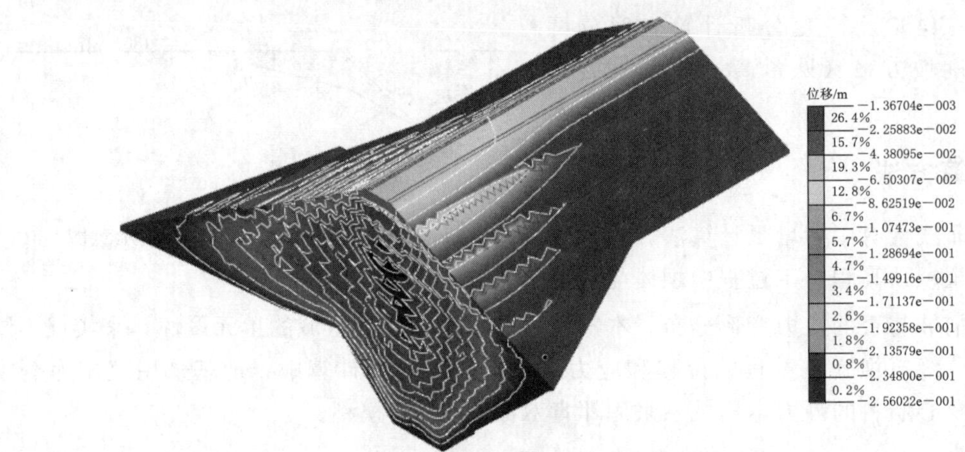

图6　削坡方案铅垂向位移图

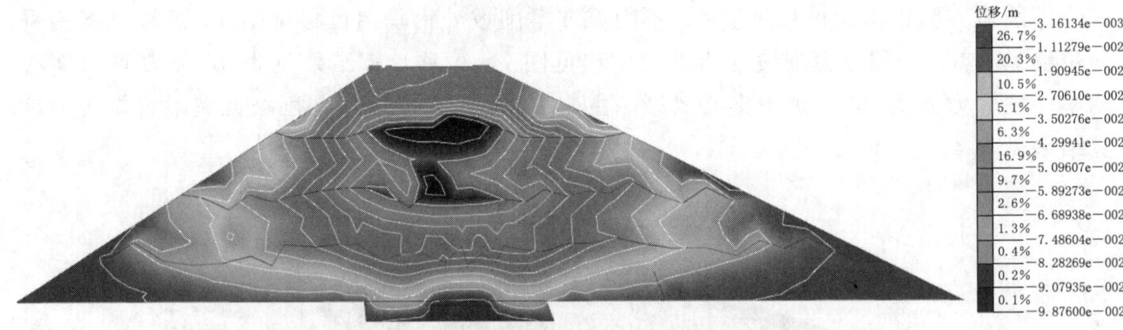

图7　削坡方案削坡处铅垂向位移图

表3　　**位移计算成果表**　　单位：cm

计算方案	不削坡方案	削坡方案
整体顺河向位移	-7.76～1.75	-7.76～1.75
整体铅垂向位移	-25.6	-25.6
削坡处顺河向位移	-3.15～1.66	-3.14～1.65
削坡处铅垂向位移	-9.78	-9.88

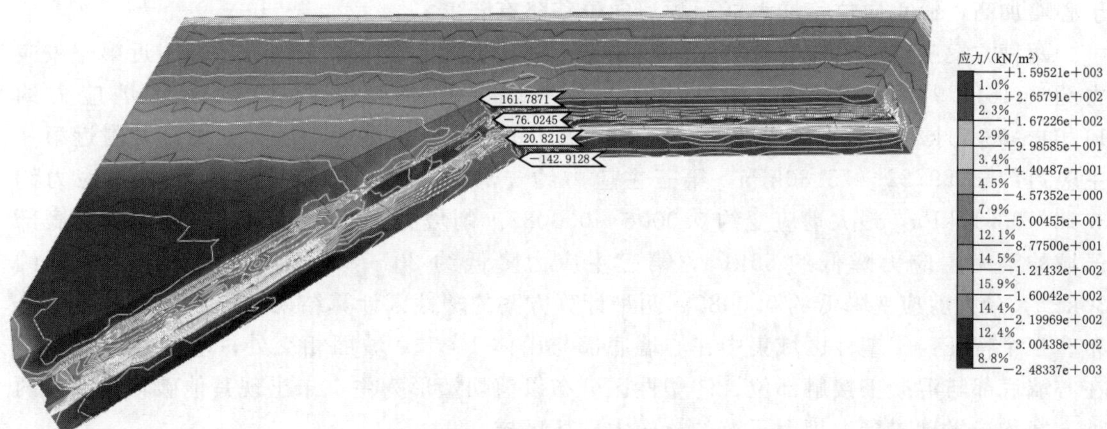

图 8　不削坡方案心墙第一主应力图

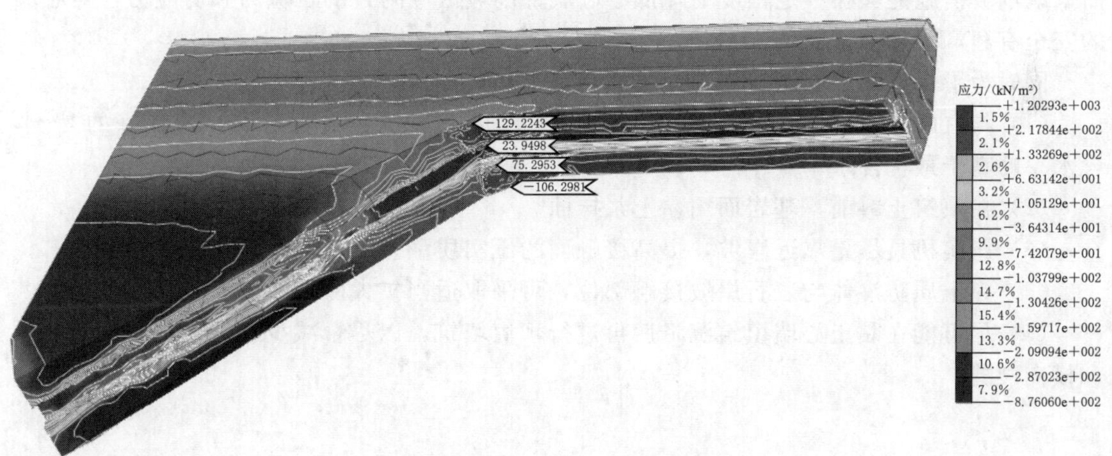

图 9　削坡方案心墙第一主应力图

表 4　　心墙底部削坡区域附近拉应力计算结果表

项　　目	计算方案	
	不削坡方案	削坡方案
第一主应力/kPa	−161.79～20.82	−129.22～75.30
第三主应力/kPa	−326.07～−557.41	−341.84～−638.94
最大剪应力/kPa	11.64～63.91	3.48～33.17
最大剪应变	0.0040～0.0168	0.0006～0.0088

5　结论

两种方案三维位移计算结果表明：削坡与否仅对削坡区域小范围内变形有影响；削坡前变坡处剖面顺河向位移−3.15～1.66cm，削坡后顺河向位移−3.14～1.65cm；削坡前变坡处剖面铅垂向位移−9.78cm，削坡后铅垂向位移−9.88cm。削坡后相对削坡前，由于心墙加高，铅垂向位移增大，而顺河向位移略有降低。

两种方案三维应力应变计算结果表明：不削坡方案心墙底部未削坡区域附近第一主应力约－161.79～20.82kPa，第三主应力约－326.07～－557.41kPa，最大剪应力约11.64～63.91kPa，最大剪应变约0.0040～0.0168；削坡方案心墙底部削坡区域附近第一主应力约－129.22～75.30kPa，第三主应力约－341.84～－638.94kPa，最大剪应力约3.48～33.17kPa，最大剪应变约0.0006～0.0088。削坡方案相对不削坡方案，心墙底部区域的第一主应力降低约55kPa，第三主应力降低约20～80kPa，最大剪应力降低约30kPa，最大剪应变降低约0.0080。两种计算方案的塑性区计算结果均显示塑性区域的分布有三个特征：①塑性区域集中在心墙底部与山体1∶1.0坡面相交处；②塑性区域集中在心墙底部与混凝土接触部位；③塑性区分布以剪切塑形为主，未出现其他破坏类型。两种方案均未发现贯穿大坝上下游的拉应力破坏区域。

综合位移和应力应变计算结果：是否采取削坡措施对变形影响很小，可忽略不计；然而采取削坡措施能够在一定程度上降低心墙底部削坡区域附近的拉应力和剪应力，对心墙的安全有利，因此推荐削坡方案。

同时为了保证黏土心墙与岩基岸坡的良好连接，提出如下工程措施：

(1) 与右岸坝肩岩体接触的厚度1～3m范围内，填筑黏粒含量高、塑性好的黏土，含水率略高于最优含水率。

(2) 在填筑土料前，基岩面用黏土浆抹面。

(3) 压实机具尽量靠近岸坡，提高接触面的压实质量。

(4) 在土质防渗体与岩石岸坡接触部位，可采取适当扩大防渗断面。

(5) 尽可能在黏土心墙填筑沉降后再进行坝肩填筑，以尽量减少坝肩处产生沉降差异和横向裂缝。

敏感水域引调水工程岩塞爆破关键水力技术研究

郝　明

（辽宁省水利水电勘测设计研究院有限责任公司）

摘　要：“十四五”期间国家水网建设为水利工程工作重点之一，其中引调水工程在构建水网工程中起到至关重要的作用。本文对引调水工程取水口岩塞爆破总体水力布置进行研究，提出通过水力数值模拟，合理布置建筑物，降低岩塞爆破对水域环境的影响。

关键词：敏感水域　岩塞爆破　气液两相流

1　引言

大多数引调水工程取水口位于水库上游淹没区，由于多数水库承担着城市供水的任务，因此取水口多位于一级水源保护区内；同时部分水库内生长着濒危鱼种，其对岩塞爆破控制同样有着较高要求。因此，从水源保护及生态环境保护等方面来讲，需严格控制岩塞爆破产生的不利影响。

岩塞爆破工程技术成熟，近年来，国内已经成功实施多个岩塞爆破项目，95%以上岩塞爆破的挡水建筑物采用钢筋混凝土封堵体，封堵体距离岩塞口的距离为200～1000m，岩塞爆破实施后，会在岩塞口部位形成巨大的水面翻滚、水体变浑浊等现象，对库区环境造成极大不利影响。本研究基于气液两相流方法进行计算。确定计算方法及建立相应的数学模型后，运用计算机Fortran程序进行编程计算，分析其水力特性及爆破后各参数变化规律，根据实际工程结论进行验证，为后续工程提供经验。

2　工程概况及岩塞爆破水力总体布置

某辽宁省重点引调水工程等级为Ⅰ等，工程规模为大（1）型。设计输水流量77m^3/s，成洞洞径7.3～8.5m，多年平均输水量16.24亿m^3，为全程有压自流，最大压力0.9MPa。工程起点为某大（1）型水库，由进水口（岩塞爆破段）、有压隧洞、检修竖井、调压井、出口水电站组成。主体工程主洞全长约99.7km，沿线共布设14条施工支洞，其中6条为永久支洞，运行期作为主洞检修通道并兼顾进排气作用。

取水口岩塞位于水库库内右侧山体，岩塞口中心点高程约为278.00m，水库正常高水位约为318.00m，岩塞上部水深约为40m，岩塞爆破水力设计总体布置由岩塞口、锁口段、集渣坑段、通风竖井、主隧洞段、1号泄水支洞、检修竖井（挡水段）组成，总长度约为 4.2km，岩塞爆破水力布置纵断面见图 1。

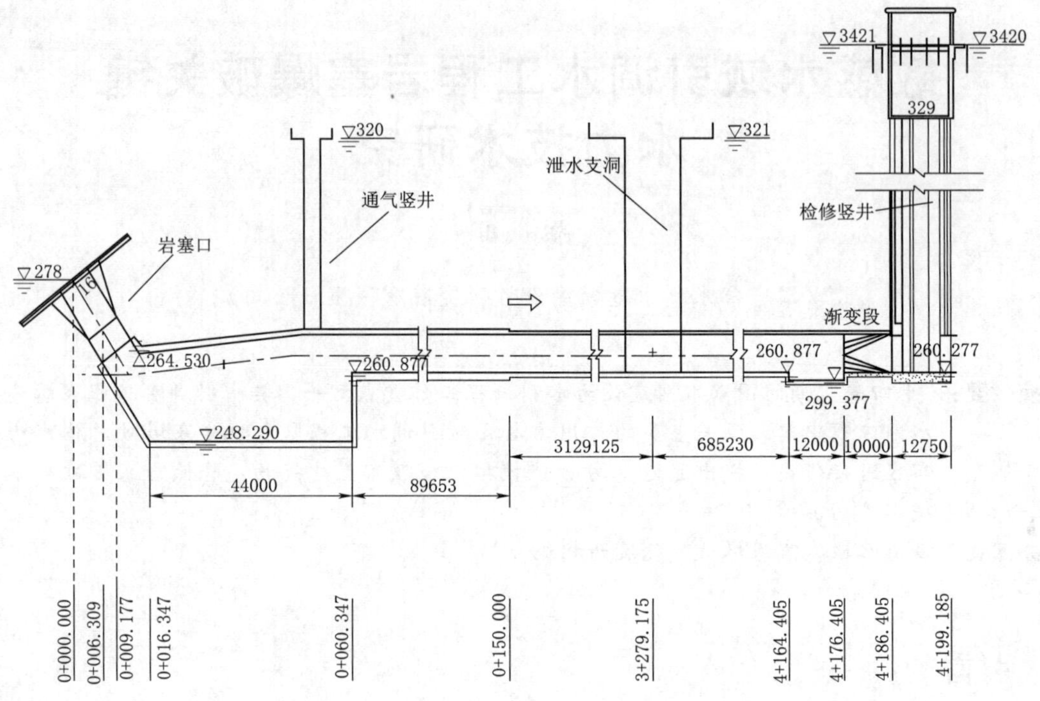

图 1　岩塞爆破水力布置纵断面图（单位：mm）

3　数学模型

岩塞爆破实施前，在竖井前进行充水，综合考虑爆渣、洞内流态因素，初步确定充水高程 266.00m，即隧洞初始为明流无压流状态，数学模型使用气液两相流方法进行计算。

本工程采用检修竖井作为挡水建筑物，1 号支洞和通气竖井为泄水通道，爆破前隧洞内水体处于无压状态，爆破时会产生大量气体，隧洞内流态变化为气液双相流。系统气液两相布置见图 2。

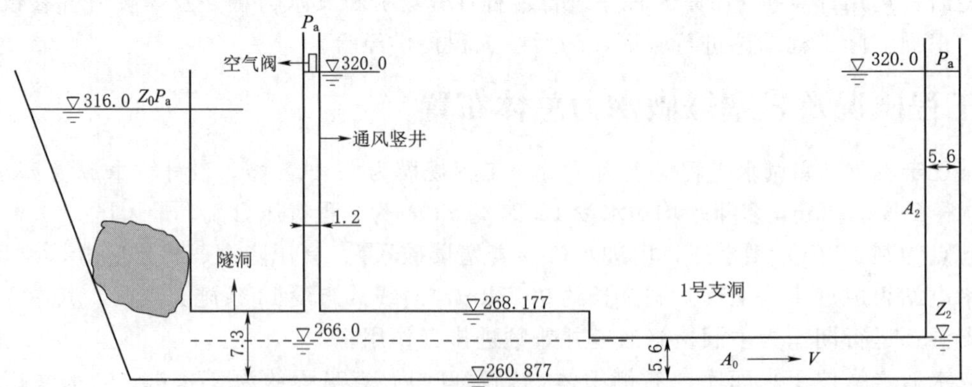

图 2　系统气液两相布置示意图（单位：m）

(1) 空气阀的数学模型。根据空气流进、流出空气阀速度不同，空气阀边界条件分为下列四种情况：

空气以亚音速流进：

$$\dot{m}=C_{\text{in}}A_{\text{in}}\sqrt{7p_0\rho_0\left[\frac{p}{p_0}\right]^{1.4286}-\left[\frac{p}{p_0}\right]^{1.7143}}\qquad p_0>p>0.528p_0 \tag{1}$$

空气以临界流速流进：

$$\dot{m}=C_{\text{in}}A_{\text{in}}\frac{0.686}{\sqrt{RT_0}}p_0\qquad p\leqslant 0.528p_0 \tag{2}$$

空气以亚音速流出：

$$\dot{m}=-C_{\text{out}}A_{\text{out}}p\sqrt{\frac{7}{RT}\left[\left(\frac{p_0}{p}\right)^{1.4286}-\left(\frac{p_0}{p}\right)^{1.7143}\right]}\qquad \frac{p_0}{0.528}>p>p_0 \tag{3}$$

空气以临界流速流出：

$$\dot{m}=-C_{\text{out}}A_{\text{out}}\frac{0.686}{\sqrt{RT_0}}p\qquad p>\frac{p_0}{0.528} \tag{4}$$

式中：$\dot{m}$ 为空气质量流量；C_{in} 为进气时阀的流量系数；A_{in} 为进气时阀的流通面积；ρ_0 为大气密度；A_{out} 为排气时阀的流通面积；C_{out} 为排气时阀的流量系数；p 为管内压力；p_0 为大气压力；R 为摩尔气体常数；T_0 为气体管外温度。

当隧洞内水位降到隧洞高度以下时，将阀门打开气体自动流入隧洞内，当隧洞内的气体排出前，气体遵循式 (5)：

$$pV=MRT \tag{5}$$

式中：M 为气体的摩尔质量；T 为气体的绝对温度。

对于 t 时刻，式 (5) 可以近似得到式 (6)：

$$p\left[V_0+0.5\Delta t(Q_i-Q_{px_i}-Q_{p_i}+Q_{p_i})\right]=\left[m_0+0.5\Delta t(\dot{m}_0+\dot{m})\right]RT \tag{6}$$

式中：$\dot{m}$ 为时刻 t 流入流出空穴的空气流量；m_0 为时刻 t_0 空穴中的空气质量；$\dot{m}_0$ 为时刻 t_0 流入流出空穴的空气流量；Q_{px_i} 为时刻 t_0 流入断面 i 的空气流量；Q_{p_i} 为时刻 t 流出断面 i 的空气流量；Q_i 为时刻 t_0 流出断面 i 的空气流量。

(2) 气液两相流计算方程组。根据图 2 及式 (1)～式 (6)，经过简化后可得出以下方程：

流量连续性方程

$$\frac{\mathrm{d}Z_1}{\mathrm{d}t}=\frac{Q_1-A_0V}{A_1} \tag{7}$$

其中

$$Q_1=\sqrt{Z_0-Z_1+\frac{P-P_{\text{a}}}{\gamma}}\sqrt{2g}\,\varphi A_\tau \tag{8}$$

流量与水位关系方程：

$$\frac{\mathrm{d}Z_2}{\mathrm{d}t}=\frac{A_0V}{A_2} \tag{9}$$

水头平衡方程：

$$\frac{\mathrm{d}V}{\mathrm{d}t}=\frac{g}{L}\left(Z_1+\frac{P-P_{\text{a}}}{\gamma}-Z_2-\alpha|V|V\right) \tag{10}$$

空气阀方程：

$\frac{dm}{dt}=f(P)$［空气阀方程，见式（1）～式（4）］

理想气体状态方程：

$$\frac{dP}{dt}=\frac{RTf(P)+(Q_1-A_0V)\left(\frac{P+P_a}{2}\right)}{\frac{mRT}{2P}+\frac{m_0RT}{2P_a}} \tag{11}$$

式中：Z_0 为上库水位，m；Z_1 为主隧洞水位，m；Z_2 为支洞水位，m；A_0 为支洞的面积，m^2；A_1 为隧洞实际的过流面积，m^2；V 为隧洞内流速，m/s；Q_1 为隧洞内流量，m^3/s；P_a 为当地大气压，为 1.013×10^5 Pa；P 为隧洞内气体的压强，Pa；g 为重力加速度，9.81m/s^2。

（3）岩塞爆破水位说明。根据水库调度情况，计划爆破水位为 316.0m。在实际爆破过程中，岩塞体爆破瞬间必然释放巨大压力。为了接近实际爆破情况，根据岩石密度约为水密度的 2.7 倍大小，将爆破瞬间产生的压力为水库静水压力的 3 倍，刚爆破至 0.5s 时间内，上库压力迅速上升至 131m（对应水位 395.00m），持续 1s 后又快速减小到水库的稳定水位 316.00m，爆破 3s 后均以 316.00m 作为库水位持续不变。爆破发生后上库水位的变化见图 3。

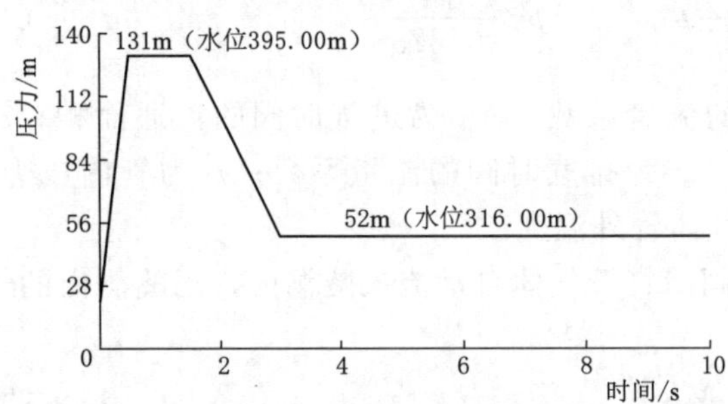

图 3　爆破发生后上库水位压力的变化示意图

（4）计算结果分析。

1）通风竖井内水位、压力的变化。根据计算结果，模拟出通风竖井内水位、压力的相应变化（见图 4、图 5）。当岩塞爆破实施后约 26min 中后，竖井内水位发生变化，水位由 266.00m 变化为 316.00m，之后受隧洞内水流波动影响，1min 后最大水位达到高程 326.00m 处。波动持续 7min 后，最后竖井内水位降至与库水位同等高程。通风竖井内最大水压为 61m 左右，全程未见负压。

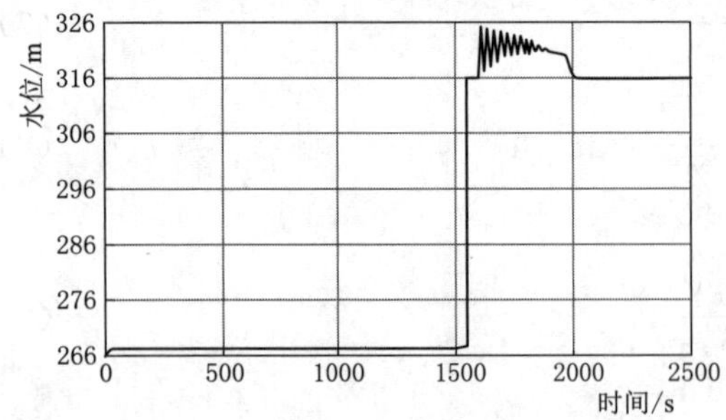

图 4　通风竖井内水位变化示意图

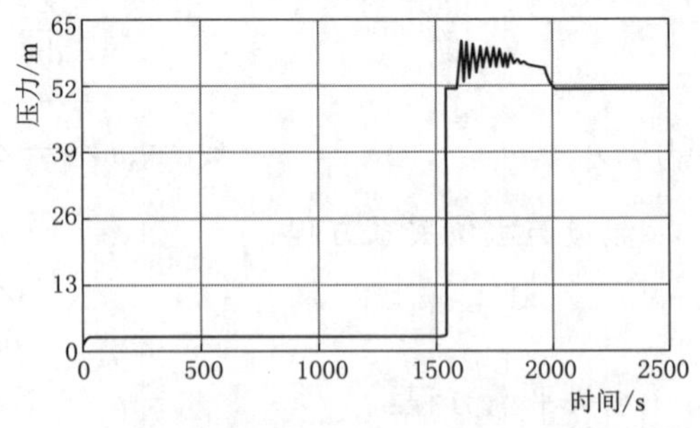

图 5　通风竖井内压力变化示意图

2）1号支洞处水位、压力、流速的变化。岩塞爆破后，隧洞内气体急剧增多，隧洞内气体压力变大，推动水体流动，由于1号支洞作为主要泄水通道，2min后1号支洞水位增加到326.00m，随着气体逐步外排，水位发生上下波动，33min后1号支洞水位逐渐与库水位一致。具体水位及水压变化（见图6、图7）。

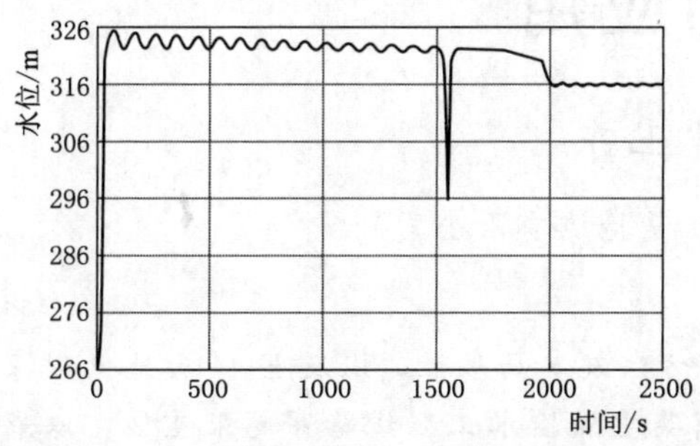

图6　1号支洞内水位的变化示意图

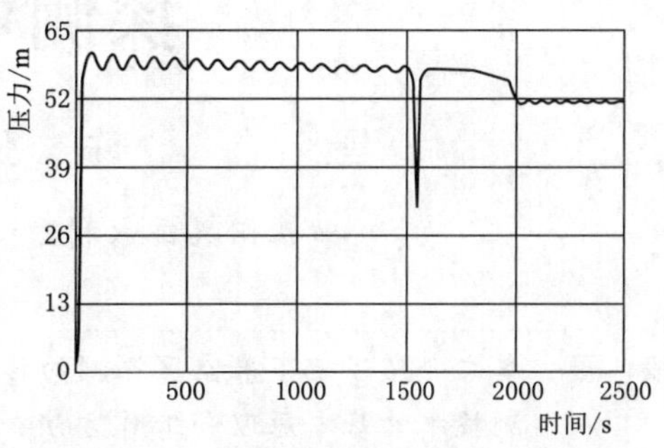

图7　1号支洞内压力的变化示意图

3）隧洞内气体压力及质量的变化。爆破实施前，主隧洞内存在一定的气体空腔，隧洞内控制水位高程为266.00m，空腔体积约为2.9万m^3。隧洞内气体压力变化见图8，当发生爆破后，隧洞内外存在50m水位差，隧洞内的气体受到挤压，逐步向1号支洞流动压，爆破后2min，隧洞内气体压力达到最大为76m，随后气体压力随时间的增长降低；当时间达到25min时，气体压力骤然减小，从62m直接减小到10m，从图8中可看出，当隧洞内气体排出后，隧洞充满水，气体与大气压基本一致。隧洞内气体质量的变化见图9。

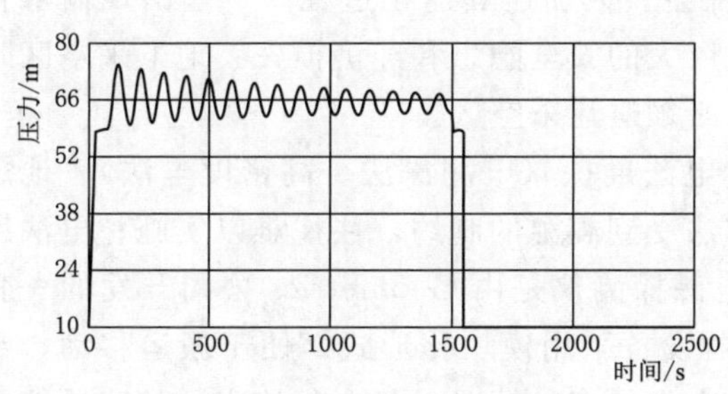

图8　隧洞内气体压力变化

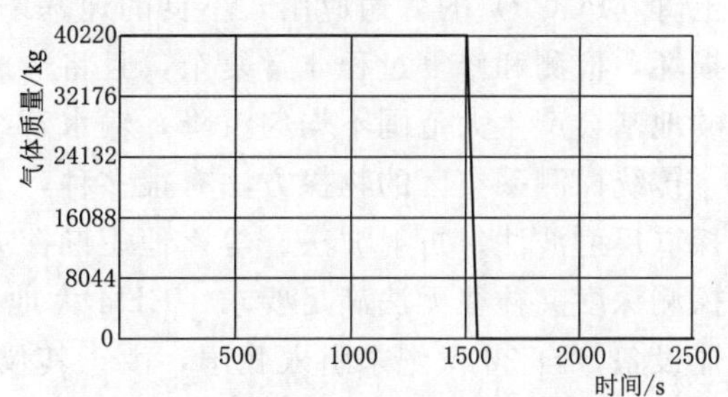

图9　隧洞内气体质量的变化示意图

4　数值模拟结果

发生岩塞爆破时，由于隧洞内水体为无压流动，隧洞内无负压产生，通风竖井内压力最大值为60.8m，1号支洞内最大压力值为60.9m。爆破后1号支洞便发生溢流，溢流高度最大为5.42m；爆破后约26min，部分水流通过通风竖井外排，最高水位为325.30m。

5　结语

目前本工程岩塞爆破工程已成功实施，外部条件基本与模拟计算相同。爆破过程中，利用竖井内的检修闸门进行挡水，其中通风竖井、1号支洞为本次岩塞爆破的调压建筑物，运行状态与数值模型切合度较好，可为类似工程提供经验。

EH4大地电磁探测技术在地下采空区探测中的应用

许　强　曹卫东

（沈阳兴禹水利建设工程质量检测有限公司）

摘　要： 本文介绍了地下采空区探测的传统物探方法及其局限性，以及EH4大地电磁探测技术的基本原理和工作方法；辽宁省某重点输水工程线路穿越采空区，以采空区与其围岩的电性差异为依据，应用EH4大地电磁探测技术对采空区进行探测，指导输水工程选线避让采空区。

关键词： EH4　采空区　视电阻率　输水工程

1　引言

近年来，国内大型输水工程越来越多，输水管线安全至关重要，特别是预应力钢筒混凝土管（PCCP）的普遍应用，不良的地基条件会大大加速其退化过程。一旦出现输水管线损坏，检测和修复过程非常复杂，且将造成巨大的安全隐患和经济损失。地下采空区附近的地基会产生大范围不均匀沉降，输水管线必须避让采空区。

传统探测采空区的物探方法有很多种，如电法勘探（电测深法、高密度电法）、地震勘探（反射波法、折射波法）等。地震勘探方法受到震源的制约，往往难以实施；电法勘探探测深度又往往无法满足要求。EH4大地电磁探测仪是由Geometrics公司开发的一款仪器设备，自20世纪末引入我国，由于其仪器设备采用模块化形式，便于搬运移动，受场地条件影响较小，可以适用于包括狭小场地在内的多种情况，又由于该方法的穿透能力强，在浅部介质为低阻，存在屏蔽效应时，仍然可以达到较大的勘探深度，且能得到较为理想的分辨率，因此EH4大地电磁法非常适用于地下采空区的探测。

2　EH4大地电磁探测技术原理

大地电磁法是众多电法勘探种类之一，其原理为：当天然交变电磁场入射大地，在地下以波的形式传播时，由于电磁感应的作用，通过地面电磁场可以观测到地下介质的电阻率分布信息。而由于不同频率的电磁场信号具有不同穿透深度，因此大地电磁深测通过研究地表采集的电磁数据能够反演出地下不同深度介质电阻率分布的信息。

EH－4大地电磁法是一种基于平面波卡尼亚电阻率的混合场源的频率域大地电磁测深法。EH－4阻抗形式为张量阻抗，观测的基本参数为：正交的电场分量（E_x，E_y）和磁场分量（H_x，H_y）的时间序列，通过傅立叶变化将时间域的电磁信号变成频谱信号，

得到 E_x、E_y、H_x、H_y，最后计算卡尼亚电阻率（ρ）：

$$\rho=\frac{1}{5f}|Z|^2,\ Z_{xy}=\frac{E_x}{H_y},\ Z_{yx}=\frac{E_y}{H_x} \tag{1}$$

从式（1）可以得出，电阻率（ρ）的值由电场分量 E 和磁场分量 H 的比值限定，并且随着频率（f）变化而变化，通过反演不同频率（f）代表的深度，从而得到不同深度的电阻率。

EH4 大地电磁法为离散的单点式数据采集，能适应地形起伏大、障碍物较多，其他方法不方便实行的勘测区域。且 EH4 大地电磁法单点的数据采集效率较高，且每个测点之间互相独立，互不干扰，测试完成一个 800m 深度的测深点，一般只需 10～15min。综上，EH4 大地电磁法既具有有源电法勘探的稳定性，又具有无源电磁法的便捷和效率。

3 辽宁省辽阳市某输水管线场地采空区探测实例

3.1 工程概况

辽宁省某重点输水工程，线路途经辽阳市某地。根据从当地煤矿系统收集的资料，区内位于两大开采区交界处，未有正规开采记录，但是根据实地调查，曾经有小煤窑在此开采过，开采方法为土法房柱式开采等，采空区的具体位置、开采范围和深度不明，对地面建构物存在着安全隐患，且已经有附近村民住宅发生地基下沉，房屋开裂现象，故需要对输水管线场地进行采空区位置、深度探测，根据探测结果设计输水管线线路。此次探测区为煤层采空区，围岩岩性主要为泥岩、砂岩。

探测区场地为接近 500m×800m 的长方形，输水管线需要从中间穿过，探测区及周边分布有村庄、田地、溪流等。由于探测区人文活动比较活跃，有树木、河堤、高压线等障碍物干扰，不适用于布置地震勘探、高密度电法等连续剖面，而 EH4 大地电磁探测法为离散点的探测，受障碍物影响较小。基于探测区的面积、地形、地貌及障碍物条件，根据采空区与围岩的电性差异，首先应用 EH4 大地电磁法在场地内进行探测，并根据 EH4 大地电磁法探测资料进行地质钻探勘测。

3.2 测线布置

基于探测区场地为接近 500m×800m 的长方形，结合地下采空区开采的历史调查结果，在探测区内居中布置 2 条测线，每条测线长 800m，测线间隔为 250m，测线中 EH4 测点间距为 10m，即每条测线有 81 个测点，两条测线共 162 个测点，探测区场地测线布置见图 1。

根据现场条件，测点的实地布设以 RTK 定位，确定电偶极方向，并用皮尺确定电偶极矩的距离，磁棒和前置放大器、电极都应保持 5m 以上的距离。在有风天气，为了防止风吹干扰，两个磁棒应全部用泥土压覆，测量期间人员禁止在周边活动，手机等电磁信号源要远离测点。测量时确保 H_x、H_y 两磁棒相互垂直，误差控制在±1°以内。结合测量精度要求，当地地形、障碍物条件限制，以及工作效率要求等，测量装置选择电极距为 20m，测点距为 10m。

将野外采集的 EH4 数据导入电脑中，利用 EH4 自带的 IMAGEM 程序对数据质量进

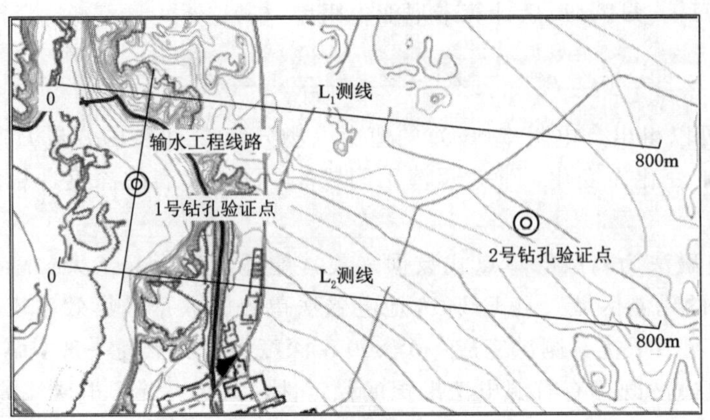

图 1　探测区场地测线布置示意图

行检查，剔除掉存在干扰或其他问题的叠加数据。再重新通过反演程序反演得到测试电阻率成果，利用操作手册提供的方法和经验来判断反演结果是否存在近场效应或磁暴等干扰，如果存在以上问题，则采集到的数据不可用，需要重新采集；如不存在以上问题，则采集数据可用。

采用 EH4 系统自带的 Born 近似反演来计算阻抗张量及电阻率。通过 Bostick 变换得到相应的深度。利用绘图软件对反演电阻率数据进行滤波、修正，并利用有限差分法将反演的电阻率值和深度数据绘制成 EH4 电阻率断面图。

3.3　采空区探测资料解释依据

探测区地下地层岩性主要为泥岩、砂岩，EH4 大地电磁技术的探测依据为采空区与围岩之间存在可分辨的电阻率差异，而后根据采集到的数据解译出采空区的分布。

通过分析采空区的内部结构，结合以往经验总结，采空区与围岩的电阻率变化基本上分为两种类型：①高电阻率异常，即采空区无充水，也未充填泥质等相对于围岩电阻率更低的物质（或者仅在采空区底部充水、充填泥质），则在未充填区域，其视电阻率将明显增大，在视电阻率断面图中会出现大面积高电阻率区。②低电阻率异常，即采空区内充水或充填泥质等相对于围岩电阻率更低的物质，则在充填区域，其视电阻率将明显增大，在视电阻率断面图中会出现大面积低电阻率区。

本次探测的成果表现为第①种形式，采空区表现为高电阻率异常，即采空区无充水，也未充填相对于围岩电阻率更低的物质（或者仅在采空区底部充水、充填泥质），其视电阻率将明显增大，在视电阻率断面图中会出现大面积高电阻率区。

3.4　成果解译及验证

L_1、L_2 测线 EH4 测深视电阻率二维反演断面见图 2、图 3。通过对比图 2、图 3 发现，两幅图的视电阻率变化范围相当，均为 20～200Ω·m，且高阻区都位于大桩号底部，L_1 断面的高阻区较 L_2 断面范围更大。L_1 断面的高阻区分布范围为水平方向约 450～800m，深度约 300～700m；L_2 断面的高阻区分布范围为水平方向约 540～800m，深度约

350～700m，两断面高阻区视电阻率均达到 100Ω·m 以上，明显高于背景值，推测该高阻异常区由采空区引起，采空区未充水及泥质等导电性好的介质。L_1 断面水平距离约 500m 处，L_2 断面水平距离约 400m 处，均有从地表延伸至底部的竖条状高阻条带，此为地表高压线的电磁干扰所引起。

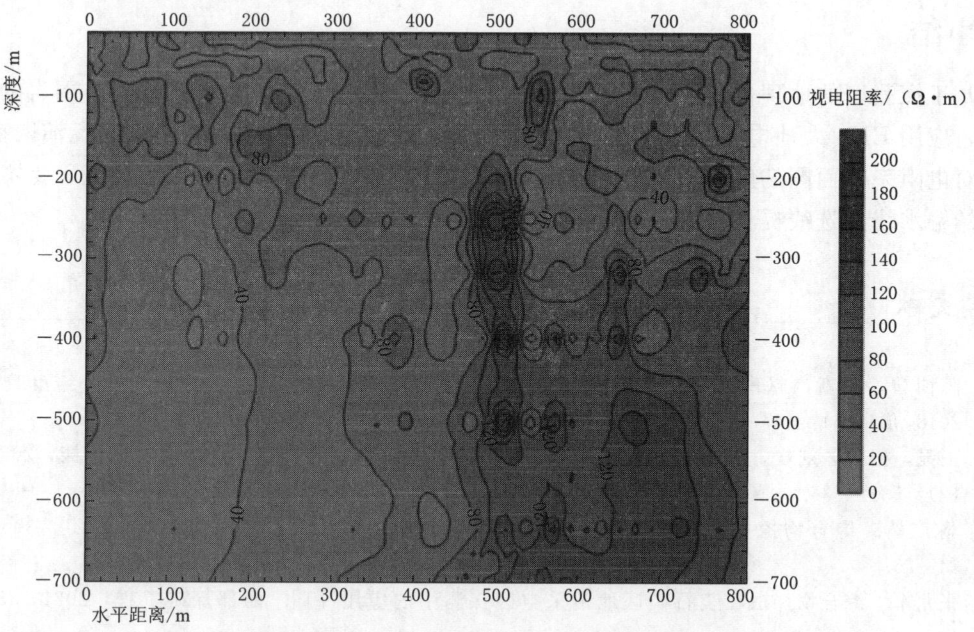

图 2　L_1 测线 EH4 测深视电阻率二维反演断面图

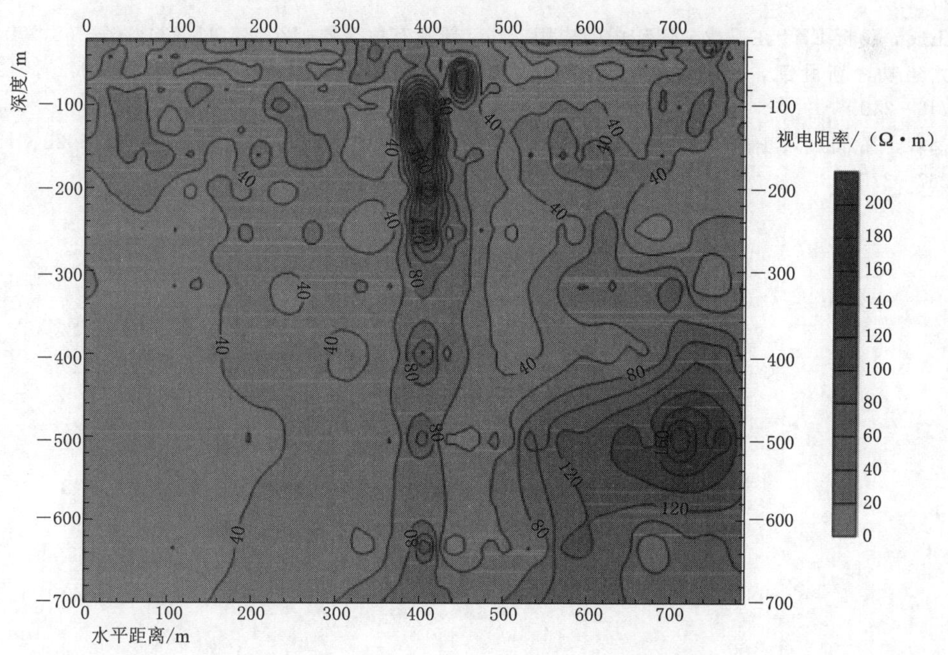

图 3　L_2 测线 EH4 测视深电阻率二维反演断面图

结合本次 EH4 大地电磁法探测成果，在两条测线中间位置大约 100m 和 600m 处进行了钻探勘探，钻探结果验证了 EH4 探测的结论。基于以上探测成果，结合区域地下采空区开采历史调查资料，并综合考虑居民区、公路、河流等因素，最终将输水工程管线位置布设在测线水平距离 100m 处，以确保输水管线的安全。

4 小结

基于探测区的地理位置、面积、地形、地貌及障碍物条件，根据采空区与围岩的电性差异，应用 EH4 大地电磁法对其进行探测，取得了较高分辨率的电阻率二维反演断面图；经过对电阻率断面图的解译，确定了采空区的位置和深度，并进行了钻探验证，为穿越采空区的输水线路选线提供重要依据。

参考文献

[1] 陈博智，冯新，赵琳，等. 地基不均匀沉降下大型 PCCP 力学响应机理分析 [J]. 市政技术，2018，36 (6)：147－151，229.

[2] 王强，田野，刘欢，等. 综合物探方法在煤矿采空区探测中的应用 [J]. 物探与化探，2022，46 (2)：531－536.

[3] 陈广涛. 综合物探在淮北覆盖区煤田采空区勘查中的应用 [J]. 现代矿业，2021，37 (11)：24－29.

[4] 张龙军. 综合物探法在莹石矿区地下采空区探测中的应用 [J]. 西部探矿工程，2021，33 (7)：107－111.

[5] 张洋洋，张峰. EH4 大地电磁探测技术在采空区探测中的应用 [J]. 矿山测量，2021，49 (1)：17－19.

[6] 王成. 浅析 EH4 在寻找金属矿中的应用 [J]. 新疆有色金属，2018，41 (3)：67－68，70.

[7] 尤建功，靳胜凯，田野，等. 辽阳市城市地质工作思考 [J]. 城市地质，2020，15 (3)：246－249.

[8] 郝森，霍润斌，王末，等. 辽阳城市地质灾害问题及防治 [J]. 城市地质，2020，15 (3)：267－275.

抽水蓄能电站沥青混凝土面板堆石坝的应力变形特点

张幸幸　宋建正　邓　刚　温彦锋

（中国水利水电科学研究院）

摘　要： 西龙池抽水蓄能下水库大坝、天荒坪抽水蓄能电站上水库大坝、垣曲抽水蓄能电站上水库大坝均为抽水蓄能电站水库的挡水建筑物，坝轴线形态均存在弧线段，均利用了部分软弱坝料，运行中面临长期的水位大幅升降。本文基于三维有限元数值模拟，对抽水蓄能电站沥青混凝土面板堆石坝的应力变形特点进行了总结，探讨了面板反弧段、坝轴线转弯段、水位反复变动和库底回填料湿化对坝体及面板应力变形的影响。

关键词： 抽水蓄能电站　沥青混凝土面板堆石坝　有限元模拟　流变　软岩

1　引言

沥青混凝土面板堆石坝因其优越的防渗性能和变形适应能力在抽水蓄能电站中得到了广泛应用，如宝瓶抽水蓄能电站上水库、呼和浩特抽水蓄能电站上水库、西龙池抽水蓄能电站下水库、天荒坪抽水蓄能电站上水库、垣曲抽水蓄能电站上水库等工程均采用了沥青混凝土面板堆石坝坝型。这些水库多采用了全库盆沥青混凝土面板防渗的防渗形式，因此大坝面板与库盆面板往往采用弧线连接（见图 1）；同时为适应地形，大坝轴线往往也存在弧线段，垣曲抽水蓄能电站上水库坝轴线存在多个弧线段（见图 2）。

无论是上水库还是下水库，抽水蓄能电站水库大坝大都面临库水位反复大幅升降的特殊工况，西龙池抽水蓄能电站下水库 2008—2012 年的水位过程（见图 3），在年际、季节性变化的同时，叠加有频繁的水位升降，水位波动幅值也达到 20～30m。水位频繁波动，会给大坝变形造成一定的不利影响，后文会对这一影响做详细的分析。

部分利用软弱坝料也是抽水蓄能水库大坝中常出现的情况，如西龙池抽水蓄能电站下水库大坝坝体利用了部分 Q_4 覆盖层、天荒坪抽水蓄能电站上水库大坝下游堆石区采用风化土料和堆石料互层填筑、垣曲抽水蓄能电站上水库大坝下游堆石区和库底回填使用了部分软岩料。这些相对软弱的坝料也会给坝体和沥青混凝土面板的应力变形带来一定的影响。

由于抽水蓄能电站水库沥青混凝土面板堆石坝在几何形态、荷载和坝料上的上述特点，使得其应力变形呈现出一些有别于常规面板堆石坝的特殊性，本文将结合有限元分析做详细的探讨。

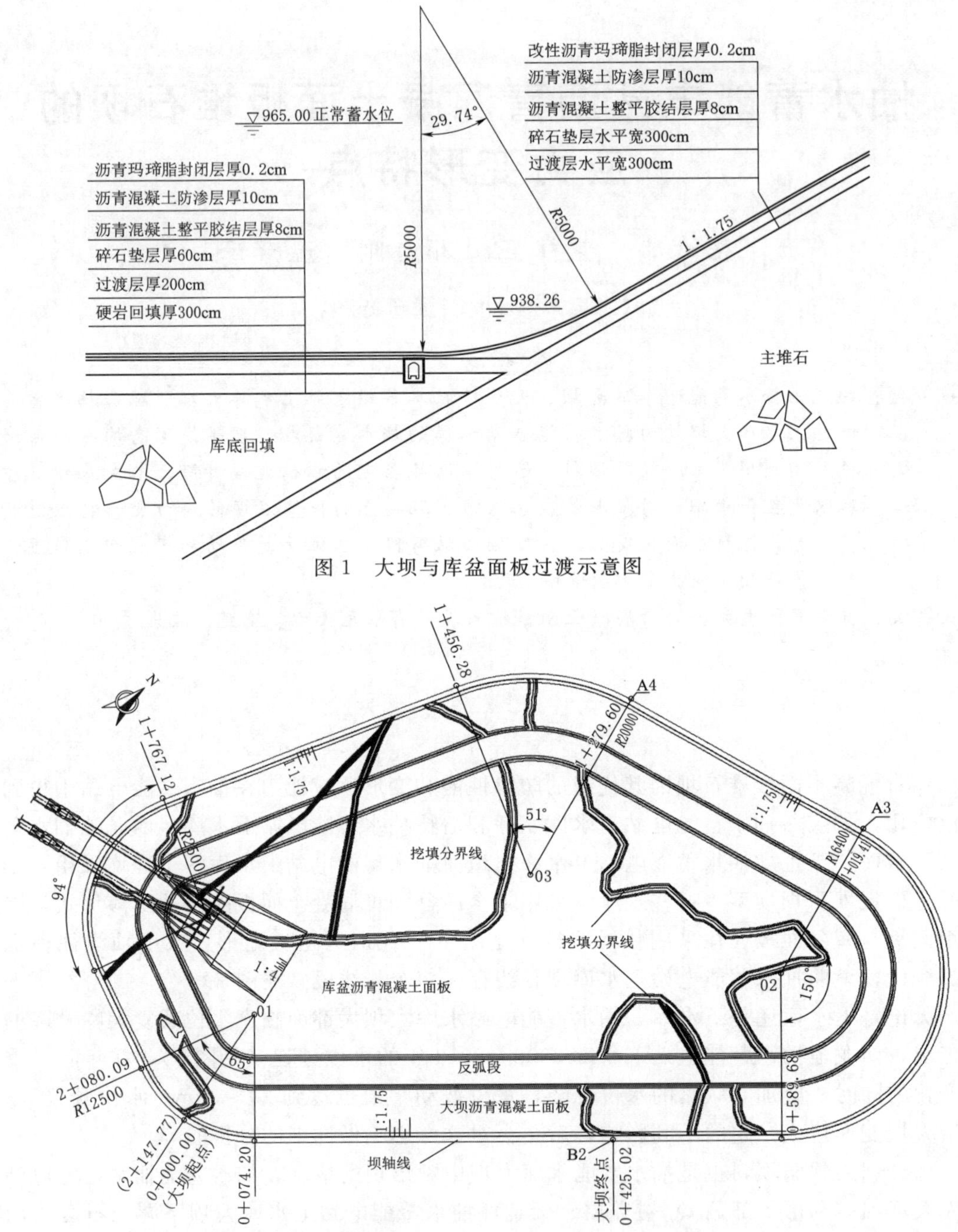

图1　大坝与库盆面板过渡示意图

图2　垣曲抽水蓄能电站上水库的平面布置示意图

2　沥青混凝土面板堆石坝应力变形的有限元模拟

2.1　三维有限元模型

由于抽水蓄能电站沥青混凝土面板堆石坝多有弧线形的坝轴线，因此不宜采用二维有

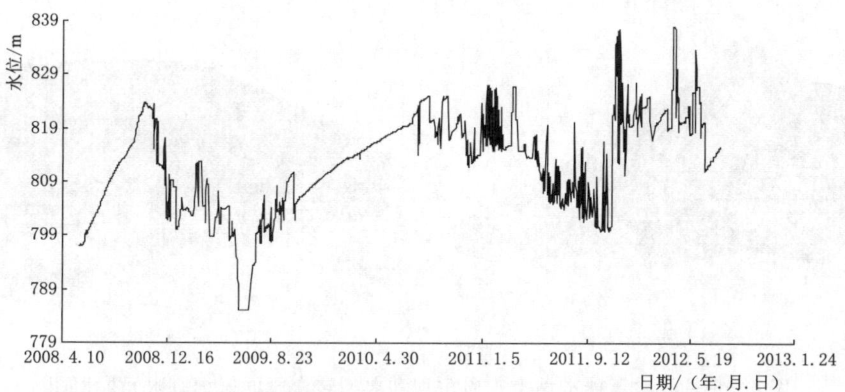

图 3　西龙池抽水蓄能电站下水库 2008—2012 年的水位过程图

限元分析评价应力变形，宜采用三维有限元分析。三维有限元模型的建模范围，一般根据地形特点来选取，有时可选取多个代表性坝段。天荒坪抽水蓄能电站上水库主坝的三维有限元模型见图 4，西龙池抽水蓄能电站下水库主坝的三维有限元模型见图 5，垣曲抽水蓄能电站上水库主坝和典型转弯段的三维有限元模型见图 6。

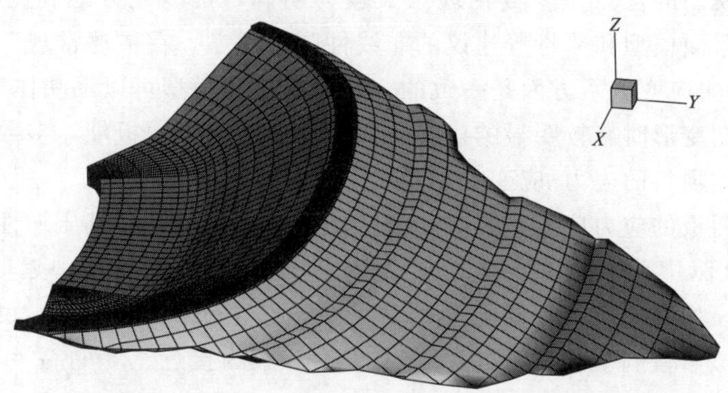

图 4　天荒坪抽水蓄能电站上水库主坝的三维有限元模型图

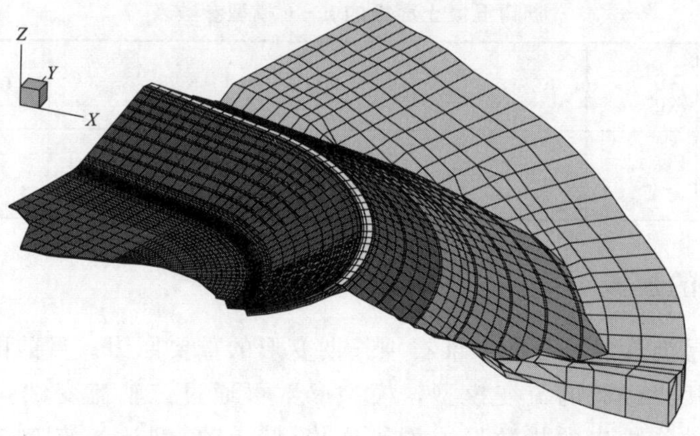

图 5　西龙池抽水蓄能电站下水库主坝的三维有限元模型图

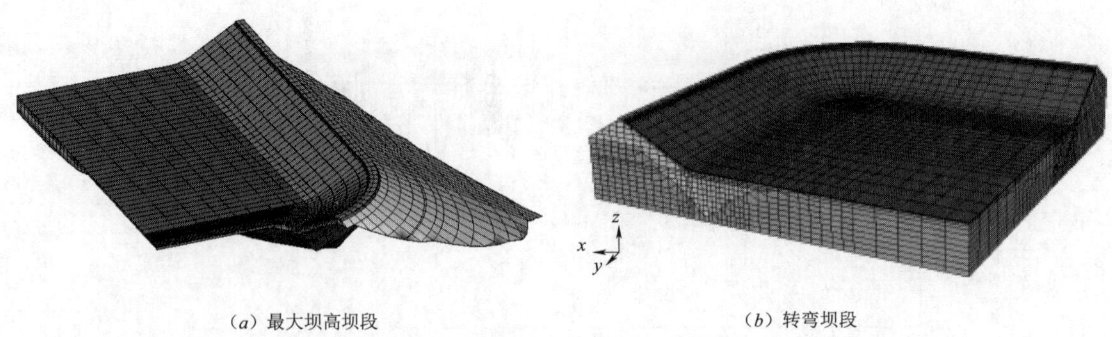

(a) 最大坝高坝段　　(b) 转弯坝段

图 6　垣曲抽水蓄能电站上水库主坝和典型转弯段的三维有限元模型图

2.2　描述瞬时变形的有限元模型

根据土石坝工程应力变形分析的经验，描述筑坝岩土材料（堆石料、砂砾石料、土料）的应力应变关系可选用 E-B 或 E-ν 形式的非线性弹性模型，或沈珠江双屈服面弹塑性模型，这些模型的优点是参数物理意义较为明确，可以充分地利用常规三轴试验成果。沈珠江双屈服面模型和邓肯等建议的非线性弹性模型，在描述常规三轴试验应力状态下的偏差应力-轴向应变关系方面是一致的，但双屈服面模型可以反映体积加-卸载，在计算心墙坝的蓄水期变形时有较明显的优势。对于沥青混凝土面板坝，多数情况下，采用非线性弹性模型描述坝料的应力-应变关系是可以满足需要的。

沥青混凝土面板的应力应变关系较为复杂，较为突出的是，其压缩性很低，泊松比接近 0.5，在一些文献中采用黏弹性模型进行模拟。作者在一些工程中近似的采用 E-ν 形式的非线性弹性模型来模拟沥青混凝土，模型参数通过三轴试验测定，也能收到较好的效果。一组典型模拟参数列于表 1，采用 E-ν 模型和较为接近 0.5 的 G 可以较好反映沥青混凝土的泊松比。

表 1　　沥青混凝土面板的 E-ν 模型参数表

工程名称	密度 /(g/cm³)	R_f	C /kPa	φ /(°)	K	K_{ur}	n	G	F	D
垣曲抽水蓄能电站上水库	2.377	0.6	329.8	31.4	650	1300	0.2	0.488	0.03	0.56

2.3　流变变形的模拟

坝料的流变是沥青混凝土面板堆石坝长期变形的重要原因。目前国内在土石坝变形分析中，主要采用半经验的流变模型，模型参数可通过三轴流变试验测得。应用较多的流变模型是沈珠江提出的指数形式的流变模型，该模型认为流变变形存在上限，表达形式为

$$\varepsilon^{creep}=\varepsilon^{ult}[1-\exp(-\alpha t)] \tag{1}$$

式中：ε^{creep} 为流变应变；ε^{ult} 为最终应变；t 为时间；α 为控制流变速率的参数。

指数形式的流变模型有多种具体表达形式，其中流变应变与时间的关系均为式（1）的形式，主要区别在于剪应变或体应变与围压、应力比关系的不同。

但从很多堆石坝的实际沉降变形观测来看，大多数堆石坝的沉降与时间的关系满足对数关系，因此作者提出采用对数形式的流变模型来描述堆石坝的长期变形更符合大多数堆石坝的实际情况，其流变应变与时间的关系可表示为

$$\varepsilon^{creep}=\varepsilon^{10}(\lg t-\lg t_0) \tag{2}$$

式中：t_0 为流变变形的起算时间；ε^{10} 为时间每延长 10 倍时流变应变的增加值。

应用对数型流变模型时，必须指定流变变形的起算时间。

2.4 湿化变形的模拟

沥青混凝土面板的防渗性能较好，通常情况下不用考虑坝料的湿化变形。但一些工程采用人工坝料进行了库底回填，在设计阶段为了评估面板渗漏情况下回填料湿化对面板变形的影响，需要在数值模拟中考虑湿化变形。与心墙坝计算湿化不同，模拟沥青混凝土面板坝的湿化变形时，需要人为指定湿化变形发生的时刻和范围。

3 沥青混凝土面板反弧段和转弯段的变形

沥青混凝土面板的反弧段往往不是面板挠度最大的位置，但由于反弧的影响，这一位置顺坡向和坝轴向拉应变均较大。转弯段的影响，与反弧段类似。因此面板的最大拉应变往往出现在转弯段面板的反弧段。西龙池抽水蓄能电站下水库大坝面板挠度和应变的分布分别见图 7、图 8。从图 7、图 8 中可以看到，弧线段面板的反弯段顺坡向、坝轴向拉应变均较大。如若转弯段面板下部的坝体不对称，面板拉应变最大的区域也可出现在弯曲段与直线段的衔接处，垣曲上水库大坝转弯段面板的最大沉降分布和小主应变（负值为主拉应变）分布分别见图 9 和图 10，由于转弯段右侧的坝体较高、沉降较大，因此右侧转弯段与直线段衔接处反弧段的面板拉应变也较大。

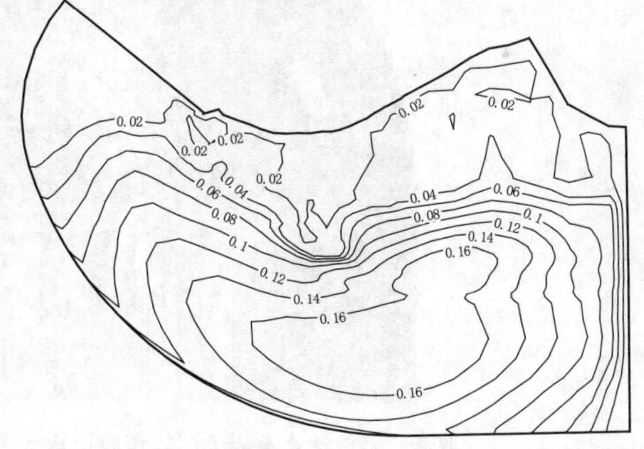

图 7 西龙池抽水蓄能电站下水库大坝面板的挠度分布图（单位：m）

4 抽水蓄能电站沥青混凝土面板堆石坝的长期变形

有关观测资料显示，库水位的反复升降变化，对土石坝的长期变形有着重要影响。例如：小浪底斜心墙堆石坝在每次库水位大幅升降的过程中，坝体沉降均发生显著的、不可

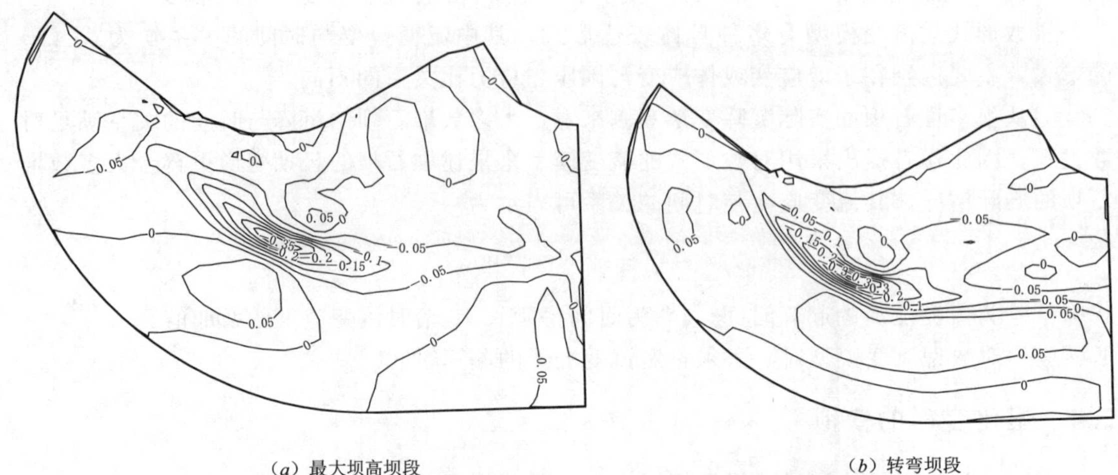

（a）最大坝高坝段　　（b）转弯坝段

图 8　西龙池抽水蓄能电站下水库大坝面板的应变分布图（%）

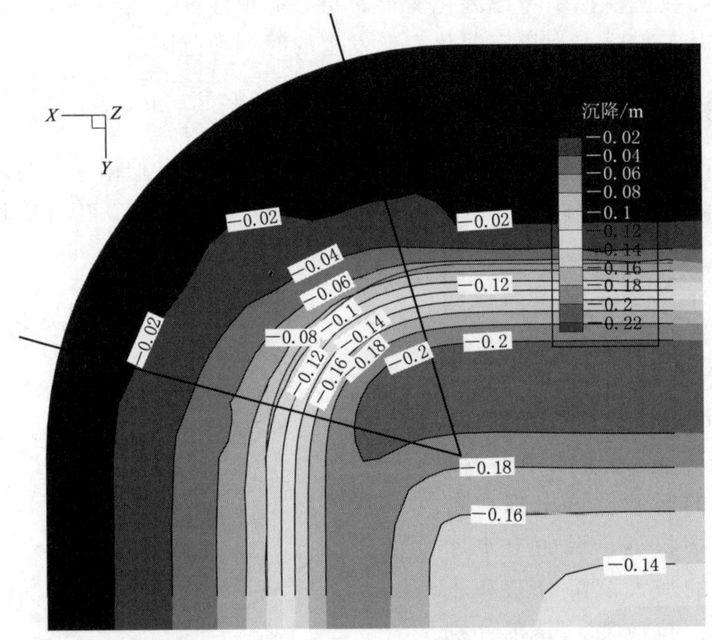

图 9　垣曲抽水蓄能上库转弯段面板的最大沉降分布图（单位：m）

逆的增加。库水位反复涨落对土石坝变形的作用，主要体现在两个方面：一是筑坝材料的反复浸水-干燥过程导致的干湿循环作用；二是库水荷载变化引起坝体内应力的循环变化。干湿循环主要发生在心墙坝水位变动区的上游坝壳内；库水位升降引起的循环应力则发生在各种土石坝在水位变动区及水位以下的上游和下游坝壳中。垣曲抽水蓄能电站上水库大坝典型单元的应力路径见图 11。从图 11 中可以看到，不同位置的堆石体，在水库运行期，由库水位升降循环引起的循环应力是不同的：库盆填方体主要表现为等应力比的球应力循环；水位变动区的上、下游坝壳则接近等 q 的球应力循环，其中上游坝壳循环应力的幅值较大，下游坝壳循环应力的幅值则非常小。

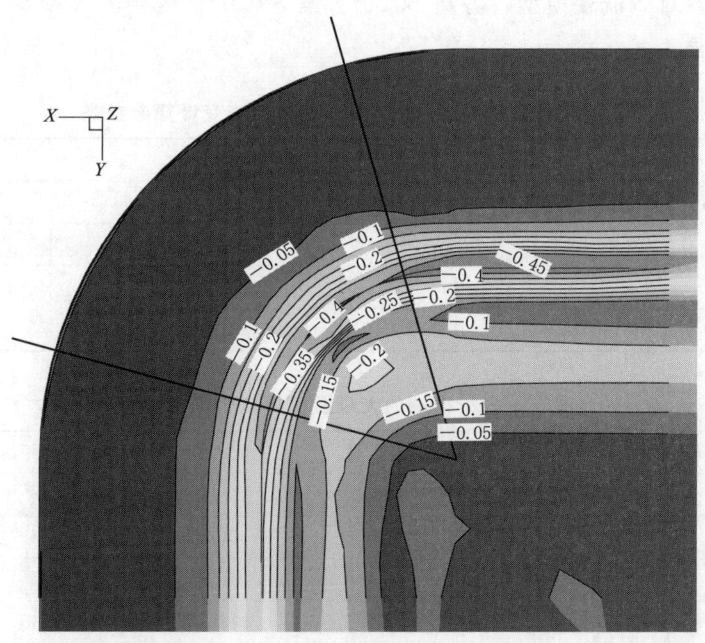

图 10　垣曲抽水蓄能上库转弯段面板的小主应变分布图（%）

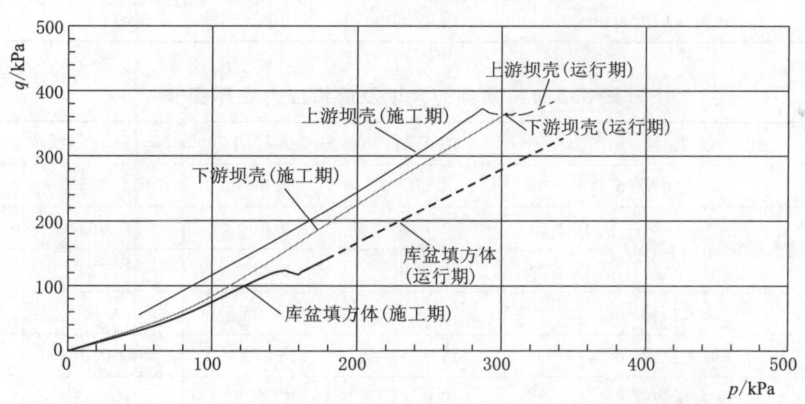

图 11　垣曲抽水蓄能电站上水库大坝典型单元的应力路径图

目前对于准静力循环荷载引起的坝料变形问题，尚没有成熟的本构模型可供应用。作者在分析垣曲抽水蓄能电站上水库大坝的长期变形时，提出了一种近似的分析方法：选取岩性和运行条件类似的抽水蓄能电站大坝（西龙池抽水蓄能电站下水库大坝、天荒坪抽水蓄能电站上水库大坝），对其长期变形进行参数反演，认为这种条件下反演分析得到的参数，实际上涵盖了循环荷载引起的不可逆变形。根据类比工程反演得到的流变参数，作为分析垣曲抽水蓄能电站上水库大坝长期变形的计算参数，认为这组参数考虑了库水升降循环的影响。作为对比，对以室内试验测得的坝料流变参数也做长期变形的预测，认为这一参数仅包含坝料流变的影响。垣曲抽水蓄能电站上水库大坝坝料的流变计算参数见表 2，流变模型为三参数对数流变模型，方案 S01、方案 S02 分析得到的大坝及面板应力变形极值分别见表 3 和表 4。

表 2　垣曲抽水蓄能电站上水库大坝坝料的流变计算参数表

<table>
<tr><th>分析方案</th><th>材　料</th><th>c_1</th><th>c_2</th><th>c_3</th><th>备　注</th></tr>
<tr><td rowspan="2">S01</td><td>主堆石料</td><td>0.0008</td><td>0.01</td><td>1</td><td rowspan="2">根据类比工程反演确定</td></tr>
<tr><td>次堆石料/库底回填料</td><td>0.001</td><td>0.015</td><td>1</td></tr>
<tr><td rowspan="2">S02</td><td>主堆石料</td><td>0.0003</td><td>0.0019</td><td>1.0437</td><td rowspan="2">室内试验测得</td></tr>
<tr><td>次堆石料/库底回填料</td><td>0.00047</td><td>0.00061</td><td>0.5514</td></tr>
</table>

表 3　方案 S01 分析得到的大坝及面板应力变形极值

<table>
<tr><th>部　位</th><th colspan="2">方案编号</th><th>竣工期</th><th>满蓄期</th><th>运行 10 年后</th><th>运行 50 年后</th></tr>
<tr><td rowspan="3">坝体及坝基</td><td colspan="2">最大沉降/m</td><td>1.013</td><td>1.068</td><td>1.214</td><td>1.370</td></tr>
<tr><td rowspan="2">最大顺河向位移/m</td><td>向上游</td><td>0.093</td><td>0.068</td><td>0.075</td><td>0.083</td></tr>
<tr><td>向下游</td><td>0.430</td><td>0.487</td><td>0.555</td><td>0.643</td></tr>
<tr><td>坝顶</td><td colspan="2">最大沉降/m</td><td>—</td><td>约 0.12</td><td>约 0.35</td><td>约 0.58</td></tr>
<tr><td rowspan="3">面板</td><td colspan="2">面板最大沉降/m</td><td>约 0.07</td><td>约 0.25</td><td>约 0.4</td><td>约 0.6</td></tr>
<tr><td colspan="2">最大压应变/%</td><td>约 0.07</td><td>约 0.15</td><td>约 0.2</td><td>约 0.3</td></tr>
<tr><td colspan="2">最大拉应变/%</td><td>约 0.06</td><td>约 0.15</td><td>约 0.2</td><td>约 0.3</td></tr>
</table>

表 4　方案 S02 分析得到的大坝及面板应力变形极值

<table>
<tr><th>部　位</th><th colspan="2">方案编号</th><th>竣工期</th><th>满蓄期</th><th>运行 10 年后</th><th>运行 50 年后</th></tr>
<tr><td rowspan="3">坝体及坝基</td><td colspan="2">最大沉降/m</td><td>0.907</td><td>0.926</td><td>1.035</td><td>1.109</td></tr>
<tr><td rowspan="2">最大顺河向位移/m</td><td>向上游</td><td>0.049</td><td>0.050</td><td>0.064</td><td>0.064</td></tr>
<tr><td>向下游</td><td>0.450</td><td>0.483</td><td>0.724</td><td>0.724</td></tr>
<tr><td>坝顶</td><td colspan="2">最大沉降/m</td><td>—</td><td>0.05</td><td>0.16</td><td>0.26</td></tr>
<tr><td rowspan="3">面板</td><td colspan="2">最大沉降/m</td><td>约 0.04</td><td>约 0.23</td><td>约 0.30</td><td>约 0.34</td></tr>
<tr><td colspan="2">最大压应变/%</td><td>约 0.11</td><td>约 0.2</td><td>约 0.2</td><td>约 0.25</td></tr>
<tr><td colspan="2">最大拉应变/%</td><td>约 0.12</td><td>约 0.2</td><td>约 0.2</td><td>约 0.25</td></tr>
</table>

从表 3 和表 4 中可以看到，若按第一种考虑库水循环荷载影响的方案分析，水库运行 10 年、50 年坝顶沉降分别比初次蓄水期增长了 0.23m 和 0.46m；而不考虑库水循环作用情况下，水库运行 10 年、50 年坝顶沉降仅分别比初次蓄水期增长了 0.11m 和 0.21m。可见库水升降循环作用，对坝体的变形有显著的影响。从面板的应变情况来看，水库运行 10 年时两方案分析得到的面板应变极值差异不明显，但到水库运行 50 年时，考虑库水循环的方案分析得到的面板拉应变极值要比不考虑库水循环的方案大 20%。可见库水循环荷载对面板应变也存在一定不利影响。

5 库底回填区湿化变形的影响

垣曲抽水蓄能电站上水库库底采用了软硬岩互层料进行了库底回填，在库盆渗漏的情况下，回填料可能会发生湿化变形。为了分析回填料湿化变形对面板的影响，进行了三维有限元模拟，其库底回填料的湿化变形参数见表 5。湿化变形前后，面板沉降的增量和小主应变的增量分别见图 12、图 13。值得注意的是，面板拉应变增量的最大值，并非出现在面板沉降增量最大的位置，而是在临近区域面板的反弧段。

表 5 垣曲抽水蓄能电站上水库库底回填料的湿化变形参数表

材　料	c_w	b_w	n_w
软、硬岩互层混合料	0.001	0.0017	0

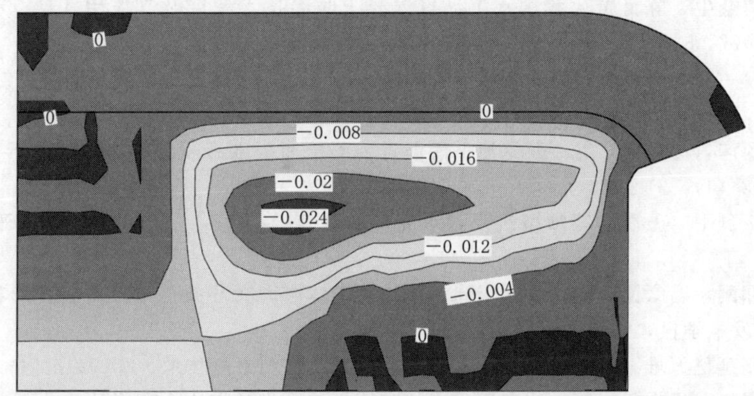

图 12 垣曲抽水蓄能上水库库底回填料湿化引起的面板沉降分布图（单位：m）

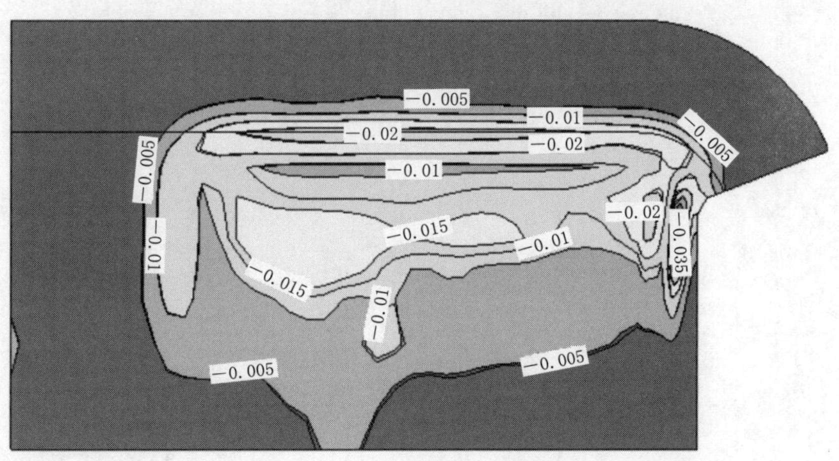

图 13 垣曲抽水蓄能上水库库底回填料湿化引起的面板小主应变增量图（%）

6 结论和建议

由于几何形态和运行条件的特点，抽水蓄能电站中的沥青混凝土面板堆石坝的应力变形，呈现出与常规面板坝不同的一些特点，值得注意：

(1) 反弧段和转弯段对沥青混凝土面板的变形存在不利影响，坝拉应变最大位置往往出现在转弯段的反弧段，也可出现在转弯段与直线段衔接处的反弧段。

(2) 库水反复升降循环对坝体的长期变形存在显著的影响，考虑库水升降循环情况下坝体的长期变形量值显著高于仅考虑坝料流变的情况。

(3) 库底回填料的湿化变形可导致面板拉应变的增大，拉应变增量的最大值往往不是出现在面板增量最大的区域，而是出现在临近区域的面板反弧段。

参考文献

[1] 杨顺群，郭莉莉，卢玲，等．宝泉抽水蓄能电站上水库沥青混凝土面板堆石坝应力变形分析 [J]．河南水利与南水北调，2007，133 (8)：41-42.

[2] 杜振坤，贾金生，陈肖蕾．我国水工沥青混凝土防渗技术发展及其应用 [J]．水力发电，2004 (11)：75-77，83.

[3] 夏世法，鲁一晖，郝巨涛，等．呼和浩特抽水蓄能电站上水库沥青混凝土面板关键技术问题 [J]．中国三峡，2013，200 (12)：21-25.

[4] 刘芳，张丙印，沈珠江，等．西龙池下库沥青混凝土面板堆石坝的应力变形分析 [J]．水力发电学报，2003 (4)：31-38.

[5] 沈珠江，王剑平．土质心墙坝填筑及蓄水变形的数值模拟 [J]．水利水运科学研究，1988 (4)：47-64.

[6] 张延亿，邓刚，温彦锋，徐泽平，于沭，赵致艺．球应力循环条件下堆石料变形特性的试验研究 [J]．水力发电学报，2018，37 (3)：106-112.

[7] 温彦锋，张延亿．堆石料的长期变形特性研究 [J]．水利水电技术，2019，50 (8)：84-95.

[8] 邓刚，徐泽平，吕生玺，等．狭窄河谷中的高面板堆石坝长期应力变形计算分析 [J]．水利学报，2008，381 (6)：639-646.

坝工设计篇

混凝土面板堆石坝在靖宇抽水蓄能电站上水库的技术应用

赵鹏强[1]　姜　军[2]

（1. 水利部水利水电规划设计总院　2. 中水东北勘测设计研究有限责任公司）

摘　要：本文简要介绍靖宇抽水蓄能电站的基本情况、上水库工程地质条件及上水库布置情况等相关内容，重点研究了混凝土面板堆石坝在局部垂直防渗库盆中的技术应用，可供类似工程参考借鉴。

关键词：靖宇抽水蓄能电站　上水库　混凝土面板堆石坝　局部垂直防渗

1　工程概况

靖宇抽水蓄能电站位于吉林省白山市靖宇县境内，距长春市直线距离 184km，距白山市直线距离 80km，距靖宇县直线距离 18km。

靖宇抽水蓄能电站站址区属松花江流域，上水库位于那尔轰河右侧最高峰五斤顶子东北侧新开河谷源头，集水面积为 1.88km^2，正常蓄水位 886.00m，死水位 846.00m，调节库容 1436 万 m^3；下水库位于那尔轰河景山镇三脚窝石村下游 1.3km，流域面积为 234.4km^2，正常蓄水位 513.00m，死水位 500.50m，调节库容 1815 万 m^3。电站装机容量 1800MW，单机容量 300MW，连续满发小时数 6h，年平均发电量 21.38 亿 kW・h，年平均抽水电量 28.51 亿 kW・h，综合效率 75.0%。电站建成后在系统中主要承担系统调峰、填谷、储能、调频、调相及紧急事故备用等任务。

上水库采用局部防渗，坝型为混凝土面板堆石坝，坝轴线处最大坝高 105m，坝顶长 894m。输水发电系统采用三洞六机布置，输水隧洞长约 3398m，距高比为 8.9，尾水系统设阻抗式调压室；厂房采用首部布置地下厂房；下水库大坝采用沥青混凝土心墙堆石坝，最大坝高 35m，坝顶长 476m。

2　上水库地质条件

上水库库周封闭条件较好，三面均为分水岭，左岸分水岭宽度 130m，山顶高程 906.00～930.00m；右岸分水岭最小宽度约 120m，山顶高程 890.00～982.00m，南侧分水岭宽度大于 2000m，山顶高程 1250.00m。地下水位埋深 5～35m，左岸分水岭地下水位最低点高程 886.00m，与正常蓄水位持平；右岸分水岭地下水位最低点高程 891.00m，高于正常蓄水位约5m。

库区植被茂密，基岩露头少，岩性较少，库内基岩主要为太古界鞍山群杨家店组下部的花岗片麻岩、角砾岩和闪长岩，岩质坚硬，岩体较完整。全风化带厚度一般0.5～2m，局部达5m，强风化带厚度一般1～8m，弱风化带厚度约40m。覆盖层主要为坡残积的碎石混合土、崩坡积混合土块石，在山坡处厚度一般2～4m，在沟谷厚度一般5～15m。

上水库三面环山，汇水面积1.88km^2，地表见常年流水，水量丰沛，为新开河源头。地下水位总体上随地势而变化，埋深一般5～35m，无大规模渗透通道通向库外，弱～微风化岩体多属弱～微透水特性，库底、库周均不存在渗漏问题，两岸坝肩防渗范围至地下水位与正常蓄水位交接处。

3　上水库防渗方案拟定

上水库山体雄厚、岩体完整，属弱透水性岩体，地质条件较好。经地下水位观测，地下水位均高于正常蓄水位，不存在库水外渗问题。因此，上水库不需要采用全库盆防渗，拟定采用局部垂直防渗方案。

根据已建工程经验，堆石坝对地基要求不高，具有施工速度较快、可充分利用开挖料上坝的特点，故选择当地材料坝坝型可较好满足本工程要求以及工程地质条件。参考国内外已建工程经验，较成熟的当地材料坝有黏土心墙堆石坝、沥青混凝土心墙堆石坝和混凝土面板堆石坝。因库区缺乏防渗黏土料，故不考虑黏土心墙堆石坝坝型，拟定混凝土面板堆石坝和沥青混凝土心墙堆石坝两个方案进行比选。

3.1　混凝土面板堆石坝方案

混凝土面板堆石坝坝顶高程890.30m，坝顶宽10m，坝轴线位置最大坝高105m（趾板位置最大坝高91m），坝顶长894m。大坝上游坡比1∶1.4，下游坡比1∶1.5，下游坡自坝顶向下在高程870.30m、850.30m设一宽3m的马道，大坝下游坡采用干砌石护坡，厚度为0.4m。大坝下游设堆渣压坡体，堆渣压坡体顶高程845.00m，堆渣压坡体底部设厚5m水平排水层。混凝土面板堆石坝筑坝材料分区从上游到下游分别为：厚0.4～0.8m钢筋混凝土面板防渗体、特殊垫层区、水平宽3m垫层料、水平宽3m过渡料、主堆石区、下游堆石区、厚5m水平排水层、厚0.4m干砌石护坡、水平宽3m过渡料、坝后压坡体。大坝采用上水库库盆开挖的石料填筑。

混凝土面板堆石坝坝体典型剖面见图1。

3.2　沥青混凝土心墙堆石坝

沥青混凝土心墙堆石坝坝顶高程890.30m，坝顶宽10m，最大坝高110m，坝顶长894m。坝体上游坝坡1∶2，下游坝坡1∶1.8，下游坡面在高程870.30m、850.30m设置一条宽3m马道，大坝下游坡采用干砌石护坡，厚度为0.4m。大坝下游设堆渣压坡体，堆渣压坡体顶高程845.00m，堆渣压坡体底部设厚5m水平排水层。沥青混凝土心墙堆石坝筑坝材料分区从上游到下游分别为：水平宽3m大块石护坡、上游堆石区、厚2m过渡层Ⅱ区、厚2m过渡层Ⅰ区、厚0.5m沥青混凝土心墙、厚2m过渡层Ⅰ区、厚2m过渡

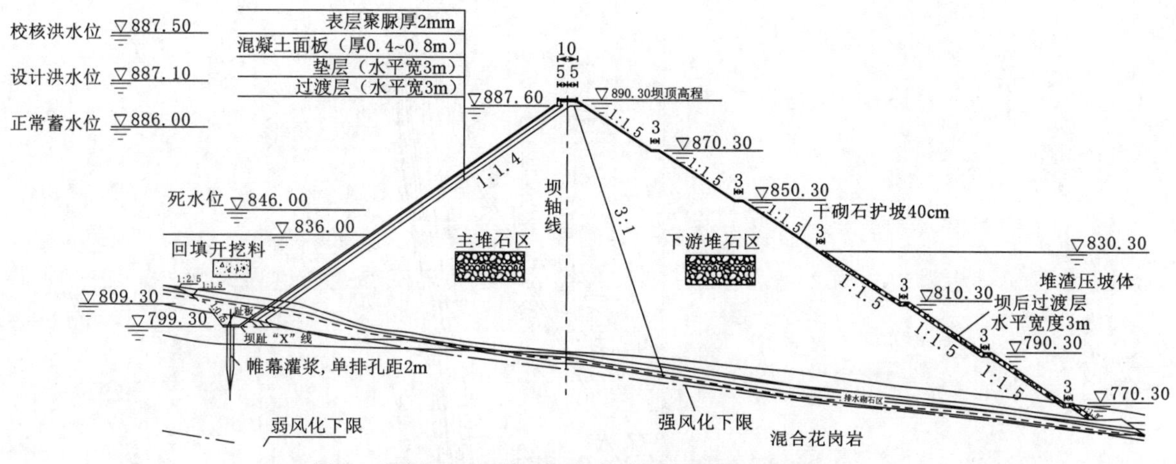

图 1　混凝土面板堆石坝坝体典型剖面图（单位：m）

层Ⅱ区、下游堆石区、厚 5m 排水层、厚 0.3m 碎石垫层、厚 0.4m 干砌石护坡、水平宽 3m 过渡层、堆渣压坡体。沥青心墙采用垂直布置型式，上下同厚型，心墙厚度 90cm，心墙上、下游两侧各设两层过渡层，过渡层厚度 3m，心墙通过混凝土基座与岩基、防渗帷幕、岸坡相连接。沥青混凝土心墙堆石坝坝体典型剖面见图 2。

4　上水库防渗方案比选

4.1　工程地质条件比较

混凝土面板堆石坝趾板要求建基在弱风化，趾板下游 0.5 倍坝高范围建基为弱风化，其余坝体建基为强风化；沥青混凝土心墙堆石坝在强风化基础上建基。坝址区地形地质条件较好，两种坝型方案区别不大，无制约因素。从地形地质条件方面分析，两方案相当。

4.2　大坝布置比较

两方案大坝布置格局相同，沥青混凝土心墙堆石坝上游坝坡较缓，坝体填筑工程量大，并侵占了上水库的有效库容，需要通过开挖以满足有效库容需求；抽水蓄能电站的库水位升降频繁，坝体上游坡长期处于水位变化区，水位最大变幅达到 40m，对沥青混凝土心墙堆石坝上游坝坡防护及上游坝壳料的排水性能具有较高的要求。从大坝布置方面分析，混凝土面板堆石坝方案较优。

4.3　挖填平衡比较

上水库大坝坝高较高、坝长较长，且沥青混凝土心墙堆石坝上、下游坝坡较缓。因此相比混凝土面板堆石坝方案，沥青混凝土心墙堆石坝大坝填筑量、侵占库容均较大。混凝土面板堆石坝方案天然调节库容 835 万 m^3，需要扩挖库容 601 万 m^3，大坝填筑量 745 万 m^3，大坝开挖量 1024 万 m^3；沥青混凝土心墙堆石坝方案天然调节库容 761 万 m^3，需要扩挖库容 671 万 m^3，大坝填筑量 970 万 m^3，大坝开挖量 1230 万 m^3。从挖填平衡方面分析，沥青混凝土心墙堆石坝方案天然调节库容较小，需要扩挖库容、大坝填筑量、开挖量均较大。从挖填平衡方面分析，混凝土面板堆石坝方案较优。

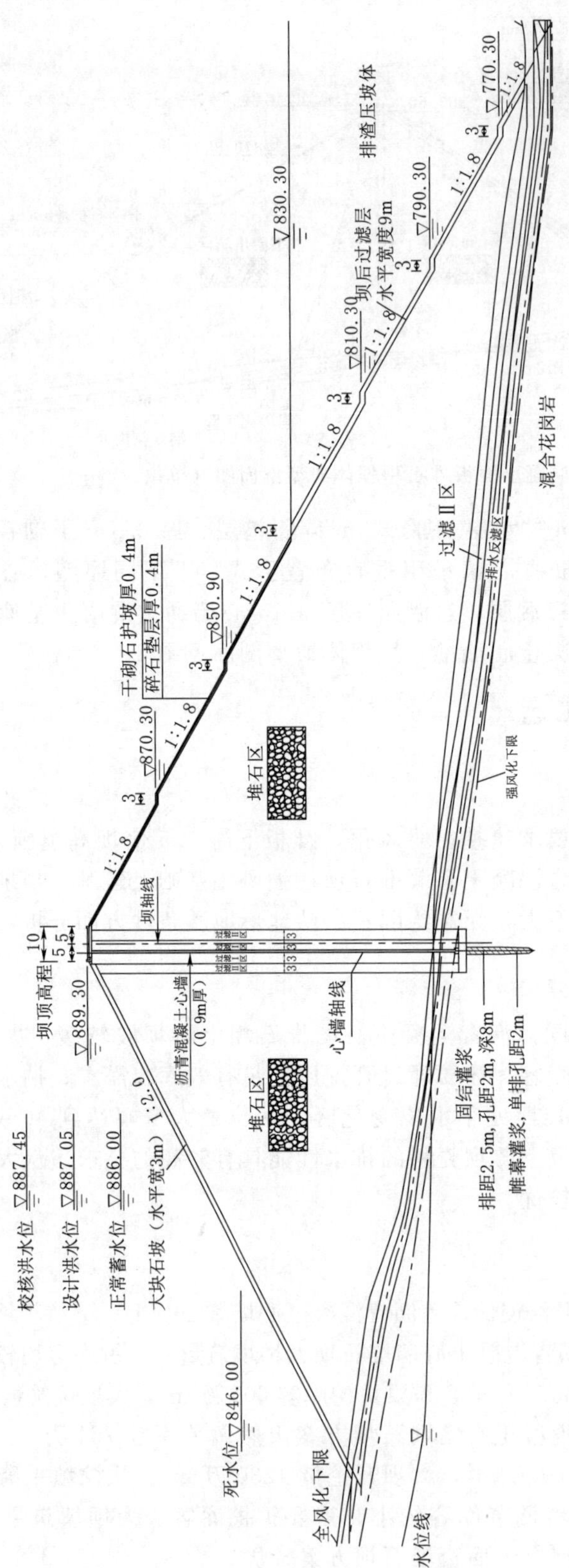

图 2　沥青混凝土心墙堆石坝坝体典型剖面图（单位：m）

4.4 施工条件比较

常态混凝土骨料来自下水库骨料加工系统，质量及储量满足工程需要；沥青混凝土骨料采用碱性骨料，选择景山镇头道杨岔屯合顺一矿料场购买成品料作为沥青混凝土骨料料源。两种坝型施工方法各有不同，但两种坝型施工方法均较为成熟，仅沥青混凝土心墙堆石坝需要另行建设沥青混凝土拌和系统，施工工厂设施相对较多。故从施工条件方面分析，两种坝型相差不大。

4.5 适应变形的能力比较

混凝土面板属刚性防渗，变形模量大，对基础不均匀沉陷变形适应能力相对较差，受温度、干缩等影响容易产生裂缝。但根据对基础变形特性的分析，对可能产生较大不均匀变形部位的面板进行分块分缝柔化处理后，能够较好地解决混凝土面板适应基础不均匀变形的问题。沥青混凝土心墙变形模量小，适应基础变形能力较强，不易产生裂缝。从防渗材料对变形的适应性方面分析，沥青混凝土心墙堆石坝方案较优。

4.6 运行维护的比较

本工程处于东北寒冷地区，抽水蓄能电站的库水位升降频繁，坝体上游坡长期处于水位变化区。在库水位频繁变化和冰拔力作用下，沥青混凝土心墙堆石坝上游干砌石护坡会出现经常性破损情况，维护工作量较大，沥青混凝土心墙一旦发生渗漏，后期处理难度大；混凝土面板堆石坝大坝面板易发生冻融剥蚀破坏，但可采用涂刷聚脲进行保护。从运行维护方面分析，混凝土面板堆石坝方案较优。

4.7 工程占地及投资比较

两个方案工程占地相差不大，混凝土面板堆石坝方案稍小。混凝土面板堆石坝方案比沥青混凝土心墙方案投资少0.93亿元。

4.8 比选结论

经综合比较分析：两方案地质条件、施工条件基本相当，沥青混凝土心墙坝适应变形能力好，但填筑量大、开挖量大、工程占地面积大，混凝土面板堆石坝方案大坝布置较优、运行维护方便，工程直接投资比沥青混凝土心墙堆石坝方案节省0.93亿元，经济指标较优。综合分析靖宇抽水蓄能电站上水库采用混凝土面板堆石坝局部垂直防渗方案。

5 结语

靖宇抽水蓄能电站上水库防渗形式设计过程中，通过对地形地质条件进行分析，拟定混凝土面板堆石坝方案和沥青混凝土心墙堆石坝方案进行技术经济比较，最终选定采用混凝土面板堆石坝局部垂直防渗方案。通过方案比较，对于大坝坝高较高、消落深度较大、需要扩挖库容的、库周不存在渗漏问题的上水库库盆，采用混凝土面板堆石坝局部垂直防渗方案是比较合适的，为国内同类工程提供了宝贵经验，尤其是对寒区工程的设计实践提供了参考。

陡倾地基上的面板堆石坝设计

李亚文　唐振华

（中水东北勘测设计研究有限责任公司）

摘　要：目前在陡倾地基上修建面板堆石坝，工程建设经验相对较少，大雅河抽水蓄能电站上水库建于山顶，地势陡峻，地形条件较差，东、西面板堆石坝下游贴坡体较长，坝脚挡墙较高，是国内贴坡、挡墙规模最大的面板堆石坝。本文结合大雅河抽水蓄能电站上水库的特点对陡倾地基上的面板堆石坝的坝体分区及坝料、面板、排水、基础处理、抗震措施等进行了设计研究。

关键词：陡倾地基　面板堆石坝　抽水蓄能上水库　大雅河

1　工程概况

大雅河抽水蓄能电站地处辽宁省本溪市桓仁满族自治县境内，站址距桓仁县城直线距离40km，距沈阳市152km。电站安装4台单机容量400MW的可逆式水泵水轮机组，总装机容量1600MW，满发利用小时数6h，供电范围为辽宁省电网。电站建成后在系统中主要承担调峰、填谷、储能、调频、调相和紧急事故备用等任务。

电站主要由上水库、输水系统及地下厂房系统等组成，下水库利用已建的大雅河水利枢纽水库。工程等别为Ⅰ等，工程规模为大（1）型。

上水库位于大雅河左岸一撮毛山及其北侧次高峰山之间的鞍部，通过开挖鞍部南北向山脊及在东西两侧筑坝形成，集水面积0.2km^2，正常蓄水位1069.00m，调节库容709万m^3，东、西主坝均为混凝土面板堆石坝，采用混凝土面板全库盆防渗；输水系统采用两洞四机的供水方式；地下厂房为中部偏首部的布置；下水库坝址位于大雅河流域中上游的吕家堡子附近，控制流域面积383km^2，正常蓄水位425m，调节库容1549万m^3，挡水建筑物为混凝土重力坝，泄洪建筑物由4个溢流表孔和1个泄洪放空底孔组成。

2　设计资料

大雅河是浑江的一级支流，流域属温带大陆性季风气候，冬季严寒干燥，夏季湿热多雨。坝址区多年平均气温6.8℃，1月最冷，月平均气温－13.0℃，极端最低气温达－35.7℃，7月、8月气温较高，月平均气温在22℃以上，极端最高气温达42℃；多年平均降水量为856.3mm，多年平均年蒸发量为778mm；最大风速为18.5m/s，相应风向为南，多年平均风速2.1m/s；最大冰厚为97cm，最大冻土深114cm。

工程区地处辽宁省桓仁县境内的普乐堡镇与八里甸子镇交界的大前石岭（一撮毛山），

属中、低山地貌。一撮毛山山顶高程 1186.00m，鞍部最低点高程 1098.00m，最窄处宽度约 40m，地势陡峻，地形坡度 20°～35°。坝址区地层岩性为震旦系下统钓鱼台组石英砂岩、含砾石英砂岩和燕山期侵入岩及第四系松散堆积物，石英砂岩岩层层面裂隙发育，岩层产状为走向 N10°W～N15°E，倾向 NE 或 SE，倾角一般 15°～30°，间距一般为 30～100cm，面多起伏粗糙，充填铁锈、岩屑，与东主坝坝轴线多近于平行或呈小角度相交，岩层倾向库外，为层状顺向，存在顺层间滑动问题；地下水位多低于库底高程，库底岩体多属中等～弱透水岩体，存在沿库周及库底渗漏问题。

工程区附近属弱震区，上水库库盆未见较大的断层破碎带通过，也没有晚更新世以来的活动断裂分布，水库诱发地震的可能性较低。工程场址区 50 年超越概率 10%的基岩水平峰值加速度为 47cm/s^2，相应地震基本烈度为Ⅵ度，区域构造稳定性较好。

3　面板堆石坝设计

大雅河抽水蓄能电站上水库东、西混凝土面板堆石坝坝顶高程为 1073.00m，坝顶宽 8.0m，坝顶轴线长分别为 858.36m、696.46m，坝轴线处最大坝高 52m（下游坝脚处 132.5m），上游坝坡 1∶1.4，下游坝坡 1∶1.3，下游坡自坝顶向下在高程 1042.00m、1012.00m 处设宽 3m 的马道，东、西主坝下游坝脚均布置衡重式混凝土挡土墙。东主坝典型横剖面见图 1。

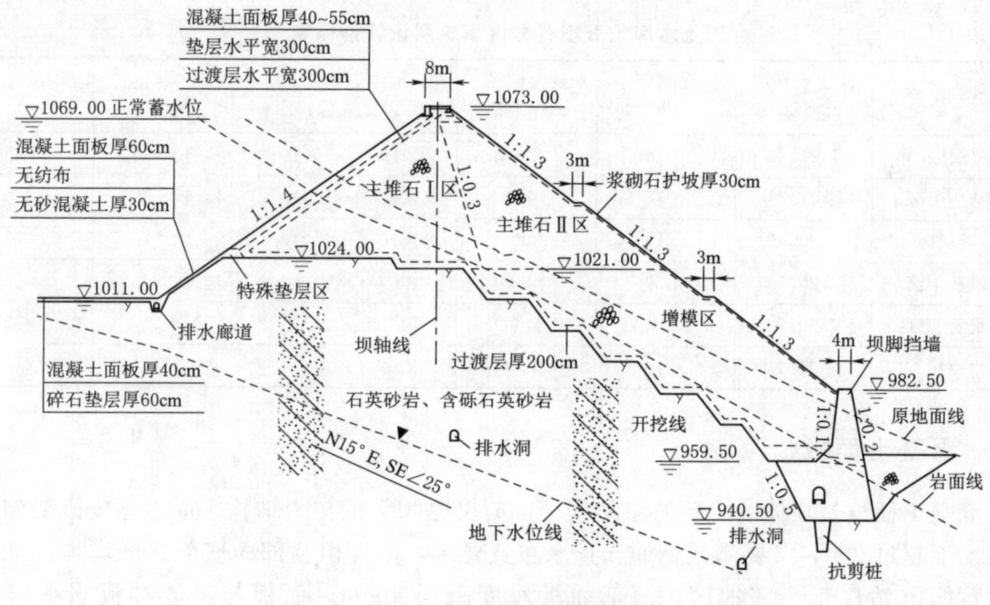

图 1　东主坝典型横剖面

3.1　坝体分区及坝料设计

根据地形条件、料源及坝料强度、坝体渗透性、压缩性、稳定性等要求，结合施工情况及经济性，对上水库面板堆石坝进行分区及坝料设计。在保证各区坝料的渗透性从上游向下游满足水力过渡的要求，各料区在水压力作用下变形协调，面板不出现结构性裂缝和止水安全的前提下，最大限度地利用工程开挖料，减少弃渣。

上水库库盆开挖石料为弱、微风化石英砂岩，紫灰色，中粒结构，层状构造，岩体的饱和抗压强度为102MPa，软化系数0.79，总量1374万m^3，其中强卸荷带内石料为481万m^3，强卸荷带以下为893万m^3，东西主坝坝体填筑量需790万m^3，料源充足。

坝体填筑材料分区从上游至下游依次为垫层区、过渡层区、主堆石Ⅰ区、主堆石Ⅱ区、增模区和浆砌石护坡。垫层区、过渡区水平宽度均为3.0m，坡比为1∶1.4，主堆石Ⅰ区上游坡比1∶1.4，下游与主堆石Ⅱ区分界线坡比1∶0.3，分界线位于坝轴线之后，主堆石Ⅱ区顶高程1068.10m，顶宽7.4m，底高程1021.00m，下游坡比1∶1.3。由于坝轴线下游坝体坐落于陡倾地基上，贴坡体高度超过60m，为增加坝体抗滑稳定性，减小堆石体对坝脚挡墙土压力，降低坝体变形，改善面板工作条件，在高程1021.00m以下设置增模区，以提高其变形模量。为减轻因挖填结合区周边缝的变形过大引起面板止水失效而大量渗水，在周边缝下游侧设置特殊垫层区，特殊垫层区为梯形断面，顶宽1.5m，高3m。为改善坝基与基岩接触面的填筑质量，避免施工铺料时大径块石集中形成架空现象，在两者之间设置厚2m排水过渡层。为减少雨水下渗引起的坡脚挡墙压力升高，保证挡墙及大坝安全，下游坝坡采用30cm厚浆砌石护坡。

根据填筑料料源质量情况并参考同类工程设计经验，上水库堆石坝各分区填筑料设计指标见表1。

表1　　上水库堆石坝各分区填筑料设计指标表

分　区	设计干容重 /(kN/m^3)	孔隙率 /%	最大粒径 /mm	渗透系数 /(cm/s)	$<P_5$ /%	$<P_{0.075}$ /%
垫层区	≥21.24	≤18	80	$1\times10^{-2}\sim1\times10^{-3}$	30～45	≤5
特殊垫层区	≥21.24	≤18	40	$1\times10^{-3}\sim1\times10^{-4}$	45～60	≤8
过渡层区	≥20.98	≤19	300	$1\times10^{-1}\sim1\times10^{-2}$	10～25	≤5
主堆石Ⅰ区	≥20.72	≤20	600	$\geqslant 1\times10^{-1}$	≤20	≤5
主堆石Ⅱ区	≥20.72	≤20	600	$\geqslant 1\times10^{-1}$	≤20	≤5
增模区	≥21.24	≤18	600	$\geqslant 1\times10^{-1}$	≤20	≤5

3.2　混凝土面板

混凝土面板是坝体的主要防渗结构，同时又是坝体的传力结构，面板厚度既要满足水力梯度不超过200，又要满足钢筋和止水布置要求，厚度由顶部向底部逐渐增加，大雅河抽水蓄能电站位于严寒地区，顶部面板厚度采用40cm，面板与斜坡趾板水平缝高程1024.00m处厚55cm，库底环形排水廊道与东西主坝面板之间1∶1.4开挖坡面布置斜坡趾板，趾板厚度采用0.6m，与面板相接5m范围内渐变为1.0m。

为适应坝体变形和满足施工要求，面板设置垂直缝，根据坝体应力应变计算成果，结合国内已建工程经验，大坝及库周面板垂直缝宽度按不大于14m控制，垂直缝从防浪墙水平缝沿坝坡一直延伸到库底周边缝。面板与斜坡趾板之间接缝为周边缝，与防浪墙之间接缝为防浪墙水平缝。

面板混凝土采用C30W10F400二级配混凝土，水胶比小于0.45，混凝土极限拉伸值不低于0.85×10^{-4}，并在面板表面涂刷厚2mm聚脲起辅助防渗作用。为防止运行期间因温度变化、干缩、不均匀沉降、地震等影响而引起面板裂缝，面板配置双层双向配筋，每向配筋率不小于0.4%，并在面板挠曲变形较大部位和周边缝、张拉缝附近适当配置加强钢筋。

3.3 坝体排水

为保证坝体排水畅通，东、西主坝均采用透水率较高的堆石料填筑，在坝基1021.00m高程平台（坝轴线下游侧）设置水平纵向排水盲沟，增模区基础沿开挖坡面布置3排横向排水盲沟，横向排水盲沟间距200m，排水盲沟断面尺寸为1m×1.8m×0.8m（底×顶×高），盲沟内布置2根PVC排水花管，排水花管周围采用碎石保护，坝体渗水可沿建基面水平自流至排水盲沟，由排水盲沟排至坡脚挡墙衡重台，衡重台部位设置排水口将渗水排出。坡面降水主要通过坝后马道纵向排水沟、坡面横向排水沟以及大坝下游两岸坡脚混凝土排水沟汇集至大坝坡脚，通过排水明渠排向大坝下游。

为进一步降低挡墙及坝基岩体层面渗压力，在东主坝坝基下覆岩体内沿坝轴线方向布置两层排水廊道，上层排水廊道底高程966.00m，下层排水廊道底高程925.00m，排水廊道断面尺寸为2.5m×3.0m（宽×高），排水廊道出口位于堆石坝下游坡脚南侧。上层排水廊道顶布置3排排水孔，孔径100mm，孔深30～50m；下层排水廊道顶部布置2排排水孔，孔径100mm，孔深30～50m，廊道底部布置1排排水孔，孔径100mm，孔深25m。

3.4 坝脚挡墙

为减小坝体贴坡长度，在东、西主坝下游坝脚处布置衡重式混凝土挡土墙进行收坡，挡墙轴线位于坝轴线下游130m处。挡墙长分别为480m、550m，顶高程982.50m，顶宽4.0m，最大墙高42.00m，衡重台高程959.50m，上游侧坡比1：0.1，下游侧坡比1：0.2，衡重台下墙坡度1：0.5，下游侧回填石渣增加挡墙稳定性。

为及时排出坝体渗水、雨水，降低挡墙水压力、扬压力，挡墙衡重台处设置排水口，挡墙内布置纵向排水廊道，排水廊道兼作预应力锚索施工廊道，廊道尺寸3.5m×4.26m。廊道内布置斜坡面及底面排水孔，斜坡面布置一排排水孔，仰孔角度5°，入岩25m，间距3.5m，底面排水孔入岩5m，间距3.5m，通过水平廊道与排水涵连接排至下游。

为防止东主坝坝脚挡墙基础沿层面滑动，根据深层抗滑稳定计算结果，在挡墙基础内布置混凝土抗剪桩，抗剪桩采用挖孔桩，断面尺寸3m×5m×10m（底×顶×高），混凝土标号C30，每个墙段布置一个。为增加挡墙稳定性，挡墙排水廊道内布置两排预应力锚索，锚索水平间距3.0m，长度40m/50m，设计吨位250t。

3.5 基础处理

上水库覆盖层以崩坡积块石、混合土块石、崩积块石为主，厚度在2～10m，覆盖层以下无全强风化岩石，坝基岩体以弱风化为主，地表以下岩体卸荷强烈。坝轴线上游侧高程 1024.00～1021.00m 开挖成宽台阶，主堆石区位于宽台阶上；考虑坝轴线下游侧坝体为长贴坡式堆石体，为减小下游坝体滑动趋势、控制坝体沉降，清除覆盖层后岩坡开挖成台阶状，东西主坝与南北两侧岸坡连接采用高程逐渐升高的台阶过渡，台阶开挖最大高度为 15m，开挖坡比不陡于 1：0.5，平台宽度不小于 5m。

斜坡趾板基础开挖范围内的断层破碎带、软弱夹层采用回填混凝土塞处理，混凝土塞厚度采用 1.0 倍破碎带宽，并向上下游各延伸 3m；堆石坝基开挖范围内的断层破碎带、软弱夹层等不良地质缺陷表面采用厚 1.0m 的反滤层保护处理。

坝脚挡墙建基于弱风化岩石，为增加基岩的整体性对基础进行固结灌浆，固结灌浆间排距 3m，深 5m。挡墙基础底部的断层、破碎带等薄弱部位采用混凝土塞进行处理，混凝土塞深度取 1.0～1.5 倍断层宽度，并加强该部位的固结灌浆。

对堆石坝坝体范围内的勘探钻孔、试坑及坑槽等采用 C20 混凝土或 M20 水泥砂浆回填。

3.6 抗震措施

工程区场址地震基本烈度为Ⅵ度，上水库面板堆石坝抗震设防类别为甲类，按 100 年超越概率 2%的地震动峰值加速度 $113cm/s^2$ 进行设计，100 年超越概率 1%的地震动峰值加速度 $138cm/s^2$ 进行校核。通过坝体抗震稳定及动应力变形计算，在设计地震及校核地震工况下，大坝坝体是安全的。考虑到工程的重要性，上水库东、西主坝设计考虑了以下抗震措施。

（1）坝顶超高：地震安全加高为地震涌浪高度及附加沉陷之和，坝顶高程计算考虑地震涌浪高度 1.0m，地震沉陷取坝脚挡墙处坝高的 0.75%。

（2）坝顶防浪墙：由于坝顶地震动反应强烈，“鞭梢”效应明显，一般情况下防浪墙是受害比较严重的部位。为改善坝顶结构的整体抗震性能，防浪墙高度适当降低，采用 3.2m，墙底高程 1070.10m，高于校核洪水位。

（3）坝体分区：坝体填筑料采用微、弱风化石英砂岩，其动力剪切模量较高，动力特性较好，可提高大坝的抗震性能；在坝体底部设置排水过渡层，坝脚挡墙位置设置排水涵管，保证坝体排水顺畅，减小蓄水后面板遭到破坏的可能性，同时可以保证在地震情况面板开裂时，尽快将渗水排至下游；高程 1021.00m 以下设置增模区，适当提高堆石料的压实标准，增模区孔隙率不大于 18%，并在靠近岸坡处，垫层料及过渡料进一步加宽。

（4）浆砌石护坡：根据大坝地震动力稳定分析计算成果，地震破坏主要表现为坝顶附近下游坝坡的局部动力剪切破坏和出现浅层局部瞬间滑移，下游坝坡采用浆砌块石进行防护，可增强坝坡表面的抗震稳定性和整体抗滑稳定性。

（5）混凝土面板：根据三维有限元计算成果，在设计地震与校核地震作用下，面板压应力在混凝土允许压应力范围内，不会出现压裂破坏，但面板中部挖填结合区域局部顺坡向拉应力超出混凝土抗拉强度，可能出现拉裂破坏，为改善该部位受力条件，在高程 1024.00m 设置周边缝，高程 1024.00m 以下开挖边坡布置斜坡趾板，上部为大坝混凝土面板。

4 结语

大雅河抽水蓄能电站上水库东、西主坝为建在陡倾地基上的混凝土面板堆石坝，坝轴线下游侧坝体为长贴坡式堆石体，贴坡较长，范围较大，坡脚采用衡重式混凝土挡墙收坡，将贴坡体基础面开挖成台阶状，在贴坡体处设置增模区，提高其压实标准，解决了陡倾地基上堆石坝因贴坡体过长可能产生的不均匀沉降及蠕变带来的一系列不可预见的问题，改善了大坝的整体稳定性及应力变形状况，可为今后类似工程的设计提供参考借鉴。

参考文献

[1] 关志诚．水工设计手册　第6卷　土石坝[M]．2版．北京：中国水利水电出版社，2014.

花甲水库混凝土面板堆石坝设计

杨以亮　崔　飞

（中水淮河规划设计研究有限公司）

摘　要： 花甲水库位于贵州省黔南州贵定县马场河乡，坝址处于高山峡谷岩溶地区，河谷狭窄，岸坡陡峻，拦河坝为混凝土面板堆石坝，最大坝高 64.0m，筑坝材料为二叠系下统栖霞组灰岩，坝基出露地层主要为石英砂岩和白云岩，右岸趾板横跨 F_1 断层破碎带，左右两岸趾板地基开挖后由于地形欠缺，采用高齿墙处理方案。大坝于 2017 年动工，2019 年完成下闸蓄水验收，目前大坝运行总体良好。本文对花甲水库的坝体结构设计、坝基处理、接缝止水设计等方面进行论述，以期为同类工程提供参考。

关键词： 花甲水库　面板堆石坝　结构设计　坝基处理　接缝止水

1　工程概况

花甲水库位于贵州省黔南州贵定县西部的马场河上，马场河属长江流域乌江水系，清水河一级支流独木河的支流。坝址以上流域集雨面积为 63.6km^2，总库容 2635 万 m^3，规模为中型，工程任务为县城供水和农田灌溉。拦河坝为混凝土面板堆石坝，坝顶高程 1052.00m，坝顶净宽 6.0m，坝顶轴线长 186.9m，大坝上下游坝坡均采用 1∶1.4，大坝填筑总方量约为 60 万 m^3，河床趾板二次定线后建基面高程调整为 988.00m，最大坝高 64.0m。

2　工程地质

坝址所在河谷为横向河谷，河流向为 S49°E，河谷宽高比为 2.35～2.95，呈不对称的 U 形河谷。河床覆盖层厚 0～2.8m，大坝上下游河床和两岸高程 1020.00m 以下出露地层主要为浅灰至深灰色薄层至中厚层细粒石英砂岩，间夹薄层砂岩、页岩及炭质页岩，为中硬岩夹软岩；两岸高程 1020.00m 以上坝肩岩体主要由中厚层至厚层白云岩及灰质白云岩组成，为中硬岩。坝址内发育有 F_1 断层，走向约 56°，其破碎带宽 5～10m，断层影响深度小于 10m，该断层与河流流向交角较大（约 70°）。受南北向构造影响，坝址岩体节理、裂隙较发育，岩层倾向下游略偏左岸，层间软弱层主要发育在坝区灰绿色薄层页岩中。

本工程碾压堆石体约 60 万 m^3，坝体填筑考虑利用 6 万 m^3 大坝坝肩及溢洪道基础开挖料，剩余 54 万 m^3 堆石料由石料场开采；料场区基岩多裸露，出露地层为二叠系下统栖霞组深灰色中至厚层灰岩。

3　坝体分区设计

面板坝由防渗结构和稳定支撑体组成，堆石区为稳定支撑体，在堆石坝设计中，应根据料源及坝料强度、渗透性、压缩性、施工方便和经济合理、堆石坝各部分的受力特点等要求对堆石坝进行适当分区。分区的主要原则为：从上游到下游坝料变形模量应依次递减，以保证蓄水后坝体变形尽可能小，从而确保面板和止水系统运行的安全可靠；各区之间应满足水力过渡要求，从上游至下游坝料的渗透系数递增，相应下游坝料应对其上游区有反滤保护作用；为节省投资，坝轴线下游次堆石区变形模量低的部位，利用较差的堆石料，以达到经济目的。分区尽可能简单，以利于施工，便于坝料运输和填筑量控制。根据堆石料分区原则，坝体材料从上游至下游依次分为：上游防渗补强区（盖重区、上游铺盖区）、垫层区、过渡区、主堆石区、次堆石区和下游护坡。

上游铺盖区采用厚 0.3m 粉煤灰铺盖，盖重区采用黏土和弃渣，顶部高程盖重的水平厚度均为 2.0m，共同构成面板上游的第一道辅助防渗体。垫层区位于混凝土面板下部，其水平厚度 3m。过渡区为细堆石料，它是垫层料与堆石区的过渡料域，水平宽度 3m。主堆石区上游坡为 1∶1.4，下游坡为 1∶0.5，该区是面板堆石坝的主体，是承受水荷载的主要支撑体。主堆石区后设次堆石区，可利用变形模量较低的石料，粒径可较主堆石区大，碾压层厚亦较主堆石区略大。下游护坡采用干砌块石护坡，砌筑材料采用新鲜白云岩块石体，下游整平后砌筑，平均厚度控制在 0.5m 左右。坝体标准断面见图 1。

4　趾板设计

趾板采用平趾板方式布置，建基面置于弱风化岩体上，持力层石为英砂岩及砂岩，为中硬岩。本次设计趾板宽度采用“5＋X”型式，内趾板为下游侧增设 C25 钢筋混凝土防渗板，河床段防渗板长 10m，岸坡段防渗板长度为 0～10m。

趾板混凝土强度采用 C25，抗渗等级 W10，抗冻等级 F100，采用微膨胀混凝土，在表面设单层双向钢筋，横断面配筋率为 0.36％～0.4％。为加强趾板与地基的连接，防止灌浆抬动趾板，在趾板与基岩间设置 Φ25 的锚筋，趾板沿纵向一般不设缝，但遇断层、破碎带边缘及高齿墙交接处增设趾板伸缩缝。

内防渗板采用挂网 Φ10@200 和现浇或喷射 C25 聚丙烯纤维混凝土，厚 0.15m，内趾板与趾板之间整体浇筑，不设缝。

5　面板设计

大坝上游共设置 20 块面板，为适应坝体变形，河床受压区面板分块宽度为 12m，共 6 块；两岸边受拉区分块宽度为 8m，共 14 块。

面板为变厚面板，顶部混凝土厚 40cm，底部混凝土厚 55cm，随坝高均匀变厚，面板混凝土强度采用 C25，抗渗等级 W10，抗冻等级 F100，为适应坝体变形，面板设缝，两岸受拉垂直张性缝间距为 8m，中间受压垂直压性缝间距为 12m。上游迎水面为混凝土面板，并配有钢筋，钢筋按单层双向布置于面板界面中部，配筋型式为 Φ20@200，每向配筋率为 0.314％～0.408％，面板四周设置 Φ16@200 的 U 形抗挤压钢筋，四周钢筋混凝

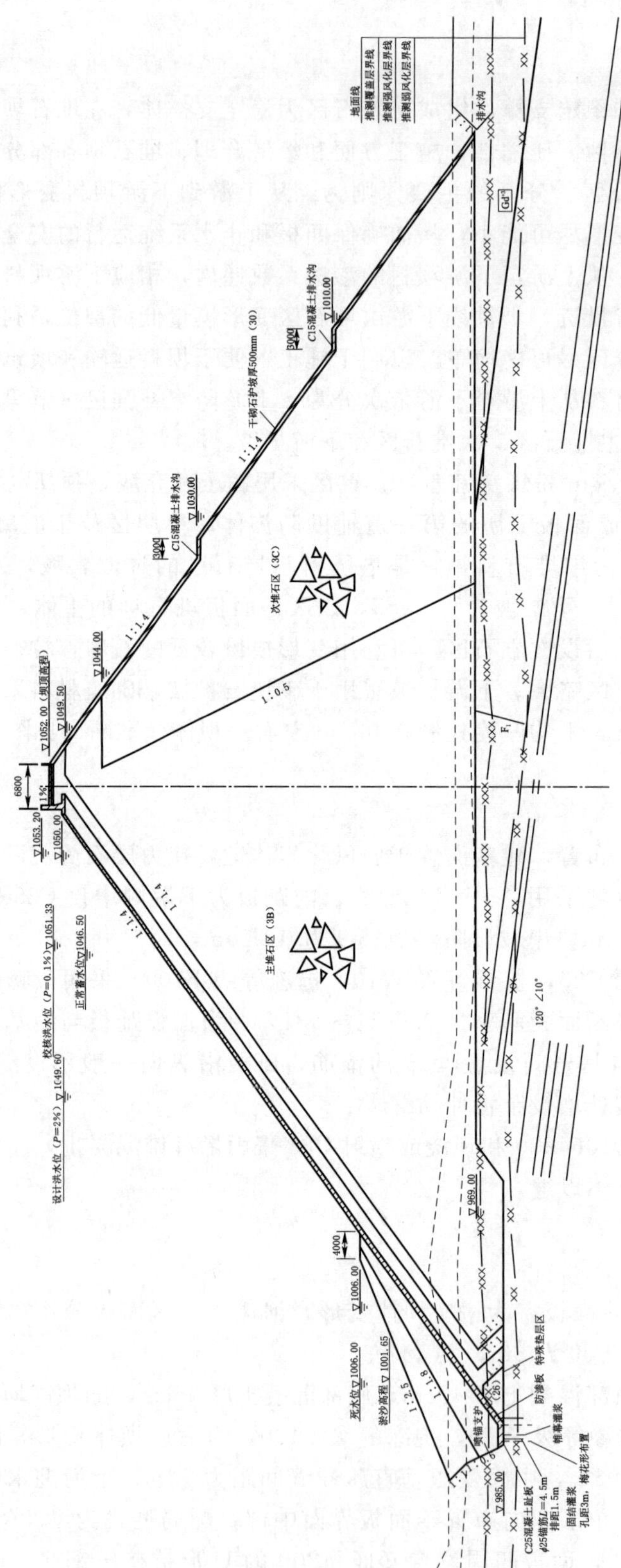

图1 混凝土面板堆石坝标准断面图（单位：mm）

土保护层厚 10cm。

6 接缝止水设计

大坝面板接缝止水类型有周边缝止水、垂直缝止水［垂直张性缝（A 型缝）止水、垂直压性缝（B 型缝）止水］防浪墙水平缝止水、防浪墙体缝止水、趾板伸缩缝止水。

(1) 周边缝。周边缝是面板止水体系中最薄弱环节，是漏水的主要通道之一。根据周边缝三向变形特点结合目前国内止水材料的发展情况，周边缝设顶、底部两道止水。顶上游面接缝留 V 形槽，槽内填塑性填料，外用厚 8mm 三元乙丙橡胶复合板保护，缝口用 Φ50 的 PVC 棒封闭。底部设复合 F 形铜片止水，预埋在趾板混凝土内，垫层料填筑后，在铜片止水下部挖槽回填沥青砂浆，上设 PVC 塑料垫片。止水铜片的中间凹槽内嵌设 Φ25 的 PVC 棒，缝面嵌塞 12mm 沥青杉板，并在顶部设置钢板螺栓固定三元乙丙橡胶复合板。各道止水应自成封闭的止水系统，周边缝顶部和底部止水必须闭合连接其他伸缩缝。

(2) 垂直缝止水。

1) 垂直张性缝（A 型缝）止水。垂直张性缝采用两道止水，上游面接留 V 形槽，槽内填塑性填料，外用厚 8mm 三元乙丙橡胶复合板保护，封口用缝 Φ30 的 PVC 棒封闭。缝面涂刷厚 3mm 沥青乳胶，下部止水采用复合 W 形止水铜片，底部采用 PVC 垫片和 C20 水泥砂浆垫底。

2) 垂直压性缝（B 型缝）止水。垂直压性缝采用两道止水，形式基本同垂直张性缝，唯一不同之处在于垂直压性缝的塑性填料面积较小。

(3) 防浪墙水平缝止水。防浪墙与面板的水平缝，设置底、顶部两道止水，上游迎水面接留 V 形槽，槽内填塑性填料，外用厚 8mm 三元乙丙橡胶复合板保护，封口用缝 Φ50 的 PVC 棒封闭。下部止水采用复合 W 形止水铜片，在止水铜片下部挖槽回填沥青砂浆(厚 200mm)，上设置 PVC 垫片黏合，止水铜片的中间凹槽内嵌设 Φ25 的 PVC 棒，缝面嵌塞 12mm 沥青杉板，并在顶部设置钢板螺栓固定橡胶带。

(4) 防浪墙体缝止水。防浪墙与防浪墙间设防浪墙体缝，缝距为 15m，只设一道止水，在距迎水面 180mm 处设复合 T 形止水铜片，止水铜片的中间凹槽内嵌设 Φ12 的 PVC 棒。缝面涂刷厚 3mm 沥青乳胶，缝间嵌塞 12mm 沥青杉板。

(5) 趾板伸缩缝止水。趾板伸缩缝置于断层、破碎带边缘及高齿墙交接处，采用两道止水，迎水面接缝留 V 形槽，槽内填塑性填料，外用三元乙丙 GB 橡胶复合板保护，下部止水采用复合 T 形止水铜片，缝面涂刷厚 3mm 沥青乳胶，缝间嵌塞 12mm 沥青杉板。趾板缝与周边缝接头处止水铜片采取焊接，形成封闭系统。

7 坝基处理设计

左、右岸趾板基础建基面为弱风化中下部，建基面要求在弱风化中下部；河床趾板后方 0.5 倍坝高区域内为低压缩区，建基面要求同趾板建基面；堆石区开挖建基面要求清除覆盖层，露出基岩即可。

大坝趾板基础开挖采用自上而下的全断面开挖方式，开挖面平顺，不应出现陡坎和反坡，必要时，可进行削坡和回填混凝土找平处理。趾板基础采用Φ25砂浆锚杆与基础连接，锚杆长4.5m，间、排距1.5m，梅花桩形布置，加强趾板与基岩的联系。右岸趾板基础位于F_1断层处，将此处趾板基础向下挖深3.0m，F_1断层两侧根据地质情况等各挖2m和5m，处理长度为8m。将F_1断层处开挖后，用C25混凝土回填至此处趾板基础的设计高度，上部用反滤料覆盖，并加强趾板部位的固结灌浆。

固结灌浆布置3排（含帷幕），设计排距1.5m，孔距3m，按梅花桩形布置，左右岸灌浆深度6～8m，河谷段8～10m，在断层范围固结灌浆深度应大于12m。

设计采用单排帷幕，大坝坝段帷幕设计孔距为2.0m，两岸帷幕设计孔距为3m，设计帷幕孔深入透水率$q\leqslant3.0$Lu弱透水层。

8　反向排水设计

在河床范围内均匀设置3根Φ200镀锌钢管作为反向排水管，形式为L形，其中竖直段钢管高3m，位于主堆石区内，与堆石体接触部分采用钢花管，花管周边采用不锈钢滤网和细碎石作为反滤层。在趾板上游设置3处集水井，用于收集坝体内排水，排水管末端设置Φ200闸阀，后期采用回填灌浆和关闭闸阀的型式进行排水管封堵。

9　面板裂缝处理设计

花甲水库工程混凝土面板堆石坝面板于2019年7—9月实施，施工时段处高温季节，于当年11月对面板检查，发现多块面板出现裂缝。为确保面板质量，须对面板产生的裂缝进行治理。

经检测面板出现的裂缝，分两类进行处理。Ⅰ类缝为小于0.2mm以下的裂缝，直接采用对缝面进行SR防渗盖片表面粘贴封闭处理，施工处理流程为：裂缝两侧混凝土表面清理→涂刷SR配套底胶→纳米SR塑性止水材料找平层→粘贴SR防渗盖片→HK封边；Ⅱ类缝为等于或大于0.2mm以上的裂缝，则采用化学灌浆方式处理，施工处理流程为：打磨及缝面清理→裂缝检查→打进（回）浆孔→预埋进（回）浆管→封缝→化学灌浆→灌后管嘴处理→质量检查。

10　结语

花甲水库大坝于2017年动工，2018年大坝封顶，2019年年底通过水库下闸蓄水验收，河床段趾板原设计建基面高程为985.00m，施工期间开挖后地质情况比预期好，二次定线后将河床趾板建基面高程调整为988.00m，建基面提高3m，节约了坝体填筑量和开挖量，符合安全又经济的原则。面板趾板均采用聚丙烯纤维混凝土，可以减少混凝土收缩裂缝的产生，提高混凝土的抗裂能力。面板施工由于正处高温季节，采取相关温控措施后依旧存在面板开裂情况，现场检验裂缝共计约40条，裂缝总长度约300m，经采用设计处理措施后效果较好，目前大坝渗流监测及大坝坝体变形监测指标均在规范允许值范围内，总体运行良好，因此按照上述方案进行设计是合理可行的。

段家坝水库大坝坝型比选及坝料分区设计研究

洪振国　普孝琨

（云南省水利水电勘测设计研究院）

摘　要： 根据段家坝水库工程实际地质条件和筑坝材料情况，考虑到土石坝的因地制宜、就地取材、因材设计、投资较少的优点，坝型选择为黏土心墙风化料坝。工程所处区地震烈度高，采取大坝下游外坡设顶宽3.0m的超径块石压重区，在坝脚设置较高堆石棱体抗震措施。土料场的颗粒组成总体偏细，黏粒含量偏高，防渗心墙黏土料掺合全风化花岗岩，减少征占地，体现环保价值、经济效益价值，既降低了对周围生态环境的影响，又节约了投资，更保证了坝体的安全。通过水库运行监测资料表明：①大坝累计沉降值在5.5～7.1cm之间，大坝整体呈现沉降速率变缓的趋势，大坝沉降较小，大坝累计沉降量均未超过最大坝高的1%，沉降符合大坝沉降的一般规律，沉降满足规范和设计要求，大坝是安全的；②最大渗流量12.20L/s，大坝渗流量相对较小，不影响水库正常蓄水，渗流变化在合理范围内，渗流满足规范和设计要求，大坝是安全的。

关键词： 坝型；坝料分区　黏土掺合　坝料分区指标　抗震设计

1　概况

段家坝水库位于云南省龙陵县平达乡黄连河村苏帕河支流段家坝河上游，属怒江水系，水库坝址以上流域面积14.7km^2，多年平均径流量0.668m^3/s。距龙陵县城约67km，距平达乡17km，水库控制灌溉面积3.59万亩，主要涉及龙陵县平达乡和勐糯镇。段家坝水库工程主要任务是农业灌溉、集镇和农村人畜饮水，兼顾工业供水。水库总库容1340.2万m^3，兴利库容1161.1万m^3。水库建成后可灌溉面积3.59万亩。水库枢纽建筑物由拦河坝、溢洪道、导流输水隧洞组成，溢洪道布置于大坝右岸，紧靠大坝，轴线长305.53m。导流输水隧洞布置于左岸，轴线全长约507.77m。

2　工程地质

坝址左岸全风化岩层深0～30.0m，强风化岩层埋深0～45.0m；右岸全风化岩层深0～40.0m，强风化岩层埋深5～85.0m；河床段出露有弱风化岩层。地表第四系表土层及表层全风化花岗岩（2～4m）压缩性为中等，透水性中等～强，渗透系数0.1～0.5m/d，岩体强度较低，需清除；下部全风化花岗岩结构中密～密实，压缩变形量相对较小，透水性中等，渗透系数 0.15～0.5m/d，岩体强度相对较高，可作为两岸坝基持力层；河床冲洪积砂卵砾石层，结构松散，透水性强，存在压缩变形问题，可作为坝壳料持力层。两岸全风化层较厚，坝基基础全风化岩体为散体结构，总体力学强度低，不适宜建刚性坝。工程区附近防渗土料、风化料储量丰富，可就地开采，天然砂、石料缺乏。因此选定基本坝型为当地材料坝——土石坝。

3 坝型比选

选取黏土心墙风化料坝、混凝土面板堆石坝、均质坝做比较。由于本工程坝址区岩石风化界限较深，左、右岸全风化底界深度达 25m 以上，混凝土面板堆石坝的趾板建基面对基础地质条件要求较高，趾板基础要求置于至强风化基础，存在开挖深、工程量大，加大了开挖、回填工程量，主堆石区对石料要求较高，增加了开采难度和弃渣量，满足堆石料的料源运距远，造成造价高。均质坝因坝坡相对较缓，坝体工程量大，投资也较大。

根据地质情况及料场勘察情况选取黏土心墙风化料坝和沥青混凝土心墙风化料坝两种坝型作工程投资比较。

3.1 工期

段家坝水库黏土填筑有效时间为 11 月至次年 4 月，共计 6 个月，黏土有效填筑时间 125 天，填筑高度 49.5m，平均每天填筑高度 0.36m，相当于 1 天填筑一层。截流时段选在第二年 11 月初，拟定本工程开工时间为第一年 1 月，完工时间为第三年 12 月，总工期为 36 个月。沥青心墙可以全年施工，风化料在 6 月、7 月两个月内不能施工，则沥青心墙风化料坝的有效施工天数为 212 天，沥青混凝土 1 天填筑一层或者 2 天填筑三层，平均一天填筑 0.30m。在截流时间、开填时间、风化料填筑强度基本相同的情况下，沥青混凝土心墙风化料坝相比其他坝型工期节省 2 个月。

3.2 占地及投资比较

黏土心墙坝土料场 2 号、3 号两个料场为临时占地，为园地 75.05 亩、林地 78.15 亩，总占地 153.2 亩，补偿标准为 9339 元/亩、1656 元/亩，土料场占地总投资为 83.03 万元。沥青混凝土心墙坝方案，坝壳料增加了，相应也增加了石料场占地，其占地类型为林地，只不过石料场开采厚度相对较大，占地面积较小而已，经估算，沥青混凝土心墙坝方案石料场新增林地 12.7 亩，新增投资 2.1 万元。两方案相比，沥青混凝土心墙坝方案占地投资比黏土心墙坝方案少 80.93 万元。

3.3 水保投资

黏土心墙风化料料场剥离量小，占用大量林地或草地等植被资源，水保治理工程量相对小，沥青心墙风化料坝料场剥离量大，占用大量林地植被资源，水保治理工程量大，临时占地为 153.2 亩，增加水保投资 16.18 万元。

3.4 坝型选择结论

因沥青混凝土需要外购，单价偏高，心墙上、下游的过渡料为较好的弱风化料，运距较远，投资相对较大。黏土心墙风化料坝方案防渗体基础处理工程量小，截水墙开挖施工方便，灌浆帷幕防渗面积较小。

从节约工程投资角度考虑，沥青混凝土风化料坝投资较黏土心墙风化料坝的投资大，因此结合当地天然建材条件，坝型选择为黏土心墙风化料坝。

4 坝料分区设计研究

4.1 大坝结构

大坝为黏土心墙风化料坝，最大坝高 55.0m，坝顶高程 2040.00m，防浪墙顶高程 2040.90m，坝顶宽取 8m，坝轴线长 183.50m。坝顶设置高 0.9m 的防浪墙，下游面设路缘石，高出坝面 20cm；坝顶宽度根据构造、施工、运行和抗震等因素确定，坝顶宽度 8.0m。坝顶路面采用 C20 混凝土路面，坝顶上、下游侧分别设置电缆沟 400mm×400mm 和排水沟 200mm×200mm，坝顶路面积水经排水沟排至下游岸坡排水沟内。上游坝坡设有二级马道，坡比从上至下为 1∶2.25、1∶2.5、1∶2.5，分别在高程 2025.00m、2003.00m 设置宽 2.0m 的马道；下游坝坡设有三级马道，坡比为 1∶2.00、1∶2.25、1∶2.5，分别在高程 2025.00m、2008.00m 及 1991.00m 设置宽 2.0m 的马道。下游坝坡 2025.0m、2008.0m 戗台设置 C20 混凝土 300mm×400mm 矩形断面纵向排水沟，排水沟从中部向两侧纵坡为 $i=1/1000$，末端与岸坡排水沟相接。下游坡与岸坡接触带设置岸坡 C20 混凝土 300mm×500mm 梯形排水沟。下游坝坡设一道宽 5m 的 C20 混凝土上坝踏步，上游坝坡设一道宽 2m 的 C20 混凝土踏步至高程 2003.00m 平台。防渗心墙顶高程 2039.20m，顶宽 4.0m，上、下游坡比均为 1∶0.25，最大底宽 32.80m。心墙尺寸满足渗流稳定要求。为防止心墙上、下游产生渗透破坏及心墙料与上下游坝壳料颗粒级配衔接，在心墙上、下游均设置水平宽度均为厚 2.0m 的Ⅰ反滤层和水平宽度厚 2.0m 的Ⅱ反滤层。大坝上游坝坡采用 C20 混凝土预制块护坡，下游坝坡采用 C20 混凝土格栅草坪护坡。黏土心墙风化料坝标准剖面见图 1。

4.2 风化料分区设计研究

坝型为黏土心墙风化料坝，坝壳料采用弱风化石渣料、强～弱风化石渣料、全～强风化料和黏土料等进行填筑，大坝设计上采取了按料不同的分区设计。大坝的剖面及材料分区设计能够很好地结合工程的实际地质条件和筑坝材料情况，充分体现了土石坝的因地制宜、就地取材、因材设计的原则。工程所处区地震烈度高，受地形条件限制，在坝脚设置较高堆石棱体，大坝按坝料特性进行分区设计，大大地减少了坝基的开挖方量和填筑方量，节省了投资。因溢洪道开挖弃料大，为减少弃渣量，大坝下游地形缓和宽敞，将溢洪道开挖弃料等回填下游坡脚，为减少 3.32 万 m^3 弃渣量，同时对大坝反压脚和大坝安全稳定有很好的作用，节省了弃渣场规模，减少了弃渣场投资。

大坝设计采取在高程 1991.00m 以下设碾压堆石体，棱体高度 8m，外坡比为 1∶2，内坡比为 1∶1.5。根据工程区筑坝材料的特性、水库运行工况，大坝上游死水位以下永久处于饱和状态，再根据工程经验，以死水位为界将大坝上游坝壳料分为两个区。高程 2003.00m

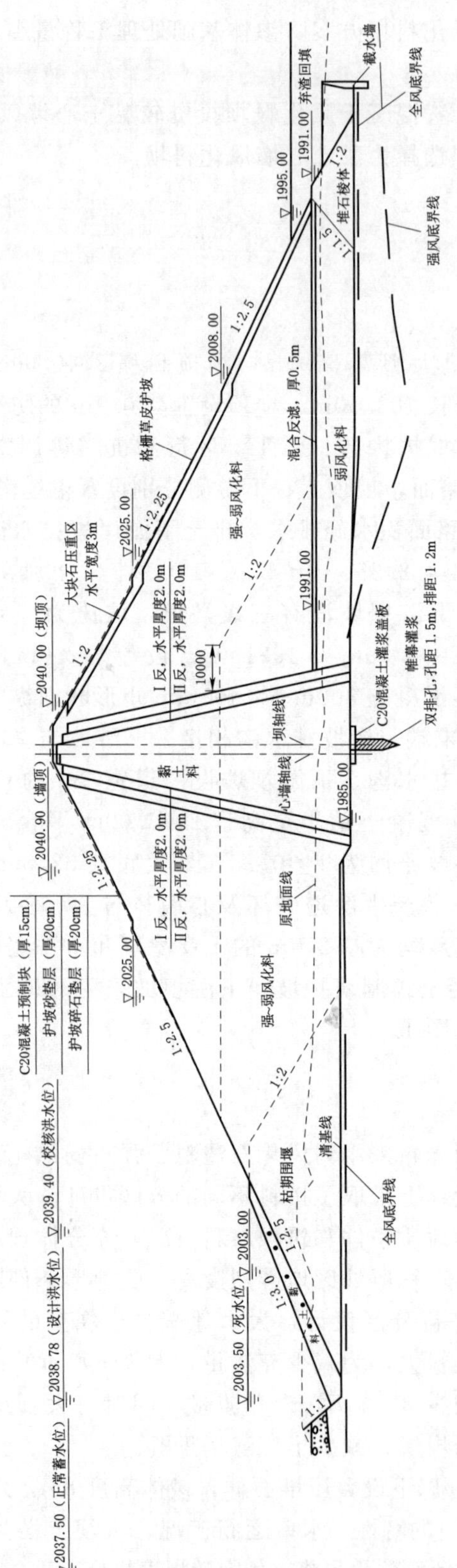

图1 黏土心墙风化料坝标准剖面图

以下枯期围堰填筑坝料处于水位变动区下方，水位变动对该区影响较小，采用5号石料场强～弱风化花岗岩料填筑；高程2003.00m以上水位变动区采用透水性能相对较好的1号石料场强～弱风化花岗岩料进行填筑。大坝下游坝壳料分为两个区，大坝下游坝壳料高程1991.00m以上采用5号、1号强弱风化花岗岩料填筑。下游坝壳的排水性能及坝坡稳定性，高程1991.00m以下采用1号石料场弱风化花岗岩料进行填筑。

水库枢纽区地震动峰值加速度为0.30g，地震动反应谱特征周期为0.4s，相应地震基本烈度为Ⅷ度，枢纽建筑物地震设防烈度8°，在大坝下游外坡设顶宽3.0m的超径块石压重区。设计采用有针对性的防震支护措施，对这种区域型断裂影响带中的高陡边坡稳定性起到了良好的效果，大坝设计既保证了下游坝坡渗流及稳定，也体现了经济价值。

4.3 黏土料掺合全风化花岗岩研究

防渗心墙顶高程2039.20m，顶宽4.0m，上、下游坡比均为1∶0.25，最大底宽32.80m。心墙底部水力坡降值为1.83，心墙尺寸满足渗流稳定要求。为保护心墙土料、有效排除坝体渗水，并考虑施工因素，在心墙下游设置了宽度均为2.0m的反滤Ⅰ、反滤Ⅱ两层反滤料，同时考虑到水库上游水位骤降的影响，在心墙上游也设置了宽度均为2m的两层反滤料。设计时三个土料场都要用，在实际施工时减少了采用3号土料场。心墙料土质较不均匀，设计上采用“控制压实度（≥98%），浮动干容重”的控制标准，其压实度检测宜用三点击实法。压实度的合格率不小于90%，不合格的压实度不低于设计压实度的98%。保证填筑好的黏土含水量不能损失过多，需对最后铺筑黏土采取平碾静压两遍后，采用凸块碾作振动碾压，若黏土表面太干燥，需做洒水，保证填筑好的黏土不开裂。

由于土料场的颗粒组成总体偏细，黏粒含量偏高，力学性能难以满足要求，大坝土料掺加了适当掺入全风化花岗岩，实验表明，掺加掺入全风化花岗岩后，土料力学性能得到改善，坝体变形大幅度减小。防渗心墙黏土料掺合全风化花岗岩，减少征占地，体现环保价值、经济效益价值，既降低了对周围生态环境的影响，又节约了投资，更保证了坝体的安全。通过采取掺合全风化花岗岩，黏粒含量、渗透系数满足规范要求，减少开采面积，减少弃渣，体现环保价值、经济效益价值。通过计算分析满足大坝抗滑稳定要求，并经工程实践检验，取得了良好的效果，在同类工程中处于领先地位。

4.4 大坝抗震设计研究

根据《云南省区域地壳稳定性分区图》及《中国地震动参数区划图》（GB 18306—2015），水库下游至平达盆地引水渠系（渠首段）的地震峰值加速度为0.3g，地震动反应谱特征周期为0.40s；相应地震基本烈度为Ⅷ度，枢纽工程建筑物按8度设防。加大坝顶宽度和坝顶超高，放缓上下游坝坡，上游坝坡在高程2003.00m设置宽3m平台，提高坝体的抗震能力；为解决未来高烈度地震时坝体及坝基孔隙水压力骤然上升的问题，在坝体下游坝底铺设适当厚度、透水性较大的排水层，在排水层与坝体之间设反滤过渡保护层，坝体中的排水体连成一体，以利排水减压，大坝下游高程1991.00m以下的下游坝壳排水性能及坝坡稳定性要求较高，采用1号石料场弱风化花岗岩料进行填筑，并在高程1991.00m设计了一层水平排水碎石；大块石压重区：因本工程地震烈度为Ⅷ度，地震动峰值加速度为 0.3g，在大坝下游坡表层设大块石压重区，水平宽 3.0m，坝脚设排水棱体。

5 结语

段家坝水库工程通过坝型比选，大坝分区设计，结合工程实际地质条件和筑坝材料情况，考虑到土石坝的因地制宜、就地取材、因材设计、投资较少的优点，坝型选择为黏土心墙风化料坝。工程所处区地震烈度高，受地形条件限制，在大坝下游坡表层设大块石压重区，水平宽 3.0m，坝脚设排水棱体的抗震设计措施。防渗心墙黏土料掺合全风化花岗岩，减少征占地，体现环保价值、经济效益价值，既降低了对周围生态环境的影响，又节约了投资，更保证了坝体的安全。大坝于 2016 年 12 月封顶至今，通过 6 年的沉降观测、渗流观测，大坝累计沉降值在 5.5～7.1cm 之间，大坝整体呈现沉降速率变缓的趋势，大坝沉降较小，大坝累计沉降量均未超过最大坝高的 1%，沉降符合大坝沉降的一般规律，沉降满足规范和设计要求，大坝是安全的；大坝渗流量相对较小，不影响水库正常蓄水，渗流变化在合理范围内，渗流满足规范和设计要求，大坝是安全的。

参考文献

[1] 沈婷，李国英. 超高面板堆石坝混凝土面板应力状态影响因素分析 [J]. 岩土工程学报，2010，32 (9)：1345－1349.

[2] 洪振国. 沉沙池分时段法泥沙沉降率计算研究 [J]. 水资源与水工程学报，2015.26 (6)：158－162.

[3] 乔吉平，王艳洲. 混凝土面板堆石坝三维有限元静力分析 [J]. 山西建筑，2013，39 (14)：208－210.

[4] 索丽生，刘宁. 水工设计手册　第 1 卷　基础理论 [M]. 2 版. 北京：中国水利水电出版社，2011.

浅谈新疆哈密市的沥青混凝土心墙坝设计

张成峰

（哈密托实水利水电勘测设计有限责任公司）

摘　要： 本文结合工程实例，对哈密市沥青混凝土心墙坝的大坝轮廓、大坝结构、沥青混凝土配合比、沥青混凝土与其他结构的连接、大坝抗震结构、坝基处理等设计要点进行了论述；特别对心墙与岸坡的连接面坡度，断层、古河槽及其他不良地质情况的处理措施进行了经验总结，以供类似工程的设计参考。

关键词： 哈密市　沥青混凝土　心墙　配合比　坝基处理

1　引言

哈密市位于新疆维吾尔自治区东部，地理坐标介于东经91°06′33″～96°23′00″，北纬40°52′47″～45°05′33″之间。东与甘肃省瓜州县和敦煌市相邻，南与新疆巴音郭楞蒙古自治州若羌县相连，西与昌吉回族自治州木垒县和吐鲁番市的鄯善县毗邻，北与蒙古国接壤，南北长约440km，东西长约404km，总面积15.30万km^2。

哈密市地处欧亚大陆腹地，远离海洋，属典型的大陆性干旱气候，该市气候干燥，具有夏季炎热，冬季寒冷，多大风，降水稀少，蒸发量大，气温日温差大等气候特征。冬季历时四个半月左右，多年平均气温1.5～8.0℃左右，最冷月份为1月，平均气温－11.3～18.1℃，历年极端最低气温－43.6℃。多年平均最大风速12～20m/s，瞬时最大风速达35.0m/s。多年最大冻土深度2.53m。水库冰厚约0.5～1.0m。

哈密市可利用水资源15.38亿m^3，其中地表水10.32亿m^3，地下水可开采量5.06亿m^3。人均占有地表水不足2000m^3，是缺水、少水地区。全市共有常年流水的天然河沟75条，均为季节性内陆河，水源以山区降水和冰雪融化补给。每条河流都可以构成独立的水系。年径流量大于0.1亿m^3以上的河流有15条。全市有冰川179条，主要分布在哈尔里克山和巴里坤山，面积155.83km^2，折合水储量65亿m^3，每年可调节水量8000万m^3。水能蕴藏量123.5MW。

进入21世纪以来，尤其是近10年来随着哈密市经济社会的发展，水资源供求状况发生了巨大的变化，经济社会发展和生态环境保护对水资源的需求矛盾日益突出，水资源短缺问题已成为经济社会可持续发展的瓶颈。针对本市缺水现状，只有开源节流并举，在有建设条件的河流上修建控制性水库工程，合理开发水资源，在下游灌区大面积实施节水灌溉，才能为各行业的发展提供水资源保障，确保地区经济健康、持续发展。近年来全市陆续建成山区控制性水库10多座，坝型多为沥青混凝土心墙坝，现将沥青混凝土心墙坝的设计做一概括总结以为类似工程的建设提供借鉴。

2 沥青混凝土心墙坝建设概况

沥青混凝土心墙坝施工速度快，受气候影响小，筑坝材料容易获得，抗震稳定性好，尤其是其施工围堰可与坝体结合，并可冬季施工，具有投资省、可提前受益的特点，沥青混凝土心墙坝还具有适应地基变形能力强和岸坡处理相对要求低的特点。近 10 年来，在国家和自治区的大力支持下，哈密市根据当地气候、水文、工程地质条件、建筑材料分布特点，因地制宜建成了一批沥青混凝土心墙坝（见表 1）。

表 1 哈密市沥青混凝土心墙坝工程统计表

序号	工程名称	位置	坝型	库容 /万 m^3	坝高 /m	坝长 /m	坝基覆盖层厚 /m
1	峡沟水库	伊吾县	碾压式	964.51	36.38	216.31	21.8
2	头道沟水库	巴里坤县	浇筑式	459.82	52.42	210.00	12.8
3	二道沟水库	巴里坤县	浇筑式	409.93	60.15	175.37	9.2
4	头道白杨沟水库	巴里坤县	碾压式	481.00	79.80	410.50	18.5
5	二道白杨沟水库	巴里坤县	碾压式	430.00	81.62	211.50	9.1
6	四道白杨沟水库	伊吾县	碾压式	428.00	70.20	215.00	32.2
7	大柳沟水库	巴里坤县	浇筑式	372.42	36.33	168.23	20.0
8	柳树沟水库	哈密市	碾压式	354.36	49.86	152.72	12.3

3 沥青混凝土心墙坝设计要点

3.1 大坝结构设计

根据本地区近期水库工程建设经验，沥青混凝土心墙坝上游综合坝坡可初步拟定为 1∶2.0～1∶2.5，下游综合坝坡一般为 1∶2.0～1∶2.2；在可研、初设阶段根据坝高、建筑材料和坝基的物理力学指标、地震设防烈度等条件，进行坝体应力应变分析计算和坝体的动、静应力分析计算复核，确定大坝轮廓设计。

沥青混凝土心墙坝采用浇筑式沥青心墙，心墙厚度宜为坝高的 1/100，坝高在 30m 以下其厚度可采用 0.3～0.5m，坝高超过 30m 其厚度则应采用 0.5～0.7m；采用碾压式沥青心墙，其厚度可采用 0.4～0.7m，心墙顶部的厚度不宜小于 40cm，心墙底部的厚度宜为坝高的 1/70～1/130。心墙轴线宜尽量偏向坝顶上游，以加大心墙下游坝壳堆石体的断面，有利于下游边坡的稳定，并与坝顶上游防浪墙可靠连接，底部与心墙基座连接。

对小型水库是否设防浪墙，应根据坝长和坝体填筑强度综合技术经济比较后确定，坝顶（防浪墙顶）高度依据规范由风浪爬高确定。

心墙坝应尽量考虑围堰与坝体结合布置，以减少临时工程费用。围堰防渗标准按临时工程设计，但填筑标准应与主坝体相同，按永久建筑物标准填筑。坝壳应满足坝体稳定和排水的要求。

沥青混凝土心墙两侧与坝壳之间应设置过渡层，过渡材料宜采用碎石或砂砾石，要求致密、坚硬、抗风化、耐腐蚀，颗粒级配连续，最大粒径不宜超过 80mm，小于 5mm 粒径的含量宜为 25%～40%，小于 0.075mm 粒径含量不宜超过 5%。过渡层应满足心墙与坝壳料之间变形的过渡要求，且具有良好的排水性和渗透稳定性，上下游过渡料宜采用同一种级配，过渡层厚度宜为 1.5～3m，具体厚度可根据坝壳材料、坝高和所处部位而定，堆石坝和高坝取大值。

3.2 沥青混凝土配合比设计

(1) 沥青混凝土原材料。沥青混凝土主要组成原材料包括：沥青、粗骨料、细骨料和填料。

沥青混凝土的物理力学性能在很大程度上受到沥青性能的影响。沥青混凝土心墙作为防渗体要起到全面的防渗作用，选用的沥青在耐老化、抗裂、适应变形等方面必须满足要求。在气温较高的地方，大多采用针入度较小的沥青；在气温较低或需冬季低温条件施工的地方，则可以采用针入度较大的沥青。浇筑式沥青混凝土所用沥青对延度可不提要求，重点放在针入度和软化点方面。

粗、细骨料和填料是沥青混凝土的主要组成部分，对沥青混凝土的性质有着重要的影响。粗骨料指粒径大于 2.36mm 的粒料，常用的有各种碎石、砾石等，但应优先选用能与沥青黏结良好的碱性岩石（如石灰岩、白云岩等）破碎的碎石，粗骨料应质地坚硬、新鲜，不因加热而引起性质变化，级配应保证与其他材料拌和时能使混合料达到最大密实度的要求。细骨料指粒径 0.075～2.36mm 的粒料，一般可采用人工砂、天然砂、或天然和人工的混合砂，其级配应符合要求，不得使用风化砂。填料为粒径小于 0.075mm 的粒料，应采用天然岩石加工成的石灰岩粉、白云岩粉、大理石粉等，填料应不结团块，不含有机质及泥土，填料细度应满足规范要求。

(2) 沥青混凝土配合比设计步骤。初步设计阶段应结合碱性骨料岩性，提出沥青混凝土的初始配合比。施工时沥青混凝土配合比设计要进行原材料质量鉴定以及室内和现场试验，依据工程的设计要求，首先在室内进行不同配合比的性能试验，推荐施工用配合比，根据现场摊铺试验和测定性能指标，确定符合工程要求的沥青混凝土配合比。

沥青混凝土配合比设计应遵照下列步骤进行。

1) 根据设计要求和参考已建工程经验，沥青混合料配合比参数可选择粗、细骨料比例 2～3 组，填料含量 3～4 组，沥青含量 3～4 组。

2) 各种沥青混合料配合比应进行性能试验，根据试验结果优化，推荐出 2～3 组施工用配合比。

3) 对推荐的沥青混合料配合比，在施工现场进行场外试铺设试验，依据试验结果对推荐的沥青混合料配合比进行必要的调整，最后确定施工配合比。

由西安理工大学沥青防渗研究所完成的峡沟水库和大柳沟水库碾压式与浇筑式沥青混凝土配合比分别见表 2、表 3。

表2　　峡沟水库碾压式沥青混凝土配合比表

各种材料用量的比例/%						级配指数
粗骨料			细骨料	填料	沥青含量	
19～9.5mm	9.5～4.75mm	4.75～0.36mm	2.36～0.075mm	<0.075mm		
22.7	17.4	13.5	32.4	14	6.9	0.38

表3　　大柳沟水库浇筑式沥青混凝土配合比表

各种材料用量的比例/%						级配指数
粗骨料			细骨料	填料	沥青含量	
19～9.5mm	9.5～4.75mm	4.75～2.36mm	2.36～0.075mm	<0.075mm		
23	15	14	34	14	12	0.35

峡沟水库选用沥青为克拉玛依70号（A级）道路石油沥青，骨料为哈密水泥厂用石灰岩加工的成品料，填料为石灰岩粉；大柳沟水库除细骨料为天然砂外，其他材料均与峡沟水库相同。

3.3　沥青混凝土心墙与其他结构的连接

沥青混凝土心墙与基岩（或基础防渗墙）、岸坡及刚性建筑物形成一个完整的防渗体系。心墙与基岩、混凝土防渗墙、岸坡的连接应设置混凝土基座。沥青混凝土心墙与基座连接处是防渗的关键部位，必须重视该部位的设计。

心墙底部与基座连接处需设放大脚，心墙基座应坐在基岩弱风化层或强风化底线（适用于坝基大开挖方案），厚度不小于1.0m，宽度需满足灌浆施工要求。心墙与基座的连接面宜做成平面，也可做成弧面，连接面上可设或不设金属止水带。

心墙与岸坡基岩连接时，在岸坡基岩面上开挖凹槽，槽内浇筑混凝土基座，基座宽度4～6m。在平面上心墙厚度局部加厚与基座连接，接触面宜做成弧形，也可做成平面，在接触面上设或不设止水片，心墙施工时表面再涂一层沥青玛瑞脂。岸坡混凝土基座在立面上宜具有适当坡度，以保持心墙与接触面为压力接缝，2007年峡沟水库设计时因无相关规范，心墙与溢洪道边墙的连接面坡度为1∶0.15（垂直∶水平），水库运行多年后，未发现心墙和边墙连接处有脱开现象，《土石坝沥青混凝土面板和心墙设计规范》（SL 501）要求该斜面宜缓于1∶0.35。高中坝、陡岸坡心墙与基座的接缝宜设止水片，中低坝、平缓岸坡可不设止水片。

3.4　大坝抗震措施

可研和初设阶段需结合不同坝料的物理力学参数地质建议值，按规范要求分不同运行工况对坝坡稳定进行复核，对于抗震设防烈度较高、填筑坝料颗粒较细的，则宜适当放缓坝坡，抗震设防烈度8度以上的应采取坝坡抗震加固措施。对坝高在50m以上的，需进行心墙的应力应变分析计算和坝体的动、静应力分析计算复核。

3.5　坝基处理

在坝基处理之前，应查明坝基砂砾石层的平面分布与空间分布、砂砾石级配、透水性、渗透稳定性、有无软弱夹层、有无集中渗流带以及基岩透水率情况，查清河床覆盖层不同埋深的物理力学性质及强弱风化层界线，根据水库水头对坝基渗透稳定性的要求，按规范合理确定坝基的清基深度和基岩处防渗深度等处理措施。

对地质条件复杂，如古河槽、河床深厚覆盖层、滑塌体、强卸荷带分布、两岸基岩埋深、基岩透水率以及天然建材质量、储量和运距等影响工程投资的问题，其勘探深度应基本满足初步设计阶段的勘探深度要求。根据不同处理范围以及处理深度的渗漏量和渗透比降，采取多方案比较选定。

(1) 坝基清除大开挖方案。河床砂卵砾石覆盖层厚度在20m深以内（规范规定15m以内），考虑现状大型施工机械和筑坝技术的发展，应比较采用大开挖、防渗体基础坐在基岩弱风化层上的方案；对河床砂卵砾石覆盖层厚度超过20m深以上，岩性不均，有超大粒径漂卵砾石，且多有架空结构，或对于岸坡坡积物由于相对松散，都应首选大开挖方案，彻底清除。

(2) 坝基混凝土防渗墙方案。对坝基砂砾石覆盖层厚度较大（一般超过20m），岩性均匀、密实，无较大粒径漂卵砾石，且不存在架空结构，具备成槽孔条件的，则宜优先采用建槽孔混凝土防渗墙形式，与沥青心墙采用混凝土基座连接，并加强止水。墙底部嵌入基岩0.5～1.0m，对风化层较深和断层破碎带可根据坝高和断层破碎带情况加深，并对底部进行固结、帷幕灌浆。峡沟水库、大柳沟水库、四道白杨沟水库三座水库均采取了槽孔混凝土防渗墙方案。

(3) 坝基固结和帷幕灌浆。哈密是缺水、少水地区，河沟的径流量普遍较小，水库多为小库高坝，水库设计中加强坝基防渗、减少渗漏就显得尤为重要。

坝基防渗体基础宜坐落在基岩强风化底线，若考虑强风化层较厚，也可坐落在强风化的中上限，但需视基岩裂隙发育程度而定，个别可结合施工地质开挖后最终确定，但需加强固结灌浆处理。遇断层处则应采用混凝土塞、扩大灌浆范围和深度进行处理。

二道沟水库坝址区河谷沉积卵、砾石层，最大厚度12m，右岸坝基下发育顺河大断层，基坑开挖后揭露出断层泥宽度为3m左右，包括两侧破碎带在内总宽度达10m左右，是坝基主要的渗漏通道。处理方案为将断层及破碎带按一定深度挖除，回填混凝土塞，混凝土塞深度达到12.5m，上部宽度20m，下部宽度12m。同时在断层两侧破碎带加强灌浆，心墙两侧各设两排加强固结灌浆，孔排距1.5m，深度30m；帷幕灌浆孔三排，孔排距1.5m，深度60m。

其他水库坝基固结灌浆一般设两排，孔排距2～3m，深度5～10m；帷幕灌浆一般设一排，孔距2～3m，帷幕灌浆深度按规范要求，采用基岩透水率5～10Lu线以下控制或按1/2坝高控制。一般对于坝高小于50m、基岩裂隙不太发育的，按10Lu线控制。

(4) 古河槽及其他不良地质情况处理措施。对于两岸坝肩古河槽以及岸坡砂卵砾石覆盖层的防渗处理，应结合基岩埋深以及覆盖层的渗透系数，复核不同处理范围以及处理深度的渗漏量和渗透比降，进行多方案比较。

头道白杨沟水库勘察时在坝址上游130m左库岸Ⅲ级阶地上发现上口宽160m、底宽约70m、覆盖层埋深近60m的古河槽。在探明古河槽的形态特征、埋藏深度、物质组成等各项工程地质条件后，对古河槽的防渗处理拟定了钢筋混凝土防渗面板、槽孔混凝土防渗墙和复合土工膜斜墙防渗三个方案，通过综合比较，选择了经济合理、安全可靠的钢筋混凝土面板防渗方案。

对于岸坡倾倒体、滑塌体以及强卸荷带等影响坝坡稳定以及建筑物进出口安全，在坝体轮廓范围内的也应考虑清除，对弱卸荷带可采用挂网喷护，防渗线范围则需采用灌浆处理。

4 结语

近年来哈密已陆续建成沥青混凝土心墙坝多座，有些坝高超过了70m，在疆内同类坝型中处于领先水平，并且运行良好已充分发挥效益。本文论述了与沥青混凝土心墙坝有关的一些设计要点，包括沥青混凝土心墙坝的大坝轮廓、大坝结构、沥青混凝土配合比、沥青混凝土与其他结构的连接大坝抗震结构、坝基处理等，并结合工程实例，对心墙与岸坡的连接面坡度，断层、古河槽及其他不良地质情况的处理措施进行了经验总结，以期为类似工程提供借鉴。

参考文献

[1] 邓铭江，李湘权．定居兴牧水源工程及技术支撑［M］．北京：中国水利水电出版社，2015.

五星抽水蓄能电站上水库库址选择

赵鹏强[1]　张　鹏[2]

（1. 水利部水利水电规划设计总院　2. 中水东北勘测设计研究有限责任公司）

摘　要： 抽水蓄能电站工程上水库库址选择是预可行性研究阶段的一个重要课题，如何在选定的区域内选择出更优的库址方案是工程布置的一个难题和挑战。本文依托黑龙江省伊春五星站抽水蓄能电站工程，给出一种上水库库址优选的思路和方法，为日后抽水蓄能电站上水库库址选择提供一定的参考。

关键词： 抽水蓄能　上水库　库址　优选　思路

1　引言

上水库库址选择是抽水蓄能电站工程预可行性研究阶段的一个重要课题，上水库库址选择的优劣直接影响工程方案布置及工程单位千瓦投资，是工程能否继续开展的一项决定性因素。为此，如何在选定的区域内选择出更优的库址方案是工程布置的一个难题和挑战，本文结合工程实例，给出一种上水库库址优选的思路和方法，为日后抽水蓄能电站上水库库址选择提供一定的借鉴和参考。

2　上水库库址优选的思路和方法

结合工程地形、地质条件，考虑工程发电水头与库容需求，在选定的下水库库址周边，对可能成立的上水库库址方案进行初步筛选。

筛选原则：一是合理利用上、下水库间自然地形条件，获得必要的水位落差；二是在满足机组制造要求的一定水头范围内，尽可能利用地形条件获得较高水头。

在工程布置区域内满足上述原则可供重点筛选的地段：

（1）有一定的天然库容和合理的水位变幅的山坳。上水库宜选址于较大天然库容区域，且山坡不过陡的沟谷与山坳间，以避免为满足发电库容而进行大规模库内开挖或修建过高、过长的大坝，导致工程投资过大。

（2）高山顶部的台坪或缓坡地带。利用山顶平台采用半挖半填方式成库，形成库内开挖四周筑坝的人工库盆。

3　上水库库址优选实例

3.1　工程概况

五星站抽水蓄能电站位于黑龙江省伊春市境内，距伊春市直线距离 14km，距哈尔滨市直线距离270km。电站枢纽建筑物主要由上水库、下水库、输水系统和地下厂房系统、地面开关站等组成。工程装机容量为1800MW，为Ⅰ等大（1）型工程。通过对下水库水源、地形地质、枢纽布置等条件综合分析论证后，本工程下水库库址可选的最佳位置为距离上水库最近的红旗河支流，选定的库址位于红旗林场西南5km处。为说明库址优选的思路和方法，本文上水库库址优选工作的开展均是基于选定的下水库库址进行的。

3.2 库址筛选

按本文所述筛选原则，本工程在初选的下水库进出水口位置约6km范围内进行上水库库址筛选，结合工程区地形条件，选出区域范围内可能的上水库库址共6处。上水库库址位置筛选见图1。库址筛选说明及结论见表1。

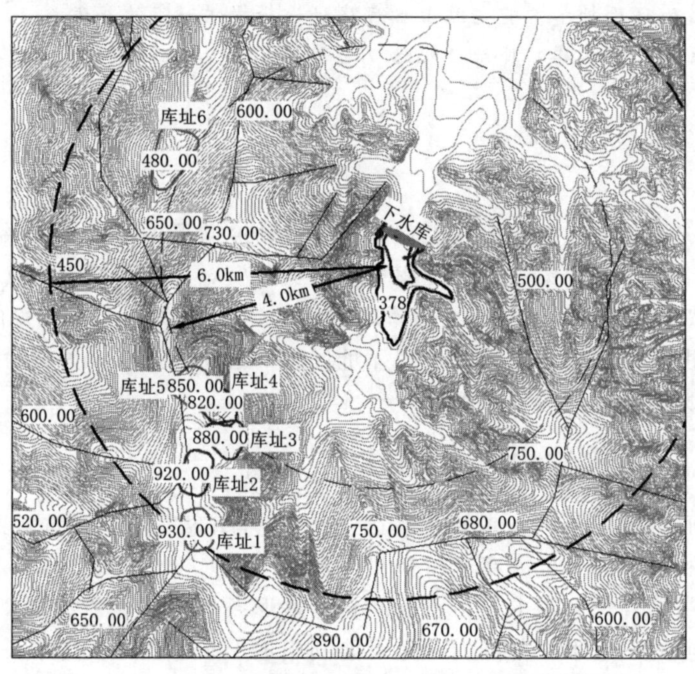

图1 上水库库址位置筛选示意图

表1 库址筛选说明及结论表

库址	正常蓄水位/m	水头差/m	水平距离/m	距高比	库址位置	优、缺点说明	筛选结论
库址1	930	552	5797	10.5	山顶平台	优点：下水库周边6km范围内所有山顶平台的最高位置，可获得最大的水头差，现有平台面积足以满足上水库库盆布置要求； 缺点：采用库底开挖四周筑坝方式成库，成库条件较差；距离下水库较远，距高比较大	没有库址2优

续表

库址	正常蓄水位/m	水头差/m	水平距离/m	距高比	库址位置	优、缺点说明	筛选结论
库址 2	920	542	4824	8.9	山顶平台	优点：山顶平台距下水库最近的边缘，平台面积足以满足上水库库盆布置要求，距下水库的距离比库址 1 短，距高比较小； 缺点：采用库底开挖四周筑坝方式成库，成库条件较差；最大水头小于库址 1	进行技术经济综合比较
库址 3	880	502	3966	7.9	缓坡	优点：缓坡地段距下水库最近的边缘，缓坡综合坡比约 1：20，距下水库的距离比库址 2 短，距高比较小； 缺点：采用库底开挖四周筑坝方式成库，成库条件较差；最大水头比库址 2 进一步减小，库盆北侧临近山坳，东侧临近陡坡	进行技术经济综合比较
库址 4	820	442	3920	8.9	天然山坳	优点：利用天然山坳布置上水库，可利用天然库容； 缺点：原有地形天然库容太小，山坳地形较陡，坝体填筑量较大	进行技术经济综合比较
库址 5	850	472	4145	8.8	缓坡	优点：缓坡地段距下水库最近的边缘，缓坡综合坡比约 1：20，布置条件与库址 3 相似； 缺点：采用库底开挖四周筑坝方式成库，成库条件较差；库盆北侧和东侧临近山坳，西侧临近陡坡，库盆布置空间有限，与库址 3 相比，水头更低，距高比更大	没有库址 3 优
库址 6	480	102	4210	41.3	天然山坳	水头差太小，距高比太大	不合理库址方案

筛选出的 6 处库址中，库址 1 和库址 2 是两处山顶平台库址，库址 3 和库址 5 是两处缓坡库址，库址 4 和库址 6 是两处天然山坳库址，通过相同地形条件库址对比分析判断，排除掉不优及不合理库址外，拟对初步筛选的库址 2、库址 3 和库址 4 设定为三个库址优选方案，分别为大平岗库址方案、六高坡库址方案和天然山坳库址方案，开展进一步的技术经济综合比较。

3.3 库址优选

大平岗库址方案、六高坡库址方案分别利用山顶台地和缓坡成库，与六高坡库址方案相比，大平岗库址方案水头高约 36m，引水线路长约 800m，两方案可利用水头、输水线路长度、枢纽布置等相差相对较大。地形和输水线路长度是影响两方案比选的主要因素。

天然山坳库址方案是利用天然山坳成库，与六高坡缓坡成库方案相比，天然山坳库址方案水头低 23m，输水线路长度短约 100m，两方案可利用水头、输水线路长度、枢纽布置等相差相对较小。地形是影响两方案优选的主要因素。

通过对影响方案选择的主要因素进行分析，发现六高坡库址可利用水头、输水线路长度在三个方案中均居中，因此，以六高坡库址方案为基础，确定三个初拟库址方案的优选顺序为：首先对输水线路长度相差不大的六高坡库址方案和天然山坳库址方案开展初步技术经济比较，确定出较优方案，再与输水线路长度相对较长、可利用水头相对较高的大平岗库址方案开展详细的技术经济综合比较。

3.4 上水库库址优选小结

(1) 六高坡库址方案和天然山坳库址方案开展初步技术经济比较。本工程天然山坳方案可利用的天然库容有限，与六高坡库址方案相比，水头的降低导致所需的调节库容增大，而调节库容主要靠开挖山体形成，开挖方量和防渗面积都增大。山坳内坡度较陡，综合坡比约 1∶5，坝脚处放坡较远，坝轴线处最大坝高为 92.5m，坝脚处最大坝高为 134.5m，从而导致坝体填筑量较大。通过两库址方案技术经济比较发现，天然山坳库址方案土石开挖量、坝体填筑量、坝体防渗面积均较大，上水库工程直接费多 1.87 亿元，经济性较差，经比较六高坡库址方案优于天然山坳方案。

(2) 六高坡库址方案和大平岗库址方案详细的技术经济综合比较。综合比较两库址方案的规划指标发现：两库址方案水文条件相同，机电设备、建设征地移民、环境保护、施工条件基本相近，六高坡库址方案在地形地质条件、枢纽布置、工程量、工程总体投资方面均优于大平岗库址方案，六高坡库址方案工程静态投资比大平岗库址方案节省 1.97 亿元，经济指标较优。

通过以上优选工作，本工程上水库库址推荐采用六高坡库址方案。

4 结语

本文上水库库址优选工作开展的思路和方法为：①确定筛选原则→②确定筛选范围→③确定重点筛选地段→④给出可能性筛选方案→⑤去掉不优及不合理方案→⑥对重点方案进行技术经济比较→⑦确定推荐库址方案。

参考文献

[1] 邱彬如，刘连希．抽水蓄能电站工程技术［M］. 北京：中国电力出版社，2008.
[2] 邱彬如，刘连希．抽水蓄能电站工程设计［M］. 北京：中国电力出版社，2021.

深厚覆盖层平原水库结构设计特性及运行安全评价

李　新　尚　层　田　宇　徐晓强

[新疆额尔齐斯河投资开发（集团）有限公司]

摘　要： 本文针对大坝深厚软土地基承载力低、压缩性大和高地下水位的特点，为保证坝体和坝内涵洞长期安全运行，为满足大坝基础和坝体自身不致产生有害变形，涵洞与坝体变形协调，结合紧密，采取了一系列结构设计措施，特别是进行了涵洞基础砾质土换填。根据施工和运行期大坝安全监测成果，全面分析了大坝变形和渗流，以及涵洞基础沉降、接触变形及渗流规律和特点。评价了坝基沉降变形量大且未收敛、涵洞基础变形量大、洞身与坝体接触变形较大、接触渗流等情况。通过16年运行验证，换填砾质土对加固涵洞地基，减小变形起到了一定作用，但未能有效控制基础变形；大坝多次出现沉降突增现象，坝基超常变形成因复杂，有待进一步研究判明。

关键词： 深厚覆盖层　坝内涵洞　砾质土换填　沉降变形　安全评价

1　概况

某水库位于山前冲洪积下部细土平原区，是经四面筑坝围成的典型平原注入式水库，主要由均质土坝、放水（兼放空）涵洞组成，属大（2）型水库。均质土坝由四面封闭而成，坝轴线全长17.676km。水库正常蓄水位500.00m，坝顶高程503.00m，最大坝高28m，总库容2.81亿m^3。本工程具有五个显著特点：①工程规模大，最大坝高高，坝线长；②大坝坐落在深厚覆盖层上，坝基主要为第四系全新统洪积轻-重粉质壤土；③大坝东西副坝坝基存在厚达数米的高含水软弱夹层；④放水涵洞以坝下埋涵的形式贯穿主坝坝体，基础采用宽级配砾质土换填；⑤坝体内部设L形排水体与下游坡脚排水棱体相接，与防渗体填筑平起施工。

该水库工程自2002年4月开工，2005年7月大坝全断面填筑至高程503.00m，主体工程完成。放水（兼放空）涵洞于2003年6月开始填筑砾质土，底板及洞身混凝土的浇筑自2003年9月开始，2004年4月完成。水库自2005年9月开始试蓄水，2006年5月正式蓄水，每年4—8月向水库补水。

2　坝基防渗处理和坝体土料填筑

坝基防渗采用在坝体设置截水槽防渗方案。在坝轴线上游侧，距上游坝脚距离0.337～

0.444 倍坝基宽度处设置截水槽。开挖深度依据含盐量不大于 3%，渗透系数为 $n\times10^{-5}$cm/s（$n<10$）的防渗线控制，与坝体形成整体防渗，截水槽采用与坝体防渗体相同的土料填筑，压实度 0.98。

坝体防渗土料以低液限粉土和低限黏土为主，最优含水量 14.4%，最大干密度 1.80g/cm^3，渗透系数在 $4.37\times10^{-6}\sim4.3\times10^{-5}$cm/s，属于中、重粉质壤土，坝体土料击实后干密度 1.72～1.86g/cm^3，压缩系数 0.07～0.125MPa^{-1}。防渗土料填筑渗透系数满足 $n\times10^{-5}$cm/s，压实度大于 0.98。

3 大坝结构设计

大坝属 2 级建筑物，坝型为当地土料填筑的均质土坝，坝体主要由上游护坡、坝顶结构、大坝防渗体、排水结构和下游护坡组成，坝体排水设施由竖式排水体水平褥垫式排水体和坝脚排水棱体组成，全长 12.7km（见图 1 和图 2）。

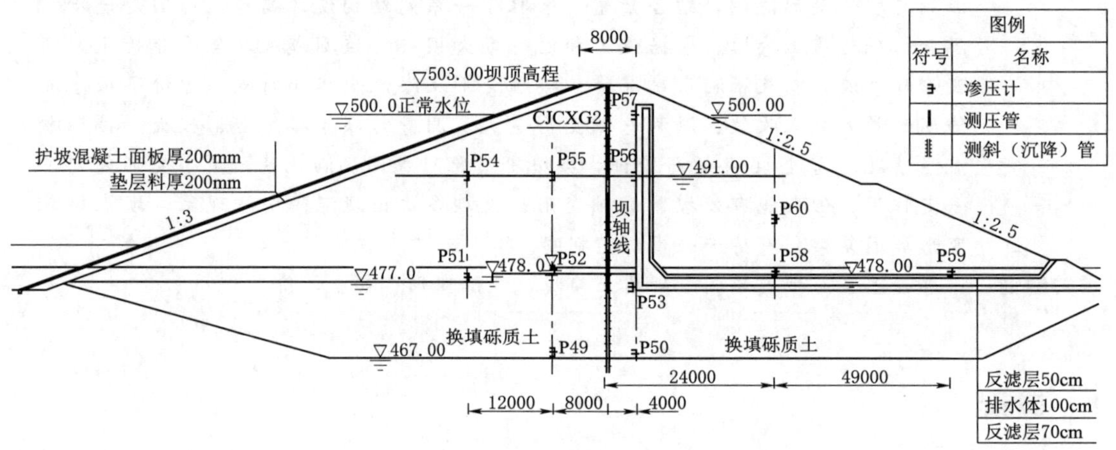

图 1 换填断面结构及监测仪器布置图（单位：mm）
（中坝 4+080 换填砾质土断面）

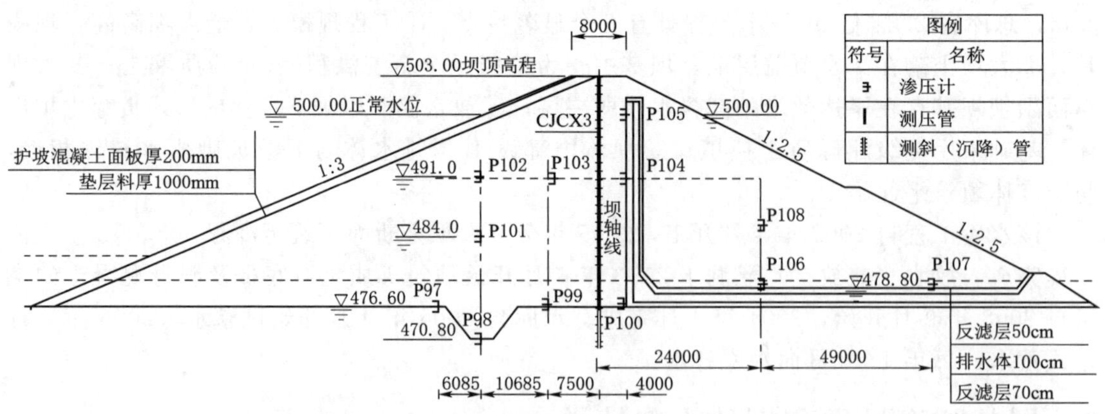

图 2 典型断面结构及监测仪器布置图（单位：mm）
（中坝 4+300 非换填断面）

4 涵洞变形控制和结构设计

4.1 涵洞基础处理及变形控制

坝体和涵洞传递给基础的荷载最大为600kPa，而基础允许承载力只有90～190kPa，承载力不足问题突出。研究主要集中在涵洞建筑物基础沉降变形控制、涵洞自身及涵洞与坝体的基础沉降变形协调两个问题。为解决基础承载力不足问题，本工程采用换填砾质土方案。闸井段换填深度10m，涵洞段换填深度11m，沿坝轴线方向采用1∶10缓坡过渡。涵洞基础换填料的天然级配为粒径小于5mm占53%，其中小于0.075mm占15.2%，为低压缩性土，回填砾质土压实度0.99，渗透系数3.77×10^{-5}cm/s，压缩系数小于0.07MPa^{-1}。

为适应涵洞及坝体变形，在坝体内部涵洞周围填筑4m厚高塑性黏土，平均黏粒含量31.64%，塑性指数12.1～17.2，填筑压实度0.98，填筑含水量按最优含水量偏湿侧控制，不超过+2%。

4.2 涵洞结构设计

在中坝4+097断面布置放水兼放空涵洞，洞轴线垂直于坝轴线，洞身全长76m，城门洞型，采用C25现浇钢筋混凝土结构（见图3）。涵洞设计的主要措施：①涵洞洞身采用短管宽缝设计，每节涵洞长7m，缝宽3cm。②每道缝设置一道铜片止水及一道橡胶止水，厚3cm聚乙烯闭孔塑料板填缝，加长铜片止水鼻子。③涵洞变形缝处底板下设置宽

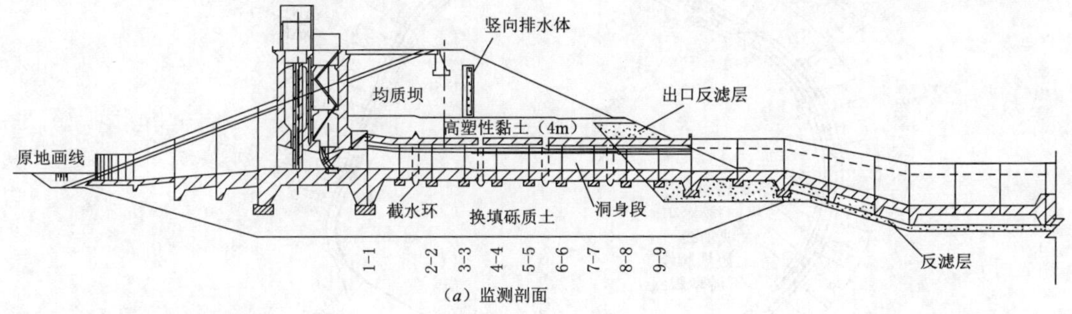

(a) 监测剖面

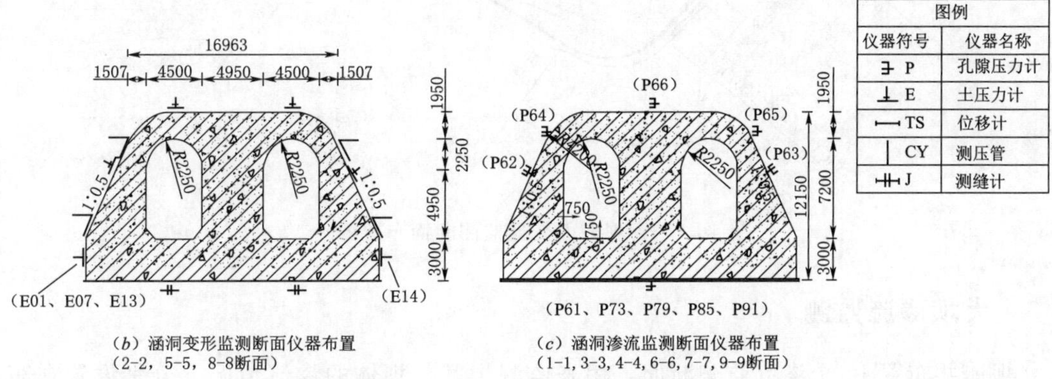

图例	
仪器符号	仪器名称
P	孔隙压力计
E	土压力计
TS	位移计
CY	测压管
J	测缝计

(b) 涵洞变形监测断面仪器布置（2-2，5-5，8-8断面）

(c) 涵洞渗流监测断面仪器布置（1-1，3-3，4-4，6-6，7-7，9-9断面）

图3 涵洞结构及监测仪器布置图（单位：mm）

3m、厚 1m 的混凝土垫梁。④涵洞外侧墙体设置 1∶0.5 的边坡，墙体外侧设置高塑性黏土，出口设反滤料保护。⑤预留沉降变形量。

5　大坝安全监测设计及布置

5.1　大坝表面变形监测

大坝共布置 56 个监测断面，212 个变形监测点。中坝每隔 200m 设 1 个观测断面（42 个断面），东、西坝每隔 300m 设 1 个观测断面（14 个断面）。每个断面设 3～4 个综合位移测点，分别布置在坝顶上游侧、坝顶下游侧、下游马道和坡角。

5.2　坝体内部变形监测

坝体内部变形监测分别在中坝 4＋080 和中坝 4＋300 断面坝轴线处、东坝 1＋800 断面坝轴线下游 4m 处（下游坝顶）、东坝 0＋600 和西副坝 1＋161.376 断面坝轴线上游 12m 处（上游坝坡）各布置 1 根沉降（兼做测斜）管，共计 5 根（见图 4）。

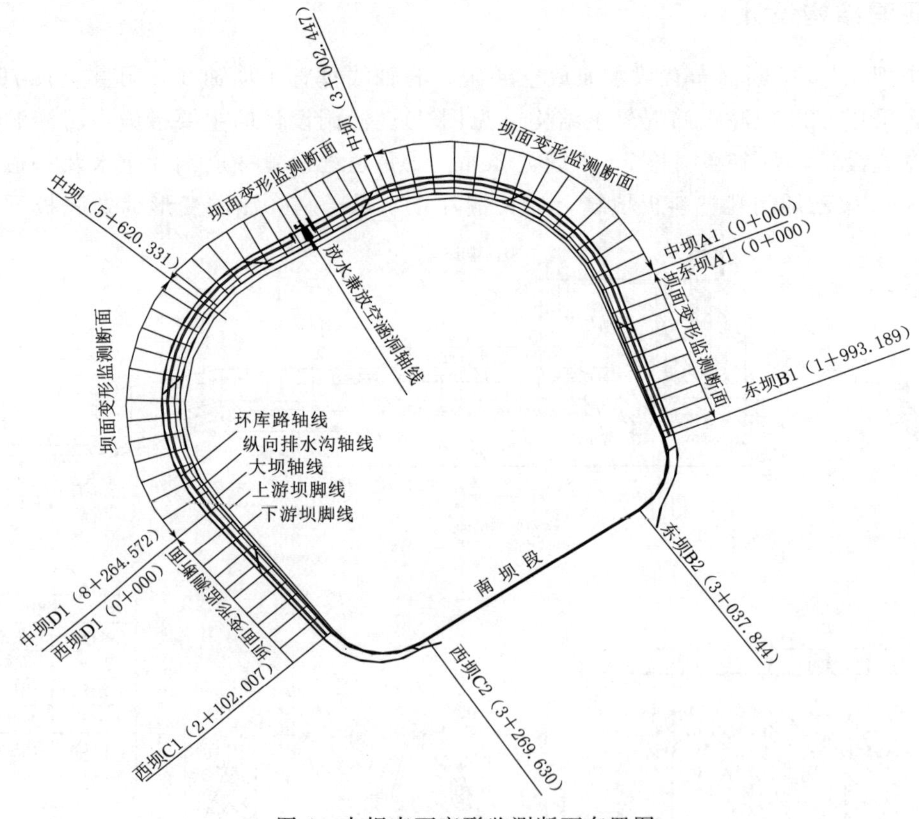

图 4　大坝表面变形监测断面布置图

5.3　大坝渗流监测

坝体共布置 11 个渗流监测断面，用来监测坝基、坝体的渗流情况。分别设置在东坝

1+800、东坝 0+600 和西坝 1+161 断面、中坝 2+000 和中坝 6+200 圆弧段，以及涵洞两侧的中坝 3+600、中坝 3+850、中坝 4+080（见图 1）、中坝 4+300（见图 2）、中坝 4+600 和中坝 4+797 断面。

5.4 涵洞洞身与坝体接触部位监测

涵洞洞身分为 10 段，沿洞轴线设置 9 个监测断面，其中渗流监测断面 6 个，每个断面布置 6 支渗压计；涵洞周围土体应力、洞身与周围土体间变形监测断面 3 个，分别布置土压力计 6 支，两向位移计组 4 组。仪器布置见图 3。

6 监测成果分析与评价

6.1 大坝监测成果分析与评价

（1）大坝的变形监测成果分析。

1）大坝表面变形监测。水库大坝坝面变形监测自 2005 年 9 月首测，坝面水平位移采用四等 GNSS 测量，竖向位移采用二等水准测量。坝面竖向位移较大测点主要分布在中坝直线段（中坝 2+988～中坝 4+600）和西圆弧坝段（中坝 4+818～中坝 5+800），上、下游侧坝顶累计竖向位移量 500～728mm，下游马道累计竖向位移量 380～563mm，坝脚累计竖向位移量 127～299mm。水库蓄水后坝面最大累计沉降量占坝高的 2.70%。

从位移过程分析，大坝蓄水初期沉降速率最大，随后减缓。自蓄水后中坝直线坝段沉降速率即增大，西圆弧坝段沉降速率自 2007 年起开始增大，坝脚自 2008 年 11 月部分断面测点开始出现明显沉降。以沉降最大中坝 4+209 断面为例，2014 年后每年沉降量保持在 20～40mm，没有收敛趋势（见图 5）。

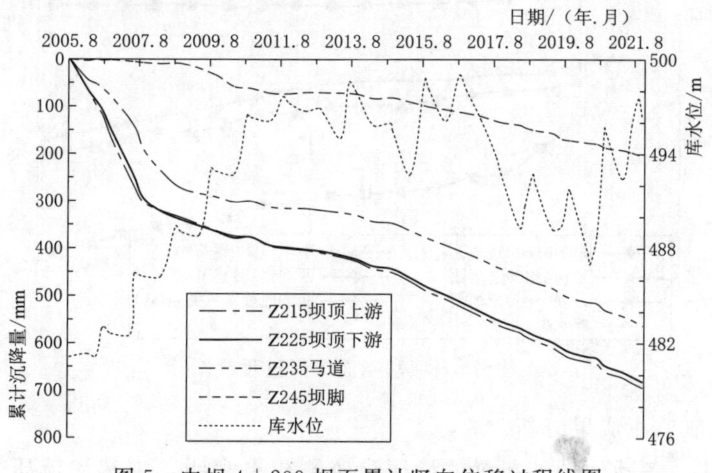

图 5 中坝 4+209 坝面累计竖向位移过程线图

2）土坝内部变形监测。大坝沉降以坝基沉降为主，逐年增加，还未达到稳定状态。坝基沉降量偏大，坝体自身因压缩产生的沉降量小，蓄水后也逐渐趋于稳定（见表 1）。

表 1　大坝竖向位移特征值统计表（沉降管法　截至 2022 年 10 月）

部　位	东坝		中坝		西坝	备　注
测点编号	CJ01-02	CJ05-01	CJ02-10	CJ03-04	CJ04-01	1. 表中为 2022 年 10 月 15 日的观测值； 2. 表中中坝 4+080 地基沉降量为高程 478.00m 处测点测值，其下 11m 为换填砾质土
桩号	0+600	1+800	4+080	4+300	1+161	
坝高	12.1	8.1	25.0	27.0	12.6	
蓄水前最大沉降量/mm	294	134	695	842	365	
蓄水后最大沉降增量/mm	126	40	445	758	124	
坝基沉降量/mm	402	174	1096	1492	489	
坝体自身沉降量/mm	45	27	159	191	92	
坝基沉降量占坝高/%	3.32	2.16	4.38	5.52	3.88	
坝基沉降量占最大沉降量比/%	95.71	100	96.14	93.25	100	
2022 年沉降速率/(mm/月)	0.75	0.17	2.58	3.00	1.75	

各监测断面施工期竖向位移已较大，蓄水期及运行期的沉降速率小于施工期。坝顶、坝基及坝体竖向位移总体上与坝高呈正相关，东、西坝沉降量明显小于中坝，中坝 4+080（换填）的沉降量明显小于中坝 4+300（未换填），换填后断面坝基沉降量蓄水前偏小 17.6%，蓄水后则偏小 34.1%，蓄水后效果更显著。至目前，东西坝坝基和坝体变形趋于稳定，中坝坝基沉降仍在逐年增加，没有明显减缓趋势，自 2014 年后反而有增大趋势（见图 6）。

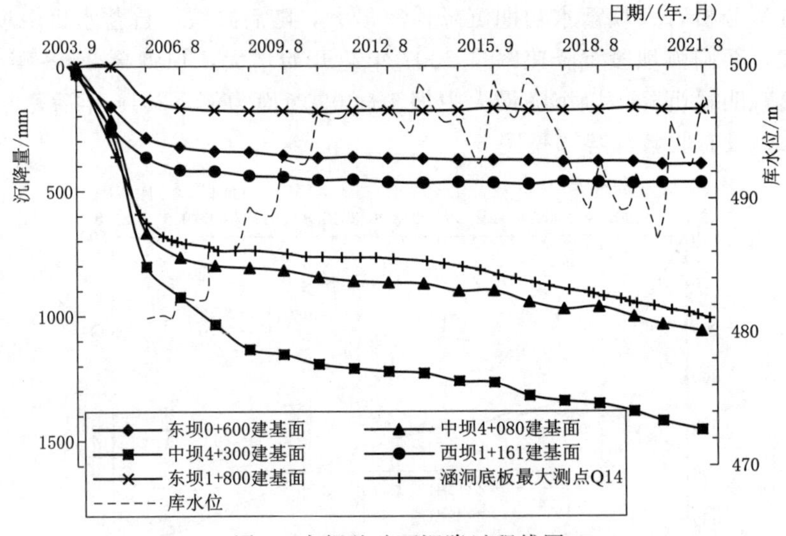

图 6　大坝基础面沉降过程线图

（2）大坝渗流监测成果分析。

1）坝基渗流。各断面坝基布置的渗压计监测成果表明，坝基渗流压力与库水位正相关。大坝设置的截渗槽和 L 形排水体起到了明显降低坝体渗流压力的作用。

a. 坝基渗流压力和渗压位势。以中坝 4+300 断面作为典型断面分析（见图 7），截渗槽前、中、后渗压位势明显减小，竖向排水体后坝基渗压位势很小。对比坝基换填中坝 4+080 断面（没有截渗槽），其竖向排水体前、后渗压位势均高于相邻断面，竖向排水体后的渗压位势明显高于其他断面。根据渗流过程分析（见图 8），库水位在高水位运行期间（高程 496.00m 以上），坝基渗压位势略有降低并逐渐稳定，说明坝基渗流条件逐渐改善；在库水位持续下降或低水位运行期间，坝基渗压位势上升，其中中坝 4＋080 断面较相邻断面明显；大坝各断面坝基渗压位势自上游向下游逐渐降低。

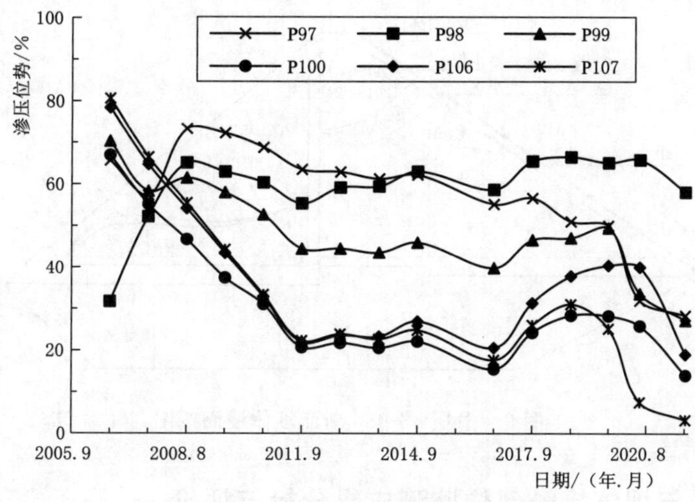

图 7　中坝 4＋300 坝基面渗压位势过程线

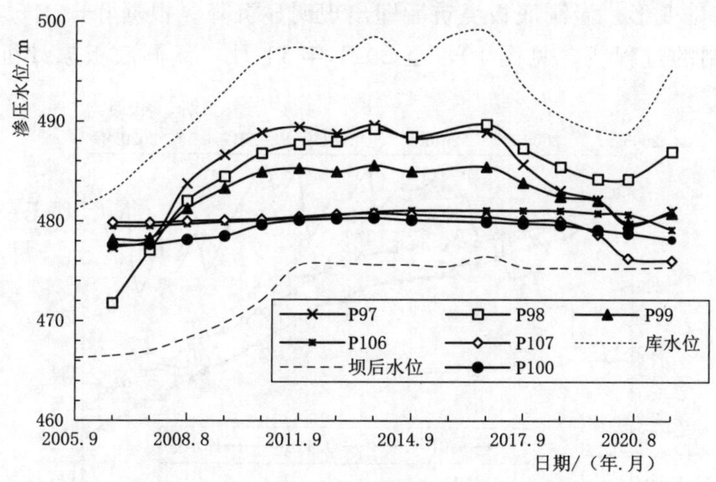

图 8　中坝 4＋300 坝基面渗压水位过程线

其他断面情况类似，截渗槽和排水体都不同程度地起到了降低渗流压力的作用，但东坝和西坝坝基渗压位势比中坝明显偏高，消减渗流压力的作用偏弱，应与东西坝存在软弱夹层和地下水位较高有关。

b. 渗透比降。中坝各监测断面坝基渗透比降随库水位变化，自 2011 年 9 月后，当库水位基本保持稳定时，渗透比降也基本稳定。各监测断面渗透比降值十分接近，在 0.06～0.4 间变化，均在允许渗透比降 0.50 范围内。

2）坝体渗流。根据渗流压力实测值绘制的坝体浸润线进行分析，以砾质土换填断面（中坝 4＋080）为例（见图 9）。坝体浸润线随库水位变化，库水位越高浸润线随之也越高。库水位基本在同一水位时，随时间推移坝体浸润线呈逐年升高的趋势，但随着库水位的逐年升高和土体的逐渐饱和，浸润线的升高趋势不再增加，而是渐趋稳定。坝体浸润线自上游向下游沿程下降，过竖向排水体后有显著下降，排水体排水减压效果明显。中坝4＋080断面较其他断面水平排水体后部浸润线翘尾现象明显。

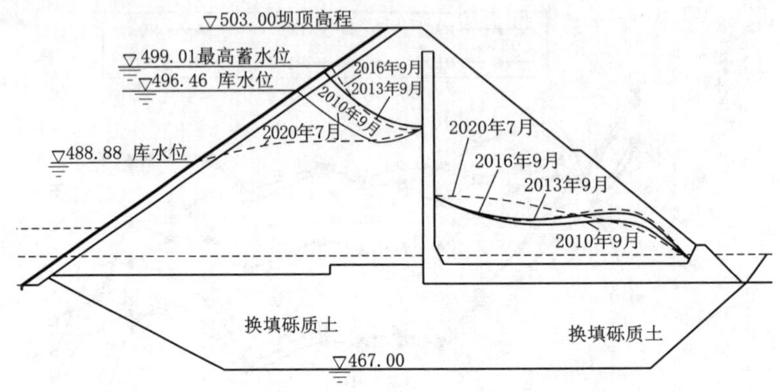

图9　中坝4＋080断面坝体浸润线图

6.2　涵洞洞身与坝体接触部位监测成果分析与评价

(1) 涵洞基础变形。涵洞底板浇筑后即出现明显沉降。根据0＋44.5右洞底板沉降最大标点Q14绘制的过程线，见图10，至2021年11月，涵洞底板累计沉降量1012mm，

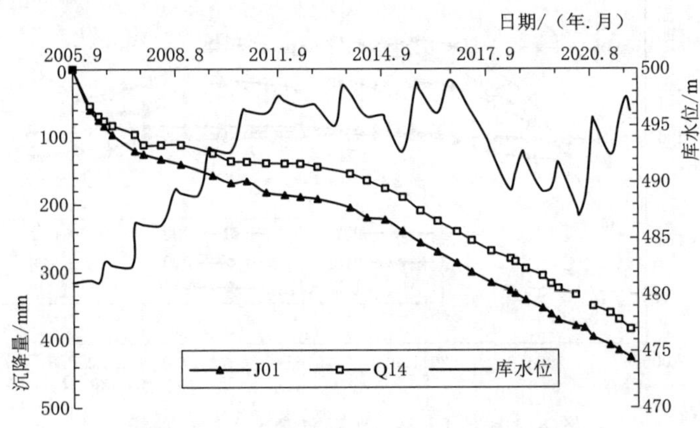

图10　涵洞底板与坝顶沉降过程曲线图

占坝高的3.6%，其中蓄水前建设期沉降628mm，占累计量的62%，运行期沉降384mm。涵洞底板在施工期沉降速率最大，初蓄期沉降速率较大，然后逐渐变缓，自2014年沉降速率基本保持年均沉降31mm左右，没有收敛趋势。与基础换填部位的坝顶测点J01比较，J01运行期沉降426mm，其中坝体自身沉降量42mm，占总沉降量的9.86%，坝体自身沉降小且已稳定。

涵洞底板最大沉降位置在洞0＋44.5断面，向两端沉降量逐渐减小。涵洞同一横断面左右洞底板最大沉降差2mm，横向最大倾度为0.06%；沿涵洞轴线，相邻测点最大沉降

差 81mm，纵向最大倾度为 1.15%。涵洞底板差异沉降不大。

(2) 涵洞与坝体接触变形。以涵洞 2-2 断面为例（见图 11）。洞身各高程各断面的水平和剪切位移均呈逐年增大趋势，施工期和初蓄期变形增幅较大，变形发展平缓，随后逐渐趋于稳定。同一高程同一位置剪切位移大于水平位移，同一断面不同高程，上部高程的变形大于下部；各高程左、右洞的水平和剪切位移基本呈对称分布。上、下高程间剪切位移最大差值 12.78mm，最大剪切变形倾度 0.94%，水平位移最大差值 6.48mm，最大水平变形倾度 0.47%，变形倾度不大。同断面左、右洞外侧剪切位移最大差值 8.3mm，水平位移最大差值 5.7mm，左右洞变形对称性良好。接触变形值也从上游向下游递减，与填筑高度呈正相关。

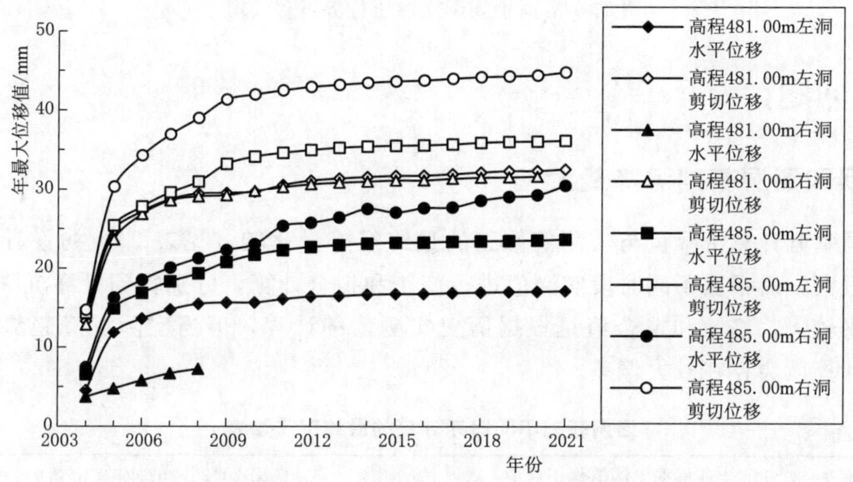

图 11　涵洞 2-2 断面接触变形位移过程线图

(3) 洞身与坝体接触渗流。根据涵洞洞身沿洞轴线（见图 12、图 13），结合洞周渗压水位与库水位分析，沿洞轴线从上游向下游，渗压位势都逐渐减小，渗压水头消减明显，洞底渗压位势均小于相应洞顶，洞顶渗压位势除 1-1 断面 P66 测值较大外，其余测点位势相近。在水库高水位运行时，各测点位势值均有逐渐减小，逐步保持稳定的发展趋势。在库水位持续下降或低水位运行时，洞周渗压位势均增大，洞顶增大幅度大于洞底。

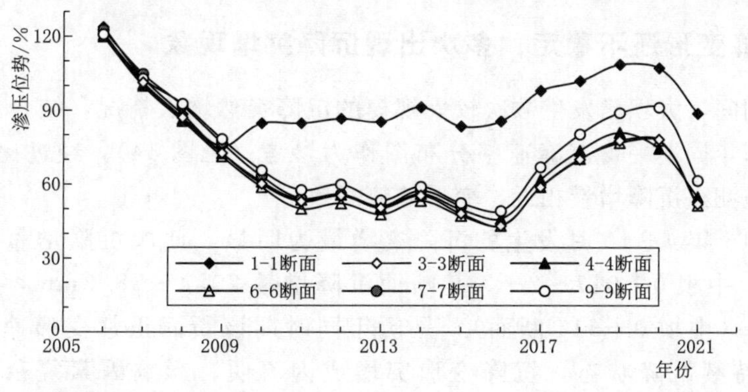

图 12　沿洞轴线洞顶渗压位势过程线图

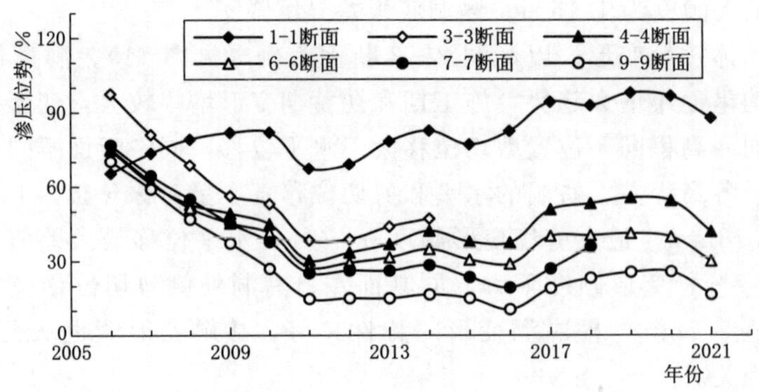

图 13　沿洞轴线洞底渗压位势过程线图

7　主要问题

7.1　大坝和涵洞基础沉降量大

将涵洞基础计算沉降量与实测值修正的最终沉降量比较（见表 2），初设计算量与实测量相差很大，后根据不同时段实测值进行修正和拟合计算，分别得到最终沉降量，与实测值相差仍较大。修正和拟合值是根据历史实测值的计算，但当实际沉降趋势发生变化时，拟合计算就会存在较大偏差。

表 2　　涵洞基础不同时期计算的最终沉降量表

建设前初设阶段理论计算量/mm	2005 年前根据实测值修正后的计算量/mm			根据 2012—2020 年实测值的拟合值/mm	
	邓肯-张 E-B 模型计算值	分层总和法计算值	双曲线拟合值	双曲线拟合值 $S=t/(1.91+0.00075t)$ $R^2=0.95$	指数曲线拟合值 $S=1274.11e^{-1800/t}$ $R^2=0.96$
320～380	527	822	815	1340	1274

注　S 为沉降量，t 为自施工后累计天数。

7.2　坝基沉降变形还不稳定，多次出现沉降突增现象

水库运行期间，大坝已发生数次较大规模的沉降突然增大情况，结合历年沉降数据，绘制了突变前历年同期平均沉降速率分布图作为参考（见图 14）。经过比较分析，坝体上、下游及马道测点沉降增量相近，变形趋势一致。

其中以 2016 年 4—10 月发生的沉降突增最为明显，此次沉降增量大，影响范围广（见图 15）。中坝 0+017～2+799 断面沉降增量 20.2～78.5mm，最大沉降速率达 11.8mm/月（中坝 0+614 断面），是历年同时期该断面正常变形速率的 7 倍。目前中坝仍处于持续沉降状态，沉降变形突增成因不明，影响因素复杂，需进一步研究判明。

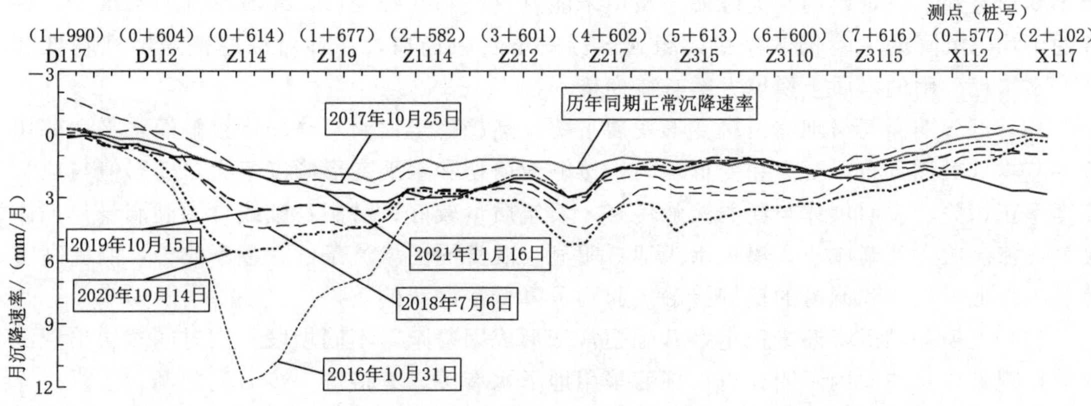

图 14　水库大坝表面测点沉降突增发生时段沉降速率分布图

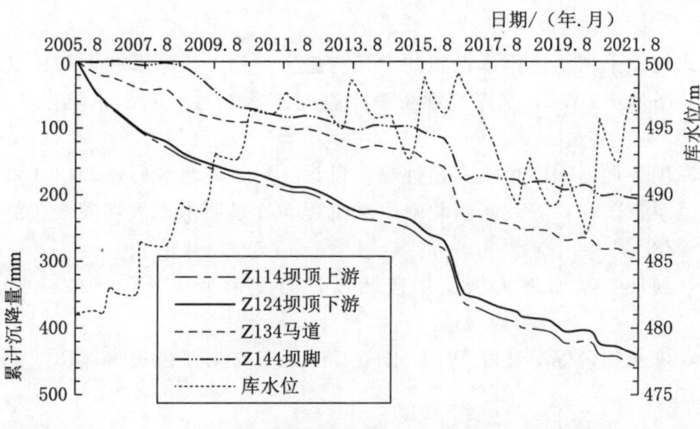

图 15　0+614 断面测点累计沉降过程线图

7.3　坝体渗压位势较高，坝后排水不畅

大坝中坝段和涵洞部位浸润线在尾部均有不同程度的翘尾，在水库水位持续下降过程和低水位运行期间，大坝和涵洞基础渗压位势明显升高并保持在较大值，大坝坝后排水不畅，不利于大坝稳定安全运行。

8　结语

（1）大坝沉降变形量大，主要是坝基沉降引起的，坝基变形仍没有收敛趋势，变形还未稳定；坝体自身压缩产生的变形量小，已趋于稳定；大坝截渗槽和排水体起到了明显降低坝体渗流压力的作用，但对东坝和西坝的作用偏弱，应与东西坝存在软弱夹层和地下水位较高有关；坝基换填断面渗流条件不如其他断面，中坝和涵洞部位坝体浸润线在尾部均有不同程度的翘尾，大坝坝后排水不够顺畅。

（2）涵洞底板仍在沉降，沉降趋势与坝基一致，没有收敛趋势；涵洞洞身横向和纵向差异沉降不大，涵洞砾质土基础填筑质量均匀，目前对涵洞安全运行还未产生严重影响；坝基经砾质土换填后沉降量明显减小，蓄水后的效果更加显著，换填砾质土对加固地基，减小变形起到了一定作用。但砾质土换填未能有效控制基础变形，涵洞基础变形量大，有害的不均匀沉降的风险仍然存在，涵洞运行安全隐患仍在，在针对深厚覆盖层坝基处理上，本工程采用的砾质土换填方案有待商榷。

(3) 运行期涵洞与坝体接触变形发展平缓，渐趋稳定；洞身与坝体接触面水平和剪切位移基本呈对称分布，受力和变形均匀，接触面剪切和水平变形倾度不大，变形值与填筑高度呈正相关，说明坝体与涵洞接触良好，填筑质量较好；沿洞身轴线，涵洞洞身与坝体接触面渗流压力逐渐减小，渗压水头消减明显，洞身周围渗流条件在逐渐改善，洞周高塑性黏土保证了坝体和洞身的良好接触，起到了降低浸润线的效果。

(4) 大坝基础沉降还未稳定，基础超常变形成因复杂，不同坝段不同时间多次出现沉降突增现象，具体原因不明，也与坝后采用地下水有关，有待进一步研究判明。

参考文献

［1］ 杨晨．高碾压式均质土坝坝体排水设施的设计与施工［J］．新疆水利，2012（2）：24-28.

［2］ 杜进新，杨晨，潘旭勇．WLL水库筑坝防渗土料的工程特性［J］．水利建设与管理，2006（6）：34-36.

［3］ 柳莹，平原水库坝下埋涵周围填筑高塑性黏土设计［J］．陕西水利，2013（5）：87-88.

［4］ 余春海，宋庭臣，王国利，等．新疆北疆引水工程500平原水库大坝安全监测设计［J］．小水电，2006（5）：21-23.

［5］ 李新，王庆勇，魏波．某水库大坝变形监测设计与变形分析［J］．水利水电技术，2010（9）：114-118.

［6］ 彭卫军，卢军，麻永福，等．新疆WLL水库工程大坝安全评价报告［R］．新疆水利水电勘测设计研究院，2019.

大石门水利枢纽工程沥青心墙坝抗震措施研究

焦　阳

（新疆水利水电勘察设计研究院有限责任公司）

摘　要：大石门水利枢纽工程属国家节水供水 172 项重大水利工程之一，该工程沥青混凝土心墙砂砾石坝最大坝高约 130m，工程地基岩动峰值加速度 50 年超越概率 2%为 0.52g，100 年超越概率 2%为 0.64g，抗震设计烈度为Ⅸ度。本文结合工程坝高、强震、河谷狭窄等特点，通过采用多种数学模型方法及动模试验对大坝在动力作用下的工作性态和抗震稳定性进行分析研究，提出了本工程的大坝抗震措施，以确保大坝运行安全，对高震区下沥青心墙坝的抗震措施设计具有一定的借鉴意义。

关键词：高地震烈度　高陡岸坡　沥青混凝土心墙　抗震措施

1　工程概况

大石门水利枢纽工程位于新疆巴州且末县境内的车尔臣河干流上，坝址位于车尔臣河与托其里萨依支流交汇口下游约 300m 处，属国家节水供水 172 项重大水利工程之一，是一项承担防洪、发电和灌溉等任务的综合性水利枢纽工程。水库正常蓄水位 2300.00m，总库容 1.27 亿 m^3，水电站装机 60MW，属Ⅱ等大（2）型工程。拦河坝沥青混凝土心墙坝最大坝高约 130m，为目前国内水利项目在建挡水水头最高的碾压式沥青混凝土心墙砂砾石坝。

坝址区 50 年超越概率 10%、50 年超越概率 5%、50 年超越概率 2%和 100 年超越概率 2%的基岩水平向峰值加速度分别为 260.6gal、363.0gal、516.0gal 和 643.3gal。大坝设计中，分别采用 50 年超越概率 2%和 100 年超越概率 2%对应的地震动参数作为大坝设计和校核地震动参数，大坝抗震设计烈度为Ⅸ度。

大坝为 1 级建筑物，坝型为碾压式沥青混凝土心墙坝，坝顶高程 2304.50m，坝顶宽 12.0m，坝顶长 205m，上游坝坡为 1∶2.25～1∶2.75，高程 2265.00m 以上为 1∶2.75、高程 2265.00～2229.00m 为 1∶2.5，变坡处设宽 2m 马道；上游围堰采用与大坝坝体相结合的形式，上游围堰坝坡（高程 2229.00m 以下）为 1∶2.25，下游坝坡 1∶1.8～1∶1.6，并在下游设 12m 宽的“之”字形上坝公路。上游坝坡采用厚 0.3m 的 C30 钢筋混凝土板护坡；下游坝坡在高程 2270.00m 以上设 200mm 厚钢筋混凝土板，高程在 2270.00m 以下采用厚 0.4m 现浇网格梁内铺设干砌石护坡。大石门沥青心墙坝标准剖面见图 1。

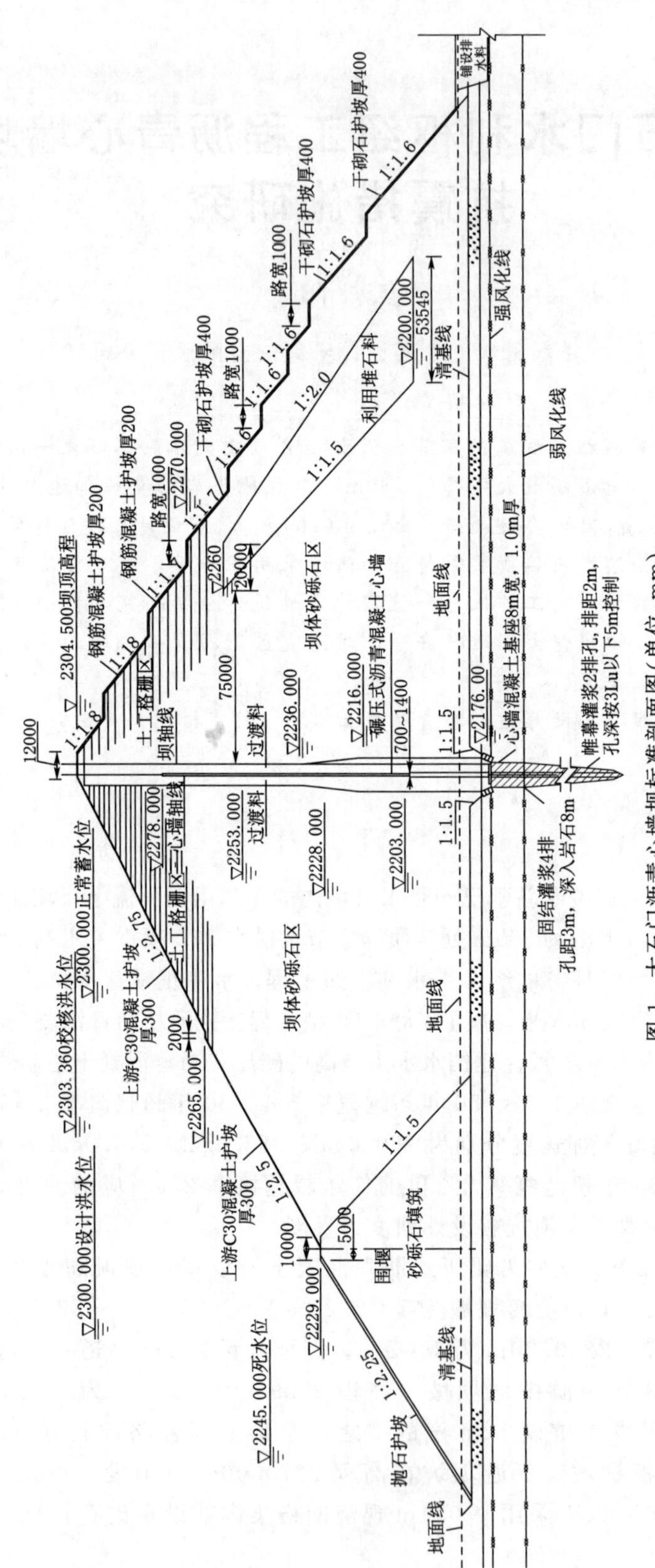

图1 大石门沥青心墙坝标准剖面图（单位：mm）

2 大坝抗震工程措施

结合本工程河谷狭窄、坝高、强震等特点，在大坝抗震措施设计中采取了多项特殊的安全措施。

2.1 考虑足够的地震安全超高

大石门沥青心墙坝的坝顶高程是以地震工况来控制，其重点在于合理确定地震安全超高（包括地震沉降和地震涌浪高度）。其中地震涌浪高度按照相关抗震规范规定结合有关经验公式计算值综合考虑采用1.5m；地震沉陷根据相关抗震规范规定、已建工程经验及三维有限元动静力分析计算综合考虑采用2.0m。考虑到本工程大坝抗震能力为重点，以上数值均按规范上限取值，保证在发生地震时，坝顶具有较为充分的安全超高。

2.2 放缓上、下游坝坡

坝体上游坝坡为1∶2.25～1∶2.75，特别是坝高1/3以上的上游坝坡（高程2265.00m以上）放缓至1∶2.75；下游坝坡自坝顶向下分别采用1∶1.8、1∶1.7和1∶1.6，在下游坝坡之间设12m宽的“之”字形上坝道路，综合下游坝坡1∶2.32，其起到下游上坝道路、放缓下游坝坡、对下游坝坡的压重作用，并且可以减小地震工况下的坝体顺河向水平变形，防止坝体出现深层滑体变形，确保坝体砂砾料对心墙的支撑。

2.3 加强坝顶及上部结构抗震措施

在坝体上、下游高程2262.50m以上至坝顶一定区域范围内，上游每间隔1.6m、下游每间隔2.4m铺设一层钢塑土工格栅。要求格栅之间严格按要求搭接：搭接长度上下游方向不小于30cm，顺坝轴线方向不小于15cm，搭接部位采取铅丝间隔绑扎，上下游方向搭接部位平行绑扎两道，顺坝轴线方向绑扎一道，绑扎间隔不大于15cm。

大坝下游坝坡高程2304.50～2270.00m采用厚0.2m钢筋混凝土护坡，上游采用厚0.3m C30素混凝土板护坡，土工格栅要求与上下游护坡板之间可靠连接。高程2270.00m以下采用厚0.4m现浇网格梁内铺设干砌石护坡。现浇钢筋混凝土护坡及网格梁内钢筋均为整体贯通式钢筋，使其连为整体，提高大坝抗震稳定性。

2.4 合理选择沥青混凝土配合比并加厚大坝沥青心墙厚度

通过从相关动模试验及数模计算分析可知，大坝的极限抗震能力主要是由沥青心墙安全性控制着。因此根据不同坝高坝段的应力应变条件、岸坡与河床坝段的工作性状，对沥青混凝土提出了不同的应力应变性状技术要求。通过多项沥青混凝土专项试验研究提出的基准配合比，心墙在1/3坝高区域内采用适应变形能力更强的西安理工大学推荐的沥青混凝土配合比，其余部位采用新疆农业大学提供的推荐沥青混凝土配合比。并且对坝顶心墙宽度适当加厚至0.7m，以提高大坝的极限抗震能力。

2.5 加强连接部位抗震措施

通过有限元应力分析可知，由于坝址区河谷狭窄，心墙两岸应力条件不佳，因此提高坝基和岸坡、坝体各分区以及心墙与基座的可靠连接，防止坝体特别是两岸边坡部分因地震而出现裂缝尤为重要。

在心墙下游侧坝体范围的两岸坡面处，在顺水流方向靠近心墙一定范围采用一定厚度的过渡料填筑。为防止沥青心墙尖角处的应力集中现象，对沥青心墙厚度变化部位及心墙底部与混凝土基座连接部位采用心墙顺直型渐变扩大角处理。接触面设沥青玛琋脂和铜片止水，以提高地震时的防渗性能。

对大坝心墙两侧低部位区域（高程 2216.00m 以下）的过渡料区进行加厚，以加强低部位区域心墙支撑体的有效性。

2.6 有利于坝体抗震的分区设计

在坝体坝料和分区设计中，充分考虑坝料和高震区坝体结构功能，满足坝坡稳定、坝料强度、渗透性和抗震安全等要求，坝体填筑分区从上游至下游分为：上游砂砾料区、上游过渡料区、沥青混凝土心墙、下游过渡料区、下游砂砾料区、下游利用料区、下游排水区。

坝体主填筑料厂为 C4 砂砾料场、2 号利用砂砾料场，在坝体分区设计中，充分考虑各料场及料场各区域的坝料物理特性，进行针对性分区设计，以保证大坝抗震安全。

在坝顶以下 1/3 坝高砂砾石填筑区域内选择内摩擦角更大的 C4 料场砂砾石料；为保证坝体下游坝料具有较好的透水性，对坝体下游底部砂砾石填筑区范围采用 C4 料场渗透系数较高区域的砂砾料进行填筑，增加坝体下游自由排水能力。

2.7 提高坝料压实标准

地震波形一般分两种，即纵波（弹性波）和横波（剪切波），横波破坏性最大。国际坝工界对地震时大坝破坏的现状分析的结果是，大坝在地震破坏时，坝高 2/3 以上破坏得最厉害；坝料由砂砾石填筑时，从材料力学角度看，主要是摩擦力问题，要提高砂砾石料的抗震强度指标，主要是提高压实干密度。所以要科学、严格地控制大坝料场的选择、摊铺、碾压等方面的质量。

施工中严格控制坝料碾压遍数、摊铺厚度、含水率等施工参数，保证坝体压实度，从而减少地震沉陷和水平向变形。通过现场碾压试验，对摊铺厚度分别为 60cm、80cm、100cm 和碾压遍数 6 遍、8 遍、10 遍进行组合试验，通过技术经济优选分析，选取碾压 10 遍，铺料 80cm，行进速度不大于 3.0km/h 作为砂砾料碾压参数。

结合坝料特性及现场碾压试验，适当提高坝体砂砾石料的控制压实标准，要求坝体砂砾料 $D_r \geqslant 0.85$，过渡料 $D_r \geqslant 0.88$（见表 1）。

筑坝砂砾料的相对密度特性，尤其是最大干密度指标对坝料的压实特性有重要影响，是大坝碾压施工质量控制中的关键参数。为了进一步提高试验成果的可信性、保障大坝施工控制参数的合理性，中国水利水电科学研究院对 C4 料场原级配砂砾料采用大型相对密度桶（直径 120cm）法进行了相对密度校核试验，给出了不同砂石含量下相应的最大、最小干密度和干密度-砂石含量（P_5）-相对密度（D_r）三因素图（见图 2），进一步校核大坝填筑设计标准，并作为评价碾压试验和施工质量检测的依据（见表 2）。

表 1　　大坝各区填筑标准表

项　目	料　　源	级　　配	填筑要求
过渡料	C4 砂砾料场筛分制备	D_{max}≤80mm，粒径小于 5mm 颗粒含量 25%～40%，粒径小于 0.075mm 颗粒含量≤5%，级配连续	D_r≥0.88
砂砾料	C4 砂砾料场、2 号利用砂砾料场	全料，D_{max} ≤ 600mm，粒径小于 0.075mm 颗粒含量≤8%，级配连续，碾压后的渗透系数>1×10^{-3}	D_r≥0.85
下游利用堆石料	工程中开挖或爆破的砂岩泥岩除外的弱风化及新鲜岩体、石料	D_{max}≤600mm，粒径小于 5mm 颗粒含量≤20%，粒径小于 0.075mm 颗粒含量≤5%	n≤20%
排水料	C4 砂砾料场筛分制备	粒径为 5～80mm 连续级配砂砾料	D_r≥0.85

表 2　　相对密度试验结果及不同相对密度对应的干密度表

级　配		上包线	上平均包线	平均线	峰值复核	下平均包线	下包线
砾石含量/%		65.0	69.0	74.0	76.0	78.0	83.0
最大干密度/(g/cm³)		2.340	2.365	2.410	2.424	2.409	2.365
相对密度	0.95	2.320	2.345	2.390	2.404	2.389	2.344
	0.90	2.301	2.326	2.370	2.384	2.369	2.324
	0.85	2.282	2.307	2.351	2.364	2.349	2.304
	0.80	2.263	2.288	2.332	2.345	2.330	2.284
最小干密度/(g/cm³)		2.000	2.025	2.063	2.074	2.060	2.010
0.85 对应压实度/%		0.975	0.975	0.975	0.975	0.975	0.974

2.8　设置下游压重平台

为防止坝体下游坡脚部位地震时产生过大的侧胀而导致坝体中上部失稳或产生过大的变形，利用工程本身的开挖弃料，在下游坝坡脚与厂房之间回填压重平台，内设排水料，这样既可起到坝后排水作用，还可以起到坝坡脚压重作用，提高坝体抗震性能，并解决工程弃料堆放的水保问题。

2.9　加强地震监测

加强地震监测，为组成近库区台网，布设多个地震监测子台；并在坝顶、坝中部及坝坡脚处，各设 1 台强震仪。

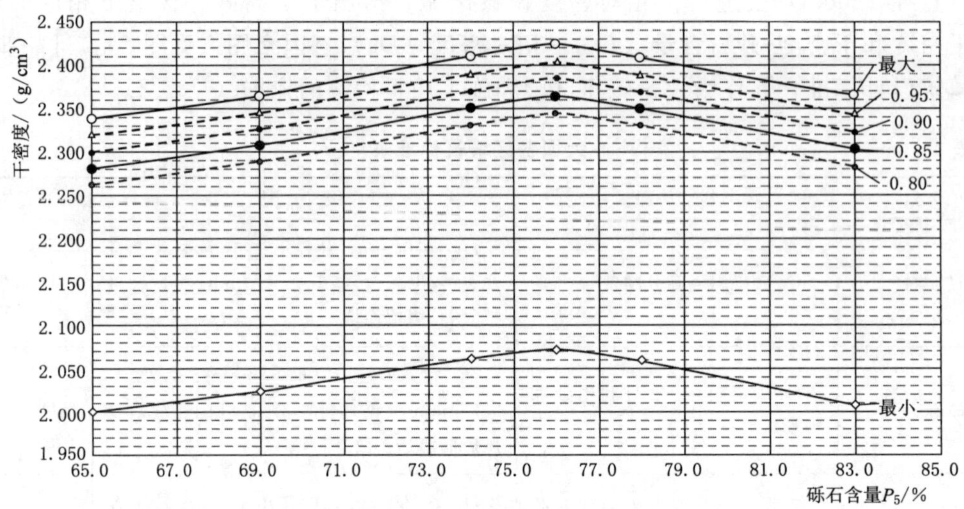

图 2　筑坝砂砾料 $\rho_d - P_5 - D_r$ 三因素相关图

3　大坝抗震工程措施的有效性分析

大石门沥青混凝土心墙砂砾石坝除了坝址区地震动强度高，还存在左岸古河床砂砾石岸坡防渗处理困难、边坡稳定性差，左岸岸坡为突出的孤耸岩体，以及两岸岸坡陡峻等复杂工作条件，大坝抗震措施的有效性是工程各方关注的焦点问题。

鉴于本工程河谷狭窄、高坝、高地震区等特点，通过大坝离心机振动台模型试验并结合三维有限元动力分析，研究坝体的动力反应、动位移、地震残余变形，并结合坝坡稳定分析计算成果，从坝坡稳定、大坝允许残余变形和防渗体系安全性等角度出发，对大坝抗震措施的有效性进行分析。

3.1　大坝离心机振动台模型试验

通过在南京水利科学研究院 NHRI400gt 大型土工离心机和 40gt 离心机振动台上开展大石门大坝离心机振动台模型试验，研究设计和校核地震情况下防渗体系安全性、坝坡稳定性、地震永久变形量及抗震工程措施的有效性，根据地震破坏安全评价标准，对大坝的抗震能力进行评价（见表 3～表 5）。

表 3　　坝体地震加速度反应汇总表

地震条件		50 年超越概率 2%			
抗震措施		无抗震措施		有抗震措施	
高程/m	h/H	峰值加速度/gal	放大系数	峰值加速度/gal	放大系数
2176.00	0	501.937	1.000	501.726	1.000
2202.40	0.20	680.152	1.355	731.188	1.457
2224.80	0.38	783.289	1.560	799.314	1.593

续表

地震条件		50年超越概率2%			
抗震措施		无抗震措施		有抗震措施	
高程/m	h/H	峰值加速度/gal	放大系数	峰值加速度/gal	放大系数
2246.90	0.55	924.614	1.842	955.075	1.904
2269.80	0.73	1185.229	2.361	1236.838	2.465
2290.10	0.89	1362.938	2.715	1514.502	3.018
地震条件		100年超越概率2%			
抗震措施		无抗震措施		有抗震措施	
高程/m	h/H	峰值加速度/gal	放大系数	峰值加速度/gal	放大系数
2176.00	0	646.388	1.000	643.888	1.000
2202.40	0.20	839.462	1.299	855.438	1.328
2224.80	0.38	1034.831	1.601	1104.585	1.715
2246.90	0.55	1178.099	1.822	1201.661	1.866
2269.80	0.73	1387.335	2.146	1529.537	2.375
2290.10	0.89	1628.741	2.520	1710.178	2.656

表4　　地震残余坝顶沉降表

地 震 条 件	抗 震 措 施	坝顶残余沉降/mm	沉陷率/%
50年超越概率2%	无抗震措施	568	0.442
	有抗震措施	470	0.366
100年超越概率2%	无抗震措施	618	0.481
	有抗震措施	550	0.428

表5　　心墙地震震后拉应力汇总表

地震条件		50年超越概率2%		100年超越概率2%	
抗震措施		无抗震措施	有抗震措施	无抗震措施	有抗震措施
高程/m	h/H	震后拉应力/kPa		震后拉应力/kPa	
2202.40	0.20	1	11	2	6
2224.80	0.38	4	5	13	12
2246.90	0.55	11	4	74	31
2269.80	0.73	192	62	474	113
2290.10	0.89	15	6	64	44

坝顶沉降随着地震过程出现明显的震动变化，总体上逐渐增大并渐趋稳定，且输入地震波越强，坝顶沉降发展越剧烈。采用抗震措施加固后，设计和校核地震作用下震陷量分别减小了约17.3%和11.0%。

地震引起沥青心墙的最大动拉应力发生在2/3～4/5坝体高度之间。采用抗震措施加固可以显著降低地震过程中心墙的动拉应力和震后残余拉应力。

无抗震措施情况下，设计地震作用下，下游坝坡未发现明显破坏，上游坝坡在正常蓄水位处出现明显的护坡开裂，靠近坝顶处出现了较明显的沉陷，但堆石料与心墙之间未发现明显的分离现象；校核地震作用下，下游坝坡也未发现明显破坏，上游坝坡出现了较大程度的破坏，在正常蓄水位处和坝顶处均有明显的护坡开裂，约2/3坝体高度以上范围的护坡出现塌滑开裂，护坡下的堆石料出现了较大的沉陷，堆石料与心墙之间未发现明显的分离现象。有抗震措施情况下，设计地震作用下，坝坡未见明显破坏；校核地震作用下，上游靠近坝顶处出现了轻微的护坡开裂，约2/3坝体高度处的护坡出现了轻微塌滑，堆石料与心墙之间未发现明显的分离现象。大坝的地震破坏主要由堆石料震陷致使护坡与堆石料分离，从而引起护坡开裂、破损、坍塌，甚至滚落。与无抗震措施相比，抗震措施可以明显降低护坡开裂、破损、坍塌程度。

因此从坝顶残余沉降、心墙应力反应以及坝体破坏情况来看，大石门沥青心墙坝采用的抗震措施能够有效增强坝体的抗震能力。

3.2 三维有限元动力分析

通过三维有限元动力分析计算，从坝坡稳定性、坝体永久变形、防渗体安全性等3个方面分析采取土工格栅等抗震措施的必要性及有效性（见表6～表8）。

表6　　加固前后坝坡动力稳定计算成果表

地震工况	加筋方式	部位	拟静力法	有限元法		
			最小安全系数F_{smin}	最小安全系数F_{smin}	安全系数F_s<1累计时间/s	累计滑动位移/cm
P_{50}=2%地震	未加固	上游坡	1.220	0.763	0.30	7.1
		下游坡	1.637	0.722	0.38	7.3
	土工格栅加固	上游坡	1.438	1.103	0	0
		下游坡	1.836	1.012	0	0
P_{100}=2%地震	未加固	上游坡	1.004	0.407	1.70	51.0
		下游坡	1.438	0.501	1.64	47.9
	土工格栅加固	上游坡	1.226	0.638	0.62	20.6
		下游坡	1.647	0.803	0.40	8.9

表7　　加固前后大坝永久变形特征值

加固方式	设计地震（P_{50}=2%）			校核地震（P_{100}=2%）		
	顺河向永久变形/cm	震陷量/cm	震陷比/%	顺河向永久变形/cm	震陷量/cm	震陷比/%
未加固	−9.2/15.2	46.8	0.36	−12.5/22.6	54.8	0.43
土工格栅加固	−8.2/14.2	44.1	0.35	−10.7/19.6	50.1	0.39

表 8　　加固前后沥青混凝土心墙动力计算结果汇总表

统计项目		不加固		土工格栅加固	
		设计地震	校核地震	设计地震	校核地震
心墙指向左岸永久变形/cm		8.60	9.80	8.60	9.80
心墙指向右岸永久变形/cm		5.50	8.50	5.50	8.50
心墙顺河向永久变形/cm		9.40	12.10	8.90	11.30
心墙垂直向永久变形/cm		45.40	53.60	44.10	51.90
心墙动应力/MPa	轴向压应力	0.37	0.42	0.37	0.42
	轴向拉应力	−0.40	−0.45	−0.40	−0.44
	垂直向压应力	0.59	0.63	0.58	0.62
	垂直向拉应力	−0.78	−0.82	−0.77	−0.81
心墙静动叠加应力/MPa	轴向压应力	1.71	1.72	1.71	1.72
	轴向拉应力	−0.26	−0.30	−0.25	−0.29
	垂直向压应力	2.39	2.44	2.38	2.44
	垂直向拉应力	—	—	—	—
心墙震后应变/%	坝轴向	0.38/−1.49	0.42/−1.66	0.37/−1.49	0.42/−1.65
	顺河向（拉应变）	−0.69	−0.84	−0.68	−0.83
	垂直向	2.17	2.26	2.17	2.25

通过计算结果分析可知：静力状态下，上、下游边坡的抗滑稳定安全系数均满足规范要求且有较高的安全裕度；设计地震作用下，上、下游坝坡虽也不会发生失稳破坏，但上游坝坡的安全裕度已较小，校核地震作用下上游坝坡的安全系数已不满足规范要求，存在失稳的风险。采用土工格栅加固后，对提高坝坡稳定性具有显著效果，设计和校核地震情况坝坡稳定性均满足规范要求且安全储备较高；采用土工格栅加固后，设计地震作用下坝体顺河向永久变形和震陷极值较之于未加固情况分别减小了约 10.8%和 5.7%，校核地震作用下则分别减小了约 14.4%和 8.6%，表明采用土工格栅加固对减少坝体永久变形具有明显效果；采用土工格栅加固后，沥青混凝土心墙拉、压应力略有减小，震后应变也略有减小，表明采用土工格栅加固对改善防渗体的应力状态效果不大。

通过三维有限元动力分析，从坝坡稳定性、坝体永久变形、防渗体安全性等方面分析结果来看，大石门沥青心墙坝采用土工格栅等抗震加固措施是非常必要性的，抗震加固措施及范围是合适的。

4　大坝安全性综合评价

通过采用物模试验及数模计算分析，从坝坡稳定、坝体永久变形、心墙安全等方面来看，在采取抗震工程措施后，大坝的极限抗震能力得到了提高，大坝的抗震安全是有保障的，综合以上分析认为大石门沥青心墙坝的抗震措施设计是合适的。

5　结语

大石门水利枢纽工程沥青心墙坝最大坝高 128.8m，该工程地基岩动峰值加速度 50 年超越概率2%为0.52g，100年超越概率2%为0.64g，抗震设计烈度为Ⅸ度。结合工程河谷狭窄、坝高、强震等特点，通过采用多种数学模型方法和多项室内外试验研究对大坝在动力作用下的工作性态和抗震稳定性进行分析研究，确保大坝抗震设计方案安全、可行。大坝抗震措施、相关坝体变形与应力分析计算、坝料控制参数的选取等设计研究成果，对在高震区修建高沥青混凝土心墙坝积累工程经验，具有一定的借鉴意义。

参考文献

[1] 李江，钟世华，等．尼雅水库坝型选择及高沥青混凝土心墙坝可行性研究［C］//关志诚．土石坝工程——面板与沥青混凝土防渗技术，2015：405-413.

[2] 焦阳．大石门水利枢纽工程沥青混凝土心墙砂砾石坝设计［J］．西北水电，2016（10）：47-52.

[3] 邓铭江，韩民，等．卡拉贝利水利枢纽地震安全评价及大坝抗震结构设计设计［J］．水利水电技术，2012（9）：59-64.

[4] 付建刚．强震区混凝土面板坝抗震技术的施工保障措施［C］//中国水电建设集团十五工程局有限公司，等．土石坝新技术应用，2018：26-29.

[5] 郦能惠，彭卫军，等．堆石料压实特性和填筑标准分析［C］//中国水电建设集团十五工程局有限公司，等．土石坝新技术应用，2018：357-366.

[6] 李永红，王晓东．冶勒沥青混凝土心墙堆石坝抗震设计［J］．水电站设计，2004（2）：40-45.

[7] 焦阳，任国峰，彭卫军，等．沥青混凝土心墙坝抗震加固离心机振动台试验研究［J］．岩土工程学报，2020（42）：167-171.

[8] 徐斌，邹德高，孔宪亨．高土石坝坡地震稳定分析研究［J］．岩土工程学报，2012（1）：139-142.

阿尔塔什水利枢纽工程大坝深厚覆盖层基础处理设计

邓理想[1]　孟　涛[2]

（1. 新疆水利水电勘测设计研究院有限责任公司　2. 新疆新华叶尔羌河流域水利水电开发有限公司）

摘　要： 阿尔塔什水利枢纽大坝深厚覆盖层产生的变形对防渗体应力影响问题尤为突出，为保证工程安全，通过对深厚覆盖层的特性分析、深厚覆盖层基础处理结构研究，确定了合理的基础处理方案，并采取了高效可行的施工技术，保证了工程的安全运行。本工程基础处理方案设计和施工技术可为类似工程提供借鉴参考。

关键词： 深厚覆盖层　基础处理　分析及研究

1　工程概况

阿尔塔什水利枢纽是新疆叶尔羌河上的控制性工程，主要任务是保证塔河生态需水，还要进行防洪、灌溉、发电。水库总库容22.45亿m^3，坝顶长度795m，水电站装机容量700MW，生态水电站装机容量55MW，挡水建筑物为混凝土面板堆石坝，最大坝高164.80m，覆盖层最深94.50m。深厚覆盖层基础处理与变形协调是保证本工程安全运行的关键点之一，通过大量原位试验、超大三轴试验及三维有限元计算分析，选择适合本工程坝基的防渗形式、趾板连接形式、防渗连接材料等，确定了阿尔塔什水利枢纽大坝坝基深厚覆盖层处理设计方案。

2　深厚覆盖层物理力学指标

阿尔塔什水利枢纽坝址区河床呈宽U形，基本对称，河床深槽偏向右岸，槽底宽在20～40m之间，左右最大深度94.5m，覆盖层在4.7～17.0m之间（见图1），天然干密度为2.22～2.23g/cm^3，相对密度为0.80～0.85，内摩擦角37°～38°，渗透系数2.9×10^{-1} cm/s，允许比降0.1～0.15，分布漂石（占8.8%）、卵砾石（占29.7%）、砾石（占41.3%）等，平均含砂率为17.96%，河床覆盖层在4.7～17.0m之间颗粒级配不连续，为不良级配。覆盖层17.0m以下（见图1），夹多层缺细粒充填的卵砾石层。覆盖层底部在36～93m之间，天然干密度为2.18～2.20g/cm^3，相对密度D_r为0.83～0.85，内摩擦角37.5°～38.5°，渗透系数5.0cm/s，允许比降0.12～0.15，分布漂石（占1.2%），卵石（占26.3%），砾石（占51%），平均含砂率20.5%，以中细砂为主，表明河床覆盖层17.0～94.5m之间颗粒级配不连续，为不良级配。根据中国水利水电科学研究院现场原位大型载荷试验成果，表部砂卵砾石层在 4.0MPa 载荷压力作用下，压缩变形量为 15.42～25.72mm，变形模量为 56.98～58.17MPa。室内大型压缩试验研究表明，压缩模量 114.5～480.0MPa，现场与室内均表明覆盖层具有较高的承载能力，为低压缩性土。

综上坝基河床覆盖层物理力学特性体现出抗变形能力强、承载力较高、透水性强等特点，地层中无连续分布的砂层，基础总体较均匀，不存在大沉陷大变形的问题，基础变形主要表现为随时变形，即随着坝体填筑引起的变形而变形，施工期变形为主。

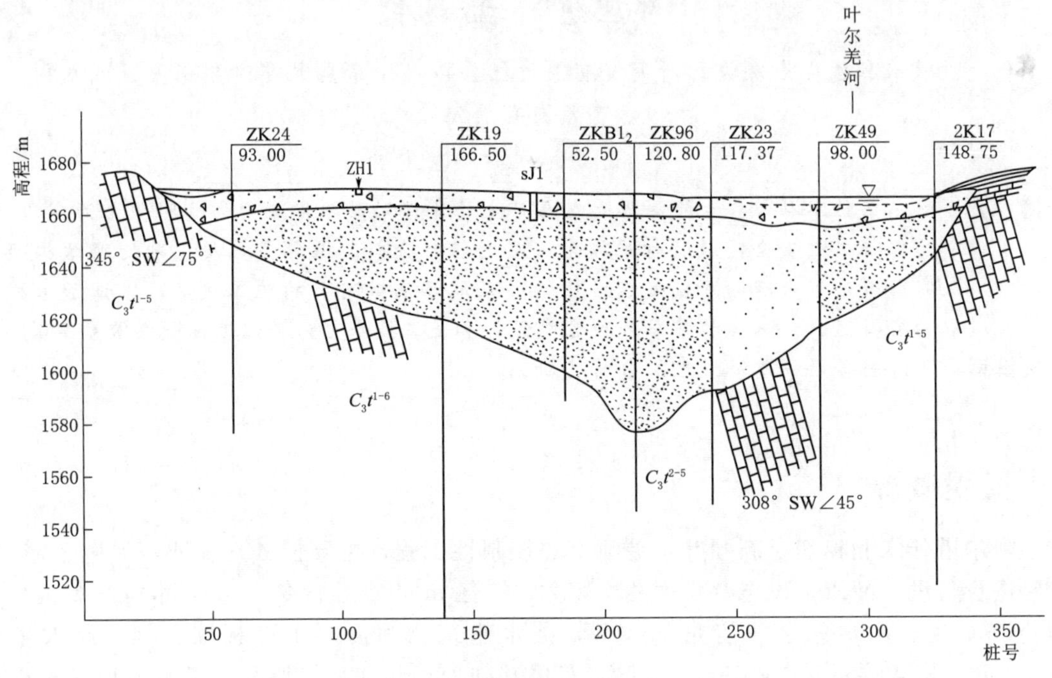

图 1　面板坝趾板线河床覆盖层深槽分布形态图

3　深厚覆盖层基础处理结构设计研究

3.1　深厚覆盖层基础处理设计方案

阿尔塔什水利枢纽坝址河床覆盖层最大厚度为 94m，深厚覆盖层的处理主要考虑地基承载力、变形、防渗等因素。其中防渗处理主要有混凝土防渗墙处理、高压旋喷灌浆处理、帷幕灌浆处理和混凝土沉井处理等。从已建覆盖层上土石坝的防渗处理措施来看，混凝土防渗墙方案采用得最多，积累了较为丰富的设计、施工和运行经验，如瀑布沟水电站、冶勒水电站、铜街子水电站、小浪底水利枢纽、下坂地水利枢纽、察汗乌苏水电站等，主要特点为：①对地层颗粒组成要求条件较宽，覆盖层地基均可采用；②渗透稳定性好、渗流量小；③防渗墙墙体连接较可靠；④有成熟的检验方法，如钻孔取芯、注水试验、混凝土强度试验、超声波和弹性波测试等。

根据本工程坝基覆盖层特性及防渗墙特点，本工程深厚覆盖层采用混凝土防渗墙防渗，结合基础变形及与面板的连接，对防渗墙结构进行了多方案研究：①单墙方案，研究单防渗墙加防渗墙后不同深度及灌浆范围的固结灌浆；②双墙方案，研究双防渗墙在施工期、运行期的变形、应力状态，主要研究内容为双防渗墙＋防渗墙间不同深度的固结灌浆，双防渗墙＋防渗墙后不同深度及灌浆范围的固结灌浆；③研究防渗墙与趾板的连接形式，主要研究内容为连接板的布置形式、不同数量（1 块、2 块、3 块及连接板长度为 2m、2.5m、3m）连接板对基础变形的影响、防渗墙下游不同深度及灌浆范围对连接板结构缝变形的影响。采用有限元计算分析，结论为：①各方案应力变形符合高面板堆石坝一般分布规律，未出现大的异常；②墙后固结灌浆深度逐渐增加，连接板结构缝剪切位移及防渗墙水平位移逐渐变小，蓄水期单、双墙方案防渗墙的位移差在 2cm 以内，应力差在 0.5MPa 以内，均较小；单墙方案面板周边缝与连接板结构缝位移比双墙方案大 3mm，墙体最大压应力 16.7MPa，混凝土抗压强度满足要求；③各方案竣工期及蓄水期坝体内部应力和变形相差较小，影响可忽略不计；④在相同数量连接板的情况下，不同长度连接板对防渗墙的应力变形及趾板应力影响可忽略不计，对连接板结构缝沉陷量存在一定影响，但影响程度有限。

根据研究结果，本工程河床深厚覆盖层采用一道防渗墙防渗，墙顶高程 1661.00m，截断河床砂卵砾石的渗漏通道，防渗墙底深入下部基岩内，最大防渗墙深度为 96m，墙宽 1.2m，采用 C20 混凝土，抗渗标号采用 W8。防渗墙下布置 1 排帷幕灌浆，孔距 2m，最大深度 70m。坝基防渗墙与坝体上游面板防渗接头部位变形协调问题突出，防渗墙与趾板连接形式采用柔性连接，河床段趾板宽度 4m，防渗墙与趾板间设置连接板，采用 2 块宽 3m 的连接板与防渗墙连接，形成（4＋3＋3）的柔性连接结构型式。并在连接板、趾板、趾板下游 20m 范围内均采用 10m 深的固结灌浆进行处理，提高墙体的整体抗变形能力。在防渗墙及趾板施工完成后、水库蓄水前再施工连接板，以减少连接板结构在施工期的不均匀沉降，避免连接板和防渗墙之间产生大的位移差。防渗墙、连接板、趾板、面板连接见图 2。

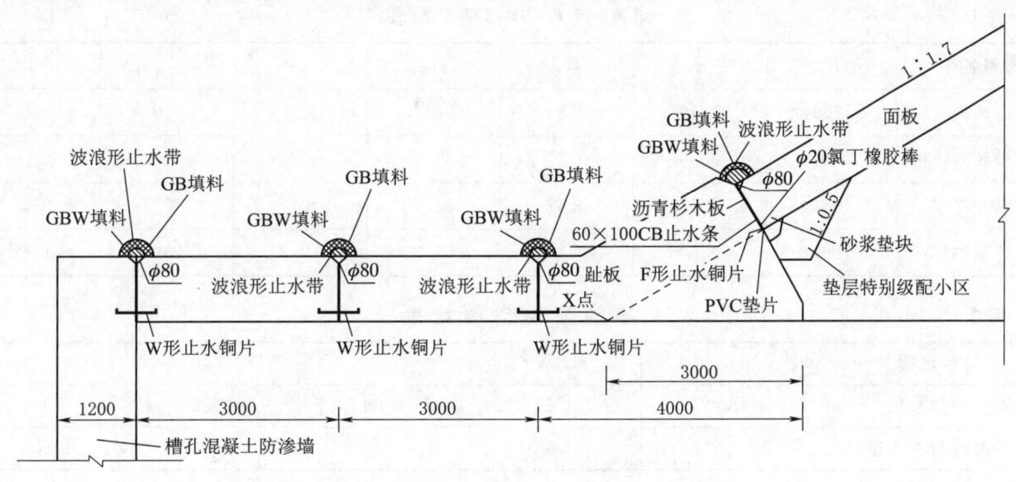

图 2　防渗墙、连接板、趾板、面板连接图（单位：mm）

3.2　三维静动力有限元计算分析

深厚覆盖层基础处理方案采用三维静动力有限元计算分析其可靠性。计算采用了邓肯-张 E-B 模型，研究在大坝竣工期和满蓄期坝体、混凝土面板、周边缝和垂直缝应力和变形。

本工程河谷地形较复杂，为提高计算结果精度，模型建立时进行了大规模、精细化的网格剖分。采用八分树技术，进行网格离散精细化，准确模拟了河谷地形、面板、趾板、连接板和防渗墙的三维结构模型，以及坝体材料分区、填筑分期等真实情况。坝基防渗体三维模型见图 3。

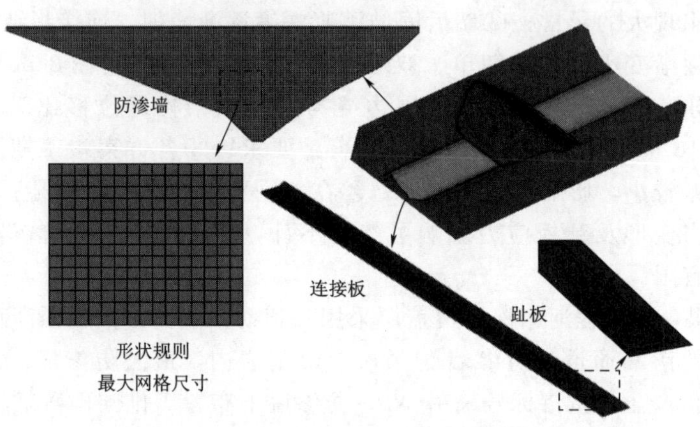

图 3　坝基防渗体三维模型图
（防渗墙、连接板与趾板）

坝料及覆盖层土体的计算参数采用材料三轴试验结果。其模型参数见表 1，面板垂直缝、周边缝、面板与堆石之间接触面及防渗墙与覆盖层之间接触面的模型参数见表 2，面板等混凝土防渗结构均采用线弹性模型参数见表 3。

表 1　邓肯-张 E-B 模型参数表

材料名称	K	n	R_f	φ_0	$\Delta\varphi$	K_b	m
砂砾料	1750	0.50	0.85	52.9	9.0	950	0.25
爆破料	1080	0.36	0.74	50.2	6.5	420	0.16
坝基料	1380	0.53	0.87	52.5	8.0	690	0.52
垫层料	1800	0.50	0.80	54.3	10.3	950	0.35

表 2　接触面模型参数表

材料名称	K	R_f	n	φ	c
面板与垫层	4800	0.74	0.56	36.6	0
防渗墙与覆盖层	757	0.86	0.89	11.7	10500

表 3　线弹性模型参数表

材料名称	ρ/(g/cm^3)	E/GPa	υ
面板、趾板、连接板及防渗墙混凝土（C30）	2.4	30	0.176

计算结果分析：防渗墙水平、竖向位移以及应力分布分别见图4～图13。竣工期防渗墙顺河向水平位移最大值为24.30cm，坝轴向变形在1.00cm以内。由于水压力的作用，满蓄期防渗墙向上游侧位移明显减小。坝基面附近的顺河向位移指向下游，最大值为7.50cm。竣工期防渗墙竖向位移最大值为0.54cm，位于防渗墙顶部区域。满蓄期，由于水压力作用，竖向位移增大，最大值为3.50cm。竣工期混凝土防渗墙最大压应力为2.70MPa，最大拉应力为0.55MPa。满蓄期，在水压力的作用下，防渗墙最大压应力增加至11.00MPa，最大拉应力减小至0.30MPa。计算结果表明，防渗墙在竣工期及蓄水期位移变化均不大，未出现大的异常，与同类工程相比，规律正常；墙体最大压应力为11MPa，满足混凝土抗压强度要求，防渗墙结构是安全可靠的。

图4　竣工期防渗墙顺河向位移图（单位：cm）

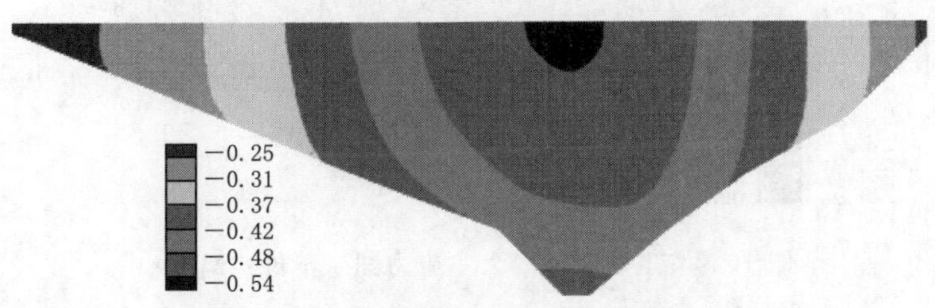

图5　竣工期防渗墙竖向沉降图（单位：cm）

图6　竣工期防渗墙坝轴向位移图（单位：cm）

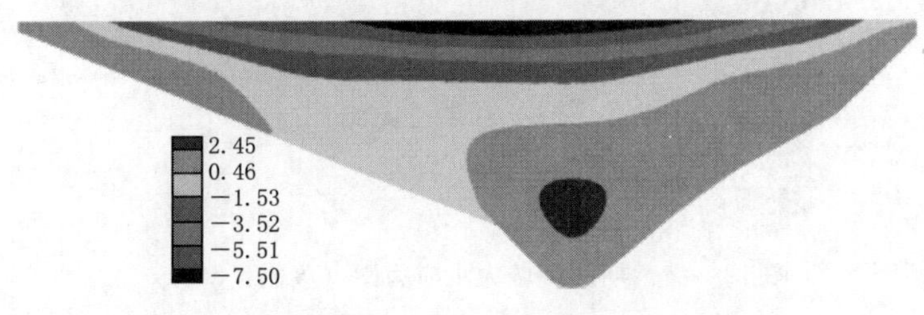

图7　满蓄期防渗墙顺河向位移图（单位：cm）

图 8　满蓄期防渗墙竖向位移图（单位：cm）

图 9　满蓄期防渗墙坝轴向位移图（单位：cm）

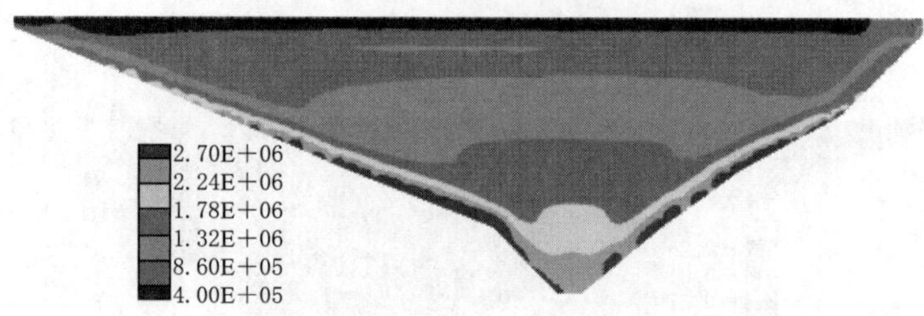

图 10　竣工期防渗墙大主应力图（单位：MPa）

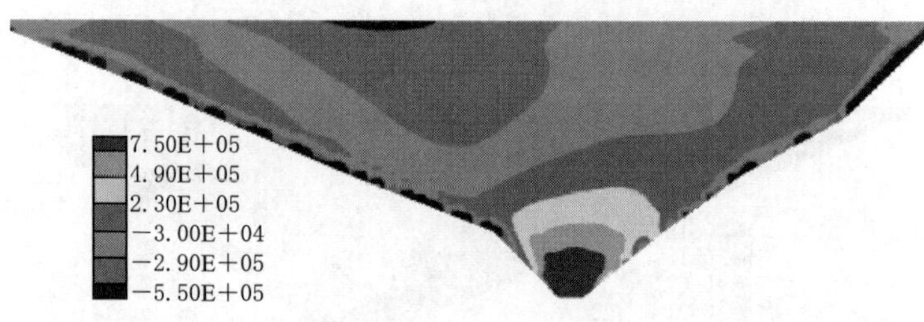

图 11　竣工期防渗墙小主应力图（单位：MPa）

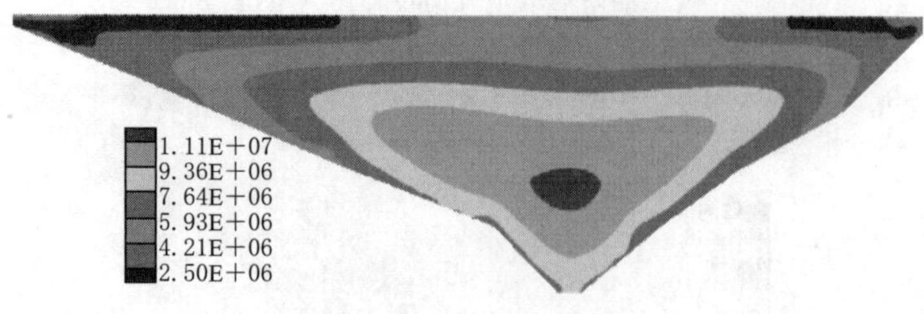

图 12　满蓄期防渗墙大主应力图（单位：MPa）

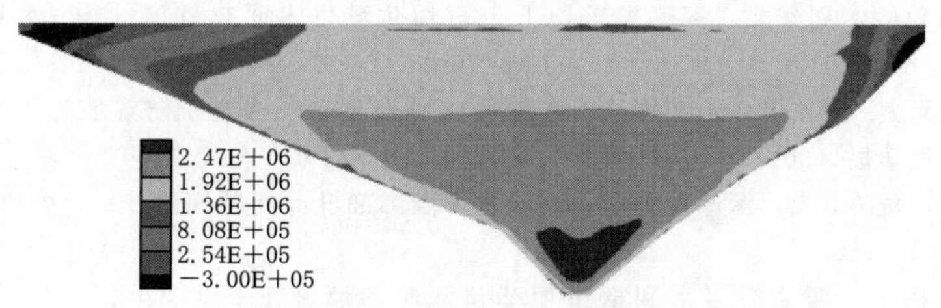

图 13　满蓄期防渗墙小主应力图（单位：MPa）

4　结语

阿尔塔什水利枢纽大坝直接建造于高震区深厚覆盖层上，研究深厚覆盖层基础处理，是保证工程安全的关键之一。通过对深厚覆盖层的特性分析、深厚覆盖层基础处理结构研究，采用混凝土防渗墙进行覆盖层基础处理，防渗墙和趾板的连接形式采用柔性连接方案。工程已于 2019 年下闸蓄水，运行良好，监测资料显示防渗墙混凝土应变计基本处于压缩变形状态，应变变化过程线平稳无突变，基本符合混凝土防渗墙内部变形的一般规律。设计采取的基础处理措施是切实有效可行的，能降低坝基不均匀变形产生的不利影响，保证了防渗系统的完整可靠性，保证了工程的安全运行。

参考文献

[1] 邓铭江，吴六一，汪洋，等. 阿尔塔什水利枢纽坝基深厚覆盖层防渗及坝体结构设计 [J]. 水利与建筑工程学报，2014 (2)：149 - 155.

[2] 关志诚. 高混凝土面板砂砾石（堆石）坝技术创新 [J]. 水利规划与设计，2017 (11)：9 - 14，36.

[3] 汤洪洁，王传菲，柳莹，等. 碾压机械对土石坝压实质量的影响 [J]. 水利规划与设计，2021 (9)：6.

[4] 马洪玉. 新疆玉龙喀什大坝窄深河槽处理方案选择 [J]. 水利规划与设计，2021 (7)：119 - 123.

[5] 袁磊，马洪玉. 阿尔塔什水利枢纽工程坝体分区及坝料设计验证 [J]. 水利规划与设计，2020，122 - 127.

[6] 范金勇. 阿尔塔什深厚覆盖层上高面板砂砾石堆石坝坝体变形控制设计 [J]. 水利水电技术，2016，47 (3)：29 - 32.

[7] 汪洋，曲苓. 阿尔塔什水利枢纽混凝土面板砂砾石堆石坝设计及主要工程特点 [J]. 水利水电技术，2018，49 (S1)：4 - 9.

[8] 王复来，郭俊仃. 碧口土石坝与混凝土防渗墙在各运用期的应力与位移的分析 [J]. 岩土工程学报，1984，6 (6)：1 - 17.

[9] 吴俊杰，马洪玉，袁磊. 阿尔塔什水利枢纽工程坝体三维渗流有限元计算分析 [J]. 水利规划与设计，2020 (8)：128 - 133.

[10] 徐萃薇，王复来，郭俊仃. 碧口土石坝和防渗墙的应力应变分析与非线性有限元程序 [J]. 水力发电，1980 (6)：11 - 19.

[11] 邓刚，丁勇，张延亿，等. 土质心墙土石坝沿革及体型和材料发展历程的回顾 [J]. 中国水利水电科学研究院学报，2021，19 (4)：411 - 423.

[12] 沈振中，邱莉婷，周华雷. 深厚覆盖层上土石坝防渗技术研究进展 [J]. 水利水电科技进展，2015，35 (5)：27-35.

[13] 任海军，高元太. 阿尔塔什水利枢纽工程深厚砂砾石覆盖层混凝土防渗墙施工技术研究 [J]. 水利与建筑工程学报，2017，15 (2)：111-115.

[14] 徐燕，李江，黄涛，等. 深厚覆盖层上超深防渗墙细部设计问题探讨 [J]. 水利水电技术，2019，50 (12)：151-156.

[15] 孔祥生，黄扬一. 西藏旁多水利枢纽坝基超深防渗墙施工技术 [J]. 人民长江，2012 (11)：34-39.

[16] 郝永志. 大石门水利工程深厚砂砾石覆盖层防渗处理设计 [J]. 水利规划与设计，2019 (2)：139-144.

[17] 韩守都，余华英. 二塘沟水库坝基混凝土防渗墙设计施工的技术难点和对策 [J]. 水利规划与设计，2015 (1)：46-48.

[18] 戴灿伟，朱明远. 大河沿水库防渗墙施工期观测资料分析 [J]. 水利技术监督，2018 (4)：173-176.

[19] 梁宗仁. 甘肃九甸峡水利枢纽深厚覆盖层工程特性 [J]. 水利规划与设计，2007 (3)：28-30.

[20] 汤洪洁，关志诚. 砂砾石地基处理技术研究 [J]. 水利规划与设计，2021，(12)：1004-107，112.

云南某水库蚀变花岗岩坝基防渗处理

孔永明　周吉军

［新疆兵团勘测设计院（集团）有限责任公司］

摘　要：本文针对云南某水库在坝基防渗处理施工过程中出现的问题，结合国内风化花岗岩工程地质特性研究成果和本工程蚀变花岗岩风化特点，提出了全、强风化花岗岩由裂隙渗流状态发展到孔隙渗流状态时，应该按照散粒体地层进行评价的建议，分析了本工程坝基帷幕灌浆实施困难的原因，提出了改进建议，供类似工程参考。

关键词：水库　蚀变花岗岩　风化　坝基防渗

1　工程概况

该水库地处云南临沧市一条山溪性河流上，坝址以上流域面积1.97km^2，多年平均径流量均值209.1万m^3，水库主要任务是农业灌溉和人畜饮水，设计年总供水量146万m^3，为6200亩农田、8150位农村居民和6540头牲畜供水。拦河坝为沥青混凝土心墙堆石坝，最大坝高54.7m，坝顶长206m，总库容107万m^3，正常蓄水位2273.46m，工程总投资1.25亿元，为Ⅳ等小（1）型工程。水库工程区构造稳定性主要受澜沧江活动断裂控制，属于地震多发地带，库区基岩动峰值加速度0.20g，大坝设防烈度为Ⅷ度。水库处于亚热带中山区，流域多年平均降水量1800mm，5—11月暴雨频发，河流纵坡大汇流迅速，洪水陡涨陡落，河谷冲刷下切强烈，水库防洪要求很高。水库位于县城南部，相对高差500m以上，一旦失事将对县城造成毁灭性打击。

2　大坝基础处理中遇到的问题

根据地质勘查，库区出露地层岩性较为单一，为燕山早期（γ_5^2）侵入的黑云母二长花岗岩。水库库区两岸山体雄厚，无区域性构造连通至库外，地下水分水岭与地表水分水岭大致相同，也不存在库区渗漏问题。库区左右岸自然坡度20°～45°，地形较缓，岸坡基岩出露，水库蓄水后的库岸再造和浸没影响不大，是比较理想的库盘。大坝基础处理遇到的主要问题是如何在强风化蚀变花岗岩地层中建立安全可靠的防渗体系。

2.1　坝基岩体的风化情况

坝址区岩性为燕山早期（γ_5^2）黑云母二长花岗岩，岩体由地表向下依次为全风化、强风化、弱风化、微风化～新鲜岩体四个等级。通过工程地质测绘及勘探揭露，花岗岩具有不均匀风化特征，风化规律为：①风化深度厚薄不一，两岸至河床，全、强风化岩体逐渐变浅，两岸坝肩处全风化一般厚度3～6m，最厚6.8m，强风化一般厚20～30m，弱风化厚12～15m；②河床段岩体经河水侵蚀冲刷，无全、强风化岩体分布；③缓坡段风化深度大于陡坡段，局部40°坡面处表层为强风化层；④冲沟沟底分布强风化～弱风化岩体，向沟两侧风化深度加大；⑤沿节理裂隙密集带常形成球状风化或带状风化带。

勘察及施工过程中发现，河床底部和左右岸岸坡相当于1/3坝体高度范围以下，出露的弱风化岩体及下部的微风化岩体呈现节理裂隙切割的块状结构，岩石坚硬完整，其中弱风化岩体波速3500m/s以上，钻孔取芯率（RQD）可达15%～37%，岩块饱和抗压强度达44MPa。现场灌浆试验表明，采用普通水泥浆液实施固结和帷幕灌浆，弱风化和微风化岩体均可获得很好的灌浆效果，基础防渗处理不存在问题。但岸坡上部清除全风化后的强风化岩体，厚度较大，原始状态下具有承载坝体和沥青混凝土心墙基座所需的岩石强度和承载能力，但属于中等透水性地基，需要采取工程措施构建人工防渗体。

2.2 风化岩石的物理力学特性

坝基的全强风化黑云母二长花岗岩岩体，钻孔无法获取完整岩芯，呈现为节理裂隙基本消失仅含少量残留块体的散粒体结构。勘探时被迫采用标准贯入试验判别其密实度，试验击数在5～43击之间，密实度差异性很大且无规律。其中全风化岩体完全为散粒体，类似于沙质黏土，颗粒组成为：最大粒径60mm，60～2mm砾石含量占16.8%，2～0.075mm砂粒含量占52.0%，0.075～0.005mm粉粒含量占20.7%，<0.005mm黏粒含量占10.3%（见图1）。

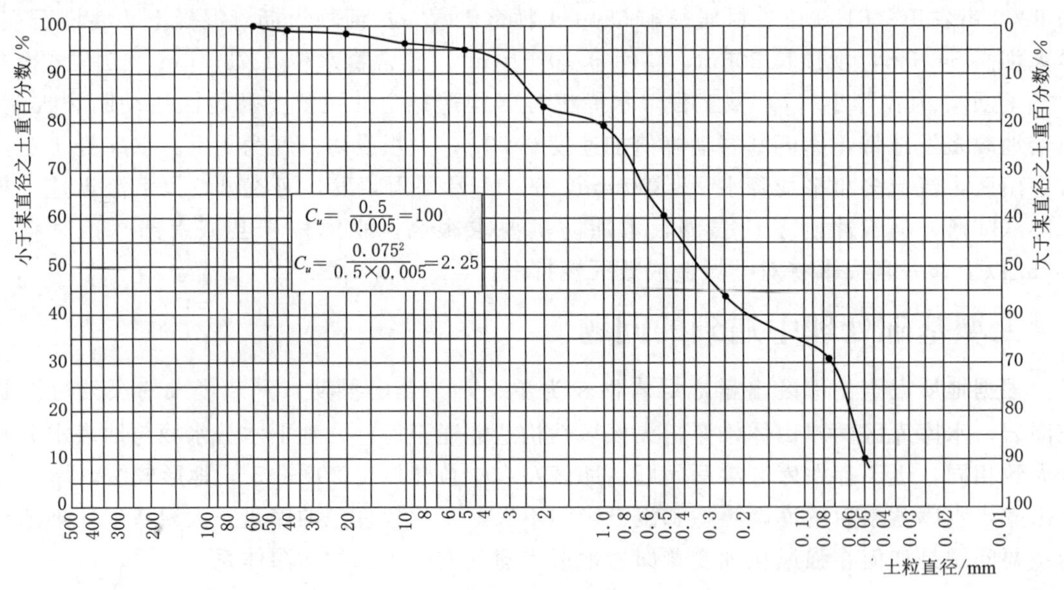

图1 全风化颗粒分析级配曲线图

2.3 风化岩体的渗透性

岩体的透水性主要取决于断层和节理裂隙的发育程度，特别是裂隙的开度和连通性；

其次与岩体的风化程度相关。能否正常开展钻孔压水试验取得岩体透水率指标，是判断岩体质量的重要标志之一。对于极端破碎或者强风化的岩体，一旦不具备压水试验所需的可靠栓塞止水条件时，及时改用注水试验或者抽水试验获取地层透水性指标是常用的勘察方法，但此时应该意识到岩体渗透性可能已经不是裂隙主导而是孔隙主导类型，地层的抗渗特性已经发生了质的变化，应该及时改用散粒体地层所适用勘察方法和评价标准，提供相应的参数和后期处理建议。

本工程勘察阶段在弱～微风化花岗岩中的压水试验，非常顺利。根据压水试验成果表明，弱风化岩体透水率 10～40Lu，中等透水；微风化～新鲜岩体透水性多小于 10Lu，属于弱透水层，5Lu 界线多为进入微风化岩体内 1～3 试段内。施工实践证明，此类裂隙主导渗透性的岩层中，水泥基灌浆效果非常好，符合一般地基评价、处理和检测规律。

但是本工程在全强风化花岗岩地层上率先进行的压水试验都失败了，原因主要是无法有效设置止水栓塞，最后被迫采用注水试验测试其渗透性。根据注水试验成果，花岗岩全、强风化岩体渗透系数 $1.49\times10^{-4}\sim1.20\times10^{-3}$cm/s，属中等透水。此参数提供了地层的渗透性参数，但没有给出地层类似于散粒体的定性结论，因而没有考虑到散粒体孔隙结构地层与岩石裂隙结构地层之间的本质性差异，在后续评价中忽略了散粒体地层的颗粒级配分析，没有进行可灌性评价，尤其是大量粉粒和黏粒的存在对灌浆成墙工艺、墙体质量检测和墙体耐久性的严重影响，导致设计人员按照裂隙型岩体进行灌浆防渗设计的错误。

在施工过程中，施工单位采用多种灌浆方案反复试验，长达一年时间，仍然没能找到构建合格防渗帷幕的灌浆方法，造成工期严重延误和投资失控，使业主十分被动。虽然近年来有脉动灌浆等先进技术可以处理此类地层，但相对于槽孔混凝土成墙或者冲击钻钻孔成墙工艺来说，技术稍显复杂。

3 对蚀变花岗岩工程特性的再认识

本工程坝址区出露的燕山早期（γ_5^2）黑云母二长花岗岩，在西南地区比较常见，前人已有许多研究成果可资借鉴。如大岗山坝区的黑云母二长花岗岩，其蚀变特性研究表明，川滇地区地质史上，构造～热液活动强烈频繁，在长期复杂的热液交代作用、构造影响和次生风化作用下，花岗岩蚀变作用强烈，主要表现为风化隐微裂隙的发育和部分矿物蚀变为黏土矿物，如长石类的高岭土化、绢云母化，黑云母的绿泥石化等。蚀变产生了大量的节理裂隙而且生成了一定量的黏土矿物，大大弱化了岩体的物理力学性质，因此研究蚀变岩的矿物学特征非常必要，这也是本工程的教训之一。又如代古寺水库坝址区蚀变花岗岩研究中发现，蚀变作用产生的次生黏土矿物遇水膨胀，破坏了原岩内部矿物颗粒间的结构，可导致岩体内部产生隐微裂隙，降低岩体强度，也是工程设计中应该关注的问题。再如马街河水库蚀变花岗岩研究发现，全风化花岗岩表现为黏土质砂，大于 5mm 含量为 12.2%，5～0.075mm 砂粒含量 56.5%，0.075～0.005mm 粉粒含量 20.6%，小于 0.005mm 的黏粒含量约 10.6%，曾尝试作为防渗心墙料等。

综上所述，黑云母二长花岗岩蚀变风化过程中，既有物理变化，也有化学变化，在区域地质背景比较清晰的情况下，勘察过程中开展针对性的黏土矿物研究和分析，提出适宜的防渗处理建议，对工程设计和施工安全非常必要。

4 结语

本工程采用沥青混凝土心墙堆石坝坝型，基础处理时仅清除表面全风化层，保留强风化蚀变花岗岩作为大坝支撑体和心墙建基面，从岩体强度和变形特性来看是适当的。但对于心墙基座下部岩体采用水泥基固结灌浆和深达30m的帷幕灌浆处理，技术方案欠妥。从强风化蚀变岩已成的散粒体状地层的颗粒级配情况看，其 D_{15} 约为0.06mm，而普通水泥浆的 d_{85} 约为0.08mm，若按照可灌比判定，其 M 值小于1，采用水泥基灌浆构建防渗帷幕，施工工艺、检测标准、工程造价和墙体抗溶蚀耐久性，都难以控制。若采用槽孔混凝土防渗墙或冲击钻钻孔连锁墙技术或高压旋喷成墙技术构建坝基防渗体系，则会施工简单，检测标准清晰，也更加安全可靠。

参考文献

[1] 苗朝，等．大岗山坝区花岗岩蚀变特性及工程地质特性研究［J］．人民长江，2013（12）：23-25，38.

[2] 武鹏飞，等．代古寺水库坝址区蚀变花岗岩工程地质特性［J］．长江科学院院报，2020（9）：165-168，174.

[3] 文肖逸，等．马街河水库全风化岩体坝基工程地质特性研究［J］．陕西水利，2021（9）：146-148.

[4] 张万奎．深厚全风化花岗岩坝址的工程地质特性研究［J］．云南水利水电，2006（3）：19-21，26.

[5] 龚高武．小峰水库大坝风化花岗岩岩体防渗处理施工技术［J］．湖南水利水电，2009（1）：28-29.

蛟河抽水蓄能电站堆石坝料源选择与优化研究

王富强　张雨豪

（中水东北勘测设计研究有限责任公司）

摘　要： 抽水蓄能电站一般由上水库挡水建筑物、输水发电系统、下水库挡水及泄洪建筑物等组成，具有开挖和填筑工程量均较大特点。以蛟河抽蓄工程为例，结合大坝填筑要求和料源特性，通过料源选择分析，研究利用工程开挖料作为面板堆石坝填筑料料源，尽量避免新开料场，从而减少料场、渣场的占地，做到既能节约占地减小对环境的破坏，又能节省工程投资。研究成果可为类似抽蓄工程设计提供借鉴作用。

关键词： 蛟河抽蓄　堆石坝　料源

1　工程概况

蛟河抽水蓄能电站位于吉林省蛟河市境内的松花江的一级支流漂河的源头区，上水库位于琵河村西北方向约 5km 的北沟沟首处，下水库位于琵河村上游约 3km 处，站址距长春市公路里程 275km，距吉林市公路里程 145km，距蛟河市公路里程 50km，地理位置优越，工程对外交通便利。工程等别为Ⅰ等，工程规模为大（1）型。

永久性主要建筑物主要包括上水库挡水建筑物、输水发电系统、下水库挡水及泄洪建筑物等。其中上水库大坝位于上水库南侧沟谷处，采用混凝土面板堆石坝，坝顶高程 838.96m，坝顶宽度 10m，坝轴线长 900m，最大坝高 53.96m。输水系统布置在漂河右岸与琵河村北沟之间的山体内，引水、尾水系统均采用一洞两机的布置形式，输水系统总长 2836.84m。地下厂房洞室系统采用首部布置方式，主厂房洞开挖尺寸 174.5m×25.5m×55.6m（长×宽×高），主机间布置 4 台 300MW 竖轴单级混流可逆式水泵水轮机组。下水库位于蛟河市白山镇琵河村上游约 3km 的漂河河道上，采用混凝土面板堆石坝，坝顶高程 428.46m，坝顶宽度 10m，坝轴线长 430m，最大坝高 40.37m。

2　料源概况

2.1　上水库库盆开挖料

库内堆石料场位于上水库库盆西库岸，由两条山脊和两个冲沟组成，西侧冲沟深约 20m，宽约 90m，料场范围沟底高程 805.00～855.00m；东侧冲沟深约 15m，宽约 100m，料场范围沟底高程 810.00～865.00m。料场表部覆盖层厚一般 0.5～3.0m，局部 6～11m，主要为腐殖土、含碎石粉质黏土及黏土质砾、沙等，下伏基岩为花岗闪长岩，岩质坚硬。料场范围未发现较大断层发育，岩体较完整。

根据试验成果，料场弱～微风化岩石性干燥抗压强度平均值为 118.20MPa；饱和抗压强度范围平均值为 96MPa；满足堆石料和混凝土骨料的质量要求。

2.2 石方洞挖料

地下洞室多位于微风化～新鲜岩体中，岩性为花岗闪长岩。根据试验成果，弱风化及以下岩体，各种岩石的天然密度大于 2.6g/cm^3，单轴饱和抗压强度大于 80MPa，满足堆石料和混凝土骨料的质量要求。

3 填筑设计需要量

3.1 填筑料压实方系数及损耗补偿系数

填筑料压实方系数采用石料天然容重和填筑料压实容重之比，并根据留有余地的原则调整后选取。工程花岗闪长岩天然容重为 2.68g/cm^3，根据大坝填筑要求，各分区孔隙率要求为 0.17～0.21，根据计算，填筑料压实方系数取为 1.19～1.25。根据《水电工程施工总布置设计规范》(SL 487) 选取的损耗补偿系数见表 1。

表 1　　损耗补偿系数表

料　种	损耗系数				
	开挖	运输	转存	加工	坝面作业
洞挖料	1.07	1.04	1.10	1.18	1.015
明挖料	1.07	1.04	1.10	1.18	1.015
上库垫层料	1.07	1.04	1.10	1.11	
下库垫层料	1.07	1.04	1.10	1.31	

3.2 填筑设计需要量

上水库区填筑工程主要包括上水库大坝、库盆防护及上水库大坝围堰，填筑总工程量为 252.69 万 m^3（压实方），设计需要量为 238.66 万 m^3（自然方）。上水库区填筑工程量及填筑料需要量汇总见表 2。

表 2　　上水库区填筑工程量及填筑料需要量汇总表

编号	项　目	填筑工程量（压实方）	设计需要量（自然方）	料源要求
1	上水库大坝填筑/万 m^3	243.38	229.98	
1-1	特殊垫层/m^3	2675	3054	弱风化及以下岩石及洞挖料加工
1-2	垫层料/m^3	77900	88945	弱风化及以下岩石及洞挖料加工

续表

编号	项　　目	填筑 工程量（压实方）	设计 需要量（自然方）	料 源 要 求
1-3	过渡料/m^3	116000	110616	弱风化及以下岩石
1-4	主堆石料/m^3	950700	884818	弱风化及以下岩石
1-5	次堆石料/m^3	875700	815015	弱风化及以下岩石
1-6	排水料/m^3	120600	112243	弱风化及以下岩石
1-7	路面碎石垫层/m^3	1730	1975	弱风化及以下岩石 及洞挖料加工
1-8	大坝下游干砌块石护坡/m^3	24000	20233	弱风化及以下岩石
1-9	坝前回填弃石渣/m^3	260200	258627	开挖弃料
1-10	坝前回填全风化砂/m^3	4319	4293	利用工程弃渣开挖料
2	库盆防护/万 m^3	6.65	6.16	
2-1	干砌块石/m^3	44341	36292	弱风化及以下岩石
2-2	碎石垫层/m^3	22170	25313	弱风化及以下岩石 及洞挖料加工
3	上水库围堰填筑/万 m^3	2.66	2.52	
3-1	堆石/m^3	21577	19497	坝基开挖料
3-2	反滤料/m^3	5022	5734	弱风化及以下岩石 及洞挖料加工
	合计/万 m^3	252.69	238.66	

下水库区填筑工程主要包括下水库大坝、库岸防护、泄洪放空洞边坡防护、下水库大坝上下游围堰，填筑总工程量为73.57万 m^3（压实方），设计需要量为74.58万 m^3（自然方）。下水库区填筑工程量及填筑料需要量汇总见表3。

表3　　　　下水库区填筑工程量及填筑料需要量汇总表

编号	项　　目	填筑工程量 （压实方）	设计需要量 （自然方）	料 源 要 求
1	下水库大坝填筑/万 m^3	62.77	64.35	
1-1	特殊垫层/m^3	1674	2239	弱风化及以下岩石 及洞挖料加工
1-2	垫层料/m^3	38800	51885	弱风化及以下岩石 及洞挖料加工
1-3	过渡料/m^3	57600	58660	洞挖料
1-4	主堆石料/m^3	267900	266280	弱风化及以下岩石 及洞挖料
1-5	次堆石料/m^3	203800	202568	洞挖料

续表

编号	项　目	填筑工程量（压实方）	设计需要量（自然方）	料源要求
1-6	排水料/m^3	35400	35186	弱风化及以下岩石及洞挖料
1-7	路面碎石垫层/m^3	684	915	弱风化及以下岩石及洞挖料加工
1-8	反滤料/m^3	14036	18769	弱风化及以下岩石及洞挖料加工
1-9	大坝下游干砌块石护坡/m^3	7772	6997	强风化及以下岩石及洞挖料
2	下库大坝围堰/万 m^3	10.80	10.29	
2-1	堆石填筑/m^3	93671	84641	强风化及以下岩石
2-2	砂石心墙料/m^3	14281	18227	弱风化及以下岩石及洞挖料加工
2-3	反滤料/m^3	7144	9118	弱风化及以下岩石及洞挖料加工
合计/万 m^3		73.57	74.58	

4　填筑料料源选择

4.1　上水库区填筑料源选择

为充分利用工程开挖料，减少弃渣量，节约投资，上水库区施工中，上水库围堰堆石填筑，直接利用上水库面板堆石坝开挖料中的强风化及以下岩石；坝前回填全风化砂利用上水库工程开挖全风化料。上水库围堰堆石填筑、坝前回填石渣填筑量总计为28.18 万 m^3（压实方），设计需要量为 27.81 万 m^3（自然方）。

根据主体工程建筑物布置和施工方案，为充分利用工程开挖料，上水库大坝主堆、次堆、排水料、干砌块石料、库盆防护干砌块石料等利用上水库库盆弱风化及以下开挖料直接上坝；过渡料利用上水库库盆弱风化及以下开挖料通过控制爆破开采后上坝；垫层料、反滤料主要利用上水库进/出水口、引水渐变段、引水上平段以上及 1 号施工支洞洞挖料通过上水库垫层料加工系统加工后上坝，不足部分由上水库库盆弱风化及以下开挖料补充。

上水库大坝主堆料、次堆料、排水料、干砌块石料、垫层料、过渡料、反滤料、库周防护及上水库围堰的反滤料填筑共计 224.08 万 m^3（压实方），设计需要量共计210.41 万 m^3（自然方）。上水库区填筑料料源设计分区规划见表 4。

表 4　　上水库区填筑料料源设计分区规划表

序号	项　　目		工程量（压实方/万 m^3）	设计需要量（自然方/万 m^3）	料　　源
1	上水库大坝	主堆石料	95.07	88.48	库盆开挖料
2		次堆石料	87.57	81.50	库盆开挖料
3		排水料	12.06	11.22	库盆开挖料
4		干砌块石	2.40	2.02	库盆开挖料
5		垫层料	8.23	9.40	库盆开挖料及洞挖料加工
6		过渡层	11.60	11.06	库盆开挖料控制爆破
7	库周防护	干砌块石	4.43	3.63	库盆开挖料
8		垫层料	2.22	2.53	库盆开挖料及洞挖料加工
9	围堰	反滤料	0.50	0.57	库盆开挖料及洞挖料加工
合计			224.08	210.41	

4.2　下水库区填筑料源选择

为充分利用工程开挖料，减少弃渣量，节省工程投资，下水库大坝围堰堆石填筑利用坝肩强风化及以下明挖料，下水库大坝围堰堆石填筑量总计为 9.37 万 m^3（压实方），设计需要量为 8.46 万 m^3（自然方）。

根据主体工程建筑物布置和施工方案，下水库大坝以及库周防护的主堆、排水料、干砌块石料均考虑利用主厂房洞挖料及下水库进出水口明挖料上坝；下水库大坝次堆料、过渡料利用下水库泄洪放空洞及引水上平段以下的引水发电系统的洞挖料，通过控制爆破、暂存后上坝，对于不满足要求的部分进行人工分拣和掺配上坝；下水库大坝的特殊垫层、垫层料、路面碎石垫层、反滤料，下水库大坝围堰砂石心墙料、反滤料利用下水库泄洪放空洞及引水上平段以下的引水发电系统的洞挖料，通过下水库砂石加工系统加工后上坝。

下水库大坝的主堆石料、次堆石料、排水料、干砌块石料、特殊垫层、垫层料、路面碎石垫层、反滤料、过渡料及下水库大坝围堰的砂石心墙料、反滤料，填筑共计 64.91 万 m^3（压实方），设计需要量共计 67.08 万 m^3（自然方）。下水库区填筑料料源设计分区规划见表 5。

表 5　　下水库区填筑料料源设计分区规划表

编号	项　目		填筑工程量（压实方）/万 m^3	设计需要量（自然方）/万 m^3	料　源
1	下水库大坝	主堆石料	26.79	26.63	主厂房洞挖料及下水库进出水口明挖料
2		次堆石料	20.38	20.26	洞挖料控制爆破、人工分拣及掺配
3		排水料	3.54	3.52	主厂房洞挖料及下水库进出水口明挖料

续表

编号		项　目	填筑工程量（压实方）/万 m^3	设计需要量（自然方）/万 m^3	料　源
4	下水库大坝	干砌块石	0.78	0.70	主厂房洞挖料及下水库进出水口明挖料
5		特殊垫层	0.17	0.22	洞挖料加工
6		垫层料	3.88	5.19	洞挖料加工
7		路面碎石垫层	0.07	0.09	洞挖料加工
8		反滤料	1.40	1.88	洞挖料加工
9		过渡料	5.76	5.87	洞挖料控制爆破、人工分拣及掺配
10	下水库大坝围堰	砂石心墙料	1.43	1.82	洞挖料加工
11		反滤料	0.71	0.91	洞挖料加工
合　计			64.91	67.09	

5　料源规划开采

5.1　上水库区规划开采量

上水库区可利用弱风化及以下明挖量为 215.00 万 m^3（自然方），洞挖量为 6.09 万 m^3（自然方），总量为 221.10 万 m^3（自然方），上水库施工区设计需要量为 210.41 万 m^3（自然方）。

通过计算，上水库区料源规划开采系数为 1.05，略有不足。根据料源开采规划，考虑在上水库库盆区域下挖，以增加储备量。上水库库盆设计开挖底面积为 12.69 万 m^2，库盆继续下挖 3.5m 后，增加弱风化及以下石料 42.11 万 m^3，可满足上水库施工区规划开采系数 1.25 的要求。

5.2　下水库及输水发电系统区规划开采量

下水库及输水发电系统施工程开挖可利用洞挖石料总量为 120.62 万 m^3（自然方），石方明挖料为 20.68 万 m^3（自然方），可利用料总量为 141.29 万 m^3（自然方）。下水库及输水发电系统施工区填筑料设计需要量为 67.08 万 m^3（自然方），主体工程混凝土骨料毛料设计需要量为 51.37 万 m^3（自然方），筹建期混凝土粗骨料及垫层料毛料设计需要量为 11.84 万 m^3（自然方）。

通过计算，下水库及地下系统施工区规划开采系数为 1.08，略有不足。根据料源开采规划，考虑在上水库库盆区域下挖，以增加储备量。上水库库盆设计开挖底面积为 12.69 万 m^2，库盆继续下挖 2.5m 后，增加弱风化及以下石料 21.36 万 m^3，可满足下水库及输水发电系统区规划开采系数 1.25 的要求。

6　结论

通过料源选择与优化研究，蛟河抽水蓄能电站上、下水库面板堆石坝的填筑料均充分利用工程开挖料，对于不满足规划开采系数的部分，通过在上水库库盆区域深挖予以解决。该料源选择方案既充分利用了工程开挖料又避免了新开料场，从而减少料场、渣场的占地，做到既节约占地减小对环境的破坏，又节省工程投资。

参考文献

[1] 吴文平，申明亮，李峰．乌江洪家渡面板堆石坝料场优化研究［J］．水利水电快报，2003（10）：9－11.

[2] 吴学雷，赖永明．混凝土面板堆石坝料场布置优化问题研究［C］//土石坝技术，2015，160－165.

[3] 胡海涛，周宏峰．黄金坪水电站技施阶段大坝填筑料料源优化设计［J］．水力发电，2016（3）：16－19.

[4] 徐泽平．混凝土面板堆石坝关键技术与研究进展［J］．水利学报，2019（1）：62－73.

宁夏何家沟均质土坝三维渗流特性分析

于　茂　王浏刘

（中水北方勘测设计研究有限责任公司）

摘　要： 渗透稳定是影响土石坝安全的重要因素。本文采用 MIDAS GTS NX 有限元分析程序，建立宁夏何家沟水库 58m 高均质土坝的三维渗流场分析模型，对不同上下游水位工况及假设可能出现的不利工况进行数值模拟，核算其渗透比降、浸润线、出逸点位置等关键要素，对渗流安全情况进行评价。结果表明该土坝满足渗透稳定要求，地基防渗墙是影响渗流场变化的关键部位。研究方法及成果可为类似工程渗流计算与控制提供参考。

关键词： 均质土坝　三维渗流分析　MIDAS 软件　水力特性　渗流场分析

1　引言

近年来，随着经济社会的不断发展和人民生活水平的不断提高，在各地兴建水利工程的需求也不断增加。而土坝作为国家水网建设中的重要节点型水利工程设施，在保障水安全和环境保护等方面发挥着重要作用。因此，对土坝的稳定性和渗流特性等方面进行研究，在土坝的设计、建设和运行中都发挥着具有重要作用。

固原市黄河水调蓄工程是从固海扩灌十二干渠中段南城拐子泵站处取水，新建何家沟调蓄水库，利用固海扩灌系统灌溉低峰期蓄水、灌溉高峰期向灌区供水，旨在解决原州区清水河河谷川地发展现代农业高效节水灌溉的水资源配置工程，工程受水区为原州区黄铎堡、三营、头营、彭堡、中河 5 个乡镇。该工程中的何家沟水库调节库容为 896 万 m^3，总库容 997 万 m^3。坝型为碾压式均质土坝，最大坝高 58m。

本文选择何家沟均质土坝作为研究对象，对其进行三维渗流特性分析，以提高土坝水利工程的设计和建设水平，保障水资源的有效利用和生态环境的保护。

2　研究方法

2.1　土坝的水文条件和地质特征

工程位于何家沟出口，为清水河一级支流中河的二级沟道，水库坝址断面以上流域面积 10.9km^2，河长 5.8km，平均比降 51.7‰。多年平均径流量 27.3 万 m^3，多年平均输沙模数 3500t/km^2。

何家沟水库在原有库址建设，工作区属中低山地貌单元，总体地势由南向北倾斜，山体表面覆盖层较厚，冲沟较为发育。库区河谷大体呈 NW－SE 方向展布，河谷呈 V 形，两岸发育有垂直河谷的冲沟。两岸为黄土梁，岸坡较陡。

新坝轴线位于老坝轴线上游110m处的库区内，库区现状淤积平均厚度9m左右，其下为厚层的泥岩。坝轴线处左侧山体上部11.0～27.0m的黄土为Ⅱ级中等自重～Ⅳ级很严重自重湿陷性场地，右侧山体上部5.0～15.0m黄土为Ⅱ级中等自重湿陷性场地，下部的黄土厚度6.5～14.0m，不具有湿陷性。左坝肩黄土与泥岩之间分布有砾岩夹层，分布高程1699.50～1729.50m，厚度9.5～15.0m，泥质胶结，上部成岩作用较弱，下部胶结稍好，具有中等透水性。坝基泥岩分布于场地最下部，泥质结构，厚层状，产状近于水平，自由膨胀率43.5%～46.1%，具有弱膨胀潜势。泥岩层强风化厚度1.5～2.0m，中等风化厚度1.5～2.0m，中等风化线以下的泥岩为弱透水性。坝址区基岩物理力学参数见表1。

表1　坝址区各岩（土）层物理力学参数统计表

岩（土）层名称	变形模量 E/kPa	泊松比 ν	天然容重 γ/(kN/m^3)	渗透系数 /(cm/s)	黏聚力 C/kPa	摩擦角 φ/(°)
地基-5-2	17600	0.35	18.5	5.02×10^{-7}	35	23
地基-6	17200	0.35	17.8	6.40×10^{-7}	50	28
地基-7-1	50000	0.35	20	5.00×10^{-5}	10	35
地基-7-2	60000	0.3	21	6.00×10^{-6}	13	36
地基-8-1	30000	0.3	19.2	8.00×10^{-6}	50	28
地基-8-2	40000	0.3	21.1	5.00×10^{-7}	150	32
地基-9	46000	0.3	21.08	2.00×10^{-7}	160	34
坝体排水	12500	0.35	17.4	竖向 5.00×10^{-5} 水平 5.00×10^{-4}	0	36
截渗槽	12500	0.35	17.4	6.46×10^{-8}	67.6	28
防渗墙	500000	0.25	22	1.00×10^{-9}	500	36
黄土大坝	12500	0.35	17.4	1.50×10^{-7}	67.6	28
地基-2	2470	0.35	18	1.70×10^{-7}	0	5
地基-5-1	12700	0.35	14.7	8.45×10^{-7}	17	21

2.2　土坝的三维有限元分析模型建立

为准确把握坝体的三维渗流特性分析，需要建立精确的有限元模型。本文采用了MIDAS GTS NX软件建立三维有限元模型，通过对土坝内部的渗流过程进行有限元分析，得出渗流特性值。其中，有限元模型的网格精度和适用性等因素需要充分考虑。建立的三维有限元分析模型见图1、图2。

在稳定渗流期，渗流分析的边界类型主要有已知水头边界、出渗边界及不透水边界三种：①已知水头边界包括坝址区上下游水位线以下的水库库岸和库底、坝体上游坡和下游坡、河道，以及给定地下水位的截取边界；②出渗边界为坝体上下游坡面和坝顶；③不透水边界包括模型上下游两侧和左右岸两侧截取边界除给定地下水位以外的部分边界以及模型底面。

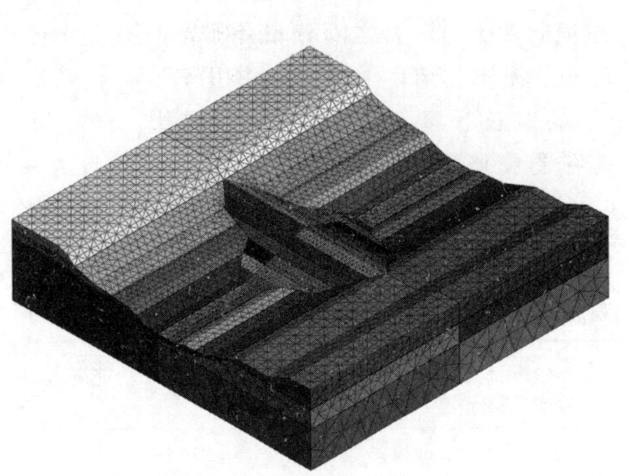

图 1　整体三维有限元分析模型

图 2　防渗和排水结构的三维有限元分析模型

2.3　计算工况

根据研究目的和计算要求，考虑的计算工况为正常蓄水位、校核洪水位和死水位情况，具体的计算工况见表 2。

表 2　　渗流分析计算工况表

工况编号	工况说明	上下游水位
工况 1	正常蓄水位	上游库水位 1751.00m，下游水位 1696.00m
工况 2	校核洪水位	上游库水位 1751.00m，下游水位 1696.00m
工况 3	死水位	上游库水位 1721.00m，下游水位 1696.00m

3　计算结果与分析

3.1　运行期（校核）工况

从运行期正常蓄水位坝址区地下水速度场矢量分布及水库蓄水后坝址区渗流场的分布规律可知（见图 3），库水由水库通过坝体、坝基渗向下游，上游坝体内浸润面下降明显，在反滤排水体处没有明显的骤降，下游浸润线已进入水平排水层中。坝轴线附近大坝浸润线以下最大水力坡降约 0.7，浸润线以下的竖向排水体上游侧最大水力坡降约为 0.4（设综合反滤），大坝下游坝坡渗透坡降在 0.26 以内。大坝防渗系统的渗透稳定满足要求。坝体及基岩的整体渗漏量统计见表 3。

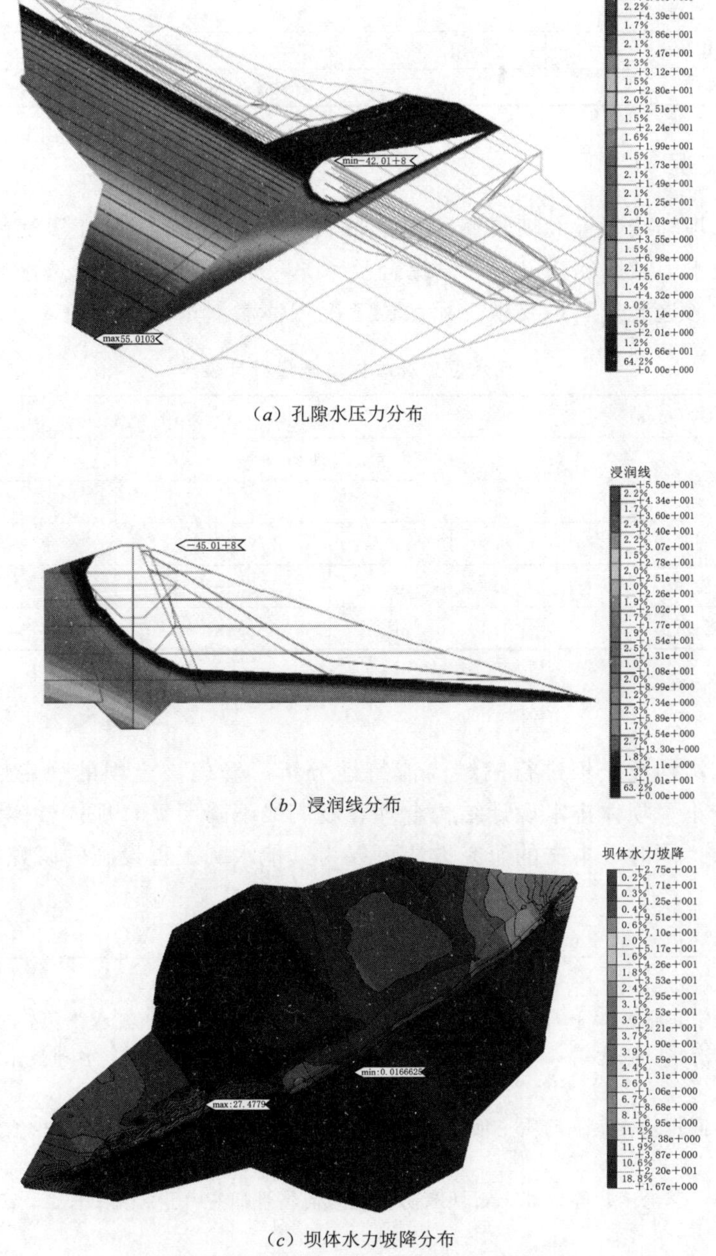

(*a*) 孔隙水压力分布

(*b*) 浸润线分布

(*c*) 坝体水力坡降分布

图 3　运行期（校核）工况坝体渗流特性

表 3　　运行期工况坝体渗漏量统计表

坝体渗透系数/(m/s)	1.50×10^{-7}		
坝体排水层渗透系数/(m/s)	竖向排水		5.00×10^{-5}
	水平排水		5.00×10^{-4}
坝体渗漏量	2.5×10^{-2} m^3/s	2160.0m^3/天	77.7万 m^3/年

续表

坝体渗透系数/(m/s)	1.50×10^{-7}		
基岩绕渗量	$0.6\times10^{-2}m^3/s$	$518.4m^3$/天	18.6 万 m^3/年
总渗流量	$3.1\times10^{-2}m^3/s$	$2678.4m^3$/天	96.3 万 m^3/年

3.2 死水位工况

死水位时，坝轴线附近大坝浸润线以下最大水力坡降约 0.27，浸润线以下的竖向排水体上游侧最大水力坡降约为 0.4（设综合反滤），大坝下游坝坡渗透坡降在 0.09 以内。大坝防渗系统的渗透稳定满足要求。死水位工况坝体渗漏量统计见表 4。

表 4 死水位工况坝体渗漏量统计表

坝体渗透系数/(m/s)	1×10^{-7}		
坝体排水层渗透系数/(m/s)	竖向排水		5.00×10^{-5}
	水平排水		5.00×10^{-4}
坝体渗漏量	$0.9\times10^{-2}m^3/s$	$777.6m^3$/天	28.0 万 m^3/年
基岩绕渗量	$0.2\times10^{-2}m^3/s$	$172.8m^3$/天	6.2 万 m^3/年
总渗流量	$1.1\times10^{-2}m^3/s$	$950.4m^3$/天	34.2 万 m^3/年

4 结论

通过对何家沟均质土坝进行三维渗流特性分析，发现该土坝的稳定性和水力性能较好，渗透系数较小，坝体排水设计结构合理，浸润线下降明显，坝体整体渗流特性满足渗流安全运行要求。同时，本文的研究方法可以为其他水利工程设施的研究提供参考。

参考文献

[1] 姜帆，宓永宁，张茹．土石坝渗流研究发展综述 [J]．水利与建筑工程学报，2006（4）：94－97.

[2] 岳庆河，郭清华，张大雷．老岚水库土石坝渗流数值模拟研究 [J]．水利技术监督，2022（10）：242－245.

[3] 张寅寅．不同排水方案下均质土坝渗流及坝坡稳定性有限元仿真 [J]．中国农村水利水电，2019（8）：110－115.

[4] 徐颖，王伟，李艳玲，等．高土石坝双防渗墙渗流特性研究 [J]．人民长江，2022，53（7）：181－186.

[5] 梁国钱，郑敏生，孙伯永，等．土石坝渗流观测资料分析模型及方法 [J]．水利学报，2003（2）：83－87.

[6] 杨超林，张霞．南丙河水库黏土心墙土石坝三维渗流分析 [J]．中国农村水利水电，2017（9）：132－135.

桃源水库工程合江取水枢纽地基抗断技术研究

孙　强　田新星　闫玉亮

（中水北方勘测设计研究有限责任公司）

摘　要： 取水枢纽的布置受多种边界条件的影响，其中，地基是影响取水枢纽能否成功布置的关键，本文以桃源水库合江取水枢纽为例，在不可避让的条件下，该取水枢纽站址需布置在 F_{102} 断层带上，工程抗震设防类别为乙类，按 8 度地震设防。针对以上特殊地基条件，本文提出三种处理方案：柔性水平黏土防渗方案、混凝土防渗墙垂直防渗方案，以及混合防渗方案，采用综合权重评分的方法对各影响指标进行对比分析，最终选取最优方案，为同类工程问题的解决提供思路。

关键词： 取水枢纽　调水工程　地基处理　不良地质条件

1　前言

在水利工程建筑物的布置上，地基的抗断问题一直是个比较棘手的问题。在大部分项目上，一般都在站址选择时，作为不利条件给避开了，哪怕在前期论证时，通过方案比选将其完全避开，选择不存在抗断问题的站址。但有时，有的建筑物要依附于主体建筑物的布置，如桃源水库工程，合江输水隧洞作为输水工程的主体，由自身地质条件和进出口进洞条件的好坏来决定轴线布置，因此，进口位置的取水枢纽布置就要依附合江隧洞轴线的布置。隧洞进口布置的取水枢纽闸址正好在 F_{102} 断层带上，且断层带顺河布置，无法避开，只能采取切实可行的处理方案。

建筑物抗断问题需考虑完全处理、半处理或临时性处理，完全处理为满足建筑物合理使用年限的措施；半处理为不能完全避免抗断，但可以在发生破坏后修复，不影响建筑物运行安全的措施；临时处理为只满足一定时限的处理措施。本文以桃源水库工程合江取水枢纽为例，综合分析影响边界条件，充分说明处理方案的合理性。

2　工程概况

本工程由枢纽工程、合江隧洞输水工程和引水工程三部分组成。输水线路从桃源水库及黑惠江交汇处下游取水，要求输水线路出口高程不低于 2130.00m，输水流量 $15m^3/s$，穿山长度约 15km，按照隧洞自流条件，进口高程应不低于 2140.00m。

合江取水枢纽取水闸位于合江隧洞进口前的黑惠江上，沿黑惠江流向有一 F_{102} 断层。共布置 5 孔拦河闸，河道左侧布置一孔取水闸（见图 1），在右边阶地上布置两孔宽顶溢流堰。拦河闸设计洪水标准为 20 年一遇，过闸流量 $334m^3/s$，设计洪水位 2183.69m，校核洪水标准为 50 年一遇，过闸流量 417m³/s，校核洪水位 2184.05m。

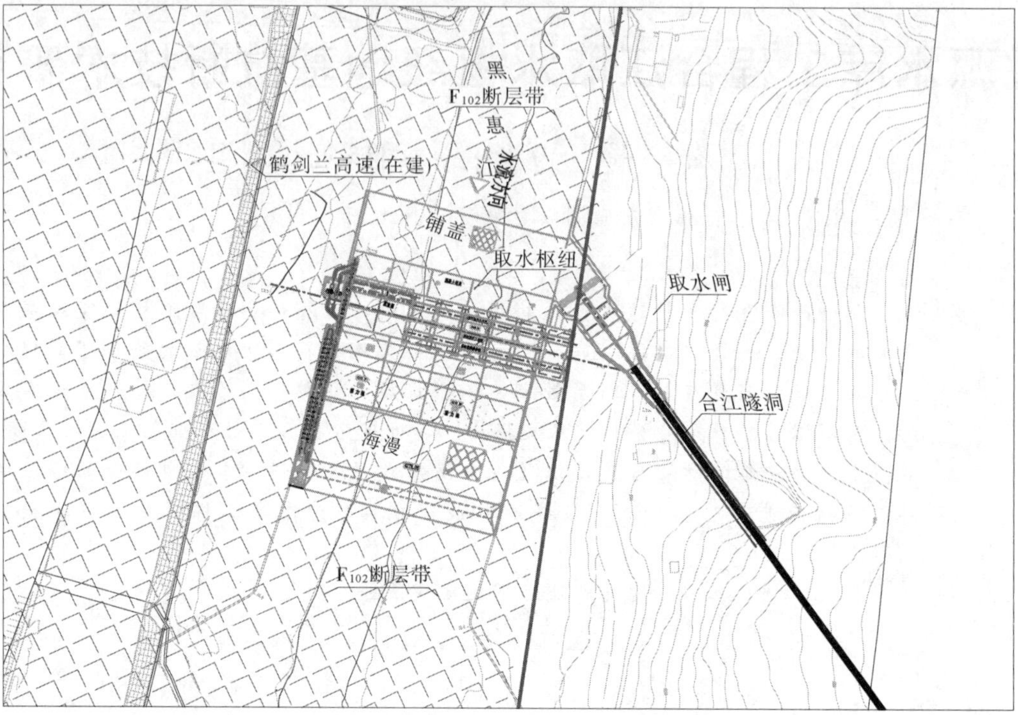

图 1　合江取水枢纽布置图

3　地质条件

闸坝区黑惠江主河道流向总体呈 NNE～SSW 向，河床宽 24～28m，水深 1.0～1.5m。两岸Ⅰ级阶地呈不对称分布，为上叠式阶地，阶面平缓，阶面高程 2181.00～2183.00m，高于现代河床 1.5～2.5m；右岸阶面宽阔较大且分布连续，左岸阶面狭长且断续分布（见图 2）。

图 2　合江取水枢纽现状

闸坝区场地范围内发育的地层主要为古生界石炭系中统、新生界第四系上更新统、全新统。场址区按照成因类型可划分为人工填土层、崩坡积层以及冲洪积层。

闸坝区发育的主要构造形迹为合江村断层（F_{102}），隐伏于河谷松散堆积物之下，该断层北起江尾村一带，沿黑惠江河谷经闸坝区向南延伸，物探成果显示该断层在闸坝区破碎带宽度约 200～300m，断层陡倾，倾向东或西，属张扭性断层，断层东盘为上古生界石炭系、二叠系地层和喷出岩，西盘为下古生界泥盆系和奥陶系地层。该断层属晚更新世以来活动断层。

4 抗断处理方案比选

4.1 方案布置

根据闸址处的地形地质条件，并结合合江隧洞轴线布置，以及拦河闸的尺寸、功能、结构型式等，提出三种处理方案：即柔性水平黏土防渗方案、混凝土防渗墙垂直防渗方案，以及混合防渗方案，采用综合权重评分的方法对各影响指标进行对比分析。抗断防渗方案见图 3。

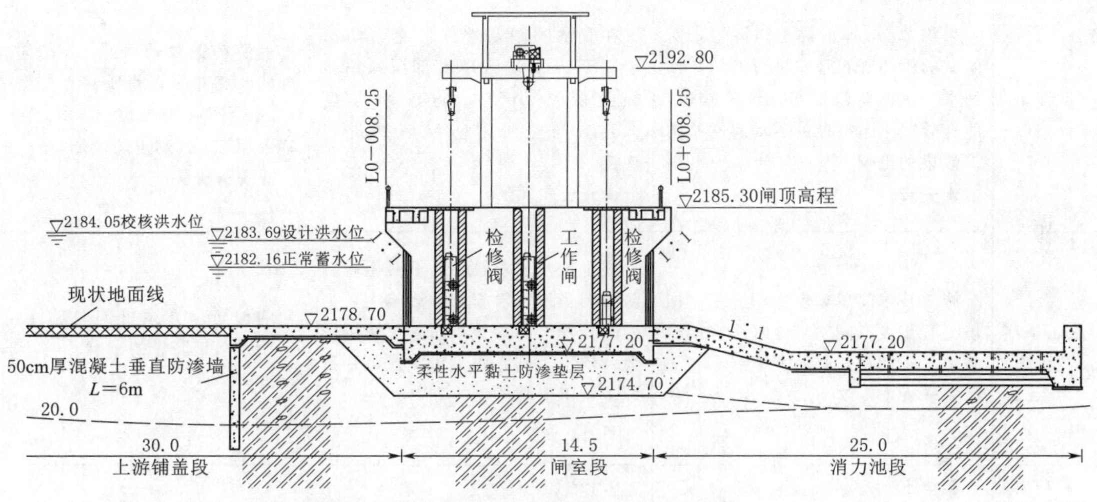

图 3　抗断防渗方案示意图（单位：m）

（1）柔性水平黏土防渗方案。拦河闸水平防渗采用上游铺盖段、闸室段和下游消力池斜坡段联合防渗；闸基底部换填 2～2.5m 黏土垫层进行柔性防渗，与底部低液限黏土连接。取水闸闸基底部换填 3.5～4m 黏土垫层进行柔性防渗，与底部低液限黏土连接。主要靠延长渗径，降低浸润线，降低下游渗流出逸比降。

（2）混凝土防渗墙垂直防渗方案。垂直防渗采用混凝土防渗墙，混凝土防渗墙是利用专用的造槽机械设备营造槽孔，并在槽孔内注满泥浆，然后用导管在注满泥浆的槽孔中浇筑混凝土并置换出泥浆，筑成墙体。

在拦河闸上游铺盖端部做竖直防渗墙，深 6m，防渗墙底部深入粉质黏土层约 1.5m，防渗墙厚度 0.5m。为减小闸基两岸绕渗量，于拦河闸右岸到鹤剑兰高速坡脚处做竖直防渗墙，深 6m，防渗墙厚度 0.5m。在取水闸闸基端部做竖直防渗墙，深 5m，防渗墙底部深入粉质黏土层约 1.5m，防渗墙厚度 0.5m，与拦河闸防渗墙处进行连接。取水闸左岸坝肩采用混凝土防渗墙和帷幕灌浆相结合的垂直截渗措施，土层坝肩段采用混凝土防渗墙防渗措施，基岩坝肩段采用帷幕灌浆防渗措施。

(3) 混合防渗方案。当垂直防渗和水平防渗均无法满足完全防渗抗断效果时，可以采用两种防渗结合的方式，即混合防渗，此种方案包含前两种方案各自的优点，但工程量增加、施工复杂、投资较高。

4.2 方案比选

从工程布置条件、施工条件及风险、工期影响、工程建设投资等角度，通过综合评分分配权重的方法对各方案进行比选。方案综合比选内容见表 1。

表 1　　方案综合比选表

项目	柔性水平黏土防渗方案	混凝土防渗墙垂直防渗方案	混合防渗方案
工程布置条件	采用 2.5m 厚的黏土防渗层，对闸室的砂卵砾石地基进行换填，作为水平抗断防渗铺盖。铺盖较厚，能有效减小运行期的震动对闸基防渗效果的影响 ★★★	在取水闸闸基端部做竖直防渗墙，深 5m，防渗墙底部深入粉质黏土层约 1.5m，防渗墙厚度 0.5m，与拦河闸防渗墙处进行连接 ★★★	上游铺盖段采用深 5m 的防渗墙，底部深入粉质黏土层约 1.5m，防渗墙厚度 0.5m。闸基采用 2.5m 黏土防渗层 ★★★★
施工条件及风险	施工技术简单，但换填开挖、回填工程量大；闸室与地基不能同时施工；工期相对长 ★★★	施工技术要求较高，混凝土垂直防渗墙受地下岩石条件影响大，为隐蔽工程，防渗效果对施工影响较大；但不受闸室施工影响，可平行施工，不影响施工工期 ★★	两种防渗方案可同时施工，工期受水平防渗的影响 ★★
影响主体工期	3 个月 ★★★	0 个月 ★★	3 个月 ★
工程建设投资	147 万元 ★★★	184 万元 ★★	321 万元 ★
可靠性	好 ★★	较好 ★★★	很好 ★★★★★
总分	★★★★★★★★★★★★★★（14 个★）	★★★★★★★★★★★★（12 个★）	★★★★★★★★★★★★★（13 个★）

注　每颗星代表 1 分，星个数越多，方案越优。

经以上综合比选，三个方案各有优缺点，但考虑闸址区抗震设防烈度较高，为方便后期运行管理，增加工程供水的可靠性，推荐方案三为最终选取方案。

5　结论

针对在必须将建筑物布置于存在抗断问题的地基的情况，本文提出了切实可行的抗断防渗的地基处理方案，并从工程布置条件、施工条件及风险、工期影响、工程建设投资等几个方面进行了对比分析，每种方案均有自己的优点和缺点，综合考虑取水枢纽对整体工程的影响，为提高工程的可靠性，采用了混合抗断防渗方案。

但在工程应用中，可根据自身特性，选取适合工程特点的方案。

参考文献

[1] 马润勇，彭建兵，门玉明．黑山峡大柳树坝址区断裂构造格局与工程抗断问题研究［J］．地质灾害与环境保护，2002，13（4）：46－50．

[2] 廖建忠，文军．活动断层附近某水电站坝址的选择［J］．西北水电，2012（2）：36－39．

[3] 顾小兵，杨春宝，席志斌．隧洞穿越活断层抗断技术及应用［J］．水利规划与设计，2021（9）：112－114．

[4] 洪海涛．黄河大柳树水利枢纽主要工程地质问题及评价［J］．水利水电工程设计，2002，21（2）：16－20．

[5] 邵生俊，杨春鸣．粗粒土泥浆护壁防渗墙的抗渗设计方法研究［J］．水利学报，2015，39（2）：324．

[6] 宗敦峰，刘建发，肖恩尚．水工建筑物防渗墙技术 60 年 II：创新技术和工程应用［J］．水利学报，2016，47（4）：483－490．

坝工施工篇

150m 级高比例软岩堆石坝筑坝技术研究

王大强　章天长

（中国水电十五局科研设计院）

摘　要： 堆石坝作为当今水利水电工程建设主流坝型之一，一般选用质地坚硬、新鲜的岩石作为坝料，将坝体分区后，对浸润线以上坝料可适当放宽条件，能够充分利用坝址区的各类岩石，节约投资。南欧江七级水电站面板堆石坝坝高143.5m，坝料中软岩含量比例高，块体粒径小，泥质软岩和砂性软岩两种不同性质坝料填筑特性差别较明显。研究表明：泥质软岩有遇水崩解后泥质胶结现象，通过降低铺层厚度可达到预定压实效果；钙质溶失后的“砂化”软岩，摊铺过程中易粉化、破碎，细颗粒含量明显增加。采用软岩筑坝，大坝沉降期的规划时间需要适当延长，沉降仪器量程的选择也需要适当增加。

关键词： 高堆石坝　高比例软岩　沉降　泥质胶结　砂化软岩

1　引言

笔者作为一线试验和质量管控人员，参与过多个百米级混凝土面板堆石坝全过程试验和质量控制，包括刚建成不久的老挝南欧江六级水电站复合土工膜混凝土面板堆石坝，其软岩坝料占比达81%，为世界第一，料场板岩岩层分布较规律，软岩比例容易确定，新鲜料粒径大，且易分开挑选使用；已建成的贵州董箐水电站混凝土面板堆石坝坝高150m，坝体2/3的石料采用的是砂泥岩混合的软硬岩料，软岩新鲜程度高。南欧江七级水电站坝料特性差异明显，相关工程的应用控制措施适用性低。现场通过不同类别软岩的特性表现，结合不同填筑区域，有针对性地开展坝料碾压参数试验研究，确定出能够用于现场实际施工和质量控制的技术理论。

2　工程概况

南欧江七级水电站位于老挝丰沙里省境内，为南欧江梯级规划的最上游一个梯级水电站。本工程为Ⅰ等大（1）型工程，混凝土面板堆石坝为1级建筑物，布置于主河床，最大坝高143.5m。大坝上游坝面坡比为1∶1.4；下游坝坡高程610.00m以上为1∶1.6、以下为1∶1.4，高程610.00m和高程570.00m设宽2.5m马道，高程525.00m设宽30m平台，兼做进厂交通道路及回停车场。坝体施工前期分区：从上游到下游分区依次为2A垫层料区、2B特殊垫层料区、3A过渡料区、3B主堆石料区、3C次堆石料区、3D排水体堆石料区。面板上游设1B盖重料区和1A铺盖料区，下游坝坡设大块石进行护坡。

施工阶段料场揭露后由于岩层的走向和岩性分布与前期勘探结果相差较大，现场试验过程中坝料渗透和部分料种压实干密度不能满足设计指标，通过多次试验论证和专家评审后，将坝体 3B 主堆石料区和下游 3D 排水体堆石料区进行了调整，在坝前 3B 区设置了满足渗透要求的排水体，与河床部位的排水体形成 L 形排水体，3B 区料不再强调填筑料压实后的渗透性，将 3B 区分为 3B1 区和 3B2 区，两侧岸坡较陡部位设增模区。

3 填筑料特性分析

南欧江七级水电站大坝的筑坝料相对复杂，坝料主要来自两个料场，左岸石料场（岩性偏差，储量大为主料场）和 K90 石料场（储量小，岩性相对较好，主要提供骨料和排水体区料）。左岸石料场场地类型属Ⅲ类，出露地层为三叠系中统第四层（T_2^d）和第四系坡积层（Q^{dl}）。三叠系中统第四层上层岩性为杂砂岩、泥质粉砂岩、粉砂质泥岩、泥岩，岩体多呈互层状，局部呈厚层状结构；下层岩性为灰白色、紫红色长石石英砂岩、含砾长石石英砂岩夹粉砂质泥岩、泥质粉砂岩及钙质泥岩，岩体多呈互层状～中厚层状结构，局部呈厚层状结构。第四系坡积层主要为碎石质粉土，厚度一般 1～5m。

左岸石料场施工阶段开挖后揭露地层岩性较复杂，岩性主要为杂砂岩及泥岩，呈互层状，泥岩含量相对较多，顺层节理发育，岩体破碎，主要为强风化～弱风化上带岩体，局部为弱风化下带岩体。现场钻孔岩粉和碾压后细颗粒遇水风干后出现泥质胶结现象。砂岩具“砂化”现象，构造发育，层间挤压揉皱现象明显，岩体破碎，完整性较差、厚度较大的断层带、泥岩条带和强烈“砂化”带等。试验样本的物理力学试验数据见表 1，左岸石料场断面及岩石崩解见图 1。

表 1　左岸石料场试验样本的物理力学试验数据表

岩样编号	岩石名称及风化程度	物理性试验					力学性试验						
							抗压强度		软化系数	静态变形试验			
										干		湿	
		比重 /(g/cm³)	干密度 /(g/cm³)	空隙率 /%	自然吸水率 /%	饱和吸水率 /%	干抗压 /MPa	湿抗压 /MPa		弹性模量 E_{50} /GPa	泊松比 μ_{50}	弹性模量 E_{50} /GPa	泊松比 μ_{50}
$Y_{ZK401-1}$	砂岩 弱风化	2.74	2.61	4.74	1.58	1.68		28.5					
								19.7					
								19.9					
$Y_{ZK401-2}$	砂岩 弱风化	2.74	2.63	4.01	1.28	1.33	62.2	35.3	0.55	2.19	0.15	0.73	0.30
							81.7	43.3					
							93.4	52.3					
$Y_{ZK403-1}$	砂岩 弱风化	2.69	2.59	3.72	1.14	1.18	93.7	34.3	0.34				
							72.0	27.2					
							111.5	33.8					

续表

岩样编号	岩石名称及风化程度	物理性试验					力学性试验						
		比重/(g/cm³)	干密度/(g/cm³)	空隙率/%	自然吸水率/%	饱和吸水率/%	抗压强度		软化系数	静态变形试验			
										干		湿	
							干抗压/MPa	湿抗压/MPa		弹性模量 E_{50}/GPa	泊松比 μ_{50}	弹性模量 E_{50}/GPa	泊松比 μ_{50}
$Y_{ZK405-1}$	砂岩弱风化	2.67	2.56	4.12	1.36	1.37	75.8	28.7	0.46				
							71.1	42.2					
							103.9	45.1					
$Y_{ZK406-1}$	砂岩弱风化	2.72	2.59	4.78	1.69	1.73	34.8	24.2	0.70	9.1	0.16	6.9	0.26
							30.1	22.6					
							29.7	19.8					
$Y_{ZK404-1}$	砂岩微风化～新鲜	2.69	2.57	4.46	1.51	1.52	58.1	10.7	0.36				
							54.5	22.6					
							27.5	16.7					
$Y_{ZK418-1}$	砂岩微风化～新鲜	2.70	2.62	2.96	0.98	1.00	101.4	59.6	0.39			53.0	0.15
							20.4	34.5					
							104.5	24.9					

(*a*) 左岸石料场取样A区

(*b*) 左岸石料场3C区料取样区

(*c*) 左岸石料场泥质软岩崩解（1）

(*d*) 左岸石料场泥质软岩崩解（2）

图 1　左岸石料场断面及岩石崩解

K90 石料场场地类型属Ⅱ类，出露地层为三叠系中统（T_2）和第四系（Q）。三叠系中统按岩性组合可分为2层：三叠系中统第一层（T_2^{I}），紫红色泥岩，岩体多呈薄层状～互层状；三叠系中统第二层（T_2^{II}），紫红色长石石英砂岩夹少量泥岩，长石石英砂岩矿物成分主要为石英、长石及岩屑，铁钙质胶结。岩体多呈互层状～中厚层状，部分厚层状，岩体完整性较好，弱风化下带及以下钻孔岩芯多呈柱状、长柱状，部分短柱状。砂岩中分布有少量泥岩夹层，其厚度为0.17～3.46m，多呈薄层状，岩体完整性差。K90石料场区岩层主要发育2条规模较大的断层（F_1、F_2），F_1表现为挤压破碎带性质，垂直方向上错距不明显，主要由碎裂岩、碎块岩组成，受断层影响，断层带附近岩体，尤其是上盘岩体较为破碎，完整性差；F_2主要由碎裂岩、碎块岩构成。以F_1为界，SW侧构造发育，岩体较破碎，沿层面多有挤压错动现象；NE侧构造不发育，岩体较完整。强风化～弱风化上带砂岩中普遍发育钙质溶失现象，其中强风化岩体中一般为中等～强烈钙质溶失，弱风化上带岩体中一般为中等钙质溶失，部分为轻微钙质溶失，弱风化下带岩体中一般为轻微钙质溶失，另外沿结构面或接触面钙质溶失相对较强。试验样本的实际开挖揭露显示，岩性为紫红色长石石英砂岩夹少量泥岩，局部受F_1和F_2断层及砂岩"砂化"影响，岩体较破碎，该范围考虑为无用料，其他弱风化上带砂岩可用于3C区堆石料，但实际使用过程中由于风化程度不一致，且夹层较薄，不规则走向，开挖使用过程中难以剔除，弱风化下带～新鲜的砂岩用于混凝土骨料及大坝垫层料、过渡料及3B区、3D区堆石料。其物理力学试验数据见表2，K90石料场断面和岩石砂化破坏形态见图2。

表2　　K90石料场试验样本的物理力学试验数据表

岩样编号	岩石名称及风化程度	物理性试验					力学性试验				
		比重/(g/cm³)	干密度/(g/cm³)	空隙率/%	自然吸水率/%	饱和吸水率/%	抗压强度 干抗压/MPa	抗压强度 湿抗压/MPa	软化系数	直剪峰值强度 内摩擦角 φ/(°)	直剪峰值强度 黏聚力 c/MPa
S_{y90-1}	砂岩 弱风化上带	2.69	2.40	10.78	2.01	2.03	28.1	13.3	0.45	54.4	3.7
							29.7	13.8			
							31.8	13.8			
S_{y90-2}	砂岩 弱风化上带	2.71	2.50	7.75	1.80	1.83	54.6	36.1	0.73	56.1	4.1
							55.7	41.4			
							56.4	44.5			
S_{y90-3}	砂岩 弱风化上带	2.69	2.44	9.29	2.45	2.48	53.7	15.1	0.43	48.4	4.57
							44.7	26.3			
							36.8	17.2			
S_{y90-4}	砂岩 弱风化上带	2.65	2.45	7.55	2.52	2.56	59.9	29.9	0.56	51.7	4.82
							54.7	24.7			
							42.8	33.3			

续表

岩样编号	岩石名称及风化程度	物理性试验					力学性试验				
		比重/(g/cm³)	干密度/(g/cm³)	空隙率/%	自然吸水率/%	饱和吸水率/%	抗压强度 干抗压/MPa	抗压强度 湿抗压/MPa	软化系数	直剪峰值强度 内摩擦角 φ/(°)	直剪峰值强度 黏聚力 c/MPa
S_{yR13-1}	砂岩 弱风化下带	2.71	2.67	1.48	0.25	0.35	160.7	32.3	0.69	64.5	9.1
							197.8	93.9			
							234.9	179.2			
S_{yR12-1}	砂岩 弱风化下带	2.66	2.64	0.75	0.19	0.20	225.6	134.7	0.97	64.0	4.37
							66.2	127.2			
							188.3	205.3			
S_{yR14-1}	砂岩 弱风化下带	2.69	2.65	1.49	0.34	0.37	185.0	123.6	0.78	63.1	5.33
							94.5	136.9			
							175.3	93.2			

(*a*) K90石料场断面　(*b*) K90石料场填筑料摊铺过程

(*c*) K90石料场料源摊铺后效果　(*d*) K90石料场岩石破碎形态

图 2　K90 石料场断面和岩石砂化破坏形态

由于两个料场裂隙发育，软岩比例高，碾后颗粒级配整体偏小，在 3C/3B 区料填筑过程中，颗粒级配曲线均超出设计上包络线。

按照岩石的单轴饱和抗压强度，大于 60MPa 为坚硬岩，30～60MPa 之间为较坚硬岩，小于 30MPa 为软质岩，本工程填筑料场软岩含量比例：左岸石料场开采前原始状态下弱风化上带岩体软岩比例加权平均值为 30.33%；弱风化下带～新鲜岩体软岩比例加权平均值为26.16%。按现场料源鉴定分区及实际使用情况进行统计，用于3C次堆石区的石料中软岩比例加权平均值为25.1%。K90石料场规模较大的断层带及泥岩夹层在实际中开采时已剔除，用于3C次堆石区的部分弱风化上带砂岩中强度因钙质溶失作用影响而降低形成的软质岩比例15%左右。

本工程施工过程中，泥岩、风化砂岩、粉砂岩、板岩、薄层砂岩等软岩均在工程中填筑使用，对不同类型的软岩应根据其工程特性区别看待，单从岩石的单轴饱和抗压强度小于30MPa评判软质岩填坝，具有一定的局限性。例如板岩料，即便是新鲜的板岩料，遇水饱和后会逐渐崩解、剥落，从图3的板岩崩解试验中可以看到，浸水后的板岩从第4天才开始出现剥落，40多天后的质量损失率接近50%，而一般单轴饱和抗压强度试验仅在水中浸泡2天后即进行试验，其明显高于30MPa的抗压强度明显不能反映该特征。另外，K90石料场砂岩产生钙质溶失后的“砂化”现象，由于砂化程度不一致，且浸水饱和后软化不明显，当岩石受力达到极限破坏后出现瞬间“粉化”的现象，或者岩块钙质溶失由外向内，试验过程中在进行试样加工过程中，将“砂化”较强部分切割掉后，使岩体饱和单轴抗压强度“假象”增大。因此，单以30MPa为临界点判别以上两种岩体是否为软岩，对实际工程而言并不能反映其真实的工程特性。

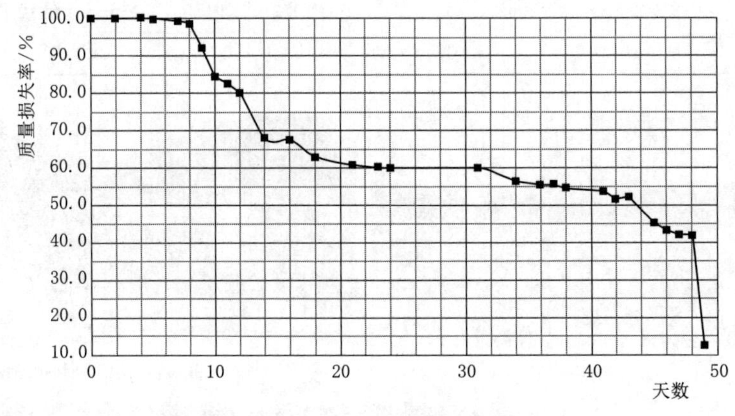

图3　板岩崩解试验图

针对筑坝所用软岩的界定，不仅需要考虑单轴饱和抗压强度，还需要从岩体其他力学特性（如崩解性、崩解速度、破坏形态等）和坝料压实特性等进行系统判别。南欧江七级水电站大坝左岸石料场软岩多为泥质软岩，K90石料场多为钙质溶失后“砂化”软岩，两种岩性在填筑过程中表现出了极大的差别，对坝体后期变形的影响也会有所差别。

4　填筑参数确定

坝体设计初期按照坚硬岩筑坝料对坝体进行分区，设计初期各分区填筑料设计标准和碾压参数见表3。通过对料场强风化层剥离后，选取有代表性各分区坝料进行生产性碾压试验，除2区品质较好的砂岩料通过试验后能满足设计标准，3区各类料通过不同碾压参数组合试验后压实干密度和渗透指标不能满足设计标准。

表 3　　设计初期各分区填筑料设计标准和碾压参数表

填筑料名称	孔隙率/%	压实干密度/(g/cm³)	压实渗透系数/(cm/s)	碾压参数（碾重/铺厚/碾压遍数）	料源
2A 垫层料	<17	>2.19	$<1\times10^{-3}$	20t 自行振动碾/40cm/6 遍	K90 石料场弱风化下带砂岩料
2B 特殊垫层料	<17	>2.19	$<1\times10^{-3}$	1t 平板夯/20cm/10 遍	
3A 过渡料	<19	>2.15	$>1\times10^{-2}$	20t 自行振动碾/40cm/8 遍	
3B 主堆石料	<20	>2.12	$>1\times10^{-1}$	26t 自行振动碾/80cm/8 遍	K90 石料场和左岸石料场弱风化下带及以下砂岩料
3C 次堆石料	<20	>2.11	—	26t 自行振动碾/80cm/8 遍	K90 石料场和左岸石料场弱风化上带及以下砂岩料
3D 排水体堆石料	<20	>2.12	$>1\times10^{-1}$	26t 自行振动碾/80cm/8 遍	K90 石料场弱风化下带及以下砂岩料

4.1　软岩对渗透特性的影响

通过对不同坝料进行试验，3A、3B 和 3D 料的渗透系数为 $1\times10^{-3}\sim1\times10^{-4}$cm/s，均小于原设计要求，分析主要原因：①K90 石料场地质层交互后，弱风化上下带区间不明显，坝料中砂岩钙质流失严重，破坏后“砂粉”化效果明显（颗粒大小在 0.1～0.6mm 之间），通过颗粒级配分析，爆破后和上料摊铺后未碾压前，小于 5mm 颗粒含量变化较大，平均值增加了 12.5%，小于 1mm 颗粒含量占小于 5mm 颗粒含量的 79.4%，且细粒多为（0.1～0.6mm）区间，在细粒级配控制中（小于 5mm 和小于 0.075mm 颗粒含量）恰好处于控制盲区，摊铺后碾压前砂化见图 4；②岩层挤压破碎后，部分岩块内部裂隙发育，机械扰动后沿裂隙开裂明显，通过 60 组级配均线可以看出，通过摊铺后坝料已经粉化和破碎，然而碾压前后级配变化并不大，间接反映出岩体较软的特性。在碾压前对表面砂层松动后注水，渗漏缓慢（见图 4）。

从图 4 中可以看出，碾压前的摊铺过程已经导致部分软岩颗粒破碎，而碾压前后颗粒级配的变化并不大。针对排水为主的 3D 料料源，为保证其具有良好的渗透性能，通过篦条筛，筛出 10cm 以下料后进行试验，在加强料源品质和剔除 10cm 以下破碎料后，渗透系数达到设计要求，且碾压密实（见图 5）。在施工过程中，坝料混入钙质溶失“砂化”严重的岩块时，即使通过篦条筛筛出 10cm 以下破碎料，现场渗透系数仍不能满足要求，因此在排水体结构区的料源要严格控制软岩比例。

4.2　软岩填筑后的颗粒级配特征

南欧江七级水电站大坝料场岩体破碎、软岩比例高，坝料颗粒整体偏小，通过对 691 组 3B/3C 料颗粒级配统计分析，碾压后 300mm 以上粒径占比只有 7.8%，100mm 以上粒径占比 32.6%。料场开采过程中，通过常规爆破降低装药量和引进“水介质换能爆破”技术来提高坝料粒径，均未达到预期效果，分析原因主要是由于岩体本身较破碎，胶结强

（*a*）摊铺后表面岩石破坏形态

（*b*）未碾压表面砂粉

（*c*）未碾压前面层渗水效果

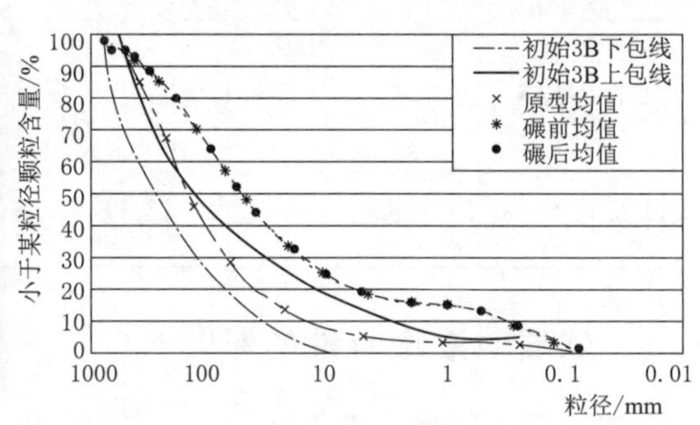

（*d*）颗粒级配均线汇总

图 4　K90 主堆石料摊铺后未碾压前效果图及 60 组级配均线图

（*a*）蓖条筛挑选2车料效果

（*b*）蓖条筛筛后现场面层碾压效果

图 5　排水体料筛出及碾压效果

度趋于机械撞击极限，松动爆破后，即可开采使用。

4.3　软岩压实干密度特征

坝料通过摊铺后，激振力通过相连岩块作为传输媒介下传，从而让高频振动机械对坝料进行压实做功，使坝料内部孔隙被压缩达到致密状态。随着坝料厚度的增加，激振力传输减弱，当达到最优点后，增加铺料厚度整体经济性下降，而岩块作为激振力传输的媒介，其大小影响功耗损失，粒径越大，功耗损失越小，在碾重不变的情况下，岩块的大小影响着铺料厚度。在筑坝碾压过程中，表层是否产生影响压实功效的“海绵体”成为软岩筑坝碾压的特征表现。南欧江七级水电站大坝现场碾压试验过程中，除了坝料粒径大小对压实功效的影响，K90 石料场和左岸石料场在碾压过程中表层均出现 10～20cm 的砂层和泥层“海绵体”。

通过碾压试验验证，3C/3B/3D 料压实干密度采用设计推荐的碾压参数时均不能达到设计标准，试验结果显示，K90 石料场坝料通过碾压后在铺料厚度 80cm/100cm 时出现峰值，同时对比铺料厚度 60cm 压实效果，坝料压实已经达到了最密实状态（见图 6）。通过碾压功效分析，60cm/6 遍时压实保证率和压实功效最高，但是从施工高度匹配性考虑，80cm/10 遍的碾压参数能够与坝前小料更好地匹配。但是通过试验，左岸石料场坝料通过碾压后，铺料厚度 80cm 通过不同遍数（8 遍、10 遍、12 遍）、不同碾重（26t/33t）和加水对比试验结果显示，压实干密度均不能完全满足设计指标，通过不同深度密度检测，底层 20cm 左右处于松散状态（见表 4）。

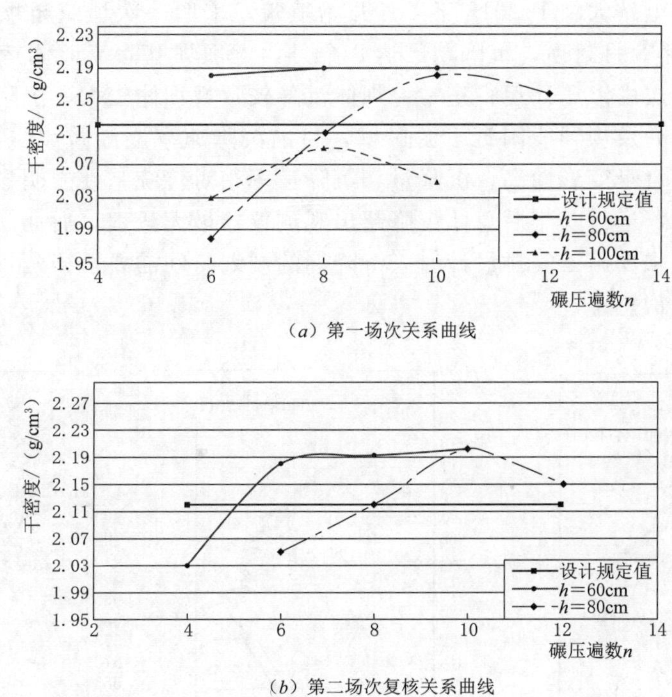

（a）第一场次关系曲线

（b）第二场次复核关系曲线

图 6 干密度与碾压遍数关系曲线图

表 4 左岸石料场不同深度孔隙率对比表

铺料厚度	遍数	孔隙率/%							
		A801	A806	B806	B807	A887	A888	A889	平均值
0～80cm	10	17.5	18.7	16.7	18.1	19.0	20.9	19.8	18.7
0～60cm	10	15.7	17.9	14.8	16.3	16.8	19.0	17.5	16.9
60～80cm	10	25.7	23.9	24.4	25.9	24.6	25.4	23.9	24.8

坝料加水，能够软化坚硬岩棱角，增加压实效果，但在软岩坝料中加水压实效果不明显，加水对两个料场的压实性显示，K90 石料场砂性坝料加入超过 5%以上的水量时，细

料成团胶结，且压实效果并不明显。左岸石料场加入超过5%以上水量时，泥化比较严重，且细料在表层形成保护后，水无法均匀加入。

通过对K90石料场砂性软岩和左岸石料场泥质软岩的各种试验结果分析，针对岩性相对较好的K90石料场，通过提高碾压遍数可以满足设计指标，但左岸石料场岩石过于破碎，激振力不能有效向下传递，加上表层泥质软岩板结产生“海绵体”的减弱，只能通过降低铺料厚度来保证压实效果。最终通过试验论证，调整了各分区坝料压实指标和确定了碾压参数。

5 填筑质量分析

5.1 大坝监测数据

南欧江七级水电站大坝于2018年4月开始填筑，采取一次填筑至坝顶两期面板浇筑的方案，于2019年8月封顶，沉降期已达8个月，大坝坝基渗流监测运行正常，大坝排水体和周边缝垫料层内渗压计运行正常；坝体沉降较常规坝体较大，沉降量主要集中在大坝填筑坝高的1/2处及坝轴线附近下游区域，目前沉降速率逐渐减小（见图7）。由于坝体过高，软岩坝料自身变形性高，沉降量和沉降速率相对传统坚硬岩明显增加。借鉴某高比例软岩坝填筑后，运行一年后总体沉降超出观测仪器最大量程，后期观测数据缺失。因此，在高比例软岩坝体施工安排设计时，沉降期的规划时间需要适当延长，沉降仪器量程的选择需要适当增加。

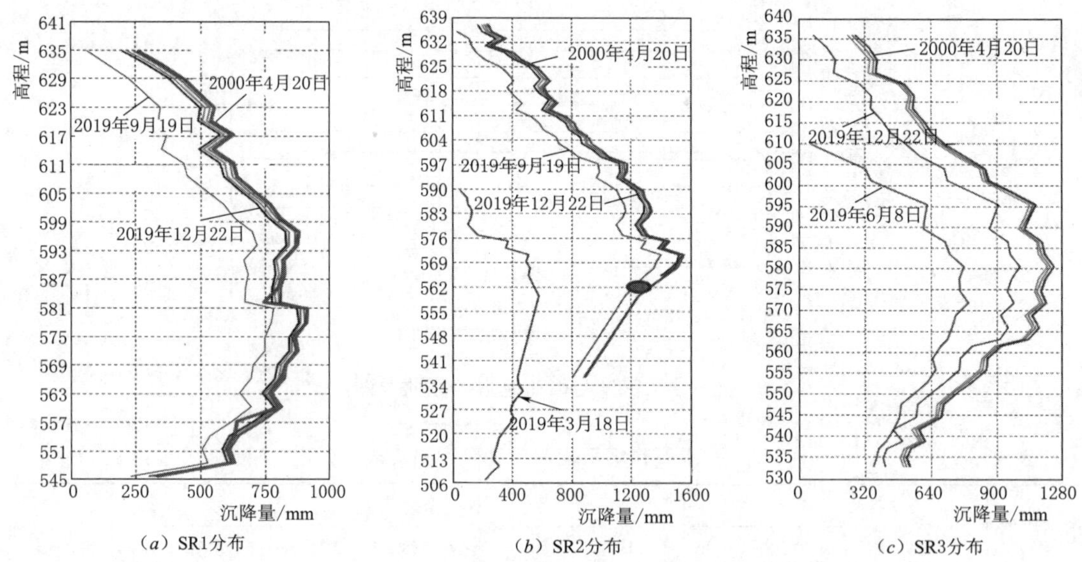

(*a*) SR1分布　(*b*) SR2分布　(*c*) SR3分布

图7　电磁沉降环累计沉降位移高程分布图

注：SR1～SR3为电磁沉降的编号。

5.2 填筑质量分析

坝体填筑期，由于参数选定合理，压实干密度有较高保证，基于南欧江七级水电站大坝坝料的特殊性，在大坝填筑过程中，引进了智能监控系统和坝料监测系统，能够准确控制施工碾压参数，保证不同区域料源填筑的准确性。通过过程检测，填筑厚度和碾压遍数得到了有效控制。

受坝料自身破坏特性的影响，2A、2B 和 3A 料颗粒级配曲线通过严格控制能够满足设计包络线要求，3B、3C、3D 料颗粒级配曲线中仅能满足小于 5mm 和小于 0.075mm 颗粒含量要求，包络线整体从 20mm 粒级超出上包络线，细粒主要集中在 0.1～0.6mm 区间。经过统计分析，各区坝料压实干密度、孔隙率均满足设计要求，且能达到最佳的压实效果，有渗透要求的坝料，检测结果均满足设计要求，整体填筑质量得到了有效控制。

6 结语

综上分析，高坝中高比例软岩填筑的特性表现主要有：坝料渗透系数小、碾压后易出现影响压实功效的“海绵体”、坝料通过碾压后有峰值表现、沉降变形周期长和变形大等。南欧江七级水电站大坝结合生产性试验和填筑压实质量的综合分析，坝料在填筑过程中能达到最佳的压实效果，层间结合部位通过降低铺料厚度碾压达到了紧密结合，坝体沉降仍偏大的主要原因在于坝料压缩变形较大。因此针对此类坝料填筑，设计前期需要考量坝料压缩特性和坝料试验过程中的样本代表性。相比董箐水电站大坝确定的砂泥岩填筑，南欧江七级水电站坝料软岩比例难以准确确定，本文通过参考南欧江六级水电站软岩筑坝中坝料表现出的相似特性，对两个料场在填筑过程中特性表现进行综合表述，供后期相似工程借鉴和探讨。

参考文献

[1] 张来飞，陈砺，王昆．板岩作为堆石坝筑坝材料的工程特性试验研究［J］．云南水力发电，2014：6-15.

[2] 湛正刚，慕洪友，蔡大咏，等．董箐水电站面板堆石坝设计［J］．贵州水力发电，2009，23（5）：17-21.

[3] 杨泽艳，周建平，王富强，等．混凝土面板堆石坝软岩筑坝技术进展［C］//中国水力发电工程学会高面板堆石坝安全性研究及软岩筑坝技术进展研讨会论文集，2014.

[4] 湛正刚，史鹏飞，夏遵全．软硬岩混合料填筑的董箐面板堆石坝运行状况分析［J］．水电与抽水蓄能，2017，1（11）：3.

[5] 徐泽平，邵宇，梁建辉．软岩筑面板堆石坝的坝体断面分区研究［J］．水利学报，2004（1）：62-66.

[6] 敖大华，曾正宾．砂泥岩筑坝材料在董箐水电站的试验研究［C］//贵州省岩石力学与工程学会．贵州省岩石力学与工程学会 2010 年度学术交流论文集，2010：307-311.

新疆地区碾压式沥青混凝土心墙施工技术浅析

蔡吉伟[1]　杨宗霖[1]　杨天祥[2]

（1. 中国水电建设集团第六工程局有限公司　2. 丹东市水利勘测设计研究院有限公司）

摘　要：沥青混凝土心墙具有良好的抗渗性和适应变性的能力，经过多年的发展已经广泛地应用于土石坝的防渗结构中。新疆已探明的石油储量多达238亿t，有着相当丰富的沥青供应条件。因此，新疆地区水利工程防渗结构应用沥青混凝土较多。但是沥青混凝土对施工温度、作业环境、施工质量的要求较高，加之新疆地区常年风沙大、冬季温差大的特点，目前新疆地区的碾压式沥青混凝土在工程施工过程防护措施投入较高，且常出现一些质量缺陷。通过对多个新疆地区沥青混凝土心墙工程的系统总结，本文提出了新疆地区碾压式沥青混凝土心墙施工技术，系统且有针对性地进行了分析论述，对新疆地区沥青混凝土心墙施工有着较强的前瞻意义。

关键词：碾压式沥青混凝土心墙　风沙　施工技术　温度控制

1　引言

碾压式沥青混凝土心墙具有不透水性、柔性、抗侵蚀性、耐久性、优良的工作性。墙体无缝的层间结合，以及由黏塑性和延展性所带来的裂缝自愈合性能，良好的适应应变能力、抗冲蚀能力、抗老化能力，强度高、刚度大的技术特点使得沥青混凝土心墙对地质条件适应性比较强。新疆地区具有丰富的石油资源储备，能够保证石油沥青的供应，因此新疆地区有着非常适宜的条件进行沥青混凝土心墙坝的建造。比较典型的如阿拉沟水库、伯斯阿木水库、石门水电站、JH一级水利枢纽、阿克肖水库等。因此，对新疆地区的碾压式沥青混凝土心墙施工技术进行总结分析，对今后新疆地区的沥青混凝土心墙施工有着较重要的作用。

根据多年在新疆地区的施工经验，碾压式沥青混凝土心墙在新疆地区的施工特点是：冬季气候条件有低温、多雪、大风及早晚温差较大的特点，而且冬季低温期的时间占全年的45%左右，碾压式沥青混凝土心墙在低温条件下施工也能够保证质量，但其需要进行大量的保温、加热等措施，整体经济性低于常规天气施工。

2　工程概述

JH一级水利枢纽坝距精河县城63km，距伊宁市318km，距乌鲁木齐492km。拦河坝采用碾压式沥青混凝土心墙堆石坝。坝顶高程1201.90m，防浪墙顶高程1203.10m，最大坝高60.5m，坝顶长204.3m，坝顶宽10.0m，上游坝坡1：2.0，下游坝坡1：1.6。

碾压式沥青混凝土心墙采用垂直布置形式，心墙轴线布置在坝轴线上游侧，距坝轴线4.5m，心墙顶宽0.5m，采用变台阶式设计，按高程加厚，底部墙厚0.8m，下部3m设扩大端和基座相接。坝基覆盖层采用厚0.8m混凝土防渗墙防渗，下部基岩设灌浆帷幕。心墙两侧设宽3m过渡层，坝壳采用开挖堆石料，坝体内部采用开挖利用料。目前，工程已经完工，通过对沥青混凝土心墙的渗流、变形等性能进行监测、分析，心墙状况良好。

阿克肖水库心墙为碾压式沥青混凝土心墙，距皮山县城70km，最大坝高54m。工程主要由拦河坝、泄洪洞、放水排沙洞等建筑物组成。采用竖直布置形式，厚度按高程分段控制，高程2420.00m以上心墙宽0.5m，高程2420.00m以下心墙宽0.7m，心墙底部采用放大基础宽1.6m与混凝土基座相连，心墙顶部与防浪墙底部由铜止水连接，心墙顶高程2453.70m。

3　施工工艺及特点

3.1　混合料生产

新疆地区风沙严重，沥青混凝土拌和楼的运行及使用面临严峻的环境考验。沙子进入设备间隙中经常会导致机械磨损严重或经常损坏。根据施工经验，采用2套1000型沥青拌和楼，每盘拌制量为1000kg，此种方式能够有效地避免拌和楼损坏对工程产生较大影响的情况。由经验总结可得，新疆地区沥青混合料拌制中骨料的加热温度控制在190～200℃之间适宜，骨料温度超过220℃时即应停止沥青混合料生产，待热料仓的骨料温度降到允许值时恢复生产，确保沥青混合料的出机口温度在175℃左右，否则过高的温度可能导致拌和时沥青性能受到影响；对于所拌制的沥青混合料的温度低于140℃或高于185℃的沥青混合料要作为废料处理。

3.2　混合料运输

基于新疆地区工程施工现场气温较低的特点，对拌和楼的储料仓、搅拌机、沥青混合料运输车、摊铺机沥青混合料斗等设置保温隔热层以避免较大的运输温度损失。经试验及现场施工实测总结，三层全方位保温隔热措施在工程中环境温度－5～－15℃，风速2.0m/s，运距700m的情况下能保证混合料经过运输后的温度要求。其关键点在于在运输过程中采取措施保证沥青混合料全封闭，避免其与环境冷空气进行接触，以降低沥青混合料的温度损失。

3.3　沥青混合料摊铺

沥青混合料摊铺是沥青混凝土心墙中重要的一个工序。摊铺时采用对道路沥青混合料摊铺机改装之后的轮式心墙摊铺机进行施工。心墙摊铺机可保持沥青混合料及过渡料同时下料，摊铺机主要由红外线加热装置、沥青混合料料斗、过渡料仓、活动模板、监视系统及机械驱动系统等几个部分组成。心墙与过渡带整平板的宽度是按照设计要求可调整的，过渡层整平高度由旋转式激光器自动控制。心墙每一层标有准确的中心线，由金属细丝定位。铺筑上一层之前，加热器烘干和加热下一层表面，以保证层间摊铺时的下层温度，确保上下层结合紧密牢固。摊铺机最大宽度为5m，其摊铺心墙可根据心墙宽度在0.5～0.7m范围内调节，压实厚度为30～20cm。摊铺机行走速度控制为1～2m/min。

进行改装之后的沥青摊铺设备可同时摊铺沥青混合料和沥青混凝土心墙两侧过渡料，沥青混合料通过装载机卸入专用摊铺机沥青混合料料斗，过渡料通过反铲装入摊铺机过渡料料斗。沥青混凝土心墙采用水平分层，全轴线不分段一次摊铺碾压的施工方法。施工严格按要求的铺筑方向、次序、铺筑层厚、摊铺温度、碾压温度及碾压遍数进行分层铺筑。摊铺厚度30cm，过渡料在摊铺机控制范围以外的，采用反铲配合人工摊铺。在沥青混合料摊铺过程中需随时测量沥青混合料的温度，发现不合格的料及时清除。

冬季低温期沥青混凝土摊铺机作业时，必须保证摊铺机前部的远红外加热器正常工作(煤气罐辅助加热)，将已铺筑的上层沥青混凝土层面（深10～15mm）加热到70℃以上，减少所摊铺的混合料在基础沥青混凝土接触面的温度损失，能够确保底部混合料被碾压密实。

新疆地区沥青混合料入仓温度控制在150～165℃之间，摊铺机行走速度为0～3m/min。心墙摊铺机摊铺后若遇到降雪天气，为初次碾压的沥青混合料使用耐热帆布覆盖（长10～15m)，防止雪落到混合料上。

由于新疆地区风沙较大，摊铺机可进行全封闭以抵御风沙，摊铺完成后及时进行覆盖，此种方式能够有效地降低风沙对沥青混合料的侵蚀，保证施工质量。

3.4 心墙碾压及层面加热

心墙碾压是沥青混凝土施工中最重要的环节。摊铺过程中，及时检测沥青混合料的温度，入仓（摊铺）后每隔5～10min检测一次温度，以便指导振动碾适时进行碾压，沥青混凝土和过渡料采用3台2t振动碾成“品”字形进行碾压（见图1)。碾压前如气温低或风沙较大时可对摊铺的沥青混合料用隔油帆布覆盖，先静碾2遍，再动碾8遍，最后再静碾2遍。

图1　沥青混凝土心墙碾压

当摊铺后的沥青混合料温度降低至140～155℃时，及时进行初次碾压（无振碾压2遍)，以对摊铺的沥青混合料表面进行封闭；防止沥青混合料表面温度损失过大而碾压不密实，或产生龟裂。当环境温度低于－5℃时，保证初碾温度不能低于140℃。

施工过程中若遇下雪，立即对未碾压的沥青混合料采取防雪措施，以减慢沥青混合料的温度降低，保证碾压过程中沥青混合料的温度，保证压实度，减小孔隙率。对已碾压完成的沥青心墙采取保温防尘装置覆盖保温，在下层施工时边揭开、边加热、边摊铺。

沥青混凝土心墙加热时控制不好很有可能会导致沥青的老化或抗剥落剂的变质，对混凝土的耐久性不利。低温期心墙沥青混凝土铺筑施工时，将心墙已施工的沥青混凝土层面使用摊铺机前部的远红外加热器加热至 70℃以上，并减少摊铺时混合料与沥青混凝土接触面的温度损失，确保沥青混凝土层间结合质量。

4　关键工序控制措施

4.1　防尘保温措施

针对新疆地区多风沙的特殊施工环境，进行施工面的防尘工作尤为重要。施工过程中可采用专用的防尘保温装置以减小遇到的风沙污染与温度损失影响。经试验及实施，防护装置制作可参考以下方式：先用耐高温塑胶螺栓将三层布料锚固，再将三层特殊材料的布料用钢丝紧密扎固在制作好的钢筋架上。防尘保温装置可用螺栓连接，可以保证多套装置连接紧密无缝隙。

底层与沥青混凝土接触，采用具有较高强度和柔韧度的材料。如聚酯玻纤布可作为沥青混凝土罩面时，在高温条件下不变形、不皱缩，施工制作安装时，不会伸展变形，可以经受 200℃以上的高温，不会在覆盖沥青混凝土时融化或变脆。

中层为保温层，采用气凝胶毡，其隔热效果是传统隔热材料的 2～5 倍。该层保温层有柔韧性好、导热系数低、疏水的优良性能，同时具有良好的抗拉抗压能力。

顶层为防风沙覆盖层，采用防风防水帆布，在储存、运输和施工中有广泛应用。作为覆盖层，能有效发挥防风沙，防雨雪的作用。

当然，各工程环境不一，防尘保温装置也不尽相同，问题的关键在于防止细颗粒对沥青混合料的影响，实际施工时也可采用两层防护等方式。沥青混凝土心墙防尘保温施工现场见图 2。

图 2　沥青混凝土心墙防尘保温施工现场

4.2　结合面处理措施

结合面清理时遇到灰尘、柴油、水分等外界污染物必须清理干净。新疆地区天气干燥，下午多大风的气候对结合面清理的进行相当不利，特别是冬季施工时须及时完成心墙表面保护，尽量避免使用明火进行烘烤。碾压完成的心墙不得承受不均匀荷载，一般来说可使用栈桥等方式保护心墙，并严禁机械从心墙通过，避免撕裂心墙影响心墙质量。

4.3　混凝土基础接缝处理措施

沥青混合料摊铺前，应对混凝土基础面进行处理。与沥青混凝土相接的常态混凝土表面浮浆、乳皮、废渣及黏着污物等全部采用凿毛方式清理干净，用高压风吹干，局部潮湿部位用液化气喷灯烘干，保证混凝土表面干净干燥。

清理完成后进行冷底油及沥青玛琋脂的摊铺，注意保护和校正止水铜片，不得对止水铜片有任何损害，铺设前保证混凝土表面干燥洁净，并涂一遍冷底子油确保无空白。同时要注意铺筑前保证止水铜片表面干燥洁净，并涂两遍冷底子油。其重量配合比为沥青：汽油＝4：6，喷涂用量为0.15～0.2kg/m^2，潮湿部位的混凝土在喷涂前应将表面烘干。待冷底子油干涸不小于12h后，方可铺设沥青玛琋脂，沥青玛琋脂要均匀平整，不流淌，无鼓包，与混凝土贴靠牢固，厚1～2cm。

铺筑沥青混合料时，沥青玛琋脂表面必须保持清洁。摊铺前，潮湿部位用红外线加热器（煤气罐辅助）烘干，保证混凝土表面干燥，在心墙两端基座表面喷涂的“稀释沥青”已经干透，其上摊铺的沥青玛琋脂已凝固，并经监理工程师验收合格、批准开工；红外线加热器须工作可靠，保温防尘装置等保温材料和辅助器具须准备齐全。

4.4　横向接缝处理措施

按照规范要求，沥青混凝土心墙尽量保证全线均衡上升，保证同一高程施工，减少横向接缝（简称横缝），当必须出现横缝时，其结合坡度做成缓于1：3的斜坡，且上下层横缝位置错开2m以上。

对于连续上升、层面干净且已压实的沥青混凝土，根据现场摊铺试验在常温下，层面不需做加热处理，层面结合可满足质量要求。钻孔取芯后，心墙内留下的钻孔及时回填。先将钻孔冲洗净、擦干，然后用煤气喷枪将孔壁烘干、加热至70℃以上，然后在孔洞内将沥青混合料按5cm一层分层回填，人工夯夯实，芯样孔回填高度应略高于心墙1～2cm。

4.5　雨季施工保证措施

土石坝工程一般工程量较大，跨雨季施工难以避免。沥青混凝土在雨季施工时，通过采取一些防护措施能够保证沥青混凝土的施工质量。根据经验总结出的雨季防护措施如下：

随时关注气象预报，有连续降雨时不安排施工，有短时雷阵雨时，遇雨及时停工，雨停立即复工；当有大到暴雨及短时雷阵雨预报及征兆时，做好停工准备，提前停止沥青混合料的拌制，避免出现大量沥青混合料堆积；沥青混合料拌和、储存、运输过程采用全封闭方式；沥青混合料摊铺后及时碾压，来不及碾压的应及时覆盖并碾压；缩小碾压段，摊铺后尽快碾压密实；两侧岸坡设置挡水埂，防止雨水流向施工部位；未经压实而受雨浸水的沥青混合料，应彻底铲除。

5 结语

JH一级水利枢纽坝以及阿克肖水库沥青混凝土心墙目前已经通过验收并投入使用多年，至今未出现渗漏现象，其施工质量经受住了考验。因此，参考其对新疆地区碾压式沥青混凝土心墙施工质量控制进行总结有较好的意义。通过以上对新疆地区碾压式沥青混凝土心墙施工工艺及关键工艺要点的总结，提出了有效的保温及防风沙措施，提出的质量控制要点对新疆地区沥青混凝土心墙的施工及质量控制将会有一个极大的提高。特别是从风沙的防治及设备创新方面给该类地区的碾压式沥青混凝土心墙施工质量管理工作提供了一个比较清晰的管理工作思路，从而可参考对易出现的各种缺陷提前制定切实可行的技术措施，以减少或避免强风沙带来的质量缺陷，保证工程的防渗质量。

参考文献

[1] 马江飞，罗小和，杨金华．酸性砂砾石骨料沥青混凝土心墙施工质量控制 [J] 四川水利，2020，41 (5)：74-75，78.

[2] 祁世京．土石坝碾压式沥青混凝土心墙施工技术 [M]．北京：中国水利水电出版社，2013.

[3] 朱晟，闻世强．当代沥青混凝土坝的进展 [J]．人民长江，2004，35 (9)：9-11.

[4] 段雪霞．碾压式沥青混凝土心墙施工技术 [J]．内蒙古水利，2011 (5)：23-24.

[5] 冷华军．碾压式沥青混凝土心墙冬季施工试验研究 [J]．水科学与工程技术，2018 (6)：66-69.

[6] 汪洋．寒冷地区冬季施工碾压式沥青混凝土心墙坝设计 [J]．水利规划与设计，2012 (5)：60-62.

混凝土面板堆石坝面板三油两砂隔离层施工技术应用

刘军宏

（中国水电建设集团第十五工程局有限公司国际工程公司）

摘　要：混凝土面板堆石坝由填筑体、挤压边墙、混凝土面板三部分组成，由于填筑体和混凝土面板变形不一致，混凝土面板因此易产生裂缝。为减少面板堆石坝填筑体变形对混凝土面板的约束影响，在填筑体和混凝土面板之间，设置隔离层，使面板与填筑体之间形成隔离层，减小了填筑体对面板的约束。

关键词：面板堆石坝　三油两砂　隔离层　技术

1　工程概述

南欧江七级水电站位于老挝丰沙里省境内，是老挝南欧江“一库七级”开发方案中的“龙头”水库电站。工程等别为Ⅰ等大（1）型工程，最大坝高 143.5m，总装机容量 210MW，水库正常蓄水位 635m，对应库容 16.94 亿 m^3，死库容 590m，相应库容 4.49 亿 m^3，调节库容 12.45 亿 m^3，具有多年调节性能。

混凝土面板堆石坝布置于主河床，坝线采用直线布置。坝顶高程 640.50m，河床趾板建基面高程 497.00m，最大坝高 143.5m。坝顶长 591m，坝顶宽 12m，上游侧设 4.2m 高防浪墙，墙顶高程 641.70m。大坝上游坝面坡比为 1∶1.4；下游坝坡高程 610.00m 以上为 1∶1.6，以下为 1∶1.4。坝体从上游到下游分区依次为 2A 垫层料区、2B 特殊垫层料区、3A 过渡料区、3B 主堆石料区、3C 次堆石料区、3D 排水体堆石料区。面板上游设 1B 盖重料区和 1A 铺盖料区，下游坝坡设大块石进行护坡。

大坝填筑完成后，坝体月沉降量较大，在混凝土面板设计时，为减小填筑体对面板的约束，在面板与挤压边墙之间设置隔离层。根据设计要求，大坝面板挤压边墙表面喷涂乳化沥青，采用三油两砂施工工艺，喷涂厚度不小于 3mm，喷涂面板 7.2 万 m^2，分两期施工。

2　三油两砂隔离层工艺原理

三油两砂隔离层是由固体砂颗粒与液相的薄层沥青黏结而成，既有一定的强度又有一定的柔性。当沥青与砂料颗粒接触后，发生吸附作用，沥青性质发生改变，该部分沥青称结构沥青。在结构沥青之外，砂粒间充填的沥青称自由沥青，它不与砂料发生相互作用，沥青性质也不会改变。当沥青用量少时，沥青不足以裹覆砂粒表面，不能形成完整的沥青薄膜，黏附力不强。随着沥青量增加，结构沥青膜充分裹覆砂粒表面时，沥青胶浆具有最优的黏聚力。

在面板堆石坝填筑体上游坡面交替喷洒乳化沥青和砂料，然后进行碾压，形成了以砂粒为骨架、沥青为胶接料的具有一定强度的柔性隔离层，减小了填筑体对混凝土面板的约束，同时对坡面有保护作用。

3 施工工艺流程与操作要点

3.1 施工工艺流程

施工工艺流程为：乳化沥青制备→工作面准备→喷第一层油→洒第一层砂→碾压→喷第二层油→洒第二层砂→碾压→喷第三层油。

3.2 操作要点

（1）工作面准备。

1）将坝体上游坡面清扫一遍，要求无浮渣和掉块，表面无缺陷性孔洞。破损坡要修整，坡面线符合设计要求。

2）将坝（坡）顶面整平压实，拆除坝坡顶缘3m内栏杆、管线等障碍，利于施工车辆沿坝轴线方向行走，便于喷涂连续施工。

3）输送乳化沥青的管路顺坡安装布置。

4）撒砂机采用汽车吊吊装放置在坝坡上，利用安装在汽车吊上的卷扬机牵引可上下移动工作；汽车吊须加配重以抗侧翻。

5）将砂分堆在坝顶上，或将砂装盛在运砂车上，用汽车吊吊装运至撒砂机上。

（2）三油两砂施工。

1）喷沥青。采用专用沥青车自带的沥青泵将沥青加压输送到管路中，在管路末端，连接有带软管的喷枪，通过调节喷枪上的开关及调整喷头，实现乳化沥青的充分雾化和适当喷洒量，喷洒手在坡面上左右上下移动，将雾化后的乳化沥青均匀喷涂在坡面划定的区域上。分层进行沥青喷涂及砂料铺设作业，每层厚度约为1mm，分次喷涂至设计3mm厚度。

用单眼旋流式喷头比缝隙式喷头可使喷出的乳化沥青雾化更好，沥青能更充分地裹覆在砂粒的各个表面，黏聚效果更好。

2）撒砂。撒砂手操作撒砂机，将车斗中的砂料均匀铺撒到已喷涂沥青的坡面上；对撒砂机不能覆盖的局部边缘地带，采用人工辅助铺撒。

3）碾压。砂料撒布后，撒砂机自带的滚轮在工作条块中部上下滚动，将砂料压入未固化的沥青中；工作条块两侧，撒砂机在汽车吊辅助下平移就位，上下滚动，轻碾一遍。

三油两砂隔离层施工过程见图1，三油两砂隔离层效果见图2。

（3）损坏面修复。面板Ⅰ序钢筋安装施工过程中，材料通过Ⅱ序面板仓进行运输，对部分已完成的三油两砂表面造成损伤，在Ⅰ序钢筋安装完成后及时对损伤部位进行补喷，对破损部位进行清理，采用塑料薄膜防护措施对已安装完成的Ⅰ序钢筋进行遮挡，采用沥青喷涂枪将乳化沥青对损伤的基面上补喷。

图 1　三油两砂隔离层施工过程

图 2　三油两砂隔离层效果

在开仓浇筑前，对面板钢筋安装及三油两砂等进行检查，发现破损部位，采用人工进行修补。

三油两砂破损部位补喷见图 3，三油两砂施工喷涂及厚度检测见图 4。

图 3　三油两砂破损部位补喷

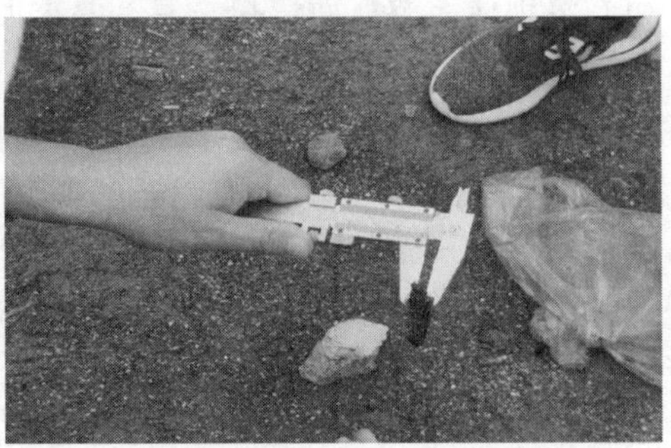

图 4　三油两砂施工喷涂及厚度检测

4　材料与设备

乳化沥青分为带负电荷的阴离子和带正电荷的阳离子两种类型。当阴离子型乳化沥青与石灰石、白云石等碱性石料接触时，干燥石料的表面带有正电荷，因而阴离子乳化沥青与石料有一定吸附性。但当石料是花岗岩、硅质岩等酸性石料时，由于石料表面带有负电荷，故黏结不好。同时，当碱性石料表面潮湿时，带有负电荷，此时与阴离子乳化沥青的黏结性也不好。阳离子乳化沥青中沥青微粒带有正电荷，与酸性石料和碱性石料均能很好黏附，即使碱性石料表面是干燥的，但由于乳化沥青中的水分，也会使石料电离出负电荷，两者仍可很好吸附结合，形成牢固的沥青膜。在实际施工中，由于坝坡需洒水碾压和遇下雨等情况，垫层料常处于潮湿状态，因此，目前在坝工实践中，坡面保护的乳化沥青均用阳离子型的。

为了提高普通阳离子型乳化沥青的黏附性及弹韧性等工程性能，常在生产乳化沥青过程中加入高分子聚合物以对其性能进行改进。高分子聚合物品种很多，将其加入乳化沥青中进行改性是一个十分复杂的物理化学过程。其品种、性能、掺配工艺以及其与乳化剂、基质沥青的偶合匹配均会对改性乳化沥青最终性能带来影响。根据有关文献和试验，发现乳状 SBS 橡胶作为主改性剂匹配复合乳化剂内掺法生产的改性乳化沥青能够满足要求。

4.1 复合改性乳化沥青的制备工艺和技术性能

将橡胶掺入乳化沥青中的方法和次序对其性能都会产生重大影响。经试验，采用液态胶乳先与乳化剂充分搅拌，然后内掺加入胶体磨或多级管线均化机研磨工艺，可以制备出合适的改性乳化沥青。改性乳化沥青是一种新型材料，它与普通乳化沥青具有相同的外观和工程性质，但复合改性乳化沥青在黏结力、弹韧性、高低温稳定性、抗裂性等工程性能方面较普通乳化沥青均有较大改进，可以满足工程需要。其主要技术指标见表 1。

表 1　　普通乳化沥青与改性乳化沥青主要技术指标表

项　目		普通乳化沥青	改性乳化沥青
黏度 $C_{25.3}$/s		18	25.3
筛上剩余量（0.8mm）/%　＜		0.27	0.11
黏附性		＞2/3	＞2/3
沥青微粒离子电荷		（＋）	（＋）
蒸发残留物含量/%　≥		50	65
蒸发残留物性能	针入度（25℃）/0.1mm	100	55～95
	延伸度（25℃）/cm	100	200
	延伸度（5℃）/cm	15	42
	软化点/℃	45	≥55
	黏韧性（25℃）/（N·m）	—	20
	韧性（25℃）/（N·m）	—	10

4.2 砂料技术性能指标

由于改性乳化沥青是液状材料，沥青颗粒 $d \leqslant 5\mu m$，在坝体上游面仅喷涂乳化沥青成膜很薄，强度不够。所以在乳化沥青喷涂后，必须撒一层砂料，经沥青固化胶结，形成一层柔性结构薄层，以期达到设计意图。所用砂料须经筛分获得，砂料的细度模数控制在 2.8 最佳。

4.3 主要施工设备

主要施工设备见表 2。

表 2　　主要施工设备一览表

序号	名　称	单　位	数　量
1	油罐车	台	1
2	加压泵	台	2
3	撒砂机（带碾轮）	台	1

续表

序号	名　称	单　位	数　量
4	卷扬机（5t 快速带排绳器）	台	1
5	随车吊车	台	1
6	管路	台	1
7	自卸车	台	1
8	装载机	台	1

5　质量控制

由于在面板堆石坝上游坡面喷三油两砂隔离层属新技术新工艺，没有行业规范可循，根据工程的实际情况，在现有施工条件下，特提出如下质量控制措施。

（1）第一遍沥青喷涂前，一定将坡面清扫干净，修整平整，盈亏符合设计要求：表面不能有浮渣，基面坚实，以利于沥青与坡面和砂料的黏结。

（2）改性乳化沥青以临界流淌控制喷涂量，第一遍约 1.7kg/m^2，第二遍约 1.5kg/m^2。

（3）砂料撒布要求均匀覆盖沥青表面，在坡面上两次撒布量均 0.004～0.005m^3/m^2。

（4）乳化沥青完全破乳前，应完成撒砂，而在乳化沥青彻底固化前必须完成碾压。

6　安全措施

（1）施工人员必须戴安全帽，坡面上作业的人员必须系安全绳。安全绳每天使用前均需仔细检查，发现破损必须立即更换。

（2）所有钢丝绳每天检查一次，抹打黄油，发现拉毛，断丝现象立即更换。每天对施工用电检查一次，发现隐患立即整改。

（3）沥青喷洒手必须穿专门的软底防刺胶鞋。

（4）坡顶必须配备一名专职安全观察及指挥员。随时视察各部位，发现问题立即处置。

7　环保措施

（1）乳化沥青喷涂施工时，在一定范围内会形成沥青雾滴，施工人员必须佩戴口罩、防雾护目镜和面罩。

（2）工作结束清洗身体必须用无害洗涤用品，不许用汽油、柴油等有机溶剂。并在洗洁后必须使用护肤品。

（3）乳化沥青剩余时，不许乱倒，污染环境。必须装在容器中带离工地进行无害化处理。

8　结语

通过老挝南欧江七级水电站大坝面板喷涂施工，明确了三油两砂隔离层施工工艺与质量控制要点，可控制和确保乳化沥青隔离层施工质量，为后续类似工程提供施工参考。

土石坝坝基多条带、小断面排水体插板法施工技术

高　翔　朱　锋　李　孟　曹　鹏

（中国水电建设集团第十五工程局有限公司第二工程公司）

摘　要：KMS 水库为平原水库，由于水库位于该区域低洼地带，地下水位埋深较高（平均为 2.5m），为了保证坝体的稳定在大坝坝基设计了密集且断面尺寸较小的排水条带。水流通过排水条带汇入坝后排水沟，排水条带施工快慢直接制约后期的坝体填筑。针对坝基水平排水条带布置密集，设计断面尺寸较小的特点，为解决坝基多条带、小断面排水体施工难题，通过实验及现场施工，加快了施工进度、降低了施工成本、保证施工质量，经济效益和社会效益良好。

关键词：土石坝基础　多条带　小断面　插板法施工

1　工程概况

KMS 水库工程位于整体输水线路末端，水库为注入式平原水库。该工程大坝为土工膜斜墙坝，坝轴线总长 6081.6m。

由于水库位于该区域低洼地带，地下水位埋深较高平均为 2.5m。为了保证坝体的稳定，在大坝坝基设计排水系统。

大坝基础排水系统采用排水条带进行排水，水流通过排水条带汇入坝后排水沟。大坝基础水平排水条带每间隔 8m 设置一条，共计 760 条。排水体厚度为 1m，宽度为 4m。排水体采用 0～150mm 的石料填筑，排水体四周采用 0.5m 的反滤料包裹。总体设计尺寸为 5m×2m。

由于排水条带位于大坝基础内，坝体填筑前必须完成水平排水条带的施工。排水条带施工快慢直接制约后期的坝体填筑。针对坝基水平排水条带布置密集，设计断面尺寸较小的特点，传统施工一般采用人工铺筑，机械化程度不高，施工效率较为低下，同时铺料边线、厚度难以控制。为解决坝基多条带、小断面排水体施工难题，通过试验及现场施工，加快了施工进度、降低了施工成本。

2　施工工艺及原理

小断面排水体施工主要采用“插拔法”进行施工，利用插板将坝壳料、反滤料及排水料相互隔开形成独立的狭小空间进行作业。设置的插板与铺料厚度相同，防止填料过程出现超厚现象，同时保证各区域铺料边线整齐防止混料的发生，在节约用料的同时有效保证

施工质量。对于两侧0.5m狭小断面内的反滤料填筑，传统施工方法为装载机配合人工布料，需要配置大量的人工。针对两侧0.5m的反滤料布设采用20t自卸车改装成的布料槽车布料，省去了传统施工时反滤料的转运、倒运环节，有效控制反滤料的浪费。同时各区域填料同时填筑、碾压、验收。

3 施工工艺流程及施工方法

3.1 施工工艺流程

土石坝坝基多条带、小断面排水体施工工艺流程见图1。

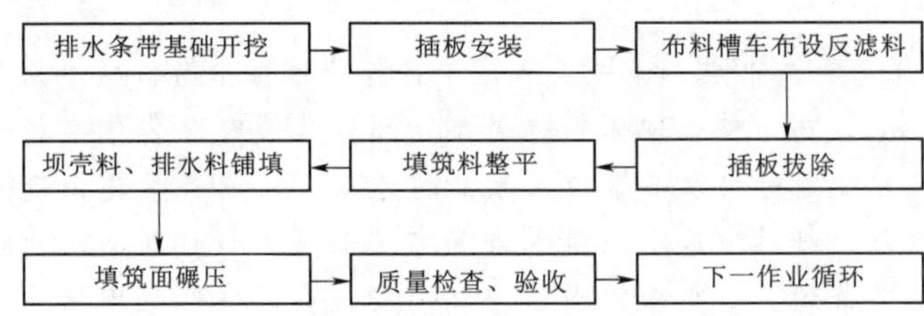

图1 土石坝坝基多条带、小断面排水体施工工艺流程图

3.2 施工方法

（1）排水条带基础开挖。条带开挖宽度严格按照设计结构尺寸进行，先开挖中间，后对两侧边线处扩挖、整修。开挖时严格控制基础开挖坡度，基础面坡度保证平顺，防止出现倒坡。

（2）插板制作及安装。插板采用3mm的钢板制成，高度为40cm（同铺料厚度），单块长度为1.5m，保证插板有足够的强度，同时便于拆卸安装。

安装时先放出结构线，插板按结构线进行安装。连接处采用长度为0.5m的ϕ12钢筋制成的卡子锁住上口，卡子每1.5m设置一道。保证安装牢靠。安装时注意安装平顺，对变形严重的插板及时修复校验。

（3）排水料、反滤料铺设。插板安装完成后，先铺设两侧插板内的反滤料，后铺设中间排水料及外侧坝壳料。反滤料采用20t自卸车改造的布料槽车运输，在槽车两边安装宽0.4m的溜槽，反滤料通过溜槽布入插板内。布料时反滤料略高于排水料便于碾压密实。排水料利用1.2m^{3}挖机将细粒径石料紧贴反滤料布置遵循排水料“外粗内细”要求，起到良好的过渡作用。整平后对插板进行拔除。

（4）碾压。碾压采用26t自行振动碾进行碾压。碾压时先静碾压反滤料2遍，将反滤料表面碾压平整，碾压完成后与排水料、坝壳料同高。然后由排水体中心向两侧振动碾压，最后进行骑缝碾压。碾压时严禁先碾压排水料及坝壳料，防止挤压时大粒径骨料将反滤料位置侵占。

（5）试验检测。排水料采用灌水法进行检测计算孔隙率，同时对渗透系数进行测定，反滤料采用灌砂法进行检测，相对密度进行控制。检测合格后进行联合验收，验收合格后进行上层施工。

4 材料与设备

(1) 投入材料。首次采用“插板法”施工工法的狭小断面排水体施工，投入主要材料见表1。

表1　投入主要材料表

材料名称	规格型号	单位	数量	备注
插板	40cm×100cm×0.3cm	块	1200	

(2) 施工设备。首次采用“插板法”施工工法的狭小断面排水体施工，主要施工设备配置见表2。

表2　主要施工设备配置表

序号	设备名称	规格型号	单位	数量	备注
1	反铲	1.2	台	3	
2	布料槽车	20t	台	2	
3	推土机	220HP	台	3	
4	自行碾	26t	台	3	
5	刮路机	YP180	台	2	
6	自卸车	20t	台	10	

5 施工质量控制

5.1 质量控制的关键

施工的质量关键控制点在于铺料厚度及碾压质量，铺料厚度不得超厚。碾压时严格按照碾压试验参数，不得欠压漏压。

5.2 质量控制措施

填筑前编制切合实际的施工组织设计和作业指导书，严格按规范要求、设计标准和作业指导书规定，精心施工。

坝面施工做到统一管理，严密组织，保证工序衔接。分段流水作业时做到层次清楚和大面积平整，均衡上升，减少接缝。

定量定点按技术规范要求及时抽样检测坝料填筑干密度、相对密度、含水量、孔隙率和坝料级配等质量技术参数。

不同填筑料之间采用插板作为分区隔板，隔板高度同铺料厚度为40cm。现场由人工进行安装保证填筑料不相互混杂，铺料完成将隔板取出进行下道循环。

碾压严格按照碾压参数进行。搭接宽度40cm。目前计划引进大坝填筑碾压施工质量实时监控系统、视频监控系统、大坝碾压施工质量管理平台。

利用GNSS高精度定位技术及传感器技术，实时监控碾压车辆空间位置及振动力等技术参数，并实现对碾压轨迹、碾压速度、碾压遍数及厚度等碾压监控质量指标的实时分析与动态反馈。通过实时监控系统将现场实时画面引入项目部生活营地，随时可显示水库监控区域画面，反映施工进度情况；采用手持式数据终端实现对大坝碾压质量数据的实时采集，实现以施工单元为核心的综合进度与质量分析，同时，针对施工过程中各类超标及报警信息及时提醒现场管理人员进行纠正，实现施工过程的闭环控制。

6 结语

KMS 水库工程坝体小断面排水体施工均采用了插板法施工工法，取得了良好的施工效果。坝体填筑比原计划节点提前 7 个月完成，顺利地完成了合同节点目标。同时与传统的人工铺筑施工相比机械化程度高，有效地节约了人工成本。利用插板法施工有效地保证了施工质量，同时对特种料进行了精细化填筑，对材料进行了有效的控制。由此可见，应用该项施工技术，可获得明显的经济效益和社会效益，该施工技术具有推广应用价值。

峡谷山区高沥青混凝土心墙坝快速施工技术研究

贾运甫

（新疆水利水电勘测设计研究院有限责任公司）

摘　要：大石门水利枢纽工程拦河坝坝型设计为碾压式沥青混凝土心墙砂砾石坝，最大坝高128.8m。坝址附近两岸岸坡陡峻，岸坡坡度多在50°～80°，局部近直立，河床宽10～20m，施工场地狭小，大坝填筑施工难度大。如何快速进行坝体填筑施工，以达到拦洪度汛、尽快发挥效益的目的，给整体工程施工带来较大的挑战。本文通过分析工程布置特点、地形地质条件、施工导流度汛要求等方面综合分析，最终采用沥青混凝土心墙坝划分单元、各单元平起均衡上升、连续流水作业、沥青心墙全轴线不分段一次摊铺碾压的施工技术，达到了坝体填筑快速施工的目的。

关键词：峡谷山区　沥青混凝土心墙　快速施工

1　概况

大石门水利枢纽工程位于新疆且末县境内的车尔臣河上，坝址位于车尔臣河与托其里萨依河汇合口下游300m处。从乌鲁木齐沿国道G312、G314和沙漠公路可通达枢纽，公路里程约1400km。该工程是一项以灌溉、防洪为主，兼有发电等综合利用的水利工程，总库容1.27亿m^3，水库正常蓄水位2300.00m。工程由拦河坝、表孔溢洪洞、底孔泄洪洞（导流洞改建，龙抬头形式）、发电引水洞、地面厂房及水电站尾水渠等组成。拦河坝坝型设计为碾压式沥青混凝土心墙砂砾石坝，最大坝高128.8m，其中土石方开挖约21.6万m^3，大坝土石方填筑约360万m^3，沥青混凝土心墙浇筑约1.44万m^3。

2　地形、地质条件

坝轴段河谷呈深V形，河流纵坡约12.5‰。谷底高程2190.00m左右；右岸为阿尔金中低山，山顶高程2360.00～2400.00m，相对高差近200m，右岸基岩出露，坝轴线上下游有少量残留阶地，阶面狭窄，且多被全新统崩坡积块石土、砾质土覆盖，在坝轴线下游有Ⅸ级阶地连续分布。

左岸为Ⅷ～Ⅸ级基座阶地，阶地面较平坦，地表高程2350.00～2363.00m，基岩基座的顶面在阶地前缘陡坎上出露位置呈山包状，基岩面在坝轴线附近高程最高为2340.00m左右，向上、下游很快降低到高程2200.00m左右。坝址区附近现代河床宽

10～20m，正常高水位 2300.00m 处，谷宽 194m，坝址区附近两岸岸坡陡峻，岸坡坡度多在 50°～80°之间，局部近直立，其坝轴线纵剖面见图 1。

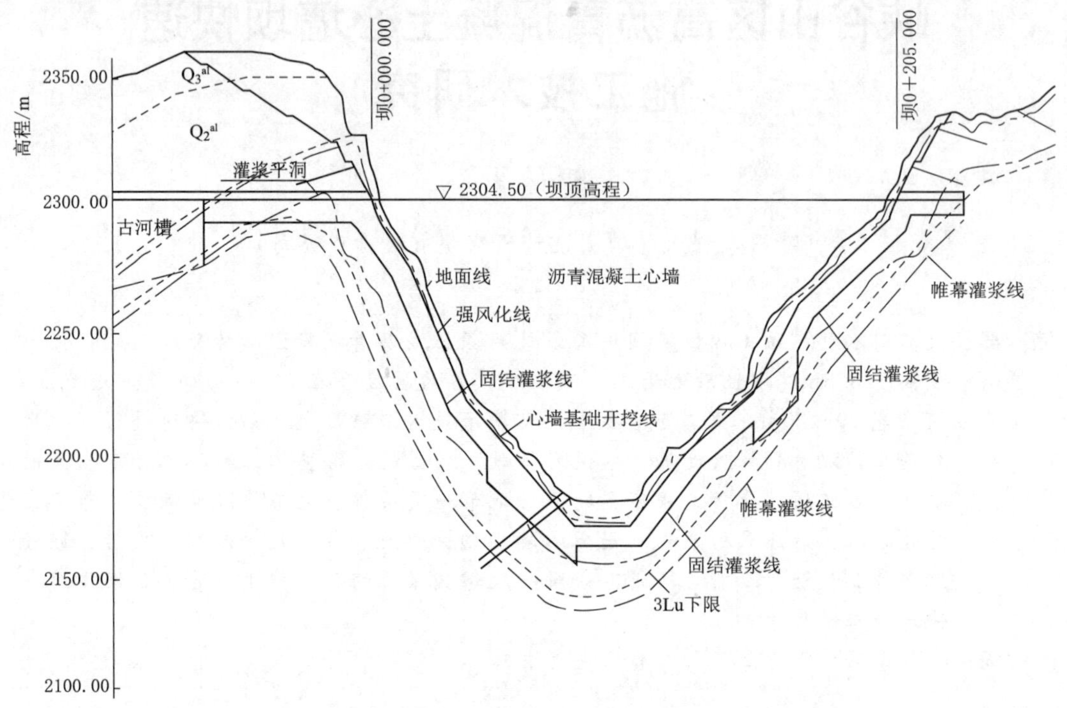

图 1　大石门水利枢纽工程坝轴线纵剖面示意图

3　土石坝设计

大坝采用沥青混凝土心墙砂砾石坝，坝顶高程 2304.50m，建基面高程 2175.70m，防浪墙顶高程 2305.70m，最大坝高 128.8m，坝长 205m。防浪墙底部与沥青混凝土心墙相连，沥青混凝土心墙防渗体轴线偏向上游侧，距坝轴线的距离为 4.0m。采用碾压式沥青混凝土心墙，心墙宽度由顶厚 0.7m 采用台阶渐变至底厚 1.4m，心墙基座采用混凝土结构。坝体设计为当地材料坝，采用砂砾石料填筑，坝体填筑分区：上游砂砾料区、上游过渡料区、沥青混凝土心墙、下游过渡料区、下游砂砾料区、下游利用料区、下游排水棱体区。上游坝坡采用 1∶2.75～1∶2.25，下游坝坡采用 1∶1.8～1∶1.6，下游坡设 10m 宽、纵坡为 8%的“之”字形上坝公路。上游坝坡采用素混凝土护坡，护坡厚 0.3m。

4　土石坝快速施工技术

4.1　施工特点

（1）坝址两岸大部分基岩裸露，坝段河谷呈深 V 形，坝址区附近现代河床宽 10～20m，正常高水位 2300.00m 处，谷宽 194m，坝址区附近两岸岸坡陡峻，岸坡坡度多在 50°～80°之间，局部近直立。施工场地狭小，施工道路布置困难，坝基开挖及坝基处理只能安排截流后进行。

(2) 坝顶高程2304.80m，最大坝高128.8m，坝体填筑总量360万m^3。本工程填筑强度不大，高峰填筑月强度约为34.96万m^3。受施工导流限制，沥青心墙的平均上升高度较大是坝体填筑的特点。本工程大坝的填筑与心墙混凝土基座浇筑及其灌浆存在施工交叉和干扰。做好大坝工程的土石方开挖、坝体填筑、施工道路布置的施工组织措施至关重要。

(3) 受地形条件限制，本工程分层填筑道路较少，主要依靠坝后“之”字形道路完成坝体填筑，这是大坝施工的难点。

4.2 总体施工要求

根据施工进度规划：坝基础土石方开挖在2017年12月31日截流以后开始施工，2018年1月至2018年5月30日完成坝基土石方开挖及河床段基础处理工作，2018年6月开始坝体填筑工作，同时交叉施工岸坡基础处理，在2019年11月底坝体全断面填筑至坝顶高程。

施工程序为：岸坡土石方开挖→河床段坝基处理→坝体填筑及沥青混凝土施工、岸坡基础处理施工→上游护坡施工→坝顶及下游护坡施工。

(1) 截流后，尽早进行大坝坝基开挖，基础开挖完毕后进行河床段心墙基座混凝土浇筑及坝基灌浆等施工。

(2) 坝基基础处理完成后，开始坝体填筑与沥青混凝土心墙施工，2019年11月底坝体全断面填筑至坝顶高程。

(3) 上游混凝土护坡分两期进行浇筑，第一期浇筑高程2265.00m以下部分，第二期浇筑高程2265m至以上部分。

4.3 施工道路规划

根据两岸坝肩和河床开挖高程设计，本工程在左岸布置有L4号道路；右岸布置有3号永久、临时交通洞。土石方开挖工程施工道路主要由上述左右岸道路承担，主要运输施工机械、设备以及施工人员进出场。弃渣道路主要由布置在河道左岸的L5号道路承担。坝体填筑道路上游利用L3号道路，下游利用1号永久交通洞、1-1号永久交通洞及坝后“之”字形道路。

4.4 坝基开挖与处理

(1) 坝基开挖。坝基开挖主要为河床开挖和岸坡开挖。左岸高程2330.00m以上土方开挖位于左岸阶地平台，可安排在截流前施工，经L4号道路运至2号渣场。由于河床较窄，其余坝基土石方均开挖安排在截流之后进行，首先进行岸坡段开挖，开挖完成之后再进行河床段开挖。开挖强度为2.6万m^3/月。

岸坡段开挖采用分区、分层，自上而下开挖方法，履带设备利用重机道到达开挖开口线位置，人工及手风钻先清理出钻爆平台，挖掘机向坡下翻渣，土方开挖采用挖掘机直接开挖，岸坡石方采用手风钻钻孔、光面爆破，左岸梯段抛掷爆破法、右岸梯段松动爆破开挖；挖掘机配合推土机推运倒渣到下部集渣平台后，集渣平台设在河床高程2185.00m；再用

1.6m^3 挖掘机挖装 20t 自卸汽车运输。岸坡开挖完成后进行河床段土石方开挖，采用自上而下的开挖方式，渣料无需倒渣直接装运。坝基开挖施工期间，坝后左岸高边坡同时施工，交通洞不具备运输条件，坝基开挖料经围堰后“之”字形道路运至上游 1 号弃渣场。

（2）坝基处理。坝基处理主要为固结灌浆和帷幕灌浆。本工程两岸坝坡较陡，无法直接布置钻机，这是坝基处理的特点与难点。本工程拟采用架设灌浆平台施工，由慢速卷扬机牵引提升，每 50m 设置一牵引平台。岸坡段坝基处理领先坝体填筑 20m 左右进行。坝基处理先进行固结灌浆，后进行帷幕灌浆。固结灌浆施工安排在基座混凝土浇筑完毕后强度达 70%以上进行，在基座混凝土面上直接进行钻孔施工。

固结灌浆最大孔深 8.0～15.0m，分两序采用分段阻塞循环灌浆法，灌浆按分序加密的原则进行。灌浆压力以不抬动岩面和基座混凝土为原则。均采用孔口封闭，孔内循环，自上而下分段灌浆法。灌浆程序为：施工准备→钻设并安装抬动变形观测装置→灌前物探测试→Ⅰ序孔施工→Ⅱ序孔施工→检查孔施工→灌后物探测试→施工场地清理。

帷幕灌浆最大孔深约 58.0m，采用自下而上分段灌浆。灌浆设备为 BW-200/60 型柱塞泵机、高速搅拌机、两参数（压力、流量）自动记录仪，采用孔口封闭孔内循环法灌浆。

4.5 坝体填筑

（1）填筑方案。本工程坝体填筑主要包括砂砾料填筑、利用料填筑、过渡料填筑和排水料填筑，填筑总量约 360.0 万 m^3。根据天然料场分布特点，主要由 C4 料场提供坝壳砂砾石料，排水料和过渡料由 C4 料场开采加工，利用料由 2 号利用料堆放场提供。

坝体高程 2195.00m 以下填筑料由利用料场提供，通过 1 号交通洞和坝内“之”字形道路运至工作面；坝体高程在 2195.00～2220.00m 之间填筑料由 C4 料场提供，通过 L2 号、L3 号道路和围堰后“之”字形道路运至工作面。坝体高程 2220.00～2245.00m 之间坝体填筑料由 C4 料场、利用料堆放场共同提供，其中 C4 料场部分经 L2 号、L3 号道路和围堰后“之”字形道路运至工作面填筑；利用料场部分经 1 号永久交通洞、1-1 号永久交通洞、坝后“之”字形道路运至工作面。坝体高程 2245.00m 以上坝体填筑料由 C4 料场、利用料堆放场共同提供，经 1 号永久交通洞、1-1 号永久交通洞、坝后“之”字形道路运至工作面，填筑高峰期考虑采用三班制，每天工作 20h。

（2）施工方法。坝体填筑总体上遵循与沥青混凝土心墙全断面平起均衡上升的施工方法。根据坝面面积大小及各类坝料分序、分区的不同，将坝面沿轴线方向按 50～100m 分成若干个单元，依次完成填筑的各道工序，使各单元上所有工序能够连续流水作业。

坝体砂砾石料采用 1.6m^3 反铲挖装 20t 自卸汽车，进占法卸料，220HP、320HP 推土机摊铺，26t 自行式振动碾压实；坝体过渡料采用 3m^3 装载机装 20t 自卸汽车，后退法卸料，1.2m^3 反铲摊铺整平，靠近心墙 1m 范围内采用人工摊铺，3t 振动碾碾压密实。心墙与过渡料断面高于其上下游相邻坝体填筑层 1～2 层，并采取骑缝碾压密实。

受制于地形条件，无法布置分层填筑道路，需在坝内临时修筑“之”字形道路，以满足填筑的要求。致使坝体在“之”字形道路区形成因道路所占坝体的补填区。此区域的坝体填筑不能与坝体大面积填筑同步上升，只能采取二次补填的施工方案。为了控制坝体的填筑质量，在预留补填区采取预留台阶收坡的方法：上层坝料填筑时，将下层碾压面露出。台阶预留明显、整齐，二次补填时，用推土机清除边缘部位的超径石，将上一层推掉50～100cm，并严格进行骑缝碾压，骑缝碾压宽度不小于3.0m。

坝体砂砾石料及过渡料施工填筑参数见表1。

表1　坝体砂砾石料及过渡料施工填筑参数表

项目	料源	碾压机具	虚铺厚度/cm	碾压遍数/遍	相对密度	上料方式	备　注
砂砾料	C4料场、利用料	26t自行式振动碾	85	10	0.85	进占法	高振福低频率、行进速度不大于3km/h
过渡料	C4料场制备	XMR303振动压路机（3t）	30	静2+动12+静2	0.88	后退法	高挡大油门、行进速度不大于1.5km/h
沥青混凝土	—	XMR303振动压路机（3t）	≤30	静2+动10+静2	—	—	最高挡、行进速度不大于1.5km/h

（3）坝体填筑分区、分期进度及强度。坝体填筑分期、分区划分是以满足施工导流要求，确保施工期度汛安全，兼顾施工道路布置及施工强度均衡、坝体填筑上升速度对沥青混凝土心墙的影响，并能组织机械化流水施工为原则。

根据本工程施工导流的特点，以及2019年5月31日大坝填筑高程达到2275.00m以上度汛的要求，沥青混凝土心墙上下游过渡料填筑区、上下游坝壳料填筑区总体分四期进行，坝体分期填筑特性见表2。

表2　坝体分期填筑特性表

填筑分期	工程量/万m^3	填筑时段/(年.月.日)	填筑高程/m	平均月强度/(万m^3/月)	平均上升高度/(m/月)	备注
Ⅰ期	23.8	2018.1.1—2018.4.30	2190.00～2229.00	5.95	9.75	
Ⅱ期	Ⅰ区20.4	2018.1.16—2018.4.30	2185.00～2229.00	5.83	12.6	下游
	Ⅱ区106.8	2018.6.1—2018.10.31	2175.00～2229.00	21.36	10.8	
Ⅲ期	156.0	2018.11.1—2019.5.31	2229.00～2275.00	22.29	6.6	
Ⅳ期	42.2	2019.6.1—2019.11.15	2275.00～2303.00	9.40	6.2	

5　沥青混凝土心墙快速施工技术

大坝采用沥青混凝土直心墙，河床段心墙基础高程2177.00m，顶部高程2303.00m，心墙最大高度约126.00m，心墙顶部与防浪墙相连。混凝土基座与心墙连接处设计有放大角，心墙厚度1.4～0.7m。沥青混凝土工程量约1.44万m^3，防渗面积约1.52万m^2。

碾压式沥青混凝土心墙施工同坝体填筑分三期同步高程浇筑，采用水平分层、全轴线不分段一次摊铺碾压的施工方法，心墙全线均衡上升。沥青混凝土心墙铺筑与过渡料填筑工序为：沥青混凝土、过渡料铺填、碾压→取样合格→转入下道工序。沥青混凝土在LB-1000型沥青拌和站拌制，8t沥青混凝土专用车运输，通过卸料平台卸至3m^3装载机料斗内，人工配合装载机入仓。由于河道狭窄，心墙宽度仅为25～205m，心墙及心墙相邻1m过渡料由人工立模、人工摊铺，3t自行式振动碾压实，压实参数详见表1。

根据新疆在建或已建工程实际施工情况，碾压式沥青混凝土心墙每天铺筑2～3层、每层铺筑厚度30cm（碾压后厚25～27cm），沥青心墙月均上升高度12.5m。本工程沥青混凝土心墙分期填筑特性见表3，其中高峰天填筑层数为4层，高峰期月均上升高度10.4m/月。

表3　　沥青混凝土心墙分期填筑特性表

填筑分期	填筑时段（年.月.日）	填筑高程/m	填筑高度/m	填筑层数	平均层厚/cm	平均天浇筑层数	平均上升高度/(m/月)
Ⅱ期	2018.6.1—2018.10.31	2177.00～2229.00	52	185	28.1	1.5	10.4
Ⅲ期	2018.11.1—2019.5.31	2229.00～2275.00	48	165	27.9	0.9	6.6
Ⅳ期	2019.6.1—2019.11.15	2275.00～2303.00	28	103	27.2	0.9	6.2

6　结语

大石门水利枢纽工程拦河坝坝址附近两岸岸坡陡峻，施工场地狭小，大坝填筑具有施工仓面狭小、道路布置困难，施工强度高、心墙上升速度快的特点，整体施工难度大。经分析研究，大坝施工整体安排在工程截流实施完成后进行，创造快速施工的先决条件；大坝施工首先进行左右岸高边坡基座开挖，再进行坝基开挖，然后自下而上进行基础处理和坝体填筑施工总体施工程序；受制于无法布置分层填筑道路，坝料运输采用坝内临时“之”字形道路的方案，因道路所占坝体的补填区采取预留台阶收坡、二次补填、骑缝碾压的施工方案。

坝体填筑采用与沥青混凝土心墙全断面平起均衡上升的施工方法，将坝面填筑划分成若干个单元，依次完成填筑的各道工序，使各单元上所有工序能够连续流水作业，大坝填筑高峰月均上升速度达到了12.6m/月。沥青混凝土心墙施工采用水平分层、全轴线不分段一次摊铺碾压的施工方法，高峰天填筑层数为4层，心墙全线均衡上升高峰月均上升速度达到了10.4m/月，达到了国内较高水平。

通过分析工程特点、地形地质条件、建设要求等，做好大坝工程的基础处理、坝体填筑、施工道路布置的施工组织等措施，研究沥青混凝土心墙全断面平起均衡上升、连续流水作业的施工方法，实现了峡谷山区大坝快速施工技术，项目得以顺利实施，为类似条件下高沥青心墙坝施工提供经验。

参考文献

[1] 张万军．大石门水利枢纽工程施工交通设计［J］．广西水利水电，2017（1）：32-35.

[2] 覃新闻，黄小宁，彭立新，等．沥青混凝土心墙坝设计与施工［M］．北京：中国水利水电出版社，2011.

[3] 李江，李湘权．新疆特殊条件下面板堆石坝和沥青混凝土心墙坝设计施工技术进展［J］．水利水电技术，2016，47（3）：1-8.

碾压混凝土斜层铺筑法在霍口水库大坝工程的应用

杨浩兴　赵　进

（中国水电十五局第四工程公司）

摘　要： 在碾压混凝土施工中提升机械使用效率，加快施工进度是福建霍口水库大坝工程施工中面临的一个重要问题。砂石料加工系统、混凝土拌和系统、机械设备人员投入、极端天气等是制约碾压混凝土施工效率的重要因素，如何平衡各因素同碾压混凝土施工效率之间的关系，保证碾压施工质量，福建霍口水库大坝工程采用斜层铺筑法施工较好地应对碾压施工中高温、多雨等恶劣天气，提升了碾压混凝土施工效率，降低施工成本，确保了碾压施工质量和进度，可为类似工程提供借鉴参考。

关键词： 碾压混凝土　斜层施工　提高效率　降低成本　确保质量

1　工程概述

霍口水库工程是以供水为主，结合防洪、兼顾发电等综合利用的水利工程，该工程为敖江梯级开发中的龙头水库和骨干工程。水库总库容 2.97 亿 m^3，主坝坝轴线垂直河床布置，坝轴线长 338m，坝顶宽度 8m，最大坝高 91m，由 10 个挡水坝段、2 个溢流坝段、1 个引水坝段共 13 个坝段组成，碾压混凝土总量 63.6 万 m^3。

碾压混凝土是结合常规混凝土的性能与堆石坝的施工特点而发展起来的一种筑坝技术，碾压混凝土坝有着结构简单、施工快、强度高、水泥用量少、造价低、减少施工环境污染等优点。目前我国碾压混凝土无论是施工技术，还是施工数量，均处于世界领先地位。

福建霍口水库大坝碾压混凝土施工完成垫层混凝土浇筑后，溢流面坝底宽度为 73.6m，左右岸挡水坝段底部宽度为 64m，综合考虑拌和站拌和能力，机械设备投入，本项目碾压混凝土最大仓面面积为 2200m^2（最不利条件），同时考虑当地水文气象材料，采用斜层法进行碾压施工，由下游至上游进占（见图 1）。

2　碾压混凝土斜层铺筑法

碾压混凝土施工质量控制的关键是碾压层间结合质量，层间结合质量最有效的保证就是快速完成下层混凝土的覆盖。这就需要根据仓面最大面积，来确保混凝土拌和系统能力，然而混凝土拌和系统能力不能无限扩大，最简单有效的方式就是缩小混凝土施工仓面面积。采用斜层铺筑法不但可以形成小的仓面面积，确保混凝土层间结合质量，同时还能

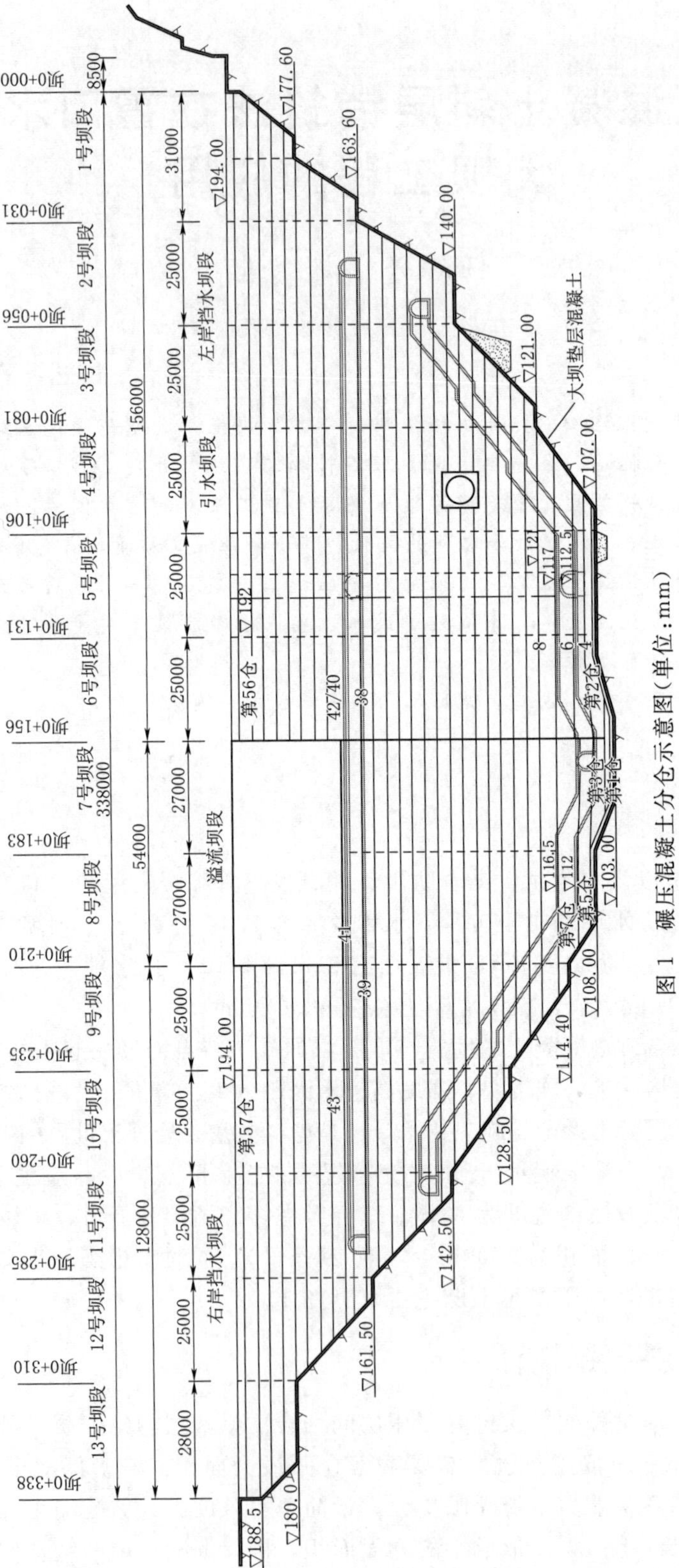

图 1　碾压混凝土分仓示意图（单位：mm）

适应碾压混凝土大的工作面，减少浇筑间歇时间，减少堵头模板安装及相应变态混凝土浇筑方量，从而实现降低施工成本。

3 施工工艺

施工工艺流程为：仓面准备（清仓、立模、安装止水、安装预制廊道等）→砂浆铺筑→混凝土摊铺→混凝土碾压→前端三角区域处理→前端清理砂浆铺设→下一循环。

根据大坝横缝的设置，将大坝分为不同的坝段，一般横缝设置间隔为 15～30m，大坝的宽度则根据荷载计算确定。根据施工计划安排，结合坝段结构尺寸，本工程选择斜层施工。大坝断面最宽达到 73.6m，大坝坝段最长为 31m，若采用平层法施工，大坝高程 119.00m 下部一般均需要每个坝段分仓浇筑，这无疑限制了碾压混凝土施工效率，并结合仓碾压混凝土斜层浇筑施工经验，重点开展斜层碾压混凝土施工，采用斜层施工，能有效解决较大仓面的连续作业问题，通过试验成果确定层间间隔时间为 4～6h，通过斜层施工，确保层间间隔时间不超过 4h，极大保证混凝土层间结合的施工质量。同时，设备投入一般是按照平均最高月生产强度结合最大仓面生产强度配置，碾压混凝土施工多受高温、汛期等影响，过多的设备投入，只能在碾压混凝土浇筑高峰期得以体现，无疑会造成设备的闲置，无形中增加了施工成本。

碾压混凝土斜层铺筑法施工，根据仓面布置情况，自长度方向一侧向另一侧倾斜（若长度方向为横向，则必须由下游向上游倾斜），碾压方向必须同坝轴线平行，坡度不应陡于 1：10，根据龙滩水电站等多个工程实践，斜坡坡度不陡于 1：10 时，可进行正常施工，本工程坡面坡度采用 1：10 控制。斜面起始端头需设置平台，理论上平台宽度越小越好，这样最大仓面面积为坡面最大面积，而平台宽度及面积需考虑机械设备施工作业条件，故结合现场平仓设备、碾压设备确定平台宽度最小为 6m，同时，可根据大坝施工分仓，适当调整平台宽度（见图 2）。

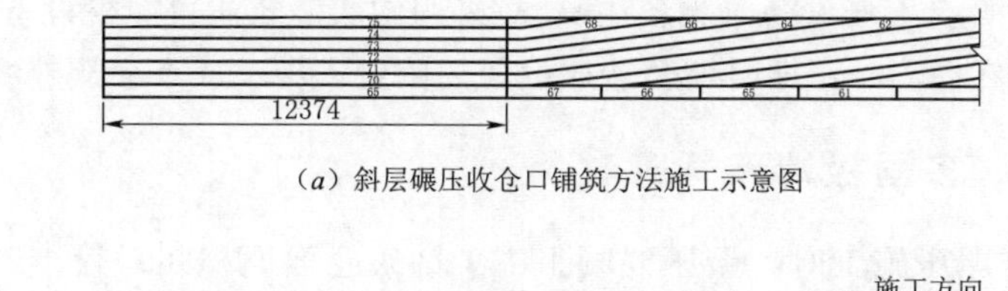

（*a*）斜层碾压收仓口铺筑方法施工示意图

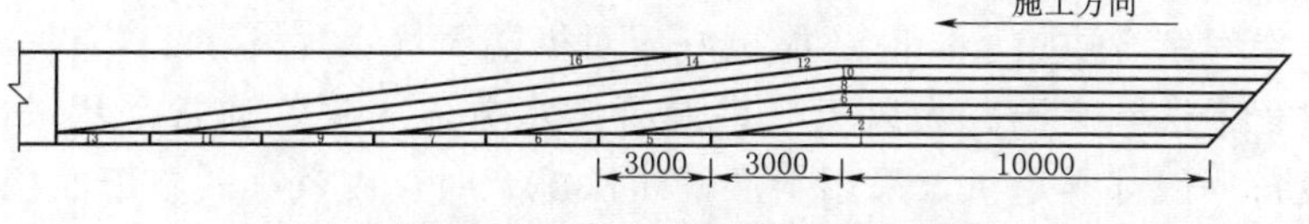

（*b*）开仓段斜层层面形成和斜面铺筑顺序面示意图

图 2 典型左右斜层铺筑法施工工艺图（单位：mm）

斜层铺筑法施工主要是减少浇筑作业面积，缩短层间间隔时间。我国首先大规模采用斜层铺筑法施工的碾压混凝土大坝为湖南江垭水库大坝，随后在百色水电站、龙滩水电站等工程得到推广发展，不但为后期碾压混凝土施工积累了丰富的经验，同时通过施工过程及后期的试验结果表明，斜层铺筑法施工质量是可以保证的。霍口水库大坝工程参考相关工程斜层铺筑法筑坝技术，在工程建设中大力推广，在确保项目工程质量优良的前提下，不断总结完善，已初步实现力争工程质量进度齐头并进，施工成本稳步降低的良好施工局面。

4 斜层铺筑法施工的优势

4.1 确保碾压混凝土施工质量

通过采用斜层浇筑法施工，极大地减少施工层间间隔时间，有效地提高了碾压混凝土施工层间结合质量。通过钻芯取样，检验斜层铺筑法层间结合质量，试验显示各指标均满足设计要求。

斜层铺筑法施工时，计划浇筑分块面积大，实际碾压浇筑仓面小，采用自卸汽车拉运时，可很大程度避免自卸汽车在碾压好的混凝土面上掉头，自卸汽车在未碾压铺筑区域掉头，完成碾压混凝土的入仓，减少车辆对混凝土的干扰，从而可保证碾压混凝土施工质量。经试验检测斜层铺筑法施工碾压混凝土平均压实度 98.6%，平层铺筑法施工碾压混凝土平均压实度为 98.4%，斜层铺筑法压实度满足设计要求（不小于 97%），且较优于平层铺筑法施工。

4.2 机械设备投入相对减少

相比较仓面面积相同时，采用平层铺筑法施工所需要的平仓机、振动碾、自卸汽车等施工机械远远多于采用斜层铺筑法，就碾压设备比较，自行式双钢轮 BW202AD - 4 型振动碾按行走速度 1.0 ～1.5km/h，碾压层厚 30cm，条带间碾压搭接宽 20cm，平均有振＋无振碾压共 12 遍计算，其生产率约为 50～75m^3/h。若 3000m^2 的仓面面积，层间间歇时间为 4h，则最少需要 3 台碾压设备（无备用），若采用斜层碾压法施工，最大浇筑面积则可控制在 2000m^2，则最少需要 2 台碾压设备（无备用）。故采用斜层浇筑法可减少设备的投入。同时，若投入过多的设备，在高温、汛期时期会造成设备的闲置，施工成本会额外增加。

4.3 有利于高温、多雨极端天气应对

斜层铺筑法平推碾压施工时，碾压混凝土施工铺筑仓面面积相对较小，不但能保证碾压混凝土施工层间结合质量，同时还能更好应对极端天气。

在施工过程中遇到高温、大风天气，混凝土水分流失快，通常采用喷雾改变局部气候，喷雾的设备一般都雾炮机，采用斜层铺筑法施工时，因较小的施工面积，现场喷雾改变局部气候的效果就很明显，从而能更好地解决高温、大风等天气对混凝土浇筑的影响。

在施工中如遇暴雨及大雨时，因为斜层铺筑法施工，首先仓面面积小，且斜层施工，碾压混凝土在突遇大雨或暴雨时现场处置也更迅速，因为较小的仓面面积，碾压混凝土的覆盖就能更及时。同时，因斜层铺筑法施工，施工过程中形成的斜面，不仅有利于雨水流向未碾压施工的仓面，同时，在降雨等级为小雨时，可快速的处理仓面积水，保证碾压混凝土快速连续浇筑。

福建霍口水库大坝工程位于福建罗源县，查阅当地气象资料自 2011 年 1 月 1 日到

2020年10月1日，罗源共出现降雨天气为1430天，如此频繁的降雨在南方是常见的，同时，罗源县非汛期气温最高可到达34.4℃，在南方多雨，高温环境下进行碾压混凝土浇筑，更应及时应对极端天气。项目采用斜层铺筑法施工，更有利于解决高温、多雨对施工的影响，从而保证混凝土施工质量。

4.4 降低施工成本，减少施工投入

采用斜层铺筑法施工时，因为较小的施工面积，可缓解工程混凝土拌和系统，砂石骨料系统的最大生产能力，综合工期，可适当减少相应的临时工程投入，同时，相关的管理人员减少，可以间接降低工程的施工成本。

采用斜层铺筑法施工时，可适应较大的工作面，大坝分仓分块减少，相应的堵头模板、拉锚筋、分缝材料、模板附近变态混凝土量相应会减少，无疑直接降低的施工成本。

采用平层铺筑时，分仓过多，施工仓面相互制约，施工时需要利用其他仓面完成入仓，就需要等混凝土强度满足要求后才能完成入仓，无疑增加的施工间歇时间，采用斜层铺筑，仓面相互制约降低，施工间歇时间减少，可缩短施工工期，从而降低施工成本。

以现场第17仓混凝土为例，浇筑3～7坝段，长117m、宽49m、高3m，仓面面积7733m^2，浇筑方量23085m^3，按照现场拌和能力最大可以满足2000m^2，需分3仓浇筑，增加横向侧模两道249m^2，增加变态混凝土249m^3，总工需要15天时间才能完成。采用斜层铺筑法后，各工序流水作业连续施工仅用了7天就完成了第17仓混凝土施工。

4.5 有益于施工管理

采用斜层施工时，因计划浇筑仓面面积较大，施工过程中，可按照不同的工序组织相应的施工作业队伍，当大坝分为左右岸斜层浇筑时，可组织建立冲毛作业队、冲仓作业队、混凝土浇筑作业队、模板作业队。首先，模板作业队需完成斜层碾压的最小仓面模板的安装加固工作，然后冲仓作业队进行冲仓，冲仓完成后，混凝土浇筑作业队开始混凝土的浇筑，模板作业队一直向斜层方向进行模板的安装加固工作，冲仓作业队完成相应的冲仓任务，待已完成的碾压混凝土可进行冲毛工作时，模板作业队同时也可对其区域进行模板的翻升作业，从而形成流水化作业。

流水化作业的施工的益处在于方便项目管理，每个作业负责人相互交叉协调的事情较少，施工管理过程中，能极大地发挥各个工作队的施工效率，保证施工进度。同时，斜层铺筑还能协调两岸边坡进行固结灌浆施工，因为斜层碾压施工时，在两岸边坡处，待下层混凝土浇筑时，会留有充分的时间来完成固结灌浆工作。这无疑能规避碾压混凝土施工同固结灌浆的施工的冲突，从而保证工程项目施工进度。

5 斜层铺筑法施工的重点

5.1 端头混凝土处理

斜层铺筑法施工时，会在水平面端部形成三角形区域，这部分混凝土厚度往往不能保

证 16cm，如果直接进行碾压，会造成骨料被压碎情况，形成施工薄弱环节。对此，需采用先铺设水平垫层的方法解决，这样会避免斜层层面的骨料厚度不足 16cm 的情况，预铺筑水平垫层的宽度一般根据坡度决定，可设置为 3m，每完成一层碾压时，向前进占一次，碾压时，水平垫层前段预留 10cm 不进行碾压，在进行下层混凝土施工时，剔除前端 15cm，并将砂浆清理干净，待下层混凝土浇筑至坡脚时，及时清理端头仓面，铺筑砂浆，保证下层混凝土施工时同老混凝土结合质量（见图 3）。

图 3　水平垫层端头清理

5.2　斜层铺筑法施工坡度的控制

斜层铺筑法施工时，坡度一般按照 1：10 进行施工，坡度的控制在斜层碾压混凝土施工至关重要，若坡度大于 1：10 时，会严重影响碾压混凝土压实度，导致碾压混凝土压实度不满足要求，若坡度过小，则斜层施工时，仓面面积会增大，不利于层间结合，故斜层碾压法一定要控制坡度，保证混凝土施工质量，项目采取的办法是在仓面沿上下游方向每 10m 布置一道线，保证混凝土向前延伸的宽度，从而保证对坡度的控制，同时，项目采用 3m×3m 的组合钢模板，也利用模板的尺寸，辅助进行坡度的控制。

6　结语

碾压混凝土斜层铺筑法施工在福建霍口水库大坝工程填筑中取得了良好的效益，通过采用斜层施工极大地保证了碾压混凝土施工质量，同时，降低了施工成本。通过斜层碾压混凝土施工，也为今后在南方多雨、高温地区进行碾压混凝土施工积累了丰富的施工经验。

斜层铺筑法施工本质就是用较小的浇筑强度连续施工来适应较大施工仓面，更能适应极端天气，同时减少工程施工过程中机械、人员的投入，适当降低施工临时设施投入，创造了流水作业的施工环境，建立清晰的管理体制，从而实现碾压混凝土施工质量可控，经济效益高。

大风气候下沥青混凝土施工防风技术应用

樊震军

（中国水电建设集团第十五工程局有限公司第二工程公司）

摘　要： 沥青混凝土心墙为热施工，大风气候条件下，碾压式沥青混凝土材料散热快，作业面易受扬尘污染，影响施工进度和工程质量。做好大风气候环境沥青混凝土心墙连续碾压施工，可以降低消耗，增加有效施工天数，使工程提前完工并发挥经济和社会效益，具有重要的工程应用价值。

关键词： 大风气候　防风技术　风场模拟

1　概述

碾压式沥青混凝土心墙的施工大多数都是在正常气候条件下（非降雨降雪时段或日降雨降雪量宜小于5mm、施工时风力宜小于4级、沥青混凝土心墙施工时气温宜在0℃以上）进行的。但有时为保证坝体来年汛期的度汛安全、大坝工期等要求时，碾压式沥青混凝土心墙就需要在特殊气候条件下进行施工。大河沿水库位于新疆维吾尔自治区大河沿镇北部山区，大坝为碾压式沥青混凝土心墙坝。此工程地理位置特殊，地处"百里风区"，年平均8级以上大风108天，最多达135天。沥青混凝土心墙目前的施工方法一般为热施工，施工时采用连续分层碾压，心墙在强风区施工过程中，风的表面降温作用强，严重影响沥青混合料入仓后温度均匀性。沥青混合料在运输过程中温度散失加快，入仓后的混合料几乎没有时间排气，碾压后沥青混凝土内部气孔明显增多，影响施工质量。同时，由于表面温度降低过快，在沥青混合料表面容易形成一个硬壳层，一方面会影响当前层的碾压效果；另一方面由于表层碾压质量不好还会影响与下一层的结合，结合区会形成薄弱面，影响沥青混凝土心墙的防渗安全可靠性。此特殊气候条件给碾压式沥青混凝土心墙的施工会带来较大困难，也会影响施工质量。

在大风气候条件下，碾压式沥青混凝土材料散热快、作业面易受扬尘污染，影响施工进度和工程质量。做好大风气候环境沥青混凝土心墙连续碾压施工，可以降低消耗，增加有效施工天数，使工程提前完工并发挥经济和社会效益，具有重要的工程应用价值。

2　室内试验风速对沥青混凝土温度影响的变化规律研究

沥青混凝土的散热途径主要包括：材料自身中的热传递，以及沥青混凝土与过渡料和空气接触面的热交换。为研究风速对沥青混凝土温度影响的变化规律，探明其对最大摊铺时间和碾压时间的影响，进行室内试验模拟现场沥青混合料摊铺后碾压前的散热情况。

2.1 室内试验风速对沥青混凝土的散热规律研究

（1）风速越大，表层温度降至终碾最低温度所用时间越少。当风速为0m/s、4.4m/s、6.4m/s、9.1m/s、12.1m/s、14.9m/s时，沥青混合料表层温度由160℃左右降至110℃，所用时间分别为42.4min、21.5min、19.7min、17.7min、16.7min、15.6min。

（2）风的表面降温作用强，沥青混合料表层温差变化明显，中心温差差异较小。风速越大，表层温度与中心温度的差值越大，严重影响了沥青混合料入仓后温度均匀性。风速为0m/s、4.4m/s、6.4m/s、9.1m/s、12.1m/s、14.9m/s的沥青混合料降温情况，表层温度降至110℃时，沥青混合料表层和中心温差分别为8.1℃、9.4℃、12.7℃、15.2℃、16.7℃、17.8℃。

（3）为保证初碾温度和终碾温度不低于规范要求的130℃和110℃，无风降温条件下，需在入仓后19min内完成初碾，42.4min内完成终碾；在4.4m/s风速降温情况下，需在入仓后14min内完成初碾，21.5min内完成终碾；在6.4m/s风速降温情况下，需在入仓后12min内完成初碾，19.7min内完成终碾；在9.1m/s风速降温情况下，需在入仓后11min内完成初碾，17.9min内完成终碾；在12.1m/s风速降温情况下，需在入仓后10min内完成初碾，16.7min内完成终碾；在14.9m/s风速降温情况下，需在入仓后9min内完成初碾，15.6min内完成终碾。

2.2 室内试验施工建议

（1）大风气候条件下，在满足施工规范要求的前提下，为增大摊铺和碾压的施工段长度，提高施工效率，建议摊铺速度和碾压速度宜采用速度上限，采用摊铺速度为3m/min、碾压速度为30m/min。

（2）实际工程中，沥青混合料摊铺体积大，热容量大，较室内试验散热情况慢，经过现场试验结果可适当延长摊铺时间。

（3）为增加施工效率和有效施工时间，大风气候下心墙摊铺和碾压过程须做保温措施。摊铺平整后用帆布和棉被覆盖层面，减少心墙层面裸露时间，不仅减缓表层温度损失，改善沥青混合料温度不均匀性，还增加了入仓后混合料的排气时间，碾压后沥青混凝土内部气孔明显降低。此外，碾压时可直接在帆布上碾压，防止了沙尘对心墙表面的污染。

以上措施对保证心墙的施工质量和层间结合起到积极作用。

3 现场风速下沥青混凝土的散热规律

现场试验选择了5个心墙施工段，观测现场风速下心墙沥青混合料的散热情况。考虑自然风具有时空差异性，为保证现场风速数据的准确性，按心墙施工段中心和两端取三个点，每点距心墙边缘2.36m垂直固定测风杆以布置EN2型风速测定仪，风速测定仪与心墙施工平面相对高度1m，并通过与计算机连接进行数据实时采集。三处测点风速数据同步对比，总体差异较小的作为有效数据，对其取平均值作为该施工段平均风速。且取心墙施工段中心和两端处的大气平均温度作为环境温度，整理观测数据得各施工段环境数据分别见表1～表5。

表1　　施工段一气象环境数据表

层数：83　施工段中心测点：0＋415　覆盖：无　风力0级						
时间/(h：min)	13：58	14：20	14：48	15：15	15：38	16：00
风速/(m/s)	0	0	0.2	0	0.1	0
环境温度/℃	17.1	16.7	17.5	18.6	19.1	19

表2　　施工段二气象环境数据表

层数：75　施工段中心测点：0＋400　覆盖：无　风力约2级						
时间/(h：min)	14：20	14：42	15：00	15：17	16：41	16：02
风速/(m/s)	3.3	2.8	2.6	3.0	3.2	5.2
环境温度/℃	17.4	17.6	18	17.6	17.8	18.2

表3　　施工段三气象环境数据表

层数：62　施工段中心测点：0＋340　覆盖：无　风力约4级						
时间/(h：min)	13：45	13：05	13：22	14：40	15：04	15：20
风速/(m/s)	6.7	7.8	8.4	7.1	7.7	6.4
环境温度/℃	12.7	12.6	12.7	13.8	13.8	14.2

表4　　施工段四气象环境数据表

层数：71　施工段中心测点：0＋418　覆盖：帆布　风力约4级						
时间/(h：min)	12：35	13：15	13：52	14：30	15：14	15：48
风速/(m/s)	7	7.8	7.4	6.7	7.7	9.4
环境温度/℃	12.7	12.6	12.7	13.8	13.8	14.2

表5　　施工段五气象环境数据表

层数：56　施工段中心测点：0＋265　覆盖：帆布＋棉被　风力约6级						
时间/(h：min)	20：40	21：37	22：42	23：30	0：14	0：56
风速/(m/s)	10.9	12.7	11.6	13.3	14.2	13.4
环境温度/℃	10.7	10.8	10.3	9.4	9.2	9.1

考虑心墙施工段单次铺筑距离较远、耗时较长，导致沥青混合料整体温度不均匀，为方便试验计算，在施工段中心心墙表面以下50mm处埋设耐高温的热电阻温度传感器，每分钟进行一次温度测量并记录，以此温度作为本次试验的心墙沥青混合料实时温度。

由实测数据绘制现场风速下沥青混合料降温曲线，见图1。从图1中可以看出，现场心墙沥青混合料入仓后无覆盖形式下，沥青混合料降至终碾最低温度110℃左右所需时间由风力等级的增大而减少，这方面和室内试验研究规律一致。与风力0级时历时122min相比，风力2级时历时减少了20min，风力4级时历时减少了27min，因此现场施工中，

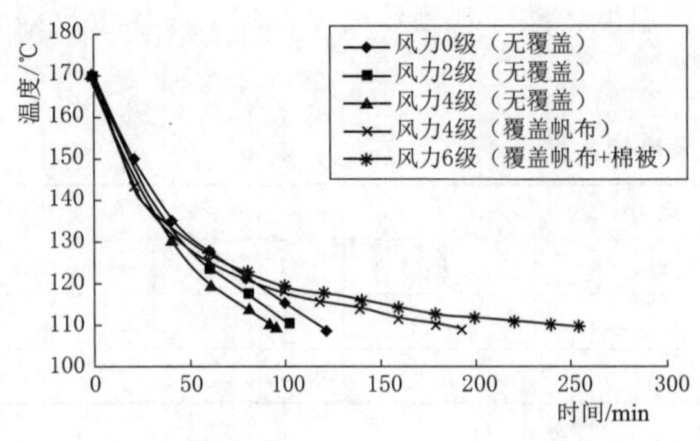

图 1　现场风速下沥青混凝土降温曲线图

应合理控制心墙施工段摊铺长度，做到摊铺后及时碾压。从增设心墙保温措施的试验结果可以看出，现场风力 4 级情况下，心墙覆盖帆布后，沥青混合料降至终碾最低温度 110℃左右所需时间由 95min 增长至 193min，说明心墙覆盖帆布可延缓沥青混合料散热，有利于沥青混凝土心墙温度控制。随着风力增大到 6 级，心墙覆盖帆布和棉被后，沥青混合料降至终碾最低温度 110℃左右所需时间为 256min，与风力 4 级仅覆盖帆布时相比，历时延长了 63min，表明尽管风力条件增大，但心墙覆盖帆布后再覆盖棉被比仅覆盖帆布的温控效果更好。

将室内试验和现场试验中风力 0 级时的结果进行对比。得到现场沥青混合料降至终碾最低温度 110℃用时远大于室内情况，出现这种现象的原因是：沥青混合料现场施工体积大，且心墙经层层铺筑后热容量高；心墙经碾压后，表层封闭，内部孔隙减少，沥青混合料温度散失更不易。

4　不同防风结构的风场数值模拟

碾压式沥青混凝土心墙坝在大风气候条件下填筑时，为降低心墙施工区风速，使风力等级达到规范中施工要求，本文提出坝体与心墙填筑高差的防风技术。

沥青混凝土心墙坝施工时利用坝体自身填筑，使坝壳料和心墙的铺筑高度产生高差，心墙凹槽内施工，两侧填筑的坝壳料形成类似的“土堤式挡风墙”（以下称为防风结构）。其中，防风结构高差即坝壳料与心墙填筑的高差，设置距离即防风结构背风侧坡脚距心墙中心的距离。大坝防风结构填筑见图 2。

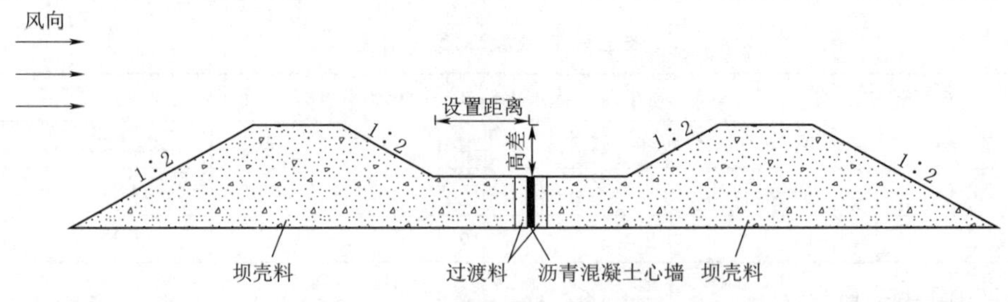

图 2　大坝防风结构填筑示意图

由于全尺寸的大坝防风试验存在着成本高、周期长等问题，进行系统的现场试验难度较大，而数值模拟技术具有成本低、耗时短、可调参数多等优势。因此，基于商用 CFD 软件，对坝体与心墙填筑高差的防风结构建立数学模型，首先对大坝防风结构设计参数进行优化，其次对不同风级条件防风结构进行风场的数值模拟，模拟主要对防风结构的防风效果进行仿真分析，并研究不同工况下风速的降低程度。

4.1 计算模型和计算区域

以坝体防风结构为模型，并对其设计参数进行优化分析。参数优化思路分两类：一类是固定高差 10m，采用不同的设置距离（分别为 5m、10m、15m、20m）；另一类是固定设置距离 10m，采用不同高差（分别为 5m、10m、15m、20m）。优化方案见表 6。

大坝属于大跨度建筑物，坝基宽 300m。防风结构最大高差 h 为 20m，取区流域高 $25h$、来流长度 $13h$ 和尾流长度 $27h$，计算区域为 500m×1100m。其中，坝趾为坐标原点，坝坡坡比均为 1：2，取心墙填筑相对高度为零，心墙中心坐标为（150，0），流场计算区域见图 3。

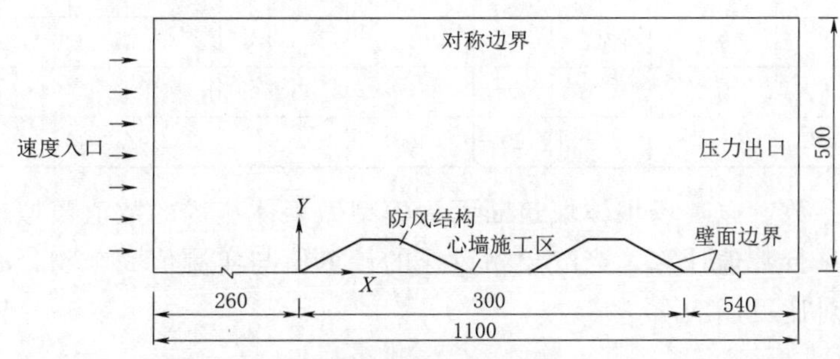

图 3　流场计算区域图（单位：m）

4.2 现场数值模型验证

大河沿水库枢纽工程于 2018 年 3 月末进行了三种坝体防风结构的现场防风试验，防风结构参数见表 6。现场试验中，在迎风侧坝壳料顶面固定位置（距坝壳料坝肩 18.82m）装配自动气象站，记录气象资料，包括：大气温度、大气湿度、风速及风向等。同时在心墙上游 2.36m 垂直固定测风杆以布置 EN2 型风速测定仪，风速测定仪与心墙施工平面相对高度 1m，并通过与计算机连接进行数据采集。对两处测点进行实时风速观测，其测点布置见图 4。

表 6　　**防风结构参数表**

项　目	防风结构一	防风结构二	防风结构三
防风结构高差/m	4.40	4.40	7.00
防风结构设置距离/m	13.80	9.08	9.08
心墙填筑高度/m	10.80	10.80	10.80

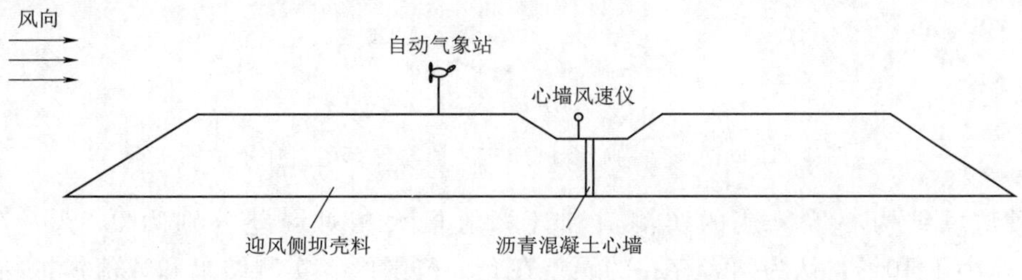

图 4　现场防风试验测点布置示意图

针对三种防风结构，进行了累计 3 天不同时刻的风速观测现场试验，其试验结果见表 7。

表 7　　　　不同防风结构测点风速试验结果表

防风结构一			防风结构二			防风结构三		
观测时间/(月/日 时：分)	气象站风速/(m/s)	心墙风速/(m/s)	观测时间/(月/日 时：分)	气象站风速/(m/s)	心墙风速/(m/s)	观测时间/(月/日 时：分)	气象站风速/(m/s)	心墙风速/(m/s)
3/27 11：20	18.6	13.5	3/28 13：10	17.4	9.3	3/31 17：40	19.3	8.2
3/27 16：00	15.6	11.5	3/28 17：10	15.0	8.6	3/31 20：10	15.9	6.8
3/27 22：00	12.2	8.8	3/28 20：50	11.4	6.5	3/31 13：00	12.8	5.4
3/27 7：20	9.4	6.1	3/28 15：40	9.2	5.4	3/31 10：30	10.0	4.2
3/27 14：50	6.8	5.1	3/28 11：00	7.0	3.7	3/31 4：20	7.3	2.9
3/27 0：30	4.9	3.1	3/28 6：20	4.7	2.7	3/31 23：40	4.8	2.1

取上述模型参数，以现场坝体填筑断面为模型做坝体流场的数值模拟计算，对现场试验三种防风结构进行数值计算，当气象站风速的计算值与实测值完全吻合时，取心墙风速实测值与计算值对比见图 5。

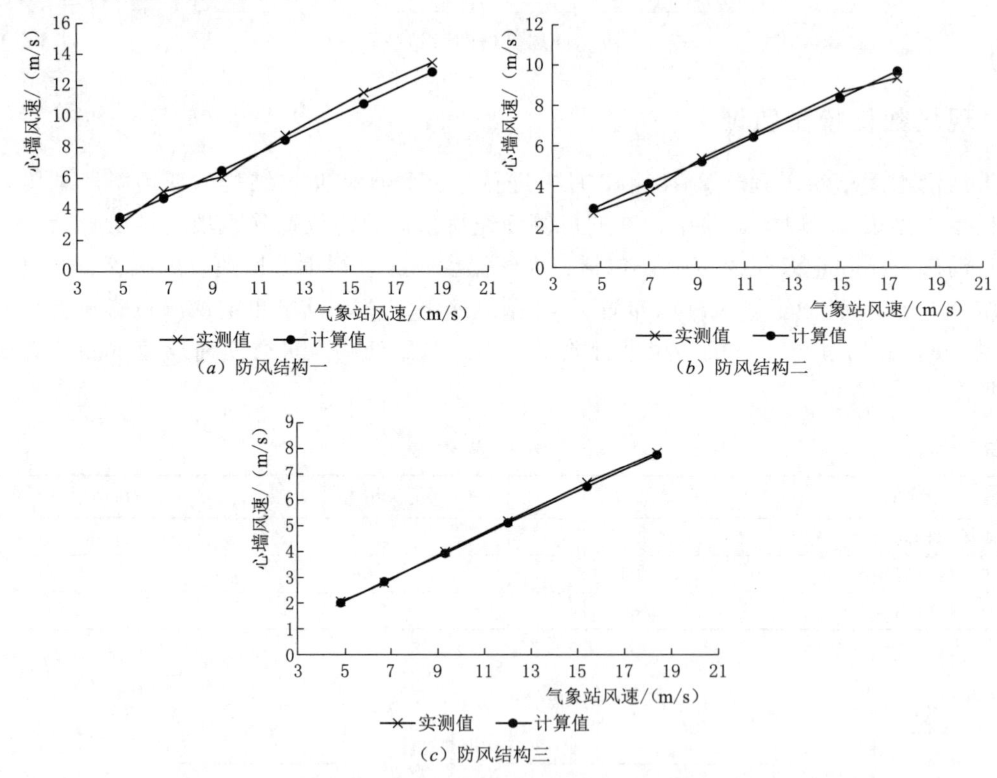

(a) 防风结构一　(b) 防风结构二　(c) 防风结构三

图 5　不同防风结构心墙风速实测值与计算值对比示意图

三种防风结构心墙风速的实测值和计算值最大相对误差分别为 9.8%、7.5% 和 9.4%，均小于 10%，认为两者存在的误差在允许范围内，实测结果和数值模拟结果高度吻合。由于数值模拟计算结果和现场实测结果有较好的一致性，确认数值模型准确可靠，可进一步模拟防风结构不同设计形式下的防风效果。

4.3 结论和建议

4.3.1 结论

（1）坝体与心墙填筑高差的施工技术具有一定防风功效。防风结构高差的增大有利于心墙近地表施工区的防风，而设置距离的增大则作用相反。

（2）8 级风力条件下，防风结构高差为 10m 时，设置距离为 5m 和 10m 能有效防风，设置距离为 15m 和 20m 不满足防风要求；设置距离为 10m 时，仅有防风结构高差为 5m 的不满足防风要求，高差为 10m、15m 和 20m 能有效防风。

（3）防风结构设置距离和防风有效的最小高差近似呈线性关系，拟合方程为 $y=0.524x+3.85$，式中 x 为设置距离，y 为防风结构高差。此拟合函数可插值得 8 级风力条件下设置距离 5～20m 时防风有效的最小高差。

（4）防风结构一定高差和设置距离时，风力等级对防风效果基本无影响。但风力等级越大，有效遮蔽系数取值越大，施工防风要求越高，越不易满足施工要求。

（5）风级和防风有效最小高差之间呈二次多项式关系，拟合方程为 $y=-0.1929x^2+4.2929x-12.671$（$x$ 为风级，y 为防风有效最小高差）。由此可得出 4～10 风级相对应的防风有效最小高差。风速和防风有效最小高差之间呈二次多项式关系，拟合方程为 $y=-0.0206x^2+1.2047x-6.669$（$x$ 为风速，y 为防风有效最小高差）。此拟合函数可插值得风速 7.9～28.4m/s 范围内相对应的防风有效最小高差在 1.3～11.1m 之间。

4.3.2 建议

（1）考虑现场施工机械交叉作业时的空间要求，建议防风结构背风侧坡脚距心墙中心的距离控制在 10m。

（2）考虑自然风随时间和空间呈现出的随机性，以及坝体填筑的连续施工，建议防风结构设置距离控制在 10m 以上；8 级风力及以下时，高差控制在 10m 以上，即可满足心墙施工区防风要求；高差控制在 12m 以上，心墙施工区可满足 10 级风力条件的防风需要。

5 大风气候条件施工控制

5.1 大风气候条件对沥青混凝土心墙的施工影响

大风气候环境对沥青混凝土心墙施工的影响较大，根据《水工碾压式沥青混凝土施工规范》（SL 53）的规定，风速大于 4 级不宜施工。大河沿水库等一些沥青混凝土心墙坝有风时段很长，且风速较大，年有效施工时间受到很大制约，严重影响这些工程的正常施工进度和工程质量。经过上述工程的施工实践，总结出大风气候条件对沥青混凝土心墙的施工影响如下。

（1）在大风气候环境下，空气流动快使混合料表面温度损失加快，内外温度梯度加大，容易在摊铺好的沥青混合料表面形成一个硬壳层，碾压后沥青混凝土表面易产生裂缝。同时，快速温降使得表层沥青混合料难以碾压密实，影响工程质量。

（2）大风气候环境也会影响沥青混凝土混合料拌和质量，大风一般都会有沙尘，除了影响原材料质量外，也影响混合料各组成材料的计量的准确性。以新疆下坂地水利枢纽沥青混凝土心墙工程为例，2009年沥青混凝土抽提试验的填料计量误差较大，施工单位虽然采取了很多措施对配合比误差进行控制，但效果不明显，矿粉合格率的波动性较大。2010年3月，大坝沥青混凝土心墙复工前，邀请国内沥青混凝土专家对抽提试验结果偏差较大的问题进行讨论，一致认为除了拌和系统计量精度的问题外，影响沥青混合料中矿粉含量的主要原因是下坂地水利枢纽气候条件（主要是风沙）影响了人工骨料中的矿粉含量，导致最终混合料中的矿粉含量不稳定。

（3）在大风气候环境下，易导致新铺沥青混凝土表面遭受风沙的污染，影响沥青混凝土层面的结合性能。

（4）大风气候环境影响施工人员的视野，大风还可能吹移金属定位线，影响摊铺对中。

（5）在大风气候环境下，碾压后的沥青混凝土内外温差大，表面形成较大的温度应力，产生温度裂缝。其裂缝宽度和长度不等，宽度一般为0.1～2mm，深度一般在10mm以内，有的甚至于心墙两侧基本横向贯穿心墙。

5.2 大风气候条件下碾压式沥青混凝土施工技术措施

针对以上问题提出了大风气候条件下碾压式沥青混凝土施工技术措施如下：

（1）利用坝体与心墙填筑高差的施工防风技术。沥青混凝土心墙坝施工时利用坝体自身填筑，把上、下游坝壳料的铺筑超前心墙与过渡料，使坝壳料铺筑高度高于过渡料和心墙的铺筑高度，心墙施工断面形成凹槽。坝体与心墙产生填筑高差后，相当于在坝体两侧设置风场障碍物的“土堤式挡风墙”（以下称为防风结构），改变了背风侧槽内的风场状况。防风结构迎风侧与背风侧，风场发生较大改变，背风侧形成扰流。防风结构高差和设置距离的不同，其对风场的影响不尽相同。当防风结构高差和设置距离的改变，使挡风墙背风侧的扰流形状越来越大，表明扰流影响范围越大；当防风结构高差和设置距离的改变，使心墙施工区近地表风速越来越小，表明其对风能的耗散越强。大坝防风结构填筑见图2。其中，防风结构高差即坝壳料与心墙填筑的高差，设置距离即防风结构背风侧坡脚距心墙中心的距离。

（2）加强拌和系统计量设施维护。定期检查拌和系统计量设施，及时更换有问题的传感器，确保计量精度。同时，加大二次筛分后骨料的检测频次，及时掌握骨料特别是矿粉含量变化情况，减小大风环境对原材料计量准确性的影响，并根据检测结果及时微调配合比，确保沥青混合料中矿粉含量的偏差在允许范围内。

（3）加强各施工环节的温度控制。沥青混凝土心墙目前的施工方法一般为热施工，为减小各施工环节沥青混合料温度损失，保证施工时摊铺温度和碾压温度，需严格控制其拌和温度、入仓温度等。在大风气候环境下施工时，拌和系统的加热温度与沥青混合料的出机口温度、入仓温度、初碾温度、终碾温度均采用施工规范规定的上限值或适当提高最低下限值。拌和系统骨料加热温度可采用190℃，出机口温度采用185℃，摊铺温度采用150～175℃，初碾温度不宜低于140℃，终碾温度不宜低于120℃。此外，为随时掌握沥青混合料的温度变化情况，需提高对各施工阶段温度的检测频率。重点提高对摊铺温度、碾压温度的检测频率，可5min检测一次。对于达到技术规定中140℃以下未能及时碾压和终碾后低于120℃的沥青混合料作为废料处理，避免沥青混合料碾压后密实度达不到设计要求。

（4）对沥青混合料储运和摊铺设备加设保温措施。在大风环境下施工时，拌制好的沥青混合料要求采用带电加热板的保温罐储存，采用带车斗四周及底板带保温的自卸车运输。运至坝上的沥青混合料由保温车卸入装载机的保温料斗中，再由装载机运至专用摊铺机的料斗中摊铺。在保温车、保温料斗和摊铺机的料斗上架设便便拆卸的可活动保温篷布。进行下一层混合料的铺筑时，须对心墙表层进行红外线加热处理升，使结合层面温度达到规范要求，红外线加热设备底部四周增加挡风板，避免风力将热量带走而无法加热。

（5）控制摊铺机和振动碾行驶速度。为增加施工效率，应严格控制摊铺机和振动碾作业时的行驶速度，可适当选取摊铺速度上限和碾压速度上限。规范规定：沥青混合料的摊铺宜采用专用摊铺机，摊铺速度以1～3m/min为宜，碾压速度宜控制为20～30m/min。在沥青混凝土心墙施工质量得到保证的前提下，可取摊铺速度为3m/min、碾压速度为30m/min。此外，为降低沥青混合料散热速度，摊铺后，先用碾压机械静压两遍，对表层进行压实和封闭，减少温度在沥青混合料内部孔隙、裂隙中的散失通道。

（6）控制施工段长度，过渡料下风侧备料。在大风气候环境下施工时，沥青混合料在施工过程中的热量损失将随着作业区长度的延长而增加，为保证沥青混合料技术规范规定的温度范围内施工，可缩短施工段长度，做到随铺随碾，将每个施工段长度控制在15～20m范围内为宜。为保证心墙施工质量，过渡料备料前关注风向变化情况，在下风侧备料，防止强风吹起过渡料污染沥青混凝土。

（7）沥青混凝土心墙摊铺后覆盖防风帆布和保温棉被。大风气候环境下沥青混凝土心墙表层降温过快，沥青混合料几乎没有时间排气，碾压后内部气孔增多，导致孔隙率超标。表面易形成硬壳层，不仅影响碾压质量，还影响与下一层的结合。因此，在大风气候环境下沥青混凝土心墙摊铺后覆盖防风帆布，上层再加棉被保温，整体上延缓了心墙温度的损失，增长了沥青混合料排气时间，且防止扬尘污染心墙，使施工质量得到保证。

（8）加强施工组织管理。在大风气候环境下，沥青混合料的热量损失随着作业时间的延长而增加。为此，施工中须加强施工组织管理，使各工序紧密衔接，并保证拌和楼和施工现场的联系，做到及时拌和、及时运输、及时摊铺、及时碾压，尽量缩短每一阶段作业时间，减少沥青混合料在施工过程中的热损。

（9）加强施工质量控制。沥青混凝土心墙是土石坝坝体防渗的关键性、隐蔽性工程，施工质量控制标准要求高，是工程质量控制的重点。根据《水工碾压式沥青混凝土施工规范》（SL 53）的规定，碾压式沥青混凝土心墙正常施工的气象条件为环境气温大于0℃、风力小于4级和非降雨降雪时段。受大风天气等条件影响时，而沥青混凝土心墙又不得不进行施工的，需采取相应保护措施，并加强施工全过程的质量控制。

建筑物加固篇

聚合物混凝土和聚脲在溢流堰缺陷治理中的应用

赵鹏强[1]　姜　军[2]

（1. 水利部水利水电规划设计总院　2. 中水东北勘测设计研究有限责任公司）

摘　要： 以双沟水电站大坝溢流堰为例，结合堰体工作环境、冻融剥蚀情况及冻融剥蚀原因提出了两种采用不同材料进行缺陷治理的方案，经分析比选最终确定采用聚合物混凝土进行凿旧补新+涂刷聚脲的处理方案。

关键词： 溢流堰　冻融剥蚀　聚合物混凝土　聚脲　凿旧补新

1　引言

地处东北寒冷地区的水工建筑物或多或少存在冻融剥蚀破坏的情况，本文结合双沟水电站溢流堰冻融破坏的情况，提出采用不同材料的治理方案，通过比较分析论证，优选缺陷治理方案，确定施工工艺。

2　工程概况

双沟水电站为松江河梯级水电站第二级水电站，坝址位于吉林省抚松县境内的松江河上，距上游小山水电站 32km。枢纽工程由混凝土面板堆石坝、溢洪道、引水系统及发电厂房等建筑物组成，工程为Ⅱ等大（2）型工程。

溢洪道布置在左岸，共 3 孔，单孔净宽 12m，由进水渠、溢流堰控制段、泄槽及消能防冲设施四部分组成。溢流堰控制段长 32.70m，宽 48m，溢流堰面采用 WES 曲线，堰顶高程 571.10m，设有 12m×14m 弧形工作闸门。

3　溢流堰现状及缺陷原因分析

溢流堰发生不同程度的冻融剥蚀破坏，剥蚀面积较大，冻融剥蚀深度约为 10cm，溢流堰冻融剥蚀现状见图 1。

根据现场调查情况和检测结果，分析确定冻融剥蚀、裂缝的原因主要有以下几个方面：①双沟水电站地处东北严寒地区，四季温差大，昼夜温度变幅大等气候特点，会促使双沟水电站溢洪道闸墩、堰体、泄槽及导墙产生冻融剥蚀、裂缝；②由于过流、溢洪道闸门渗水、降雨等因素使不具备饱水条件的混凝土吸水饱和且混凝土在 10 多年的运行中老

图 1　溢流堰冻融剥蚀现状

化而使表面混凝土抗冻等级有所降低，加上冬季结冰和春季冻融会造成混凝土表面冻融剥蚀、裂缝。

4　缺陷治理方案

4.1　方案选择

方案一：溢流堰混凝土凿除深度 30cm，新老混凝土间设Φ 20 锚筋，在老混凝土表面涂刷混凝土界面剂，铺设受力筋Φ 22 @ 20cm、架力筋Φ 16 @ 20cm 钢筋网，浇筑厚 C35F400W6 混凝土，待混凝土达到设计强度后在堰面涂刷厚 3mm 抗冲磨型单组分手刮聚脲。

方案二：溢流堰混凝土凿除深度 10cm，在老混凝土表面涂刷聚合物混凝土界面剂，修复破坏的钢筋，浇筑聚合物混凝土，待混凝土达到设计强度后在堰面涂刷厚 3mm 抗冲磨型单组分手刮聚脲。

方案一凿除工作量大，施工工序多，工期长，施工完成后无法防止混凝土再发生冻融剥蚀破坏的可能性。相比普通混凝土，聚合物混凝土与老混凝土的黏结抗拉强度提高 1～3 倍，抗裂性、抗渗性、抗冲耐磨和抗冻性大幅度提高，是一种非常理想的薄层冻融剥蚀修补材料，具有更好的耐久性，可预防混凝土发生冻融剥蚀破坏。因此选用方案二即采用聚合物混凝土进行凿旧补新处理。

4.2　方案详细内容

对溢流堰混凝土进行凿旧补新处理，凿除表面冻融剥蚀破坏的混凝土，凿除深度为 10cm，局部冻融剥蚀严重部位凿除深度应加深，凿除深度应均匀，避免出现薄弱断面。混凝土凿除过程中，为保护混凝土整体结构，须采用风镐人工凿除。混凝土凿除后若仍有裂缝，首先进行裂缝处理。裂缝处理结束后，在新老混凝土间设Φ 12 锚筋，间排距 1m。对老混凝土表面进行基面清理，修复破坏的钢筋，在老混凝土表面喷涂聚合物混凝土界面剂，浇筑聚合物混凝土，混凝土配合比必须由混凝土配合比试验确定，聚合物混凝土性能指标见表 1。待混凝土表面表干后，表面涂刷界面剂，界面剂表干后（粘手部拉丝），涂刷抗冲磨型单组分手刮聚脲，其性能指标见表 2，涂刷第 1 遍聚脲后，粘贴一层胎基布，表干后再涂刷 2 遍单组分手刮聚脲，直到聚脲总的涂刷厚度达到 3mm。加强养护，防止修补体和结合面黏结层在尚未能获得足够的强度之前遭受损害。

表 1　　聚合物混凝土性能指标表

序号	项　目	设计指标
1	抗压强度/MPa，28d	≥45
2	抗拉强度/MPa，28d	≥2.0
3	拉伸黏结强度/MPa，28d	≥2.0，且为混凝土内聚破坏
4	抗冲耐磨度/(kg/m^2)	≥8
5	抗冻等级	≥F300
6	抗渗等级	≥W12
7	收缩率/%，28d	≤0.10

表 2　　单组分手刮聚脲主要技术指标表

序号	项　目	指　标
1	黏度/(MPa·s)	≥3000
2	表干时间/h	≤4
3	拉伸强度/MPa	≥15
4	断裂伸长率/%	≥300
5	黏结强度/MPa	>2.5
6	撕裂强度/MPa	≥40
7	不透水性/(0.4MPa×2h)	不透水

4.3　施工工艺

（1）基面清理。在修补施工前，清除基面上已损坏、松动和胶结不良的表层混凝土、油污及杂质。按照破损范围在修补区边缘先切割轮廓线，轮廓线宜呈凸多边形，其相邻两线的夹角不小于 90°。施工前用高压水枪冲洗并保持潮湿状态，但不得有积水。

（2）聚合物混凝土浇筑。施工基面上应预先涂刷聚合物混凝土界面剂。具体模板种类、用量和方法根据规程规范和现场情况调整。将拌和均匀的材料灌入模板中并适当敲击模板。浇筑层厚度不宜大于 150mm，否则应采取相关措施分层浇筑，防止产生温度裂缝。抹面后，对新浇筑的聚合物混凝土表面应立即喷洒养护剂或喷雾养护，应保持材料处于湿润状态。采用塑料薄膜覆盖时，新浇筑聚合物混凝土的裸露表面应覆盖严密，保持塑料薄膜内有凝结水。

（3）涂刷聚脲。待经过处理后的基面充分干燥后，在即将涂刮聚脲封闭范围内涂刷界面剂，界面剂涂刷要薄而均匀，不得漏涂，界面剂的涂刷范围要稍大于涂刮聚脲的范围。涂刷界面剂前要确保混凝土面干燥和干净。当界面剂初始固化后，涂刮第一遍手刮聚脲，厚度 1mm。在第一遍聚脲的上面直接粘贴胎基布，第一遍聚脲表面干后进行涂刮第二遍、第三遍聚脲，每遍涂刮厚度 1mm 左右，直到手刮聚脲厚度达到设计厚度。

5 结语

实践证明，聚合物混凝土的弹模低、抗拉强度高、与老混凝土的黏结强度高，能承受反复冻融循环、温湿度强烈变化等作用，耐久性良好，适用于恶劣环境条件下水工混凝土结构的薄层表面修补。单组分手刮聚脲具有优异的力学性能、抗紫外线性能和抗太阳暴晒性能，单组分手刮聚脲具有－45℃的低温柔性，能适应高寒地区的低温环境，尤其是能抵抗低温时混凝土开裂引起的变形而不渗漏。本文结合双沟水电站缺陷治理工程实例，简述了缺陷治理工艺及材料选择，可供同类工程参考。

红石嘴渠首枢纽大坝渗流安全分析评价

贾　军　韩福涛　尚俊伟

（中水淮河规划设计研究有限公司）

摘　要： 红石嘴渠首枢纽大坝包括溢流坝与土坝，2010—2013年对溢流坝坝基、土坝坝身与坝基进行了防渗加固处理，此后经近10年的运行，大坝渗流状况总体良好。为进一步查明大坝的渗流状况，综合渗流观测资料与理论计算，对红石嘴渠首枢纽大坝进行渗流安全评价。

关键词： 红石嘴渠首枢纽　大坝渗流　大坝安全评价

1　工程概况

1.1　基本情况

红石嘴渠首枢纽是淠史杭灌区史河灌区的渠首工程，坐落于安徽省六安市金寨县梅山镇境内史河干流上，距梅山水库大坝约9.0km。枢纽利用梅山水库发电尾水向安徽、河南两省五县（区）供水，引水流量190m^3/s，设计灌溉面积383万亩（其中安徽省285万亩，河南省98万亩），水电站装机容量3130kW，是一座以灌溉为主，兼有城镇供水、发电、生态等综合利用水利工程。工程始建于1958年，1960年开始引水灌溉，2010—2014年实施了红石嘴渠首枢纽除险加固工程。

枢纽由史河总干进水闸、南总干进水闸、冲砂闸、水电站、洪河泄水闸、溢流坝、土坝等建筑物组成。工程等别为Ⅱ等，主要建筑物级别为2级。防洪标准为50年一遇设计、200年一遇校核，相应的设计洪水位71.70m，校核洪水位72.10m，正常蓄水位69.00m。

溢流坝为砂心混凝土面板坝，坝长446m，P-Ⅲ弧形堰顶，顶高程69.20m，上游坝坡1∶1，下游坝坡1∶2.5。上游坝脚前设长30m钢筋混凝土防渗铺盖，顶高程64.00m。坝踵上游1.6m处布置高压摆喷垂直防渗墙，墙厚0.2m，墙顶高程63.50m，墙底高程44.72～63.50m，坝下设消力池，池长10m，底板高程62.80m，池内布置5排冒水孔。

土坝原设计为黏性斜墙砂壳坝，根据除险加固前地勘揭示，黏土斜墙已损坏，坝身主要填料为中粗砂～重粉质壤土夹极细砂，未见黏土斜墙。坝长174m，坝顶高程73.60m，坝顶宽6.40～26.0m，最大坝高10.8m。上游坝坡1∶2.5，下游坝坡高程68.00～70.00m为平台，平台以上坝坡为1∶3，平台下游为混凝土公路，公路至高程64.00m坡比约1∶1，以下为一陡坎，陡坎下为老史河，河床高程约为62.00m。坝轴线上布置高压摆喷垂直防渗墙，墙厚0.2m，墙顶高程72.00m，墙底高程44.72～63.50m。

1.2 坝址地质条件

溢流坝坝身由混凝土面板、浆砌块石、黏土夹碎石、中粗砂构成，以中粗砂为主，经多年压实，目前坝身渗透性较小。坝基第四系土层为①层中粗砂及③层砂卵石，下伏基岩为细砂岩夹砾岩及薄层泥质粉砂岩或粉砂质泥岩。左坝头坐落于基岩上，河床坝基坐落于①层中粗砂上，下伏③层砂卵石层。

土坝坝身主要成分为中相砂及中～重粉质壤土夹极细砂、中粗砂。坝基第四系土层由①层中粗砂、②层中～重粉质壤土与极细砂互层及③层砂卵石组成，左侧为单一砂性土结构坝基，右侧属上黏性土下砂性土双层结构坝基，下伏基岩为细砂岩。

1.3 运行中的渗流问题及处理

据记载，溢流坝建坝时在坝体上游布设混凝土板桩防渗墙，但施工中仅埋置了左侧一半，深度仅 2.3m 左右，右侧一半埋设较浅或未埋，而坝基强透水层深达 15m 以上，因没有很好的垂直防渗措施，未能截断坝基渗漏通道，造成坝基渗漏严重，坝下公路下游冲坑边可见有水常年流出。土坝原设计为黏性斜墙砂壳坝，但 2010 年除险加固前，迎水面护坡破损严重，在水位快速涨落影响下，经多年水流掏蚀，斜墙局部已损坏，除险加固前的地勘及高水位运行时，坝后高程 64.00m 平台出现散浸的历史险情均已佐证这一点。

针对上述渗流问题，红石嘴渠首枢纽除险加固工程对溢流坝、土坝坝基采用了高压摆喷垂直防渗处理。高压摆喷防渗墙平行坝轴线方向长 645m，墙顶高程溢流坝段 63.50m、土坝段 72.00m，墙底伸入基岩 1.0m，孔距 1.2m，摆角 30°，有效墙厚不小于 20cm，渗透系数要求不大于 1×10^{-6}cm/s。此外，对土坝坝身采取了锥探灌浆密实，锥探孔梅花形布置，孔距 2.0m，排距 1.5m，顶高程至坝顶或坡面，底高程 61.80m。

2 渗流观测资料分析

2.1 渗流观测设施

土坝在坝中部布置 1 个监测断面，溢流坝分别在左岸、河床中部、右岸各布置 1 个渗流监测断面（编号Ⅰ～Ⅳ），各渗流监测断面均埋设 3 支测压管（编号 1～3 号）。溢流坝 1 号、2 号测压管位于下游坝坡，轴距分别为 3m、13m，3 号测压管位于消力池后海漫上，轴距 28m；土坝 1 号、2 号测压管位于下游坝坡，相距 9m；3 号测压管位于坝后平台上，与 2 号测压管相距 10m。测压管采用镀锌钢管，内径 50mm，透水段长 4m。测压管水位每月至少观测 3 次，当上下游水位接近设计值、超标准运用或遇有影响工程安全的灾害时，随时增加观测次数。

2.2 观测资料整理

测压管水位观测共 12 个测点，2019 年 1 月至 2020 年 9 月共 78 个测次资料，期间枢纽上游库水位介于 69.56～65.76m 之间，均值约 68.00m。

对上述观测资料序列全部绘制了过程线、库水位与测压管水位相关关系图、特征水位过程线，鉴别剔除了测值中的异常值后，典型测压管过程线、库水位与测压管相关关系图、特征水位过程曲线见图 2～图 5。

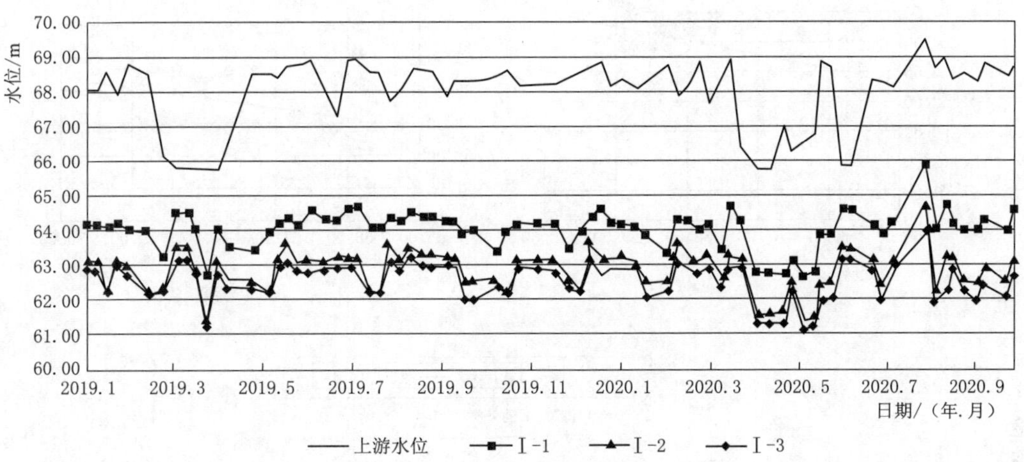

图 1　土坝Ⅰ断面测压管水位过程曲线图

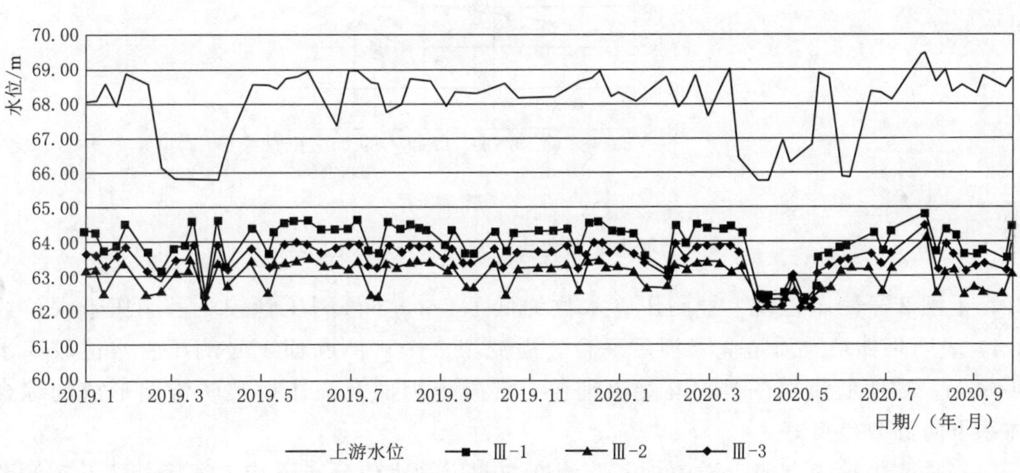

图 2　溢流坝Ⅲ断面测压管水位过程线

2.3　观测资料分析

测压管观测年限较少，资料序列较短，尽管如此，从现有观测资料分析，仍可看出：

（1）各监测断面测压管水位变化规律基本一致，从上游至下游逐渐降低，符合渗流基本规律，大坝渗流性态总体正常。

（2）测压管水位与库水位相关性不明显，变化幅度不完全与库水位同步。土坝 1 号测压管水位一般在 64.00m 上下波动，较库水位低 4m 左右，表明高压摆喷防渗墙防渗效果

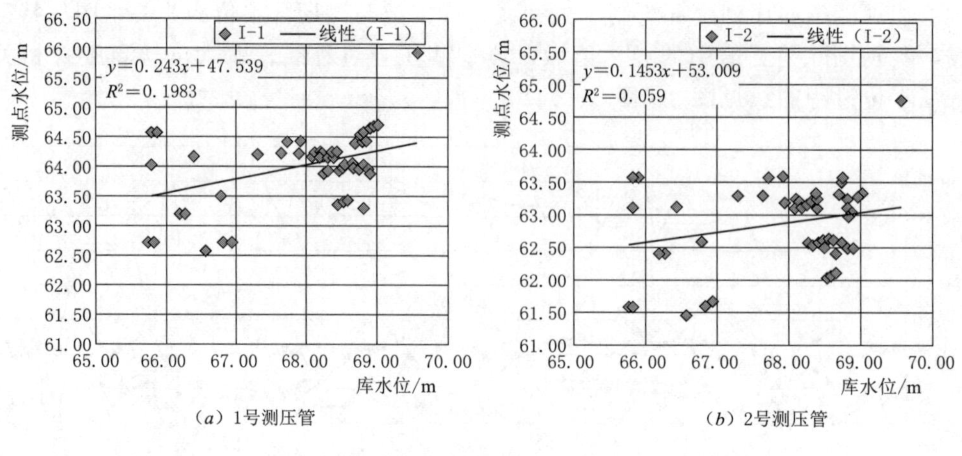

(a) 1号测压管　　(b) 2号测压管

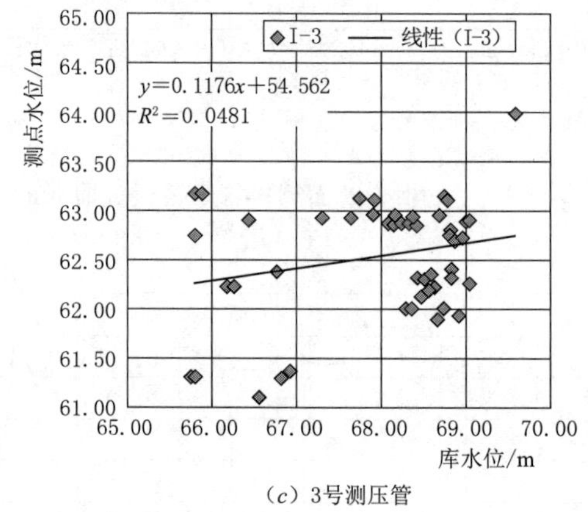

(c) 3号测压管

图 3　土坝Ⅰ断面测压管与库水位相关曲线图

良好；土坝 2 号测压管较 1 号测压管水位约低 1.2m，3 号测压管较 2 号测压管水位约低 0.3m，表明坝体填筑质量优于坝后平台。溢流坝 3 个观测断面 1 号测压管水位较库水位低 4～5m，表明溢流坝在上游混凝土铺盖、混凝土坝面及高压摆喷防渗墙形成的综合防渗体系下防渗效果良好。

（3）垂直坝轴线方向，溢流坝各监测断面测压管水位分布不均，河床部位Ⅱ观测断面与右坝肩Ⅲ观测断面坝体段水头损失相对较小，消力池段水头损失较大，而左坝肩Ⅳ断面趋势则相反。平行坝轴线方向，3 个监测断面同轴距测点水位亦高低不同，Ⅲ观测断面同轴距测点水位高于其余两个断面，坝体两端防渗效果优于中部。以上表明，坝体防渗质量空间上存在各向异性，渗流场为典型的三维渗流场。

（4）从测压管与库水位相关线可看出，测压管水位与库水位相关性一般或低，总体上大坝防渗措施得当，防渗效果较好；同一断面不同测点相关性存在差异，表明坝体整体透水性不均；库水位愈低，测压管数据越离散，相关系数越低，表明在坝身自重作用下，下部坝体及坝基的密实性要好于上部坝体。

（5）由特征水位下各测点的变化过程线可以看出，大坝不同特征水位下的变化趋势基本一致，各点测压管水位变化趋势较平缓或在小范围内的上下振动，在特征低水位下，各

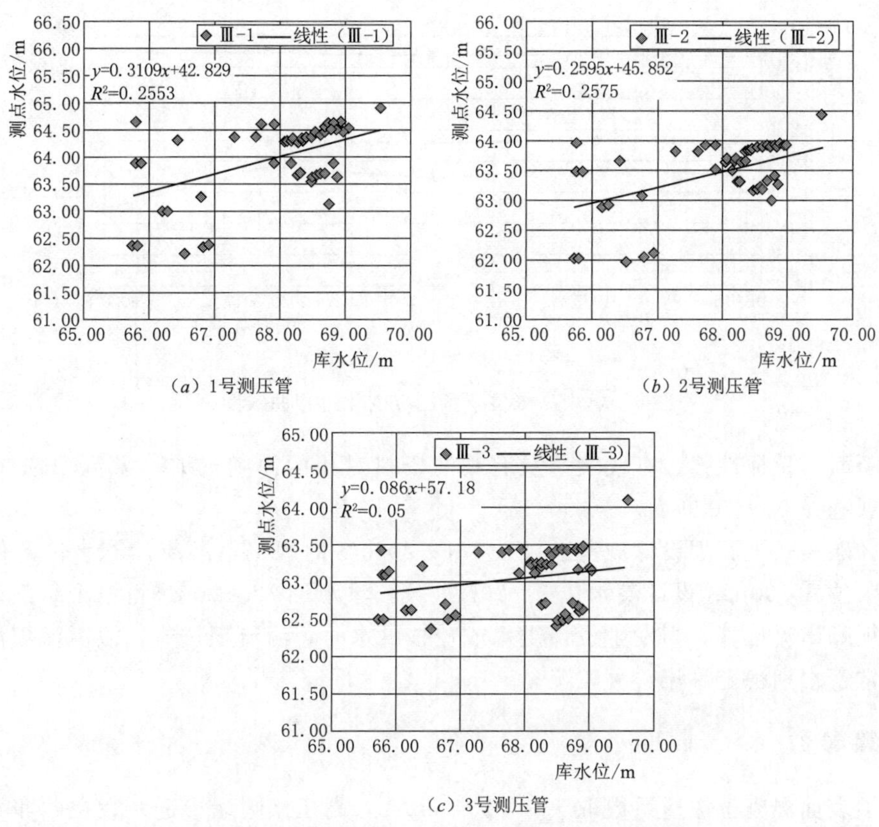

（a）1号测压管　（b）2号测压管

（c）3号测压管

图 4　溢流坝Ⅲ断面测压管与库水位相关曲线图

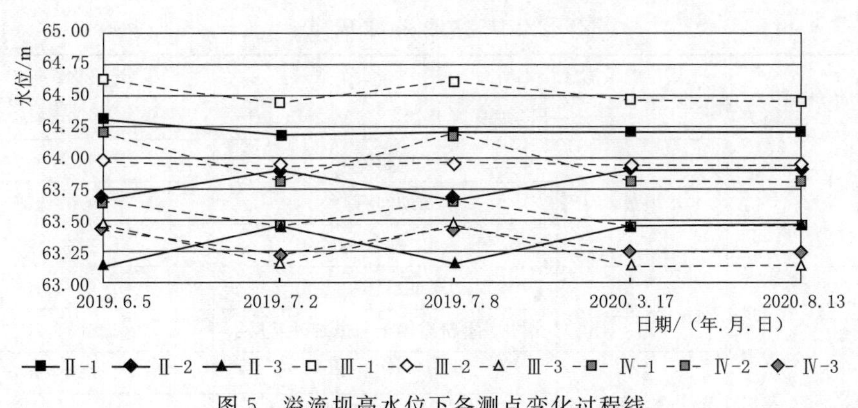

图 5　溢流坝高水位下各测点变化过程线

点测压管水位则出现下降趋势，一般来讲，表明渗流状况有向良好方向发展的迹象。

3　渗流有限元计算

3.1　计算条件

采用二维稳定渗流有限单元法计算，各土层渗透系数按各向同性考虑。

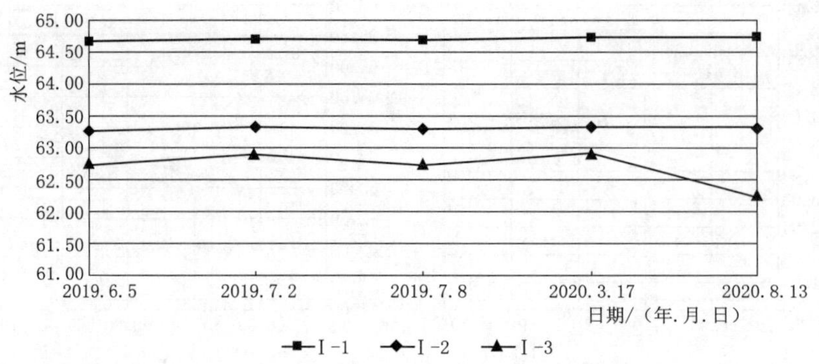

图 6　土坝高水位下各测点变化过程曲线图

计算断面按特征性强、有代表性及有观测资料对比的原则选取，溢流坝选择 0+240 断面、土坝选择 0+550 断面。

根据《碾压式土石坝设计规范》（SL 274—2020）的规定，渗流计算水位条件按上游取正常蓄水位 69.00m、设计洪水位 71.70m、校核洪水位 72.10m 进行三个组次计算，坝下水位按坝脚出流计算。当发生设计洪水或校核洪水时，溢流坝过流，故溢流坝渗流稳定仅考虑正常蓄水期稳定渗流一种工况。

3.2　计算参数

溢流坝表面混凝土渗透系数取 1.0×10^{-8}cm/s，高压摆喷墙渗透系数在砂卵石层中取 1.0×10^{-5}cm/s，在其他土层中取 1.0×10^{-6}cm/s。其余土层渗透系数见表 1。

表 1　　土层渗透系数表

土层位置及岩土层名称			渗透系数 k/(cm/s)
溢流坝	坝身填土		9.9×10^{-3}
	坝基	中粗砂	5.0×10^{-2}
		砂卵石	9.0×10^{-2}
		基岩	1.5×10^{-4}
土坝	坝身	中粗砂	2.2×10^{-2}
		中～重粉质壤土与极细砂互层	5.5×10^{-5}
	坝基	中粗砂	5.0×10^{-2}
		中～重粉质壤土与极细砂互层	9.0×10^{-4}
		砂卵石	9.0×10^{-2}
		基岩	1.5×10^{-4}

上述参数结合观测成果进行了验证，并参照工程经验进行了优化。

3.3　计算结果

二维渗流有限元计算结果见表 2。

表 2　　二维渗流有限元计算结果表

位　置	工　况	坝内坡降		出逸坡降	出逸点高程/m
		坝身土层	坝基底层		
溢流坝0+440	工况Ⅰ	0.026	0.033	0.087	58.15
土坝0+550	工况Ⅰ	0.088	0.009	0.272	62.50
	工况Ⅱ	0.033	0.005	0.193	65.41
	工况Ⅲ	0.025	0.005	0.174	65.71

3.4　计算结果分析

从渗流有限元计算得到的浸润线、等势线及表 2 渗流计算结果可以看出：

(1) 理论计算得到的溢流坝浸润线在坝轴线下游侧自由面高程约 63.84～63.30m，观测期间实测 3 个断面测压管水位分别为 64.30～63.15m、64.62～63.15m、64.19～63.23m；土坝浸润线在坝轴线下游侧自由面高程约 64.96～62.50m，实测测压管水位 64.72～62.25m，理论计算得到的浸润线与观测期间实测测压管水位趋于接近，表明理论计算模型及参数选取基本合适。

(2) 计算得到的水头等值线分布符合坝体防渗布置情况。溢流坝等水头线较集中地分布于面板与防渗墙中，浸润线在面板及防渗墙下游形成跌落，坝体内浸润线低，铺盖与坝面消减了约 10%的水头，防渗墙消减了约 80%的水头，防渗墙防渗效果较显著。土坝浸润线在防渗墙下游形成跌落，防渗墙起到了较好的消杀水头的作用，防渗效果较好。

(3) 溢流坝、土坝坝身及坝基土层渗透坡降均小于相应土层允许水平坡降，渗流出逸坡降小于允许出口渗透坡降。溢流坝防渗墙与基岩结合处坡降 2.94～2.95，土坝防渗墙与基岩结合处坡降 4.42～4.84，均小于高压摆喷防渗墙允许渗透坡降。

4　结语

(1) 从渗流控制措施看，溢流坝及土坝坝基采用了高压摆喷垂直防渗处理；溢流坝坝身虽未做处理，但坝身渗透性较小，多年运行未发现异常；土坝坝身进行了高压摆喷防渗处理及锥探灌浆密实，运行中未发现异常。溢流坝坝下消力池设有排水孔，排水孔下设有级配良好的反滤层，现状排水孔正常运行，排水效果良好。土坝背水坡设有贴坡排水，坝脚设有浆砌石大方脚。溢流坝、土坝防渗和排水设施较为完善。

(2) 从渗流监测资料分析看，渗流监测测点布设合理，监测仪器选型合适，渗流监测断面满足《土石坝安全监测技术规范》(SL 551—2012) 的要求。溢流坝、土坝渗流性态总体正常，各监测断面测压管水位变化规律符合渗流基本规律。测压管水位与库水位相关性并不明显，变化幅度不完全与库水位同步。溢流坝在上游混凝土铺盖、混凝土坝面及防渗墙形成的综合防渗措施下防渗效果较好，坝体填筑质量、防渗效果空间上存在各向异性，两端坝段比河床段防渗效果好。土坝经加固处理后，防渗效果良好，锥探灌浆密实后的坝体填筑质量优于坝后平台。

(3) 从渗流理论计算成果看，溢流坝、土坝水头等值线分布符合坝体防渗布置情况，理论计算的浸润线位置与按监测资料绘制的浸润线位置基本一致。溢流坝等水头线较集中地分布于面板与防渗墙中，坝体内浸润线低，防渗墙防渗效果较显著。土坝浸润线在防渗墙下游形成跌落，防渗墙起到了较好的消杀水头的作用。溢流坝、土坝坝身及坝基土层渗透坡降均小于相应土层允许水平坡降，渗流出逸坡降小于允许出口渗透坡降，防渗墙与基岩接合处坡降均小于高压摆喷防渗墙允许渗透坡降。

（4）从工程运行表现来看，溢流坝未发现明显异常渗漏，消力池排水孔正常出水，排水效果良好。土坝及近坝库岸基本正常。溢流坝、土坝防渗和反滤排水设施完善，设计与施工质量满足规要求；通过监测资料分析和理论计算分析，大坝渗流性态正常，坝体浸润线符合一般渗流规律，坝身、坝基土层与防渗体渗透稳定性满足要求，现状无渗流异常现象，可认为大坝渗流性态安全。

闸坝工程溢流面混凝土缺陷水下检测与加固

唐振华[1]　赵鹏强[2]　宋明瑞[1]

（1. 中水东北勘测设计研究有限责任公司　2. 水利部水利水电规划设计总院）

摘　要：以某闸坝式水利枢纽泄水闸溢流面缺陷治理为例，介绍水下混凝土检测措施，分析闸坝式泄水建筑物溢流表面冻融剥蚀破坏、冲刷破坏和空蚀破坏对工程的影响，并结合国内外水下混凝土修补加固经验，对溢流面和消力池进行缺陷加固治理。

关键词：闸坝式　溢流面　缺陷治理　水下检测　水下混凝土

1　引言

低水头闸坝式水利枢纽工程在东北平原地区相对较多，其主要特点是为满足调洪和泄流要求，设置的闸式溢流坝溢流前沿长度占整个枢纽布置长度的比例都比较大。地处东北寒冷地区的泄水闸在这种昼夜温差变化较大的环境中或多或少存在冻融剥蚀破坏；水量丰沛的河流，泄水闸的启闭频率相对较大，溢流面混凝土不同程度地面临水流冲刷和空蚀等情况，文中结合某水利枢纽工程泄水闸溢流面缺陷分布情况，通过治理方案分析比较确定了混凝土缺陷成因，并采用水下混凝土进行缺陷治理。

2　工程概况

某闸坝式水利枢纽工程位于辽宁省某河流干流下游，水库总库容 2.75 亿 m^3，水电站总装机容量 4×47.5MW。设计正常蓄水位 129.50m，设计洪水位（$P=0.2\%$）131.00m，校核洪水位（$P=0.02\%$）133.20m，死水位 128.80m。枢纽工程等别为Ⅱ等，大坝及发电厂房建筑物等级为 2 级。枢纽工程由挡水坝、溢流坝、河床式厂房及变电站组成。大坝为混凝土重力坝，由挡水坝段（0～3 号、33～61 号坝段）、厂房坝段（A1、A2 和 4 个机组坝段），闸坝式溢流坝段（4～32 号坝段）坝段组成，坝顶全长 1185.5m，最大坝高为 31.50m，坝顶高程 136.50m，共 68 个坝段。闸坝式溢流坝段全长 479m，堰顶高程 117.00m，堰体顺水流方向长 28.50m，后接 42.50m 消力池，消力池池底高程 9.00m，消力池中下部设有 T 形消力坎。

大坝基岩主要由坚硬的变粒岩和比较坚硬的绿泥石云母石英岩组成，局部有变质灰岩透镜体和软弱石墨片等。坝基地质构造复杂，断层多、岩石破碎、褶皱和层面错动等使岩石软硬不均，开挖后发现断层和破碎带上千条，大于 40cm 宽的有 400 余条；缓倾角断层一般延伸不大，宽度不大。坝区地下水主要为基岩裂隙水，两岸地下水埋深，两岸地下水埋深10～20m。基岩透水性很小，属于弱透水层，坝基岩石为Ⅳ类岩石，在施工过程中进行过固结灌浆。地震原设计基本烈度为7度，根据修订的中国地震烈度，枢纽工程处于6度地震区。

项目自1985年投入运行以来，先后进行过多次水下检查和录像，并在2013年对部分冲蚀破坏进行过修补处理。为全面解决本项目混凝土缺陷，电厂再次进行溢流面混凝土水下检测，并进行加固处理方案研究。

3 溢流面混凝土水下检测

泄水闸溢流坝段共28个，水下检测公司按照从右岸至左岸的顺序依次编号1～28号孔，溢流坝段下游由导墙分隔划分为5个区域。其中1～6号溢流孔为1区，7～14号溢流孔为2区，15～19号溢流孔为3区，20～22号溢流孔为4区，23～28号溢流孔为5区。根据水下检测结果发现，其破坏情况如下：

(1) 溢流面伸缩缝周边。溢流坝段伸缩缝均有不同程度的破坏，破坏深度在5cm以上的部位中，最大破坏面积达2.45m^2，深度6cm；破坏深度最大为20cm，破坏面积0.672m^2。

(2) 溢流面。表面破坏面积最大约1m^2，破坏深度为5cm；表面破坏深度最大为6cm，破坏面积达0.3m^2；12号孔存在一条贯穿溢流面的裂缝，缝宽3mm；22号孔存在一条由右闸墩向左侧延伸至伸缩缝的裂缝，缝宽3mm。

(3) 护坦。28孔范围中有19孔伸缩缝存在不同程度的破坏，部分溢流孔存在小面积的粗骨料和细骨料的裸露，冲刷破坏相对较轻。护坦冲刷较严重的溢流孔占所有溢流孔的32%，表面破坏面积最大为0.67m^2，破坏深度7cm；破坏深度最大为13cm，破坏面积为0.1m^2。

(4) 消力墩及尾坎。消力池内被破坏的消力墩达50%，破坏面积最大的达4.76m^2，破坏深度6cm；破坏最大深度达15cm，破坏面积约0.1m^2。尾坎也有不同程度的破坏，最大深度达20cm，最大破坏面积达0.12m^2。

4 加固处理必要性分析

根据溢流面、护坦、消力墩、尾坎混凝土破坏性状来看，溢流面收缩缝周边混凝土冲刷破坏最为严重，表面破坏面积最大为4.76m^2，破坏深度最深处达20cm，穿透混凝土保护层，致使钢筋外露，影响结构安全。破坏部位粗骨料外露，局部有明显冲坑，有钢筋露出，工程处于寒冷地区，溢流面受大流速冲刷，冻融和冲刷破坏问题严重。受此破坏影响，会进一步加剧溢流面表面冲坑处的空蚀及冻融破坏，进而危及溢流坝结构的安全。

同处于寒冷地区的丰满水电站工程，溢流坝面冻融、冻胀破坏特别严重，1980年泄洪时冲毁面积约300m^2，冲走混凝土约40m^3，最大冲坑深50cm。由于治理措施久议不决，未能及时处理，冻融冻胀破坏日益严重。1986年泄洪时，溢流坝段溢流面冲毁面积达1090m^2，冲走混凝土1920m^3，冲坑宽22m，长19m，最大深度达3.3m；关闭这几个溢流坝段将减少较大的下泄能力，直接威胁大坝防洪安全，致使水库降低水位运行，造成重大经济损失。反观本项目的现实情况，及时进行加固处理迫在眉睫，否则破坏程度将逐步加重，处理难度不断加大，严重影响混凝土耐久性，存在造成更大损失和影响大坝安全运行的重大隐患。

5 溢流面缺陷处理方案设计

由于溢流面及尾坎的缺陷均处于正常发电水位以下，河床闸坝式水利枢纽不能断流，水流改道保证干地施工的方案不经济且不合理，要保证上述要求只能采取水下混凝土维修加固的处理方案。水下混凝土维修加固方案在国内外已有成功的技术和施工经验，并且已经成功完成的若干水电站混凝土缺陷补强处理工程至今运行良好。国内外部分采用水下混凝土修补加固的工程案例见表1。

表1 国内外部分采用水下混凝土修补加固的工程案例表

序号	工程名称	处理部位	处理方案	完工时间
1	尼日利亚 Kainji 水电站	进水口检修门槽周边混凝土 尾水检修门槽周边混凝土	水下混凝土修补	2016年
2	新疆托海水电站	排沙洞检修门槽周围混凝土	水下混凝土修补	2010年
3	福建水口水电站	进水口检修门槽周边混凝土 溢流坝面堰顶周边混凝土	水下混凝土修补	2006年
4	广西长洲水利枢纽工程	泄水闸及厂房混凝土缺陷	水下混凝土修补	2018年
5	福建池潭水电站	尾水管及尾水门槽补强加固	水下混凝土修补	2017年

结合国内外水下混凝土修补加固工程经验，首先对水下混凝土缺陷进一步复查，对影响工作和安全的障碍物作出标识并清除，确保潜水作业安全，然后由专业潜水员对破坏部位逐一进行复查和测量，并复核设计方案。清除破坏部位松动的混凝土块体，并冲洗干净，确保仓面无浮淤、残渣、块石等杂物。沿破损边线切割出修补边缘线，切割深度6cm，侧壁尽量保持垂直，切割线必须封闭，破坏部位表面进行凿毛处理，对已出露的钢筋进行除锈，以便新老混凝土结合良好。为了更好地保证新老混凝土良好结合，在已破坏的老混凝土表面布置直径16mm的化学植筋，间排距30cm，并保证最小面积植筋数量不少于两根。新浇筑混凝土深度小于15cm部位，植筋长度25cm，植入深度20cm；新浇筑混凝土深度不小于15cm部位，植筋长度30cm，植入深度20cm。局部破损面积小于$0.1m^2$加固采用水下环氧砂浆，局部破损面积大于$0.1m^2$部位加固采用水下环氧混凝土（性能指标要求见表2）。破坏深度大于10cm部位布设直径8mm、间距15cm钢筋网，与化学植筋焊接连接。

表2 水下环氧混凝土（砂浆）性能指标要求表

序号	项目	设计指标
1	抗压强度/MPa，7d	≥40
2	抗压强度/MPa，28d	≥55
3	拉伸黏结强度/MPa，28d	≥2.5，且为混凝土内破坏

续表

序号	项　目	设计指标
4	抗冲耐磨度/(kg/m^2)	≥8
5	抗冻等级	≥F300
6	冻融循环300次抗压强度降低率/%	≤5

6 结语

泄水建筑物溢流面存在冻融剥蚀、空蚀、冲磨等缺陷是水电站运行的安全隐患，应充分认识它的危害性，尽早对缺陷补强处理，确保水电站安全运行。随着时间推移，混凝土缺陷不断延续加深，逐渐破坏至钢筋的钝化保护层，该层一旦破坏，钢筋会发生锈蚀破坏，从而加剧破坏的发生。本项目水下混凝土施工完毕已经运行3年，低水位不泄水的情况下电厂水下机器人检查发现伸缩缝周边混凝土完好，过水面混凝土平整性较好，修补的水下环氧混凝土（砂浆）抗冲磨性能良好，未发现严重磨蚀现象。修补完成后历经3个温差变化周期，水下环氧混凝土总体抗冻融破坏能力较好，未实施修补措施的其他部位混凝土由于冲磨作用出现蜂窝麻面，在水深较浅的部位存在一定程度的冻融破坏迹象。综合分析，水下混凝土处理效果较好，可供国内类似项目借鉴参考。

溢流坝边墩贯穿性裂缝成因分析及治理

唐振华[1]　赵鹏强[2]　周荣磊[1]

（1. 中水东北勘测设计研究有限责任公司
2. 水利部水利水电规划设计总院）

摘　要： 以某工程溢流坝边墩裂缝治理为例，结合该泄水建筑物的建设施工情况、工作环境、地震遭遇、基础变形等因素进行三维有限元结构分析计算，得出裂缝成因并研究缺陷治理的方案，并对治理后的结构进行数字分析。

关键词： 溢流坝　温度应力　预应力锚索　裂缝处理　环氧树脂　碳纤维布

1　引言

随着水利水电工程集中建设并陆续投入使用，无论是在建设期还是运营期，控制水工建筑物混凝土结构裂缝、避免裂缝对工程造成严重威胁是每一位水利工作者十分重视的问题之一。混凝土结构裂缝主要是由材料、环境、施工因素、荷载等多方面因素导致的，文中结合某工程溢流坝边墩贯穿性裂缝的成因和影响分析，提出合理的处理方案。

2　工程概况

某水电站位于吉林省松江河干流下游，水库总库容 0.4 亿 m^3，水电站总装机 2×35MW。设计正常蓄水位 479.0m，设计洪水位（$P=1\%$）482.44m，校核洪水位（$P=0.1\%$）483.32m，死水位 478.00m。该工程等别为Ⅲ等，大坝、引水系统及发电厂房建筑物等级为 3 级。

混凝土重力坝坝顶高程 485.00m，最大坝高 43m，坝顶长 204.20m，坝顶宽 7.0m，挡水坝上游面为直立，下游面坡比为 1∶0.73，共分 14 个坝段。1 号、2 号、9～14 号坝段为挡水坝段，3～8 号坝段为溢流坝段。溢流坝堰顶高程 472.80m，堰型为 WES 堰，共 5 孔，单孔净宽 12m，闸墩厚度 3m，采用堰中间分缝，消能方式为挑流消能，坝顶设 5 孔弧形工作闸门及 1 孔平板检修闸门。坝内布置一层基础廊道。校核洪水位时最大下泄流量 4376m^3/s，单孔最大下泄流量 875.2m^3/s。混凝土重力坝于 2007 年 8 月开始浇筑，2009 年 9 月水库开始蓄水，2012 年大坝通过工程竣工验收。

本工程自由溢流坝段坝基为深灰色熔岩凝灰岩，块状结构，为 AⅡ类岩体，岩质坚硬，呈中等风化状态。节理不发育，无不利组合。F_{13} 断层在河床方位性状编号，厚度变薄，组成物以糜棱岩为主，坝基范围内进行固结灌浆和地质缺陷处理，溢流坝尾部堰面至基础厚度约 20m。

3 溢流坝边墩裂缝检测

大坝检测技术人员分别对 3 号、8 号溢流坝段边墩进行了裂缝检测，结合现场检查情况发现，裂缝性状如下：

（1）裂缝的位置和走向。裂缝位于溢流坝左右边墩下游与导墙连接处，闸墩两侧向上游 45°角方向，斜向贯穿性裂缝。其中 8 号溢流坝段右边墩裂缝张开，从闸墩与宽尾墩交界处斜向开裂至闸墩与溢流面交界处，堰面处没有对应的裂缝存在，裂缝总长度为 8.24m；3 号溢流坝段左边墩裂缝走向不规则，大致为圆弧形，裂缝长度为 2.63m，比 8 号溢流坝段边墩裂缝短。

（2）裂缝宽度和深度。8 号溢流坝段边墩裂缝最大宽度 0.46mm，3 号溢流坝段边墩裂缝最大宽度 0.44mm，均为贯穿性 D 类裂缝。

4 溢流坝边墩裂缝成因分析

为了揭示溢流坝边墩裂缝产生的原因和机理，分析裂缝的影响和进一步发展的趋势，采用三维有限元分析软件精确模拟基础、坝体及裂缝的边界条件及运行条件，对裂缝的成因进行分析，分析结论如下：

（1）地基因素。溢流坝段坐落在熔岩凝灰岩上，基础条件较好，三维有限元计算不均匀沉降工况的结果表明：即使基岩的不均匀沉降导致坝体产生较大的位移和应力，但由于溢流坝段的整体性较好，闸墩与尾部边墙交会处的应力并不大。并且坝址区地质条件较好，基础处理又提高了整体性，基本可以排除地基造成坝体产生裂缝的可能。

（2）荷载因素。正常蓄水位和地震工况，坝体位移与应力分布较为均匀，位于下游的闸墩与尾部边墙交会处应力很小，基本无出现裂缝的可能性。设计洪水位和校核洪水位工况，泄水对边墩应力产生了较大影响，闸墩与尾部边墙交会处有 1.48MPa 拉应力，未超过混凝土抗拉强度，边墩出现裂缝的可能性很小。夏季高温和冬季低温工况，坝体位移与应力均较大。冬季低温工况下，较大的拉应力贯穿边墩，闸墩与尾部边墙交会处拉应力 1.87MPa，但未超过混凝土抗拉强度，尚不足以导致裂缝形成。计算结果表明：常规设计工况均满足设计要求，非边墩裂缝产生的主要因素。

（3）气候（温度）因素。秋季、冬季寒潮对坝体位移与应力的影响较大，其中 1 月中旬的寒潮工况影响更为明显。秋季寒潮来袭时，暴露在空气中的坝体表面基本为 1.20MPa 以上拉应力区。当冬季寒潮来袭，2 天内气温下降 10℃（东北地区常见）时，坝体表面及浅层混凝土中遍布拉应力，闸墩下游侧及尾部边墩中有大面积 1.50MPa 以上的拉应力区。闸墩与尾部边墙交会处最大拉应力达 2.02MPa，超过了该处混凝土的抗拉强度极限值，且大于 1.80MPa 的拉应力贯穿了 3m 厚的边墩。因此，温度荷载或是引起溢流坝边墩裂缝的一个主要原因，其中冬季寒潮工况最为不利。

5 溢流坝边墩裂缝影响分析

溢流坝边墩裂缝夏季高温工况为闭合状态，冬季低温工况为张开状态，与坝体混凝土的热胀冷缩有关。对一年中的12个月进行温度场-温度应力耦合分析，寻找裂缝与季节的相关性。溢流孔坝各月裂缝的状态、开度、错动、缝端的最大拉应力以及发展趋势（见表1）。

表1　　溢流坝段各月裂缝状态表

月份	裂缝状态	裂缝开度/mm		错动	裂缝末端应力/MPa		发展趋势
		min	max		拉应力	压应力	
1	张开	0.602	1.18	—	8.16	29.0	扩展
2	张开	0.33	0.532	—	5.18	20.1	扩展
3	小面积闭合	0	0.471	0.042	0.919	17.6	不扩展
4	半张半合	0	0.448	0.211	1.44	23.9	不扩展
5	大面积闭合	0	0.441	0.25	1.79	28.3	不扩展
6	大面积闭合	0	0.44	0.258	1.88	29.7	不扩展
7	大面积闭合	0	0.443	0.228	1.75	30.5	不扩展
8	半张半合	0	0.455	0.137	1.70	27.3	不扩展
9	张开	0.0572	0.483	—	1.13	16.5	不扩展
10	张开	0.355	0.518	—	1.31	5.93	不扩展
11	张开	0.536	0.637	—	4.33	11.9	扩展
12	张开	0.615	1.22	—	7.99	26.5	扩展

计算结果表明，3—8月气候较温暖，混凝土受热膨胀，裂缝开度的最小值均为0，说明裂缝呈闭合的状态。9月至次年2月气候寒冷，坝体混凝土遇冷收缩，裂缝开度较大，呈张开状态。从裂缝末端的应力上看，11月至次年2月，裂缝末端的拉应力均超过了C30混凝土抗拉强度极限，裂缝有继续扩展的可能。3—10月间裂缝末端的拉应力未超过混凝土抗拉强度极限，裂缝不会继续扩展。4—8月，虽然裂缝末端的压应力超过了混凝土抗压强度极限，但此时闸墩与尾部边墙交会处裂缝呈闭合状，而裂缝末端尚有0.440～0.455mm的开度，故混凝土不会因受压而破坏。裂缝将随着外界气温的周期性变化不断地张开、闭合，周而复始。

在设计洪水位工况下，闸墩承受较大的动水压力，裂缝状态为张开，末端最大开度0.54mm。裂缝末端的拉应力达2.73MPa，超过了混凝土的抗拉强度，泄水时边墩裂缝有进一步扩展的可能。由于边墩裂缝的存在，改变了周边混凝土的应力分布，出现应力集中等不利情况，导致该处混凝土应力超标。在冻融循环作用下，裂缝有可能继续扩展，造成混凝土老化，降低边墩的耐久性，进而影响坝体的正常运行。为保证建筑物泄洪安全、结构的耐久性，并抑制冻胀冻融破坏的加剧，需要对闸墩进行裂缝处理。

6　裂缝治理方案

溢流坝闸墩裂缝治理通常采用灌浆封闭和结构补强两种措施。经综合分析比较，本项目闸墩裂缝补强采用预应力锚索＋裂缝化学灌浆＋粘贴碳纤维网格布的处理方案，其主要内容为：裂缝阻断孔施工、预应力锚索施工、钻孔及化学灌浆、碳纤维布粘贴、监测仪器安装。其中预应力锚索采用1000kN拉力集中型预应力锚索，锚索水平布置，每个闸墩布置2排3层，裂缝化学灌浆采用环氧树脂，灌浆孔距0.25m，碳纤维布沿裂缝两侧粘贴，两侧宽度各50cm，粘贴两层。溢流坝边墩裂缝治理见图1。

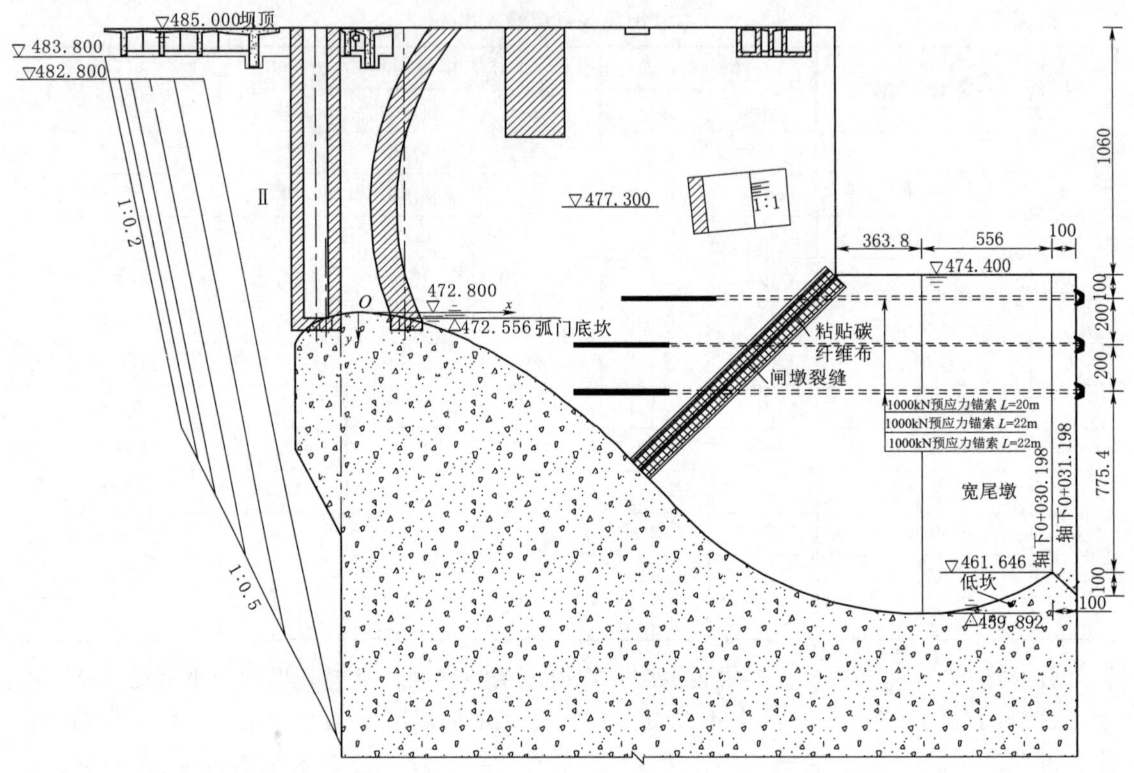

图1　溢流坝边墩裂缝治理示意图（单位：cm）

裂缝阻断孔孔径56mm，钻孔后采用环氧砂浆封堵；预应力锚索的造孔、下索、张拉、灌浆均按照相关规程进行，预应力钢绞线性能指标见表2；锚索施工完成后，采用环氧树脂（其性能指标见表3）对裂缝进行化学灌浆；化学灌浆完成后，进行表面打磨处理，并粘贴碳纤维布，其安全性能指标见表4。

表2　　预应力钢绞线性能指标表

序号	项　　目	指　　标
1	公称直径/mm	15.20
2	公称截面面积/mm^2	140
3	理论质量/(kg/m)	1.101
4	0.2%屈服力/kN	≥229
5	整根钢绞线最大力 F_m/kN	≥260
6	整根钢绞线最大力的最大值/kN	≤288
7	最大力下总伸长率/%	≥3.5

续表

序号	项　目	指　标
8	强度标准值/MPa	1860
9	在标准条件下 0.7F_m、持荷 1000h 后松弛率/%	≤2.5
10	在标准条件下 0.8F_m、持荷 1000h 后松弛率/%	≤4.5

表 3　　环氧树脂主要性能指标表

序号	项　目	浆液性能
1	浆液密度/(g/cm^3)	>1
2	可操作时间/min	>30
3	抗压强度/MPa	≥40.0
4	拉伸抗剪强度/MPa	≥ 5.0
5	抗拉强度/MPa	≥ 10.0
6	干黏结/MPa	≥3.0
7	湿黏结/MPa	≥2.0
8	抗渗压力/MPa	≥1.0
9	渗透压力比/%	≥300

表 4　　碳纤维布安全性能指标表

序号	检验项目	性能指标
1	抗拉强度标准值/MPa	≥3400
2	受拉弹性模量/MPa	≥2.4×10^5
3	伸长率/%	≥1.7
4	弯曲强度/MPa	≥700
5	层间剪切强度/MPa	≥45
6	仰贴条件下碳纤维布与混凝土间正拉黏结强度/MPa	≥2.5，且为混凝土内聚破坏
7	单位面积质量/(g/m^2)	≥150，≤300

7　结语

溢流坝闸墩裂缝治理方案实施后，经三维有限元分析计算，设计洪水位情况下坝体应力改善较大，最大拉应力值由裂缝处理前的 1.56MPa 降至 0.48MPa，降低了 69.23%。冬季低温工况设计洪水位情况下，裂缝处的最大拉应力值由裂缝处理前的 3.16MPa 降至 1.71MPa，拉应力值降低了 45.897%。目前，方案实施后已经运行两年，溢流坝边墩未发现其他肉眼可见裂缝，缝周未发现钙质析出，监测仪器反映锚索应力随季节呈交替变化规律，处理效果较好，可供同类工程借鉴参考。

环氧混凝土在闸墩冻融剥蚀治理中的应用

姜　军　唐振华

（中水东北勘测设计研究有限责任公司）

摘　要： 以水电站厂房尾水闸墩缺陷治理为例，结合闸墩冻融剥蚀情况及冻融剥蚀原因提出了采用高抗冻性混凝土和环氧混凝土两种不同材料进行缺陷治理的方案，并从工程实际出发进行综合分析比较，最终确定采用环氧混凝土进行凿旧补新的处理方案。

关键词： 尾水闸墩　冻融剥蚀　环氧混凝土　凿旧补新

1　引言

地处东北寒冷地区的水电站建筑物或多或少存在冻融剥蚀破坏的情况，结合东北地区水电站尾水闸墩环境特点，分析了发电厂房尾水闸墩在水位变化区的混凝土冻融剥蚀破坏原因，并结合材料的性能特点提出不同的治理方案，并通过比较分析优选缺陷治理方案并取得理想效果。

2　工程概况

小山水电站位于吉林省抚松县境内第二松花江上游的松江河干流上，是松江河梯级水电站的第一级水电站。小山水电站以发电为主，由混凝土面板堆石坝、右岸溢洪道和左岸河湾处引水式水电站组成，工程为Ⅱ等大（2）型工程。

厂房尾水建筑物由尾水闸墩、尾水渠及两侧的混凝土导墙组成。尾水闸墩底高程576.97m，顶高程590.57m，中墩1.3m，边墩3.02m，共两个机组段。两侧混凝土导墙为混凝土重力式挡墙，右岸导墙墙顶宽度0.6m，左岸挡墙墙顶宽度0.5m，迎水面竖直，背水侧坡比为1∶0.3。

3　尾水闸墩冻融剥蚀现状

厂房尾水闸墩发生不同程度的冻融剥蚀破坏，剥蚀面积较大，冻融剥蚀深度为5.8～8.2cm，局部范围存在露筋，钢筋发生严重锈蚀。1号、2号尾水闸墩冻融剥蚀现状分别见图1、图2。

4　冻融剥蚀破坏产生原因

根据现场调查情况和检测结果，分析确定冻融剥蚀、裂缝的原因主要有以下几个方面：

图 1　1 号尾水闸墩冻融剥蚀现状

图 2　2 号尾水闸墩冻融剥蚀现状

（1）小山水电站地处东北严寒地区，四季温差大，昼夜温度变幅大等气候特点，会促使小山水电站尾水闸墩及导墙产生冻融剥蚀、裂缝。

（2）由于厂房尾水水位变化、降雨等因素使不具备饱水条件的混凝土吸水饱和且混凝土在 10 多年的运行中老化而使表面混凝土抗冻等级有所降低，加上冬季结冰和春季冻融会造成混凝土表面冻融剥蚀、裂缝。

5　冻融剥蚀治理

5.1　高抗冻性混凝土处理方案

将尾水闸墩表面凿除深度 30cm 冻融剥蚀破坏的混凝土，老混凝土凿除后若仍有裂缝，首先进行裂缝处理。在老混凝土表面涂刷混凝土界面剂，铺设受力筋Φ 22@20cm、架立筋Φ 16@20cm 钢筋网，浇筑 C35F400W6 高抗冻性混凝土。

5.2　环氧混凝土处理方案

尾水闸墩表面凿除深度 15cm 冻融剥蚀破坏的混凝土，老混凝土凿除后若仍有裂缝，首先进行裂缝处理。在老混凝土表面涂刷环氧混凝土界面剂，修复破坏的钢筋或重新铺设受力筋Φ 22@20cm、架立筋Φ 16@20cm 钢筋网，浇筑环氧混凝土。

环氧混凝土由改性环氧树脂、新型环保固化剂和纳米级特种填料等并配以特殊的加工工艺制成的高性能混凝土缺陷修补以及水工抗冲磨保护与修复材料。其性能指标见表 1。

表 1　　环氧混凝土性能指标表

序号	项　目	设 计 指 标
1	抗压强度/MPa，28d	≥45
2	抗拉强度/MPa，28d	≥5
3	拉伸黏结强度/MPa，28d	≥5.0，且为混凝土内聚破坏
4	抗冲耐磨度/(kg/m^2)	≥8
5	抗冻等级	≥F300
6	抗渗等级	≥W12
7	收缩率/%，28d	≤0.10
8	和易性/凝结时间/min	≤90

5.3 冻融剥蚀治理方案

根据寒区工程技术研究中心实验研究成果和厂房尾水闸墩实际情况，小山水电站无法长时间停机，最大停机时间可能仅为10h左右，普通混凝土在如此短时间内达到强度需要掺早强剂，但仍难以保证混凝土的浇筑质量。环氧混凝土与普通混凝土相比具有固化快、早期强度高的特点，环氧混凝土可以保证在停机时间10h内达到较高的强度和较好的施工质量，因此选定采用环氧混凝土进行缺陷治理。

尾水导墙冻融剥蚀范围主要分布在水位变化区580.20～583.50m左右，对尾水导墙在高程580.20～583.50m范围表面混凝土进行凿旧补新处理，凿除表面冻融剥蚀破坏的混凝土，凿除深度为10cm，局部冻融剥蚀严重部位凿除深度应加深，凿除深度应均匀，避免出现薄弱断面。混凝土凿除过程中，为保护混凝土整体结构，须采用风镐人工凿除。混凝土凿除后若仍有裂缝，首先进行裂缝处理。裂缝处理结束后，在新老混凝土间设置锚筋，间排距2m。须对老混凝土表面进行基面清理，修复破坏的钢筋，在老混凝土表面喷涂聚合物混凝土界面剂，保证新老混凝土良好胶结，浇筑聚合物混凝土，须保证修补面平顺。加强养护，防止修补体和结合面黏结层在尚未能获得足够的强度之前遭受损害。

6 结语

厂房尾水闸墩存在冻融剥蚀缺陷是电站运行的安全隐患，应充分认识它的危害性，尽早对缺陷补强处理，确保水电站安全运行。随着时间推移，冻融剥蚀破坏不断延续加深，逐渐剥蚀至钢筋的钝化保护层，该层一旦破坏，钢筋会发生锈蚀破坏，从而加剧破坏的发生，进行冻融剥蚀处理是非常必要的。

针对小山水电站厂房尾水闸墩混凝土冻融剥蚀缺陷，通过采用具有强度高、与混凝土黏结力强、防渗性能好等优良特性的环氧混凝土进行凿旧补新的处理方式，对厂房尾水闸墩进行补强加固，可有效防止冻融剥蚀破坏进一步发展。

板桥水库水下混凝土施工技术研究

许正松　崔　飞

（中水淮河规划设计研究有限公司）

摘　要： 近年来，新一轮病险水库除险加固全面启动，大坝加固工程往往受水库蓄水影响，尤其中、高坝蓄水水深达30m以上，填筑围堰干地施工不仅投资高、施工难度大，且受制于料场征地、环保、水保等因素制约。随着科学技术的进步，施工技术水平日益提高，水下混凝土施工越来越广泛用于工程中，本文结合板桥水库除险加固工程施工实践，总结防渗板水下混凝土施工工艺，重点介绍水下模板安装、水下不分散混凝土浇筑、结构缝处理等技术措施和施工方案，供类似工程参考。

关键词： 板桥水库　防渗板　不分散混凝土　水下浇筑

1　工程概况

板桥水库位于淮河支流汝河上游，河南省驻马店市西35km的板桥镇境内，是一座以防洪为主，兼有灌溉、城市供水、发电和养殖等综合利用的大（2）型水利枢纽工程，水库总库容6.75亿m^3。板桥水库主要由土坝（包括北主坝、南主坝、北副坝、南副坝、南岸原副溢洪道堵坝及秣马沟副坝）、混凝土溢流坝、输水洞、水电站和城市供水管道等组成。大坝全长3769.50m，其中主坝全长2300.70m（包括长150m混凝土溢流坝），副坝全长1468.80m。

板桥水库大坝经安全鉴定为“三类坝”，拟进行除险加固。主要加固工程内容包括：修补上游护坡，拆除重建下游护坡，对溢流坝及裹头进行防渗处理，拆除重建输水洞进出口启闭机房及排架，新修坝顶防浪墙及库区交通道路等。

2　溢流坝防渗加固设计方案

由于板桥水库是驻马店市唯一供水水源，为保证城市供水要求，施工期水库水位不能低于108.0m，库区水深达30m以上，因此针对坝体渗漏问题及满足城市供水的实际情况，采用水下浇筑混凝土防渗板方案。

防渗板设计总宽同溢流坝宽150m，分缝与溢流坝现有分缝相同，缝宽2cm，分缝间设止水。防渗板设计顶高程102.28m，为保证面板底部与基岩可靠结合，在面板底部浇筑宽1.5m，厚0.3m的C30混凝土防渗基础垫层，防渗面板底部与顶部均涂抹水下环氧浆液，以提高防渗性能。防渗面板设计厚0.4m，设Φ12纵横向分布钢筋，钢筋间距20cm，防渗面板与溢流坝间设Φ18锚筋，间距1.0m。

3 主要施工工艺步骤

溢流坝坝前防渗板施工主要分为6个部分：①市政供水引水管安装；②坝前淤积物清理；③原坝面凿毛处理；④原坝面结构缝处理；⑤坝前防渗板浇筑；⑥新浇防渗板结构缝处理。

4 主要施工方案

4.1 市政供水引水管安装

为保证市政供水水质不受水下施工的影响，施工前将供水管口引至施工影响区外的上游库区内进行取水。采用长30m，直径1m的两根钢管，与现有两处供水管口通过弯管连接。引水钢管往北裹头延伸，采用混凝土墩台结合底部支架的方式，将引水管顺着北裹头坝坡固定。

引水管分为连接弯头和引水管两部分。水下安装时，按照先提前设置混凝土支墩及钢结构支架，再安装引水管，最后采用连接弯头将原供水管口与新引水管对接的顺序进行施工，混凝土支墩采用不浇筑分散混凝土水下施工。

引水管采用沉管法施工，管道制作位于迎水侧马道上，整体焊接完成后直接沿坝坡滑入库内，再由拖船拖至施工现场。

拖船将漂浮在水面上的管道拖至施工水域，交给起重船。管道就位后，首先吊正管位，由管道一端进水，两端同时排气，灌水时，不宜过快，设置计量水表控制注水，并防止管内水流不均匀而产生集中于一端造成倾斜下沉的事故，下沉时，吊装管道的牵引钢丝必须绷紧，灌水下沉与牵引绳放松应密切配合，力求管道水平下沉。管道沉入到位后，由潜水员检查管道稳定后方可拆除牵引设备。

取水管设计流量为$1.5m^3/s$，管口流速为1.9m/s。施工时，为防止潜水员被水流吸入，安装前，原供水管口需提前固定防护罩，防护罩突出坝面2～3m，采用钢结构的形式固定在坝面。有条件时，管道对接尽可能采取夜间断水施工。

4.2 坝前淤积物清理

坝前淤积物清淤主要清理溢流坝坝踵上游5m范围内的淤积物，清理至露出原基岩面为止。

首先潜水员入水后划出清理边界线，之后采用两台潜水排砂泵（流量$380m^3/h$，扬程50m）对淤泥进行清理，通过排砂泵管将淤泥排至下游弃土区。若淤泥板结严重，应首先采用高压水设备将其冲散，之后清理。若淤积物含有石块或者树枝等大型杂物，则采用人工结合抓斗抓淤的方式进行清理。

4.3 原坝面凿毛清理

采用超高压水枪对混凝土坝面进行凿毛清理，结构缝两侧各150mm范围内的混凝土因为需要粘贴盖片，不需要凿毛，采用高扬程、大流量水泵冲洗干净即可。

水下凿毛完成后，由潜水员下水对坝面进行水下检查验收，水上监视器同步跟踪。要求凿毛后的混凝土基面无乳皮、成毛面，微露粗砂，清理后的混凝土坝面表面洁净、无淤泥和其他杂物。

4.4 原坝面结构缝处理

为了彻底阻断结构缝处渗漏，在原混凝土结构缝表面进行柔性堵漏处理，原坝面结构缝渗漏处理剖面见图1。

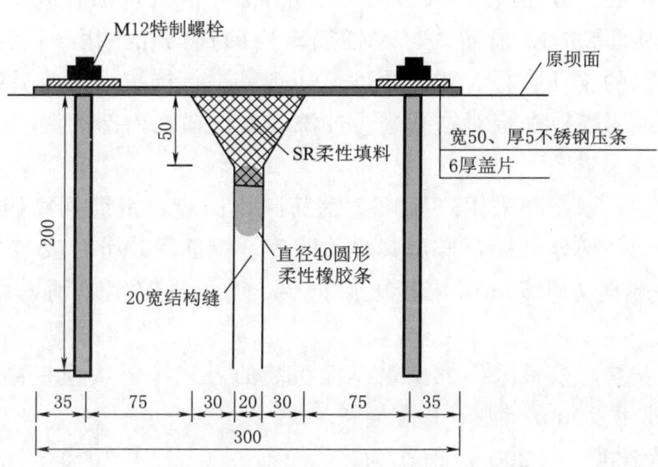

图1 原坝面结构缝渗漏处理剖面示意图（单位：mm）

(1) 水下开V形槽。沿结构缝长度方向骑缝开V形槽，深度5cm，结构缝两侧各宽3cm。

(2) 缝内清理。针对缝内由于切边及其他原因而产生的混凝土渣屑等杂物，采用高压水枪进行清理，要求清理后的结构缝内没有淤泥、混凝土渣屑等杂物。

(3) 结构缝渗漏点处理。采用喷墨法对结构缝的渗漏情况进行详细检查，对于渗漏部位，将此处缝内的杂物全部清理干净，清理至止水铜片处，清理时严禁损坏止水铜片，找到止水铜片具体的破损位置，将破损处及沿止水铜片长度方向两侧各100mm范围内的杂物全部清理。

(4) 嵌填柔性橡胶条。在坡口底部涂刷水下粘接剂，嵌填柔性橡胶条，橡胶条直径应大于结构缝宽度2cm，柔性橡胶条应全部嵌填至结构缝内部。

(5) 嵌填SR柔性填料。在柔性橡胶条顶部、坡面处涂刷水下粘接剂，嵌填SR柔性填料，填至与混凝土结构面齐平，SR柔性填料应分层嵌填，每嵌填一层需涂刷一次水下粘接剂，直至填满整个V形槽、压紧密实。

(6) 粘贴盖片。在V形槽左右两侧涂刷水下粘接剂，边涂水下粘接剂边粘贴三元乙丙柔性盖片，盖片应与坝面粘贴紧密，不得出现鼓包、褶皱等情况。

(7) 安装压条。事先在陆上制作不锈钢压条，压条上提前钻取螺栓孔。盖片粘贴完成之后，在混凝土坝面上钻螺栓孔，孔深200mm，间距30cm，并向螺栓孔内注入锚固剂，植入M12螺栓，待锚固剂硬化后，将压条就位，拧紧螺母。

（8）封边。在螺栓处、压条边缘及盖片四周涂刷水下粘接剂以做好周边封闭工作，在第一层封边剂表层凝固后再涂刷第二层封边剂封边。

4.5　坝前防渗板浇筑

（1）混凝土垫层浇筑。浇筑垫层混凝土主要是对坝踵及坝踵上游侧基岩进行找平兼防渗，垫层混凝土宽度 1.5m，平均厚度 0.3m，可根据水下探测的基岩裂隙情况具体调整垫层混凝土的尺寸。

（2）坝面钻孔植筋。首先潜水员在坝面定位出锚孔位置，锚孔间距 1m。之后采用液压钻或风钻垂直于坝面钻Φ18 锚筋、Φ25 锚筋对应的锚筋孔。用于固定钢模板的锚筋均设为Φ25 锚筋。锚筋的锚孔直径、锚固深度需在现场进行抗拔力试验后确定。

钻孔完成之后采用高压水枪对锚孔进行冲洗，冲出锚孔内部的混凝土渣屑，之后向锚孔内注入锚固剂，植入锚筋。

（3）钢筋网安装。钢筋网采用二级Φ12 钢筋制作而成，钢筋网横纵间距 20cm，在陆上绑扎成钢筋网片，并部分电焊，增加其整体刚度。钢筋网片分片安装，钢筋网搭接尺寸 500mm，钢筋网外部预留厚 60mm 混凝土保护层。为了固定钢筋网，将钢筋网与部分锚筋点焊连接。

（4）模板水下安装。模板采用大型钢模板组装的方式，每块模板高度 5.5m，长度为 6m 或 5m。钢模板由 10mm 钢板作为面板，[18a 槽钢作为次梁，[20b 槽钢作为主梁。模板结构见图 2。

每块模板采用Φ25 锚筋固定。最底层模板，通过在垫层混凝土中插入Φ18 插筋的方式固定∟100×10 限位角钢，角钢长度 300mm；对于除底层模板之外的模板，在模板底部固定托架支撑模板，托架由∟80×8 角钢制作而成，角钢通过Φ18 插筋固定在底部新浇混凝土表面，每块模板采用三个支架支撑。

对于表孔及底孔接茬部位，模板需制作成特殊弧形，保证新浇筑混凝土与表孔堰顶及底孔的喇叭口平顺衔接。

结构缝内需要安装聚乙烯泡沫板，在安装模板的过程中同步进行，聚乙烯泡沫板由射钉和橡胶垫固定。

为方便在新浇混凝土结构缝表面做柔性止水，结构缝附近的模板应做斜角处理，以便预留结构缝处的 V 形槽。为方便拆模，模板内部可粘贴塑料薄膜。

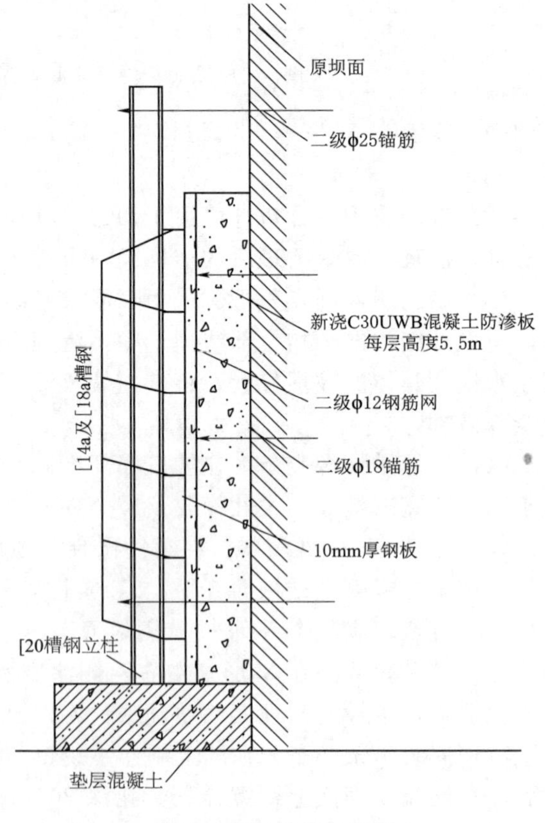

图 2　模板结构示意图

（5）防渗板混凝土浇筑。不分散混凝土采用商品混凝土，由混凝土搅拌车运输至浇筑点，混凝土泵车泵送入仓。混凝土拌运能力应确保混凝土连续供应要求。

混凝土配合比必须通过试验确定，混凝土的坍落度应在确保混凝土质量的前提下，根据建筑物的结构断面、钢筋含量、运输方式、浇筑方式、振捣能力和气候等条件，通过试验确定。

防渗面板混凝土分段分层浇筑，每个坝段为一段，长 17m，每层浇筑高 5.5m。混凝土通过罐车运至现场溢流坝坝顶，利用坝顶泵车投入施工作业平台船舷外侧的浇筑料筒中，采用导管将混凝土浇筑到浇筑仓内。

采用导管法进行混凝土浇筑，其核心技术是两道隔水措施：通球隔水和软袖管隔水。在开始浇筑混凝土之前，把Φ248 的软质浮力圆球投放在导管内，球浮在水面；然后通过泵车把混凝土注入料斗，再进入导管。导管内的混凝土与通球接触，并推动通球下移。在下移的过程中，混凝土由于有球体的隔离，不与水接触，不受混凝土下降时水流的冲刷。混凝土中的胶黏颗粒不受损失，大大有利于水下混凝土水陆强度比的提高。通球到底后，经过软袖管出水，由于软袖管是平卧在基底上，混凝土不会全部流出，把不渗水的软袖管封堵住，外水不会进入，导管内是无水的。这种浇筑方法，既避免了水流对流态混凝土的冲洗，也避免了浇筑过程中的骨料离析。

水下浇筑作业的工艺控制及注意事项：

1）混凝土应连续进注入承料漏斗，防止不连续倒入，致使导管内空气不能及时排除而产生高压气囊。

2）在浇筑过程中要随时做水上和水下检查。水上检查导管壁是否由于混凝土浆粘挂在管壁上形成堵塞，并及时疏通；同时检查模板有无变形、漏浆情况，并及时报告发现的问题。

3）随着水下混凝土浇筑面的上升，随时调节导管出料口的埋入深度，保证埋入深度不低于 0.8m。严禁把导管底端提出混凝土面。

（6）拆模。当混凝土浇筑完毕，同条件养护的混凝土试块其强度达到 10MPa 以上之后，方可拆除模板，模板拆除的过程中不应损坏新浇筑的混凝土。

模板采用吊机吊出水面，放置在指定位置，妥善保管以备后续循环使用。模板拆除后采用水下电氧切割机将固定模板的锚筋切除，切至与坝面齐平，之后以锚筋为中心，在半径 100mm 范围内涂刷环氧涂料，共涂刷两遍。

（7）新浇筑混凝土水平施工缝面处理。为保证水平施工缝处混凝土衔接良好，在下层模板拆除之后，上部模板安装之前，采用高压水枪对混凝土接缝面进行冲毛处理，要求冲出坚实的混凝土面，冲毛后混凝土基面无乳皮、成毛面，微露粗砂，表面洁净、无淤泥和其他杂物。水下不分散混凝土水下流动性好，且在冲毛及上层混凝土续浇筑过程中，底部新浇筑混凝土强度仍然在持续增长。通过施工缝面的冲毛处理，可有效保证两个浇筑层之间的混凝土粘接强度。

（8）新老混凝土接茬缝外表面处理。采用高扬程、大流量水泵对新老混凝土接茬缝左右两侧混凝土面进行清理，在接缝左右两侧涂抹水下环氧浆液，以提高整体防渗板的整体防渗性能。

（9）质量检查和验收。防渗板浇筑完毕后，潜水员下水对浇筑效果进行外观检查。主要通过目视及水下摄像的方式，检查新浇筑防渗板表面平整度、密实性，检查新浇筑混凝土施工缝处结合情况，检查新老混凝土接缝环氧砂浆是否平整、密实。

4.6 新浇防渗板结构缝处理

新浇防渗板结构缝处理与原坝面结构缝处理基本相同，施工工艺为缝内清理→嵌填柔性橡胶条→嵌填SR柔性填料→粘贴三元乙丙柔性盖片→安装钢压条→封边等，结构缝处理剖面见图3。

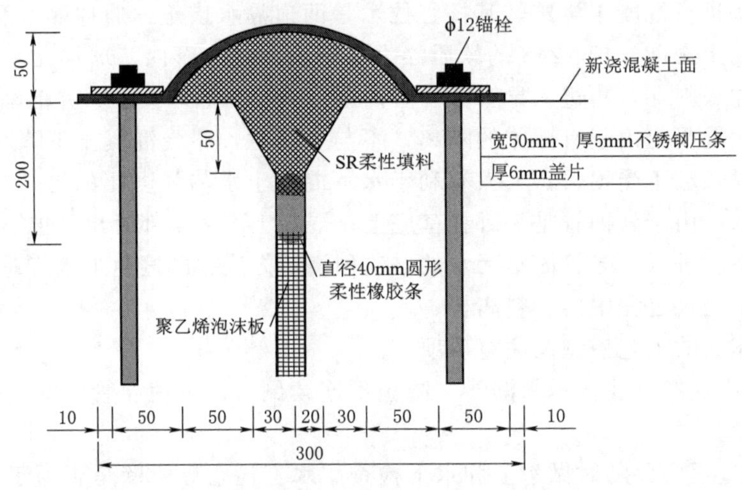

图3 结构缝处理剖面图（单位：mm）

结构缝处理完成后，潜水员对柔性鼓包进行水下检查和录像，同时采用喷墨法对所有结构缝进行渗漏检查，确保整个防渗体系不漏水。

5 结语

本工程施工前，施工单位针对工程布置和特点，做了大量的准备和试验工作，以7号坝段为试验段，确定水下清淤方案、验证水下不分散混凝土的最佳配合比、验证防渗板模板安装工艺及水下混凝土浇筑工艺，形成一套适宜的施工技术方案。通过施工过程的质量控制、水下验收和取样检验，取得了较好的效果。因此工程采用的施工技术方案具有一定的推广价值，可为类似工程的设计和施工提供借鉴和参考。

土坝自坝顶进行帷幕灌浆施工技术研究

李正恩

（中国水电建设集团第十五工程局有限公司）

摘　要： 本文通过对侯家峪水库在特殊情况下采取自坝顶进行帷幕灌浆方法的研究，比较分析了孔口封闭、自上而下、自下而上的三种灌浆方法的优缺点，研究出一套适合坝顶及防渗墙帷幕灌浆的施工技术工艺，该技术工艺安全可靠、经济可行、效果明显。

关键词： 土坝　钻孔　跟管　自上而下　自下而上　帷幕灌浆

1　工程采取特殊灌浆方法的原因

陕西省韩城市侯家峪水库是一座具有村镇居民生活供水和农业灌溉功能的Ⅳ等小（1）型水利枢纽工程。坝体为均质土坝，坝基为水平层状砂岩，裂隙发育，最大坝高45m。

2018年6月，大坝基础帷幕灌浆基本结束，准备开始坝体土方填筑。此时大坝右坝肩发生较大滑坡，设计要求挖除滑坡体，延长大坝轴线，同时延长帷幕灌浆轴线。针对此种情况，为保证整个工程进度，采取坝体分段填筑施工方案，一边开挖滑坡体，一边填筑坝体，在左坝段坝体填筑完成后，滑坡体也基本开挖完成。设计要求对开挖出的坝基进行帷幕灌浆，此时为保证右坝段填筑后坝体沉降期，必须先进行右坝段坝体填筑，否则坝前面板将不能及时施工，造成总体工期滞后。坝基帷幕灌浆与坝体填筑施工发生矛盾，为了既保证坝体沉降期又保证大坝帷幕灌浆，经查阅大量文献、资料，由于此段坝体填筑高度在30m左右，采取先填筑坝体，之后在坝顶安装套管，对坝基进行帷幕灌浆的方法。自坝顶进行帷幕灌浆的方法在一些均质土坝解决坝基渗漏中得到过应用，而且有较好的工艺。

本工程坝顶帷幕灌浆段纵剖面见图1。

2　既有土坝坝基帷幕灌浆施工工艺

在王逊等发表的《既有土坝坝基帷幕灌浆施工工艺及灌浆效果的探讨》一文中，通过7种工艺对比分析，提出了最佳的工艺，暂称为“既有土坝坝基孔口封闭灌浆法”，具体工艺如下：

（1）采用直径91mm、110mm麻花钻干法造孔至岩面以上2～3m。

（2）下入套管并用锤击法将套管打入岩面。

（3）立即采用低压漫灌的方法多次对接触面进行灌浆，以便形成“灌浆盖帽”，有利

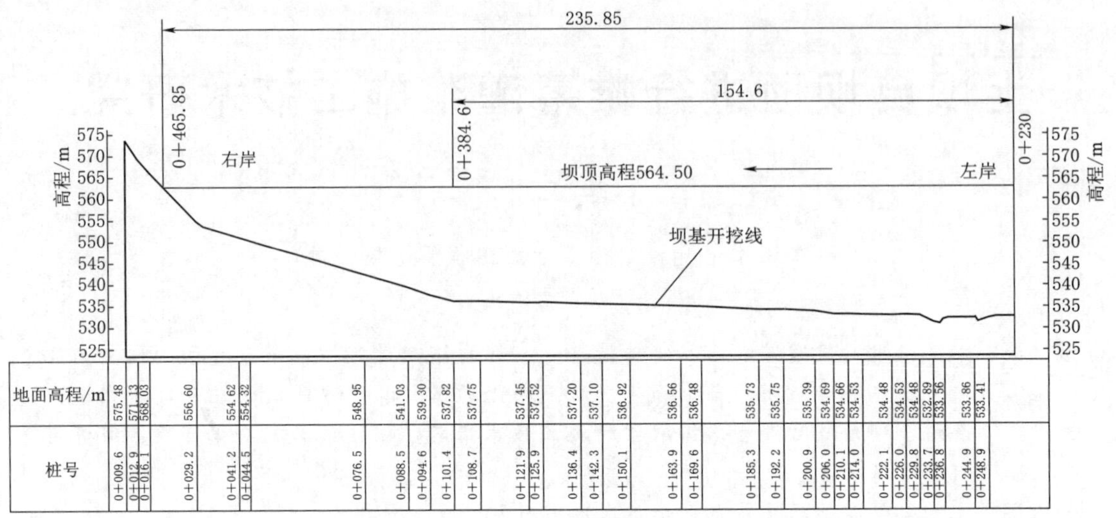

图1　坝顶帷幕灌浆段纵剖面图（单位：m）

于下部段灌浆提高压力。

（4）为加厚“灌浆盖帽”，采取缩短灌浆段（2.0m、2.0m、1.0m），并降低灌浆压力等措施，在土坝坝顶操作钻灌设备并设法在基岩面形成“灌浆盖帽”，试图使坝体与坝基岩石隔离开来。

（5）基岩灌浆采用孔口封闭法。

既有土坝坝基孔口封闭灌浆法工艺见图2。

同时，既有土坝坝基孔口封闭灌浆法虽然在基岩面形成“灌浆盖帽”，但存在绕过或顶穿“灌浆盖帽”导致劈裂坝体的现象。新的衍生问题出现了。

3　既有土坝坝基孔口封闭灌浆法对本工程的适用性分析

通过对既有土坝坝基孔口封闭灌浆法的分析，与本工程实际比较，存在以下几点不适用之处。

（1）易发生“铸管”事故。王逊等研究中采用土坝坝基孔口封闭灌浆法是由于孔深较浅，本工程坝体钻孔深度30m，坝基帷幕40m，总孔深在70m左右，孔口封闭，深孔浓浆灌注时容易发生“铸管”事故，即射浆管在孔内容易被水泥浆凝住。

（2）浆液损耗多。孔口封闭灌浆时管路及孔内占浆多，浆液损耗多。本工程基岩面以上30m套管内浆液不能有效利用，灌浆后废弃浆液比自上而下分段卡塞灌浆多，单位注入量越小损耗越大。

（3）易造成过量灌浆。由于孔内岩体多次重复灌浆，岩土常被多次劈裂，容易造成抬动、隆起等破坏现象，浆液渗流过远，造成过量灌浆。针对本工程，坝体与基岩接触面为薄弱部位，更容易被劈裂，造成过量灌浆。

（4）灌浆段成果不准确。孔口封闭每一灌浆段的灌浆实际都是全孔的灌浆，但所做的

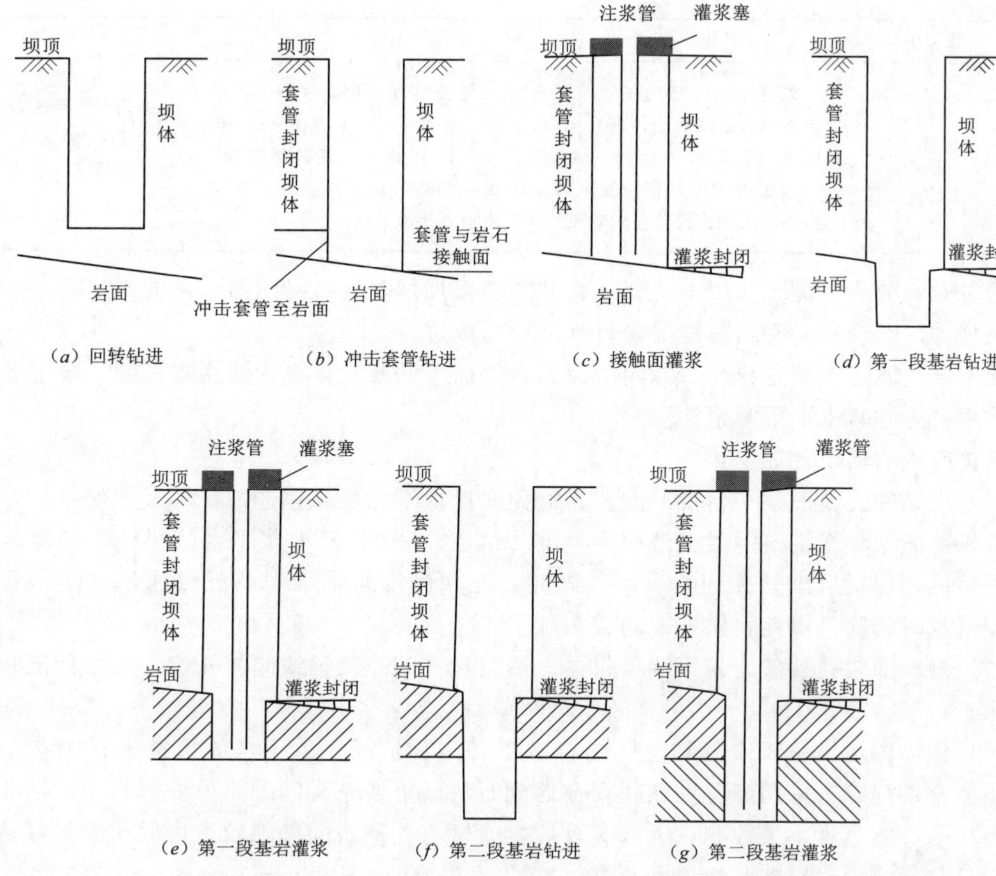

图2　既有土坝坝基孔口封闭灌浆法工艺示意图

简易压水试验结果、灌浆单位注灰量都是记录在某一个灌浆段，精确性差。

4　改进后的土坝自上而下帷幕灌浆施工工艺

为了改进既有土坝坝基孔口封闭帷幕灌浆法，研究分析常用三种灌浆方法优缺点，见表1。

表1　　三种灌浆方法优缺点比较表

序号	灌浆方法	优　点	缺　点	适用范围
1	自上而下灌浆法	灌浆塞置于已灌浆段底部，易于堵塞严密，不易发生绕塞返浆，各段压水试验和水泥注入量成果准确；灌浆质量较好	钻孔、灌浆工序不连续，功效较低；孔内灌浆塞和管路复杂	可适用于较破碎的岩层及各种岩层
2	自下而上灌浆法	钻孔、灌浆作业连续，功效较高	岩层陡倾角裂隙发育时，易发生绕塞返浆，不便于分段进行裂隙冲洗	适用较完整的或缓倾角裂隙的地层

续表

序号	灌浆方法	优　点	缺　点	适用范围
3	孔口封闭灌浆法	能可靠地进行高压灌浆，不存在绕塞返浆问题，事故率低，能够对已灌段进行多次复灌，对地层的适应性强，灌浆质量好，施工操作简便，功效较高	每段均为全孔灌浆，全孔受压，接缝处容易抬动、劈裂，孔内占浆量大，浆液损耗多，灌后扫孔工作量大，有时易发生铸管事故	适宜于较高压力和较深钻孔的各种灌浆。水平层状地层慎用

通过对比分析，为了适用本工程，弥补既有土坝坝基孔口封闭灌浆法的不足之处，避免劈裂坝体，结合本工程实际情况，对其进行了改进。

灌浆工艺改进主要是将孔口封闭法改为自上而下灌浆法，更为适用本工程，改进后的方法称为“土坝自上而下灌浆法”。

具体改进后的工艺如下：

(1) 浇筑钻孔及灌浆平台混凝土。为避免对已填筑完成坝体造成破坏及方便施工，在坝顶沿帷幕灌浆轴线浇筑混凝土垫层，宽度 4m，作为钻孔及灌浆平台。严格控制浇筑高程及平整度，保证后续钻孔的垂直度。同时，在一侧浇筑排水沟及沉淀池，方便钻孔废水、废浆及时排除，沉淀，做好现场文明施工。

(2) 测放灌浆孔孔位。采用测量仪器，按设计孔间距及轴线测放孔位，做好标记和测放记录。

(3) 坝体内地质钻机跟管钻进。结合本工程实际情况，由于坝体填筑土料中夹杂石块，不能全部捡除，采用麻花钻钻孔存在遇到石块而更换钻头问题。另外，麻花钻钻孔较大、不规则、垂直度不易控制，下入套管后，管壁与孔壁之间缝隙较大，后期灌浆容易冒浆，而且孔斜较大，影响基岩段垂直度。

经过分析、研究，本工程采用地质钻机跟管钻进，既可解决遇到石块问题，又可保证减小管壁与孔壁缝隙及钻孔垂直度问题。

自坝顶至基岩面 1.0m 的土体钻孔采用地质钻机跟管钻进，跟管为 ϕ89 钢套管，钻至基岩面以上 1.0m 处停止，钻孔深度 1～31m。为保证套管底部与土体紧密结合，防止接触面灌浆时沿管壁外侧冒浆，利用钻机卷扬机，悬挂重锤，采用锤击法将套管打入岩面。钻孔时保证钻机架设水平、稳固，过程中控制孔斜，重点控制 20m 以内的偏差，采用 KXP-1 型钻孔测斜仪进行测量，最大允许偏差满足规范要求。

套管击入基岩面之后，采用钻机扫孔，将 1.0m 土层钻穿，之后进行清孔。

(4) 接触面低压灌浆。清孔完成后，将灌浆塞（水压塞）阻塞在基岩面以上 1m 位置处，采用 0.2MPa 压力对坝体与基岩接触面进行灌浆，采用循环灌浆法，使接触面上形成较厚的“灌浆盖帽”，保证提高后续段灌浆压力。同时，保证了套管外侧与孔壁之间水泥浆充填饱满，封闭了空隙，待凝 72h。

(5) 基岩内自上而下分段钻孔、循环灌浆。由于坝体与基岩接触面是薄弱部位，孔口封闭灌浆法每段灌浆均对此进行复灌，随着灌浆压力增大，接触面有可能被较大的灌浆压力劈开，造成坝体劈裂。

对此，本工程基岩内帷幕灌浆采用自上而下，循环灌浆法，为防止坝体劈裂，前 3 段段长较短，压力较小，保证灌注质量而不劈裂坝体。

基岩内钻孔采用地质钻机钻孔，孔径 76mm，自上而下分段钻孔、分段循环灌浆。

第 1 段采用段长 1m，灌浆压力 0.3MPa，灌浆塞阻塞在坝体与基岩面接缝处，射浆管距孔底 0.5m 位置处。

第 2 段采用段长 2m，灌浆压力 0.4MPa，灌浆塞阻塞在第 2 段段顶以上 50cm 位置处，射浆管距孔底 0.5m 位置处。

第 3 段采用段长 3m，灌浆压力 0.5MPa，灌浆塞阻塞在第 3 段段顶以上 50cm 位置处，射浆管距孔底 0.5m 位置处。

以下各段段长均为 5m，基岩内钻孔分段长度及灌浆压力见表 2。

表 2　　基岩内钻孔分段长度及灌浆压力表

段　次	1	2	3	4	5	6	以下各段
段长/m	1.0	2.0	3.0	5.0	5.0	5.0	不大于 5
基岩内孔深/m	1.0	3.0	6.0	11.0	16.0	21.0	40（5m 递增）
灌浆压力/MPa	0.3	0.4	0.5	0.8	1.0	1.2	均为 1.2

既有土坝自上而下灌浆施工工艺见图 3。

（6）封孔。灌浆结束后，利用地质钻机的卷扬机将套管逐节拔除，可以重复利用。

基岩孔封孔：全孔灌浆结束后，灌浆塞阻塞在基岩面以下，采用 1∶0.5 的新鲜普通水泥浆液置换孔内稀浆或积水，全孔灌浆封孔。封孔灌浆压力采用全孔段平均压力 0.9MPa，封孔灌浆时间 1h。

坝体内封孔采用泥浆，向孔内灌注密度大于 1.5g/cm^3 的稠浆，多次灌注，直至浆面升至孔口不再下降为止。待孔口完全析水后，采用含水率适中的制浆土料将孔口回填捣实整平。

此工艺也适用于预埋灌浆管的防渗墙基础灌浆施工。

5　特殊情况处理

（1）套管外壁冒浆处理。接缝低压灌浆及第一段灌浆时，套管外壁容易出现冒浆现象，所以接缝段灌浆后必须待凝 72h，保证形成的“灌浆盖帽”具有一定强度，下段灌浆不易顶穿。或灌浆时，堵塞冒浆处、降低灌浆压力、浓浆灌注、间歇灌浆、在浆液中加入速凝剂或玻璃水。

（2）绕塞返浆处理。虽然自上而下灌浆绕塞返浆现象不易发生，但在实际灌浆过程中也发生多次。为防止灌浆塞被凝在水泥浆液里面，在灌浆塞顶部连接Φ 8mm 钢丝绳，发现绕塞返浆，及时停止灌浆，灌浆塞泄压后，拖拉钢丝绳，调整灌浆塞位置，重新开始灌浆。

6　灌浆效果分析

灌浆效果分析，主要是分析自坝顶帷幕灌浆和直接在坝基进行帷幕灌浆的效果。

本工程帷幕灌浆设计透水率小于 5Lu，两种方法进行灌浆，经检查孔检查，全部合

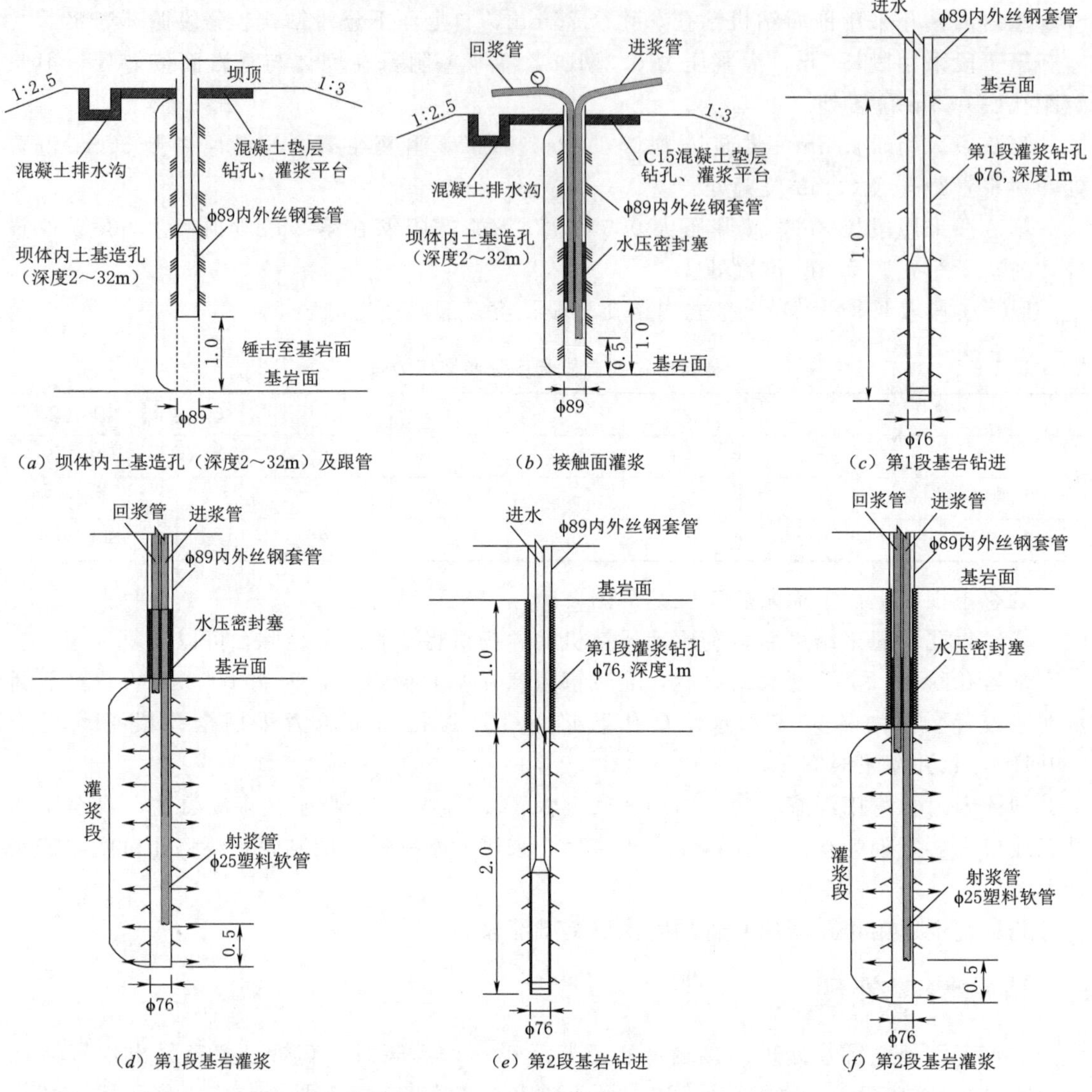

图 3　既有土坝自上而下帷幕灌浆施工工艺图（单位：m）

格。自上而下灌浆施工中未出现坝体劈裂现象。

本工程左坝段（0＋000～0＋230）在坝基进行孔口封闭帷幕灌浆，完成灌浆进尺3908.9m，注入水泥量953.672t，平均单位注灰量243.97kg/m。

右坝段（0+230～0+485）采用自坝顶、自上而下帷幕灌浆，完成灌浆进尺4801m，注入水泥量799.137t，平均单位注灰量166.45kg/m。

土坝自上而下灌浆法单位注灰量减少32%，水泥浆液浪费较少。

7　结语

本文提出的土坝自上而下灌浆法，采用地质钻机跟管钻进，自上而下循环灌浆的方法优于孔口封闭灌浆方法，坝体不易出现劈裂现象，浆液损耗少，简易压水试验成果、灌浆单位注灰量计算准确，套管可以重复利用。在一些防渗墙、已建成坝体坝基渗水处理中具有很重要的实用价值和推广意义。

参考文献

[1] 王逊，王守军，罗长军．既有土坝坝基帷幕灌浆施工工艺及灌浆效果的探讨［J］．水电能源科学，2009，27（5）：86-89，175.

[2] 夏可风．孔口封闭灌浆法讨论［C］//夏可风．水工建筑物水泥灌浆与边坡支护技术，2007：10-20.

水电站厂房尾水系统应急修补与加固处理

唐振华[1]　赵鹏强[2]　宋明瑞[1]

（1. 中水东北勘测设计研究有限责任公司

2. 水利部水利水电规划设计总院）

摘　要： 以某水电站厂房尾水系统应急处理为例，介绍水电站运行遭遇紧急状况时的处置办法及尾水系统缺陷检测和治理方案，为水电站尽快恢复生产争取时间，极大程度减小水电站运营损失，可供同类工程缺陷治理和应急处置参考。

关键词： 厂房尾水系统　应急处置　水下检查　缺陷检测　修补加固

1　引言

某水电站自1965年运行至今，厂房尾水渠内在脉动水流的搬运、冲刷作用下，堆积了大量混凝土块体、岩石块体、卵石等，对厂房尾水渠造成一定程度的淤堵。2019年9月25日，厂房1号水轮发电机组水导轴承水箱振动、水导摆度超标，并决定调度1号机组停机检查，停机后检查水导轴承发现部分紧固螺栓已经松动，紧固螺栓时部分螺栓发生断裂，需关闭1号机尾水闸门却无法关闭，须采取紧急措施对尾水系统闸门进行应急处置。

2　工程概况

某水电站位于吉林省境内，是一座以发电为主，兼有防洪、转运木材等综合效益的混合式开发的水电站，总库容30亿m^3，有效库容26亿m^3，死库容10亿m^3，为不完全多年调节水库。水电站共装机4台，装机容量400MW。多年平均发电量15.0亿kW·h，保证出力150MW。水库正常蓄水位429.00m，设计洪水位429.50m，校核洪水位430.00m，水库死水位392.00m。

水电站枢纽工程由大坝、引水洞和发电厂房三部分组成。大坝由挡水坝段（含过木坝段）、溢流坝段和中孔坝段组成，最大坝高113.75m，坝顶长828m，坝顶高程431.75m。全坝由55个坝段组成，其中28～48号坝段为溢流坝段，49～52为中孔坝段，其余坝段为挡水坝段。中孔坝段坝高105.00m，坝段宽度15m，孔口底高程361.75m，闸墩厚度为4.85m，孔口宽5.30m，闸墩总长18m，闸墩高70.00m。

发电厂房为引水式地面厂房，厂房全长109.5m，高18.5m，宽21m。主厂房内装有4台混流立轴式水轮发电机组，水电站设计工作水头89.0m，主厂房地面高程332.00m，尾水管层高程307.45m，尾水管为钢筋混凝土结构，尾水管出口尺寸4.8m×5.25m，尾水渠最低水位 317.45m。尾水渠宽度 65.58m，长约 60m，最大开挖面积 3500m^2，最大开挖深度达 10m，并以 1∶5 的逆坡向河道下游延伸 50m。

3 尾水系统应急处置

自 2019 年 9 月 25 日厂房 1 号水轮发电机组水导轴承水箱有振动开始，电厂运维负责人紧急上报，并关闭 1 号机尾水闸门，采用水下机器人检查发现：在 1 号尾水闸门底槛处发现有混凝土块及卵石，随后潜水员进行水下清理，在进行水下清理过程中潜水员发现 1 号尾水闸门底槛下游侧（尾水渠）有大量混凝土块及卵石，且存在部分大块混凝土，最大块尺寸 3.0m×1.5m，底槛前堆渣近 2.0m 高。10 月 9 日，专业潜水单位对 1 号机尾水导流墙、尾水渠、2～4 号机尾水闸墩及尾水管底板进行了部分水下检查，发现 1 号机右侧闸门下游侧堆积严重，1 号机尾水分流墩左侧闸孔下游侧呈喇叭状冲坑，导流墙无明显破损。10 月 10 日，电厂组织召开专家会议，经专家组充分讨论，认为工程建设年代久远、经多次扩建改建、原始资料不详实、水下检查视角受限、检查手段受限，需进行旱地检查，并且创造旱地检查条件后也为后续施工处理创造条件。于是将四台机组全部退出运行，用围堰创造旱地检查条件，全面检查尾水闸门前底板、挡墙的破坏程度，利用库水位低的有利条件，边设计、边施工，尽早、尽快完成应急抢险工程建设，尽快将机组交付系统恢复发电。

4 尾水系统检测与评估

现场混凝土表观质量调查发现：底板混凝土均存在大面积冲蚀破坏，均为 C 类破坏。闸墩底部混凝土存在 B 类和 C 类冲蚀破坏，区域为距底部 0.8m 范围内，需进行修补处理。尾水闸墩、尾水导墙及拦沙坎在水位变动区存在大面积冻融剥蚀破坏，尾水闸墩及尾水导墙水位变动区冻融剥蚀为 C 类，需进行修补处理。尾水管有两条 C 类裂缝，裂缝应进行处理，尾水管整体存在轻微麻面。

回弹法推定混凝土强度发现：尾水管 4 组试验强度平均值为 16.4MPa，门槽二期混凝土 8 组试验强度平均值为 16.6MPa。回弹法推定混凝土强度值均未超过 20MPa。

通过采用取芯法检测混凝土抗压强度试验发现：尾水渠底板混凝土抗压强度为 18.6MPa。闸室底板混凝土抗压强度为 19.9MPa。尾水管混凝土抗压强度为 20.3MPa，尾水闸墩混凝土抗压强度最大值为 27.9MPa，抗压强度最小值为 22.4MPa，闸墩四组抗压强度试验平均值为 24.7MPa。尾水导墙混凝土抗压强度为 18.1MPa。上述检测强度均低于 20MPa。

混凝土芯样试件抗冻试验结发现：尾水导墙（水位变动区）及拦沙坎（水位变动区）位置混凝土芯样在 50 次冻融循环后质量损失率均超过 2%，抗冻性能较差。

所有门槽整体从底端到水位变化区顶部均存在明显锈蚀情况，存在密集成片的锈蚀区域，蚀坑最大深度在 1.1～1.6mm 之间，占板厚的 9.2%～13.3%；蚀坑平均深度为 0.4～0.6mm，占板厚的 3.3%～5.0%。本着从严评定的原则，依据《水工钢闸门和启闭机安全检测技术规程》（SL 101），腐蚀程度为 C 级。

5　尾水系统修补与加固

5.1　尾水闸墩

尾水闸墩水上部分混凝土、门槽及埋件表观质量整体较好，局部存在质量缺陷，对结构无影响，暂不进行处理；水位变动区混凝土冻融剥蚀较为严重，对尾水闸墩水位变动区315.50～321.00m范围进行钢板防护处理，施工凿除范围为315.50～321.50m。钢护板材质选用Q355B，钢护板厚度12mm，表面进行防腐处理。为保证钢护板与混凝土结合良好，钢护板背水面焊接爪筋。对开挖范围内闸墩进行化学植筋，植筋长0.45m，植入混凝土0.3m，以确保新、老混凝土可靠连接。钢护板采用分层镶衬、分层浇筑的施工方式，并灌筑C30F300自密实混凝土。水位变动区以下门槽埋件锈蚀程度相对较重，进行除锈、防腐处理。

5.2　尾水管混凝土结构

尾水管混凝土结构表观整体质量较好，不存在严重破损，无须进行大范围处理。但尾水管闸门底槛附近的底板与闸墩局部受损严重，对闸门底槛上、下游侧底板混凝土及门槽下游侧闸墩进行防护处理。根据检查破损情况，尾水管底板采用自密实混凝土进行防护，处理范围为以闸门底槛钢板为界，1～3号尾水管底板上游侧4.0m，下游侧1.97m，4号尾水管底板上游侧6.0m，下游侧1.97m范围；尾水管闸墩采用钢板防护，处理范围为1号、2号和3号机组钢护板防护高度1.5m，高程为307.45～308.95m，混凝土凿除高度2.0m，高程为307.45～309.45m，4号机组钢护板防护高度1.0m，高程为308.50～309.50m，混凝土凿除高度1.5m，高程为308.50～310.00m，其他修补方式同4.1。

5.3　尾水渠反坡段

尾水渠反坡段淤堵情况严重，淤积物组成复杂，淤积物量多、径大，规模惊人，尾水岩石面由于水流折冲，起伏差较大，尾水出流极为不畅。尾水反坡段需进行清理，增设混凝土底板，底板设置锚筋和排水孔。尾水渠底板反坡段所有的混凝土块体、岩石块体、卵石等堆积物全部进行清理。对起伏差较大的岩石、破碎松动的岩块进行清撬，然后打锚杆，进行混凝土面板防护，设置排水孔。工程竣工阶段尾水渠起坡点高程307.45m，坡比1∶5，末端地面高程317.50m，尾水渠全长50.25m。根据现场实测的尾水渠地形图，地面平均高程约316.00m，对比工程竣工图可知，河道表面覆盖层大部分已被冲刷掉，致使地面高程降低。考虑工程实际情况，不影响尾水出流条件，并满足尾水淹没深度要求的情况下，本次抢修在不改变原设计尾水渠起坡点高程307.45m的前提下，起始坡比1∶3，3.15m后达到高程308.50m坡比调整为1∶5末端地面高程确定为316.00m，尾水渠全长43.15m。尾水渠反坡段末端接长度10m的水平防护段。

5.4　尾水渠左右侧导墙及拦沙坎

尾水左、右两侧导墙混凝土水位变动区同样存在冻融剥蚀问题，需进行防护处理。部分边坡贴坡混凝土存在破损松动情况，大部分边坡岩石裸露，裂隙发育，对边坡松动破损的混凝土和边坡松动的岩石进行清撬，完成后全部进行贴坡混凝土防护。

拦沙坎运行过程中，由于多年遭受冻融和冲刷破坏，上半部进行过凿除重建。拦沙坎混凝土浇筑质量较差，新老混凝土结合部位夹泥及木方等杂物，结合面薄弱，拦沙坎下部混凝土存在冻融剥蚀情况，混凝土抗压强度低。根据外观检查和混凝土室内试验结果，确定拦沙坎拆除重建，拦沙坎轴线及结构型式按原设计恢复。

尾水出口下游侧河道块石分布较多，对尾水出流有一定影响，结合本次抢修工作进行一定范围内清理，保证尾水出流顺畅。

6 结语

工程应急修补与加固结束后，尾水闸墩受损部位得到了加固处理，耐久性提高；尾水渠堆积物与尾水河道得到清淤治理，尾水渠底板和边坡进行了防护，尾水出流条件得到改善，为电站的安全运行和出力保证提供了有利条件。目前，该水电站厂房已经恢复运行近两年时间，厂房整体运行稳定，水流出流条件较好，至今未出现异常振动状况。

参考文献

[1] 乔生详，黄华平，等．水工混凝土缺陷检测和处理［M］．北京：中国水利水电出版社，1997.

平原水库防渗加固方案研究

何　潇　杨　凡　朱发勇　于　茂

（中水北方勘测设计研究有限责任公司）

摘　要： 平原水库一般具有地势平坦、围堤长、地基透水性较强、坝高较低、蓄水位高于周围地面等特点，渗漏问题是平原水库运行中面临的主要问题，天津某平原水库至今已运行30多年，水库围堤堤基地层呈海陆交互相，复杂多变，基底砂土或少黏性土均有强透水性，且库区有两处古河道穿越，地质复杂性。工程从降低堤身浸润线和渗流出口比降入手，对适宜于该地质条件下防渗加固的黏土铺盖防渗、上游铺塑防渗、混凝土防渗墙、深层搅拌桩和高压喷射灌浆防渗墙等五个方案进行优劣性对比分析，最终采用高压喷射灌浆防渗墙对围堤进行加固，通过现场检测，验证了加固方案的可行性，可为类似工程提供参考。

关键词： 平原水库　渗漏　防渗　加固方案

1　引言

平原水库堤坝大多是通过就地取材或就近取材修建而成的土石坝，具有地势平坦、围堤很长、一般修建在透水性较强的土基、坝高较低、蓄水位高于周围地面等特点，普遍存在渗漏破坏问题，对堤坝的安全稳定构成严重威胁。

水的渗透破坏具有隐蔽性、突发性、潜伏在坝体和坝基内部等特点，危害性极大，据统计，我国的水库90%为土石坝，对我国曾发生的1000次大型水库工程事故原因进行分析，由大坝裂缝造成的事故占25%，由于渗流管涌造成的事故占32%，两者共占57%，而中、小型水库标准低，问题则更为严重。因此，如何解决土石坝渗流问题是土石坝加固设计的关键，本文以天津市某平原水库为例，对平原土石坝加固方案进行研究。

2　项目概况

天津市某平原水库作为调蓄水库，是向天津市供水的备用水源。水库已运行30多年，正常蓄水位5.5m，总库容4530万m^3。水库围堤全长14.297km，设计堤顶高程7.04m，顶宽7m，堤顶设防浪墙，防浪墙顶部高程为8.24m。堤身为碾压式均质土堤，上下游堤坡坡比均为1∶3。上游为浆砌石护坡，下游为草皮护坡。围堤下游设有戗台，其后为马道，最下游0＋000～3＋300段围堤接截渗沟，3＋300～7＋500段围堤接排干渠，7＋500～14＋000段围堤接输水明渠，14＋000～14＋297段通过截渗暗管排水。水库平面布置见图1。

该水库地形属于海积冲积平原低地中的洼地，地势平缓，基底构造较为复杂，断裂发

进场路起点
进场道路损坏路面修复
小白干排水渠
水库库区
水库库区
围堤防渗
高压摆喷处理范围
(桩号2+800~3+403)
围堤防渗
高压摆喷处理范围
(桩号4+197~5+450)
围堤防渗
高压摆喷处理范围
(桩号6+340~6+803)
围堤防渗
高压摆喷处理范围
(桩号7+097~8+103)
局部破损混凝土路面修复
已防渗加固段
已防渗加固段
已防渗加固段
已防渗加固段
已防渗加固段
高压摆喷防渗墙
泵站
公路
1+000
2+000
2+700
2+800
2+850
3+000
3+403
4+000
5+000
5+450
6+000
6+340
6+800
6+803
7+000
7+097
7+100
8+000
8+100
8+103
8+200
8+450
9+000
9+350
9+650
10+000
11+000
12+000
12+400
13+000

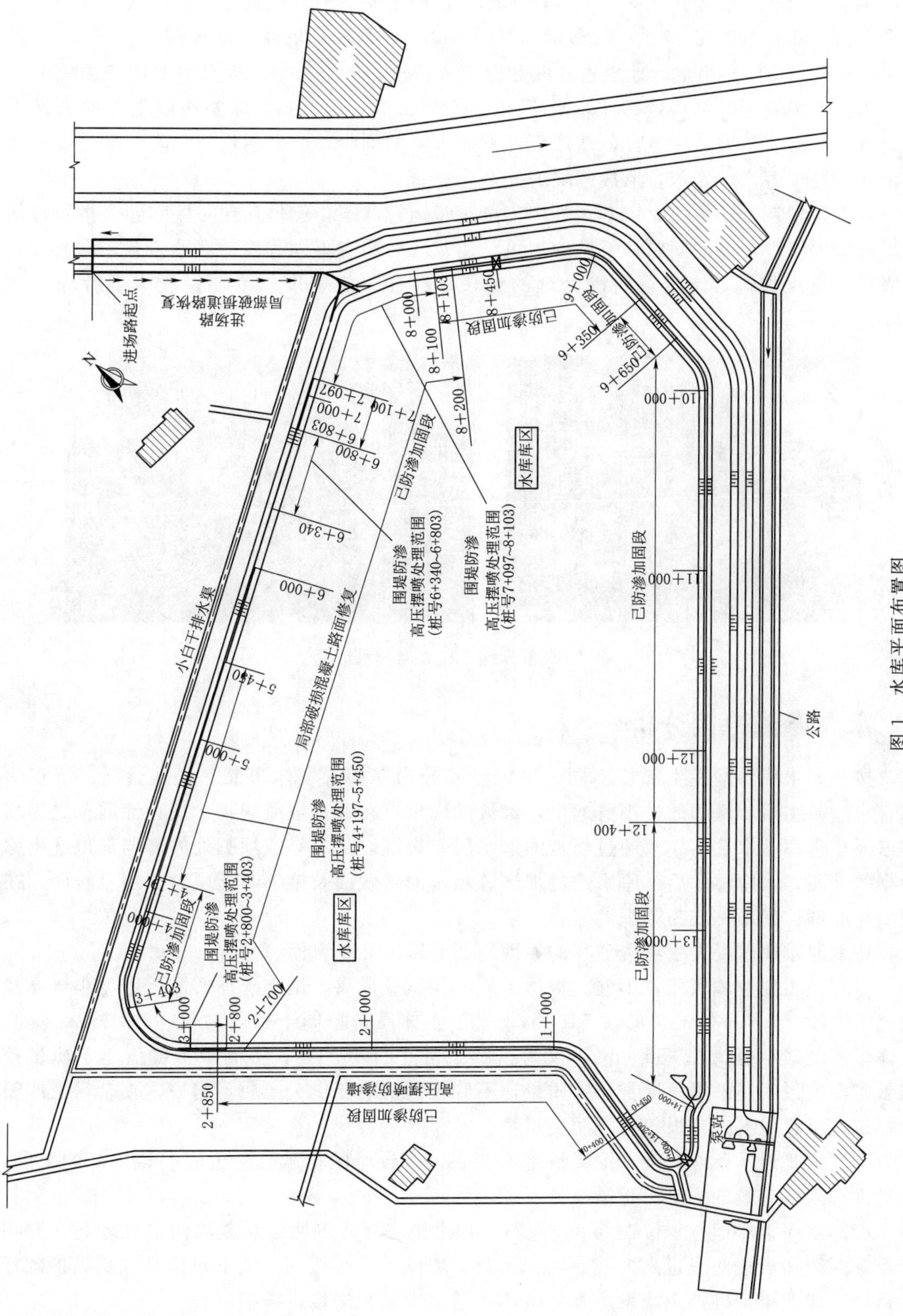

图 1 水库平面布置图

育，属于新构造运动较强烈区，该区段揭露的地层主要由围堤堤身人工填土层（Q^{ml}）、第四系全新统陆相沉积层（Q_4^{al}）及海相沉积层（Q_{42}^{m}）、第四系更新统陆相沉积层（Q_3^{eal}）及海相沉积层（Q_3^{dmc}）组成，地层岩性以黏性土、粉土、砂土为主，堤身主要由粉质黏土组成，为人工填筑土，结构较密实，地下水位埋深 3.50～5.40m，堤基浅层土层的岩性不同，分布形态、压缩特性各异，造成围堤整体沉降的同时，产生不均匀沉降，易使堤身及防浪墙、堤顶等产生裂隙，形成围堤的安全隐患。

根据现场调查，水库大坝基本处于安全正常运行状态，但仍存在一些问题，主要包括围堤部分堤段存在渗漏问题，下游的一级马道及戗台面有不同程度的积水现象（见图 2），浸润线出逸点偏高，未进行防渗处理的堤段，存在一定程度的渗漏，造成下游坡土体湿润。

图 2　局部地面土层表面积水情况

3　水库渗漏原因分析

按平原水库渗漏发生部位不同，可把渗漏分为三种：坝体渗漏、坝基渗漏、绕坝渗漏。水库蓄水后，库水通过坝身逸出，渗流的逸出点在背水坡或倾脚，这种渗漏称之为坝体渗漏；水库蓄水后，库水通过坝基的透水层、裂缝，从坝脚或坝脚处的薄弱部位逸出称为坝基渗漏；水库蓄水后，库水通过坝体、坝基的接触面及施工时土层与土层接触面，在坝后相应部位逸出称之为绕坝渗漏。

该平原水库围堤发生渗透破坏的原因主要有以下几个方面：

（1）围堤堤身填筑质量不佳。根据地质勘探试验成果，围堤土体实测干密度小于质量控制干密度（1.60g/cm^3）的占 64.3％，大于土体质量控制干密度的仅占 35.7％，堤身土体干密度最小值为 1.38g/cm^3，仅为控制干密度的 86.3％。实测干密度值小于质量控制干密度值说明局部堤段堤身压实质量达不到控制值的要求。土质不均一，夹杂粉土或粉砂。筑堤土料中夹杂苇根等有机质腐烂物。

（2）堤基地质条件复杂，围堤清基不彻底，有较厚的粉砂、粉土等渗透性好的土层，并且没有采取有效的防渗工程措施。

（3）水库常年运行水位在 5.0m 左右，加之围堤背水侧明渠及截渗沟水位较高、淤积严重等原因造成浸润线过高、戗台面积水及堤坡渗水是必然的。地下水位高，明渠护砌标准低，造成明渠护砌挡土墙发生冻融破坏，形成大面积坍塌、破损。

（4）部分堤段相对不透水层厚度偏小，原本设计防渗墙无法完全截渗下伏透水层，造成渗流量偏大。

4 防渗加固方案比选

从降低堤身浸润线和渗流出口比降入手，对适用于平原水库防渗加固的上游黏土铺盖防渗、全库铺塑防渗、混凝土防渗墙、深层搅拌桩和高压喷射灌浆防渗墙等五个方案进行对比分析。

（1）防渗方案优缺点分析。

1）方案1：上游黏土铺盖防渗。在围堤迎水坡前铺筑黏土铺盖作为水平铺盖，以延长渗径，降低浸润线，降低下游渗流出逸比降。此方案施工简单，施工速度快，但由于水中抛填施工质量难以控制，如采用干地施工，则必须放空水库，在施工期间，水库无法正常运用，影响天津居民的供水需要。

2）方案2：全库铺塑防渗。因水库日渗水量较大，沿迎水面堤坡及库前铺设复合土工膜防渗，形成全库整体防渗体系，此方案可解决堤身及堤基的防渗问题。同时可以杜绝水库的渗漏损失。但是同方案1，在施工期间水库无法正常运行。

3）方案3：混凝土防渗墙。混凝土防渗墙是利用专用的造槽机械设备营造槽孔，并在槽孔内注满泥浆，然后用导管在注满泥浆的槽孔中浇筑混凝土并置换出泥浆，筑成墙体，混凝土墙厚0.2m。该方案施工工艺较为成熟，且具有截渗效果好，施工质量易于控制等优点。但施工速度较慢，造价较高。

4）方案4：深层搅拌桩。深层搅拌桩是利用水泥作为固化剂，运用特制的多头小直径深层搅拌机械把水泥浆喷入土体，并掺搅成桩，使多个圆柱互相套接形成水泥土墙，达到截渗目的。强度大于0.3MPa，渗透破坏比降大于200。具有以下优点：①形成的水泥土墙体厚度均匀连续，接头少，墙体弹性模量低，适应变形能力强，工程效果好；②施工时不需要开槽，因此可避免其他截渗方法因开槽出现的塌孔、土层中有孔洞无法夯实等问题。③该技术施工工艺简单，使用人力较少，施工工效高，可缩短建设工期；④适用土层范围较广，黏土、砂土、粉质黏土，含砾直径小于0.05m的砂砾层、淤泥，甚至有土体架空或空洞也可施工。

其缺点是深层搅拌桩用作防渗帷幕时，目前国内成熟的加固深度在14m左右，而本工程防渗墙平均深度在29m（防渗墙深度16.6～34.3m）；其次是其渗透系数随土层的不同而变化较大。

5）方案5：高压喷射灌浆防渗墙。利用射流作用切割掺搅地层，同时灌入水泥浆或复合浆液形成凝结体，改变原地层的结构和组成，借以达到加固地基和防渗的目的。此方案有以下优点：①形成的防渗墙体连续，墙体弹模低，适应变形能力强，工程效果好；②施工时不需开槽，可避免其他截渗方法因开槽出现的塌孔、土层中的孔洞无法夯实等问题；③该技术施工简单，使用人力少，施工工效高，而且工程造价低；④适应土层范围较广，黏土、粉质黏土、砂土、淤泥等皆可施工，其加固深度已达60m。

（2）防渗方案比较。水平防渗方案，因黏土料较少，考虑平原水库做土工膜防渗形式，作为主选方案，与垂直防渗进行投资比选。通过经济性分析，水平防渗投资较高，工程净投资约 3.256 亿元。另外水平防渗在工程施工期间，需空库施工。在一年工期内影响水库供水，作为天津市重要的水源水库，影响巨大。因此水平防渗方案不适合水库围堤的防渗加固处理。垂直防渗中，深层搅拌桩较难以达到要求的防渗深度，故选择混凝土防渗墙与高压喷射灌浆防渗墙做进一步的比较。

混凝土防渗墙与高压喷射灌浆防渗墙的墙体设计底高程相同，围堤加固范围相同。因此，两种防渗加固方案仅从施工、投资及技术性上进行相关比较。两种加固方案的具体比较见表 1。

表 1　　混凝土防渗墙与高压喷射灌浆防渗墙对比表

项　目		混凝土防渗墙	高压喷射灌浆防渗墙
技术参数	渗透系数/(cm/s)	1×10^{-8}	5×10^{-7}
	厚度/m	0.4	平均 0.2
3+210 断面正常蓄水工况下渗透参数	出逸比降	0.11	0.13
	砂层比降	0.003	0.003
	坝基渗漏量/[m^3/(m·d)]	0.13	0.17
成墙原理及特点		成墙原理：混凝土防渗墙是利用液压抓斗等成槽设备在地基中造槽成孔，并用泥浆护壁以防塌孔，成孔后用混凝土筑成墙体。 特点：墙体质量有保证，防渗效果好。工艺设备较简单，安全、可靠。但成墙施工需要泥浆固壁，如遇流砂需要加强管理。水库堤基粉细砂层为主要透水层，施工期发生渗透破坏的风险较高	成墙原理：高压喷射灌浆防渗墙是用钻机造孔，高压灌注水泥浆，胶凝颗粒与破坏地层的土石颗粒之间发生充分的强制性掺搅混合，从而形成防渗结构体。 特点：该技术适用地层较广，深度较大；工艺设备简单，施工速度较快，无塌孔，无振捣
防渗工程可比项费用/万元		5890	3869

综合表 1 中混凝土防渗墙与高压喷射灌浆防渗墙的对比情况，高压喷射灌浆防渗墙形成的防渗墙体连续，墙体弹模低，适应变形能力强，工程效果好；施工时不需开槽，可避免其他截渗方法因开槽出现的塌孔、土层中的孔洞无法夯实等问题；可规避因开挖造孔而导致的粉细砂层渗透变形破坏风险；施工简单，施工工效高，工程造价相对较低。故选择高压喷射灌浆防渗墙实施该平原水库的防渗加固。

5　平原水库高压喷射灌浆防渗墙加固效果评价

该平原水库实施高压喷射灌浆防渗墙加固后，对已进行过防渗处理的水泥防渗墙进行钻孔取芯，岩芯呈长柱状，局部短柱状、块状，青灰色，粉粒结构，鼻嗅有水泥味，强度较高，敲击声沉闷，岩芯见图 3。

图 3　防渗处理后的岩芯砂层

根据室内试验抽检结果：抽检组数 8 组，最大抗压强度 5.4MPa，最小抗压强度 1.13MPa，平均 3.22MPa。经现场检查、检测表明，该方案加固效果比较明显，防渗加固堤段的下游戗台面呈干爽状态，本次防渗处理时更加注重深层透水层的防渗处理，同时加强施工期间质量控制与施工地质摸排，从而保障了高压喷射灌浆防渗墙的防渗效果。

6 结语

本文从平原水库的特点出发，以天津市某平原水库为例，分析了其渗漏成因并对黏土铺盖防渗、上游铺塑防渗、混凝土防渗墙、深层搅拌桩和高压喷射灌浆防渗墙等五个防渗加固方案进行综合对比分析，最终选择了施工简单可靠、工效高、投资节省的高压喷射灌浆防渗墙方案进行该水库的防渗加固处理。现场检测结果表明，采用该方案取得了良好的防渗加固效果，可在类似工程中进行推广应用。

参考文献

[1] 杨军．平原水库液化地基判别与加固处理研究［D］．南京：河海大学，2006.

[2] 刘滢雪．水库渗漏成因及其防治对策分析［J］．环境与发展，2018，30（1）：238-239.

[3] 邓志华，肖丽红．中小型水库大坝除险加固常见问题及加固措施研究［J］．河南水利与南水北调，2014，260（14）：69-70.

[4] 陈士锋．高喷灌浆技术在老虎洞水库加固工程的应用［J］．河南水利与南水北调，2013，236（14）：26-27.

[5] 曾连山．小型病险水库除险加固工程设计探讨［J］．河南水利与南水北调，2019，48（4）：59-60.

其他水利水电工程设计与施工篇

JLT 二级枢纽工程施工期防洪度汛研究

李泽鑫　贾运甫

（新疆水利水电勘测设计研究院有限责任公司）

摘　要：JLT 二级枢纽工程上游库区内有同期建设的 TS 输水隧洞进口、已建二级水电站壅水坝，汛期三个工程相互影响。通过分时段对相应度汛标准下水位流量关系的计算分析，确定施工期度汛工况对各建筑物影响，为复杂边界条件下施工期防洪度汛措施提供依据。

关键词：防洪度汛　分期导流　防洪水位

1　引言

JLT 二级枢纽工程是 ABH 流域生态环境保护工程一期工程的水源水库，也是上游 JLT 一级水电站的反调节水库，具有调水、灌溉、发电等综合效益。水库总库容 0.32 亿 m^3，正常蓄水位 1282.00m，死水位 1276.00m，调节库容 0.10 亿 m^3，最大坝高 68m，电站装机容量 50MW，JLT 二级枢纽建成后向北疆电网供电，承担电力系统的基荷。

JLT 二级枢纽工程的生态环境保护工程总工期约 9 年，为避免本枢纽工程的建设对 TS 输水隧洞进口施工造成不利影响，枢纽工程安排在后 4 年建设。但根据整体建设的需要，JLT 二级枢纽工程需首期提前开工建设，由此将引起枢纽工程施工程序和施工导流发生变化，并会对上游 TS 隧洞进口施工区造成影响，同时还需考虑上游 JLT 一级水电站、JLT 二级壅水坝及 JLT 二级枢纽泄洪底孔三个工程相互影响，本工程施工期防洪度汛运行工况复杂。

2　工程概况

JLT 二级枢纽坝址位于 JLT 峡谷出山口处，距上游已建的 JLT 一级水电站坝址约 6km，距上游 JLT 二级水电站壅水坝约 2.6km，JLT 二级水电站发电厂房距左坝肩约 110m，距上游 TS 隧洞进口约 1.3km，水电站位于 S315 省道两侧，对外公路交通较为方便。

枢纽工程主要由拦河大坝、溢流表孔、泄洪底孔、生态基流兼灌溉放水孔、发电引水洞和电站厂房、集诱鱼建筑物等组成。拦河大坝为混合坝型（常态混凝土重力坝和碾压沥青混凝土心墙坝结合），溢流表孔、泄洪底孔布置在混凝土重力坝段，引水发电系统和电站厂房布置在河道的左岸。拦河大坝、溢流表孔、泄洪底孔、生态基流兼灌溉放水孔、发电引水洞进水口为2级建筑物；发电引水洞、电站厂房、生态基流放水闸、灌溉放水闸及渠道、集诱鱼设施等为3级建筑物；临时建筑物为4级。

3　导流程序及时间衔接关系

JLT二级枢纽坝址导流方式为分期导流，其中一期导流由一期上、下游围堰挡水，导流明渠过流，进行左岸主河床重力坝段施工；二期导流由二期上、下游围堰挡水，重力坝段导流兼泄洪底孔过流，进行右岸沥青混凝土心墙坝段施工。

根据《ABH流域生态环境保护工程一期工程初步设计报告》及审批文件，输水隧洞工程建设总工期为106个月（8年8个月），JLT二级枢纽工程在输水隧洞开工后4年开工，并与输水隧洞同时完工，二期截流前输水隧洞进口需完工并具备挡水条件，二期截流后施工期水位和下闸蓄水水位不影响输水隧洞施工。

但根据整体建设的需要，JLT二级枢纽工程需首期提前开工建设，因TS隧洞进口工程施工需要，导流期控制水位必须由1271.78m降至1255.00m。因此，枢纽工程计划分两期建设，一期施工导流度汛最高水位为1246.524m，不影响TS隧洞进口施工。一期完工后计划枢纽工程暂停施工，二期施工需依据TS隧洞引水口施工情况确定具体复工日期。

4　二期截流后度汛及存在的问题

4.1　二期截流时间选择

JLT二级枢纽工程二期截流对输水隧洞进口工程及施工场地影响较大，根据建设进展，需对2021年10月1日二期截流和2022年10月1日二期截流分别进行分析研究。

（1）为了满足枢纽2021年10月1日二期截流，TS输水隧洞进口对外交通道路需要采取赶工措施，进水口工程需要冬季施工、输水隧洞Ⅰ标段工程和闸室平行作业，采取上述措施后方能在2021年汛前完成。但进水闸室和隧洞工程平行作业相互干扰，影响交通，施工营地拆迁、重建，闸室冬季施工等会产生额外的施工费用约为916万元，并且工程质量以及能否按期达到截流前形象面貌存在一定风险。

（2）若在2022年10月1日实施截流，因输水隧洞Ⅲ标段、Ⅳ标段是施工关键工期，隧洞进口Ⅰ标段推迟并不影响输水隧洞总工期，但会对JLT二级水电站效益产生一定影响。

综上，就输水隧洞进口工程而言，JLT二级枢纽大坝二期截流在2022年10月1日实施较好，需分析考虑JLT二级枢纽工程库水位对上游电站运行及发电的影响，并提出合理的处理方案。

4.2　二期截流、度汛水位

枢纽工程按上述时间选择进行二期截流，二期截流水位为1237.14m；二期截流至2023年4月灌溉期放水前，枯期$P=5\%$坝前水位为1256.645m，2023年4月份灌溉期放水后至2023年4月30日前，坝前水位为1259.00m；2023年汛期即2023年5月1日至工程完工，坝体度汛 $P=2\%$ 时坝前水位为 1276.89m；工程完工正常运行后正常蓄水位为 1282.00m。

二期截流后不同来水条件下围堰上游最高水位见表 1，上游各建筑物高程关系分布见表 2。

表 1　　二期截流后不同来水条件下围堰上游最高水位表

频率	导流期	度汛期						备注
	$P=5\%$（枯期）	$P=20\%$	$P=10\%$	$P=5\%$	$P=2\%$	一级 4 台机发电		
流量/(m^3/s)	526.7	738.7	933.2	869.9	920.1	426.7	426.7	
水位/m	1256.65	1264.97	1268.68	1271.86	1274.89	灌溉前 1251.00	灌溉后 1259.00	

表 2　　上游各建筑物高程分布表

建筑物名称	分布高程/m	备　注
1 号临时钢桥	1260.00	
2 号道路	1255.00～1260.00	
5 号道路	1260.00～1283.00	
7 号道路	1260.00	
P1 料场	1260.00	
C2 料场	1250.00～1265.00	
1 号利用料堆放场	1245.00～1267.00	TS 隧洞洞挖料
2 号利用料堆放场	1255.00～1272.00	过渡料加工区
TS 隧洞进口	1269.00	
上游生产营地	1255.00	

4.3　对料场的影响及应对措施

二期截流后主要施工沥青混凝土心墙坝段，本工程 P1 料场，TS 隧洞钻爆石方开挖利用料堆放场，加工过渡料的利用料堆存场、过渡料和常规混凝土骨料加工 C2 料场均位于坝址上游，上游坝料主要经 7 号道路、1 号临时钢桥、2 号道路、5 号道路运输上坝填筑，坝料开采、加工及运输均受上游水位的影响。

(1) 堆石料由 P1 料场提供。P1 料场终采高程 1260.00m，高于枯水期挡水水位，低于汛期水位。根据施工进度要求，二期截流后次年 4 月底坝体填筑高程 1278.00m，1278.00m 以上坝体堆石料填筑量较小，约 4.8 万 m^3（压实方），可选择在来洪水时停工、不来洪水时施工，也可提前开采，将坝体填筑料转存于坝下游。

(2) TS 隧洞钻爆石方开挖利用料堆放场位于坝址上游右岸，高程约 1245.00～1267.00m，部分高程低于枯水期挡水水位，尽早利用。

(3) 利用料加工过渡料的堆存场地位于坝址上游库区，堆存场地高程 1255.00～1272.00m 之间，场地高程基本高于枯水期挡水水位，但低于汛期挡水水位，将筛分厂布置在坝址上游高程 1278.00m 以上或坝址下游，利用时低料低用，高程 1278.00m 以上坝体过渡料采取提前备料的方式。

（4）过渡料加工 C2 料场位于坝址上游库区，开采高程在 1250.00～1265.00m 之间，场地高程高于枯水期挡水水位，但低于汛期挡水水位，将筛分厂布置在坝址上游高程 1278.00m 以上或坝址下游，开采时低料低用，高程 1278.00m 以上坝体过渡料采取提前备料的方式。

4.4 对坝址上游交通道路的影响及应对措施

（1）1 号临时钢桥：桥面高程 1260.00m，高于枯水期最高挡水水位 1259.00m，低于汛期水位，因此汛期选择来洪水停工、不来洪水时施工。

（2）5 号道路：2 号道路至右坝顶，全长 0.8km，布置高程 1258.00～1285.30m，基本高于枯水期最高挡水水位 1259.00m，但低于汛期水位，因此汛期选择来洪水停工、不来洪水时施工。

（3）7 号道路：P1 料场至 1 号临时钢桥，布置最低高程 1260.00m，高于枯水期最高挡水水位 1259.00m，低于汛期水位，因此汛期选择来洪水时停工、不来洪水时施工。

（4）2 号道路：坝址上游段路面高程 1255.00～1260.00m，部分路段低于枯水期最高挡水水位 1259.00m，因此需在截流前将低于高程 1260.00m 部分加高至高程 1260.00m。

4.5 对上游 JLT 二级水电站壅水坝运行的影响及应对措施

上游 JLT 二级水电站壅水坝死水位 1276.00m，正常蓄水位 1282.00m，发电洞进水口底板高程 1262.00m，泄洪底孔底板高程 1258.00m。

（1）二期截流后至下游灌溉用水前，最高水位 1256.645m，低于高程 1258.00m，上游 JLT 二级水电站壅水坝上金属结构设备正常运行，可满足泄洪、灌溉用水及水电站正常发电。

（2）下游灌溉用水后至工程完工，为满足下游灌溉用水要求，最低水位为 1259.00m，高于上游 JLT 二级水电站壅水坝泄洪底孔底板高程 1258.00m，为保证泄洪底孔工作闸门的安全运行，避免淹没出流对闸门的危害，尽量减少泄洪底孔运行，利用右岸的灌溉放水洞下泄下游灌溉用水。当壅水坝泄洪底孔参与泄洪时，可能无法维持 JLT 二级水电站壅水坝上游正常发电水位，短时段内对发电效益有影响。

（3）坝体度汛期最高水位 1276.34m，高于上游二级电站壅水坝泄洪底孔工作闸门液压启闭机泵站（电控柜）布置平台（高程 1272.00m），因此二期截流前应择机将泄洪底孔工作闸门液压启闭机的泵站、电控柜设备移至坝顶高程 1285.00m 平台上。

4.6 对 TS 隧洞进口及营地的影响及应对措施

根据枢纽工程施工导流安排和施工布置特点，二期截流后至次年 4 月 30 日，最高挡水水位 1259.00m 超过 TS 隧洞进口施工区、施工临时设施高程 1255.00m 挡水要求；二期截流次年 5 月 1 日之后 TS 隧洞进口底板高程 1269.00m 低于坝体度汛期水位，并将超过 2 号道路，TS 隧洞进场交通会出现中断，隧洞进场公路需在截流后次年 4 月底前完成修建。

5 小结

(1) JLT 二级枢纽工程二期导流截流后主要施工沥青混凝土心墙坝，截流后次年 4 月底坝体填筑至高程 1278.00m（坝顶高程 1285.30m），剩余坝体填筑料较少（约 4.8 万 m^3），故除 2 号道路部分路段需在二期截流前加高至 1260.00m 外，上游 P1 料场、C2 过渡料场、1 号临时钢桥、5 号道路、7 号道路汛期不来洪水时施工、来洪水时停工。

(2) 二期截流后至下游灌溉用水前，最高水位 1256.645m，不影响上游 JLT 二级水电站正常运行和机组发电；下游灌溉用水后至工程完工，最低水位为 1259.00m，高于上游二级水电站泄洪底孔底板高程 1258.00m，为保证泄洪底孔工作闸门的安全运行，尽量减少泄洪底孔运行，利用右岸的灌溉放水洞下泄下游灌溉用水。如壅水坝因泄洪需求须泄洪底孔参与运行时，泄洪底孔闸门的开度须大于门后淹没水深或全开运行，可能无法维持 JLT 二级水电站正常发电水位，短时段内对二级水电站发电效益有影响，相应会增加二级枢纽工程导流设计流量，引起二级枢纽施工期水位相应抬高，后续还应分析 JLT 二级枢纽工程库水位对上游水电站（包括 JLT 一级和 JLT 二级水电站）运行及发电的影响，并提出合理的处理方案。

同时，坝体度汛期最高水位 1276.34m，高于上游二级水电站壅水坝泄洪底孔工作闸门液压启闭机泵站（电控柜）布置平台（高程 1272.00m），因此二期截流前应择机将泄洪底孔工作闸门液压启闭机的泵站、电控柜设备移至坝顶高程 1285.00m 平台上。

(3) 上游 TS 隧洞进口施工营地高程约 1255.00m，低于二期截流后枯期水位；TS 隧洞进口底板高程 1269.00m，高于二期截流后枯期水位，但低于汛期最高水位 1276.34m。JLT 二级枢纽工程正常运行时死水位 1276.00m，正常蓄水位 1282.00m，均高于 TS 隧洞进口施工营地和隧洞进口底板高程，因此 TS 隧洞进口需在 JLT 二级枢纽工程二期截流前完成大部分的施工任务，JLT 二级枢纽工程在 TS 隧洞进口完工并具备挡水条件后才能下闸蓄水。

根据二期截流与 TS 输水隧洞及进口闸施工相关性分析，就输水隧洞进口工程而言，JLT 二级枢纽大坝二期截流在 2022 年 10 月 1 日实施较好，但就 JLT 二级枢纽电站效益而言，会造成一部分的发电收入损失。

(4) 考虑上游 JLT 一级水电站、JLT 二级水电站壅水坝、JLT 二级枢纽工程泄洪底孔三个工程相互影响，运行工况复杂，二期截流前需提出三个工程的联合调度运行方式。

6 结语

施工期的防洪度汛，在建工程永久泄水建筑物尚未具备设计泄洪能力，库区内存在各项临时施工设施，汛前对不同时段相应度汛标准下坝前水位进行分析研究，对在建工程的施工质量、工程成败以及人民群众的生命财产安全至关重要。JLT 二级枢纽工程施工期在满足防洪度汛的同时，必须保证下游灌溉用水的要求，通过大坝底孔控泄来度汛和维持水库水位，同时考虑上游 JLT 一级水电站、JLT 二级水电站壅水坝及 JLT 二级枢纽泄洪底孔三个工程相互影响，运行工况复杂。

本文通过对于JLT二级枢纽工程二期截流不同时段相应度汛标准下的水位关系，以及对应水位下产生影响的建筑物高程进行逐项分析，理清度汛水位在不同时段对不同建筑物的影响，充分认识汛期洪水对工程的影响程度。研究了不同年度对JLT二级枢纽进行二期截流，所可能造成的发电损失大小以及对各在建项目建设总工期影响，从而为二级枢纽截流时间选择、工程施工顺序的确定及合理制定建筑物防洪措施提供相应依据，确保了工程建设质量，对国民经济和电站水资源利用有重要影响。

下一步建议建立汛期流量监测预警体系，上下游枢纽统一管理，结合当年汛期水情预报，对JLT二级枢纽施工期内，上述三个工程的联合调度运行方式进一步研究，对于该段水域三个工程具有重要的经济效益。

参考文献

［1］ 石育铭. 阿尔塔什水利枢纽工程施工导流设计综述［J］. 陕西水利，2015（4）：92-93.
［2］ 蔡文啸. 前坪水库工程施工期的度汛管理［J］. 河南水利与南水北调，2019（12）：23-24.
［3］ 王立研. 在建水利工程项目法人度汛工作实操要点［J］. 内蒙古水利，2022（3）：69-75.
［4］ 赵丽云. 水库工程导流施工设计与安全度汛措施［J］. 河南水利与南水北调，2020（3）：29-30.

基于光纤传感技术的深厚软土堰体大变形沉降监测技术研究

宋建正[1]　张幸幸[1]　黄星星[2]　候树芃[3]　张文轩[4]

（1. 中国水利水电科学研究院　2. 南京大学　3. 华电金沙江上游水电开发有限公司
4. 苏州南智传感科技有限公司）

摘　要： 拉哇水电站上游围堰基础存在深厚软弱覆盖层，围堰填筑施工、运行和主坝基坑开挖过程中存在突出的边坡稳定和变形问题。为保障工程运行安全，针对在深厚软弱地基基础上填筑围堰出现的大变形问题，本文通过对光纤强度、测量方法以及埋设工艺等方面的一系列设备研究改造，开发出适用于大变形监测的大量程、高精度沉降位移传感器，实现了在深厚软弱覆盖层上围堰填筑及运行期的全过程大变形沉降监测。从监测结果显示，光纤传感设备具备采集稳定，数据可靠，埋设周期短、施工干扰小以及适应复杂工程条件下埋设等特点。

关键词： 光纤传感技术　深厚软土堰　沉降监测

1　引言

经过一个多世纪的发展，土石坝安全监测的理论体系已逐步完善，观测项目也十分清晰。大坝安全需要关注的问题主要有变形、渗流、应力及环境量等，诸多溃坝事故都表明位移变形往往是安全事故发生的前兆，因此对大坝行变形监测尤其是内部变形监测，将起到关键作用。

土石坝内部变形监测时，主要包括坝体水平与垂直方向上的位移。水平位移监测技术有引张线法、视准线法、固定测斜仪监测法及激光准直法等。垂直位移监测技术有连通管水准监测法、固定测斜仪监测法、水准管式沉降仪监测法及几何水准监测法等。这些监测方法在大坝建成前期能够达到监测的要求，但随着大坝长时间运行，监测仪器受使用寿命影响逐渐老化失效得不到维修，而且在安装时无法保证仪器埋设成活率，这些情况将严重影响大坝安全监测系统运行的稳定性与可靠性。同时此类传统方法只能获取数量有限的点的信息，在实际反映大坝变形状况上有所欠缺。

光纤传感技术是 20 世纪 80 年代伴随着光导纤维及光纤通信技术的发展而迅速发展起来的一种以光为载体，光纤为媒介，感知和传输外界信号的新型传感技术。目前研制成功的光纤传感器可以实现绝大部分物理量的监测，具有分布式、耐久性好、无需供电、匹配性好等特点。但是，在恶劣环境下传感光缆及光纤传感器的保障性安装以及大变形条件下的适用性，一直是光纤技术进一步发展的限制因素。近年来，随着传感光缆封装工艺、不剥涂覆层光栅刻写工艺等光纤传感领域基础工艺的发展，使光纤传感器在恶劣环境下的适应性得到了极大的提升，也使光纤传感器在大变形下的高精度测试成为可能。

2 工程概况

拉哇水电站位于四川省和西藏自治区交界的金沙江上游川藏河段，为Ⅰ等大（1）型工程，其开发任务以发电为主，挡水建筑物为混凝土面板堆石坝，坝址存在深厚堰塞湖沉积层。工程主要导流建筑物有大坝上、下游围堰及导流隧洞，坝体施工采用围堰一次拦断河床、隧洞导流的方式，上游土石围堰总高约 59m，堰基采用混凝土防渗墙防渗，基坑开挖完成后围堰-基坑联合边坡的高度达到 132m。拉哇水电站上游围堰典型剖面见图 1。

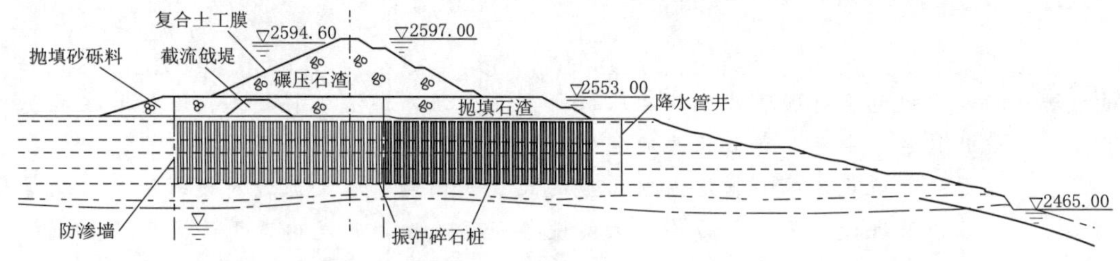

图 1　拉哇水电站上游围堰典型剖面示意图

堰基覆盖层最大厚度超过 70m，具有“厚度大、承载力低、渗透系数低、抗剪强度低、压缩性高”等特点，采用三维有限元计算分析，堰体和堰基的最大沉降在 3.15～3.40m 之间，围堰填筑后的沉降变形还会增加，因此边坡稳定问题十分突出。而围堰保护的基坑为面板堆石坝及地下厂房尾水建筑物施工作业面，围堰的安全是保障基坑内施工人员安全及工程能否按计划进度实施的关键。同时，受白格滑坡残留体潜在影响，拉哇围堰还是金沙江上游梯级开发中重要拦蓄溃堰洪水建筑物。因此，拉哇围堰的监测预警工作十分重要。

在围堰内部沉降监测设计中，如采用常规的电磁式沉降、水管式沉降等仪器会面临沉降管底部无法固定、量程不足；观测房修建困难、施工干扰大等问题，难以取得良好效果。为此，针对拉哇围堰深厚软基、沉降变形大、施工期短、监测仪器布设环境恶劣等问题，我们研发了一种基于光纤传感技术的大量程、高精度静力水准沉降监测设备。

3 技术原理

光纤光栅（FBG）又被称为光纤应变片，主要通过测量 FBG 反射波长变化，从而实现光纤光栅应变或温度测量。由于 FBG 能够对材料的微变形进行精确测量，为此将 FBG 封装到附着到弹性元件上即可封装成压力、位移、倾斜及应力等传感器，实现多变量传感测试。布拉格光纤光栅（FBG）传感器是通过改变光纤芯区折射率，使其产生小的周期性调制而形成。当温度或应力发生改变时，光纤产生轴向应变，应变使得光栅周期变大，同时光纤芯层和包层半径变小，通过光弹性效应改变了光纤的折射率，从而引起光栅波长偏移。利用应变与光栅波长偏移量的线性关系，通过计算得出被测结构应变量。FBG 传感系统原理见图 2。

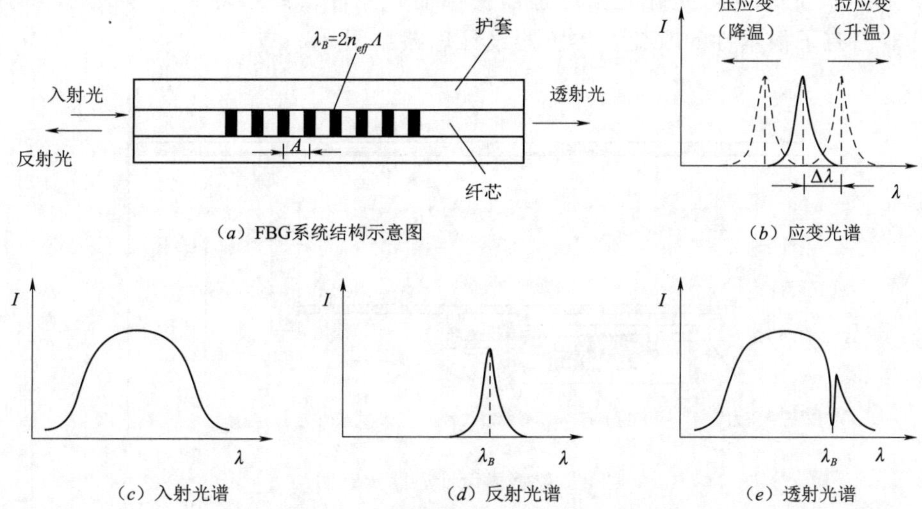

（a）FBG系统结构示意图　（b）应变光谱

（c）入射光谱　（d）反射光谱　（e）透射光谱

图 2　FBG 传感系统原理示意图

FBG 是由光纤纤芯折射率沿光纤轴向呈周期性变化而形成，当入射激光波长与 FBG 的周期满足式（1）条件时，光栅会对激光进行反射。由式（1）可知，FBG 反射的波长 λ_B 与栅格间距及光纤折射率相关，当光纤发生轴向变形及温度变化时即可引起栅格间距及折射率的漂移，从而反射波长也发生相应漂移，即通过测量 λ_B 漂移量，即可得光纤的变形量或温度变化量。

$$\lambda_B = 2n_{eff}\Lambda \tag{1}$$

式中：λ_B 为反射光的中心波长；n_{eff} 为纤芯有效折射率；Λ 为光纤光栅折射率的空间周期。

据实验研究，应变和温度均与中心波长 λ_B 存在很好的线性关系，且相互独立，其关联式（2）为

$$\Delta\lambda_B = \alpha_\varepsilon \varepsilon + \alpha_T \Delta T \tag{2}$$

式中：α_ε 为光纤光栅应变灵敏系数；α_T 为光纤光栅的温度灵敏度系数；ΔT 为温度变化值；ε 为应变。

现今，FBG 的波长解调精度达到 1pm，对应的应变测试精度约 1 个微应变，温度解调精度为 0.1℃。

4　仪器应用

在光纤光栅应用早期，光纤光栅传感器封装基本以两端固定和简单粘贴为主，由于光纤光栅采用了剥涂覆法刻写，光栅部位受到了损伤，在传感器受到大的振动、超负荷变形、往返变形后，传感发生破坏失效，因此造成了埋设成活率低，使用寿命短。因此，常规光纤光栅静力水准，通常设计结构为将光栅固定于金属结构，通过金属结构变形带动光栅变形，由此保障传感器的鲁棒性。但是，由于金属结构应变量程有限，既有传感器基本按照 1∶1000 设计，考虑到光纤光栅解调设备的解调精度，大多光纤光栅传感器分辨精度

均为 0.1%F.S。近几年，光纤光栅传感器在性能、元件、使用寿命等方面与早期的光纤光栅传感器已有了根本性的改变。传感器设计思路见图 3。

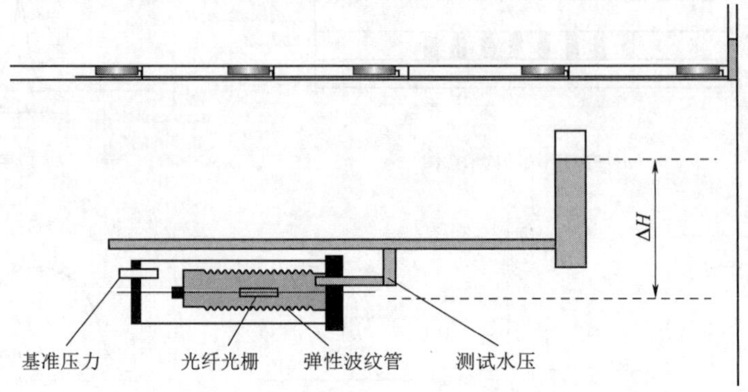

图 3　传感器设计思路示意图

（1）在光栅刻写工艺上，采用不剥涂覆刻写的方式，光栅刻写过程不对光纤造成任何损伤，抗拉强度极大提升，将应变测试量程从 5000$\mu\varepsilon$ 提升至 20000$\mu\varepsilon$。

（2）从封装工艺上，鉴于光栅抗拉强度的提升，不再依托于金属结构件，直接通过黏结剂、低温玻璃焊接等方式实现光栅的直接固定，将传感器分辨精度提升至 0.02%F.S，甚至达到 0.01%F.S。

基于上述条件研发的大量程高精度光纤管式静力水准化，其主要结构见图 4，包括光纤式液位传感器、高强度韧性钢丝软管、储液罐等，将传感器封装于高强水管内部，端部与储液罐连接，储液罐可随施工条件的改变逐步向上移动，通过感知液位的变化反映地基沉降分布。该系统量程达 50m，分辨精度为 10mm，综合测试精度 50mm。

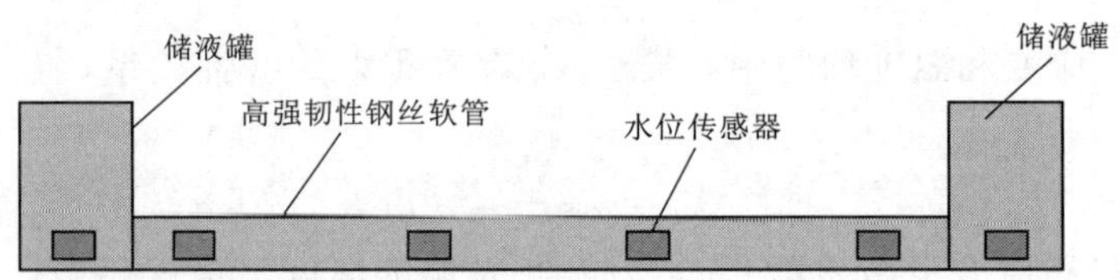

图 4　光纤管式静力水准化主要结构示意图

该设备的埋设方式有抛填式和沟槽式两种，设备安装方式见图 5。对于建基面位于水下、施工工期紧张等传统监测设备无法埋设情况下，可以采用抛填式方法安装，即利用吊车或浮船辅助，将所有传感水路气路等提前组装完成。采用长条形沙袋在高强软管上下位置绑扎固定，然后倒退式将保护好的高强软管直接抛放至水中，依靠沙袋的自重下沉至建基面，同时沙袋作为软管的保护装置避免上层围堰抛石对传感水路气路的损坏。常规情况下一般采用沟槽式埋设，其方法与水管式沉降仪埋设方法大致相同，利用挖机开槽，底部铺设细沙，将高强软管放入后填埋，由于光纤管式静力水准自带储液罐，为独立封闭系统，因此无需配套建设观测房，极大地缩短了仪器埋设周期，减少了施工干扰。

（a）抛填式

（b）沟槽式

图5　设备安装方式图

5　监测布置

为获取拉哇围堰建基面施工期及运行期沉降监测数据，在建基面位置共布设2条光纤管式静力水准仪，分别位于坝轴中线及其右侧处，从截流戗堤下游位置开始布设，每个监测断面的监测段长度约210m，间距20m布设一个测点，纵剖面监测布设见图6。

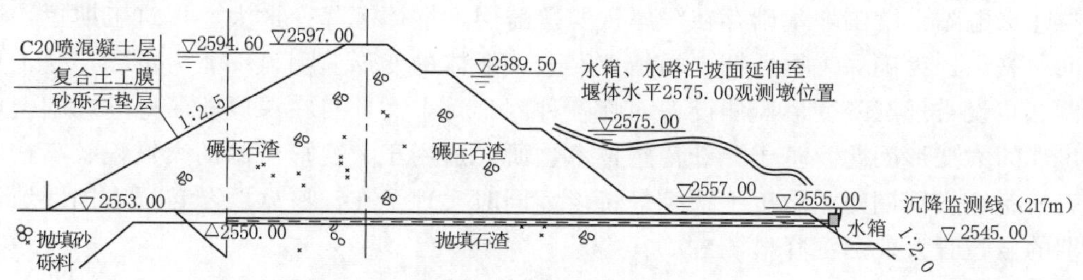

图6　纵剖面监测布设示意图

6　沉降变形

拉哇围堰于2021年12月开始填筑，次年6月基本填筑到顶，截至2022年12月底监测数据显示，光纤管式静力水准仪测值总体平稳，在34～382mm之间，未见明显异常。

从沉降时间变化来看，2021年12月至2022年5月为围堰填筑期，此期间沉降发生主要受堰体填筑影响，变化速率与堰体填筑速度呈正相关；2022年6月至2022年10月期间为围堰运行期，沉降变化整体趋缓，沉降测值总体平稳；2022年10月之后，随着下游基坑开挖，测点整体的沉降速率有所增大，个别测点出现不同程度的隆起现象。堰体的主要沉降发生在填筑期，占比在80%左右，该比例与国内已建工程坝体沉降施工期沉降量占整个沉降量的80%～90%区间基本相符，考虑到拉哇围堰属于在软基上修建，运行期沉降量会相对较大。

从沉降空间变化来看，由于围堰基础采用振冲碎石桩加固处理，桩间距布置为上游间距大（3m），下游间距较小（2.5m），且考虑上游蓄水原因，因此两条测线的最大测值分别出现在坝轴中心向上游约40m（2－2测点）和20m（3－1测点）处，沉降值分别为209cm和382cm；最小值均出现坝坡处，分别为了41cm和34cm，当前取得的监测数据符合数值结算结果（50～340cm）。此外，2号线沉降分布为波浪形态，3号线为从上游往下游沉降逐步减小，沉降分布形态与堰基地质条件、堰基桩间距布置以及上游蓄水位有一定的相关性，沉降位移分布趋势见图7。

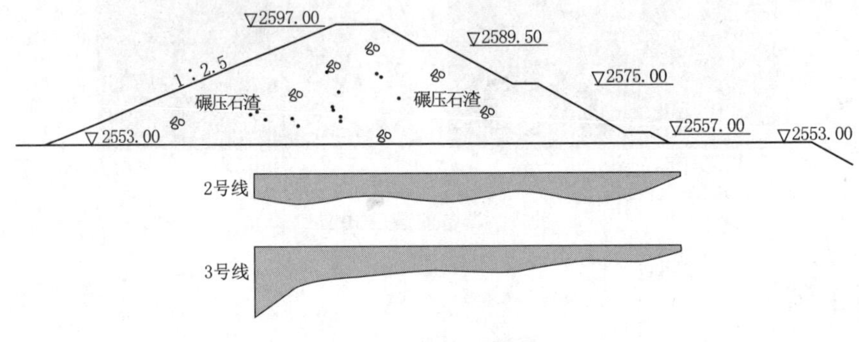

图7 沉降位移分布趋势图

7 结语

拉哇水电站上游围堰基础存在深厚软弱覆盖层，堰体沉降变形大、填筑工期短，边坡稳定问题突出。为确保工程后期主坝施工安全，堰体的变形监测显得尤为重要，受工程条件限制，布设常规沉降变形监测设备面临各种困难，本文针对在深厚软弱地基基础上填筑围堰出现的大变形问题，基于光纤传感技术，研发适用于大变形监测的大量程、高精度传感器，具备埋设周期短，施工干扰小等特点，同时实现了在深厚软弱覆盖层上围堰填筑及运行期的全过程大变形沉降监测。

根据监测成果显示，拉哇水电站围堰沉降主要发生在填筑期，占比在80%左右；沉降总体表现为中间大，边缘小，最大沉降量为382cm，位于轴中心处向上游20m处，监测结果与数值计算结果基本一致，符合堰体变形规律，也验证了光纤沉降设备数据的可靠性，以及在恶劣条件下使用的可行性，为今后堆石结构内部沉降监测提供了一种新的技术手段。

参考文献

[1] 殷世华，等．岩土工程安全监测手册［M］．2版．北京：中国水利水电出版社，2008：156－157.

[2] 董金玉，王庆祥，王晓亮．拉哇水电站高水头大泄量泄水建筑物布置与设计［J］．水力发电，2020，46（9）：80－83，119.

[3] 吴梦喜，宋世雄，吴文洪．拉哇水电站上游围堰渗流与应力变形动态耦合仿真分析［J］．岩土工程学报，2021，43（4）：613－623.

[4] 张幸幸，宋建正，吴文洪，等．碎石排水桩加固深厚软土堰基的可行性研究［C］//中国土木工程学会2022年学术年会论文集，2022：220－233.

波浪作用下平铺式预制混凝土护坡厚度计算方法对比

尚俊伟　王长江　赵梦瑶

（中水淮河规划设计研究有限公司）

摘　要： 随着水利高质量发展的需要，预制混凝土护坡结构得到了快速发展，作为一种工厂化流水线制作的护坡结构，其具有节约资源、环保美观、形式多样、易于机械化施工和质量控制的特点，能够大大提高工程建设的进度，还可以结合植被进行综合防护，有利于改善水生态环境。对于这种新型护坡结构，目前对其设计厚度的研究相对不够深入，计算方法也不尽相同。本文根据波浪作用下护坡失稳的理论以及现有相关规范中混凝土护坡厚度计算方法的规定，对平铺式预制混凝土护坡按照实体结构、开孔结构、联锁开孔结构进行分类，并通过工程实例对不同护坡结构型式在不同波高和坡率的情况下进行计算对比，分析其变化规律和各个规范计算结果的差异，以便选择合适的计算方法进行工程设计。

关键词： 波浪　预制混凝土　护坡厚度　计算方法

1　引言

水利工程边坡设计的传统护坡方式有干砌石、浆砌石、抛石、模袋混凝土、现浇混凝土板等。这些护坡结构的主要功能就是防止边坡土遭受波浪和水流淘刷破坏，尤其对于风浪作用较大的水库大坝、湖泊和江河堤防的边坡起着重要的保护作用，是保证堤坝边坡稳定和安全的关键措施之一。但是随着水利高质量发展的需要，对于环境保护、资源节约以及工程建设进度的要求也越来越高。很多地方禁止开山采石，石料资源越来越紧缺；模袋混凝土一般针对水下护坡，适用范围相对较窄，整体美观性也弱一些；现浇混凝土板护坡虽然整体性较好，但是其施工过程中容易产生废弃渣料，影响环境，另外由于混凝土现场浇筑，质量不易控制，施工进度较慢。在这种大的时代背景下，预制混凝土护坡得到了快速的发展，生产制造水平也得到了不断提高。这种护坡可以利用混凝土和工业废弃料作为原材料，既节约资源又保护环境，同时由于其采用工厂化流水线制作，现场易于机械化施工和质量控制，能够大大提高工程建设的进度，而且护坡规则美观，形式多样，还可以结合植被进行综合防护，有利于改善水生态环境。因此，平铺式预制混凝土护坡目前在水利工程中得到了大范围的推广应用，但是作为一种较新型的护坡方式，国内对其设计厚度的研究相对不够深入，计算方法也不尽相同。本文拟根据现有相关规范对平铺式预制混凝土护坡的厚度进行计算对比，分析其差异，以便选择合适的计算方法进行工程设计。

2　波浪作用下护坡失稳理论

由于波浪作用护坡结构上下表面会出现周期性的压力变化，当波峰到来时，波浪遇到斜坡发生破碎，波峰向前翻卷，产生的大量水体坠落冲击坡面，在护面层产生较大的冲击压力（见图 1）。冲击点处冲击压力最大，自此向上、下坡面递减。水体破碎后沿边坡爬升，部分水体通过护坡结构的缝隙进入其下部，在结构体下垫层内形成上行水流，对结构产生浮托力。水体爬升到最高点后开始回落，由于上表面水回落较快，下表面水回落较慢，对护坡结构上下表面产生水压力差，当外表面水回落至最低点时，即下一个波即将冲击边坡时，护坡结构上部几乎无水，压力最小，上下表面产生最大净浮托力，同时孔隙水从缝隙排出。在这种受力情况下，如果浮托力超过护坡结构自重和结构之间的摩擦力和咬合力等抗力，护坡结构会向上发生凸起失稳破坏。对于这种单层铺砌的护面结构，当一块被吸出、脱落后，土层很快会被冲刷，导致护坡结构下部土体被淘空，带动周围大面积护坡结构发生破坏。

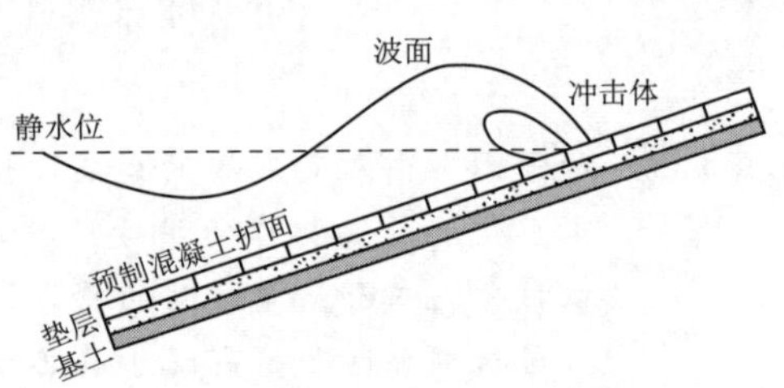

图 1　波浪冲击护坡示意图

3　护坡结构厚度计算方法对比

对于平铺式预制混凝土护坡的厚度，目前在工程设计中主要有以下相关规范用来参考计算。

3.1　《堤防工程设计规范》(GB 50286) 计算方法

GB 50286 对混凝土板作为土堤护面时的计算厚度式 (1) 为

$$t=\eta h\sqrt{\frac{\gamma}{\gamma_b-\gamma}\frac{L}{Bm}} \tag{1}$$

式中：t 为计算护面厚度，m；η 为系数，可取 0.075；h 为累计频率 1%的计算波高，m；γ_b 为混凝土的容重，kN/m^3；γ 为水的容重，kN/m^3；m 为斜坡坡率，取 1.5～5.0；L 为波长，m；B 为沿斜坡方向（垂直于水边线）的护面板长度，m。

3.2　《碾压式土石坝设计规范》(SL 274) 计算方法

SL 274 对装配式混凝土板作为土堤护面时的计算厚度式 (2) 为

$$t=0.07\eta h_p\sqrt[3]{\frac{L_m}{b}}\frac{\rho_W}{\rho_c-\rho_W}\frac{\sqrt{m^2+1}}{m} \tag{2}$$

式中：η 为系数，取 1.1；L_m 为平均波长，m；h_p 为累计频率为 1%的波高，m；b 为沿坡向板长，m；ρ_c 为混凝土的密度，t/m^3；ρ_W 为水的密度，t/m^3；m 为斜坡坡率，取 2.0～5.0。

3.3　《预制混凝土砌块护坡工程技术规程》(DB34/T 2233) 计算方法

DB34/T 2233 对预制混凝土砌块护坡厚度计算式 (3)～式 (5) 为

$$\Delta D/H=R\xi^{0.5} \tag{3}$$

$$\xi=\tan\alpha/\sqrt{H/L} \tag{4}$$

$$\Delta=(\rho_c-\rho_W)/\rho_W \tag{5}$$

式中：D 为预制混凝土护坡砌块厚度，m；R 为系数；对于实体砌块可取 0.26，工程条件较复杂时候，宜考虑 1.1 的安全系数；开孔砌块可取 0.168，垂直联锁开孔砌块可取 0.12～0.14，工程条件复杂时，宜考虑 1.3～1.4 的安全系数；ξ 为破波参数；H 为有效波高，m；α 为岸坡的坡角重，(°)；L 为平均波长，m；ρ_c 为混凝土的密度，kg/m^3；ρ_W 为水的密度，kg/m^3。

3.4 规范对比分析

(1) 计算波高。GB 50286 和 SL 274 的公式采用的计算波高都是累计频率为 1%的波高；DB34/T 2233 的公式采用的波高为有效波高。根据有效波高的定义，其一般是取系列波高中最大 1/3 波高的平均值，约为累计频率 13%的波高，这是三个规范在计算波高取值方面的差别。

(2) 计算坡率。GB 50286 和 SL 274 的公式中对坡率的范围有比较明确的规定，GB 50286 边坡坡率适用于 1.5～5.0，SL 274 边坡坡率适用于 1.5～5.0，DB34/T 2233 是采用边坡角度的正弦值来体现坡率对计算厚度的影响，其与前述两个规范本质上是一致的，但是没有明确对坡角范围的要求。

(3) 护面结构尺寸。GB 50286 公式主要是针对大块现浇混凝土板；SL 274 的公式对大块现浇混凝土板和装配式混凝土板都适用，只是系数不同；两个规范都体现出了护面结构顺坡向的长度对结算结果的影响，并且护面顺坡向长度与计算厚度呈现反比关系；DB34/T 2233 的公式本身就是针对预制混凝土砌块结构的，但是其并未体现砌块本身尺寸大小对计算结果的影响。

(4) 计算系数。GB 50286 和 SL 274 的公式针对的都是无开孔混凝土板，所以其计算公式中的系数是单一固定的；DB34/T 2233 不仅考虑了实体混凝土结构，还考虑了开孔混凝土及垂直联锁开孔混凝土结构，其计算系数是分类差别化选择的，更好地反映了预制混凝土护坡结构的实际情况。

4 工程实例应用对比

某堤防工程计算风速 18m/s，风区长度 2000m，不同水深下累计频率 13%的波高 $H_{13\%}$ 和累计频率 1%的波高 $H_{1\%}$ 的计算结果（见表 1）。

表 1　　波浪要素计算表

平均水深 d/m	平均波周期 T/s	平均波长 L/m	累计频率波高 $H_{13\%}$/m	累计频率波高 $H_{1\%}$/m
1.00	2.140	5.72	0.347	0.474
2.00	2.433	8.37	0.461	0.653
3.00	2.543	9.69	0.511	0.737

续表

平均水深 d/m	平均波周期 T/s	平均波长 L/m	累计频率波高 $H_{13\%}$/m	累计频率波高 $H_{1\%}$/m
4.00	2.597	10.37	0.537	0.782
5.00	2.628	10.72	0.552	0.809
6.00	2.648	10.93	0.563	0.828

由于常见堤防边坡设计坡比为 1∶2～1∶3，平铺式预制混凝土护坡结构常见边长 0.3～0.5m，本文拟选顺坡向边长为 0.3m 的护坡结构在设计坡比为 1∶2 和 1∶3 情况下采用上述 3 个规范中的公式分别进行厚度计算和对比分析。

平铺式预制混凝土护坡实体结构计算厚度对比见图 2、图 3。

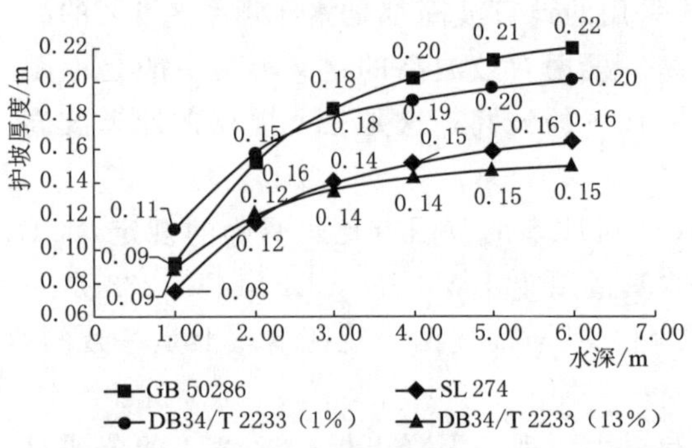

图 2　实体结构计算厚度对比图（$m=2$）

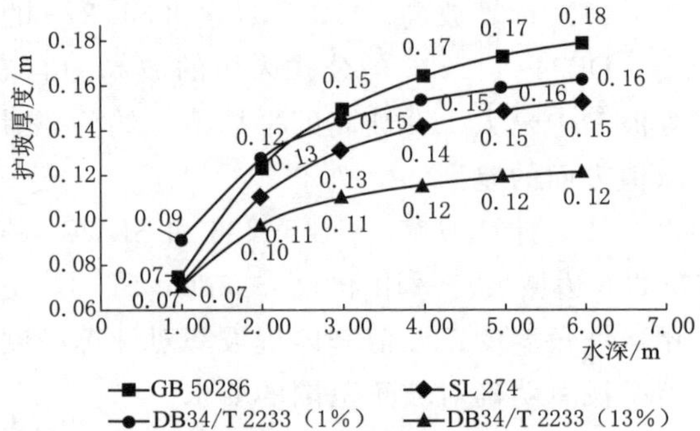

图 3　实体结构计算厚度对比图（$m=3$）

对图 2 和图 3 的计算结果进行对比分析，平铺式预制混凝土护坡实体结构采用三个规范计算的护坡厚度都是随着水深（最终表现是波浪高度）的增加而增加，也就是说波浪高度是影响护坡厚度的主要原因，这个与护坡失稳理论是一致的；另外三个规范计算出的护坡厚度都是随着边坡坡率的减小而增加。在水深（波高）较小时，三个规范计算出的结果比较接近，但是随着波高的增加，GB 50286、SL 274 相较 DB34/T 2233 的计算厚度有所增加，并且边坡越陡，差值越大。所以对于平铺式预制混凝土实体护坡结构，建议统一采用累计频率 1%的波高，计算时可根据工程实际情况、重要性等选择三个规范中任意一个公式都可，并且对于波高较大的情况，出于安全考虑，式（3）宜考虑一定的安全系数。

平铺式预制混凝土护坡开孔结构计算厚度对比见图 4、图 5，垂直联锁开孔结构计算厚度对比见图 6、图 7。

对图 4 和图 5、图 6 和图 7 的计算结果进行对比分析，平铺式预制混凝土护坡开孔结构、垂直联锁开孔结构随着波高的增加，GB 50286、SL 274 相较 DB34/T 2233 的计算厚度要大，并且边坡越陡，差值增加越明显。开孔护坡结构在采用相同累计频率 1%的波高进行计算时，GB 50286 和 DB34/T 2233 之间的最大差值超过 30%，如果 DB34/T 2233 采用累计频率为 13%的波高，最大差值甚至超过 50%；垂直联锁开孔结构计算结果之间的差值更大。分析计算结果之所以出现这么大差别，主要在于 GB 50286 和 SL 274 未考虑护坡结构开孔减压、垂直联锁开孔结构既能够减压还具有咬合抗力的有利作用，导致计算

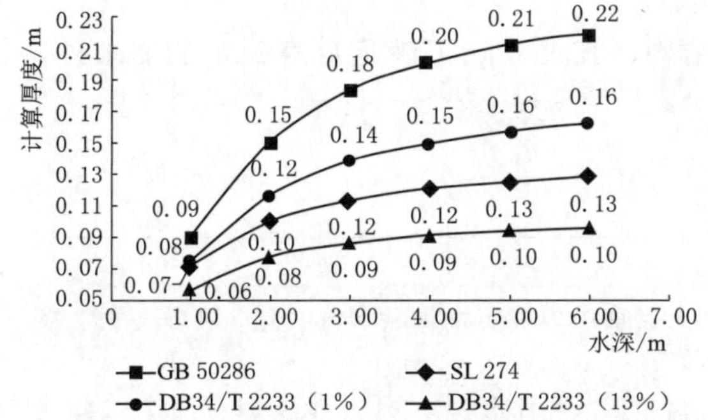

图 4 开孔结构计算厚度对比图（$m=2$）

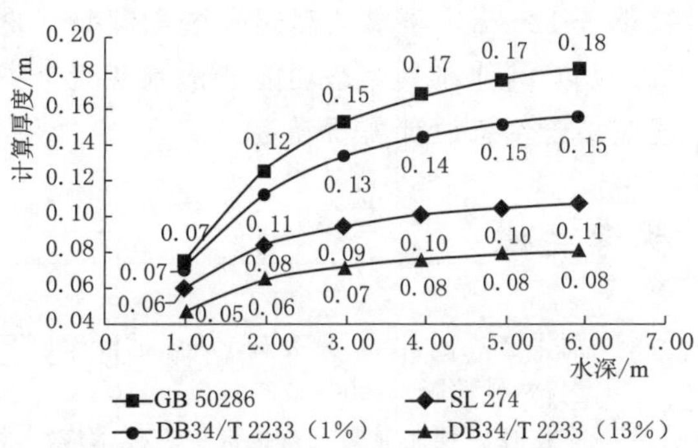

图 5 开孔结构计算厚度对比图（$m=3$）

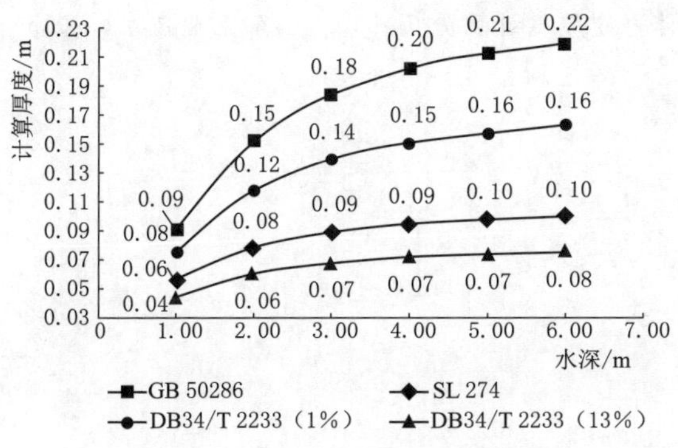

图 6 联锁开孔结构计算厚度对比图（$m=2$）

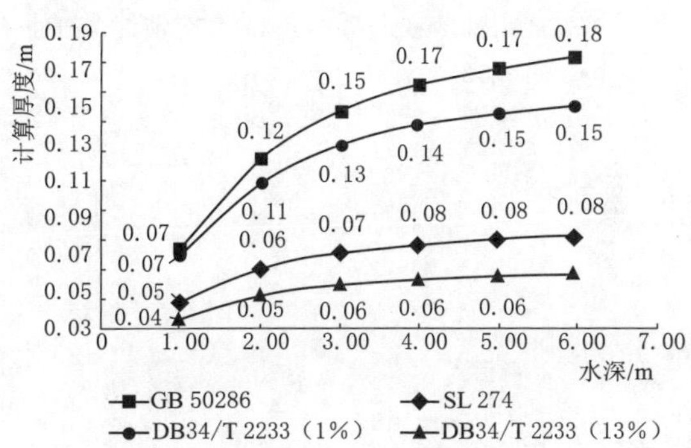

图 7 联锁开孔结构计算厚度对比图（$m=3$）

厚度实际是偏大的。所以对于平铺式预制混凝土开孔和垂直联锁开孔护坡结构，建议采用DB34/T 2233进行计算是比较符合实际情况的；另外出于安全考虑，认为DB34/T 2233公式采用累计频率1%的波高进行计算更为合适，并且条件复杂情况下应考虑一定的安全系数。

5 结论和建议

通过工程实例对受波浪作用的平铺式预制混凝土护坡结构采用三个规范进行厚度计算对比分析，主要得到以下几点结论和建议：

（1）在其他边界条件相同的情况下，波高与水深之间呈正向关系，护坡计算厚度随着波高增大而增加、随着坡率增大而减小。

（2）对于平铺式预制混凝土护坡实体结构，三个规范在波高较小的情况下，计算结果较为接近，但是随着波高的增加，GB 50286、SL 274相较DB34/T 2233的计算厚度有所增加，并且边坡越陡，差值越大，设计时可根据工程实际情况选用规范进行计算。

（3）对于平铺式预制混凝土开孔及垂直连锁开孔护坡结构，DB34/T 2233考虑了开孔减压以及咬合抗力的有利作用，采用该规范计算护坡厚度更为符合实际情况，另出于安全考虑，建议计算波高选用累积频率1%的波高。

（4）根据实际产品制作和已有工程建设经验，平铺式预制混凝土护坡结构设计厚度不宜小于 12mm，重要工程还应结合模型试验确定。

（5）其他兼具生态功能的预制混凝土护坡结构，其尺寸除了满足自身稳定的要求外，还应结合生态设计需要确定。

参考文献

［1］ 潘军宁，王登婷，吴美安，等．波浪作用下混凝土砌块护坡稳定性试验研究［J］．河海大学学报（自然科学版），2005，33（4）：476-481.

［2］ 李屹峰．预制混凝土铰接板护坡技术应用设计探讨［J］．吉林水利，2015，403（12）：47-50.

［3］ 吴美安，孙勇，李启涛．混凝土砌块护坡护面层稳定厚度的计算方法［J］．人民黄河，2006，28（1）：62-64.

［4］ 郭琦，张玲秋，吴星，等．连锁混凝土护坡块体稳定厚度计算分析［J］．山东工业技术，2015（2）：152.

高寒环境土石围堰组合防渗关键技术研究与应用

马　军[1]　翟　钦[2]　徐启强[1]

（1. 新疆头屯河流域管理局　2. 新疆水利水电勘测设计研究院有限责任公司）

摘　要：以头屯河水库除险加固围堰工程为例，结合气候环境、地形、地质条件、围堰型式、布置条件、施工条件和工程实际情况，从材料性能、施工工艺特性、应用经验、经济性等因素综合考虑，采用复合土工膜和砾质黏土组合防渗关键技术对围堰基础、坝面、水平、坝肩进行防渗，有效延长围堰渗径，降低坝体浸润线，达到设计防渗效果。实践证明，此技术的运用，解决了围堰的防渗问题，减少了土料弃渣，降低了工程造价，提高了施工功效，缩短了工期，满足工程要求。

关键词：高寒环境　围堰　组合防渗技术　复合土工膜　砾质黏土　头屯河水库

1　引言

头屯河水库是一座以灌溉为主，结合城镇生活供水、工业用水、防洪等综合利用的中型拦河水库。总库容 2030 万 m^3，最大坝高 51m，设计蓄水位 989.60m，由大坝、溢洪道、放水涵洞、泄水隧洞及下游分水枢纽五大部分组成，于 2007 年 1 月被列入第二批全国病险水库除险加固工程专项规划。根据总工期安排，涵洞工程施工期为 2009 年 9 月 23 日至 2010 年 6 月 4 日，为保证涵洞干地施工，特别是保证冬季施工安全，解决好围堰防渗问题至关重要。利用复合土工膜和砾质黏土组合防渗技术在新疆北疆高寒环境下对围堰工程进行防渗处理，在国内尚不多见。

2　工程地形、地质条件及气候环境特点

围堰位于放水涵洞进口上游 106m 处，围堰段河谷呈 V 字形，南北走向。两岸山体较陡峻，河床纵坡 12%。谷底高程 950.00m 左右，两岸山顶高程 972.00～982.00m，现代河床宽约 50～90m。平水期河水面高程 950.00m，水面宽度 10～50m，水深 0.5～2m，河床中漂卵砾石层厚 2m 左右，结构松散。河床右岸为Ⅲ级阶地，宽度约 230m。坝址区发育Ⅰ～Ⅲ级阶地。

围堰坝址区左右岸坝肩主要出露底层为侏罗系上统头屯河组（J_3t），岩性为灰绿色砂岩、泥质粉砂岩与泥岩互层夹红褐色泥岩，砂岩较为坚硬，岩体较为完整，泥岩较为松软，在山坡上分化为沟槽地形。

头屯河水库位于新疆北疆寒冷地区，属大陆干旱性气候。当年 11 月下旬至来年 3 月上旬有 110 天日平均气温都在－3℃以下，1 月气温最低，月平均－17.5℃，极端最低气温－38℃。根据总工期计划，涵洞于 2009 年 11 月 10 日进入冬季施工，冬施期为 104 天，期间经历了 2009 年新疆 60 年一遇严寒，气温在－20℃以下有 49 天，气温在－25℃以下有 11 天，气温在－30℃以下有 7 天，2010 年 1 月 10—12 日极端气候持续 3 天，最低气温达－38℃。

3 施工导截流设计

头屯河水库工程等级为Ⅲ等，主要建筑物级别为 3 级。根据《水利水电工程施工组织设计规范》（SL 303）的规定，导流临时建筑物级别为 5 级，相应的土石类导流建筑物设计洪水标准为重现期 10～5 年。根据总工期计划，放水涵洞及大坝上游护坡除险加固施工安排在非汛期，只需修筑枯水期围堰。本工程进度安排紧张，且导流建筑物失事后对本工程工期影响较大，选择枯水期 10 年一遇洪水设计流量 21.7m^3/s 作为导流建筑物设计标准，经调洪演算，围堰设计挡水位 966.50m，围堰顶高程 967.50m。经过对导流时段计算比较，选择 2009 年 9 月上旬作为导流时段。

综合分析头屯河气象、水文、施工条件、施工进度安排和截流后的工作量等因素，选择汛后退水期进行截流。截流时间选择在 2009 年 9 月上旬，采用 10 年一遇月平均流量作为截流标准，截流流量为 $Q=6.8m^3/s$。

结合水库永久建筑物布置和工期分析，经全面比较后，在距放水涵洞（最大泄量为 120m^3/s）进口上游 106m 和泄水隧洞（最大泄量为 52.4m^3/s）引渠进口处修建围堰，由围堰将大河来水拦截，通过泄水隧洞引渠进入隧洞导向下游。

4 围堰型式及防渗结构设计

4.1 总体优化思路

围堰导流工程是头屯河水库除险加固工程的关键节点，原设计方案为黏土心墙上下游反滤土石结构，并设导流涵管，结构复杂，施工难度大，施工时间长，不能满足施工总进度要求，相应也增加了投资。本着宜材适构原则，充分利用当地材料（现场勘查本工程弃料场内有黄土储量约为 3 万 m^3，运距约为 1.5km，头屯河河床内有大量砂砾料，平均运距约为 1km），在施工期条件限制下，立足于现有施工条件、施工力量和机械设备配置，优化围堰堰体及防渗结构，围堰堰体采用均质土石结构，防渗结构采用复合土工膜和砾质黏土组合防渗型式，减少施工难度，提高施工功效，缩短施工工期，节省工程费用。同时，在围堰前坡脚处基础防渗采用砾质黏土填筑截水槽和上游铺筑水平防渗铺盖相结合，截水槽底部铺设土工膜延伸至整个堰前坡面和堰体左右岸两侧（两侧通过结合槽埋设土工膜），形成基础和堰体及左右两岸的防渗整体。堰体不设导流涵管，直接利用戗堤进占截流闭气。

4.2 优化设计

围堰主体填筑坝所用戈壁料采自围堰坝址上游 500m 处库区河床砂石料，黄土采自距施工区1km处弃料场。围堰上游坡比为1：2.0，下游坡坡比为1：2.5，设计挡水位966.50m，堰顶高程967.50m，最大堰高16.5m，堰顶轴线长148.5m，堰顶宽7m。高程961.00m以下上游坡面结构为：袋装戈壁护坡（厚1m）→复合土工膜（两布一膜）→碾压黄土（厚0.2m）→碾压戈壁料；高程961.00～967.50m上游坡面结构为：干砌块石（厚0.2m）→复合土工膜（两布一膜）→碾压黄土（厚0.2m）→碾压戈壁料。堰前坡脚截渗墙底宽2m，边坡为3：1，深度为3～4m（见图1）。

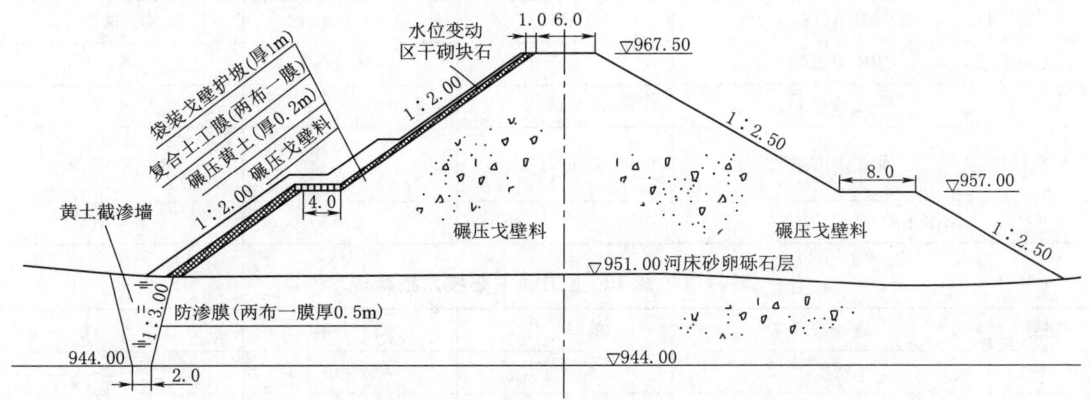

图1　围堰剖面图（单位：m）

复合土工膜具有较好的防渗效果，适应变形能力强，施工简便，拆除容易。所用黄土属性为砾质黏土，属中等压缩性，微透水性土，具有一定的防渗效果，且取自当地，节省了工程投资，利于机械化施工。堰体防渗结构采用坡面复合土工膜防渗，复合土工膜铺设在围堰上游坡面，利用自身的连接形成一个完整的防渗体；堰前坡脚处截渗槽采用复合土工膜、黄土填筑截渗墙组合防渗；截渗槽底部复合土工膜延伸至堰体坝肩左右岸两侧和上游30m河床范围内（河床淤土铺盖）。使堰前形成基础、坡面、水平及坝肩一个整体封闭的防渗体系（坡面和基础是重点防渗部位），有效延长围堰渗径，降低坝体浸润线，达到防渗效果。

5　材料选定

5.1　复合土工膜

复合土工膜作为一种新型建筑材料，具有质量轻、施工简便、运输方便、价格低廉、料源丰富、优越的防渗性能和力学性能等优点，自问世以来在全世界范围内得到迅速发展和广泛应用，取得了良好的经济、社会和环境效益。

从气候环境、材料性能、施工工艺特性、应用经验、经济性等因素，结合本工程实际和施工条件等情况，比选确定采用新疆西龙土工新材料股份有限公司生产的HDPE复合土工膜（两布一膜），规格为200g/0.5mm/200g，幅宽6m。此膜符合《聚乙烯（PE）土工膜防渗工程技术规范》（SL/T 231—98）的规定，其主要技术指标分别见表1和表2。

表 1　　基材涤纶长丝纺粘针刺非织造布主要技术指标表

序号	项　　目	单　　位	指　　标	备　　注
1	单位面积质量	g/m^2	200	
2	标称断裂强度	kN/m	10	
3	纵、横向断裂强度	kN/m	≥10	纵、横向
4	纵、横向标准强度对应伸长率	%	≥60	纵、横向
5	纵、横向撕破强力	kN	≥0.3	纵、横向
6	CBR 顶破强力	kN	≥3.0	
7	等效孔径 O_{90}	mm	0.05～0.2	
8	垂直渗透系数	cm/s	$K\times(1\times10^{-1}\sim1\times10^{-3})$	$K=1\sim9.9$
9	摩擦系数（土工布与中粗砂）		＞0.55	参考值

表 2　　基材聚乙烯 PE 土工膜主要技术指标表

序号	项　　目	单　　位	指　　标	备　　注
1	密度	kg/m^3	≥900	
2	极限抗拉强度	MPa	≥18	纵、横向
3	极限延伸率	%	≥60	纵、横向
4	弹性模量	MPa	≥70	在 5℃
5	抗冻性（脆性温度）	℃	≥－60	
6	撕裂强度	kN/m	≥0.62	纵、横向
7	抗渗强度	MPa	48h 不渗水	1.05MPa 水压下
8	渗透系数	cm/s	$\leqslant1\times10^{-11}$	
9	CBR 顶破	kN	≥3.0	

5.2　稳定复核

复合土工膜与土石介质间的摩擦系数将影响防渗体的稳定，因此须复核复合土工膜与坝坡、复合土工膜与保护层的抗滑稳定性。

复合土工膜稳定性验算公式：

$$F_S=\tan\delta/\tan\alpha$$

式中：F_S 为安全系数；δ 为下垫层土料与土工膜之间的摩擦角；α 为土工膜铺设坡角。

从表 1 中可以看出，土工布与中粗砂摩擦系数 $\tan\delta>0.55$，根据下垫层为碾压砾质黏土和实际情况，选 $\tan\delta=0.65$ 进行计算。坝体上游坡坡比为 1∶2，即 $\tan\alpha=1/2$。所以，$F_S=1.30>1.25$。

从图 1 中可以看出，在高程 961.00m 以下，复合土工膜采用袋装戈壁料作为保护层，人工由下往上进行层层码放，抗滑稳定满足要求。在高程 961.00～967.50m 之间，复合土工膜采用厚 20cm 块石作为保护层，人工由下往上进行层层码放，抗滑稳定也满足要求。通过计算和施工情况，复合土工膜防渗系统抗滑稳定满足要求。

5.3　砾质黏土碾压填筑试验

围堰填筑所需土料来源于弃料场，以坡积黄土为主，土料属性为砾质黏土。由试验结果可知，砾质黏土有机含量 0.37%，属亚硫酸盐中型渍土，总盐 1.5755%，氯硫比 0.7%。属中等压缩性，微透水性土。其物理力学性质试验结果见表 3。

表 3　　　　黄土的物理力学性质试验结果表

项目	击实后		孔隙比	液限 /%	塑限 /%	塑性指数	压缩（饱和）		渗透系数 /($\times10^{-5}$ cm/s)	三轴抗剪（饱和）	
	最大干密度 /(g/cm^3)	最优含水量 /%					压缩系数 /MPa^{-1}	压缩模量 /MPa		黏聚力 /kPa	内摩擦角 /(°)
平均值	1.84	11.8	0.416	21.4	13.5	8.3	0.17	8.84	1.27	48.0	32.0

为进一步验证围堰坝址地质情况和截渗槽开挖及土料填筑截渗墙的施工可行性，现场进行工艺试验（见图 2）。使用斗容 $1m^3$ 长臂挖掘机在围堰坝址附近河床中挖掘一底宽 2m，边坡 3∶1，深度至基岩（平均深约 4.5m），长 20 的截渗槽试验段。从实际揭露的地质条件看，河床层厚 2～2.5m 左右，结构松散；岩体厚 2～2.5m，岩性为灰绿色砂岩、泥质粉砂岩与泥岩互层夹红褐色泥岩，岩体较为完整，以泥岩较多，砂岩较为坚硬，泥岩较为松软，适宜采用机械对截渗槽开挖施工作业。试验段左岸底部开挖一集水坑，用一台 $80m^3/h$ 泥浆泵抽水，从右岸一边快速分层碾压填筑黄土，在填筑中，采用 1.5t 平板振动碾碾压，大面积采用 18t 自行平碾碾压，边角相接处用蛙式打夯机打实，最后填筑至原河床高程。取 3 组碾压数据，干密度分别为 $1.843g/cm^3$、$1.840g/cm^3$、$1.842g/cm^3$，经现场工艺试验，截渗槽内砾质黏土碾压质量满足设计和施工要求，为后续施工提供了可行性依据。

图 2　截渗槽现场开挖填筑

6　防渗施工工艺及方法

6.1　施工工艺

防渗施工工艺为：①基础防渗施工流程为：截渗槽开挖→清基→土工膜铺设→黄土填筑；②坡面防渗施工流程为：坡面整平→碾压黄土→土工膜铺设→袋装戈壁料；③水平防渗施工流程为：地面整平→黄土垫层→土工膜铺设→淤土铺盖；④坝肩防渗施工流程为：结合槽开挖→清基→土工膜铺设→黄土填筑。防渗施工工艺流程见图 3。

6.2　主要施工方法和技术措施

6.2.1　基础防渗

（1）截渗槽开挖。使用长臂挖掘机由左岸向右岸开挖，截渗槽底部开挖至基岩层，开

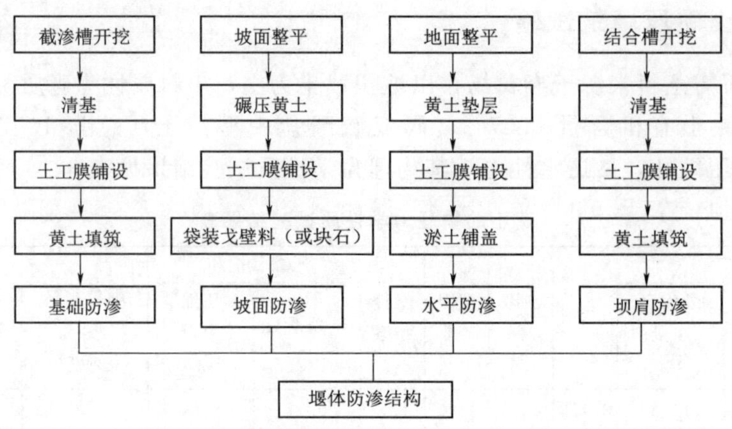

图3　防渗施工工艺流程图

挖深度3～4m，槽底宽2m，边坡控制在3∶1。开挖中，配置2台$80m^3/h$泥浆泵抽水，3台$100m^3/h$潜水泵作为备用，人工配合机械做好槽内排水，保证截渗槽开挖和回填土料干地施工。基础开挖及运输主要使用斗容$1m^3$长臂挖掘机，8～15t自卸车，160型推土机。在围堰上游修筑施工道路至工作面，将开挖料运至弃料场。基础开挖完成后，由人工修整基面并将浮渣、碎石、淤泥等清理干净。

（2）截渗槽复合土工膜铺设及黄土填筑。复合土工膜铺设自左岸向右岸进行，分段横向铺设（相邻膜段拼接），一次铺满槽底，在槽顶处分别向上下游伸延2m富余宽度，以备上游水平铺盖和坡面土工膜铺设拼接。铺好后，其上部用装土水泥袋镇压或包裹卵石系绳索上拉固定，每1.5m留一褶皱，防止施工扰动时拉裂土工膜，纵向每隔一定间距用木板、钢架杆或装填水泥袋镇压，防止其滑动移位及风吹破坏。对发现的孔洞用手工热焊枪焊补。截渗槽内黄土填筑自右岸向左岸进行，8～15t自卸车运至截渗槽顶部，160型推土机辅助推土，斗容$1m^3$长臂挖掘机挖料至槽内并摊铺（人工辅助摊铺），分层碾压填筑黄土，逐层碾压密实达到设计要求。在填筑中，工作面宽3m范围内采用1.5t平板振动碾碾压；工作面3～5m宽范围内采用18t自行平碾碾压，边角相接处用蛙式打夯机压实，最后填筑至槽顶。

6.2.2　坡面防渗

复合土工膜施工工艺流程为：防滑齿槽开挖→坡面清理→铺垫碾压黄土→清理平整→铺设复合土工膜→拼接→回填夯实齿槽及保护层→铺袋装戈壁护坡（或块石护坡）。

围堰主体砂石料填筑至高程967.50mm后，对上游坡面按1∶2.0进行人工整坡，成形后先铺垫20cm厚的碾压黄土，人工平整后，在堰顶处将复合土工膜埋入防滑齿槽内，其上部用装土水泥袋镇压或包裹卵石系绳索上拉固定，顺坡面横向铺设复合土工膜，每1.5m留一褶皱，防止下滑时拉裂土工膜，纵向每隔一定间距用木板、钢架杆或装土水泥袋镇压，以防止其滑动移位及风吹破坏。在坡脚处与截水槽伸延宽2m的膜拼接好，土工膜接头宽20cm，接缝处膜材采用热楔式双缝自动塑焊机焊接，对发现的孔洞用手工热焊枪焊补，布材使用手提式缝合机缝合。

6.2.3 水平及坝肩防渗

使用160型推土机推开截渗槽上游30m范围河床表层淤土（厚约60cm），地面平整好后，铺填厚20cm碾压黄土垫层，人工清理平整后，从截渗槽至上游铺设土工膜长30m，并与截渗墙内向上游伸延2m富余宽度的土工膜拼接好，膜上铺填厚30cm河床淤土铺盖并进行碾压平整，然后覆盖河床料恢复原地面。河床截渗槽开挖时，沿槽中心线向围堰坝肩两岸延伸至高程966.50m，利用长臂挖掘机剥离强风化层并削坡至1：4，开槽深1.5m，底宽2m，边坡3：1。铺膜、填土等工序与截渗槽施工同理。右坝肩沿河床上游方向延伸20m，以保护防止坝肩渗漏。

7 效益分析

与原设计方案相比，减少预制涵管工程造价173460.00元，减少黏土心墙填筑工程造价248640.00元，工程采用造价低廉的土石结构且枯水期便于施工，大大降低了施工成本。采用本工法施工，总工期为31天（2009年8月15日至9月15日），比原设计方案计划工期36天（2009年8月15日至9月20日）节省了5天，解决了施工准备期时间过长的弊端，确保了工程按照进度计划实施。

8 结语

围堰工程于2009年8月15日开工，9月18日实现导截流（比计划提前2天），2010年6月4日拆除，围堰运行历时257天，经历了2009年新疆60年一遇严寒（室外最低温度－38℃持续3天）和2010年冰凌、春洪的考验，围堰渗水量、渗透比降均小于设计允许值，防渗效果较好，围堰运行安全，保证了涵洞加固干地施工和冬季安全施工。实践证明，在头屯河水库高寒环境下围堰工程采用复合土工膜和砾质黏土组合防渗技术，减小了施工难度，提高了功效，缩短了工期，降低了投资，具有较好的高寒环境抗冻适应性。此项技术在2011年新疆新能发展大山口二级水电站、2014年新疆富蕴广汇煤制气项目供水工程枢纽标段项目中得到了成功的应用。

参考文献

[1] 马军．头屯河水库除险加固工程施工导截流设计［J］．水科学与工程技术，2012（1）：21-22.

[2] 马军．浅析头屯河水库除险加固工程导流围堰方案优化［J］．水利科技与经济，2012，18（3）：56-59.

[3] 马军．复合土工膜和黄土组合防渗技术在头屯河水库围堰工程的应用［J］．水力发电，2013，39（9）：52-55.

[4] 马军．高寒环境下涵洞边顶拱高性能混凝土衬砌加固技术［J］．水利水电科技进展，2013，33（6）：91-94.

东港市跃进水库输水洞渗漏问题原因分析及建议处理方案

袁　哲

（辽宁省水利水电勘测设计研究院有限责任公司）

摘　要： 跃进水库于20世纪50—70年代修建，由于当时物资相对匮乏，技术水平相对落后，工程质量较差，输水洞自建成以后一直存在渗漏问题。通过对现状存在的渗漏现象进行原因分析，提出内部化学灌浆，外部砂浆封闭的处理方案，可以解决输水洞渗漏问题。

关键词： 水库　输水洞　渗漏　化学灌浆

1　工程概况

东港市跃进水库枢纽工程始建于1957年10月，由安东县黄土坎乡施工委员会负责施工，1958年5月建成。跃进水库是东港市蒲草沟河上游的控制性工程，是以防洪、灌溉、养鱼为主的综合水利枢纽工程。水库灌溉水田面积1.9万亩，下游保护1.5万亩耕地的安全，养鱼面积1150亩，属于小（1）型水库，主要建筑物级别为4级，设计标准50年一遇，校核标准500年一遇。水库总库容635万m^3，防洪限制库容443万m^3，正常库容548万m^3，死库容8.0万m^3。

土坝为均质坝，筑坝材料为粉质黏土，坝长450m，坝顶高程15.00m，坝顶宽度3.0m，最大坝高10.17m，坝顶高程15.00m，迎水面坡度为1∶3.0，背水面坡度1∶3.0。迎水坡用干砌石护砌，背水坡用草皮穿带，下游设排水槽排水。

输水洞为坝下混凝土方涵，断面为（高×宽）1.4m×1.3m，壁厚0.25m，洞长46m，共设有3道截水环，截水环厚0.3m，环向宽度0.8m，输水洞进口底高程4.83m。洞进口设平板铸铁闸门与检修闸门各一扇，由螺杆式启闭机启闭。

2　输水洞渗漏现状

跃进水库库管员反映，近期水库巡视检查时发现，输水洞出水口左侧浆砌石八字墙墙底下角，有水流从浆砌石间缝溢出，洞口直径2cm，漏水形式如泉眼，出水全部是清水，没有污水，此现象在高水位时发生（见图1）。

洞内检查时发现洞内壁存在较多处碳酸钙析出，洞内平整度较好，未发现明显裂缝，洞内侧立面存在5处混凝土骨料外露、蜂窝麻面的现象，其中距离进口约10m的位置漏水明显，漏点位于侧墙中间位置，漏点孔径2～3cm，呈现清水外涌状，其余四处有阴湿，但未见明显水流（见图 2）。

具体情况见以下现场照片。

图 1　出口八字墙涌水处

图 2　洞内漏水点

3　渗漏原因分析

输水洞出口八字墙漏水，初步分析原因可能为两种：一是库水沿着输水洞洞身混凝土与大坝填土的接触面形成的通道渗漏至下游出口，但输水洞设有 3 道止水环，理论计算渗径满足防渗要求，且如果是此种渗漏方式，低水位时也应该有水出漏，因此，此种渗漏的可能性不大，具体的渗漏通道也难以确定；二是高水位时，坝体内浸润线抬高，输水洞出口位置高程为大坝下游最低处，恰好为坝体内浸润线的出逸点。

洞内漏水点在现场检查时未发现其周围存在裂缝，初步分析不是洞身变形存在应力集中导致的破坏，应该是由于输水洞建成时间较早，受限于当时的施工工艺，存在局部混凝土振捣不密实，混凝土骨料之间存在架空或少浆情况，经过长时间运行，随着混凝土的老化，在水压力作用下，形成漏水通道。

以上发生的渗漏现象均呈现的是清水，未携带沙土，说明渗漏通道已经稳定，未破坏大坝主体，洞身也未发现变形和裂缝，短期内不会对工程安全造成影响，但长期运行必定会影响工程耐久性。

4　建议处理方案

4.1　洞内渗漏处理

（1）洞内施工冷缝、裂缝。主要可能的渗漏通道有混凝土施工冷缝及其他裂缝。因为表面有较多的钙质析出，初步探查裂缝为 5 条，累计长度约 10m。

1）处理方法：化学灌浆（聚氨酯类）＋防水砂浆。

2）表面封闭处理：手刮聚脲材料表面封闭处理。

(2) 混凝土集中渗漏（点渗漏）、散渗（面渗）。主要可能的渗漏通道主要为集中渗漏点和散渗区域，按照现场查勘情况分析，初步探查渗漏部位为5处。

1) 处理方法：化学灌浆（聚氨酯类）+防水砂浆。

2) 表面封闭处理：手刮聚脲材料表面封闭处理。

3) 注明：洞内施工水汽较大、湿度较大，混凝土内表面含水量较高，需要除湿、烤灯、高压风机送风等一系列内防渗处理措施。

4.2 输水洞出口渗漏处理

输水洞出口八字墙漏水位置可以将八字墙部分拆除，墙后重新回填反滤料，重新砌筑墙体。

5 主要处理工艺及参数

5.1 化学灌浆

5.1.1 内部化学灌浆

(1) 方法简介。使用高压灌浆设备将柔性化学浆液灌注到裂缝内部进行封堵止水，采用的化学浆液具有适应裂缝变形的能力。

(2) 各环节工序如下。钻孔→埋设注浆嘴→注水→灌浆→封口。

根据灌浆设备、混凝土厚度及灌浆工艺，选择单孔灌浆或不同深度双孔灌浆。

(3) 灌浆效果检查。现场采用压气法检查钻孔是否与缝联通，使用压水法检查灌浆效果。

(4) 材料特性及适用条件。化学浆液为遇水膨胀型的聚氨酯柔性材料，固结后的弹性体能够较好地填充裂缝内部空间，从而起到封堵止水的作用。化学灌浆方法适用于贯穿性裂缝、深层裂缝的内部封闭处理。

5.1.2 化学灌浆修补工艺要点

对于伴有渗水的裂缝不论其开度如何，必须先进行灌浆封堵处理，对于不渗水的裂缝，开口最大宽度小于0.2mm的裂缝可以不进行内部灌浆直接进行表面封堵，开口最大宽度不小于0.2mm的裂缝需先进行内部灌浆，然后进行表面封堵、表面封闭。

(1) 工艺流程及主要技术参数。

1) 工艺流程。使用高压灌浆设备将柔性化学浆液灌注到裂缝内部进行封堵止水，采用的化学浆液具有一定的强度，且具有适应裂缝变形的能力。化学浆液为遇水膨胀型的聚氨酯柔性材料，固结后的弹性体能够较好地填充裂缝内部空间。

化学灌浆施工的工艺流程的关键步骤为：施工准备→查缝定位→布孔→钻孔→钻孔清理→安装检查嘴→压水、压气检查→安装灌浆嘴→裂缝表面临时性封堵→浆液配制→灌注浆液→质量检查（压水检测、取芯检测）→去除表面临时性封堵并打磨混凝土表面和验收。

2) 主要技术参数：①孔径14mm；②钻孔深度30～50cm；③钻孔角度最小30°，最大45°；④钻孔间距10～60cm；⑤灌浆压力最低0.3MPa，最高0.5MPa（裂缝内部压力）；⑥稳压时间不少于10min，个别部位需要不少于30min。

（2）主要工艺及处理技术要点。

1）查缝、布孔和钻孔。根据裂缝发生部位和情况，确定裂缝类别，再检查裂缝的深度，为布孔提供第一手资料。

本工程中，根据检测情况及现场试验确定布孔、钻孔原则为：采用钻孔机，在裂缝两侧、垂直裂缝表面走向、与开裂面间夹角小于45°、错位钻孔，钻孔深度为结构厚度的1/3～2/3，钻孔必须穿过裂缝，钻孔与裂缝间距小于结构厚度的1/2。钻孔间距20～60cm。

2）清理混凝土表面和清孔。采用高压水流（0.5MPa）清洗混凝土表面与注浆孔，清除表面松动颗粒、粉尘，保持表面干净、新鲜、润湿。现场采用压气法初步检查钻孔是否与缝联通。

3）埋设注浆嘴（塞）。在钻好的孔内安装注浆嘴（注浆嘴总长度8.5cm，外径1.4cm，下部膨胀螺栓部分长度3.4cm），埋入钻孔内深度4cm左右，并用专用内六角扳手拧紧环压螺栓，压缩橡胶套管，使注浆嘴固定在注浆孔内，并与孔壁密贴、无空隙、不漏水。

4）注水及表面临时刚性封堵。从最低处观察孔开始依次向上，用高压清洗机以0.3MPa的压力向检查嘴内注入洁净水，观察其他注浆孔出水情况。若相邻上部的注浆孔有水涌出，说明该注浆孔与裂缝连通良好。移至涌水注浆孔的邻近上部注浆孔注水，直至全部注浆孔均与裂缝连通良好为止，注水检查完成后，用注浆嘴替换检查嘴。裂缝宽度大于0.5mm以上的裂缝在注水检查完成后进行表面临时刚性封堵。

5）浆液配制和灌浆。浆液配制根据温度、产品性能、浆液灌入量进行配浆，浆液要随配随用，配制浆液时，保持浆液温度在25℃以下，以提高浆材可灌性。灌浆压力的选择，一般从建筑物的结构、裂缝开度和裂缝面积，以及浆液的可灌性等几个方面综合考虑。当裂缝面积大、开度大、可灌性好时，选用灌压可以小些，反之可以大些。本工程依据裂缝情况结合现场试验最大持续灌浆压力选用不大于0.3MPa为宜。

水平裂缝由裂缝一端的钻孔向另一端的钻孔逐孔依次进行灌浆，垂直裂缝由下至上一次灌浆，灌浆压力由低向高逐渐上升，先灌深孔，从下层进浆开始灌浆，待上层回浆管排出孔内水、气后，封闭回浆管。根据吸浆量情况逐步升至设计压力，当吸浆率小于1mL/min时，保持压力延续灌注3～5min即可结束灌浆，4～5h后检查灌浆效果，对管口不饱满的胶管进行第二次灌浆直至饱满。

本工程中根据灌浆设备、混凝土厚度及灌浆工艺，选择单孔从下向上灌浆。灌浆顺序为由下向上，单孔逐一连续进行。当相邻灌浆孔开始出浆并且压力达到0.5MPa后，保持压力12～15min，即可停止该灌浆孔灌浆，移至相邻灌浆孔灌浆，直至最上部位灌浆孔灌浆完成。

6）拆嘴。灌浆完毕，待浆液终凝，一般灌浆完成24h后，确认不漏即可去掉或敲掉外露的灌浆嘴。清理干净已固化的溢漏出的灌浆液。

7）封口。用速凝封堵材料进行注浆孔的修补、封口处理。

8）表面处理。将表面刚性封堵材料打磨掉，同时清理所漏出缝隙表面的已固化的浆液。

9）验收。灌浆结束 48h 后，按照每条缝抽检 3 处注浆孔的方式进行压水检查，对于检查不合格的区段进行补灌，直至再次检查合格，必要时进行钻芯检查。

10）后续工作。最后在修补好的裂缝表面进行划线、打磨、缺陷填补、涂刷界面剂等工作，为表面粘贴做准备。

5.2　引排、导流

对于有明显渗水和明流出口的区域，应进行适当导流，临时性导流可以采用软塑料管＋渗流处封堵来引排，以保持工作面干燥可进行其他作业。永久性导流也可以使用的软塑料管＋渗流处封堵＋其他材料回填＋表面封闭来进行引流，塑料管的口径和外露长度依据现场条件确定。

5.3　弹性涂层防渗处理

采用聚脲涂层进行表面防护处理，以提高混凝土的耐久性。

（1）刷涂界面剂。界面剂要求涂刷均匀，无漏涂、需要厚涂、涂刷界面要保持干燥无明水。

（2）刮涂弹性涂层一遍。在界面剂表干但未全面固化之前涂刮第一遍弹性涂层。

（3）刮涂弹性涂层二遍以上。在第一遍弹性涂层表干后，在其表面涂刮第二遍、第三遍、第四遍，要求涂刮固化后的涂层厚度保持在 2mm 以内，收边部位必须填匀、填实，弹性涂层与收边处涂层以及外侧混凝土均保持光滑过渡。

柔性防护棚洞在阿尔塔什水利枢纽工程中的应用

贾运甫

（新疆水利水电勘测设计研究院有限责任公司）

摘　要： 阿尔塔什水利枢纽工程 3-1 号道路为上坝主要交通通道，道路中段一侧临山，临空侧下部为生态电站厂区高边坡；临山侧边坡陡立，高达 300m，坡面广泛分布松、危石，滚落危石对车辆、人员交通安全构成危险。为避免边坡地质危害，考虑道路功能使用要求及对临空侧下部边坡和生态水电站影响等因素，选择柔性钢棚洞用于道路防护是适合的。本项目完工运行几年防护作用效果良好，其设计为类似工程提供参考。

关键词： 施工交通　柔性钢棚洞　落石冲击力

1　概况

阿尔塔什水利枢纽位于新疆西南部喀什地区莎车县境内阿尔塔什村西的叶尔羌河上，是一座以生态、灌溉、防洪、发电为开发目标的控制性水利枢纽工程。水库总库容 22.45 亿 m^3，正常蓄水位 1820.00m，死水位 1770.00m，最大坝高 164.8m，水电站装机容量 755MW，为Ⅰ等大（1）型工程。拦河坝设计为混凝土面板砂砾石-堆石坝。2 个发电洞、1 号深孔放空排沙洞、生态基流发电洞和发电厂房布置在右岸，导流洞、2 个溢洪洞、中孔泄洪洞、2 号深孔放空排沙洞布置在左岸。

坝址两岸基岩裸露，为横向谷，两岸地形不对称，右岸边坡高陡，自然坡度 55°～80°，局部近直立；边坡处理及加固高度超过 610m，左岸自然坡度 35°～40°，最大坡高 426m。

2　工程施工交通概况

阿尔塔什水利枢纽工程位于新疆喀什地区莎车县境内阿尔塔什村，距乌鲁木齐公路里程约 1553km。采用公路运输为主、铁路运输为辅的交通方案，外来物资材料总运输量约为 107.14 万 t。根据工程的枢纽布置、地形条件、料场、存弃渣场分布情况，本工程施工期间场内道路共布置有 16 条。其中左岸永久道路 2 条，施工临时道路 3 条；右岸永久道路 3 条，施工临时道路 7 条，分别衔接至各施工区。施工道路总长 69.0km。

3 号道路：起点位于 1 号永久跨河大桥右岸引道末端，止于阿尔塔什枢纽 2 号交通洞进口，全长 0.9km。3-1 号道路起点为 3 号路与 2 号交通洞交叉口，沿 1 号深孔泄洪洞与生态发电厂房开挖后边坡布置，终点位于坝址之字形道路。其道路的功能主要为施工期坝体填筑主干道，后期为右岸永久上坝公路。采用场内三级道路标准设计，设计车速20km/h。路面宽度6.5～9.0m。道路路面施工期（临时道路）路面结构分为一层厚20cm级配砾石路面，运行期（永久道路）改建厚22cm混凝土路面结构。

3　3-1号道路地形地质条件及地质意见

3-1号道路斜切右岸3号冲沟左侧高边坡下部，沿线基岩裸露，为中石炭统卡拉乌衣组（C_2k_2）灰岩、石英砂岩、泥晶灰岩，岩层产状350°SW∠50°～70°，走向与挖边坡交角多在40°左右，主要结构面为层面及卸荷裂隙，开挖边坡整体稳定，但由于边坡开挖以来的长期卸荷作用，坡表岩体局部稳定性较差，在重力及外水的作用下易产生局部滑塌。3-1号路开挖边坡以上自然边坡高约200～300m，45°～60°，大部分基岩裸露，沟梁相间地形，坡面及冲沟内广泛分布松石、危石，粒径小于1.5m，分布范围为开挖边坡以上高程1950.00m左右。

3-1号道路桩号K0＋208段处于边坡转弯段附近，开挖边坡高约40m，边坡坡度约70°～85°，岩层走向与坡面交角相对较小，宜沿层面产生卸荷松弛，局部稳定性较差，已产生过3次小量塌滑，该段边坡是3-1号道路开挖边坡稳定性相对较差地段。

3-1号道路边坡开挖完成以后，开挖边坡整体稳定，边坡上部局部产生卸荷变形，易产生少量塌滑；加之开挖边坡以上自然边坡危石在自然力作用下形成的滚石，对过往车辆及人员安全构成极大危害，必须对3-1号道路开挖边坡加固或防护处理，桩号K0＋208前后20m段为防护重点段。

4　防护方案选择

工程施工期间对道路K0＋208前后20m段采用主动防护网进行坡面防护，增加Φ25、$L=4.5$m系统锚杆，增加3Φ25、$L=12$m锚筋桩、间排距4.5m，喷射10cm C25混凝土进行坡面封闭处理。边坡防护范围设排水孔，孔深3.0m，间排距3m。道路边坡处理后一段时间，上部临山边坡再次发生滚石，对道路运行产生安全隐患。

根据落石范围，对3-1号道路K0＋077.713～K0＋379.20总长约301.5m范围采取防护措施，以保证道路运行安全。基于现场施工情况：3-1号道路路基开挖、路面结构已经形成；道路下侧的生态发电厂房、深孔泄洪洞正在施工；大坝填筑已基本施工完毕，其物料运输可经其他道路到达。3-1号道路防护平面布置见图1。

初步拟定三个方案。方案一为明洞方案，洞身断面7.5m×7.25m（宽×高），采用C30混凝土衬砌50cm，洞顶回填厚1.0m土料，用于减轻落石对混凝土结构的冲击。方案二采用柔性钢棚洞方案，洞身断面尺寸与明洞一致，采用HN40钢拱架＋Φ18钢丝绳＋环形网＋双绞六边形格栅网＋支座。方案三采用混凝土柱棚洞方案，边墙采用混凝土排架柱结构，洞顶采用现浇混凝土板，顶板厚0.3m，棚洞两侧加设被动网防护。各方案经济技术比选特性见表1。

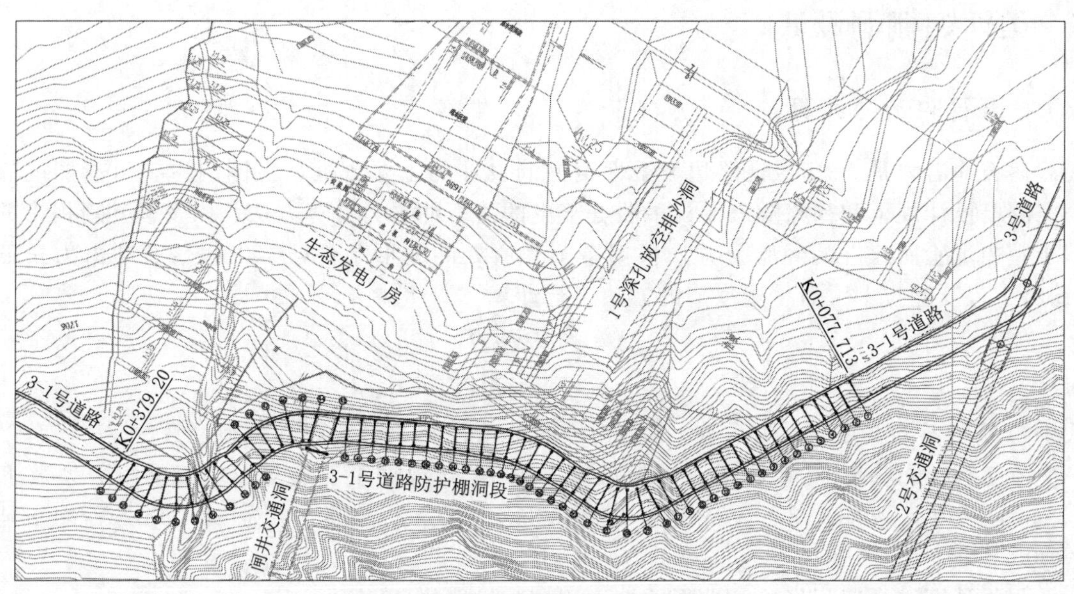

图1　3-1号道路防护平面布置图

表1　3-1号道路防护方案经济技术比选特性表

项目	方案一明洞方案	方案二柔性钢棚洞方案	方案三混凝土柱棚洞方案
方案设计	洞身断面7.5m×7.25m（宽×高）、C30混凝土衬砌50cm，洞顶回填1.0m土料，洞内设厚22cm混凝土路面	HN40钢拱架+Φ18钢丝绳+环形网+双绞六边形格栅网+支座	C30混凝土排架柱+混凝土顶板+被动防护网，混凝土柱尺寸为0.6m×0.8m，顶板厚0.3m
主要工程量	C30混凝土：7456m^3 钢筋制安：708t 土石料填筑：1.3万m^3	C30混凝土：7456m^3 钢材制安：148t 防护面积：5400m^2	C30混凝土：1750m^3 钢材制安：148t 防护网：2834m^2
方案优缺点	安全性很好，可彻底解决落石问题。缺点在于洞身段自重荷载大，对下侧边坡整体稳定性不利，需增设通风及照明设施	安全性较好，可解决一般落石问题。考虑交通工程通行量不大，可满足设计要求，棚洞自重荷载小，不会对下侧边坡稳定性产生影响，便于维修	安全性尚可，可解决一般落石问题，但混凝土柱+顶板自身抗冲击能力较差，维护不方便
施工工期	8个月	3个月	6个月
投资/万元	1248.40	543.44	528.97

从表1中可以看出，明洞方案虽然安全性较好，但考虑投资和对其他建筑物的影响，不作为第一推荐方案。柔性钢棚洞方案安全性较好，可解决一般落石问题；考虑交通工程通行量不大，可满足设计要求，棚洞自重荷载小，不会对下侧边坡稳定性产生影响，虽然需定期清理落石，但运行维修方便，投资较低，工期短，可推荐。混凝土柱棚洞方案虽然投资最低，但存在自身安全的问题，且施工工期较长，施工工艺复杂，不推荐。

综上3-1号道路边坡防护推荐采用柔性钢棚洞方案。

5 柔性钢棚洞设计

5.1 落石冲击力计算

落石冲击力是3-1号道路边坡柔性钢棚洞设计的主要依据，在国内主要可参照的有公路路基设计规范和铁路隧道设计手册等给出的落石冲击力计算方法，以及杨其新提出的基于室内试验所建立的经验公式。根据本工程所处的地形条件，本工程落石冲击力按照《铁路工程设计技术手册 隧道》的方法进行计算。

$$V_0=\mu\sqrt{2gH}$$

$$\mu=\sqrt{1-K\cot\alpha}$$

式中：H 为落石高度；μ 为系数；α 为山坡坡度角；K 为石块滚动阻力系数。

本工程落石高度 $H=300\text{m}$，山坡坡度 α 取 70°，根据手册查得石块滚动阻力系数 K 取 1.0，系数 μ 取 0.798，落石重量 160kg，经计算落石速度 V_0 为 61.78m/s，冲击能力 305.29kJ。

根据计算结合工程经验，选择柔性钢棚洞防护能级 400kJ。

5.2 柔性钢棚洞布置与材料设计

5.2.1 柔性钢棚洞整体布置

根据危害程度不同，道路全长施行被动防护网和柔性钢棚洞两种防护设计。3-1号道路第一段（K0+000.000～K0+077.713）和第三段（K0+379.199～K0+449.345）采用被动防护网防护设计；第二段（K0+077.713～K0+379.199）采用柔性钢棚洞防护。柔性钢棚洞防护能级 400kJ。

柔性钢棚洞平面以原道路中心线为基准布置（见图 2），转弯半径与原道路相同，由于工程运行期交通量极低，道路设计标准采用场内三级。柔性钢棚洞断面净空 7.0m×4.5m（宽×高）。钢架横断面设计为城门洞型，共设置五种型式。Ⅰ型断面净尺寸 7.5m×7.25m，Ⅱ型断面净尺寸 7.9m×7.45m，Ⅲ型断面净尺寸 8.4m×7.7m，Ⅳ型断面净尺寸 8.9m×7.95m，Ⅴ型断面净尺寸 9.2m×8.1m。

5.2.2 柔性钢棚洞结构布置

柔性钢棚洞主要结构部件：HN40 钢拱架+Φ18 钢丝绳+环形网+双绞六边形格栅网+支座（见图 3）。钢拱架平均间距约 5.0m，全长共设置 61 榀钢架；拱架之间采用横向支撑圆管连接，每环设置，间隔 15m 设置一道斜向支撑圆管；上铺 R9/3/300 环形网，上铺 R9/3/300 环形网；外侧采用Φ18 钢丝绳固定，钢丝绳间距 0.4m。

5.2.3 材料设计

（1）钢架采用焊接 HN40 型钢，材质为 Q345B。

（2）连接板、基础板及预埋板均采用 Q345B 钢板。

（3）撑杆采用Φ114×4 钢管，材质为 Q235B。

（4）钢架、被动防护网立柱基础采用 C30 混凝土（二级配，F200）；基础与路面连接采用植筋，钢筋为Φ25（HRB400 级），砂浆采用 M25。

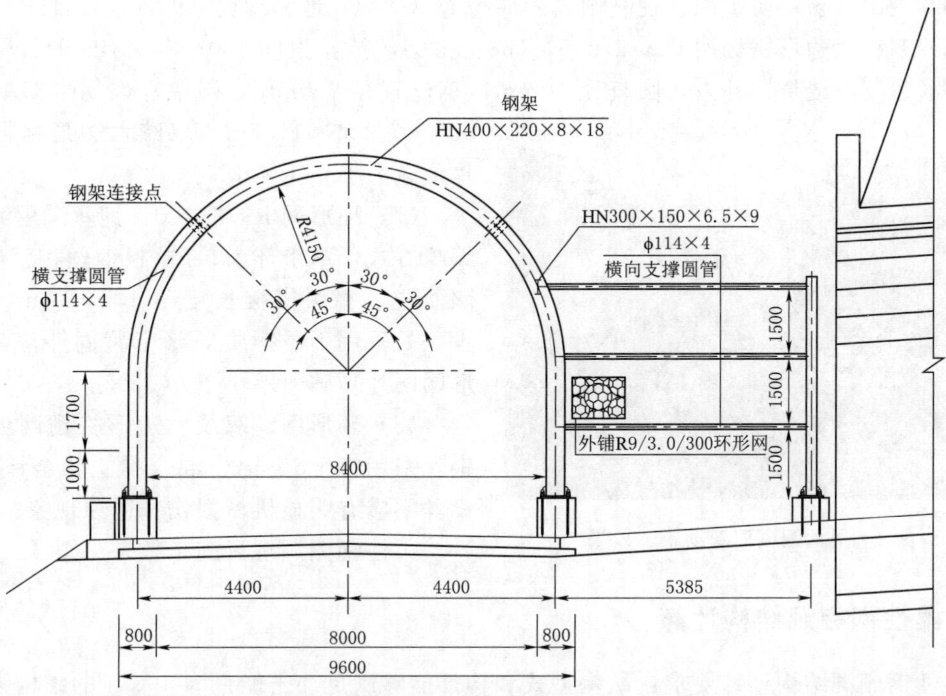

图 2　柔性钢棚洞剖面图（单位：mm）

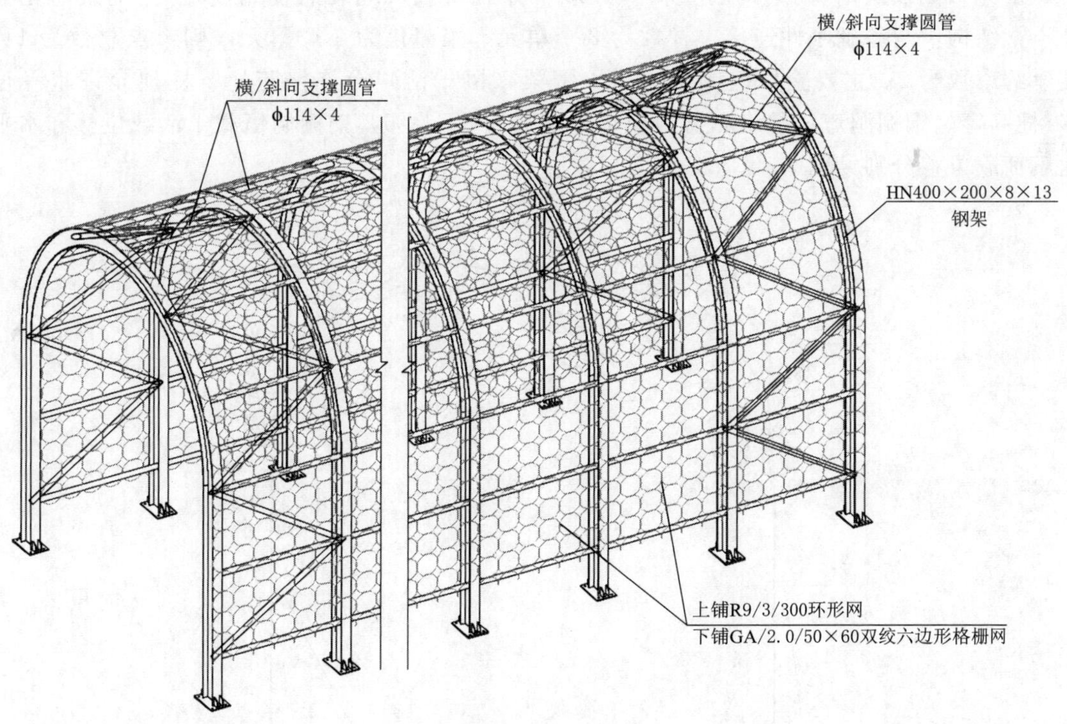

图 3　柔性钢棚洞结构示意图（单位：mm）

（5）钢架、被动防护网立柱基础锚固件为 M30×700 地脚螺栓（9 字型 Q345B）。

（6）双绞六边形格栅网 GA/2.0/50×60：由钢丝抗拉强度 380～540MPa 的锌铝合金镀层钢丝编制，菱形网孔内切圆直径 50mm，钢丝直径 2.0mm，网块标准规格 GA/2.0/50×60/2.6×11.2m，双绞六边形格栅网网片顶破力不小于 40kN。

图 4　柔性钢棚洞现场施工效果

（7）环形网 R9/3/300：钢丝采用缠绕型编织方式，单个环由Φ3 单根钢丝相互缠绕 9 圈而成，端头搭接长度不小于 10cm，且至少一处采用不锈钢质 C 形卡紧固件箍紧，环形网网片顶破力不小于 640kN。

（8）环形网、双绞六边形格栅网编织用钢丝采用锌+5%铝+混合稀土合金镀防腐。钢丝不应有明显机械损伤和锈蚀现象。

柔性钢棚洞现场施工效果见图 4。

5.3　柔性钢棚洞结构计算

柔性钢棚洞结构计算要求：结构型式和构件能够满足冲击能量为 400kJ 的结构强度要求，保障路面交通安全。计算软件选用 PKPM 钢结构设计软件，主要考虑的荷载有：落石冲击力（侧顶拱）、钢结构自重荷载、水平地震荷载（地震烈度Ⅷ度）。把钢架简化为柱+梁结构，与基础刚性连接。柱数为 2 个单元，梁简化为 8 个单元，则节点总数为 11，支座约束数为 2。主要验算钢棚洞内力、钢梁（恒+活）允许挠跨比、柱顶允许水平位移/柱高等。钢棚洞弯矩包络和剪力包络分别见图 5、图 6，钢棚洞恒载+活载位移和水平地震荷载位移分别见图 7、图 8。

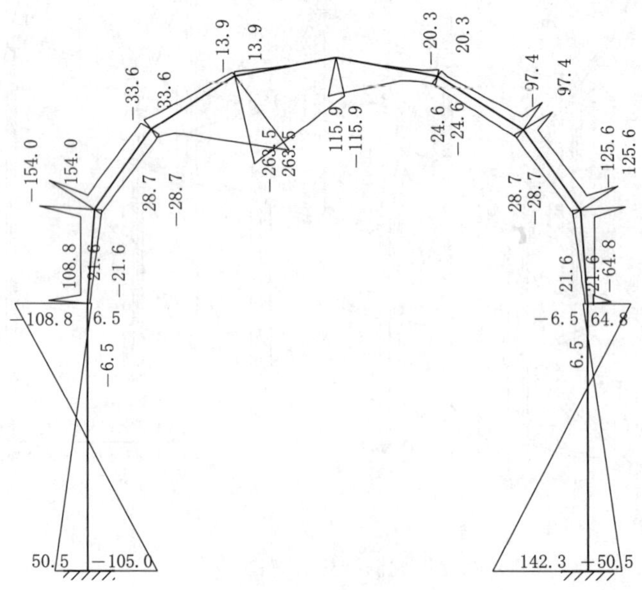

图 5　钢棚洞弯矩包络图

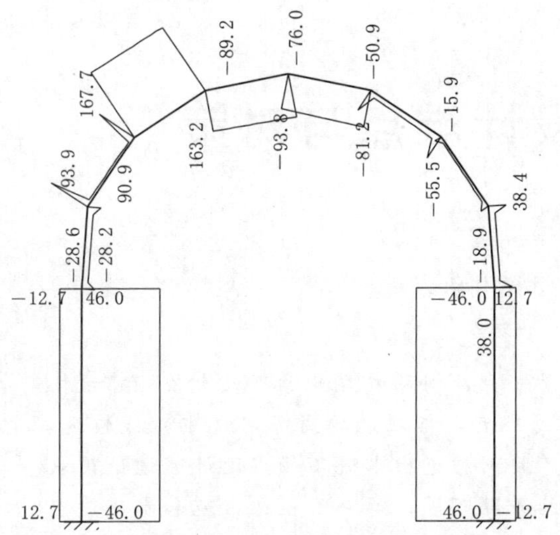

图 6　钢棚洞剪力包络图

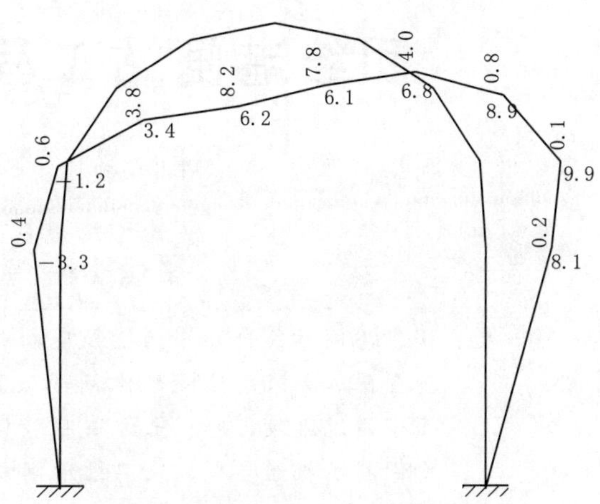

图 7　钢棚洞恒载＋活载位移图

根据计算结果，在各种荷载作用下，轴力 $N_{max}=160$kN，剪力 $V_{max}=114.6$kN，弯矩 $M_{max}=184$kN·m，最大应力比为 0.64，满足钢材设计要求。地震荷载作用下柱顶最大水平（X 向）位移：$d_{max}=4.064$mm$=H/1107<$柱顶位移允许值 $H/60$；梁的最大挠度 8.67mm，挠跨比$=1/911<$梁的允许挠跨比 1/180，满足设计要求。

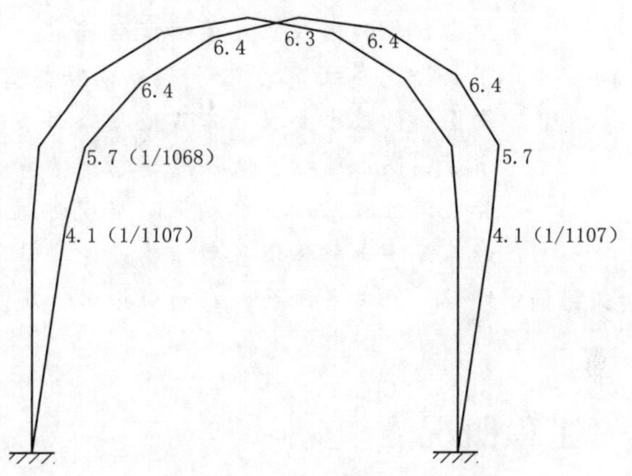

图 8　钢棚洞水平地震荷载位移图

6　结语

3-1号道路开挖边坡滚石，对过往车辆及人员安全构成极大危害。综合经济技术比选后，柔性钢棚洞方案安全性较好，可解决落石问题。且棚洞自重荷载小，不会对下部边坡稳定性产生影响，适合在本工程应用。该项目 2018 年完工，运行几年防护作用效果良好，其设计为类似工程提供参考。

参考文献

［1］ 郑长青，汪辉武，张一帆，等．铁路隧道柔性棚洞优化方案研究［J］．现代隧道技术，2019，56（S2）：508-514.

［2］ 巩跃龙．柔性棚洞在陡崖落石灾害防治中的应用研究［J］．山西建筑，2019，13：123-125.

［3］ 严广艺．隧道洞口柔性棚洞防护结构可靠性分析及应用［J］．铁道建筑，2019（12）：51-54.

［4］ 杨功勤．铁路棚洞落石冲击力分析［J］．工程建设与设计，2013（5）：130-133.

［5］ 汪敏，石少卿，阳友奎．柔性棚洞在落石冲击作用下的数值分析．工程力学，2014（5）：151-157.

团结港闸站工程设计难点与对策

钟恒昌　秦　峰　王一品

（中水淮河规划设计研究有限公司）

摘　要： 团结港闸站集自排、抽排和反向引水于一身，闸站左岸紧贴百尺大桥，建设场地受限。如采用传统的水闸和泵站分离布置，枢纽处偏离原河道中心线较远，上下游过渡段占地和土方工程量较大，且闸站进出水流不畅。设计通过选用双向引排水机组型式，采用排水闸与泵站并贴布置，解决了枢纽占地和水流流态等技术难题。浙江省海盐县区域内梅雨型和台风型暴雨降水集中、强度大、持续时间长，泵站流量大、扬程低、运行可靠性要求高，设计利用三维湍流数值模拟优化和水泵装置模型试验研究，基于竖井流道型线规则化设计理论，提出了安全、高效节能"S"形双向竖井贯流泵站新形式，实现了大型低扬程泵站双向引排的技术要求。工程地质条件复杂，深厚海积、洪积土层具有明显的高含水量、高压缩性、低强度等物理力学工程特性，经过多方案比选择优推荐采用钻孔灌注桩基础＋水泥土深层搅拌桩成墙截渗综合措施，并结合采用超大尺寸的泵站下部整体块基型结构设计，满足闸站的地基强度、变形和整体稳定问题。

关键词： 闸站　竖井贯流泵　双向引排水　块基型结构

1　工程概况

团结港闸站工程位于浙江省海盐县主城区团结港与酱园河交叉口的河浜处，为海盐县区域（武原片区）防洪排涝工程中心区（主城区＋武原新区）一期工程的重要组成部分。通过建设防洪排涝闸站，整治河道，完善防洪排涝调度运行管理系统，为海盐县城市发展提供安全的防洪排涝保障。团结港闸站装机排涝流量 40m^3/s、兼顾引水流量 20m^3/s，安装 4 台机组，总装机容量 1610kW；水闸采用 2 孔，单孔净宽 6.0m。工程等别为Ⅲ等，主要建筑物级别为 3 级，次要建筑物级别为 4 级。防洪标准为 50 年一遇设计、100 年一遇校核，设计排涝标准采用 20 年一遇 24h 降雨一日排出，控制内河水位不超过 2.06m。区域地震动峰值加速度为 0.05g（相当地震基本烈度为Ⅵ度），抗震设防烈度为Ⅵ度。

泵站顺排涝水流方向依次布置前池、进水池（清污机桥）、主泵房、出水池等。泵站内安装 2 台 2100ZGB10.35－1.64 型单向竖井贯流泵装置和 2 台 2200ZGBS10.6－1.64 型双向竖井贯流泵装置（互为备用），总装机容量为 1610kW，配套电机功率为 2 台 355kW（单向旋转）和 2 台 450kW（双向旋转），额定电压 10kV。主泵房采用堤身式布置，下部为块基型结构，机组间距 7.0m，泵房底板顺水流向长 36.0m，垂直水流向宽 29.5m，水泵叶轮中心高程－2.80m，站身顶高程 4.20m，主泵房宽 17.0m，内设 1 台 QD20t/5t 吊钩桥式起重机。主泵房、安装间、副厂房“一”字形布置，采用钻孔灌注桩基础，并采用水泥土深层搅拌桩成墙截渗。

排水闸紧邻泵站并排布置，水闸共2孔，单孔净宽6m。水闸段顺水流方向长15.9m，垂直水流向宽度15.7m，底板顶面高程－1.84m。工作闸门采用升卧式钢闸门及QH－2×160kN弧门卷扬式启闭机启闭，外河侧设检修门槽一道，内河侧布置工作桥，水闸采用钻孔灌注桩基础。

配套河道包括闸站上游380m、下游44m，采用生态砌块挡墙护岸，堤顶高程3.20m，10～65m宽绿化带内设置骑行道、游步道及景观座椅等。

2 工程总体布置

闸站站址根据流域、城镇建设的总体规划，综合考虑地形、地质、水源或承泄区、电源、对外交通、占地、拆迁、施工、管理等因素，选择在排水区地势低洼、能汇集排水区涝水，且靠近承泄区的团结港与酱园河交叉口河浜处，西南侧现状为芦苇地，东北侧为农田及鱼塘，现状场地开阔。但站址西南侧紧贴已规划立项的百尺大桥，且百尺大桥与本闸站工程基本同期实施。采用传统常规的水闸和泵站分离布置，枢纽处两岸边墩间水面宽度不小于66m，而站址处团结港河道常水位下水面宽约25m，两岸河滩顶间距不过33m，百尺大桥侧场地受限，单侧偏离原河道较远，上下游过渡段占地和土方工程量较大，且闸站进出水流不畅。

考虑到团结港闸站要求排涝抽排40m^3/s、反向引水20m^3/s，设计通过选用双向引排水机型式减少机组数量，经过比选，泵站内安装2台单向竖井贯流泵装置和2台双向竖井贯流泵装置（互为备用），使泵站宽度减少了14m。

经统筹考虑百尺大桥施工影响和闸站进出水流条件、对外交通、占地、拆迁、施工、管理等因素，拟定2个方案：①闸站合建方案，排水闸紧邻泵站并贴布置，排水闸与泵站边墩之间仅设置2cm变形缝；②导流岛分建方案，排水闸与引排站之间设置10m隔离导流岛分开布置。设计通过详细的技术经济比选，推荐采用闸站合建方案。

通过选用双向引排水机组型式，采用排水闸与泵站并贴布置，使枢纽处两岸边墩间水面宽度仅42m，上下游河道顺直，闸站进出水流顺畅稳定；节约了土地资源约8.5亩，减少了土石方开挖、钢筋混凝土工程量，节省工程投资500万元。同时最大限度地避开百尺大桥（净距10m），避免两工程施工交叉影响和不利安全隐患，方便了工程运行维护管理。

3 机组选型

浙江省海盐县区域内梅雨型和台风型暴雨降水集中、强度大、持续时间长。团结港闸站作为海盐县中心片区北向排涝主通道，是该区域排涝控制性工程，具有流量大、扬程低、运行可靠性要求高的特点，同时需兼顾向内河反向引水的任务。经过对国内部分相似泵站工程、水泵厂家调研和查阅资料发现随着潜水电机技术的日趋成熟，近年来潜水贯流泵在我国的城市防洪、水环境改善等方面应用逐步增多。因此设计重点对潜水贯流泵和竖井贯流泵两种方案进行了比选。经比较，对有反向引水要求的泵站，开敞式轴流泵站需要采用X形流道，土建结构复杂，工程造价高，控制闸门多，运行操作复杂，推荐采用竖井贯流泵装置方案。

为了选用优秀的水力模型，力争达到同行业领先水平，利用三维湍流数值模拟优化和水泵装置模型试验研究，基于竖井流道型线规则化设计理论，提出了安全、高效节能"S"形双向竖井贯流泵站新形式。

创新地采用"S"形轴流翼型，仅需改变水泵旋转方向即可实现正反向抽水，替代了传统的180°叶调机构，水力性能更优、结构简单可靠，电机置于竖井内，机组通风、采光、安装检修、运行管理更方便。

实现了双向"S"形轴流泵与竖井贯流进出水流道整体优化设计，水泵装置效率较传统的X形立式双向流道泵站效率整体提高3.5%～5.0%。突破引排结合泵站的传统设计方法，即采用X形立式双向流道、"一站四闸"等工程技术措施，提出了水泵装置一体化灌排设计新方案，较传统设计方案可节省工程投资300万元，引排调控也更安全可靠。

4　结构设计

（1）勇于突破规范和经验，泵站下部采用超大尺寸整体块基型结构，增强了泵房整体性，减小了桩基础的单桩水平承载力要求。团结港闸站泵站下部为块基型结构，采用钻孔灌注桩基础，泵房底板顺水流向长36.0m、垂直水流向宽29.5m、厚1.50～3.50m。设计综合考虑泵房结构型式、地基土层岩性、基底应力分布情况、桩基础布置和施工期当地气温条件等因素，大胆采用泵房底板不设永久变形缝的超大尺寸整体块基型结构，突破了《泵站设计规范》（GB 50265—2022）土基上的缝距不宜大于30m的要求。为了控制施工质量，设计要求施工时参建各方严格控制材料选择、降温和保温措施等技术环节，以减少混凝土内外温差，防止由于地基不均匀沉降、温度变化和混凝土干缩等因素导致裂缝的产生和发展。泵站下部设计成整体块基型结构使泵房获得较好的整体性，避免了由于软弱土层提供抗力过小导致的泵房侧向抗滑稳定不足问题，减小了泵站钻孔灌注桩基础的单桩水平承载力要求，同时方便辅助设备、电气设备及管道、电缆道的布置。

（2）巧妙的地基基础设计，解决了深厚软弱土层场地上建设闸站的承载力不足、不均匀沉降和防渗问题。团结港闸站站址处工程地质条件复杂，地基软弱土层深厚且层厚分布不均，闸站建基面−7.5～−4.5m，坐落在②-1层淤泥质重粉质壤土夹黏土上，土层厚4～9m不等，天然孔隙比$e_0=1.054$，含水率$\omega=37.5\%$，塑性指数$I_P=14.0$，液性指数$I_L=1.07$，压缩模量$E_s=3.03$MPa，地基承载力特征值$f_{ak}=80$kPa，其下卧第③-1a层淤泥质重粉质壤土夹黏土，第②-1a、③-1a层地基土为海积软土层，具有高含水率、高压缩性、低强度、易触变等特性，存在承载力不足和不均匀沉降等工程问题，天然地基远远不能满足本工程对地基的强度和变形要求，大大增加建设闸站的难度。

常见的软土地基处理方式有：松木桩、水泥搅拌桩、水泥粉煤灰碎石桩、钻孔灌注桩或预制桩、沉井基础等。针对本工程特点，考虑松木桩方案的处理深度有限、木材使用量大、使用寿命受限、质量难以保证，水泥搅拌桩桩体强度低，在淤泥质土层上施工质量难以保证且闸室最终沉降量大，故不考虑松木桩及水泥搅拌桩方案。设计根据地质条件、上部结构特点、施工条件和运用要求，并综合考虑地基、基础及其上部结构的相互协调，经对钻孔灌注桩基础、水泥粉煤灰碎石桩（CFG桩）复合地基和沉井基础方案进行技术经济比选，择优推荐采用钻孔灌注桩基础＋水泥土深层搅拌桩成墙截渗方案。钻孔灌注桩桩尖嵌入硬土层，增加地基承载力，减少闸站沉降量和提高闸站抗滑稳定性，水泥土深层搅拌桩成墙截断了因地基土固结沉陷导致底板与地基脱空的渗流通道，成功解决了深厚软弱土层场地上建闸站的承载力不足、不均匀沉降和防渗问题。地基基础设计方案技术经济比选见表1。

表1　　地基基础设计方案技术经济比选表

地基基础方案		适用范围	优　点	缺　点	可比投资/万元
方案1	灌注桩基础	较深厚的松软地基，尤其适用于上部为松软土层下部为硬土层的地基	桩尖嵌入硬土层，增加地基承载力，减少沉降量和提高抗滑稳定性	基础下卧层，具高含水率，高压缩性，容易导致底板与地基脱空；施工周期较长；工程造价相对较高	402
方案2	CFG桩地基	适用于处理黏性土、粉土、砂土和已自重固结的素填土等地基	增加地基承载力，减少沉降量和提高抗滑稳定性	单桩承载力不会有较大的提高；桩体的强度将非常难控制；当桩很长的时候，桩的端部的凝固会非常缓慢；由于软土层的厚度过厚，对于后期的沉降非常难以控制	280
方案3	沉井基础	适用于上部为软土层或粉细砂层、下部为硬土层或岩层的地基。沉井应下沉到硬土层或岩层，要求松软土厚度不超过10m，且硬层层面需较平整	增加地基承载力，减少沉降量和提高抗滑稳定性，对防止地基渗透变形有利	结构尺寸大、高度大，冲沉容易倾斜，纠偏困难；邻近厂房，对恒峰工具股份有限公司厂房影响较大；软土地基上沉井下沉施工控制要求高，沉井刃脚未下沉到坚硬土层或岩层，仍会有一定的沉降量。工程造价最高	580

5　实施效果

海盐县区域（武原片区）防洪排涝工程中心区（主城区＋武原新区）一期工程团结港闸站2020年4月通过合同工程完工验收并投入使用，合同工程完工验收中单位工程施工质量等级评定为优良。工程投产以来，工程结构稳定、安全，闸站运行平稳，充分发挥了防洪排涝和水质控制的作用，效益十分明显，提高了海盐县城区防洪排涝能力，为城市发展提供了安全的防洪排涝保障。

6　结语

团结港闸站集自排、抽排和反向引水功能于一身，闸站左岸紧贴百尺大桥，建设场地受限，泵站流量大、扬程低、运行可靠性要求高，工程地质条件复杂，设计通过选用双向引排水机型式，采用排水闸与泵站并贴布置，采取超大尺寸的泵站下部整体块基型结构设计，钻孔灌注桩基础结合水泥土深层搅拌桩成墙截渗综合措施，成功地解决了本工程的工程布置、水机选型和地基基础设计等技术难题，为类似边界条件下工程建设提供了参考案例。

参考文献

[1] 刘美义，马东亮，钟恒昌．花园湖退洪闸地基处理设计与效果分析［J］．水利规划与设计，2019（9）：119-122．

[2] 赵永刚，钟恒昌，孙明霞．洪积地层上某水闸地基设计方案比选［J］．人民黄河，2012（11）：129-131．

[3] 钟恒昌，秦峰，胡嵩．复杂地层上刚性桩基础水闸的防渗措施研究［J］．水利水电技术，2019，50（S1）：139-145．

[4] 左东启，王世夏，林益才．水工建筑物［M］．南京：河海大学出版社，1995．

[5] 左东启，顾兆勋，王文修．水工设计手册［M］．北京：中国水利水电出版社，1989．

[6] 俞仲泉．水工建筑物软基处理［M］．北京：中国水利水电出版社，1988．

淮河入海水道淮安枢纽新老地涵沉降协调措施研究

钟恒昌　欧　勇　王一品

（中水淮河规划设计研究有限公司）

摘　要：淮河入海水道淮安枢纽老地涵运行20多年，工程整体已经沉降稳定，扩建新地涵紧邻老地涵布置，新、老地涵沉降差异势必影响其结合部位的止水防渗效果和导致结构错位。为了避免该情形发生，考察研究了冲击碾压法、无填料振冲法、强夯处理法等地基处理工程措施，综合考虑方案的适用性、经济性、高效性、可操作性，对比分析了无填料振冲法、强夯处理法在特定地质条件下的优缺点及合理性，研究表明无填料振冲法工艺简单、有效加固深度适合、减少沉降量效果显著，可解决淮安枢纽新老地涵沉降协调问题。

关键词：沉降控制　无填料振冲法　粉细砂　强夯

1　工程概况

淮河入海水道位于江苏省淮安、盐城市境内，西起洪泽湖二河闸，途经淮安市的洪泽区、清江浦区、淮安区和盐城市阜宁县、滨海县，东至滨海县扁担港海口闸注入黄海，全长162.3km，沿线布置二河、淮安、滨海、海口4座枢纽和淮阜控制。

淮河入海水道是淮河流域防洪体系的重要组成部分，是扩大淮河下游泄洪能力、提高洪泽湖及其下游防洪保护区防洪标准的关键性工程。淮河入海水道一期工程2003年6月完工通水，2006年10月全面建成，使洪泽湖防洪标准从50年一遇提高到100年一遇，结束了淮河800年无独立入海通道的历史。淮河入海水道二期工程在一期工程基础上进一步扩大淮河下游洪水出路，建成后联合入江水道、分淮入沂、苏北灌溉总渠等工程，使洪泽湖防洪标准由100年一遇提高到300年一遇，可有效降低100年一遇洪泽湖洪水位，减少洪泽湖周边滞洪区进洪概率，加快淮河中等洪水下泄，减轻淮干防洪除涝压力，提升渠北地区排涝能力。

淮安枢纽是淮河入海水道的第二级枢纽，实现入海水道与京杭大运河的立体交叉，淮安枢纽一期工程已建成老地涵15孔，设计泄洪流量2270m^3/s。为满足淮河入海水道工程设计泄洪流量7000m^3/s，在老地涵北侧扩建30孔新地涵，新、老地涵之间设10m分流岛，维持上部航槽中心线与京杭大运河航道中心线一致布置，平面为斜交布置方式，立交轴线与中心线交角77°，平面呈平行四边形。老地涵垂直水流方向宽125.7m，新地涵垂直水流方向宽251.0m，新、老地涵（含分流岛）总宽度386.7m。

2 老地涵运行情况

2.1 泄洪情况

入海水道近期工程淮安枢纽经历2003年累计泄洪运行33天，泄洪总量43.9亿m^3，最大泄洪流量1870m^3/s；2007年累计泄洪运行23天，分泄洪泽湖洪水34亿m^3，泄洪流量达到2070m^3/s，降低洪泽湖洪峰水位37cm，2007年7月24日涵上最高水位10.47m，涵下最高水位10.27m。泄洪运用指标基本达到设计标准，两次泄洪后进行安全检查，未发现影响工程安全的异常现象，无影响正常运行的缺陷，各方面运行正常。

2.2 安全鉴定情况

淮安枢纽一期建成后按照相关管理规定开展安全鉴定工作，2012年进行首次安全鉴定，最近一次安全鉴定工作于2022年10月完成，根据淮安枢纽大运河立交地涵安全鉴定结果，评定安全类别为一类闸。

2.3 位移观测成果

老地涵上游垂直位移观测共设垂直位移观测标点52个，其中底板标点20个，翼墙标点24个，岸墙标点8个。下游共设垂直位移观测标点56个，其中底板标点20个，翼墙标点28个，岸墙标点8个。根据管理单位观测资料，截至2021年年底，枢纽主要建筑物最终沉降量11.72～13.54cm，其中2005—2021年沉降量0.98～3.93cm。上游岸翼墙间相邻最大沉降差2.0cm，下游岸翼墙间相邻最大沉降差1.62cm，上涵首之间最大沉降差为0.84cm，下涵首之间最大沉降差为0.74cm。目前，立交地涵总体沉降均匀并已趋稳定，最大沉降量和相邻两相邻建筑物间最大沉降差满足规范和使用要求。

3 新老建筑物高程协调问题

淮安枢纽一期工程老地涵已经建成运行近20年，立交地涵总体沉降已趋稳定，主要建筑物最终沉降量11.72～13.54cm。在老地涵北侧扩建30孔新地涵，新、老地涵之间设10m分流岛。新地涵的控制高程、孔口尺寸、结构型式与老地涵基本一致，采用“上槽下洞”的立体结构型式，上部为京杭运河航槽，下部立交地涵用于入海水道泄洪。新地涵建基面采用与老地涵一致，根据工程地质条件，待新地涵沉降趋稳定后，新、老地涵控制高程可基本协调一致，但存在以下两个问题：

（1）据一期工程老地涵沉降观测成果，新地涵最终沉降量将达11.7～13.5cm，对新、老地涵结合部位止水的防渗效果将会产生极大威胁。枢纽位于淮河入海水道、苏北灌溉总渠和京杭大运河交汇处，场区水网复杂，不同工况下水位高程变化幅度大。加上场区工程地质、水文地质条件复杂，粉细砂地基土层极易渗透破坏，渗流条件恶劣，止水破坏形成渗流通道，将导致立交地涵粉细砂地基渗透破坏，对枢纽整体安全威胁极大。

（2）在新地涵沉降稳定过程中，新、老地涵连接部位势必产生不同程度的错位和损坏，对枢纽整体景观带来负面影响。毕竟一期工程已成为地标性建筑物，社会敏感性极强，整体景观要求高。

4　新老地涵沉降协调措施方案

粉细砂与黏性土在工程特性上有很大的区别。当荷载作用在粉细砂地基上，粉细砂地基的孔隙水压力会急速上升，从而产生超孔隙水压力，超孔隙水压力有寻找出水路径消散的趋势，粉细砂较大的渗透性有助于超孔隙水压力的快速消散，从而引起粉细砂地基的固结沉降。也就是说，粉细砂地基的变形主要发生在施工期间，施工后变形较小，这一点与黏性土地基有着本质的区别。天然的浅层粉细砂一般较为松散，若直接在其上建设建筑物，不利于施工期间路基高程的控制。因此，应采取措施提高浅层粉细砂的密实度，从而减小施工期间乃至施工后的沉降量。

为了避免新、老地涵沉降不协调对工程安全带来的不利影响，对新地涵沉降量采取控制措施是十分必要的。新地涵地基持力层为第⑦层黄色粉细砂（Q_2^{al}），呈中密状态，标贯击数平均值 21.8 击，孔隙比 $e=0.806$，黏粒含量 0.20%～1.5%（平均 0.45%），砂粒含量 92.1%，渗透系数 5×10^{-3}cm/s，承载力特征值为 210kPa。鉴于新地涵天然地基抗渗特性差外，地基强度尚可，设计除防渗排水外，重点是采取工程措施使新、老地涵沉降相协调。本工程加固面积大，砂石桩法、水泥土搅拌法、高压喷射注浆法、水泥粉煤灰碎石桩等处理措施手段过重，过于浪费，综合考虑适用性、经济性、高效性、可操作性，建基面碾压、强夯地基处理和无填料振冲三种地基处理工程措施比较合适。

建基面碾压方法可分为静力压实法、揉搓压实法、振动压实法、冲击压实法和强夯压实法等几种施工方法。冲击压实法和振动压实法适合于粉细砂地基的处理，而冲击压实工艺具有压实度高、压实深度大和生产效率高等优点。根据工程地质条件类似经验，粉细砂地基经过冲击碾压处理后，在深度 1m 范围内的地基土由松散状态变成了密实状态；在深度 1～2m 范围内地基土密实度略有提高；2m 以下地基土的密实度基本不变。冲击压实处理地基的有效深度与冲击碾压的施工参数密切相关，与地基土的工程特性关系不明显。但其有效压实深度可达 2.0m，影响深度达到 5.0m 左右，仅可有效减小沉降量 1.5～3.0cm，建基面碾压方法难以达到设计需求。

故初步拟定两种地基处理工程措施：方案一为无填料振冲，方案二为强夯地基处理。

4.1　比选方案设计

（1）无填料振冲（方案一）。无填料振冲法具有工艺简单、经济实用和效果显著等优点，加固范围深达 20m。无填料振冲法的工作原理是在振冲器的重复水平振动和侧向挤压作用下，砂土的结构逐渐破坏，孔隙水压力迅速增大，使周围一定范围内的饱和砂土发生短暂液化，砂粒在重力的作用下重新排列，孔隙减少，使土体由松变密。

国内外一般认为无填料振冲法仅适用于处理黏粒含量小于 10%的中粗砂等粗颗粒土，否则无填料振冲的挤密效果会大打折扣，黏粒含量越高，加固效果越差。而对于粉细砂地基，一般教科书或有关规范中都有明确规定不宜采用或不能采用无填料振冲法，工程上常用加填料的振冲法进行处理，但采用加填料的振冲法加固粉细砂地基，填料量大，工程质量不易控制和检验，同时能否有效解决场地的不均匀沉降问题尚存在较大争论。本工程加固面积大，对不均匀沉降要求高，采用填料振冲法具有很大的局限性。

新地涵地基第⑦层黄色粉细砂，黏粒含量0.20%～1.5%（平均0.45%），可以采用无填料振冲法加固粉细砂地基。无填料振冲处理不但加固效果显著，可以有效提高地基的均匀性、减小施工后沉降和消除不均匀沉降，且可以就地取材、有效降低工程造价、缩短建设工期和减少施工难度等，因此，具有很大的社会和经济效益，是一种极有应用前景的地基加固方法。

选用75kW振冲器，采用双点共振法施工，桩点正三角形布置、间距2.0m，振冲深度6.0m，水压为0.4～0.5MPa，每个桩点进行两遍振冲。无填料振冲挤密施工后，整平至设计基面以上5～10cm，对地基表层1.0m左右的松散土层进行冲击碾压处理，设计选用30kJ梅花冲击压路机，碾压10遍，分2～3轮碾压，使基面下沉4～6cm，碾压施工时，为防止施工期间粉细砂地基振动发生液化现象，地下水位降落至建基面2.5m以下，超静孔隙水压力消散率达到70%以上时，方可进行下一轮次的施工。预计场区地面下沉40cm，处理面积3.60万m^2，桩数11465根，共11006m^3，工程估算257.92万元。

(2) 强夯地基处理（方案二）。强夯地基处理具有经济易行、效果显著、设备简单、施工便捷、适用范围广泛、施工周期短等优点，处理深度一般在4.0～10m之间。

本工程基坑开挖至建基面以上50cm后，控制地下水位降落至建基面2.5m以下，采用点夯两遍加满夯两遍。参考类似地质条件的工程经验，第一遍和第二遍单位夯击能2000kN·m/m^2，各强夯区点夯施工时组织3台50t强夯设备，锤重15～25t，锤底半径2.5～2.8m，夯点间距3.5m，每个夯点的夯击次数6～8击，两遍强夯之间的间歇时间根据土中超静孔隙承压力的消散时间确定，预计加固深度8m。每遍满夯单位夯击能1000kN·m/m^2，普夯采用起重力25t的夯机，每点两击，锤印搭接1/4，普夯完成使用推土机进行场地整平，再进行下遍夯击，预计加固深度3～4m。停夯标准为最后两击的平均夯沉量不大于10cm。强夯施工后，整平至设计基面以上5～10cm，对地基表层1.0m左右的松散土层进行冲击碾压处理，设计选用30kJ梅花冲击压路机，碾压10遍，分2～3轮碾压，使基面下沉4～6cm，碾压施工时，为防止施工期间粉细砂地基振动发生液化现象，地下水位降落至建基面2.5m以下，超静孔隙水压力消散率达到70%以上时，方可进行下一轮次的施工。

处理面积3.60万m^2，满夯后预计总下沉量45cm，工程估算131.40万元。

4.2 方案技术对比分析

(1) 无填料振冲（方案一）。

基本作用：增加地基承载力，减少沉降量，提高抗振动液化的能力，可以有效解决本工程新、老地涵沉降协调问题。

适用范围：松砂、软弱的粉砂、砂壤土或砂卵石地基。无填料振冲法仅适用于处理黏粒含量小于10%的中粗砂等粗颗粒土。淮安枢纽新地涵地基粉细砂的黏粒含量0.20%～1.5%（平均0.45%），可以采用无填料振冲法加固粉细砂地基。

主要优点：无填料振冲具有工艺简单、经济实用和效果显著等优点，适用于本工程地质条件，有效加固深度适合本工程需要。

主要缺点：场地周围的环境影响主要是震动液化，考虑淮安枢纽老地涵已有地下连续墙隔离作用，应保持3～5m安全施工距离即可。

（2）强夯地基处理（方案二）。

基本作用：增加地基承载力，减少沉降量，提高抗振动液化的能力，可以有效解决本工程新、老地涵沉降协调问题。

适用范围：透水性较好的松软地基，尤其适用于稍密的碎石土或松砂地基。一般适用于碎石土、砂土、非饱和细粒土、湿陷性黄土、素填土和杂填土等地基的处理，对含有良好透水性夹层的饱和细粒土地基应通过试验确定。在本工程地质条件下尚需要通过试验确定。

主要优点：强夯地基处理具有经济易行、效果显著、设备简单、施工便捷、适用范围广泛、施工周期短等优点，有效加固深度适合本工程需要。

主要缺点：处理效果尚需要通过试验验证；场地周围的环境影响，与老地涵应保持10～15m安全施工距离。在强夯法施工过程中自锤落地瞬间，一部分动能转换为冲击波，从旁击点出发以波的形式向外传播，其中面波仅在地表传播，会引起地表振动。

4.3 方案推荐

两种地基处理方案技术经济比选见表1。

表1　两种地基处理方案技术经济比选表

比较内容	方案一无填料振冲	方案二强夯地基处理	比选结果
基本作用	增加地基承载力，减少沉降量，提高抗振动液化的能力	增加地基承载力，减少沉降量，提高抗振动液化的能力	两方案基本相同
适用性	适用于本工程地质条件	尚需要通过试验验证	方案一占优
施工难度	设备简单、施工便捷，周围环境影响小	设备简单、施工便捷，周围环境影响大	方案一占优
处理效果	可有效解决本工程新老地涵沉降协调问题	尚需要通过试验验证	方案一占优
工程投资	约257.92万元	131.40万元	方案二占优

综上，方案一无填料振冲比方案二强夯地基处理在技术上更优，方案一工程投资大于方案二，但该地基处理工程投资仅占枢纽总投资1%左右，故推荐方案一无填料振冲。

5　结语

淮安枢纽是淮河入海水道的第二级枢纽，枢纽一期老地涵运行20多年，整体沉降稳定，扩建新地涵紧邻布置，处理好新老地涵沉降协调问题，是该工程关键所在。无填料振冲法工艺简单，节约资源，有效加固深度适合，减少沉降量效果显著，对场地周围的环境影响小，可有效解决淮安枢纽新老地涵沉降协调问题。

参考文献

［1］ 赵永刚，钟恒昌，孙明霞，等．洪积地层上某水闸地基设计方案比选［J］．人民黄河，2012，34（11）：129－131．

［2］ 交通部公路科学研究院．公路冲击碾压应用技术指南［M］．北京：人民交通出版社，2005．

［3］ 祁孝珍，刁姝妍．强夯技术处理粉细砂地基的研究与实践［J］．水利建设与管理，2008（5）：18－19．

［4］ 山西省机械施工公司，山西建筑工程（集团）总公司．CECS 279：2010 强夯地基处理技术规程［S］．北京：中国计划出版社，2010．

［5］ 周健，贾敏才，池永．无填料振冲法加固粉细砂地基试验研究及应用［J］．岩石力学与工程学报，2003，22（8）：1350－1355．

［6］ 谭鹏，杨戈，吕奋，等．冲击碾压处理滨海粉细砂地基试验研究［J］．同济大学学报（自然科学版），2014，42（2）：266－271．

北疆某倒虹吸工程闸门关闭水锤效应研究

路　强

（新疆水利水电勘测设计研究院有限责任公司）

摘　要： 新疆北疆供水工程跨越吉拉沟大洼槽的某倒虹吸，跨度11km，内径为2.8m，工作水头160m，是国内外同类工程中综合难度较高的大型倒虹吸工程，水锤防护的水力安全控制问题尤为突出，本文以该倒虹吸工程为研究对象，通过对倒虹吸管道进行水锤计算分析，由倒虹吸工作闸门关闭过程中的水锤压力计算成果最终确定：闸门关闭速率不超过0.11m/min，即倒虹吸闸门全开至全关时间以大于1359s为宜。

关键词： 大型倒虹吸　出口闸门　PCCP管道　水锤计算　关闭速率

1　引言

1.1　工程概述

新疆北疆供水工程穿越准噶尔盆地、古尔班通古特沙漠，线路全长512km。其中该倒虹吸跨越沙漠北缘的吉拉沟大洼槽，沟宽12km，沟深160m，两端高差为28.6m。地层系第三系砂岩、泥岩和风积沙。倒虹吸由进口段、管身段、出口段等组成（其中进、出口建筑物一次性建成），倒虹吸全长10.93km，其中管线长10.57km，一期工程设置两根管道，两端与引水明渠连接，最大静水压力为1.6MPa，考虑到钢管的造价较高，为节省工程投资，管道采用PCCP（Prestressed Concrete Cylinder Pipe）与钢管的组合方案，即1.4MPa以下采用PCCP管，管线长7.38km，内径2.8m；1.4MPa以上采用钢管，管线长3.18km，内径2.7m。

工程于2005年建成通水，安全运行11年。根据供水需求的不断增长，2015年开始实施扩建工程，在原预留进出口位置，再增设一条相同的管线，形成三根管道并行的工程布置格局，设计过水能力3×19m^3/s（见图1）。

1.2　工程特点

（1）综合难度大。按综合难度系数，该倒虹吸是迄今为止亚洲最大的倒虹吸工程。超特长、高应力、大变形等工程特性，对倒虹吸管道的制作、安装、埋设、运行管理提出了极高的要求，特别是管道伸缩节必须具有满足轴向伸缩位移，又要满足一定的挠曲度和偏位量。

（2）流量变幅大。每年渠道恢复输水前，需采用小流量1m^3/s缓慢充水。输水流量

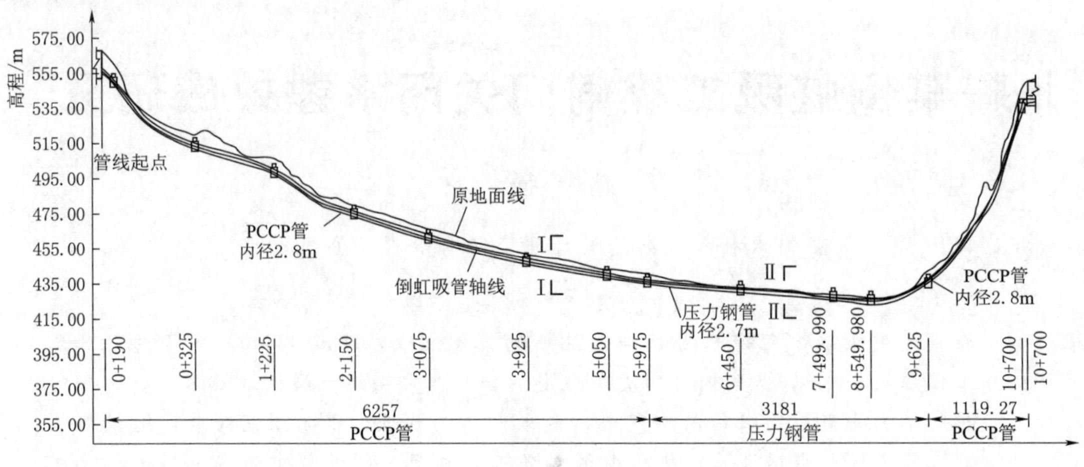

(a) 纵剖面图

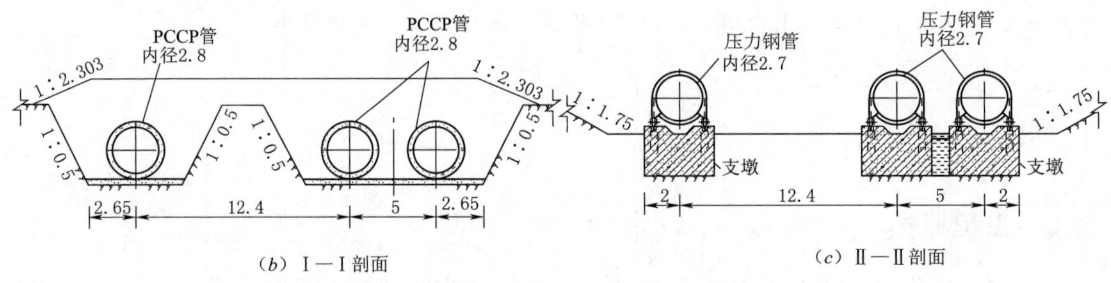

(b) Ⅰ—Ⅰ剖面　　(c) Ⅱ—Ⅱ剖面

图1　倒虹吸管道纵横剖面图（单位：m）

为 5～57m^3/s。水头高、流量变幅大、进出口水位落差大等水力学特性，对管道充水、运行、放空等各阶段的水力安全控制技术要求高、难度大，特别须解决好高水头下的消能放空和水锤防护问题。

(3) 环境气候条件恶劣。工程区地处北纬 45°以上的严寒地区，具有冬季寒冷漫长，夏季炎热干燥，春秋季寒潮频袭，大风天气多，冬季最低气温－41.7℃、夏季最高温度 40.6℃、昼夜温差为 20℃左右、年际温差高达 82℃。昼夜温差、阴阳面温差和年际温差大、干湿交替频繁、冻融循环剧烈等不良气候特征，对管道的应力应变调控提出了极高的要求。特别是管基地质条件较差，大多为第三系的膨胀泥岩和风积沙，对管道的变形适应能力也提出了极高的要求。

1.3　闸门关闭速率计算研究目的

由于倒虹吸进出口落差较大，在出口闸门全开、三管同时运行、通过加大流量时，管道设计流速 3.2m/s，如果出口闸门关闭速率过快，管道内将产生很大的水锤压力。为了不提高按工压确定的 PCCP 管道压力等级，管道水锤压力宜控制在 0.28MPa 以下，以节省工程投资。因此，必须严格控制闸门关闭速率，把水锤压力波动值控制在一定的安全范围内。

2 水锤计算研究分析方法

本工程由于输送流量范围变幅较大，在过设计流量、加大设计流量时，出口闸门全开时进口水位可满足淹没水深的要求，但在单管流量小于设计流量时，必须采用出口闸门来控制，使进口水位满足淹没水深的要求。在出口闸门关闭过程中会产生水击压力。

本文通过计算不同闸门关闭速率下管道内的水击压力，对闸门关闭速率提出限制性要求。闸门关闭产生的水击压力计算方法是以 $\zeta - v$ 为坐标场的水击波方程特征线解法，采用 Fortran 语言编写程序进行计算，倒虹吸的管材及管径沿程有所改变，属于复杂管道范畴，需将其等价为简单管后再做计算。几个参数等价计算式如下：

$$c_e = \frac{L}{\sum_{1}^{n} \frac{l_i}{c_i}} \tag{1}$$

$$V_e = \frac{\sum_{1}^{n} l_i v_i}{L} \tag{2}$$

$$\rho_e = \frac{c_e V_e}{2gH_0} \tag{3}$$

$$\sigma_e = \frac{LV_e}{gH_0 T_s} \tag{4}$$

式中：c_e 为管道水击波速加权平均值，m/s；L 为管道总长，m；l_i 为管道第 i 段的长度，m；c_i 为管道中第 i 段的水击波速，m/s；V_e 为管道流速加权平均值，m/s；v_i 为管道第 i 段的流速，m/s；ρ_e、σ_e 为管道平均特性系数；H_0 为水头，m；g 为重力加速度，9.81m/s^2；T_s 为闸门关闭时间，s。

3 水锤计算

对于管道工程本身，按一定压力等级确定的 PCCP 管道，其所能承受的管内冲击（脉动）压力 $P_t = \max$ [0.4P_w（工作压力），0.28MPa]。因此，对于 PCCP 管道来说波动压力要控制在 0.28MPa 以下，否则需提高管道压力等级，增加管道投资。

选取闸门全开通过设计流量及控泄小流量 $Q=5\text{m}^3/\text{s}$ 进行关门过程水击计算，选取管末、桩号 9+628、桩号 8+975（管线布置最低高程位置）三个断面进行分析。其计算结果见表 1～表 3 和图 2～图 4。

表 1　倒虹吸控泄运行 $Q=5\text{m}^3/\text{s}$ 工况下闸门关闭各断面水锤计算结果表

断面位置	换算至闸门全开至全关时间/s	闸门关闭速率/(m/min)	瞬时最大水压力/(×9.81kPa)	附加水击压力/(×9.81kPa)
管末	800	0.188	67.80	41.11
9+628			165.92	36.69
8+975			180.03	34.16

续表

断面位置	换算至闸门全开至全关时间/s	闸门关闭速率/(m/min)	瞬时最大水压力/(×9.81kPa)	附加水击压力/(×9.81kPa)
管末	1100	0.136	52.49	25.18
9+628			151.70	22.47
8+975			166.79	20.93
管末	1200	0.125	48.87	22.19
9+628			149.03	19.81
8+975			164.31	18.44
管末	1400	0.107	44.96	18.28
9+628			145.54	16.32
8+975			161.06	15.19

表 2　　倒虹吸敞泄运行 $Q=35m^3/s$ 工况下闸门关闭各断面水锤计算结果表

断面位置	换算至闸门全开至全关时间/s	闸门关闭速率/(m/min)	瞬时最大水压力/(×9.81kPa)	附加水击压力/(×9.81kPa)
管末	630	0.238	33.87	23.03
9+628			137.44	20.56
8+975			153.77	19.14
管末	900	0.167	32.14	21.29
9+628			135.88	19.00
8+975			152.32	17.69
管末	1100	0.136	31.43	20.58
9+628			135.25	18.37
8+975			151.73	17.10
管末	1300	0.115	30.94	20.10
9+628			134.82	17.94
8+975			151.34	16.70
管末	1400	0.107	30.77	19.93
9+628			134.67	17.79
8+975			151.19	16.56

表 3　　倒虹吸敞泄运行 $Q=57m^3/s$ 工况下闸门关闭各断面水锤计算结果表

断面位置	换算至闸门全开至全关时间/s	闸门关闭速率/(m/min)	瞬时最大水压力/(×9.81kPa)	附加水击压力/(×9.81kPa)
管末	1300	0.115	31.25	23.48
9+628			135.82	20.96
8+975			152.34	19.51

续表

断面位置	换算至闸门全开至全关时间/s	闸门关闭速率/(m/min)	瞬时最大水压力/(×9.81kPa)	附加水击压力/(×9.81kPa)
管末	1500	0.100	30.87	23.11
9+628			135.49	20.63
8+975			152.03	19.20
管末	1700	0.088	30.59	22.82
9+628			135.23	20.37
8+975			151.79	18.96

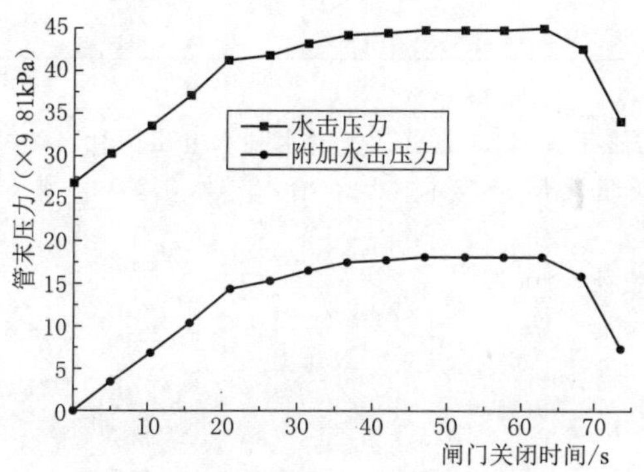

图 2　控泄运行 $Q=5m^3/s$，闸门关闭速率 0.107m/min 时，管末水击压力过程曲线图

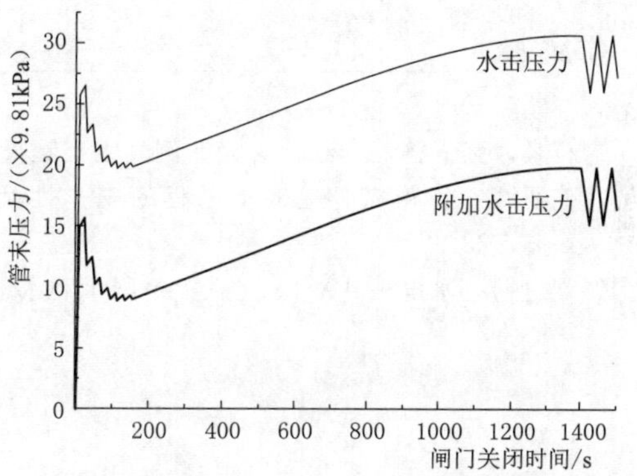

图 3　控泄运行 $Q=57m^3/s$，闸门关闭速率 0.107m/min 时，管末水击压力过程曲线图

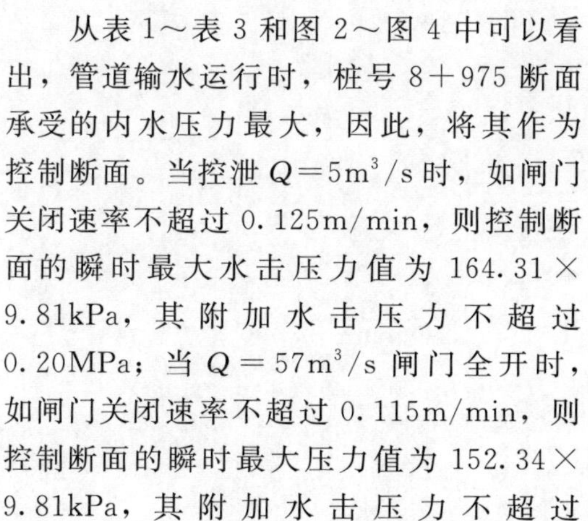

从表 1～表 3 和图 2～图 4 中可以看出，管道输水运行时，桩号 8+975 断面承受的内水压力最大，因此，将其作为控制断面。当控泄 $Q=5m^3/s$ 时，如闸门关闭速率不超过 0.125m/min，则控制断面的瞬时最大水击压力值为 164.31×9.81kPa，其附加水击压力不超过 0.20MPa；当 $Q=57m^3/s$ 闸门全开时，如闸门关闭速率不超过 0.115m/min，则控制断面的瞬时最大压力值为 152.34×9.81kPa，其附加水击压力不超过 0.20MPa。由于本工程 PCCP 管道设计时，比实际运行工作压力提高了 0.20MPa，有效地提高了管道结构的安全性，因此最终设计采用最大水击压力控制在 0.20MPa。因此，在倒虹吸管输水时，要求闸门关闭速率不超过 0.11m/min，即闸门从全开至全关的时间不能短于 1359s。通过控制水击压力使工程安全运行，节省投资并在技术上可行，经济上合理。

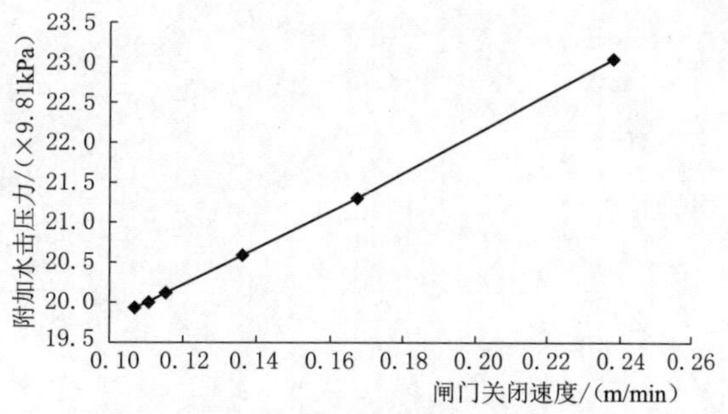

图 4　附加水击压力与闸门关闭速率关系曲线图

4 结语

本文依托迄今为止亚洲最大的倒虹吸工程，针对其综合难度大、流量变幅大、环境气候条件恶劣等特点，采用Fortran语言编写程序进行管道内水击压力计算，在可能的最不利工况下计算了工作闸门在关闭过程中的水锤效应。结果表明：单管流量由 $5m^3/s$ 至完全关闭时，产生的水锤压力最大，是PCCP管道的设计控制工况；在倒虹吸管输水时，闸门关闭速率不超过0.11m/min，即闸门从全开至全关的时间不短于1359s时，管道内控制断面的附加水击压力小于0.20MPa，可以使工程安全运行，节省投资。该研究可以为同类工程的设计、施工和运行提供参考和指导。

参考文献

[1] 石泉，张立德，李红伟. 大型倒虹吸工程设计与施工[M]. 北京：中国水利水电出版社，2007.

[2] 陈湧城. 长距离管道输水工程的安全性及水锤危害防护技术[J]. 给水排水，2014，4(3)：1-3，22.

[3] 刘启钊. 水电站[M]. 北京：中国水利水电出版社，2007.

新疆某渠道质量问题浅析

孔永明

[新疆兵团勘测设计院（集团）有限责任公司]

摘　要： 新疆某渠道地层岩性以低液限粉土、粉土质砂为主，地下水位在设计渠底高程以上0.3～0.8m，工程建成运行后，出现混凝土板断裂、塌陷等质量问题，本文分析了工程质量的主要原因，提出经验教训和处理建议，供今后类似工程参考。

关键词： 渠道　饱和低液限粉土　粉土质沙　基础处理　冻胀　抛石挤淤法

1　工程概况

新疆某干渠位于叶尔羌河流域中下游，设计流量 50～70m^3/s，工程等别为Ⅱ等大（2）型。地层岩性以低液限粉土、粉土质砂为主。该工程于 2015 年开工建设，至 2017 年 10 月完工，经过 2 年试运行，在地下水位较高的渠段均出现了一些质量问题，主要为混凝土板开裂、下沉等情况，对渠道的安全运行造成一定影响。经过对问题渠段的现场勘查，询问参建各方，初步掌握的问题症结所在，本文通过调查分析和研究，提出建议和意见，为今后类似工程设计和施工提供参考。

2　工程地质条件和渠道设计

渠道在原渠道上防渗改建，原渠道为土渠，渠宽 25～30m，地层岩性自上而下可分为：①原渠道渠堤填筑土，为低液限粉土、粉土质砂，天然干密度 1.20～1.54g/cm^3，室内击实后最大干密度 1.68～1.81g/cm^3，原渠堤填筑质量较差；②低液限粉土，层厚 0～2.40m，湿～饱和，松散～稍密，具中等压缩性；③粉土质砂，揭露厚度 2.20～7.00m，未揭穿，松散～稍密，湿～饱和。颗粒组成：粒径大于 0.25mm 的颗粒含量占 0～8.0%，粒径 0.075～0.25mm 的颗粒含量占 44.0%～88.0%，粒径 0.005～0.075mm 的颗粒含量占 15.7%～48.0%，粒径小于 0.005mm 的颗粒含量占 0～3.0%，不均匀系数 1.9～4.9，曲率系数 0.6～2.1。渗透系数 2.2×10^{-3}～5.0×10^{-3}cm/s，属中等透水。

据勘察观测井资料，地下水位最高在设计渠底高程以上 0.3～0.8m，地下水位变幅 0.50～1.00m。

该段渠道设计为渠底透水、边坡防渗的断面形式：渠道底宽 7～11m，设计渠深 3.5m，设计水深 2.49～2.5m，设计流速 1.7m/s，渠道内边坡 1∶2。渠底采用 17cm 厚雷诺垫层护底，下设 20cm 厚天然砂砾石垫层料；边坡采用 10cm 现浇混凝土板

(C20F200W4) +0.3mm 厚两布一膜防渗，防冻垫层采用 60～50cm 砂砾石；渠底与边坡相接处设一道宽×高=0.40m×0.70m 的 C20 现浇混凝土隔墙。

渠堤填筑土料为含砂低液限粉土、低液限粉土及粉土质砂，设计压实度大于 0.95，含水量控制在最优含水量±3%范围内，考虑地下水位高，施工排水设计方案采用在渠道中间开挖明沟分段设集水井排水。

3 主要质量问题和原因分析

经过现场勘察，该段渠道混凝土护坡板发生顺水流方向断裂，大部分发生在渠底高程以上 30～80cm 范围内；边坡混凝土板的中部和上部也有不同程度的网状断裂，混凝土板多处开裂下沉；混凝土板和隔墙之间有明显的沉降错台情况，经过现场勘查，初步分析产生裂缝的主要原因有以下两方面。

3.1 渠堤沉降变形

该渠道地层岩性及填筑土均为低液限粉土及粉土质沙，地下水位在渠底高程上下 50cm 范围内变幅，根据施工单位的施工方法和现状图片资料（见图 1）反映，施工期干渠沿线地下水位均较高，排水效果不佳。根据饱和土体渗流固结理论，饱和土体受载后，附加应力由孔隙水压力和土粒骨架的有效应力共同承担，随着时间的变化，土体发生缓慢渗流固结，孔隙水压力减少，有效应力增大，基础发生沉降变形。该段渠道基础松散，由于处于饱和状态无法进行基础碾压，渠堤填筑土在一定高度范围内受毛细水影响无法控制最优含水量，因此导致在基础和渠堤在排水固结过程中发生渠堤沉降变形，这是渠道边坡混凝土板的中部和上部开裂下沉，部分混凝土板呈现网状断裂的主要原因。

工程设计在渠底和边坡下部设 70cm 隔墙分开雷诺护垫和混凝土板衬砌两种衬砌结构，施工工序是先完成渠堤填筑，再施工渠底雷诺护垫和隔墙，随后施工混凝土边坡衬砌，由于降水措施不得力，开挖过程饱和粉土受到扰动极易液化，隔墙两侧低液限粉土及粉土质沙在饱和状态开挖困难，造成隔墙开挖过程中渠堤边坡垮塌，隔墙施工完成后两侧回填土由于地下水的原因无法填筑密实，造成沉降变形。以上是混凝土板和隔墙之间有明显的沉降错台的主要原因。

图 1 渠道开挖

3.2 冻胀破坏

防冻垫层失效是混凝土板发生冻胀的主要原因，本项目防冻垫层失效有两个原因：①在施工过程中，渠道边坡底部回填砂砾石防冻垫层在地下水没有有效降低的情况下，和渠堤的粉土进行混合，使防冻垫层失去了防冻作用；②渠道运行过程中，6—8月处于高水位状态，由于渠底透水，水流通过隔墙绕渗进入混凝土板后的砂砾石垫层和渠堤，渠道停水后，渠道水位迅速下降，渠堤向渠道内入渗，由于未设反滤，在渗流过程中将渠堤中的细粒带入防冻垫层内，使防冻垫层料失去作用。渠底高程以上30～80cm范围内边坡处于饱和状态，其冻胀力最大，在冻胀过程中，由于边坡下部混凝土板受到隔墙的限制作用，使该段渠道混凝土板在发生顺水流方向30～80cm范围内发生断裂。

4 经验教训和处理措施

本工程设计和施工过程中的难点问题是饱和低液限粉土、粉土质砂，饱和粉土受到扰动和震动极易液化，如果不能有效降低地下水位，会造成碾压困难、基础开挖困难等问题。围绕上述问题，应该采取以下应对措施。

4.1 应适当抬高渠底高程，避免地下水对渠道的影响

本工程渠道设计底宽7～11m，设计渠深3.5m，设计水深2.49～2.5m，原设计渠底高程低于地下水位0.3～0.8m，是造成渠道施工困难，出现质量问题的主要原因。抬高渠底设计高程，避开地下水对设计施工的影响是最主要的解决思路。可以将渠底高程抬高0.8～1.2m，在满足设计流量和渠道设计水面线的前提下，增加渠道底宽，减少设计水深，将渠底高程控制在地下水位以上0.5m，渠道设计成全断面防渗渠道，可以有效避免地下水对施工期和运行期带来的质量问题和技术风险。

4.2 宜采用抛石挤淤法处理饱和低液限粉土和粉土质砂

本工程渠道基础处于松散、饱和状态，无法进行碾压，如果不处理，土体在固结过程中会发生沉降变形，引起衬砌边坡的沉降和裂缝。对于饱和低液限粉土和粉土质砂的局部的基础处理，通常采用的方法有降水强夯法、挤密碎石桩、填料振冲法等。本工程为线性工程，渠道长达上百千米，基础处理面积大，采用上述方法工程费用高，施工工期长，显然是不经济的。作为渠道工程，对渠基要求相对较低，宜采用投资低、施工速度快、质量容易控制的浅层加固法。而抛石挤淤法在公路、铁路、市政软土地基中运用非常广泛。其原理是通过在软弱地基中加入大直径块石，经过碾压机械进行震动碾压，使土颗粒重新排列，孔隙水通过块石间隙排出加速地基固结，孔隙压力逐渐消散，使下卧层的土层的性质得到改善。通过块石的置换挤密作用，提高了地基承载力，减少了沉降。

4.3 宜结合运行工况设计反滤

本工程区地下水位埋深浅，在运行过程中，地下水位会在一定幅度内变幅，在地下水位上升过程中容易将低液限粉土和粉土质砂中的细砾带入防冻垫层中，久而久之，防冻垫

层就会失去效果，因此应在渠底设计反滤垫层，确保防冻垫层的安全可靠性。

5 结语

新疆环塔里木盆地灌区的中下游以低液限粉土和粉土质砂地层为主，地下水位埋深浅，遇见饱和低液限粉土和粉土质砂的概率非常大。在有条件的情况下，适当抬高渠底高程，采用宽浅式渠道，避开地下水的影响，对保证工程施工质量、确保工程运行安全具有重要意义；对面积大、排水困难，施工费用高的线性工程，采用抛石挤淤法处理饱和低液限粉土和粉土质砂具有投资省、施工进度快、沉降变形量小等优点，可以为今后类似的渠道工程设计作为参考和借鉴。

参考文献

[1] 周家作，韦昌富，李东庆，等．饱和粉土冻胀过程试验研究及数值模拟［J］．岩土力学与工程学报，2017，36（2）：485－495．

[2] 潘海立．抛石挤淤法在铁路软土路基施工中的应用［J］．科技资讯，2009（10）：55－56．

[3] 林晓旭，罗超．抛石挤淤法在市政道路淤泥基础施工中的应用［J］．四川水利发电，2018，37（3）：152－153．

[4] 李亚娟．抛石挤淤技术在公路工程路基施工中的应用［J］．中国标准化，2017（12）：185－186．

[5] 杨仲元．软土地基处理技术［M］．北京：中国电力出版社，2009．

冲洪积扇上的沉沙池施工技术研究

刘　娟

［新疆兵团勘测设计院（集团）有限责任公司］

摘　要： 结合工程施工情况分析了布置在不均一地层上的调节沉沙池，库盘开挖取料、坝体碾压质量控制、库盘防渗膜上下垫层质量控制的难度和设计采取的措施，通过坝体的沉降量观测反映出坝体总体沉降量比较小，坝体填筑质量满足设计要求。本文总结了布置在不均一地层上的水库设计施工中需要注意的问题。

关键词： 调节沉沙池　库盘　干密度　砂砾石　粉砂

1　概况

调节沉沙池工程位于车尔臣河左岸山前倾斜冲洪积扇中下游，为洪积倾斜戈壁平原，主要属于车尔臣河冲洪积堆积地貌，局部地段属风积成因地貌，发育有小冲沟等微地貌，冲沟宽 1.0～1.5m，切割深度 0.2～1.0m。库坝区地层为第四系上更新统～全新统冲洪积层（Q_{3-4}^{alp}）和第四系全新统风积层（Q_4^{eol}）。上更新统～全新统冲洪积层，分布在库坝区内，地层岩性大部表层为粉土质砂，下部为含细粒土砾，其中不同地段有含沙低液限粉土透镜体。①含细粒土砾，青灰色，磨圆度好，呈亚圆形～圆形，最大揭露厚度 25m，未揭穿。颗粒组成为：粒径大于 200mm 的颗粒含量 0%～2.5%；粒径 200～60mm 的颗粒含量 0%～12.4%；粒径 60～5mm 的颗粒含量 40.9%～62.4%；粒径 5～2mm 的颗粒含量 5.1%～11.8%；粒径 2～0.075mm 的颗粒含量 18.2%～40.9%；粒径小于 0.075mm 的颗粒含量 1.6%～9.1%，不均匀系数约 44.8～149，曲率系数 0.1～7.6。天然密度 2.09～2.13g/cm³，渗透系数 8.3×10^{-3}cm/s，具中等透水性，天然休止角 37°。②粉土质砂，厚度 0.3～0.9m，天然密度 1.46～1.56g/cm³，天然含水率 0.1%～0.2%，渗透系数 3.0×10^{-3}cm/s，具中等透水性。③透镜体含砂低液限粉土，埋深 2.5～3.5m，厚度 0.7～1.9m，天然密度 1.40～1.58g/cm³，天然含水率 0.2%～2.6%，天然状态下黏聚力 21.5kPa，内摩擦角 27°，渗透系数 3.6×10^{-4}cm/s，具中等透水性。

2　调节沉沙池设计

调节调节沉沙池为引水注入式水库，设计库容 2305 万 m³。调节调节沉沙池设计为四面筑坝，坝线呈方形。调节调节沉沙池坝线全长 5.71km，大坝为土工膜斜墙防渗砂砾石坝，大坝坝顶高程 1406.50m，防浪墙顶高程 1407.70m，最大坝高 21.1m，最大水深 19m。

坝体采用库盘内砂砾石料填筑质量要求：粒径小于 0.075mm 含量不得超过 8%，最大粒径不宜大于 150mm。坝体填筑砂砾石碾压后相对密度不小于 0.85，渗透系数大于 1×10^{-3}。大坝上游坝坡为 1∶2.75，下游坝坡为 1∶2.0，坝顶宽度 7m，坝体防渗采用复合土工膜（两布一膜 400g/0.6mm/400g），防渗膜上设置 3cm 厚 M10 砂浆垫层，膜下设置 5cm 厚 M10 砂浆垫层，防浪护坡采用 20cm 厚 C25 现浇混凝土。

池盘防渗体的结构型式（由上至下依次）为：50cm 厚砂砾石（池盘土料）＋15cm 厚上垫层＋一布（布重 $400g/m^2$）＋一布一膜（400g/0.6mm）＋15cm 下垫层。防渗材料上下垫层采用库盘下部开挖的含砂低液限粉土，防渗膜下垫层厚 15cm，需进行碾压，相对密度大于 0.75，防渗膜上垫层（厚 15cm）和上覆土（厚 50cm）（库盘砂砾石料）松填、平整，上覆土需筛出大于 10cm 粒径的石料。防渗膜上、下垫层料采用库盘内粉土、粉砂，控制最大粒径小于 2mm。

3　施工中的问题及解决方案

3.1　开采筑坝砂砾石施工难度大

库盘内南片区砂砾石料比较深厚连续，越向北侧库盘内砂砾石料、粉砂料互层现象较为明显（见图 1）。初设勘察阶段按照详勘布置，东西向剖面 5 条，线距 300m，点距 100m，共计布置探坑 65 眼，深度 4.6～6.0m。施工开挖中，2 标段、3 标段北坝前部分库盘开采区粉砂、砂砾石互层成蜂窝状，粉砂、砂砾石分布不连续呈透镜体，间隔不到 10m 探坑开挖地层变化较大，不能连片开采，施工效率低，砂砾石料获得率低。

图 1　施工中库盘开挖探坑

施工中对此区域范围内间隔 30m 左右挖一个探坑，统计每个探坑内粉砂、砂砾石层厚，可开采量，由地质专业将库盘分区，重新给出库盘地质剖面，水工设计根据地质平面和剖面图，结合施工所需的坝体填筑量，调整库盘开挖纵坡和高程。

3.2　库盘内砂砾石料级配差别大

施工开挖中发现，库盘取料位置不同，砂砾石料颗粒级配差别较大，使得室内试验和现场试验，达到碾压指标不小于 0.85 的最大干密度数值范围离散性较大，因此，根据库盘内砂砾石料的颗粒级配情况，将库盘分区进行碾压试验，确定不同分区的 P5 曲线和取值。

分区原则：因库盘整体上是东南高西北低，水的流向为南北向，故此以库盘内南北向的大洪沟为界线，将库盘分为东西两片区，东片区高西片区约 1m，东部地层颗粒较细，为含细粒土砾，西部地层颗粒较粗，为含细粒土砾夹卵石混合土。在这两片区内平行主坝的方向分为三片区，共计 6 个区取样进行室内实验。每个区域共布置 5 个取样点，分别取所在区域库盘开挖深度立面开采的混合料。砂砾料初步选择砾石含量为 45%、50%、55%、60%、65%进行人工配置，其中小于 0.075mm 的黏粒含量小于 8%，进行最大、最小干密度平行试验。

开采原则：首先清除表层的土黄色粉土质砂地层，然后进行立面开采下部青灰色的砂砾石地层，遇粉土夹层需清除，开采深度需至各坝段的库盘设计开挖深度。

库盘分区见图 2，库盘各分区含石量和干密度统计见表 1。

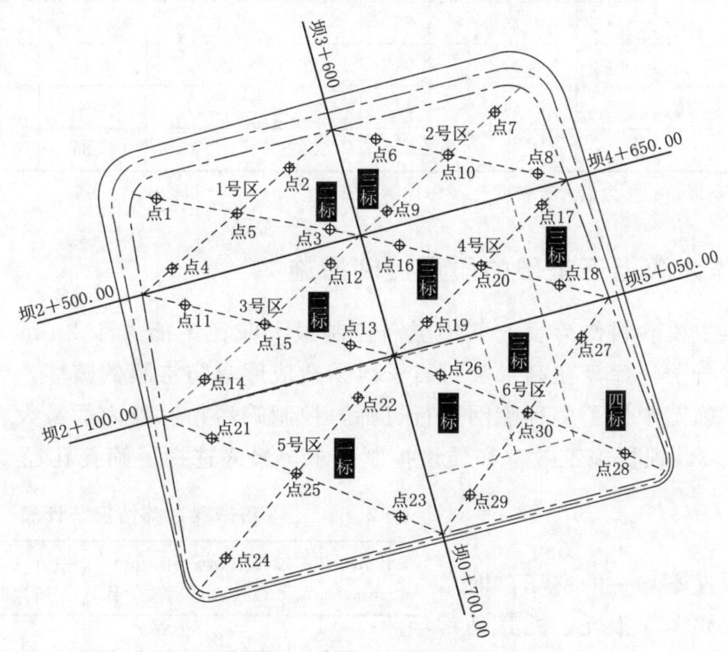

图 2　库盘分区示意图

表 1　　**库盘各分区含石量和干密度统计表**　　单位：g/cm^3

分区		>5mm 颗粒质量百分率/%						
干密度		40	45	50	55	60	65	70
P1	ρ_{min}	2.02	2.05	2.06	2.1	2.11	2.11	2.07
	ρ_{max}	2.31	2.35	2.37	2.39	2.4	2.4	2.36
	ρ_d	2.26	2.3	2.32	2.34	2.35	2.35	2.31
P2	ρ_{min}	2.00	2.06	2.08	2.13	2.12	2.1	2.06
	ρ_{max}	2.3	2.31	2.35	2.39	2.39	2.37	2.34
	ρ_d	2.24	2.27	2.31	2.35	2.34	2.33	2.29

续表

分区		>5mm 颗粒质量百分率/%						
干密度		40	45	50	55	60	65	70
P3	ρ_{min}	2.02	2.07	2.08	2.13	2.11	2.1	2.06
	ρ_{max}	2.30	2.34	2.35	2.4	2.39	2.37	2.35
	ρ_d	2.26	2.3	2.31	2.36	2.35	2.33	2.3
P4	ρ_{min}	2.02	2.06	2.08	2.09	2.06	2.04	2.03
	ρ_{max}	2.34	2.36	2.37	2.36	2.34	2.31	2.31
	ρ_d	2.28	2.31	2.32	2.32	2.3	2.27	2.26
P5	ρ_{min}	2.01	2.04	2.08	2.11	2.11	2.08	2.05
	ρ_{max}	2.28	2.33	2.37	2.4	2.39	2.35	2.31
	ρ_d	2.24	2.28	2.32	2.35	2.34	2.31	2.27
P6	ρ_{min}	2.01	2.04	2.07	2.1	2.11	2.08	2.06
	ρ_{max}	2.31	2.34	2.37	2.4	2.4	2.38	2.35
	ρ_d	2.26	2.29	2.32	2.35	2.35	2.33	2.3

注 ρ_{min} 为最小干密度；ρ_{max} 为最大干密度；ρ_d 为控制干密度。

3.3 粉砂料作为膜上下垫层的质量控制措施

库盘开挖料中粉砂料作为膜上下垫层需控制最大粒径不能大于 2mm，因粉砂料从库盘中取料夹杂着石子，库盘在高水头时石子容易造成库盘防渗膜的破坏，因此需控制粉砂料的粒径含量。施工中做了多种筛网进行过筛，控制筛后粉砂料内的最大粒径，粉砂料过筛情况统计见表 2，根据施工效率和质量控制要求，最终选择了筛孔孔径 12mm 的筛网。

4 结语

表 2　粉砂料过筛情况统计表

筛孔孔径/mm	过筛后粉砂料 5mm 以上粒径含量（质量比）	一车 $15m^3$ 料筛分所用时间/min	获得率/%
5	0.02	40	30
8	0.06	30	60
12	0.01	20	80
20	0.11	12	90

(1) 地层岩性不均一的料场，取料剥离时，一定要考虑损耗，尤其是含有夹层的地质情况，初步设计地质勘察时应加密探坑数量，对于夹层不连续的料，尽量不取料，否则施工取料效率低，同时影响填筑料质量。

(2) 对于调节沉沙池选址，要多方面比选，综合比选不同池址的不利之处和优势之处。如有条件，尽可能不要在冲沟分布较多的区域上修建调节沉沙池，因其地层条件复杂，取料难度大，局部坝段坝基处理费用大。

(3) 如不可避免碰到了这种地层岩性不均一的取料库盘，需要注意，根据地质情况分区域控制坝料设计干密度。如库盘料要剥离出砂砾石和粉砂料，砂砾石料上坝粉砂料作为铺膜垫层，需要考虑粉砂料的过筛，因为剥离过程不纯粹。为避免施工过程中弃料方量增加，造成坝料填筑料不足，投资增加，可将大坝填筑和库盘平整铺膜分期进行。

超特长隧洞TBM集群掘进适应性实践

郭新强

[新疆额尔齐斯河投资开发（集团）有限公司]

摘　要： 目前国内外对TBM适应性的研究已取得了一定的成果，但仍然缺乏科学、可靠的适应性评价理论和方法，尤其是针对超特长隧洞TBM集群施工的适应性方面研究很少。本工程隧洞穿越区域的主要地质问题有破碎带塌方、突水突泥、强岩爆、大断层、大变形、高地热等复杂地质特征，如果TBM不能适应隧洞的地质特征，就会引起较大的施工风险，严重时甚至会出现设备损毁和人员伤亡。因此，开展超特长隧洞TBM集群掘进适应性研究具有现实意义。

关键词： 超特长　隧洞　深埋　TBM集群　适应性实践

1　概况

东疆引水深埋、超特长输水工程，平均埋深420m，最大埋深774m。49条各类支洞掘进53km，其中24条缓斜井，有14台TBM通过9条缓斜井进入主洞安装始发，缓斜井纵坡10.5%～12%，长度0.86～6.44km；各类竖井25条，深度46～714m。工程全长540km，隧洞总长514km，占线路总长的96%，隧洞由西二隧洞（洞长139km）、喀双隧洞（洞长283km）和双三隧洞（洞长92km）组成。建筑物含拦河闸、多段超长隧洞、节制泄水闸、倒虹吸、箱涵、泵站、管线、明渠及水库。隧洞由20台开敞式TBM（编号为TBM1～TBM20）+3台盾构+钻爆施工，TBM+盾构掘进占80%（总长413km），钻爆法施工占20%（总长103km），其中单机掘进最长27km，喀双段隧洞单洞长283km，是目前世界上已建和在建最长的输水隧洞，将实现单机连续掘进、累计掘进国内纪录的“双突破”。现在主洞正在以200m/d左右的日进尺掘进，累计掘进达400余km。

2　地质情况及工程难题

2.1　隧洞地质情况

揭露的地层岩性主要为华力西期花岗岩、凝灰质砂岩、泥盆系凝灰岩，花岗岩石英含量为20%～30%，其他类岩石石英含量为5%～10%。实测Ⅱ类、Ⅲ类围岩的饱和单轴抗压强度为70～170MPa，局部最高达197MPa。揭露的围岩类别与勘察设计阶段给出的围岩类别比例基本相符，个别标段有一定出入，但相差不大。

2.2 工程主要施工难题

2.2.1 长距离掘进关键设备耐久性

主洞18台TBM掘进距离均超过15km，其中10台掘进长度超过20km，最长的西二Ⅷ标段TBM5达到26km；中间没有检修支洞的有7台，最长的喀双Ⅷ标段TBM9达到20km。由于长距离的掘进，必须提高刀盘、主驱动、支撑与推进系统、护盾等关键设备和部件的可靠性与耐久性。

2.2.2 穿越断层破碎带

隧洞揭露的围岩特征，均存在有不同程度的断层破碎带，严重影响TBM的顺利掘进。当掘进到破碎带时，容易出现围岩失稳、掉块，甚至有较大范围的坍塌，也容易引起刀盘被淹埋、旋转困难和卡机等问题。撑靴在通过时容易出现“打滑”现象，导致无法撑紧岩壁。断层破碎带围岩软硬不均，影响刀具使用寿命，同时刀盘旋转振动和整机摆动大，给掘进方向的控制、喷锚支护作业等带来很大困难。

2.2.3 围岩突涌水

隧洞穿越富水地层及富水断层破碎带施工时，极易发生突涌水灾害，其施工难度大、风险高。当水压高、地下水静储量大时，地下水会瞬间突出，表现为突水现象；如果水压较小，或者静储量较小，则表现为涌水现象。掘进施工穿越富水段时，出现大量基岩裂隙水涌出，导致出渣中含水量增大，影响皮带机的运行，降低掘进速度，同时污水淤泥堆积，影响行走轨道的铺设。

2.2.4 长距离掘进独头通风及运输

目前国内外TBM独头掘进通风距离一般为10km左右，最大不超过15km。本工程掘进区间普遍较长，大多数超过了20km，而中间没有检修支洞和通风竖井的最长区间是喀双Ⅶ标段TBM8（20km），这对施工通风、出渣、物料和人员运输、供排水系统以及设备的可靠性、高效性提出了非常高的要求。

2.2.5 反坡排水

很多标段的隧洞施工方向属于顺坡掘进、反坡排水。因隧洞距离长、埋深大、断面大，且隧洞涌水量较大，刀盘后部的液压系统、主轴承润滑及密封系统、辅助皮带输送机等均应注意防水。一旦油液含水量超标，将导致整个液压系统工作能力下降，加剧主轴承腐蚀磨损，严重影响施工进度，故施工期反坡隧洞排水系统设置显得尤为重要。

2.2.6 破岩与掘进效率

围岩均以Ⅱ类、Ⅲ类为主，最高的岩石饱和单轴抗压强度达170～197MPa，花岗岩的石英含量高达20%～35%。由于岩石强度高、石英含量大、掘进距离长，导致滚刀磨损严重，刀具消耗大，直接影响施工进度。因此，对TBM滚刀快速破岩、高效掘进提出了更高的要求与挑战。

3 集群TBM适应性分析

3.1 对主要围岩类别的适应性

本工程隧洞的Ⅱ类、Ⅲ类围岩占比都达到90%以上，因此，对Ⅱ类、Ⅲ类围岩的适应性是评价 TBM 适应性的重要方面。在Ⅱ类围岩中 TBM 的平均推力基本都达到设计值，转矩达到最大值，刀盘转速较高；在Ⅲ类围岩中，推力和转矩均有余量，刀盘转速较低，但掘进速度较高。

3.2 对不良地质条件的适应性

3.2.1 对断层破碎带的适应性

掘进期间各标段均多次穿越节理裂隙带及小规模断层，采用一些辅助措施后都可顺利通过，表现出 TBM 具有较好的适应性。以喀双Ⅴ标段 TBM4 为例进行分析，围岩总体强度高、完整性好，仅局部有裂隙发育，并存在剥落、掉块情况。在 KS118＋718～KS118＋767 段，共出现破碎围岩段 49m，围岩主要表现为节理裂隙发育，层间结合差，岩体本身呈块状和碎石状结构，致使围岩沿节理或层面松动、错落，甚至出现较大范围的失稳、坍塌、塌落。处理方法是：将支护由随机锚喷改为锚网喷、钢拱架联合支护方式，并在破碎围岩露出护盾后立即停机，开始处理危石，待危石处理完毕后，架立全环型钢拱架（H150），之后在顶部护盾和钢拱架之间插入钢筋排，再继续架立下一榀钢拱架（见图 1），使 TBM 顺利通过破碎围岩地段。

图 1　喀双Ⅴ标段型钢拱架配合钢筋排联合支护

TBM 穿越规模较大的断层时，出现了多次围岩失稳、塌方事件，甚至形成较大的塌腔体。西二Ⅱ标段当 TBM1 掘进到 XE6＋840～XE6＋850 时，发生了较大塌方，塌方量达 1248.2m^3（见图 2）。塌方原因：主要是穿越破碎带时，由于刀盘切削作用和振动影响，致使围岩沿节理和裂隙面松动、错落，最终导致大面积失稳和坍塌。对于塌腔段处理的方法有：采用喷混凝土加固、加密拱架支护；待具备掘进条件后，采用较低转速、小推力、大贯入度缓慢掘进通过。

为保证 TBM 安全施工，对塌腔体采取以下处理方案：利用应急喷射混凝土系统封闭破碎岩面，防止已揭露的围岩进一步松动和掉块；对塌腔体部位，采用副拱加强支护，即在原设计的 HW150 型钢拱架顶部增设 HW125 型钢支撑至岩面，同时增设副拱的纵向连接筋；型钢拱架之间增设 HW125 型钢纵向连接，环向间距为 0.8～1.0m；钢筋排上方采用厚 3mm 的钢板封闭，在喷混凝土封闭钢拱架之前，利用泵送 C30 细石混凝土对塌腔部

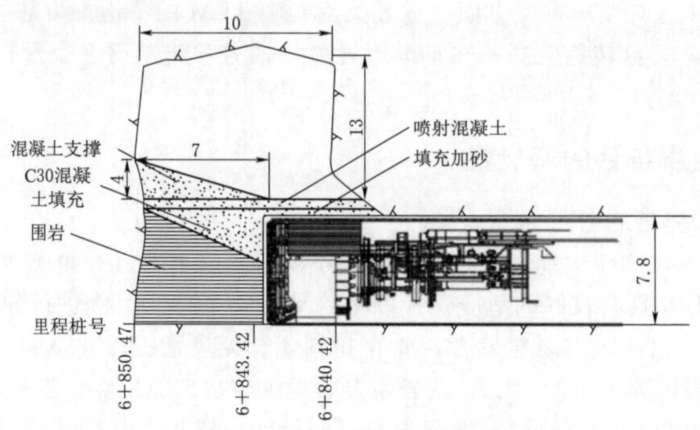

图 2　西二Ⅱ标段 TBM1 塌腔示意图（单位：m）

位进行分层回填，随后进行回填灌浆；根据现场围岩情况，增加Φ25 的随机锚杆，长 3.5～6m。

喀双Ⅱ标段，TBM1 分别遭遇 2 次隧洞塌方致使刀盘楔嵌卡机的事件，2 次塌方隧洞均无地下水涌出，故首先使刀盘脱困后再进行下一步处理，处理时间共 139d。第 1 次塌方卡机，人工清渣已经完全无法脱困，因此采取整机后退的方式脱困。TBM 整机后退 16.5m 后塌方体才稳定，再进行超前钻孔。预测塌方体高度为 15m 以上，采取超前水泥灌浆固结的方式处理。灌浆前需设置混凝土止浆墙，止浆墙施工需要的人员、材料和设备均需从刀盘的刀孔进入，刀孔尺寸为 40cm×60cm，通道空间受限严重，施工极为缓慢，但仍可进行作业。为消除后期施工的安全隐患，需将已知形成的塌腔进行回填处理（见图 3），防止其再次塌落造成二次灾害。

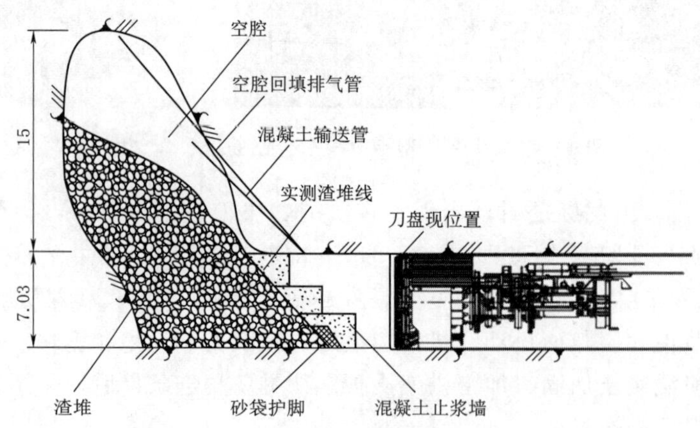

图 3　喀双Ⅱ标段 TBM1 塌腔回填处理示意图（单位：m）

塌腔混凝土回填要由止浆墙上部向塌腔内进行钻孔，形成输送通道。在对塌腔钻孔时发现，塌腔内已填满塌落的石渣，塌腔范围为洞身顶部 26～30m，原计划采用自流平混凝土回填，后改为高浓度水泥浆灌注，固结塌腔内松散石渣。

第 2 次塌方卡机，同样采取整机后退的方式脱困，仅后退 1.5m 后 TBM 刀盘脱困。

进一步探明前方地质，预测拱顶塌腔高度为 4～6m，并且没有继续塌落的迹象，故采取“慢掘进、强支护、勤监测”的方式通过。

3.2.2 对撑靴无法撑紧洞壁的处理

TBM 在掘进期间，因软岩地质段岩石单轴抗压强度低，造成撑靴“打滑”现象，无法支撑 TBM 推力。采取的措施是低速掘进，减少出渣量，保证掌子面的稳定，避免大范围失稳。

当洞壁侧墙围岩强度小于 30MPa 时，在撑靴支撑部位布置枕木堆，增大撑靴支撑面积，同时减少推力和刀盘转速，防止设备下沉。当洞壁侧墙围岩强度小于 25MPa 时，枕木不能满足撑靴支撑需要，岩体变形较严重，甚至出现垮塌，需要对撑靴部位软岩进行人工清理后浇筑混凝土墙，以增加岩体强度，确保撑靴部位岩壁满足支撑要求。在围岩完整性较差时，撑靴在撑紧岩面后，会对围岩产生二次扰动，发生进一步塌落、掉块等情况。为此，在边墙部位增设钢筋排，撑靴在通过时，直接撑在钢筋排上，这样能较好地降低对围岩的二次扰动，也降低了施工安全风险。在撑靴通过后，清除围岩表面浮石即可。

3.2.3 对隧道突涌水的处理

在喀双Ⅱ标段，当 TBM1 掘进至 KS3＋887 时，洞壁左侧发育 1 条裂隙，长度约为 4m，沿裂隙薄弱处呈喷射状涌水，水压力约为 0.9MPa，涌水量约为 $320m^3/h$。涌水导致 TBM 施工轨道无法铺设，刀盘旋转带出的水量巨大，施工困难，处理用时 61d。这次涌水的处理经历了以下 4 个阶段。第 1 阶段：涌水点附近钻泄压孔，涌水点简单处置后，采用聚氨酯材料灌注，但发现效果不明显，且对水污染严重。第 2 阶段：对涌水点采用 1.2m×1.2m×0.1m 钢板＋土工布封堵，钢板中间设置引流球阀，分别采用油溶性和水溶性聚氨酯材料灌注，但发现效果不明显，且对水污染严重，最后放弃化学灌浆方法。第 3 阶段：对涌水点浇筑 C35 混凝土（长 1.9m×高 2.3m×厚 0.3m）进行表面封堵，采用纯水泥浆灌注，但是混凝土封堵未达到预期效果。第 4 阶段：对渗漏通道进行超前钻孔，采用水泥＋水玻璃灌浆堵漏，灌浆约 1h，涌水量减少 50％以上，效果明显，涌水点及周边浆液流失较少堵水效果明显。

在双三Ⅲ标段，当 TBM2 掘进到 SS52＋161～SS52＋585 时，发生少量涌水，总排水量为 $10～20m^3/h$。掘进到 SS52＋160.8 时，刀盘内出现大量涌水，瞬时流量约为 $400m^3/h$，停止掘进，24h 后涌水量减至 $350～380m^3/h$，TBM 停机，启动应急排水系统并进行堵水处理。经分析，刀盘前方涌水主要来自 4 条裂隙，沿裂隙呈股状涌水，涌水量大、水压较高、水流速度快。当掘进至 SS52＋160.815～SS52＋033.687 时，出现大范围涌水，计 15 次，期间停机堵水 243d。

刀盘前方发生涌水现象后，为保证设备及人员安全，指导下一步掘进施工，隧洞内先后采用 EH4（大地电磁法）、CFC（复频电导率法）、TST（地震波法）等进行了超前地质探测（见图 4）。结果显示隧洞掌子面处于富水地段，且在 SS52＋160.815 前方 2km 范围内围岩含水量均较大。

针对隧洞渗水、涌水处分别采用以下方法进行堵水试验：水泥单液浆灌浆堵水、水泥＋水玻璃双液浆灌浆堵水及高分子聚合物化学灌浆堵水。

针对富水大裂隙带，纯水泥浆堵水效果不明显，故改用水泥＋水玻璃双液浆。灌浆

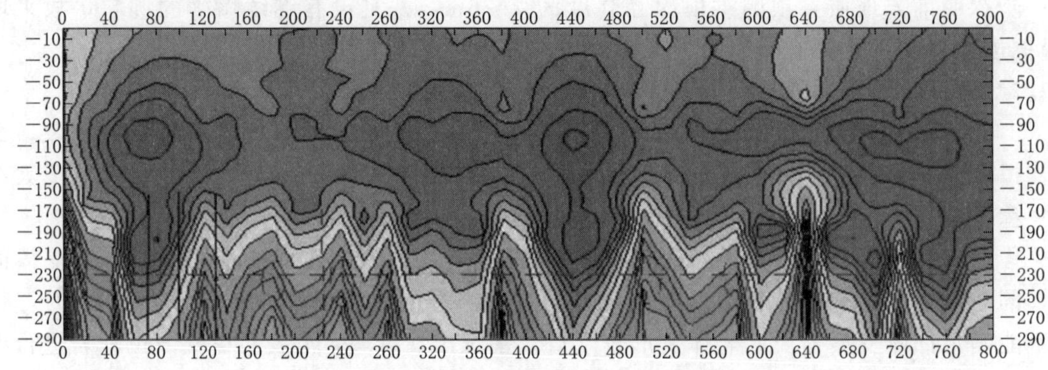

图 4　EH4 地质超前探测结果（单位：m）

时，对原灌浆孔重新钻孔，安装灌浆塞。孔内水量大、流速快，为了加速水泥与水玻璃反应，本次灌浆采用了 0.5∶1 水泥浆与水玻璃按照 1∶1 的比例进行灌浆堵水，灌浆压力为 1.0MPa。双液浆对小裂隙堵水效果明显，2 条较小裂隙封堵完成后无渗水现象。

对于涌水量较大的裂隙，利用高分子聚合物灌注效果明显。灌浆孔直径为 60mm，灌浆时不用专用的止浆塞，利用Φ80 消防水管制作 1.5m 长双导管膜袋，并安装至泄水孔后，向膜袋内注入双组分材料，迅速膨胀后形成止浆塞，从而快速封堵涌水通道出口，稳固后向长管内灌浆，随着材料向渗水通道延伸，在裂隙内发生反应后体积迅速膨胀固化，达到封堵涌水通道的效果。

高分子聚合物封堵底部裂隙涌水时，在距离底部裂隙 2m 处进行钻孔，孔深为 4.5m，孔间距为 1m，保证钻孔与涌水通道连通，对裂隙用缠绕麻丝的木楔封堵，完成裂隙封堵后，在泄压孔安装 1.5m 长双导管膜袋，安装灌浆管路进行灌浆。灌浆时，先灌注膜袋，浆液在膜袋内反应形成阻塞后，再通过另外一条灌浆管对裂隙水进行封堵，双组分材料在裂隙内快速反应、发泡，形成柱塞，减少水流，直至裂隙不漏水。高分子聚合物灌浆堵水效果良好，但费用高。目前根据超前地质预报，对富水地段主要采用水泥＋水玻璃双液浆进行超前周边注浆，深度为 17～20m，周边布置 12 个孔，外插角为 15°；特殊地段才进行高分子聚合物灌浆封堵。

3.3　长距离通风及皮带运输出渣问题

3.3.1　长距离通风

各标段 TBM 掘进的独头掘进距离都比较长，中间没有检修通道和通风竖井，且超过 15km 连续掘进的区间有 TBM1（长 15.4km）、TBM2（长 15.2km）、TBM6（长 17.7km）、TBM7（长 17.9km）和 TBM8（长 19.7km）。由于独头通风的距离长，掘进产生的粉尘及设备产生的油烟等有害气体不容易排出，故需要通过加设中转风室接力通风，实现长距离隧洞安全通风，保障施工速度。

3.3.2　长距离连续皮带运输出渣

TBM 施工段落较长，断面大，平均进尺为 3.15m/h，掘进速度快，出渣量大。连续皮带机出渣具有效率高、成本低、故障率低等优点，无需外部卸渣，施工管理简单、人工成本低、维护成本低、耗电低、隧洞污染小，故采用皮带机运输出渣方式。

3.4 TBM 掘进稳定性分析

TBM 完好率和掘进工时率是评价其对地质条件适应性的重要指标。TBM 系统的故障主要有机械故障、锚杆钻机故障、液压系统故障、电气故障、皮带机故障和湿喷系统故障等，其中机械故障占设备总故障的比例较高，为 5.4%～53.9%，主要原因是主轴承密封圈漏油；锚杆钻机故障占设备总故障的比例也普遍较大，达 16.1%～40%，主要表现为钻机导轨轴轮损坏、钻头和钻钎损坏等，主要原因是由于Ⅳ类、Ⅴ类软弱围岩段锚杆支护量大，钻机损耗严重，同时也存在钻机设计不尽合理、质量有待提高的问题。

TBM 施工作业主要有纯掘进、换步、支护、刀具检查及换刀、正常维保、设备故障处理及其他作业等，其他作业主要包括交通运输、铺轨、高压电缆等作业。TBM 的纯掘进作业工时率为纯掘进时间与总施工时间的比值，它是衡量设备使用及管理水平的重要指标之一，并在很大程度上决定着工程的施工进度。

4 结语

通过 8 年多的施工，重点解决了超特长深埋 TBM 集群掘进工程中设备系统可靠性、穿越断层破碎带、围岩突涌水防控、长距离独头通风及运输、反坡排水、高效掘进及刀具耐磨等工程难题。掘进实践表明：准确的地质勘察和超前地质预报是高效掘进的前提；开敞式 TBM 能较好地适应Ⅱ类、Ⅲ类围岩、节理裂隙带及小规模断层；而对于规模较大的断层破碎带及富水地层则适应性较差，还有待于从设备、支护及施工技术方面加以改进；掘进阶段 TBM 设备系统平均完好率有待进一步提高，表现在主轴承密封圈漏油现象；随着掘进进尺的不断增加，TBM 集群要达到设备系统 90%以上的完好率、支撑 40%以上的纯掘进工时率的目标，还需要付出巨大努力。进一步优化隧洞支护结构的形式和参数，以适应各种复杂的地质变化，做到既能有效地支护围岩，确保围岩的稳定性，又能加快施工进度，发挥 TBM 快速掘进的优势。在后续施工中，须探讨在岩质条件较好、涌水量不太大的情况下 TBM 带水掘进的可行性，并提出相应的辅助工法，以便安全快速地通过富水地层。

参考文献

[1] 谭顺辉．中天山特长铁路隧道修建技术探讨［C］//中铁隧道集团 2008 年盾构（TBM）隧道专题学术交流大会论文集．洛阳：中铁隧道集团有限公司，2008：193 - 198.

[2] 唐经世．西河线东秦岭特长隧道机械化施工的思考［J］．建筑机械化，2001（4）：33 - 34.

[3] 罗致良．皮带运输系统在盾构隧道建设中的应用［J］．城市道桥与防洪，2004，20（5）：125 - 130.

[4] 曹国平．北天山隧道施工的有轨运输［J］．建筑机械化，2007（2）：57 - 60.

[5] 杨继华，闫长斌，等．双护盾 TBM 施工隧洞综合超前地质预报方法研究［J］．工程地质学报，2019，27（2）：250 - 259.

开敞式 TBM 穿越非煤系岩层瓦斯洞段技术研究

崔 忠

（新疆水利水电勘测设计研究院有限责任公司）

摘 要： 煤系瓦斯处理技术，在公路铁路隧道、煤矿巷道等领域已相对成熟，在深埋长距离输水隧洞开敞式 TBM 穿越非煤系岩层瓦斯洞段施工中尚缺乏有效可靠的瓦斯处理方法。本文依托新疆某调水工程深埋长距离输水隧洞 TBM3－2 穿越非煤系岩层瓦斯地层开展岩层瓦斯处理技术研究与工程应用，通过参照煤矿、铁路及公路等瓦斯隧（巷）道的处理经验，结合深埋长距离输水隧洞工程开敞式 TBM 施工的特点，总结形成了一套适用于开敞式 TBM 穿越非煤系岩层瓦斯洞段的处理方法，为后续类似工程提供了参考依据。

关键词： 深埋长距离输水隧洞 岩层瓦斯 装配式支护系统

1 工程概况

新疆某调水工程，TBM3－2 隧洞桩号 69＋635～79＋153 段，长度 9.518km。其中：桩号 74＋319.9～77＋000 段分布岩性为石炭系上统凝灰质砂岩夹黑色炭质粉砂岩、页岩，薄层～片状，软质岩，长度 2.68km，无可采煤层，但在隧洞掘进施工中局部存在瓦斯气体逸出。该段分布黑色炭质粉砂岩、页岩，属岩层瓦斯。前期勘探资料显示该段桩号 71＋210（ZK391）黑色炭质粉砂岩、页岩进行了瓦斯气体测定，结论属无突出危险区，黑色炭质粉砂岩、页岩是蕴含和挥发瓦斯有害气体的主要层位。桩号 74＋319.9～77＋000 段分布岩性为石炭系凝灰质砂岩夹黑色炭质粉砂岩、页岩。其中：凝灰质砂岩，厚层状，中硬岩；炭质粉砂岩、页岩夹层厚 5～200cm，黑色具光泽，片状，软弱破碎状。在后续的未施工段中所遇见的黑色炭质粉砂岩中仍存在瓦斯气体局部逸出超标现象。

2 瓦斯隧洞分类及瓦斯危害

2.1 瓦斯隧洞分类

瓦斯是无色、无味的气体，但有时可以闻到类似苹果的香味，这是由于芳香族的碳氢气体同瓦斯同时涌出。瓦斯的渗透能力是空气的 1.6 倍，难溶于水，不助燃也不能维持呼吸，达到一定浓度时，能使人因缺氧而窒息，并能发生燃烧或爆炸。瓦斯在煤体或围岩中是以游离状态和吸着状态存在的。

瓦斯隧洞分为微瓦斯、低瓦斯、高瓦斯和煤（岩）与瓦斯突出四类；瓦斯隧洞工区分为非瓦斯工区、微瓦斯工区、低瓦斯工区、高瓦斯工区、煤（岩）与瓦斯突出工区五类；瓦斯隧洞类别应按瓦斯地层或瓦斯工区的最高类别确定。瓦斯隧洞或瓦斯工区类别的判定指标为隧洞内绝对瓦斯涌出量。

2.2 瓦斯危害

瓦斯隧洞建设面临瓦斯燃烧、瓦斯爆炸、煤与瓦斯突出、人员窒息等施工风险，非煤系地层区瓦斯涌出具有随机性、分布不均匀等特点。

空气中瓦斯的浓度在5%以下和超过16%时，遇着火可以燃烧；当瓦斯浓度在5%～16%之间时，遇着火源就能爆炸；而当浓度在9.5%时，发生的爆炸力量最强，破坏性也最大。

瓦斯爆炸的三个条件：①一定的瓦斯浓度，瓦斯浓度在5%～16%之间；②一定的引火温度，点燃瓦斯的最低温度在650～750℃之间，且存在时间必须大于瓦斯爆炸的感应期；③充足的氧气含量，氧气浓度不得低于12%。

3 非煤系岩层瓦斯地层隧洞安全施工技术

3.1 非煤系岩层瓦斯地质超前预报

采用隧洞专用钻机进行超前水平钻探来探明开挖前方的岩层瓦斯情况，掌握瓦斯气体的涌出位置，在起逸处附近设置瓦斯气体检测点，以定量检测瓦斯气体参数。TBM 刀盘内、护盾（上、下、左、右四个部位）、喷混凝土桥、后配套、通风回流区域等隧洞工作面及其他作业地点风流中、电动机或者其开关安设地点附近 20m 以内风流中的甲烷浓度达到1.5%时，必须停止工作，切断电源，撤出人员，进行专项处理。对因甲烷浓度超过规定被切断电源的电气设备，必须在甲烷浓度降到1.0%以下时，方可通电开动。

由于无法通过 TBM 刀盘对掌子面正前方进行钻孔，只能在 TBM 护盾后侧与隧洞开挖轴线形成一定外倾角的斜上方钻设探测孔，钻孔外倾角控制在5°～15°之间，每孔孔深控制在60.0～80.0m 之间，具体孔深根据现场实际钻孔情况确定。由于受现场 TBM 设备及已支设的钢筋网、钢拱架、钢筋排和锚杆等的影响，具体孔距、倾角等需根据现场实际情况进行随机调整。

超前钻孔施工前，必须做好防止孔内突发情况的一切准备工作。在钻孔施工过程中，如发现岩层变松软、坍塌或出现孔内水量、水压突增或者气量、气压突增的情况，必须马上停钻，但不得拔出钻杆。安排专人监控钻孔变化情况，待突发情况稳定后，方可继续施钻；如突发情况持续不变或有增大趋势，则需要对该孔采取封堵措施。

3.2 瓦斯隧洞通风

加强通风是防止瓦斯积聚、避免瓦斯浓度超限、预防瓦斯事故发生的主要技术措施。瓦斯工区必须实施连续通风，并将测风作为瓦斯防治的关键工序。施工通风直接关系施工作业人员的人身安全，是避免瓦斯燃烧、瓦斯爆炸的主要防治措施。瓦斯隧洞通风要求对瓦斯易于积聚的地方，应实施局部重点通风，风速不宜小于1m/s，全隧洞最低风速不小于 0.25m/s。瓦斯密度比空气小，若风速较低，瓦斯易积聚于隧洞顶拱部位，从而形成瓦斯积聚层。对 TBM 设备进人口刀箱内、TBM 上部工作面、TBM 下部工作面，同时保持 TBM 护盾后部的皮带道上盖口敞开瓦斯易积聚的空间区域，应采用空气引射器、局部通风机等设备，实施局部加强通风，消除瓦斯积聚。

TBM3－2 段供风系统采用压入式供风，在 P4 支洞口设置 2 台 132kW 风机，最大供风量为 46.4m^3/s、最大风压为 4250Pa。通过直径为 2.0m 的抗静电、阻燃的风筒将洞外新鲜风压入洞内 TBM3－2 后配套台车尾部，再由 2 台 45kW 接力风机将新鲜风供到 TBM 作业面，污风从支洞排出。

为了保证通风稳定可靠，风筒吊挂平直、捆扎牢固不漏风。使风筒距离 TBM 护盾最近的出风口在操作室处（距离 TBM 护盾尾部约为 20m），采用直径为 1.2m 的软风筒将风筒口接引至进人口刀箱内、TBM 上部工作面、TBM 下部工作面，同时保持 TBM 护盾后部的皮带道上盖口敞开，形成回风瓦斯通路，防止瓦斯积聚。

3.3 瓦斯隧洞 TBM 掘进过程的支护体系

非煤系岩层瓦斯洞段往往围岩比较破碎，裂隙发育，需要加强支护确保 TBM 安全通过。TBM 掘进施工遵循“短进尺、勤换步、早封闭、强支护、初期支护务必一次到位”的原则。在 TBM 掘进过程中，根据围岩地质条件及时调整 TBM 开挖掘进时的参数，并根据开挖掘进情况适时采取措施，如有针对性地进行调向、对岩性较软弱的岩体进行注浆，防止 TBM 在软弱不均地层中开挖掘进方向出现的偏差超限。

TBM 隧洞一次支护采用带钢拱架的锚杆钢筋网喷射混凝土联合支护，锚杆施工采取了“先注浆后安装锚杆”的工艺。有轨罐车将混凝土运输到指定位置后，然后采取湿式喷射方法由 TBM 自带的喷射系统进行本隧洞的注浆支护。由于瓦斯气体的存在，不能进行焊接作业，为了安全起见，采用装配式型钢拱架配合钢筋排喷射混凝土联合支护方式，全环型钢拱架采用螺栓连接，每环拱架分成 5 段，每段的端部采用连接板连接，连接板上设置 4 个螺栓连接孔，便于洞内拼装。每榀型钢拱架采用 4 个锁定锚杆进行固定，型钢拱架的锁定锚杆也由焊接改为装配式连接。全环型钢拱架见图 1，装配式全环型钢拱架连接和锁定分别见图 2、图 3。

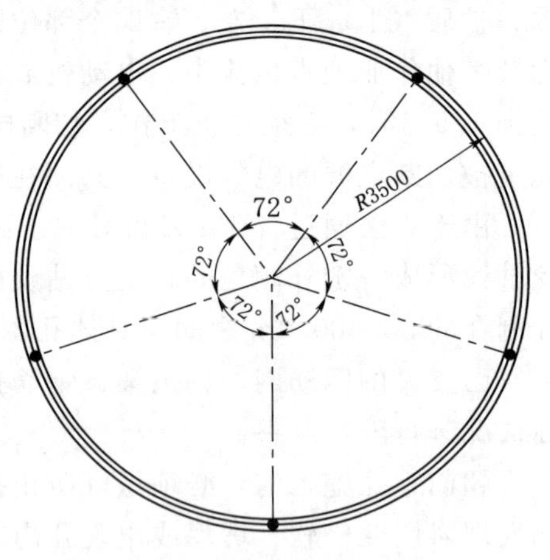

图 1　全环型钢拱架示意图（单位：mm）

3.4 瓦斯隧洞 TBM 掘进安全保障措施

（1）加强对施工作业人员安全教育培训，普及有关瓦斯知识，严格落实进洞登记及门岗检查制度，进洞人员须在洞口值班室登记并接受检查，严禁进洞人员携带打火机及其他可能产生火花的物品。

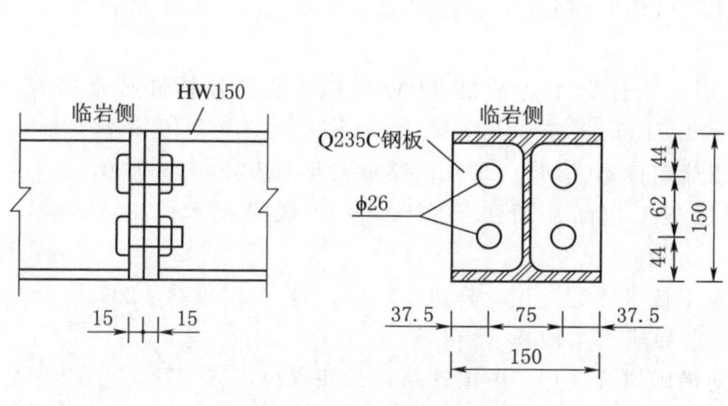

图 2 装配式全环型钢拱架连接示意图（单位：mm）

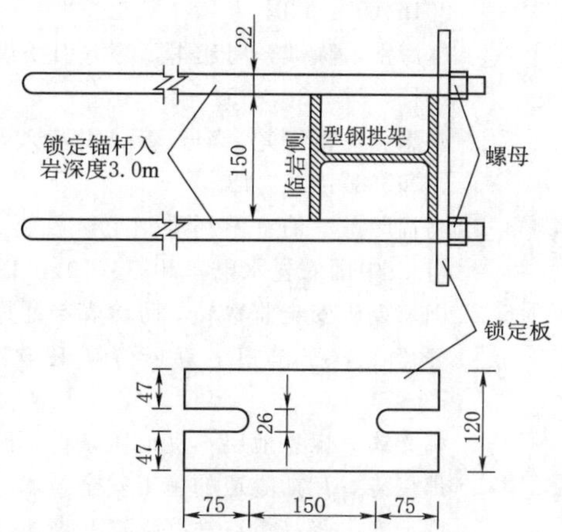

图 3 装配式全环型钢拱架锁定示意图（单位：mm）

持续加强洞内瓦斯监测并建立记录台账，尤其是刀盘内、护盾、喷混凝土桥、后配套、通风回流区域的监测。如果监测到瓦斯气体达到规范允许值，应立即停止作业，撤离人员，启动应急预案。

（2）持续加强通风，配备通风备用电源，保证通风系统 24h 正常工作，特别是对 TBM 设备人员作业区的通风。

（3）增加喷淋措施。在人员作业面定时进行喷淋；对冷却刀盘的喷水量适当加大。

（4）瓦斯洞段严禁洞内火源、明火及电焊作业，非瓦斯洞段制定操作明火作业规章制度和许可手续。

4 结语

本文针对深埋长距离输水隧洞开敞式 TBM 穿越非煤系岩层瓦斯洞段施工中尚缺乏有效可靠的瓦斯处理方法，依托新疆某调水工程深埋长距离输水隧洞 TBM3－2 穿越非煤系岩层瓦斯地层开展岩层瓦斯处理技术研究与工程应用，结合深埋长距离输水隧洞工程开敞式 TBM 施工的特点，总结形成了一套适用于开敞式 TBM 穿越非煤系岩层瓦斯洞段的处理方法。

（1）考虑到非煤系岩层瓦斯浓度低，瓦斯存在的随机性及不确定性，超前地质预报，是发现前方未掘进洞段是否含有瓦斯的关键手段。

（2）高效通风是保障开敞式 TBM 穿越非煤系岩层瓦斯洞段的关键，高效的通风系统可以降低洞内瓦斯浓度，减少瓦斯聚集。

（3）装配式型钢拱架＋钢筋排组合式支护体系是保障开敞式 TBM 顺利穿越非煤系岩层瓦斯洞段的关键。

参考文献

［1］ 秦晋．大胆创新赢得赞誉——吉林引松工程 TBM 穿越灰岩岩溶地区取得成功［J］．吉林水利，

2016 (9): 63.

[2] 赵海雷，陈馈，周建军，等. 引松供水4标TBM连续穿越灰岩的施工技术研究 [J]. 隧道建设，2017，37 (3)：354-362.

[3] 郭惠民，霍宇光，李长青. 引黄入晋工程 "TBM" 掘进引水隧洞塌方处理 [J]. 东北水利水电，2006 (8)：16-18.

[4] 马福印，罗伯特·利维纳尼，杜喜龙. 引大济湟调水总干渠TBM机施工脱困及拆卸技术研究 [J]. 中国农村水电，2017 (10)：120-124，130.

[5] 国家煤矿安全监察局. 防治煤与瓦斯突出规定读本 [M]. 北京：煤炭工业出版社，2009.

[6] 王念红，王鸿雷. 新安煤矿超软煤层掘进工作面瓦斯防治实践 [J]. 煤炭技术，2005 (8)：73-74.

[7] 韩光钦. 煤系地层不良地质条件下隧道施工技术研究 [J]. 公路，2016，61 (1)：234-237.

[8] 邵俊涛. 瓦斯隧道的施工安全技术 [J]. 世界隧道，1999 (3)：53-58.

[9] 邱云安，张昌勇. 铁路隧道瓦斯事故预防措施研究 [J]. 中国铁路，2009 (7)：26-28.

[10] 杨松林. 瓦斯隧道施工控制及防治措施分析 [J]. 科技创新导报，2020，17 (11)：26-27.

[11] 张孝广. 地铁龙泉山隧道瓦斯溢出段瓦斯综合防治技术 [J]. 建筑安全，2019，34 (10)：37-42.

[12] 李金成. 隧道施工煤与瓦斯突出防治措施 [J]. 建筑技术开发，2019，46 (11)：140-141.

[13] 周建军，杨振兴. 深埋长隧道TBM施工关键问题探讨 [J]. 岩土力学，2014，35 (S2)：299-305.

[14] 中国铁道建筑总公司. 隧道掘进机施工技术 [M]. 北京：机械工业出版社，2005.

[15] 赵毅. 开敞式TBM穿越不良地质段施工技术 [J]. 科技情报开发与经济，2008 (12)：214-217.

[16] 余学敏. TBM通过软岩破碎段塌方的预防及处理关键技术 [J]. 建筑技术开发，2017，44 (3)：99-100.

丰满水电站重建工程溢流坝消能方式研究与选择

董延超[1]　曲　洋[2]

（1. 中水东北勘测设计研究有限责任公司　2. 水利部松辽水利委员会）

摘　要： 丰满水电站重建工程的泄水建筑物采用表孔溢流坝形式，具有水头高、洪峰流量大、下泄流量变化大、下游尾水深度变幅大、消能防冲难度大等特点。设计时拟定多种消能方案，通过水力计算、技术分析、模型试验等研究方式，最终采用底流的消能方式，大大减轻了对下游河道的冲刷和对已有建筑物影响，消能效果较好。

关键词： 溢流坝　挑流消能　底流消能　宽尾墩+消力池联合消能　水工模型试验　消力池

1　工程概况

丰满水电站（重建）位于第二松花江干流上，下游距吉林市 24km，水库总库容 103.77 亿 m^3，是一座以发电为主，兼有防洪、灌溉、城市及工业供水、养殖和旅游等综合利用的大型水利枢纽工程。枢纽建筑物主要由碾压混凝土重力坝、坝身泄洪系统、左岸泄洪兼导流洞、坝后式引水发电系统、过鱼设施及利用的原三期水电站组成。工程为Ⅰ等大（1）型，水库正常蓄水位 263.50m，水电站总装机容量 1480MW。

坝身泄洪系统采用坝顶开敞式溢流表孔，溢流坝布置在主河床，坝段号为 10～19 号，闸墩顶高程 269.50m，坝段单宽 18.00m，共 10 个坝段，总长 180.00m。布置 9 个开敞式溢流表孔，孔口宽度 14.00m，跨坝缝布置。溢流堰采用 WES 实用堰，堰顶高程 249.60m。上游堰面采用三圆弧曲线，下游堰面采用幂曲线，曲线方程为 $y=0.0463x^{1.85}$，曲线末端与坡度为 1∶0.75 的直线段相连，直线段末段接反弧段，反弧半径为 20.00m，后接下游消力池。溢流坝闸墩采用预应力混凝土结构，闸墩前缘为半圆形，半径 2.00m，悬出上游坝面 4.80m，边墩及中墩厚均为 4.00m。溢流坝上游分别设置一道平板检修门和弧形工作闸门，平板检修门与引水系统检修闸门共用 2×1250kN 双向门机启闭，弧形工作闸门采用 2×2500kN 液压启闭机启闭。溢流坝闸墩顶部上游布置有交通桥及门机轨道桥，总宽度 17.90m；下游布置电缆及油管沟桥，桥面高程均为 269.50m。

2　泄洪消能规模及特点

泄水建筑物为 1 级建筑物。正常运用洪水重现期为 500 年，相应下泄流量为 7500m^3/s，非常运用洪水重现期为 10000 年，相应下泄流量为 20830m^3/s。消能防冲建筑物正常运用洪水重现期为 100 年，相应下泄流量为 5500m^3/s。本工程泄洪消能设计的主要特点：坝址河谷开阔，河床覆盖层较薄，岩体坚硬完整，下游基岩抗冲刷能力强；坝址洪峰流量较大，下泄流量变化较大；下游尾水深度变幅大，下泄小频率洪水时，坝下水垫厚度较薄；上游有原丰满大坝，新建大坝没有泥沙淤积问题，工程无排沙要求；新建大坝与三期厂房距离较近，泄洪下泄水流应不影响三期水电站厂房的正常运行要求。

3　泄水建筑物运行和组合方式选择

本工程泄洪设备由溢流坝及泄洪兼导流洞组成。洪水重现期不大于 50 年频率洪水由泄洪兼导流洞和发电机组联合泄洪，洪水重现期 50～1000 年频率洪水由溢流坝和发电机组联合泄洪，洪水重现期大于 1000 年频率洪水由溢流坝单独泄洪。不同频率洪水溢流坝下泄流量变化较大，由 100 年一遇下泄量 3263m^3/s 至 10000 年一遇下泄量 20830m^3/s，两者相差达 6 倍以上。本工程在下泄不超过 500 年一遇频率洪水时需采用闸门控泄。下游消能运行工况复杂，选择合理的消能型式尤为重要。

4　消能建筑物型式比选

4.1　消能方式拟定

坝址下游河道河谷较宽，基岩坚硬完整，利于消能建筑物的布置。从消能型式看，挑流消能简单易行；底流消能工程量大，消能效果较好；近些年，宽尾墩+消力池的消能型式在一些工程中也得到了成功的利用；本工程河床开阔、下泄流量大、水头高、坝下水位变幅大，其他的消能型式，如戽流消能、面流消能、窄缝消能等几种消能型式基本不适合本工程。原丰满水电站溢流坝最大泄量 10500m^3/s，新建工程溢流坝最大下泄流量 20830m^3/s，相应的下游水位由 200.00m 上升至 205.10m，原丰满泄水建筑物的消能型式已不能满足本工程需要。本工程溢流坝下游消能型式选择了挑流消能、底流消能以及宽尾墩+消力池三种消能方式进行比较。各方案布置如下：

（1）挑流消能方式：挑流消能方案采用连续式挑坎，挑坎顶高程为 203.00m，反弧半径为 35.00m，反弧段最低点高程为 199.72m。溢流坝段两侧边墙厚度为 4.00m，边墙顶高程为 210.80m。挑流消能方案溢流坝典型剖面见图 1。

（2）底流消能方式：溢流坝下游堰面接半径 20.00m 的反弧段，下接消力池。消力池池长 80.00m，宽 158.00m，深 8.00m，底板高程 182.00m，厚 4.00m。消力池末端设 3.00m 高尾坎，尾坎顶高程 193.00m。消力池边墙为衡重式，边墙顶高程 208.00m。为保证底板稳定，消力池四周设排水廊道，廊道下设排水孔幕，消力池底部设纵、横向排水管。底板基础采用Φ32mm 锚筋，间距为 1.50m，梅花形布置，入岩深度为 7.00m。底流消能方案溢流坝典型剖面见图 2。

（3）宽尾墩+消力池联合消能方式：闸墩末端采用 X 形宽尾墩，其收缩比 $\varepsilon=0.53$，收缩角 $\theta=20°8'11''$，宽尾墩末端厚度为 3.30m，纵向长度为 9.00m，高度为 20.40m。溢流面底部反弧半径为 20.00m，反弧段末段接消力池，消力池长度初步拟定为 55.00m，

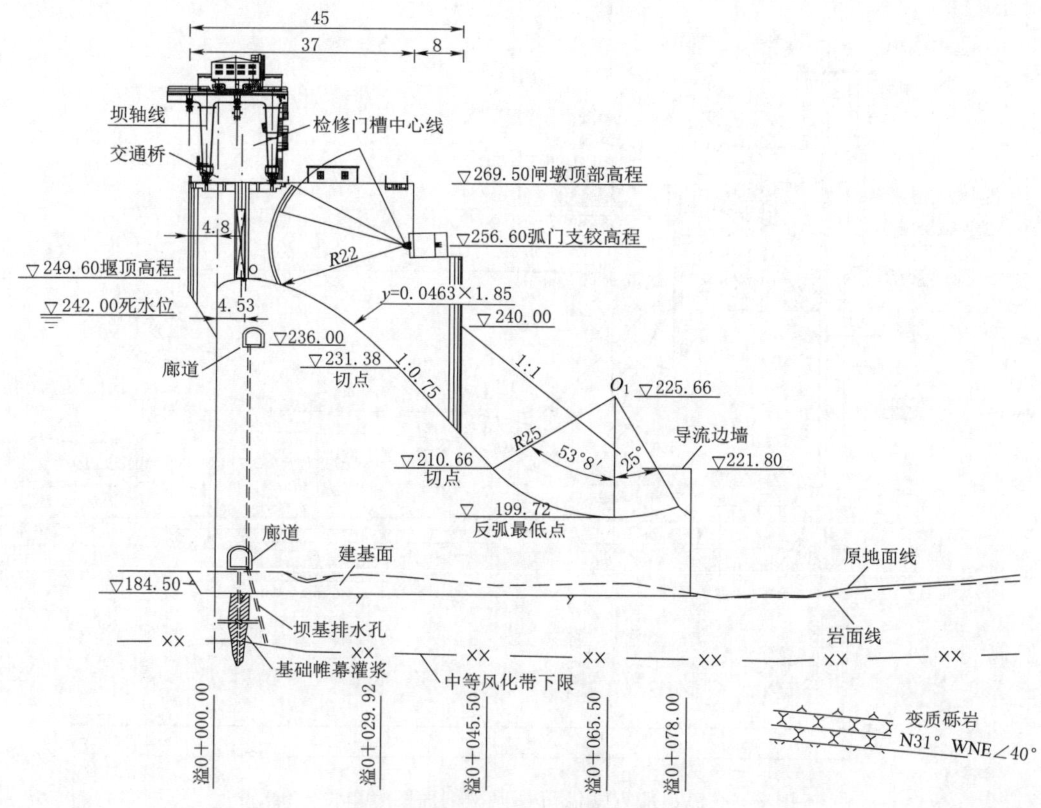

图 1　挑流消能方案溢流坝典型剖面图（单位：m）

消力池底板顶高程为 177.50m，厚度为 4.00m。消力池末端设尾坎，尾坎顶高程 182.50m。为保证底板稳定，消力池四周设排水廊道，廊道下设排水孔幕，消力池底部设纵、横向排水管。底板基础采用Φ32 锚筋，间距为 1.50m，梅花形布置，入岩深度为 7.00m。宽尾墩＋消力池方案溢流坝典型剖面见图 3。

4.2　消能方式比较及结论

（1）挑流消能方式。挑流消能方式结构简单、易于检修、投资节省以及适应性较强，是首选的消能方式。我国高水头的混凝土重力坝大多采用此种消能型式。根据水工模型试验，挑流消能时下游冲坑位置位于三期厂房尾水渠附近，淤堵三期尾水渠。开启溢流坝两侧部分闸孔时，挑流水舌越过溢流坝和水电站之间的导墙，落到新电站厂房顶面上，为避免水舌冲击新电厂尾水导墙和新建厂房，在下泄 100 年一遇洪水时，不能开启 7～9 号闸孔，如集中调度中间 4～6 号孔时，新电厂导墙基础冲深 8.50m。因此，只有集中开启中间 3～7 号闸孔，对两侧电厂淤积和冲刷的影响最小，但涌浪跃上三期尾水平台，三期尾水渠出口淤堵大半部分。为解决这一问题，模型试验对挑流鼻坎的结构尺寸进行了优化调整，但均无法避免新建厂房和原三期电厂受到溅水影响。

（2）底流消能方式。底流消能具有流态稳定、消能效果好、对地质条件和尾水变化适应性较强以及泄洪雾化轻微的优点。但由于底流消力池尺寸较大、工程投资较大，对高坝

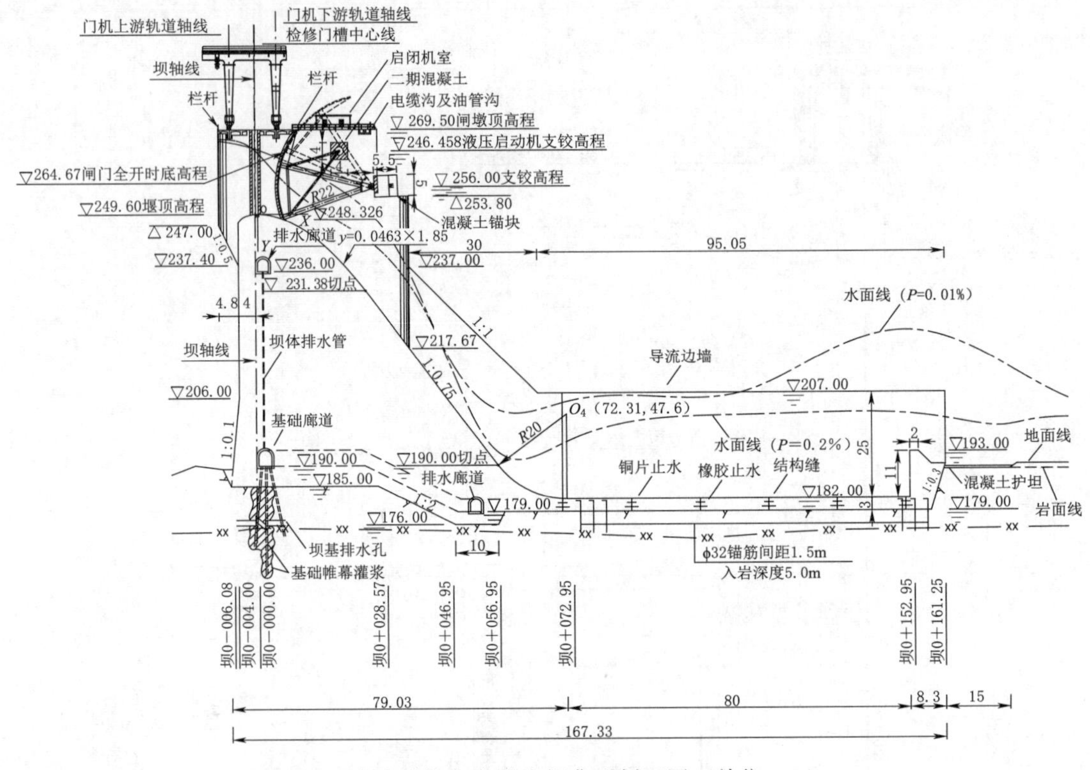

图 2　底流消能方案溢流坝典型剖面图（单位：m）

更是如此，因此，多用于中、低坝，高坝采用较少。根据水力计算，消力池尺寸满足各频率洪水要求，其长度需 130.00m 左右，深度需 12.50m，工程量巨大，并且施工期围堰需修建在三期厂房下游，施工期三期水电站不能运行。因此，通过水工模型试验并结合施工期围堰布置，对消力池尺寸进行了优化调整，优化后消力池长 80.00m，深 8.00m，池末端尾坎高程 193.00m。优化调整后的消力池尺寸，在下泄不超过 500 年一遇洪水时，水跃均发生在池内，消能十分充分，对新建电厂及三期电厂无任何影响，出池水流流态稳定，流速接近天然流速，无需增加两岸防护措施；下泄超过 500 年一遇洪水时，尾坎下游形成二次跌落，产生一定的冲刷，但程度并不严重，不会危及周边建筑物的安全。

（3）宽尾墩＋消力池联合消能方式。宽尾墩＋消力池联合消能是近年来出现的一种新型消能型式，同传统的底流消能相比，更加适合大单宽流量工程，并且消能效果明显，消力池尺寸也大幅度减小，投资更节省。目前国内许多工程采用了这种联合消能型式，效果较为理想。这种联合消能虽然优点很多，但要求池内水深 h_d 与堰顶和池底板之间高程之差 P_d 之比应控制在 0.28～0.85 的范围之内。本工程坝下尾水变幅较大，在下泄 500 年一遇以下频率洪水时，坝下尾水深度仅在 6.00～8.00m 之间，为满足宽尾墩的使用范围，需加大消力池的开挖深度。结合本工程实际情况，参考国内类似工程宽尾墩消能工的体型相关参数，消力池采用戽式消力池，池深 12.50m，池长 55.00m，各频率洪水下，$h_d/P_d=0.28$～0.38，满足宽尾墩消能的要求。采用加大消力池开挖深度的方法，满足宽尾墩的使用要求，但坝下尾水深度仍相对较小，消能不是很充分，水流流态不够稳定。并且消力池深挖

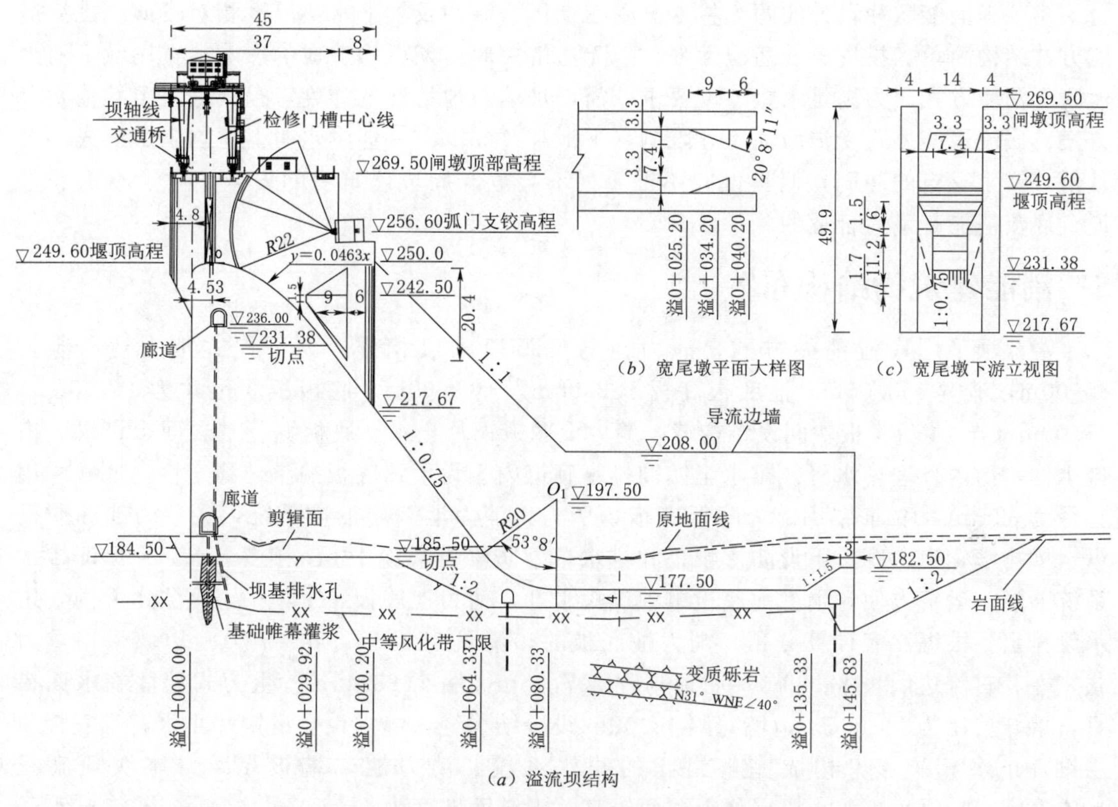

(*a*) 溢流坝结构

(*b*) 宽尾墩平面大样图

(*c*) 宽尾墩下游立视图

图 3　宽尾墩＋消力池方案溢流坝典型剖面图（单位：m）

后，工程投资超过了底流消能方式，失去了其最大的优势。因此，对本工程来说，宽尾墩＋消力池联合消能方式并不是最佳选择。

（4）方案比较。从消能条件来看，消能区地形平坦宽阔，基岩抗冲能力较强，挑流消能更具优势。坝下水垫厚度相对较薄，不能充分发挥宽尾墩消能的优势。

从消能效果来看，各方案均能满足不同频率洪水的要求。底流消能在下泄 500 年一遇及以下频率洪水时消能效果更理想；而宽尾墩＋消力池方案在下泄大频率洪水时消能效果更好。

从下游冲刷以及对周边建筑物影响来看，挑流消能方式下游冲坑较深、水面波动较大，溅水与雾化影响三期厂房的正常运行。宽尾墩＋消力池消能方式水面波动比较大。底流消能方式下游冲刷较浅，水面波动小。因此，底流方案最优，宽尾墩＋消力池方案次之，挑流方案最差。

从运行检修条件来看，挑流消能方式明显优于其他两个方案，而其两个方案消力池及尾坎均在水下，检修条件较差。

从施工条件来看，挑流消能方式结构简单、工程量最小，其他两个方案虽然工程量较大，结构也相对复杂，但对消能型式的选择并不起制约性作用。

从工程投资方面来看，挑流消能优势明显，底流消能次之，宽尾墩＋消力池联合消能最贵。

本工程消能防冲设计的两大特点是受三期厂房制约及坝下水垫厚度相对较薄。挑流消能方式结构简单、投资省、适应性强，但无法解决对三期厂房造成的影响；宽尾墩+消力池联合消能方式，为满足水垫厚度要求，需增加消力池的开挖深度，投资远大于其他两个方案；底流消能方式受消力池尺寸限制，下泄超过500年一遇洪水时，尾坎下游形成二次跌落，产生一定的冲刷，但程度并不严重，不会危及周边建筑物的安全。对于本工程来说，底流消能是最为合适的。

5 消能建筑物结构布置

溢流坝采用底流消能方式，消力池与反弧段末段相连，为下挖式消力池，池长80.00m，池宽158.00m，池底板高程182.00m，厚3.00m。底板板块尺寸为16.00m×13.00m（长×宽），板块间设结构缝，缝内设两道铜片止水。底板缝下基岩面上设纵、横排水沟，沟内预埋排水管，排水至四周排水廊道内。为增强底板的整体稳定性，底板采用直径为32mm的锚筋锚固。为降低底板扬压力，消力池采用抽排系统，在消力池四周设纵、横排水廊道，廊道下设防渗帷幕和排水幕，防渗帷幕深12m，孔距2m。为保证排水系统通畅，运行方便，消力池底板单独设集水井，消力池底板渗水集中引至集水井内，用水泵排出。根据渗流计算分析，消力池底板的渗漏量为650m^3/d。消力池边墙采用重力式，左、右侧边墙长88.60m，墙顶高程207.45m，墙高28.45m。重力式挡墙临水面铅直，墙背坡比为1∶0.5。边墙每隔16.00m设一结构缝，缝内设一道铜片止水，与底板顶层铜片止水相连接，构成完整封闭的止水系统。消力池末端设尾坎，尾坎顶高程193.00m，坎顶宽2.00m，尾坎上游面铅直，下游面坡度为1∶1。尾坎每隔13.00m设一结构缝，缝内设一道铜片止水。为避免下泄水流淘刷消力池尾坎，在尾坎下游15m范围内设混凝土护坦保护。混凝土护坦厚1.0m，采用Φ25锚筋与基础相连。

6 结语

丰满水电站工程坝址地质条件较好，下游河道河谷较宽，基岩坚硬完整，利于消能建筑物的布置。同时具有水头高、洪峰流量大、下泄流量变化大、下游尾水深度变幅大等特点，消能防冲难度大。本工程为重建工程，泄水建筑物消能方式的选择需考虑对原有建筑的影响。设计拟定多种消能方案，对各设计方案进行模型试验研究，根据计算分析和试验结果选择底流消能方案，大大减轻了对下游河道的冲刷和对已有建筑物影响，消能效果较好。

参考文献

[1] 刘志明，温续余，等．水工设计手册　第7卷　泄水与过坝建筑物［M］．2版．北京：中国水利水电出版社，2014.

西部某水库工程枢纽总布置方案分析

尹忠胜

（重庆江河工程咨询中心有限公司）

摘　要：总布置方案是水库工程枢纽设计的重要组成部分。结合枢纽总布置基本原则，通过对总布置方案的地形地质条件、场地环境等边界条件分析，拟定多种总布置方案，从总体布局、水力条件、施工组织设计、环境保护及工程投资等多角度进行分析，推荐满足当地环境要求、运用安全便捷、技术安全可靠、投资规模合理的总布置方案。在充分考虑各类边界条件的情况下，采用定性和定量的分析方法，对可能的总布置方案进行多方向多角度的系统分析，在满足基本功能的前提下，最终推荐的总布置方案对当地环境的适应性最好，投资较省，具有较高的综合性能。

关键词：总布置方案　边界条件　方案拟定　比选推荐

1　工程概况

西部地区某水库工程是以城市供水为主的Ⅲ等中型工程，坝址位于雅鲁藏布江上游左岸的某支流中上游，距城镇中心约31km，枢纽工程包括拦河大坝、溢洪洞、取水放空等建筑物等。

枢纽工程拦河大坝为沥青混凝土心墙砂砾石坝，水库正常蓄水位3829.00m，坝顶高程3831.00m，最大坝高67m，坝顶宽8.0m，坝顶长559m；泄水建筑物结合导流洞布置于左岸，全长812.57m，最大下泄流量290m^3/s，采用开敞式无闸控制WES侧堰，堰顶高程3829.00m，消能方式为底流消能；取水放空建筑物布置于左岸，由矩形取水塔、取水放空洞（管）等组成，设计取水流量为1.94m^3/s，采用分层闸门控制，塔后接取水放空洞，内设直径1.2m的取水放空钢管，末端分岔后进入控制闸房，分别接生态灌溉放水管（兼放空管）和输水干管。

2　枢纽布置原则

枢纽布置遵循以下原则：①满足枢纽蓄水要求，枢纽布置尽量紧凑。②泄水建筑物的布置、宣泄能力必须满足在不同的水位条件下下泄相应流量，调度灵活，且运用安全可靠。根据项目所在地运行管理经验，采用无闸侧槽方案可节省人力，简化管理程序，降低管理风险。③对当地材料坝而言，为运行安全，水库应具备放空条件。④必须充分依据地形、地质、河势等自然条件，优选各主要水工建筑物包括大坝、取水放空等建筑物的结构型式和布置。⑤各建筑物的布置应相互协调、互不干扰、运行安全、管理方便。⑥枢纽布置须技术可行、施工方便，工程量较少，投资较省。

3 枢纽总布置边界条件

坝址河谷呈不对称U形，河谷宽约522m。河道两侧为冰水-冰川堆积形成阶地，左右两岸山体坡度一般25°～35°。两岸山体顶部岩石裸露，山体中下部多为坡积碎石土覆盖层，河床覆盖层厚度约35～65m。从地形上看，坝址河道较顺直，总体流向由北向南，坝址处河谷宽缓，阶地发育。坝址处谷底宽度约330m，主河道位于河谷左侧，河道宽约20～35m，阶地主要分布在河道右岸（宽约240m，占整个谷底宽度的73%），阶地高于河水面约4～16m。

枢纽区主要建筑物包括拦河大坝、泄水建筑物、取水放空建筑物、导流建筑物，以及上坝道路等。

拦河大坝、管理房、上坝道路：拦河坝轴线布置基本与河谷正交。根据坝型方案拟定分析结论，拦河坝选择沥青混凝土心墙砂砾石坝。上坝道路采用坝后“之”字形上坝道路，管理房布置于坝后左岸平台。

导流建筑物：导流建筑物需满足主河道导流时段的流量下泄。若采用右岸导流建筑物需新建明渠穿越坝轴线上游宽约300m、下游宽约240m的阶地，以及新建长约80m的导流隧洞，该方案轴线长，水力条件差，工程量及投资较大；同时明渠的布置切割了施工场地，对枢纽区施工不利。反之，左坝肩坝轴线上游山体突出，有利于导流隧洞进口布置，隧洞轴线顺直，水力条件较好，工程量较省，故导流建筑物选择具有明显优势的左岸导流隧洞方案。

基于上述的枢纽布置边界条件，枢纽布置研究的核心是泄水建筑物的布置，并根据不同泄水建筑物的布置择优匹配取水建筑物。

4 枢纽总布置方案拟定

泄水建筑物及取水建筑物均可布置于左岸或右岸，对可能较优的枢纽总布置方案进行梳理组合后如下。

（1）当泄水建筑物布置于左岸时，根据溢洪洞或取水建筑物与导流洞结合情况，拟定方案一——左岸溢洪洞（结合导流洞）＋左岸取水、方案二——左岸溢洪洞＋左岸取水（结合导流洞）、方案三——左岸溢洪洞（结合导流洞）＋右岸取水进行比选。

（2）当泄水建筑物布置于右岸时，右岸天然边坡走向基本与河道平行，若采用溢洪洞，溢洪洞轴线布置难以规避空间转弯，水力条件极差，故右岸泄水建筑物采用开敞式溢洪道，为方案四——右岸开敞式溢洪道＋左岸取水（结合导流洞）。

四种枢纽总布置方案汇总见表1。

表1　　枢纽总布置方案汇总表

<table>
<tr><th colspan="2">总体布置</th><th>方案名称</th><th>拦河大坝</th><th>泄水建筑物</th><th>导流建筑物</th><th>取水建筑物</th></tr>
<tr><td rowspan="3">左岸泄水建筑物</td><td rowspan="2">左岸取水</td><td>方案一：左岸溢洪洞（结合导流洞）＋左岸取水</td><td rowspan="4">沥青混凝土心墙砂砾石坝</td><td colspan="2">左岸溢洪洞下平段与导流洞结合</td><td>左岸，取水单独布置</td></tr>
<tr><td>方案二：左岸溢洪洞＋左岸取水（结合导流洞）</td><td>左岸溢洪洞单独布置</td><td colspan="2">左岸，导流取水结合</td></tr>
<tr><td>右岸取水</td><td>方案三：左岸溢洪洞（结合导流洞）＋右岸取水</td><td colspan="2">左岸溢洪洞下平段与导流洞结合</td><td>右岸，取水单独布置</td></tr>
<tr><td>右岸泄水建筑物</td><td>左岸取水</td><td>方案四：右岸开敞式溢洪道＋左岸取水（结合导流洞）</td><td>右岸，开敞式溢洪道</td><td colspan="2">左岸，导流取水结合</td></tr>
</table>

4.1　方案一：左岸溢洪洞（结合导流洞）＋左岸取水

采用沥青混凝土心墙砂砾石坝，左岸溢洪洞下平洞与导流洞永临结合；取水与放空建筑物结合，单独布置于左岸。

（1）拦河大坝。采用沥青混凝土心墙砂砾石坝，正常蓄水位3829.00m，坝顶高程3831.00m，防浪墙顶高程3832.10m，坝顶长559m，坝顶宽8m，心墙顶高程3830.10m，心墙基座底高程3764.00m，最大坝高67m，最大坝底宽290.49m。

（2）泄水建筑物。最大泄量290m^3/s，全长812.57m，从上游到下游共分为6段，依次为侧槽段、过渡段、隧洞段、明渠泄槽段、消力池段及出口明渠段，其中：①侧槽段长71.00m；②过渡段长12.00m；③隧洞段全长438.44m，采用城门洞型，导流洞与泄洪洞结合点位于下平洞前段；④明渠泄槽段长93.13m，采用宽6m的矩形断面；⑤消力池段长60m，尾坎长3.00m，消力池宽10m，池深6.00m；⑥出口明渠段长135m。

（3）导流建筑物。导流洞分为进口明渠段、洞身段两部分。进口明渠段长10m；洞身段全长397.56m。导流洞结合水工泄洪洞布置。

（4）取水放空建筑物。取水与放空建筑物结合，布置于左岸，由矩形取水塔、取水放空洞（管）等组成，设计取水流量为1.94m^3/s。取水塔塔高52.00m，塔身长18.00m，采用分层闸门取水。取水放空洞布置于塔后，洞长193m；洞内敷设取水放空钢管，与取水塔内取水钢管相接。放空管末端设减压锥形阀，在水库放空时打开。

4.2　方案二：左岸溢洪洞＋左岸取水（结合导流洞）

采用沥青混凝土心墙砂砾石坝，导流洞进口布置在左岸，取水放空建筑物与导流洞永临结合，溢洪洞（侧堰）布置在左岸，采用“短平洞＋陡泄槽”方案。

（1）拦河大坝。采用沥青混凝土心墙砂砾石坝，与方案一中坝体布置一致。

（2）泄水建筑物。最大泄量290m^3/s，全长698.28m，从上游到下游共分为5段，依次为侧槽段、过渡段、泄槽段、消力池段及出口明渠段，其中：①侧槽段长71m；②过渡段长12m；③泄槽段长211.55m，分为平段及斜段；④消力池段长65.00m，尾坎长

3.00m，消力池宽10.00m，池深7.00m；⑤出口明渠段长336.74m，采用底宽10m的梯形断面。

(3) 取水放空（导流）建筑物。取水放空结合导流建筑物布置于左岸，由矩形取水塔、取水放空（导流）洞、取水放空钢管、出洞后明渠、控制闸房等组成，其中：①矩形取水塔设计取水流量为1.94m^3/s，置于弱风化基。塔底预留导流底孔，导流完成后采用C25膨胀混凝土进行封堵。取水塔采用分层取水，由取水闸门控制，闸前布置一道固定式拦污栅，闸后设进水井，井内埋设竖向放空管；②取水放空（导流）洞全长397.56m；③取水放空钢管前端与取水塔内埋设的竖向放空管相接，出洞后沿出口明渠段铺设；④出洞后明渠长235.88m；⑤控制闸房后分岔接输水干管。放空管（兼做生态灌溉放水管）采用电动蝶阀控制，出口设减压锥形阀。

4.3 方案三：左岸溢洪洞（结合导流洞）十右岸取水

采用沥青混凝土心墙砂砾石坝，导流洞布置在左岸，取水与放空建筑物结合，单独布置于右岸；左岸溢洪洞（控制段为侧堰）下平洞与导流洞永临结合。

(1) 拦河大坝、泄水建筑物、导流建筑物。与方案一中布置一致。

(2) 取水放空建筑物。布置于右岸，设计取水流量为1.94m^3/s，由引水暗渠、矩形取水塔、取水放空洞（管）等组成，其中：①取水塔上游新建引水暗渠穿越阶地，长288.23m；②取水塔基础置于弱风化基岩，塔高53.20m，塔身长18m，采用分层取水，闸前布置一道固定式拦污栅，闸后设进水井；③取水放空洞布置于塔后，长286.33m；④取水放空钢管在洞内采用明管铺设，洞外采用埋管铺设；⑤进入控制闸房后，分别接生态灌溉放水管（兼放空管）和输水干管，并在各管道上设置控制阀。

4.4 方案四：右岸侧槽开敞式溢洪道十左岸取水（结合导流洞）

采用沥青混凝土心墙砂砾石坝，导流洞进口布置在左岸，取水放空建筑物与导流洞永临结合；泄水建筑物布置在右岸，采用开敞式溢洪道（明挖）方案，控制段采用侧堰。

(1) 拦河大坝。采用沥青混凝土心墙砂砾石坝，与方案一中坝体布置一致。

(2) 泄水建筑物。最大泄量290m^3/s，全长698.28m，从上游到下游共分为5段，依次为侧槽段、过渡段、泄槽段、消力池段及出口明渠段，其中：①侧槽段长70m；②过渡段长12m；③泄槽段长211.55m，分为平段及斜段；④消力池段长65m，尾坎长3.00m，消力池宽10.00m，池深7.00m；⑤出口明渠段长336.74m，采用底宽10m的梯形断面。

(3) 取水放空（导流）建筑物。方案二中布置一致。

5 枢纽总布置方案比选结论

从总体布置、水力条件、施工组织设计、环境保护及工程投资等多角度，对枢纽总布置方案进行综合比选。

(1) 总体布置。各方案总体布置比较汇总见表2。

表 2　　各方案总体布置比较汇总表

总体布置		方案名称	总体布置特点	结论
左岸泄水建筑物	左岸取水	方案一：左岸溢洪洞（结合导流洞）＋左岸取水	布置较为紧凑，溢洪洞出口与下游坝体距离较近，存在一定的干扰	略优
		方案二：左岸溢洪洞＋左岸取水（结合导流洞）	布置较为紧凑，溢洪洞出口与下游坝体距离较近，存在一定干扰；导流与放空取水建筑物结合于左岸，施工时序上存在一定干扰	一般
	右岸取水	方案三：左岸溢洪洞（结合导流洞）＋右岸取水	取水与泄水建筑物分布两岸，施工组织较为简单，但右岸取水需穿越宽缓阶地，取水口布置难度较大；溢洪洞出口与下游坝体距离较近，存在一定的干扰	较优
右岸泄水建筑物	左岸取水	方案四：右岸开敞式溢洪道＋左岸取水（结合导流洞）	泄水建筑物与导流与放空取水建筑物结合于左岸，施工时序上存在一定干扰	一般

从表 2 中可以看出，采用导流与取水放空结合方案（方案二、方案四）时，施工时存在一定的干扰，方案一般；采用右岸取水（方案二）时，进水口（箱涵）需穿越宽缓阶地，进水段布置难度较大；方案一溢洪洞出口与下游坝体距离较近，虽存在一定的干扰，但不存在制约性因素，故综合来讲方案一略优。

（2）水力条件。各方案水力条件比较汇总见表 3。

表 3　　各方案水力条件比较汇总表

总体布置		方案名称	水力条件	结论
左岸泄水建筑物	左岸取水	方案一：左岸溢洪洞（结合导流洞）＋左岸取水	泄水建筑物平面转弯段布置在上平洞段，转弯段末端设不小于 5 倍洞径的直线段，水力条件较好；取水水力条件较好	较好
		方案二：左岸溢洪洞＋左岸取水（结合导流洞）		
	右岸取水	方案三：左岸溢洪洞（结合导流洞）＋右岸取水	泄水建筑物平面转弯段布置在上平洞段，转弯段末端设不小于 5 倍洞径的直线段，水力条件较好；取水建筑物进水口需采用箱涵穿越上游阶地，水力条件较差	较差
右岸泄水建筑物	左岸取水	方案四：右岸开敞式溢洪道＋左岸取水（结合导流洞）	泄水建筑物平面转弯段转弯半径相对较小，转弯段末端直线段距离相对较小，水力条件相对较差；取水水力条件较好	较差

左、右岸泄水建筑物轴线在平面上均需布置转弯段。左岸泄水建筑物（方案一、方案二、方案三）转弯段布置在流速相对较小的上平洞段，转弯半径 100m，转弯角度约 33°，过转弯段后直线调整段长度 50m（5 倍洞径长度为 30m），水力条件相对较优；右岸泄水建筑物（方案四）溢洪道轴线转弯角约 57°，角度较大，轴线转弯半径 75.00m，过转弯

段后直线调整段长度较短（约 20m），水流形态较紊乱，水力条件相对较差。右岸取水建筑物（方案三）进水口需采用箱涵穿越上游阶地，水力条件较差，故综合来看，方案一及方案二水力条件较优。

（3）施工组织设计。各方案施工组织设计比较汇总见表 4。

表 4　　各方案施工组织设计比较汇总表

总体布置		方案名称	施工组织设计特点	结论
左岸泄水建筑物	左岸取水	方案一：左岸溢洪洞（结合导流洞）+左岸取水	施工范围相对独立，石方利用率较高	较好
		方案二：左岸溢洪洞+左岸取水（结合导流洞）	取水、放空及导流三洞合一，工期相对紧张	较差
	右岸取水	方案三：左岸溢洪洞（结合导流洞）+右岸取水	施工范围相对独立，石方利用率较高	较好
右岸泄水建筑物	左岸取水	方案四：右岸开敞式溢洪道+左岸取水（结合导流洞）	取水、放空及导流三洞合一，工期相对紧张	较差

方案一、方案二、方案三施工范围各自相对独立，石方开挖利用率高，方案较优；方案四中溢洪道与枢纽施工存在一定干扰，石方开挖利用率一般，方案略差；由于方案二、方案四中取水、放空及导流三洞合一，下闸封堵后，导流洞内施工放空管道时空间相对狭窄，工期相对紧张，方案较差。故综合来看，方案一及方案三施工组织较优。

（4）环境保护。河谷平坝主要集中在右岸，多为农田。在方案一、方案二、方案三中，溢洪洞、导流建筑物及取水放空建筑物隧洞进、出口存在一定程度的山体小范围开挖，下游采用埋管或较小断面明渠开挖，对山体及河谷农田影响范围较小，方案较优；在方案四中，溢洪道出口明渠段布置在右岸阶地（农田），对右岸农田的影响围较大，方案较差。

（5）工程投资。各方案工程投资比较见表 5。

表 5　　各方案工程投资比较汇总表　　单位：万元

序号	项目		方案一	方案二	方案三	方案四
一	正常蓄水位/m		4229			
二	坝型		砂砾石坝			
三	主要建筑物投资/万元	拦河大坝	37607.8	37607.8	37607.8	37607.8
		溢洪道	13614	14039	13614	14574
		导流建筑物	1646.91	2353.30	1646.91	2353.30
		取水放空建筑物	2692.64	2389.29	3667.38	2389.29
		主要建筑物投资汇总	55561.73	56389.55	56536.47	56924.19
四	投资差额		0	+827.82	+974.74	+1362.46
五	投资倍比		1	1.015	1.018	1.025
六	结论		较优	较差	较差	较差

(6) 综合比较。从工程投资角度上看，方案四投资较大，从水力条件、环境保护等角度上看，方案四也较差，故本阶段不采用右岸泄水建筑物；左岸泄水建筑物方案中，方案三取水建筑物布置于右岸，进水口水力条件较差，工程投资也较大，本阶段不采用右岸取水建筑物。

故重点对方案一及方案二进行比选。

1) 从总体布置、水力条件角度上看，方案一及方案二基本一致。

2) 从环境保护和占地角度上看，方案一采用导流洞结合溢洪洞布置，开挖范围主要集中在隧洞进出口及消力池；而方案二采用导流结合取水建筑物布置，泄水建筑物采用“短平洞＋陡泄槽”型式，相比而言开挖的范围和边坡的规模更大，占地面积更大，故方案一较优。

3) 从施工组织设计上看，各建筑物施工范围相对独立，施工干扰较小，方案较优；方案二取水、放空及导流三洞合一，下闸封堵后，导流洞内放空管道施工空间相对狭窄，工期相对紧张，方案较差。

4) 从工程投资上看，方案一较方案二节约投资 827.82 万元，方案一较优。

综上所述，本阶段推荐方案一，即：采用沥青混凝土心墙砂砾石坝，导流洞布置在左岸，溢洪洞（侧堰）下平洞与导流洞永临结合；取水建筑物布置于左岸（兼具放空功能）。

6 结语

通过对某水库枢纽区各主要建筑物的布置及组合进行分析，旨在提出一种较为复杂边界条件下总布置方案的分析案例，供读者参考。总布置方案是水库工程枢纽设计的重要组成部分，决定着项目的经济技术合理性，影响项目功能发挥、运行效益、后期管护等诸多方面。本文结合枢纽总布置方案的原则，通过对场地地形地质条件、周边环境、建筑物性质等边界条件分析，初步筛选出明显不经济，不可靠的方案后，拟定多种总布置方案，从总体布局、水力条件、施工组织设计、环境保护及工程投资等多角度进行比较分析，推荐技术安全可靠、投资规模合理的总布置方案。分析表明，在充分考虑各类边界条件的情况下，采用定性和定量的分析方法，对可能的总布置方案进行多方向多角度的系统比较分析，最终推荐的总布置方案能在满足技术可靠要求，投资规模较省的前提下，充分发挥项目效益。

输水隧洞减糙方案研究

杨　凡　常　峻

（中水北方勘测设计研究有限责任公司）

摘　要： 在山区和丘陵地区，输水隧洞被广泛用于调水工程中。近年来，随着经济社会的快速发展，许多已建输水隧洞原设计输水能力已难以满足当地需求，考虑扩建或者新建输水隧洞往往投资较大，经济性较差，故在现状隧洞工程基础上开展减糙方案研究以减低隧洞糙率、提高其过流能力具有重要的现实意义。本文以某调水工程已建隧洞为研究对象，开展其减糙方案比选研究，结果表明，采用聚脲和环氧防护涂层材料均可实现降糙功能，提高隧洞输水能力10%～15%左右，从当前造价来看，环氧材料在经济上较有优势，推荐采用其进行隧洞的减糙处理。

关键词： 输水隧洞　过流能力　减糙　聚脲　环氧

1　概述

在山区和丘陵地区，输水隧洞被广泛用于调水工程中。近年来，随着经济社会的快速发展，许多已建输水隧洞原设计输水能力已难以满足当地需求，考虑重新新建并行输水隧洞往往投资较大，经济性较差，故在现状隧洞工程基础上开展减糙方案研究以减低隧洞糙率、提高其过流能力具有重要的现实意义。

西北地区某长距离调水工程主要采用无压隧洞输水，最长隧洞约20km，隧洞衬砌设计糙率为0.014，对应15%～20%净空下的过流能力为25～27m^3/s，经多年运行，经济社会效益较为显著；从更大程度发挥工程效益、扩大工程受益范围方面出发，设计单位针对性开展了工程供水潜力研究，以期为工程后续运行管理提供支撑。考虑隧洞工程在现状基础上进行扩挖的技术难度大，投资和安全风险均较高，为增加其供水能力，对隧洞过流面进行减糙处理是一种较为经济有效的方式。

2　减糙材料

目前国内应用较为广泛的减糙材料主要有SK单组分聚脲涂层材料和YEC环氧防护涂层材料。

2.1　SK单组分聚脲涂层材料

SK单组分聚脲是一种新型高分子材料，由含多异氰酸酯—NCO的高分子预聚体与经封端的多元胺（包括氨基聚醚）混合，并加入其他功能性助剂所构成。在无水状态下，体系稳定，储存期在9个月以上。一旦开桶施工，在空气中水分的作用下，封端的多元胺产生多元胺，与异氰酸酯—NCO反应，整个过程没有二氧化碳产生，也就不会有气泡产生，与单组分聚氨酯相比，最大的区别是具有更长的耐久性，一般情况下有20年以上的使用寿命。

SK单组分聚脲最早于2007年应用于十三陵抽水蓄能电站上库面板和李家峡水电站左底孔溢洪道底板，经历了10余年时间和几十个工程的考验，《SK单组分聚脲在水工建筑物中的应用技术》被列入2015年度水利先进实用技术重点推广指导目录（编号：TZ2015057）。

SK单组分聚脲具有如下特点：材料为脂肪族，耐老化性能好，不变色；无毒，可用于饮用水工程；耐老化、耐化学腐蚀；强度高、延伸率大、抗冲磨性能好，与基础混凝土黏结强度大于2.5MPa；分层施工，可以保证涂层厚度的均匀性；防渗、抗冻效果好，零下－45℃仍有50%的延伸率；混凝土裂缝及伸缩缝表面封闭可以增设胎基布增强；施工简单、方便，便于推广。SK单组分聚脲的主要技术指标见表1。

表1　**SK单组分聚脲的主要技术指标表**

项　　目	技术指标	
	防渗型	抗冲磨型
拉伸强度/MPa	≥15	≥20
扯断伸长率/%	≥300	≥150
撕裂强度/(kN/m)	≥40	≥60
硬度/邵A	≥50	≥80
附着力（潮湿面）/MPa	≥2.5	≥2.5
抗冲磨强度/[h/(kg/m^2)]	≥20	≥20
吸水率/%	<5	<5
固含量	≥80	≥82
密度/(g/mL)	1.05±0.2	1.05±0.2
颜　色		浅灰色，可调

2.2　YEC环氧防护涂层材料

YEC环氧防护涂层材料采用环氧/醚氨酯杂合体系对冷固化环氧树脂进行内增塑，通过分子结构设计，采用不同链段固化剂进行固化，通过其协同效果，具备适合的韧性及断裂伸长率。该材料具有高韧性、高抗渗性、抗冲磨性、黏结强度高和无毒耐腐蚀等特点，适用于隧洞混凝土表面防护、降低混凝土表面糙率、调压室闭气防护等。

该材料已在国内多个大型输水工程中成功应用，如在北京市南水北调干线PCCP防护工程、山西禹门口固镇暗涵降糙防护工程、云南松山河口水电站调压井及压力管道引水隧洞防渗处理工程、广州抽水蓄能电厂尾水隧洞涂层防护工程等均取得了良好的效果。

该材料具有如下特点：良好的施工性能，可在潮湿混凝土基面施工、养护；无毒，可用于饮用水工程，符合《生活饮用水输配水设备及防护材料的安全性评价规范》（GB/T

17219—1998）及《建筑防水涂料中有害物质限量》（JC 1066—2008）的要求；施工效率高、固化时间短，对于操作人员无伤害；材料与混凝土基面结合好，抗冲刷性与抗剥离性能好，抗水流侵蚀性好。其材料物理力学性能见表 2。

表 2　　　　YEC 环氧防护涂层材料物理力学性能表

序号	项　目		指　标	试验方法
1	抗拉强度/MPa		≥15	《树脂浇铸体性能试验方法》(GB/T 2567) 标准条件 21d
2	断裂伸长率/%		≥5	
3	砂浆黏结强度/MPa	干面	＞4.0	《建筑防水涂料试验方法》(GB/T 16777)
		湿面	＞2.0	《建筑防水涂料试验方法》(GB/T 16777)
4	热相容性	冻融循环	通过	
		干热循环	通过	

2.3　施工工序及效果评价

隧洞减糙的施工工序如下：混凝土表面清理打磨→清洗→专用腻子修补孔洞→涂刷底涂（仅 SK 单组分聚脲涂层材料）→刮涂涂层材料（SK 单组分聚脲涂层材料 2mm/YEC 环氧防护涂层材料 1.5mm）→养护（3～7 天）。

根据材料试验研究，SK 单组分聚脲材料和 YEC 环氧防护涂层材料均具有较高的力学性能，根据中国水利水电科学研究院试验结果，SK 单组分聚脲材料糙率为 0.0097，YEC 环氧防护涂层材料糙率为 0.0105，两者涂刷在输水建筑物表面均能达到很好的减糙效果，并可以保护混凝土，提高其耐久性能。

考虑材料涂层施工工艺精良程度及输水建筑物实际运行情况，输水建筑物表面涂抹涂层后糙率与试验数据存在些许偏差，如涂层的施工平整度、清洁程度、混凝土接缝、输水建筑物运行过程中的冲刷、淤积等对建筑物表面涂层糙率均有影响。同时糙率 n 值不仅与壁面粗糙情况有关，还可能受输水线路不顺直和沿程断面变化等因素对水流的阻力影响，也会受流量和含沙量的影响。在设计中建议糙率取 0.011～0.012，本次方案研究暂按 0.012 考虑。

3　减糙材料应用案例及选择

SK 单组分聚脲涂层材料和 YEC 环氧防护涂层材料目前在国内均有着较大范围的成功应用，下面对其应用案例进行介绍，并从经济技术方面进行对比分析。

3.1　SK 单组分聚脲涂层材料应用案例

SK 单组分聚脲涂层材料在山西禹门口水利工程的 14 座渡槽工程中进行了应用。渡槽原设计时糙率按 0.014 考虑，根据中国水利水电科学研究院试验结果，SK 单组分聚脲涂层的糙率为 0.0089～0.010，修补加固后渡槽壁面糙率降低 21.98%，设计水深下的输水能力提高 3.204m^3/s，提高幅度为 28.28%。渡槽按照设计水深运行，在修补加固后，渡槽运行一天可以多输水 27.68 万 m^3。处理效果见图 1。

图 1　SK 单组分聚脲涂层材料处理渡槽效果

3.2　YEC 环氧防护涂层材料应用案例

北京市南水北调干线 PCCP 2014 年和 2017 年检修项目 PCCP 管道管内碳纤维粘贴加固补强＋表面 YEC 环氧涂层防护工程；山西禹门口水利工程（暗涵隧洞工程）采用 YEC 环氧涂层表面防护＋减糙处理；云南松山电站发电引水隧洞及调压井防渗处理采用 YEC 环氧涂层大面积表面防护；引大济湟引水隧洞工程采用 YEC 环氧防护涂层减糙处理；均取得了良好的效果，见图 2。

图 2　YEC 环氧防护涂层材料处理暗渠效果

3.3　减糙材料选择

从工程造价上看，SK 单组分聚脲（厚度 2mm）施工综合单价约为 400～450 元/m^2，YEC 环氧涂层（厚度 1.5mm）施工综合单价约为 220～250 元/m^2，YEC 环氧材料经济上优势较为明显。

从适用角度上分析，聚脲涂层及环氧防护涂层在国内均有大量的工程应用成功案例，单组分聚脲涂层更适于暴露环境下的渡槽、渠道等建筑物减糙（无反向水压力），环氧防护涂层更适于隧洞、暗涵等大面积防护应用。

针对输水隧洞内环境潮湿的特点，YEC 环氧防护涂层无需底涂施工，与混凝土表面黏结良好，采用 YEC 环氧防护涂层作为减糙材料使用在经济和技术上具有优势，本次推荐 YEC 环氧防护涂层作为减糙材料。

4 隧洞减糙实施方案分析

针对采用 YEC 环氧防护涂层作为减糙材料，以西北地区某长距离调水工程无压隧洞为研究对象，对隧洞减糙实施方案进行分析。

4.1 实施难点分析

以西北地区某长距离调水工程无压隧洞为研究对象，结合以往减糙防护施工经验分析，工程实施过程中的主要难点如下：

（1）为最大限度增加工程总体供水能力，需对工程涉及的多个隧洞群同时进行减糙，具有工程量大，施工作业面分散，施工强度大的难点。

（2）调水工程运行停水时间有限，每年仅能利用检修期约一个月，可施工时间十分有限，保证工期难度较大。

（3）材料基底质量好坏对减糙涂层大面积整体施工效果影响很大，包括混凝土衬砌、管道结构缝、预制构件拼接缝等重点部位，如混凝土裂缝、结构缝、拼接缝有破损或漏水的情况，需要预先止水和修复处理。

（4）隧洞内集中施工涉及通信、通风、洞内交通、人员安全等难题。

4.2 实施方案分析

分析调水工程特点，虽然累加需减糙范围广、强度高，但通过工程预留的检修和施工通道可做到将总体划分为多个独立施工段落。在满足人员安全、洞内交通、通风、供电、通信的前提条件下，理论上单位时间内投入足够的资源（包括人、材、机）是可以满足减糙方案整体实施的要求的。

（1）施工强度分析。以某长度约 18km、内径约 5m 长隧洞为例，施工完成后发现钢筋混凝土衬砌管片产生了大量裂缝，为保证工程的长久运行，提高钢筋混凝土的耐久性，对混凝土裂缝进行了化学灌浆和表面封闭处理。裂缝宽度不小于 0.2mm 的裂缝，采用化学灌浆处理，裂缝宽度小于 0.2mm 的裂缝，直接表面封闭处理。表面封闭材料采用 SK 单组分聚脲材料。该工程裂缝处理 4.6 万 m，实际工期 80 天，现场投入约 50 人。

借鉴该工程经验测算，本调水工程最长隧洞（内径 4m、长度约 20km）内减糙防护涂层施工可按照 600 工日/km 计算（包括裂缝渗漏、伸缩缝处理、减糙处理等）。

（2）洞内通风分析。仍以上述 18km 的长隧洞为例，该工程只通过进口和出口通风，中间未设置排风口，经过仪器检测洞内空气有对流且氧气充足，可以满足现场 50 人施工的需要，保障施工人员劳动安全。

借鉴该工程经验估计，通过上述20km长隧洞的进口、出口以及中间部位的支洞口设置工作面和通风口，在充分保证人员通风安全的基础上，一个停水周期（约一个月）可完成约一半施工工作，两个停水周期内可全部完成施工任务。

5 结语

（1）本文在梳理总结SK单组分聚脲涂层材料和YEC环氧防护涂层材料两种工程中常用减糙材料特点的基础上，从应用案例及经济技术方面对其进行了对比分析，结果表明：针对隧洞工程而言，YEC环氧防护涂层材料在经济技术上有较为明显的优势。

（2）以西北地区某长距离调水工程20km长的全线最长无压隧洞为研究对象，对YEC环氧防护涂层在隧洞内的实施进行了分析，结果表明，合理利用隧洞检修通道、确保通风条件下，利用工程检修期实施减糙涂层施工是合理可行的。

HDPE 管道在沙漠地区灌区改造中的应用研究

田新星　孙　强

（中水北方勘测设计研究有限责任公司）

摘　要： 结合我国西北沙漠地区灌区的特点，分析了聚乙烯缠绕结构壁管在西北沙漠地区灌区的适用性。通过对比钢筋混凝土管（RCP）、聚乙烯缠绕结构壁管、球墨铸铁管（DIP）、聚乙烯管（PE）等在西北某灌区工程中可用的管材，从管道性能、变形能力、接口、基础要求、造价、施工便捷度等多个方面进行比选，确定采用聚乙烯缠绕结构壁管（B 型管 SN4）。结合我国西北地区某灌区改造实施情况，分析总结了聚乙烯缠绕结构壁管（HDPE 管）的平面布置、纵剖面布置、横剖面布置、汇流井和镇墩设计、管件连接方式以及附属建筑物设计等关键问题，为后续类似项目提供了有益的参考。

关键词： 聚乙烯缠绕结构壁管　灌区现代化改造　沙漠地区灌区

1　引言

管道输水和渠道输水是灌溉输水工程中最为重要的形式。近年来，随着我国农业的不断发展和节水理念的不断，各种类型管道在灌区中的应用越来越多。与渠道输水相比，管道输水具有省水、省地、节能、对地形适应性强等特点，在陕西、河北、河南、新疆等地区已经得到了不同程度的应用。我国西北地区（如新疆、内蒙古、甘肃等地）的灌区，往往地处沙漠边缘甚至沙漠腹地，这些灌区一般具有蒸发量极大、降雨量较少、地下水位较深等特点。本文对比分析了钢筋混凝土管（RCP）、聚乙烯缠绕结构壁管、球墨铸铁管（DIP）、聚乙烯管（PE）等在此类灌区工程中可用的管材，从管道性能、变形能力、接口、基础要求、造价、施工便捷度等多个方面进行比选，对聚乙烯缠绕结构壁管的设计关键技术问题进行了总结分析。

2　研究背景

2.1　聚乙烯缠绕结构壁管简介

随着我国科技和经济的快速发展，在过去给排水行业中兴起的各种材质的管道，逐渐在农业灌溉中使用。常用的输水管材有钢筋混凝土管（RCP）、钢管（SP）、球墨铸铁管（DIP）、聚乙烯（PE）管、硬聚氯乙烯（UPVC）管、无轨共聚聚丙烯（PPR）管、聚丁烯（PB）管、玻璃钢夹砂（RPMP）管等。

聚乙烯缠绕结构壁管属于聚乙烯（PE）管的一种。它是以高密度聚乙烯（high density polyethylene，HDPE）为主要原料，通过辅助支撑经过缠绕成型加工而成的。它具有以下特点：①内壁光滑、摩阻系数小；②重量轻、施工方便；③密封性好；④耐磨损、耐腐蚀、寿命长；⑤环刚度较高；⑥柔韧性较好。

2.2 沙漠地区灌区的特点及采用管道输水的必要性

在沙漠边缘或沙漠腹地新建或改扩建灌区，需要了解沙漠地区灌区的典型特点，此类灌区的主要特点有：①灌区整体地势平缓，渠道纵坡设计时需选择合理的衬砌材料；②风沙入渠现象严重，需考虑防风防沙措施；③一般此类灌区砂石料较少，风积沙较多，选择渠道基础时，应因地制宜，就地取材。

我国西北地区某灌区以明渠输水为主，灌溉方式主要为大水漫灌。明渠输水和大水漫灌形成的“大水面”，导致每年有大量水无效蒸发。为避免这种无效蒸发，同时减少渠道混凝土输水衬砌渗漏损失，在地形、地质合适的区域，采用管道输水，进行“渠改管”改造是十分必要和紧迫的。

3 管材选择

3.1 管材选择原则

在管材选择时，遵循以下原则。

（1）管材性能可靠，承受要求的内压和外荷载。

（2）管材来源有保证，件配套方便运输费用低。

（3）施工机具及安装容易。

（4）使用年限长，维修工作量少。

（5）输水能力长度保持相同条件下，工程造价低。

（6）尽可能利用已有经长期运行稳固的渠道作管槽，以减少开挖及基础处理。

3.2 管材选择比选

灌区设计中管材主要考虑内水压力、敷设方式、地形地质、经济合理等因素。根据本工程的特点，主要对钢筋混凝土管（Ⅱ级）、聚乙烯缠绕结构壁管、球墨铸铁管、聚乙烯（PE）管等型式进行比选。分别对各类管材的优缺点及投资进行比较，对比分析成果见表 1。

表 1　各类管材的优缺点及投资对比分析表

比选项目	钢筋混凝土管（Ⅱ级）	聚乙烯缠绕结构壁管	球墨铸铁管	聚乙烯（PE）管
材料性能	裂缝荷载 27kN/m，破坏荷载 41kN/m，内水压力 0.1MPa	公称环刚度 2～16kN/m^2	最小抗拉强度 420MPa；最小径向刚度：400～1400mm 时，7～18.3kN/m^2；允许径向变形 400～1400mm 时，为 2.9%～4%	拉伸强度 8MPa，弯曲强度 16MPa，断裂伸长率不小于 350%

续表

比选项目	钢筋混凝土管（Ⅱ级）	聚乙烯缠绕结构壁管	球墨铸铁管	聚乙烯（PE）管
管道重量	直径400～1400mm，以2m计，单根重量约330～3387kg，安装时需吊车起吊	直径800～1200mm，以6m计，单根重量400～500kg	每节重约11t，安装时需用40t吊车起吊	直径315～1400mm，以6m计，单根重量约81～1944kg，安装大管径时需吊车起吊
管道接口	管节短、接头多，接口密封性差，易渗漏	一般采用承插电熔焊，或弹性密封连接，密封性能好	柔性接口，管节短，接口数量多	热熔对接，连接可靠
抗腐蚀性能	耐腐蚀性差	抗腐蚀、耐老化，化学性质稳定，不须防腐处理，能耐各种酸、碱的腐蚀，抗腐蚀性能优于球墨铸铁管	较钢管好	耐腐蚀、耐低温、抗磨损性能优越
抗变形能力	抗变形能力优于化学管，但低于球墨铸铁管	抗变形能力优于PE管，但比刚性管差	可延性好，易爆裂，抗变形能力一般	韧性好，抗裂性好，对管基不均匀沉降适应性较强，抗外荷载能力较差
管座地基要求	一般地基	一般地基，仅管座为岩石或有坚硬物体时，应铺垫不小于150mm厚中粗砂基础层	一般地基	一般地基，仅管座为岩石或有坚硬物体时，应铺垫不小于150mm厚中粗砂基础层
管材造价	价格最低，管径400～1400mm时，188～1008元/m，800mm以上价格优势明显	管径400～1400mm时，154～1248元/m，价格远低于球墨铸铁管和PE管	管径400～1400mm时，460～4046元/m，口径超过800mm时，价格随管径增长很大	管径400～1400mm时，402～4637元/m，口径超过800mm时，价格高于球墨铸铁管
应用推广情况	排水管道中应用较多	当地输水渠改建工程应用较多	城镇供水应用较多	农村饮水工程广泛应用800mm以下管道

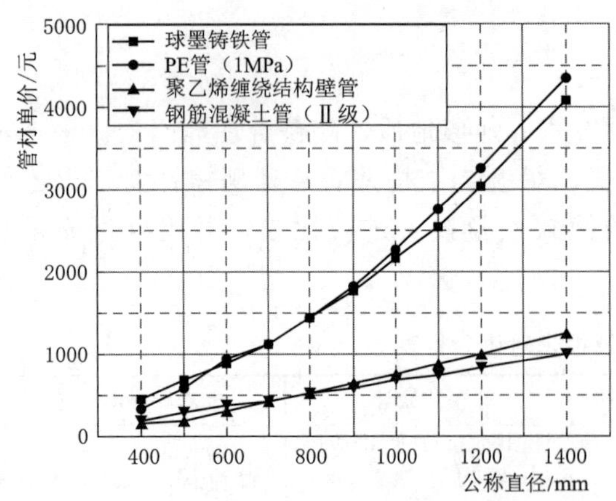

图1　不同管径的管材单价对比图
（以当地2021年物价估算）

图1为不同管径的四种管材单价对比图。由图可以看出，在600mm管径以下，四种管材单价相差不大，当管径超过800mm，PE管和球墨铸铁管的单价明显高于另外两种。同时，相同管径情况下，聚乙烯缠绕结构壁管与钢筋混凝土管道价格差别不大，但是前者具有重量轻、安装接头可靠，不易渗漏等多方面优点，同等条件下优先考虑聚乙烯缠绕结构壁管。

3.3　管材型式确定

根据《埋地用聚乙烯（PE）结构壁管系统　第2部分：聚乙烯缠绕结构壁管材》

(GB/T 19472.2—2017)，管材分为A、B、C三种型式。B型结构壁管在预热的整体钢制滚筒模具上采用缠绕成型，经加工制成的表面光滑平整，外表面为螺旋“○”形肋的管材。且管材“○”形肋内具有以聚烯烃材料（一般为聚丙烯）作为辅助支撑的中空管。管材承插口一次缠绕成型，不二次焊接。与A型、B型相比，具有内部阻力小、结构强度较高等优点。根据上述分析，从技术、施工及经济角度等多个因素比较，结合当地农村饮水安全、灌溉供水工程已采用管材施工、运行维护经验，本工程管道均采用价格较低的聚乙烯缠绕结构壁管（B型管 SN4）。

聚乙烯缠绕结构壁管（B型）典型断面见图2。图中 d_i 为管道内径，e_c 为结构高度，e_4 为内部壁厚。聚乙烯缠绕结构壁管（B型）实物见图3。

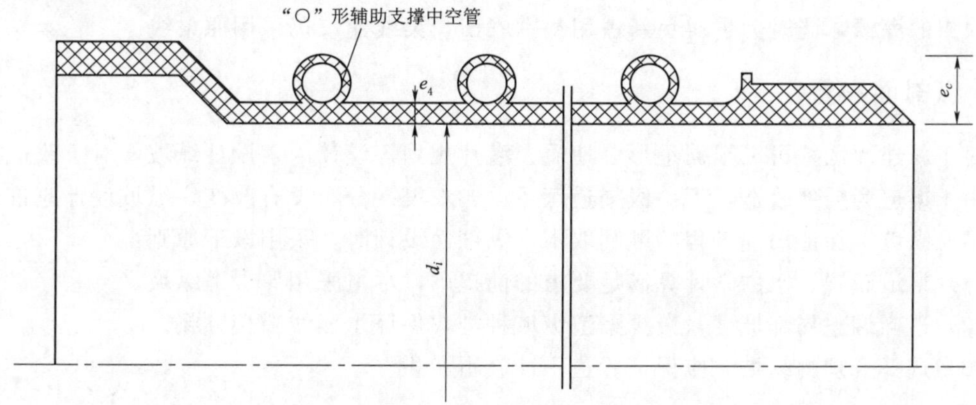

图2　聚乙烯缠绕结构壁管（B型）典型断面示意图

4　水力学计算

结合本渠道（管道）设计流量、纵坡等因素，本工程采用无压重力单管输水。管道糙率采用0.009，无压管道输水能力按明渠均匀流公式计算，其计算公式为

$$Q=AC\sqrt{Ri}$$

$$C=\frac{1}{n}R^{\frac{1}{6}}$$

式中：Q 为通过管道的流量，m^3/s；A 为过水断面面积，m^2；C 为谢才系数；n 为糙率；R 为水力半径，m；i 为管道纵坡。

图3　聚乙烯缠绕结构壁管（B型）实物

管道安全超高不应小于1/6的净高，其封闭运行时参考隧洞设计规范“在恒定流情况下，当通气条件良好时，洞内水面线以上的空间不宜小于隧洞断面面积的15%，高度不应小于0.4m”要求。

某条支渠的水力学计算成果见表2。

表 2　　某支渠的水力学计算成果

渠道名称	设计流量 /(m^3/s)	长度 /m	设计纵坡	内径 /m	设计水深 /m	流速 /(m/s)	净空率 /%	净空高 /m
某支渠	1.0	1447	1/925	1085	0.7	1.56	29	0.4

5　管道布置及注意事项

5.1　平面布置

灌区改造类项目，在无新增灌面的情况下，无论为渠道改造还是“渠改管”，为保证现状农田的灌溉，同时为了避免新占用基本农田，渠线建议仍采用原渠线。

5.2　纵剖面布置

对于新建灌区，可以根据地形、地质、灌片规划等设计因素设计纵坡，对于改造类灌区，由于渠道为局部改造，下一级渠道（斗渠、农渠）分布没有改变，纵坡设计应首先考虑采用原纵坡，保证田间工程的顺利取水。纵剖面设计时，采用以下原则：

(1) 渠道布置、水力学计算满足要求的前提下，尽量采用原渠道纵坡。

(2) 适当调整局部坡度，减少渠道纵坡种类，保证水面线衔接顺畅。

(3) 选择合理的纵坡，应保证管道不冲、不淤积。

5.3　横剖面布置

为保证管道安全可靠，横断面采用如下设计方案：管沟开挖采用梯形断面，开挖底宽为 0.9～2.2m，边坡为 1∶1.0，管顶覆土不小于 0.2m，为保证管道运行期自身安全稳定，防止安装后回填时管道底部行程空腔或发生基础沉降，需对管基进行整平、压实处理。将管道置于压实层之上，压实层至管顶以上 20cm 范围内采用原土回填。

穿越建筑物时（道路、交通桥、人行桥等），为减少工程量，在不破坏现状建筑物的前提下，桥部位的管段加钢筋混凝土Ⅲ级管套管，套管与桥之间夯填风积沙。管道标准横断面见图 4。

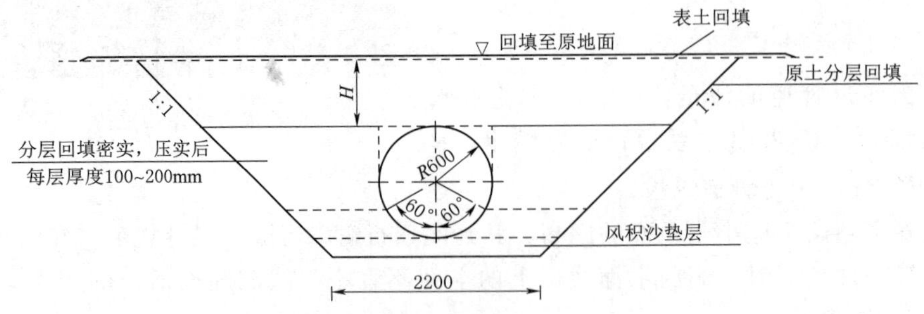

图 4　管道标准横断面图（单位：mm）

5.4 汇流井及镇墩设计

在管道平面转角处，设置汇流池或镇墩保证管道平稳过渡并保证管道安全。参照《城镇输水长距离输水管（渠）道工程技术规程》（CECS 193：2005）第 3.2.4 条，当管径或当量直径大于 700mm 时，管道检查井间距不宜大于 400m，结合本工程实际，在管线平面转角处，设置机井汇流池兼做检查井，汇流池采用钢筋混凝土结构，壁厚 250mm。

汇流池平面布置、剖面布置图如图 5 和图 6 所示。

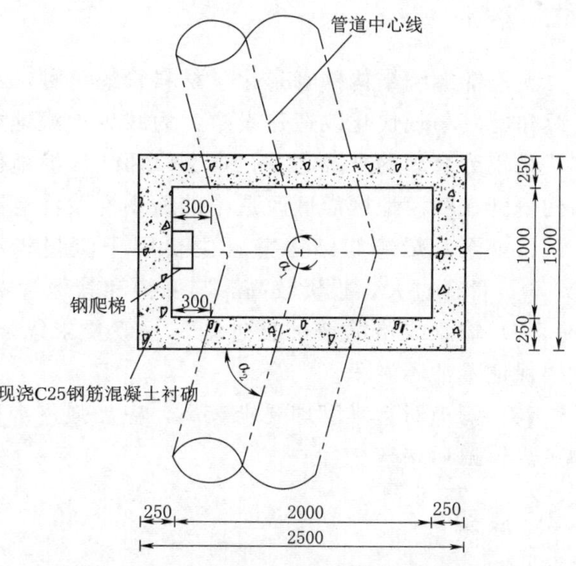

图 5　汇流池平面布置图（单位：mm）

5.5 管道连接方式及其他附属建筑物

管道衔接的方式有承插、焊接等多种方式，根据规范及相关工程经验，聚乙烯缠绕结构壁管建议采用承插接口电熔焊接连接方式。

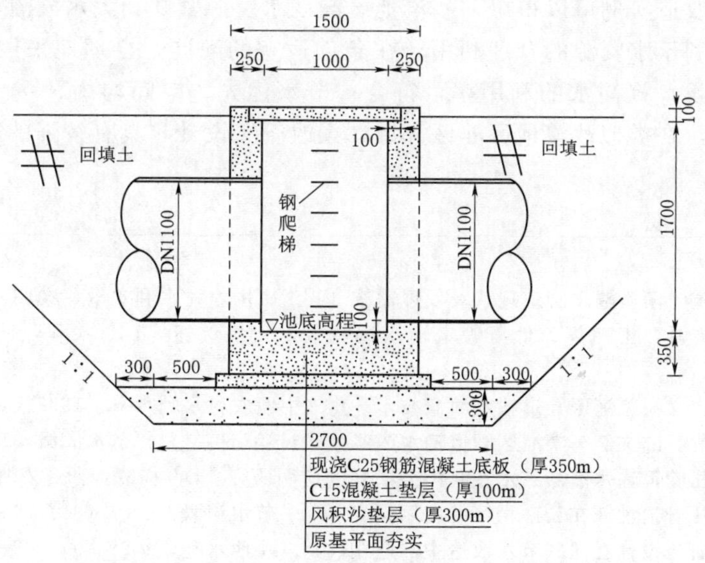

图 6　汇流池剖面布置图（单位：mm）

为防止渠道内大体积污物通过管道入口和沿线水闸进入管道后堵塞管道，可在支渠管道进口处设计拦污栅，在管道沿线分水闸、直开口闸墩顶部，增加不锈钢格栅，不锈钢格栅尺寸与水闸（或直开口）尺寸匹配，具体设计依据《钢格栅盖板及配套件　第 1 部分：

钢格栅板》(YB/T 4001.1—2019)。

6 结论及展望

6.1 结论

聚乙烯缠绕结构壁管是化学材料管的一种，在市政排水行业应用广泛。在沙漠地区灌区续建配套与现代化改造建设中，为减少沙漠地区强大的蒸发量，采用将明渠改为管道的方式是较为合理的方式之一。本文以西北沙漠地区某灌区改造为实例，分析了聚乙烯缠绕结构壁管在沙漠地区灌区改造中的适用性及注意要点。主要结论和注意事项有：

(1) 聚乙烯缠绕结构壁管主要用于流量较小的支渠、斗渠，一般要求流量不超过 $2m^3/s$，管径过大，投资较高，与明渠和其他管材相比，经济性不佳。

(2) 输水线路纵坡不宜过缓，一般要求纵坡不陡于 1/1000，保证输水效率的同时，也要保证不冲不淤积。

(3) 管道对运维管理要求较高，应加强进水口、中间分流节点的管理，防止大体积污物进入管道后堵塞。

6.2 展望

沙漠地区灌区降雨量少，蒸发量极大，此类灌区对水的是否合理利用关乎整个城市的用水，乃至关系到城市的存亡与否。

通过灌区的改造实例可以得出，沙漠地区灌区水资源紧缺，大水漫灌、明渠输水等大水面灌溉方式不利于水资源的合理利用，在条件适宜的灌区，合理地采用“渠改管”，能有效减少水的蒸发，提高水的利用率，符合“节水优先、空间均衡、系统治理、两手发力”的治水思路，在类似沙漠地区灌区开展“渠改管”设计，具有较强的推广价值。

参考文献

[1] 白静，谢崇宝．灌溉输水管道现状及发展需求 [J]．中国农村水利水电，2018 (4)：34-39.

[2] 梁春玲，刘群昌，王韶华．低压管道输水灌溉技术发展综述 [J]．水利经济，2007，25 (5)：51-52.

[3] 周福国，高占义．渠灌区管道输水灌溉技术 [J]．中国农村水利水电，1998 (4)：44-46.

[4] 赵华，高本虎，陆文红．渠灌区管道输水灌溉技术试验研究 [J]．节水灌溉，1999 (2)：23-25.

[5] 李晓峰．低压管道输水灌溉技术在我国渠灌区的应用研究 [D] 杨凌：西北农林科技大学，2010.

[6] 张茂堂．低压管道灌溉在云南稻区的应用研究 [J]．节水灌溉，2007 (8)：79-80.

[7] 董鹏．输水管道设计在灌区节水改造中的应用 [J]．陕西水利，2022 (9)：63-64.

[8] 牛建英，刘志芬，王玲，等．热态缠绕成型高密度聚乙烯缠绕结构壁管（克拉管）简介及其应用 [J]．特种结构，2007 (2)：109-111.

[9] 张钧超．在沙漠及其边缘地区开发建设新灌区的经验 [J]．宁夏农林科技，1995 (4)：48-50.

[10] 张钧超．沙漠地区开发建设新灌区的若干经验 [J]．农田水利与小水电，1992 (8)：10-12.

[11] 时志洋，郑伟义，王静．埋地用聚乙烯缠绕结构壁管连接方式综述 [J]．特种结构，2005 (3)：73-74.

深埋长隧洞 TBM 掘进偏差及侵限处理总体方案研究

张海涛　杨　凡　于　茂

（中水北勘测设计研究有限责任公司）

摘　要： 某深埋长隧洞采用敞开式 TBM 施工，存在大断层、强蚀变、强岩爆等特殊地质问题，施工过程中出现掘进偏差和一次支护拱架变形等情况，侵占混凝土衬砌断面，局部洞段净空不满足规范要求。本文通过对掘进偏差以及侵限洞段采取减糙、减小衬砌厚度、缩小过流断面等处理方式进行综合比较，在保证隧洞过流能力以及满足净空要求的基础上，尽量减少扩挖换拱洞段长度，确保隧洞处理安全，节省处理工期。

关键词： 隧洞　敞开式 TBM　掘进偏差　侵限处理

1　工程概况

某工程输水隧洞穿越天山引水，为无压洞，长 41.8km，最大埋深 2268m，设计流量 $70m^3/s$，纵坡 1/565。主洞采用钻爆法和两台敞开式 TBM 联合施工，TBM 掘进洞径 6.5m。

隧洞主洞段设计采用全断面现浇钢筋混凝土衬砌，Ⅱ、Ⅲ类围岩洞段为内径 5.7m 的平底圆形，设计衬砌厚度 25～30cm；Ⅳ、Ⅴ类围岩洞段为内径 5.3m 的平底圆形，设计衬砌厚度 40cm。衬砌底板顶部离隧洞中心线高差 2.5m。隧洞设计净空面积比为 21.5%～31.6%。

TBM2 标段由隧洞出口向上游掘进，该标段地质条件极其复杂，存在大断层、强蚀变、强岩爆等诸多地质问题。已完成掘进长度约 10km，其中穿越断层及不整合接触带 15 处，长度约 2.4km；最大埋深约 1300m，构造应力集中，软弱围岩自稳能力较差；已施工岩爆段 3.8km，其中中等～强岩爆洞段约 800m；TBM 卡机频发，由于围岩收敛造成 TBM 设备长时间卡机段 8 处。

2　隧洞掘进偏差及侵限情况

根据 TBM2 掘进洞段桩号 31＋100～41＋610 共计 9510m 断面测量数据（每隔 10m 进行一次支护断面测量，共计 949 个测量断面），主要存在掘进偏差（垂直方向偏差和水平方向偏差）与一次支护向洞内变形侵占二次衬砌的情况。

根据隧洞断面测量数据，约 7520m 存在不同程度的掘进垂直偏差或者洞内变形，其中：掘进上抬但未出现变形洞段约1120m，掘进下沉但未出现变形洞段约790m，掘进上抬且出现变形洞段约1730m，掘进下沉且出现变形洞段约1110m，只出现变形洞段约2770m。隧洞沿程掘进竖直方向和水平方向偏差情况分别见图1、图2，隧洞掘进偏差情况统计见表1，侵限情况统计见表2。

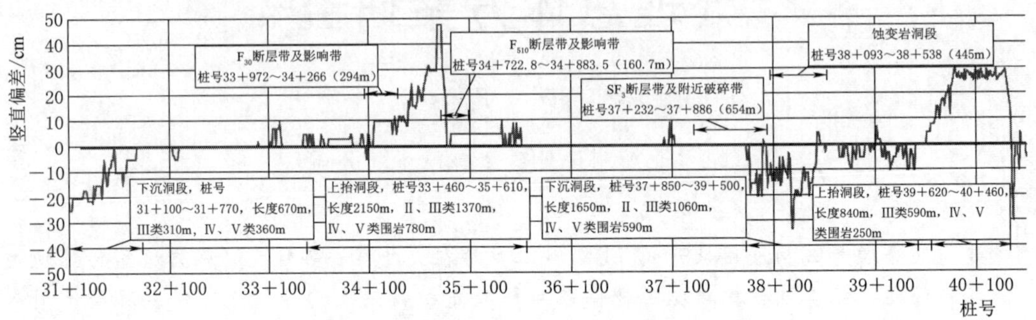

图1　隧洞沿程掘进竖直偏差情况图

注：图中正值为上抬，负值为下沉。

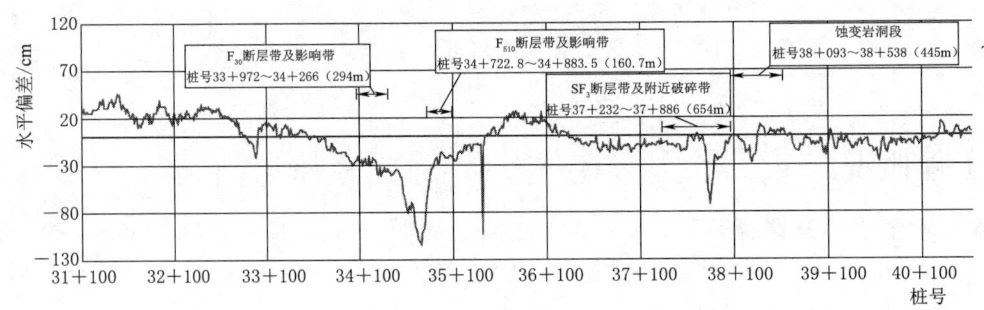

图2　隧洞沿程掘进水平偏差情况图

注：图中数值向上游方向，左为负，右为正。

表1　　**隧洞掘进偏差情况统计表**

项目			围岩类别				
			Ⅱ	Ⅲ	Ⅳ	Ⅴ	合计
长度/m			1290	5100	2110	1010	9510
掘进无垂直偏差洞段长度/m			860	2240	1110	550	4760
掘进上抬值	<5cm	掘进上抬洞段长度/m	70	920	190	20	1200
	5～10cm		10	160	280	40	490
	10～20cm		0	280	20	20	320
	20～30cm		0	420	300	50	770
	30～40cm		0	20	0	0	20
	40～50cm		0	0	0	50	50
	合计		80	1800	790	180	2850

续表

项　目			围岩类别				
			Ⅱ	Ⅲ	Ⅳ	Ⅴ	合计
掘进下沉值	＜5cm	掘进下沉洞段长度/m	70	440	40	20	570
	5～10cm		80	290	40	60	470
	10～20cm		160	270	130	160	720
	20～30cm		40	60	0	20	120
	30～40cm		0	0	0	20	20
	合计		350	1060	210	280	1900

表 2　　隧洞向洞内变形（侵限）情况统计表

项　目			围岩类别				
			Ⅱ	Ⅲ	Ⅳ	Ⅴ	合计
长度/m			1290	5100	2110	1010	9510
无侵限洞段长度/m			760	2610	480	40	3890
侵限洞段长度/m			530	2490	1630	970	5620
侵限值	＜5cm	侵限洞段长度/m	60	230	40	40	370
	5～10cm		330	1320	420	220	2290
	10～15cm		110	660	540	350	1660
	15～20cm		20	180	410	200	810
	20～40cm		10	100	220	160	490
最大侵限值/cm			37.9	27.4	40.7	27.3	
最大侵限值位置（桩号）			32＋730	34＋890	32＋990	34＋480	

3　隧洞掘进偏差及侵限处理方案分析

3.1　处理方案拟定

（1）处理方案拟定原则。本次隧洞掘进偏差及侵限处理方案拟定主要遵循以下原则：

1）依据实测的现状隧洞掘进偏差和侵限断面数据。

2）隧洞净空按照总体不小于15%控制。

3）洞室总体稳定，衬砌结构安全。

4）综合施工安全性和经济性，尽可能减少隧洞换拱扩挖的洞段长度。

5）衬砌设计时尽可能统一上下游洞段洞径，减少隧洞渐变段。

6）考虑水平偏差对隧洞过流能力影响比较小，本次隧洞过流分析暂不考虑掘进水平偏差的影响。

（2）处理方案拟定情况。根据掘进偏差和侵限处理方案拟定原则，以隧洞初步设计参数为基准，结合水力学分析情况，逐步递进拟定以下 6 个处理方案，并结合方案 6 情况进行了糙率敏感性分析，具体如下：

1）方案1。该方案拟定隧洞洞径维持初设参数，分别为Ⅱ、Ⅲ类衬砌内径为5.7m，Ⅳ、Ⅴ类围岩衬砌内径为5.3m；隧洞轴线按照现状考虑，衬砌底板纵坡与隧洞现状中心线保持一致，为“S”形。

2）方案2。在方案1洞径5.7m和5.3m的基础上，对所有掘进上抬（现状隧洞中心线高程大于设计中心线高程）洞段进行向下扩挖处理，使衬砌底板高程与初步设计保持一致。

3）方案3。在方案2基础上，分析通过缩小成洞洞径和调整衬砌厚度，以减少换拱扩挖。即将Ⅱ、Ⅲ类衬砌直径由5.7m调整为5.5m，衬砌厚度不变；Ⅳ、Ⅴ类围岩衬砌内径由5.3m调整为5.2m，衬砌厚度由40cm调整为35cm。

4）方案4。在方案3基础上，对Ⅳ、Ⅴ类围岩侵限10～15cm洞段衬砌内径由方案3的5.2m调整为5.1m。Ⅱ、Ⅲ类围岩洞段侵限发生的部位较为集中，考虑经济性和施工安全性，考虑Ⅱ、Ⅲ类围岩侵限超过10cm洞段进行扩挖处理。

5）方案5。在方案4基础上，对Ⅳ、Ⅴ类围岩衬砌内径5.1m洞段进行减糙处理。参照类似工程，减糙后的糙率取值为0.0125。

6）方案6。在方案5基础上，将侵限值15～20cm洞段洞径缩小至5.0m；同时为减少隧洞洞径种类，将侵限值10～15cm洞段洞径也由5.1m缩小至5.0m；并对上述洞径5.0m的洞段进行减糙处理。减糙后的糙率取值为0.0125。

糙率敏感性分析：根据3.2节方案6水力学计算成果，部分洞径缩小至5.0m后，即便进行了减糙（糙率0.0125）处理，部分洞段净空仍达不到规范值；为此，在方案6基础上，对减糙糙率取值依次为0.012、0.0115、0.011进行敏感性分析。

3.2 隧洞过流计算分析

根据恒定渐变流水面曲线计算方法，以下游桩号40＋610位置为初始均匀流控制断面，按照2～10m的间距设置计算断面，向上游迭代计算各断面水深，直至桩号31＋100。方案1～方案6隧洞沿程净空率见图3～图8；方案6不同中取不同减糙糙率时沿程净空率对比见图9。

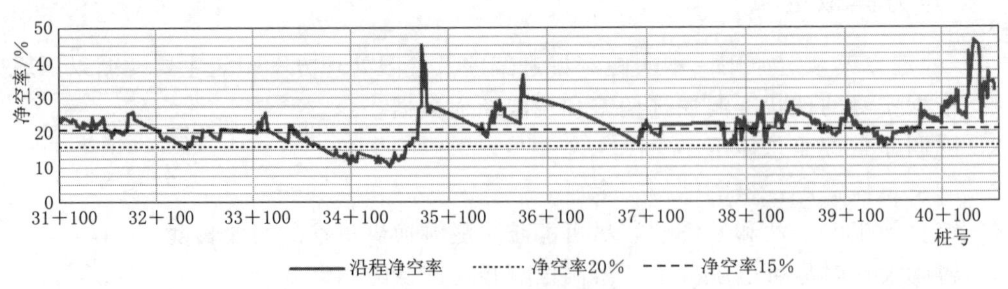

图3　方案1沿程净空率

各方案处理段长度及处理后隧洞净空情况对比见表3。

方案1和方案2对比可以看出，在原设计洞径基础上，处理掘进垂直向上偏差（上抬）的情况下，隧洞净空率全部大于15%，方案2较方案1净空率有较大的增加。

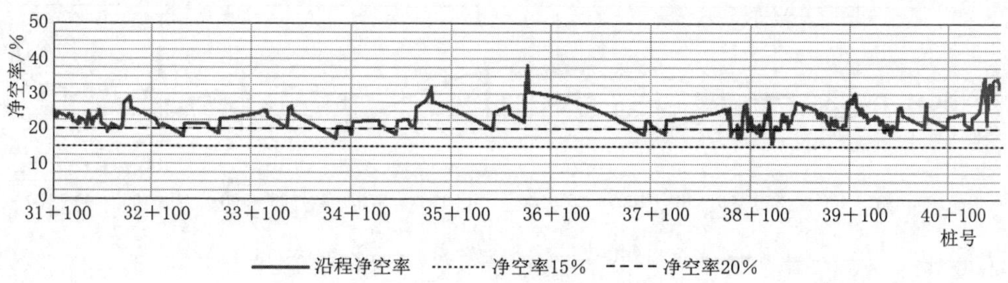

图 4　方案 2 沿程净空率

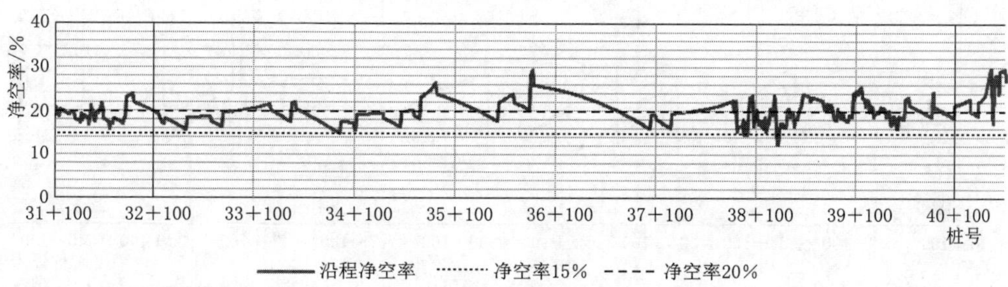

图 5　方案 3 沿程净空率

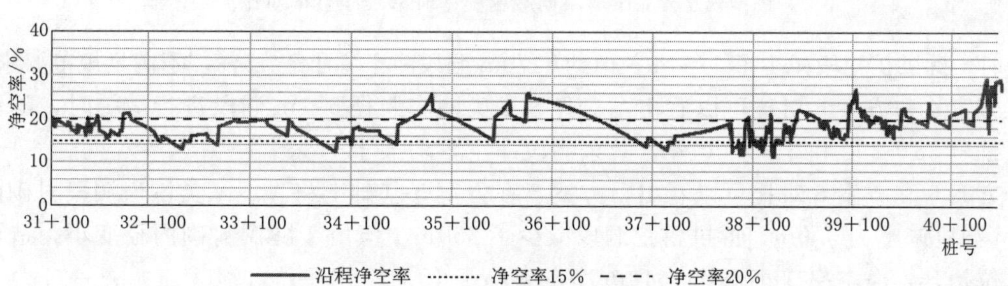

图 6　方案 4 沿程净空率

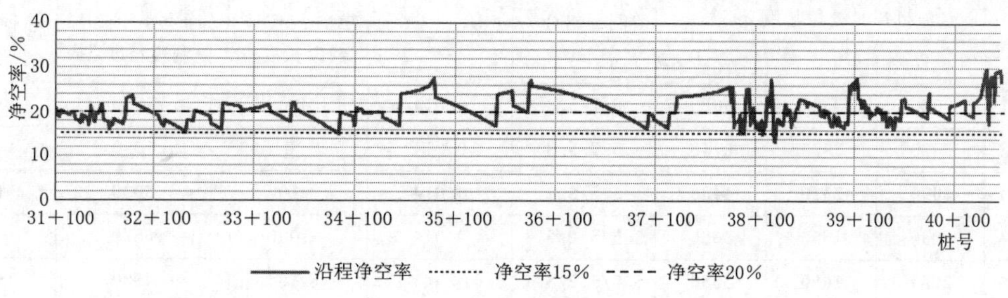

图 7　方案 5 沿程净空率

方案 2 和方案 3 对比可以看出，Ⅱ、Ⅲ类围岩洞段洞径由 5.7m 调整至 5.5m，Ⅳ、Ⅴ类围岩洞段洞径由 5.3m 调整至 5.1m 情况下，隧洞净空除桩号 38＋290 和 38＋300 外，其余洞段净空率均大于 15％，且拆拱扩挖段长度由 6740m 减少至 4400m。

方案 3 和方案 4 对比可以看出，将部分Ⅳ、Ⅴ类围岩洞段洞径进一步缩小至 5.1m 且不

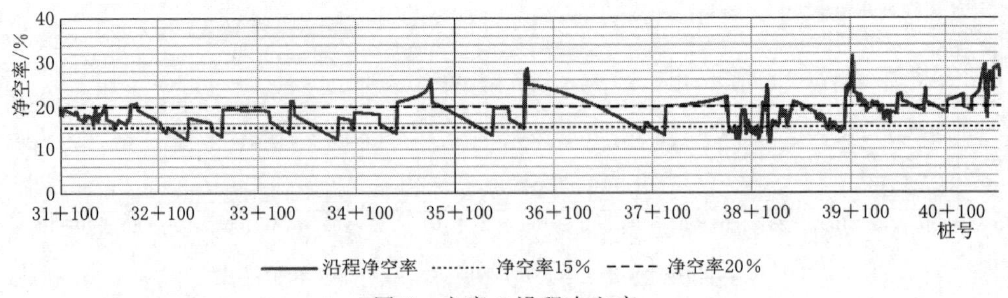

图 8　方案 6 沿程净空率

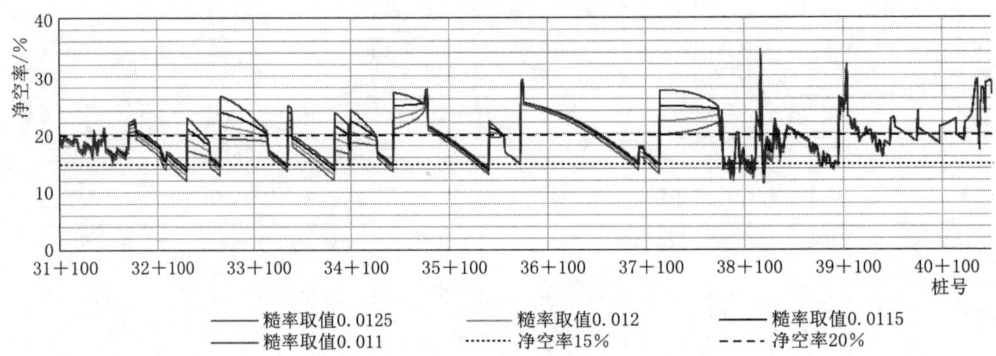

图 9　方案 6 中取不同减糙糙率时沿程净空率对比

减糙时，拆拱扩挖段减少了 1250m，但约 1170m 洞段净空率小于 15%，不满足规范要求。

方案 4 和方案 5 对比可以看出，对Ⅳ、Ⅴ类围岩洞径 5.1m 洞段进行减糙时，隧洞净空除桩号 38+290 和 38+300 外，其余洞段净空率均大于 15%。

方案 5 和方案 6 对比可以看出，方案 6 在方案 5 基础上将Ⅳ、Ⅴ类围岩洞段衬砌内径 5.1m 洞段调整为 5.0m，拆拱扩挖洞段减少了 550m，但由于隧洞衬砌内径变小，造成上游水位抬升，净空率变小，约 1510m 净空率小于 15%。

表 3　　**隧洞处理方案对比表**

方案	拆拱扩挖段长度/m			洞径组合/m	糙率	净空小于 15%洞段长度/m	净空小于 20%洞段长度/m	减糙长度/m
	Ⅱ、Ⅲ类	Ⅳ、Ⅴ类	合计					
方案 1	3020	2600	5620	5.7/5.3	0.014	900	3870	0
方案 2	3870	2870	6740	5.7/5.3	0.014	0	1090	0
方案 3	**2090**	**2310**	**4400**	**5.5/5.2**	**0.014**	**10**	**5030**	**0**
方案 4	2030	1650	3680	5.5/5.2/5.1	0.014	1000	6570	0
方案 5	**2030**	**1650**	**3680**	**5.5/5.2/5.1**	**0.014/0.0125**	**10**	**4580**	**2300**
方案 6	2030	1100	3130	5.5/5.2/5.0	0.014/0.0125	1510	6480	2800

注　方案 1 底板为现状曲线，其他方案均对上抬部分下挖至初设底板高程。

通过上述 6 个方案对比，方案 3 和方案 5 隧洞沿线净空基本满足规范要求的 15%，其余方案均不满足规范要求。本工程设计使用年限为 100 年，考虑减糙材料的耐久性，推荐采用方案 3，不对隧洞进行减糙处理。

4　结语

某深埋长隧洞采用敞开式 TBM 施工，施工过程中出现大断层、强蚀变、强岩爆的不良地质问题，通过对已掘进洞段一次支护断面进行测量，出现较多洞段掘进偏差和侵限情况，且多数侵限值较大部位出现在强蚀变、大断层等部位，该部位加强一次支护钢拱架和顶拱钢筋排布置密集且岩体较破碎，存在脱空堆渣等现象，二次扩挖拆拱存在安全风险且施工工期较长。本文根据隧洞地质资料和掘进偏差及侵限断面数据，考虑减小衬砌厚度、减糙和缩小洞径等处理方式，在保证隧洞过流能力以及满足净空要求的基础上，尽量减少扩挖换拱洞段长度，确保隧洞处理安全，节省处理工期。

新疆特高土石坝面板结构缝变形控制研究

黄远泽[1]　张雨豪[1]　毛振凯[2]

（1. 中水东北勘测设计研究有限责任公司
2. 中国电建集团西北勘测设计研究院有限公司）

摘　要： 位于新疆塔里木河流域的新疆某水利枢纽工程的大坝为混凝土面板砂砾石坝，最大坝高247.0m，坝顶长度576.5m。鉴于国内土石坝相关设计规范和施工规范不完全适用于该特高坝，且该大坝地处自然环境、地形地质条件等特殊性，可能引起面板砂砾石坝特有的安全问题，因此，专门对特高土石坝面板结构缝变形控制进行研究，初步提出设计控制指标。

关键词： 特高土石坝　位移特征值　水平缝　垂直缝　周边缝

1　工程概况

新疆某水利枢纽工程位于新疆塔里木河流域，工程任务是在保证向塔里木河干流生态供水总量目标的前提下，实现灌溉、防洪、发电等综合利用，并为进一步改善向塔里木河干流生态供水过程创造条件。工程为大（1）型Ⅰ等工程，水库总库容11.7亿m^3；多年平均灌溉供水量30.35亿m^3，电站装机容量750MW，多年平均年发电量18.93亿kW·h。大坝为混凝土面板砂砾石坝，最大坝高247.0m，坝顶长度576.5m。大坝级别为1级，抗震设计烈度为Ⅷ度。工程施工总工期为102个月，主体工程于2019年11月开工建设。

2　研究背景

2.1　现有规范的要求

自20世纪80年代从国外引进面板堆石坝新型坝型以来，经过多年的发展和技术改进创新，混凝土面板坝的设计和施工方法日趋成熟，混凝土面板坝的建设高度也不断攀升，20世纪末、21世纪初，国内相继建成了一批坝高在200m左右的高混凝土面板堆石坝，在混凝土面板堆石坝坝体布置、筑坝材料、止水结构、混凝土面板与趾板设计、坝基处理、施工方法、安全监测和质量控制等方面的关键技术都有了长足的进步。

国内已经发行实施的《碾压式土石坝设计规范》《混凝土面板堆石坝设计规范》《混凝土面板堆石坝施工规范》等只适用于坝高200m以下土石坝设计安全标准，如《碾压式土石坝设计规范》（SL 274—2020）第1.0.3条要求，坝高200m及其以上的高坝的填筑标准、渗流、抗滑稳定和变形安全等应进行专门研究。《混凝土面板堆石坝设计规范》(SL 228—2013)第1.0.2条要求，对于200m以上高坝，应进行专门研究。

2.2 可参考的工程经验少

截至2020年，我国已建及规划中的200m以上的特高土石坝有10余座，其中目前已建或在建的除了本工程外，土心墙堆石坝已经发展到300m级，如双江口大坝，而面板坝坝高仅发展到233m级，如水布垭大坝。

已建的最高面板砂砾石坝为吉林台坝，最大坝高157m，国内在建的最高面板砂砾石坝为阿尔塔什面板坝，最大坝高164.8m，覆盖层厚90m，加上覆盖层厚度阿尔塔什面板坝实际上已经达到250m级。国外最高的混凝土面板砂砾石坝为秘鲁的查戈拉面板坝，最大坝高211m，第二高为墨西哥的阿瓜密尔帕面板坝，最大坝高187m。

本工程坝高为250m级，突破了现有已建面板坝和砂砾石坝坝高，其变形指标需要结合国内外特高土石坝的设计经验做进一步研究。

2.3 本大坝自身特点突出

本工程河谷系数2.4、右岸1/2坝高处发育古河槽、弯曲河道左凸右凹、河谷地形不对称等引起大坝坝轴向和顺河向变形协调问题突出。本工程河谷狭窄，上游高趾墙高50m，高趾墙高度处于前列，水库蓄水运行期高趾墩墙前承受200m以上的水压力、背后承受200m以上堆石体的侧向土压力，高趾墙抗滑、抗倾和基底应力等安全稳定尤为重要。

鉴于国内土石坝相关设计规范和施工规范不完全适用于250m级的特高坝，而本工程地处自然环境、地形地质条件等特殊性，引起面板砂砾石坝特有的安全问题。因此，面板接缝变形控制也是本特高坝安全设计的关键，有专门研究的必要性。

3 研究内容和成果

本次对特高土石坝面板结构缝变形控制研究主要以调研总结国内外高土石坝面板结构缝变形控制设计经验和教训，分析本项目科研试验与计算成果的方式进行。

3.1 面板垂直缝和水平缝位移控制指标

面板下游堆石坝体在面板浇筑之后进一步沉降变形，因河床部位和左岸偏河床部位坝体沉降增量大于两岸，在堆石体变形调整过程中，沉降较小的两岸坡堆石坝体向沉降较大的中部坝段位移，而面板在自重及水压力作用下贴于坝体垫层料上，在垫层料随坝体堆石向河床位移过程中，两岸坡面板也有向河床位移的趋势，而面板混凝土的压缩模量远大于堆石，故面板变形较坝体堆石小，两者变形不相协调。

面板坝接缝止水系统主要包括周边缝和垂直缝，周边缝连接面板与趾板，垂直缝连接相邻面板，接缝止水的位移变形能力应能适应各接缝之间的变形，包括剪切、沉陷和张拉变形。接缝变形主要是张拉变形。

面板的轴向变形乃至垂直缝位移取决于堆石坝体向河谷中央变形时坝体与面板之间的

摩擦力。因此，坝越高，河谷越窄、岸坡越陡、堆石坝体变形模量越小，面板垂直缝的位移越大。

堆石坝体填筑过程中和大坝蓄水运行期都表现出两坝肩沿坝轴线方向的拉伸变形，中间河谷部位坝体沿坝轴线方向的压缩变形。两岸坝体向中间河谷部位位移，中间河谷部位坝体（面板）变成受挤压最大的条带。天生桥一级面板坝桩号 0＋686 面板 L3、L4 间垂直缝水平方向受挤压的混凝土产生挤压劈裂，挤压劈裂面出现在上下层钢筋网间，劈裂面为倾斜，垂直缝面加深到 20～28cm。上层水平钢筋受挤压弯曲。垂直缝的挤压破损长度随时间向水下延伸。随着垂直缝上段变形和应力的释放，水平挤压力向下端传递，使得垂直缝下端 L4 块面板混凝土被继续压碎。

采用考虑坝高和河谷性状影响的面板垂直缝位移特征值 $C_{D\mathrm{v}}$，计算公式为

$$C_{D\mathrm{v}}=\frac{D_{\mathrm{v}}\cos\alpha_{\max}}{H_{\max}}$$

式中：D_{v} 为面板垂直缝位移，mm；$H_{\max}$ 为最大坝高，m；$\alpha_{\max}$ 为最陡段岸坡坡角，(°)。

我国高面板堆石坝面板垂直缝位移实测最大值及其特征值见表 1。从表 1 所列的面板垂直缝位移特征值可以看出，天生桥一级坝的 $C_{D\mathrm{v}}$ 值 1.60×10^{-4}，珊溪大坝垂直缝位移特征值 $C_{D\mathrm{v}}$ 值为 0.94×10^{-4}，水布垭、洪家渡、紫坪铺和马鹿塘二期等其余已建的面板堆石坝的 $C_{D\mathrm{v}}$ 值为 $(0.05\sim0.67)\times10^{-4}$，在建的玉龙喀什（采用花岗岩筑坝料）大坝垂直缝计算位移特征值 $C_{D\mathrm{v}}$ 为 0.19×10^{-4}，大部分面板堆石坝垂直缝位移特征值均比天生桥一级坝和珊溪小，这说明提高堆石坝体的填筑密实度和变形模量，减小堆石坝体的变形，会减小面板垂直缝位移特征值。

土石坝面板垂直缝位移计算值和实测值有差异，根据收集工程资料整理分析，垂直缝位移实测值基本小于计算值。

根据本工程大坝计算的垂直缝位移值及分析，结合类比工程成果，本大坝面板垂直缝位移特征值 $C_{D\mathrm{v}}$ 控制在 0.8×10^{-4} 之内。

3.2 周边缝变形安全控制指标

对于高陡岸坡的面板坝，若处理不当，周边缝变形过大，造成止水失效。如格里拉斯面板砂砾石坝宽高比为 0.86，岸坡陡达 1∶0.1～1∶0.2，初次蓄水后发现大量漏水，主要是通过岸坡张开裂隙的绕坝渗流，并有局部周边缝张开和止水失效，经加固处理后正常运行。我国河谷狭窄的 100m 以上的猴子岩、龙首二级等面板堆石坝，宽高比为 1.19～1.3，坝体深河槽区采用高趾墩或采用特殊主堆石料填筑、坝体与岸坡陡峭之间的接触区设置增模区，降低周边缝变形，大坝运行状态良好。

周边缝位移，尤其是剪切位移，也与河谷性状、岸坡坡度及其变化密切相关。一般来说，岸坡陡峭则周边缝较大。我国高面板堆石坝周边缝位移实测最大值及其特征值见表 2。

表 1　我国高面板堆石坝面板垂直缝位移实测最大值及其特征值

坝名	最大坝高 H_{max}/m	坝体最大沉降 S_{max}/cm	施工期垂直压缩模量 E_v/MPa	河谷	岸坡坡角 α/(°)	面板面积 A/万 m^2	河谷形状因数 $\beta(A/H_{max}^2)$	面板垂直缝位移实测最大值 D_v/mm		面板垂直缝位移特征值 C_{Dv}/($\times10^{-4}$)	
								闭合 D_{vc}	张开 D_{vv}	闭合 C_{Dvc}	张开 C_{Dvv}
天生桥一级	178.0	354.0	50.9	宽 V 形河谷，坝顶长 1104m	左岸 20～30，右岸 18～30	17.27	5.45	—	32.90	—	1.60
水布垭	233.0	247.3	118.6	不对称 V 形河谷，坝顶长 660m	左岸 52，右岸 35	13.84	2.55	6.7	18.70	0.18	0.49
猴子岩	223.5	131.6	216.0	对称 V 形河谷，坝顶长 278.35m	左岸 60～65，右岸 55～60	5.96	1.19	5.91	6.81	0.11	0.13
巴　贡	202	267.1	60～100	V 形河谷，坝顶长 744.2m	左岸 50～60，右岸 60	13.0	3.1	11.5	13.8	0.28	0.34
洪家渡	179.5	135.6	135.2	不对称 V 形河谷，坝顶长 427.79m	左岸陡，右岸 25～40	7.22	2.24	5.0	35.00	0.095	0.67
紫坪铺	156.0	88.8	110.1	不对称 V 形河谷，坝顶长 663.77m	左岸 40～50，右岸 20～25	10.88	4.39	11.5	8.00	0.47	0.33
马鹿塘二期	154.0	132.6	65.0	不对称 V 形河谷，坝顶长 493.4m	左岸 40，右岸 25～40	7.53	3.18	—	12.80	—	0.64
珊溪	132.5	95.3	85.9	稍不对称 U 形河谷，坝顶长 448m	左岸 30～40，右岸 40～45	7.00	3.99	—	17.7	—	0.94
阿尔塔什	164.8	59.96		不对称 U 形河谷，坝顶长 795m	左岸 45～50，右岸 50～70	14.65	5.39	2.45	4.01	0.05	0.08
玉龙喀什（在建）	233.5	200.1（考虑流变计算）		不对称 V 形河谷，坝顶长 232m	左岸 40～60；右岸底部 30～35，上部 60～80	10.56	1.94	—	26（计算）	—	0.19

表 2　我国高面板堆石坝周边缝位移实测最大值及其特征值

坝名	最大坝高 H_{max}/m	坝体堆石	坝体压实	河谷	岸坡坡角 α/(°)	面板面积 A/万 m^2	河谷形状因数 $\beta(A/H^2)$	周边缝位移			坡角取值 α_{max}/(°)	周边缝位移实测最大值 D_s	周边缝位移特征值 C_{Ds}/($\times10^{-4}$)
								O	S	T			
天生桥一级	178.0	灰岩、砂泥岩	铺厚 0.8m，10t 或 18t 振动碾，6 遍	宽 V 形河谷，坝顶长 1104m	左岸 20～30，右岸 18～30	17.27	5.45	20.9	28.5	20.8	30	41.0	2.00
水布垭	233.0	灰岩	铺厚 0.8m，25t 振动碾，8 遍	不对称 V 形河谷，坝顶长 660m	左岸 52，右岸 35	13.84	2.55	13	45.7	43.7	52	64.6	1.71
猴子岩	223.5	流纹岩、灰岩	铺厚 0.8m，32t 振动碾，2 遍静碾＋10 遍（流纹岩）/12 遍（灰岩）动碾	对称 V 形河谷，坝顶长 278.35m	左岸 60～65，右岸 55～60	5.96	1.19	15.17	49.38	22.89	65	56.5	1.07
巴贡	202	杂砂岩、杂砂岩和页岩混合料	压实厚 0.4～0.8m，12.7～17.04t 振动碾，6～8 遍	V 形河谷，坝顶长 744.2m	左岸 50～60，右岸 60	13	3.1	1.8	4	3.3	60	5.5	0.14
江坪河	219	冰碛砾岩、灰岩	压实厚 0.6m，32t 振动碾，2 遍静碾＋12 遍动碾	V 形河谷，坝顶长 414m	两岸 30～65			13.2	13.0	9.9	65	21.0	0.41
洪家渡	179.5	灰岩、泥质砂岩	铺厚 0.8m，18t 振动碾，8 遍	不对称 V 形河谷，坝顶长 427.8m	左岸陡，右岸 25～40	7.22	2.24	13.9	26.6	34.8	70	46.0	0.88
紫坪铺	156.0	灰岩、砂砾石	铺厚 0.9m，25t 振动碾，8 遍	不对称 V 形河谷，坝顶长 663.77m	左岸 40～50，右岸 20～25	10.88	4.39	15.2	10.8	27.4	60	33.1	1.06
马鹿塘二期	154.0	灰岩、砂泥岩	铺厚 0.8m，18t 振动碾，8 遍	不对称 V 形河谷，坝顶长 493.4m	左岸 40，右岸 25～40	7.53	3.18	4.6	8.0	6.5	40	11.3	0.56
珊溪	132.5	流纹斑岩、砂砾石	铺厚 0.8m，16t 或 18t 振动碾，6～8 遍	稍不对称 U 形河谷，坝顶长 448m	左岸 30～40，右岸 40～45	7.00	3.99	6.2	15.0	8.1	45	18.1	0.97
阿尔塔什	164.8	砂砾料、灰岩和白云质灰岩	铺厚 0.8m，32t 振动碾，10 遍（砂砾料）/8 遍（堆石料）	不对称偏 V 形河谷，	左岸 60，右岸 40～65	13.3	2.18	12.1	45.4	35.2	65	58.7	1.51

采用考虑坝高和岸坡等影响因素的周边缝位移特征值，计算公式为

$$C_{D_s}=\frac{D_s\cos\alpha_{\max}}{H}$$

其中

$$D_s=\sqrt{O^2+S^2+T^2}$$

式中：D_s 为周边缝位移的合位移；O、S、T 为周边缝张开位移、沉降和剪切位移，mm；H 为坝高，m；$\alpha_{\max}$ 为最陡段岸坡坡角，(°)。

考虑坝高和岸坡坡角对周边缝剪切位移影响，周边缝位移特征值 C_{D_s} 较好地表征了堆石坝体变形对周边缝位移的影响程度，从表 2 所列的周边缝位移特征值来看，坝高在 100m 以上的 C_{D_s} 为（0.14～2.00）$\times10^{-4}$。

面板堆石坝周边缝位移计算值和实测值有差异，根据收集工程资料整理分析，大部分工程周边缝位移实测值基本小于计算值。根据计算分析得出的周边缝成果，预估本大坝面板 C_{D_s} 值为（0.50～0.72）$\times10^{-4}$。因此建议本大坝周边缝位移特征值 C_{D_s} 控制在 1×10^{-4} 之内。

我国面板堆石坝工程实测周边缝最大张开位移 1.8～20.92mm，最大沉降位移 3.09～49.38mm，最大剪切位移 1.74～43.7mm，三向变位均小于 50mm。

据水布垭接缝止水研究成果表明，铜止水的鼻宽 d=30mm、鼻高 H=105mm、铜片厚度 t=1.0mm，在张开位移 50mm、沉降位移 100mm 和剪切位移 50mm 接缝位移作用下不会破坏。猴子岩面板坝采取水布垭式接缝止水结构型式，中国水利水电科学研究院按照《水工建筑物止水带技术规范》（DL/T 5215—2005）设计的周边缝铜止水（鼻高 H=130mm，鼻宽 d=33mm）可以承受 100mm/100mm/65mm（张开位移/沉降位移/剪切位移）的周边缝位移作用，张性垂直缝铜止水（鼻高 H=105mm，鼻宽 d=30mm）可以承受 60mm/60mm/50mm（张开位移/沉降位移/剪切位移）的张性垂直缝位移作用不破坏。同时经核算，铜止水可以承受要求的正反水压力作用不破坏。经抗绕渗试验检验，GB 复合铜止水片可以承受 350m 水头作用无绕渗。中国电建集团华东勘测设计研究院有限公司针对 SR 止水结构提出：周边缝止水结构宜采用缝口嵌填 SR-3 和 SR-4 塑性嵌缝止水材料，缝中部设有 3 根橡胶棒捆扎组成的复合橡胶棒和缝底部 F 形铜止水；同时在接缝外面铺设回填无黏性粉砂土，增加一道防线。经采用八边形模型试验对止水结构进行了验证，模拟周边缝张开位移 100mm、剪切位移 50mm、沉降位移 50mm，稳定水压 200～290m 水头，试验历时 1 年零 3 个月，周边缝不漏水。根据已建 200m 级高面板堆石坝周边缝止水结构变形控制设计值统计分析，随着坝高的增加，接缝止水结构的变形值也在增大，对于 200m 级的面板坝而言，为保证接缝止水结构不发生破坏，建议其接缝止水结构的沉降位移、张开位移、剪切位移分别控制为 100mm、100mm、65mm。以静动力计算成果为依据，考虑 1.5 倍的裕度，再参照已建 200m 级高面板坝接缝止水结构的设计控制值，最终确定本面板坝接缝止水结构设计控制指标。

本工程面板砂砾石坝主要填筑体为砂砾料，压缩模量高、抗变形能力强，经计算分析并考虑一定的安全裕度，周边缝三向变位分别按沉降位移 100mm、张开位移 50mm 和剪切位移 65mm 控制，小于已建猴子岩面板坝沉降位移 100mm、张开位移 100mm 和剪切位移 65mm 的控制指标，目前的止水结构和工艺完全能够适应 250m 级高面板砂砾石坝的

接缝止水结构的设计要求。

4 结语

本文通过分析总结水布垭、三板溪、猴子岩、玉龙喀什、江坪河等特高土石坝面板结构缝变形控制指标，并结合理论计算成果及目前结构缝止水技术及材料性能，提出了250m级面板砂砾石坝面板结构缝的变形控制指标，可为类似工程提供参考。

参考文献

[1] 韩小妹，赵鹏强，毛振凯．新疆某特高土石坝设计安全控制指标研究 [J]. 水利规划与设计，2022 (3)：51-57.